信息、控制与系统技术丛书

多源数据融合和传感器管理

罗俊海 王章静 编著

清華大学出版社

北 京

内容简介

本书是关于信息融合理论、应用和传感器管理的一部教材。本书基于编者的研究工作，并借鉴国内外其他学者的成果，力图较全面、系统地讲解信息融合理论、应用、传感器管理以及发展与最新研究成果，特别是在异构、多源、动态、非理想信道、稀疏、错误容忍环境下。全书共25章，分为五个部分。第一部分研究现状，包括多源数据融合概述、信息融合的原理和级别、多源传感器数据融合算法、多传感分布检测、传感器管理、探讨和备注；第二部分数学理论基础，包括Bayes方法、模糊集理论、粗糙集理论、Monte Carlo理论、Dempster-Shafer理论、估计理论和滤波器理论；第三部分多源数据融合算法，包括Bayes决策、正态分布时的统计决策、最大最小决策、神经网络、支持向量机和Bayes网络；第四部分多源数据融合应用，包括分布式检测和融合、目标追踪的高效管理策略、数据融合的系统校准、目标跟踪策略算法与数据融合、像素与特征的图像融合；第五部分是多传感器管理。本书可作为信息工程、信息融合、模式识别、机器学习、人工智能、数据分析、军事决策和电子对抗等专业的本科生和研究生教材，也可供上述相关领域的科技人员阅读和参考，还可以供雷达、声呐、激光、红外、机器人、导航、交通、医学、物联网、泛在网、CPS、遥感、遥测、定位等领域的科技工作者参考学习。

本书封面贴有清华大学出版社防伪标签，无标签者不得销售。
版权所有，侵权必究。举报：010-62782989，beiqinquan@tup.tsinghua.edu.cn。

图书在版编目(CIP)数据

多源数据融合和传感器管理/罗俊海，王章静编著. —北京：清华大学出版社，2015（2024.6重印）
信息、控制与系统技术丛书
ISBN 978-7-302-39018-3

Ⅰ. ①多… Ⅱ. ①罗… ②王… Ⅲ. ①数据融合 ②传感器 Ⅳ. ①TP274 ②TP212

中国版本图书馆CIP数据核字(2015)第017202号

责任编辑：文 怡
封面设计：李召霞
责任校对：白 蕾
责任印制：宋 林

出版发行：清华大学出版社
网 址：https://www.tup.com.cn，https://www.wqxuetang.com
地 址：北京清华大学学研大厦A座 **邮 编**：100084
社 总 机：010-83470000 **邮 购**：010-62786544
投稿与读者服务：010-62776969，c-service@tup.tsinghua.edu.cn
质量反馈：010-62772015，zhiliang@tup.tsinghua.edu.cn
印 装 者：三河市龙大印装有限公司
经 销：全国新华书店
开 本：185mm×260mm **印 张**：24.75 **字 数**：592千字
版 次：2015年9月第1版 **印 次**：2024年6月第11次印刷
定 价：69.00元

产品编号：060169-02

前言

FOREWORD

由于任何一个传感器都不可能获取目标所有方面的信息，因此其探测到的信息对于最终的目标识别都具有一定的不确定性，再加上系统可靠性、噪声干扰等原因的影响，更加难以凭借单一的传感器探测特征做出正确的判断。在实际过程中，由于这种不确定性，常常会出现依照不同传感器获得的信息而做出截然相反的判别。中国古代“瞎子摸象”的故事告知人们，单凭一种感官获得的感知信息，难以获得对客观事物的全面认识。世间万物在不断变化，而人类感知和认知事物的能力却受到许多限制。唐初谏议大夫魏征曾有一句名言：“兼听则明，偏信则暗”，说的是采纳各种不同的意见作决策往往是明智的，而偏信一家之言则难免有失偏颇。人类和动物在获得客观对象的感知信息时，不是使用一种感官，而是用各种不同的感官，包括视觉、听觉、触觉、嗅觉、味觉等感官获得不同的感知信息，经过大脑处理之后才形成一个完整的认知结果。同样，在社会和经济活动中，负责任的政府和企业在决策时也要收集大量的数据，汇集不同的观点，才能制定出符合客观规律的决策。

随着传感器技术、计算机技术和信息技术的快速发展，20 世纪 70 年代首先在军事领域产生了“数据融合”的全新概念，即把多种传感器获得的数据进行所谓的“融合处理”，以得到比单一传感器更加准确和有用的信息。之后，基于多源数据综合意义的融合一词开始出现于各类公开出版的技术文献中，逐渐地这一概念不断扩展，要处理的信息不仅包含多平台、多传感器、多源的信号，还包括了知识、经验等在内的多种信息。其研究对象和应用领域不但涉及国防、工业、农业、交通、运输等传统行业，还涉及生物、通信、信息、管理等新兴行业，于是一种共识的概念逐渐被人们所接受，称为“多源数据融合”。

传感器管理技术主要是对多源传感器在时间上、空间上和任务上进行规划，最佳的规划方式就是根据多系统各自携带的传感器特性，将对系统探测信息增量最大的传感器探测方式安排为下一次系统的执行方案。从系统信息获取上来看，对监控区域的目标检测、运动目标的持续跟踪和目标的属性识别是信息监控的重点内容，进一步地获取这些关键信息，将会有利于系统信息增量的提升。

多源数据融合和传感器管理综合了控制、电子信息、计算机、网络以及数学等多学科领域，是一门具有前沿性的高度交叉学科。近年来，随着世界各国对各种多传感器平台和系统的需求急剧增加，信息融合进入了一个蓬勃发展的时期，人们对它的理论和工程应用研究方兴未艾，各种关于信息融合的新理论、新方法、新技术层出不穷，国内外学者已经在信息融合领域出版了一批高水平的学术专著。不过，对于刚进入信息融合领域的青年学生，或者刚开始从事信息融合应用的工程技术人员，迫切需要一本信息融合的入门教材。在电子科技大学校级特色教材规划等项目的资助下，笔者承担了《多源数据融合和传感器管理》的编写任务。该教材理论体系完整，材料取舍得当，包含信息融合的数学基础、主要进展、典型应用和传感器管理，可作为计算机网络、信号处理、自动化及相关专业本科生及研究生的教材，亦适合从事多源数据融合理论研究和工程应用的专业技术人员参考。

本书共分五部分，总计 25 章。第一部分研究现状包括第 1～6 章，介绍了多源数据融合的基本概念、功能模型、系统结构、发展过程等；第二部分为信息融合数学理论基础，包括第 7～13 章，详细介绍了多源数据融合理论赖以发展的理论基础，包括估计理论、粗糙集理论、随机集理论、D-S 理论、Monte Carlo 理论、滤波器理论等；第三部分为多源数据融合算法，包括第 14～19 章，详细阐述了支持向量机、神经网络、Bayes 网络、各融合决策等；第四部分为多源数据融合应用，包括第 20～24 章，详细展现了多源无线传感网络中分布式目标追踪的高效传感器管理策略、无线传感器网络中基于融合的火山地震检测和定时、数据融合的系统校准等；第五部分为传感器管理，即第 25 章，讲述了传感器管理问题的解决方案、传感器部署原则和传感器资源分配等。

为使概念原理论述清楚准确且反映主要研究成果，本书在撰写过程中参考了一批国内外学术专著，包括《多源多目标统计信息融合》（[美]马勒著，范红旗等译）、《多源信息融合理论及应用》（潘泉等著）、《多源信息融合理论与应用》（杨露菁等著）、《多源数据融合》（韩崇昭等著）、《信息融合理论及应用》（何友等著）、《雷达数据处理及应用（第二版）》（何友等著）、《多传感器多源数据融合理论及应用》（彭冬亮著）、《信息融合技术及应用》（李弼程等著）、《融合估计与融合控制》（王志胜等著）、《现代目标跟踪与信息融合》（潘泉等著）、《复杂系统的现代估计理论及应用》（梁彦等著）、*Multi Sensor Data Fusion with MATLAB*（Jitendra R. R. 著）、*Multi Sensor Data Fusion*（Hugh Durrant-Whyte 著）、*Handbook of Multisensor Data Fusion Theory and Practice*（Martin E. Liggins 著）、*Foundations and Applications of Sensor Management*（A. O. Hero 著）、*High level Data Fusion*（Subrata K. D. 著）*Distributed Detection and Data Fusion*（C. S. Burrus 著）及 *Estimation with Applications to Tracking and Navigation*（Bar shalom Y. 等著）等，在此向他们以及参考文献的所有作者表示深深谢意。同时，也感谢所有关心本书出版的各位专家学者。

本书相关工作得到了国家自然科学基金资助项目（No. 61001086）和电子科技大学新编特色教材建设项目（No. Y03094023701005）以及中央高校基本科研业务基金资助项目（No. ZYGX2011X004）的支持。

在本书编写过程中得到了陈悦老师、王章静老师和高欢斌、邹仕华、邹任乾、曹赞、任霄、倪静、蔡济杨和李涛等同学的帮助，其中王章静老师完成了该书的三分之一的工作量。本书在编写过程中还得到了相关领导、出版社老师、同学的支持和帮助。在此，向所有为本书的出版做出贡献的人们表示衷心感谢！

尽管作者做出了最大的努力，但限于自身水平，错误和不妥之处在所难免，殷切期望广大读者批评指正。

作者

2015 年 5 月

目录

CONTENTS

第一部分 研究现状

第二部分　数学理论基础

第四部分　多源数据融合应用

第五部分　多传感器管理

第一部分　研 究 现 状

第 1 章

多源数据融合概述

1.1 多传感器数据融合定义

在许多科技文献中存在着不同的数据融合定义。联合实验室(JDL)定义数据融合是一个"多层次、多方面处理自动检测、联系、相关、估计以及多来源的信息和数据的组合过程",Klein 推广了这个定义,指出数据能够由一个或者多个源提供。这两个定义是通用的,可以应用在不同的领域。基于前人的研究,笔者进行了许多数据融合定义的讨论,给出了一个关于信息融合原则性的定义:"信息融合是一种有效的方法,把不同来源和不同时间点的信息自动或半自动地转换成一种形式,这种形式为人类提供有效支持或者做出可以自动决策。"数据融合借鉴了许多领域,如信号处理、信息理论、统计学估计与推理和人工智能等多个学科。

一般来说数据融合有很多优点,主要包括提升数据可信度及有效性。前者是指可以提高检测率、把握度、可靠性以及减少数据模糊,而空间和时间覆盖的扩大则属于后者的好处。数据融合在一些应用环境中也有特定的优点。如无限传感器网络通常由大量的传感器节点组成,但是由于潜在的冲突和数据冗余传输产生了可扩展的问题。由于能量的限制,为了提高传感器节点寿命,则应该减少通信。当数据融合执行时,将传感器数据进行融合并且只发送融合后的结果,这样就可有效减少消息数量、避免冲突并节约能量。

最普遍和流行的融合系统概念是 JDL 模型,其源于军事领域并且基于数据的输入和输出。原始的 JDL 模型把融合过程分为 4 个递进的抽象层次,即对象、状态、影响和优化过程。尽管它很普遍,JDL 还是有许多缺点,如限制性太强,特别是在军事领域的应用中,因此提出了许多扩展方案。JDL 的形式化主要注重数据(输入/输出)而不是过程。相对 Dasarathy 的框架,它从软件工程的角度认为融合系统对于一个数据流应以输入/输出以及功能(过程)作为特征。而 Goodman 等人则认为数据融合的一般概念是基于随机集合的概念。这个框架的独特性就是它结合了决策的不确定性和决策本身,同时提出了一个完全通用表现不确定性的方案。Kokar 等人最近提出了一个抽象融合框架,这种形式化是基于范畴论和捕捉所有类型的融合(包括数据融合、特征融合、决策融合和关系信息融合)。这项工作的主要新颖之处是表达多源数据处理的能力,即数据和过程。此外它允许处理这些元素(算法)的共同组合以及可测量和可证明的性能。这种形式化的融合标准方法为融合系统的标准化和自动化发展应用铺平了道路。

1.2 多传感数据融合面临的问题

目前数据融合仍面临许多的问题，这些问题大多数源于数据融合、传感器技术的缺陷和多样性以及自然的应用环境，如下所示。

(1) 数据缺陷：由传感器提供的数据通常在测量中会受到一定程度的不精确性和不确定性的影响。数据融合算法应该能够有效地表现该缺陷的影响，并且利用数据冗余减少其影响。

(2) 异常和虚假数据：传感器中的不确定性不仅仅源于测量中的不精确性和噪声，同时源于实际环境中的模糊性和不一致性，因此缺乏区分它们的能力。数据融合算法应该能利用数据冗余来减少其影响。

(3) 数据冲突：当融合系统是基于证据理论推理和 Dempster 的规则相结合的时候数据冲突会造成很大影响。为了避免违反常理的结果，任何数据融合算法必须对冲突数据给予特殊的关注。

(4) 数据形式：传感器网络可能收集性质上相同(同类)或者不同(异质)的数据，如某个现象中人的听觉、视觉和触觉测量，所有的情况都需要数据融合来处理。

(5) 数据关联：这个问题在分布式融合设定中尤为重要和常见，例如无线传感器网络，例如一些传感器节点可能暴露在同样的外部噪声以干扰其测量。如果这种数据相关没有计算在内，对数据融合算法的结果可能会过于高估或者过于低估。

(6) 数据校准/匹配：在融合发生之前传感器必须从每一个传感器本地框架转换到一个共同的框架。这样的校准问题经常指传感器配准和处理由单个传感器节点引起的标准化错误。数据配准是融合系统成功配置的关键性要点。

(7) 数据联合：与单目标追踪问题相比，多目标追踪问题为融合系统引入了相当的复杂度。其中一个新困难是数据联合问题，可能会以两种形式出现即"测量与轨迹"和"轨迹与轨迹"的关联。前者指如果存在测量则辨认每一个测量起源于哪个目标的问题，而后者是区分和结合那些估计实际世界中同样目标状态的轨迹。

(8) 处理框架：数据融合可以进行集中式或者分布式处理。后者在无线传感器网络中通常是更合适的，因为它允许每个传感器处理本地已收集的数据。这相对集中式方法所需要的通信负担消耗更低，特别是所有的测量必须传送到一个处理中心节点去进行融合。

(9) 操作时序：由传感器覆盖的区域可能跨越了一个在不同变化率中由不同方面组成的巨大环境。即使在同类传感器的情况下，传感器工作频率也可能不一致。一个设计良好的数据融合方法为了处理数据上的时序变化应该融合多重时间尺度。在分布式融合设置中，数据的不同部分在到达融合中心之前可能穿越不同的路径，这也可能导致数据不按序列的到来。为了避免潜在的性能下降，这个问题需要处理的妥善，特别是在实际应用中。

(10) 静态与动态现象对比：在这种现象下可能是时不变的也可能是时变的。在后者的情况中，它可能需要数据融合算法去结合最近的测量历史到融合过程中。数据新鲜度即数据源如何快速地捕获变化和相应的更新，这对数据融合结果的有效性起到重要作用。

(11) 数据维度：假设一定程度的压缩损失是可以接受的，测量数据可以在每个传感器节点本地进行预处理或在数据融合中心整体进行预处理，这使数据维度压缩到一个较低的维度。预处理阶段是有益的，本地预处理可以节约数据传输中通信的能量和宽带需求，而整体预处理可以限制融合中心节点的计算负担。

虽然许多问题都已经被确认并进行了大量研究，但还是没有一种数据融合算法能够解决上述的所有问题。大多数研究只集中在解决这些问题中的部分，这些研究都还在进行。数据融合的大量文献中的数据表现被总结分类如图 1-1 所示。现有的融合算法研究就是基于如何处理这些数据相关问题。

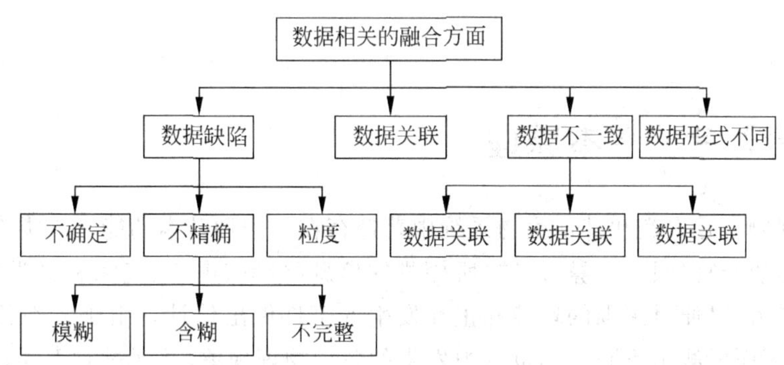

图 1-1　数据融合方法分类

习题

1.1　通过查阅相关文献，分析多传感器数据融合面临的问题。

1.2　多源数据融合技术产生的背景是什么？简要介绍多传感器数据融合的定义。

1.3　与单传感器系统相比，多源数据融合的优势有哪些？哪些信源可以实现信息融合？

1.4　多源数据融合有哪些典型的模型？各自的特点是什么？

第 2 章

信息融合的原理和级别

2.1 信息融合的基本原理

多源数据融合是人类和其他生物系统中普遍存在的一种基本功能。人类本能地具有将身体上各种功能器官(眼、耳、鼻、四肢)所探测的信息(景物、声音、气味和触觉)与先验知识进行综合的能力,以便对周围的环境和正在发生的事件做出估计。由于人类的感官具有不同度量特征,因而可测出不同空间范围内发生的各种物理现象,并通过对不同特征的融合处理转化成对环境有价值的解释。

多源数据融合实际上是对人脑综合处理复杂问题的一种功能模拟。在多传感器(或多源)系统中,各信源提供的信息可能具有不同的特征:时变的或者非时变的,实时的或者非实时的,快变的或者缓变的,模糊的或者确定的,精确的或者不完整的,可靠的或者非可靠的,相互支持的或者互补的,也可能是相互矛盾或冲突的。多源数据融合的基本原理就像人脑综合处理信息的过程一样,充分利用多个信息资源,通过对多种信源及其观测信息的合理支配与使用,将各种信源在空间和时间上的互补与冗余信息依据某种优化准则组合起来,产生对观测环境的一致性解释和描述。信息融合的目标是基于各信源分离观测信息,通过对信息的优化组合导出更多的有效信息。这是最佳协同作用的结果,它的最终目的是利用多个信源协同工作的优势,来提高整个系统的有效性。

单传感器(或单源)信号处理或低层次的多源数据处理都是对人脑信息处理过程的一种低水平模仿,而多源数据融合系统则是通过有效地利用多源数据获取资源,来最大限度地获取被探测目标和环境的信息量。多源数据融合与经典信号处理方法之间也存在着本质差别,其关键在于信息融合所处理的多源数据具有更复杂的形式,而且通常在不同的信息层次上出现,即信息融合具有层次化的特征。

2.2 信息融合的级别

根据对输入信息的抽象或融合输出结果的不同,人们先后提出了多种信息融合的功能模型,将信息融合分为不同的级别。

第 1 种分级模型为 3 级模型,它是依据输入信息的抽象层次将信息融合分为 3 级的,包括数据级(或称像素级)融合、特征级融合以及决策级融合。其中,数据级融合的主要优点是能保持尽可能多的现场数据，提供其他层次所不能提供的信息，主要缺点是传感器数量多、数据通信容量大、处理代价高、处理时间长、实时性差、抗干扰能力差，其典型代表是像素级图像融合；决策级融合的优点是对信息传输带宽的要求比较低、通信容量小、抗干扰能力比较强、融合中心处理代价低，缺点是预处理代价高、信息损失比较大；特征级融合是介于数据级和决策级融合的一种融合。这种 3 级模型可用在不同的应用层面，例如，在进行分布式检测融合时，既可在特征级融合，也可在决策级融合；在目标识别层融合时，则可在这 3 级的任一级进行。

第 2 种分级模型也是 3 级模型，它是美国 JDL/DFS 根据信息融合输出结果所进行的分类，包括位置估计与目标身份识别、态势评估、威胁估计 3 级。JDL/DFS 提出这种信息融合分级方法为信息融合理论的研究提供了一种较为通用的框架，得到了广泛的认可和应用。该模型的一个不足是划分过粗，例如，目标识别和位置估计无论从研究特点和所采用的方法上都有很大差别，把它们放在一级不是很合适；另一个不足是没有包括常用的分布式检测融合。

第 3 种分级方法是信息融合的 5 级分类模型，如图 2-1 所示，它包括检测级融合、位置级融合、目标识别(属性)级融合、态势估计、威胁估计这 5 级。它是在 JDL/DFS 分级模型的基础上提出的，与 3 级模型相比，主要区别在于增加了检测级融合，且将位置级融合与目标识别级融合分开，因而，这种信息融合功能分类模型对实际研究具有更好的指导性。

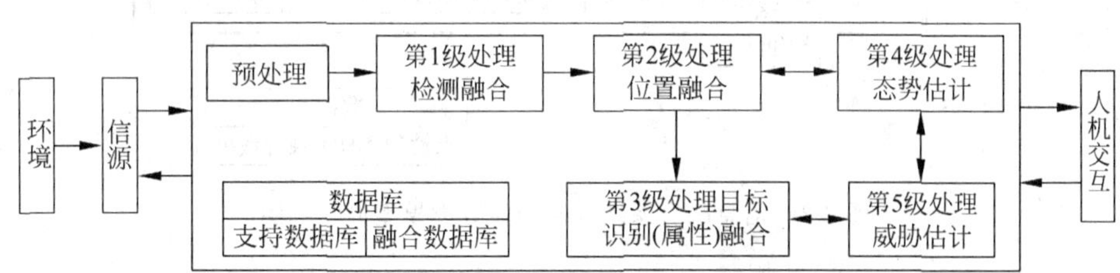

图 2-1 信息融合系统 5 级功能分类模型简化框图

第 4 种分级模型是 JDL 提出的 4 级融合模型，如图 2-2 所示，它是信息融合 3 级功能模型的新进展，在原来的 3 级模型基础上又增加了“精细处理”的第 4 级。需要注意的是，在图 2-2 中，第 4 级不完全在信息融合的领域内，而有一部分是在信息融合领域范围外。JDL 的 4 级融合模型相对于其他模型更强调了人在信息融合 4 级分类模型的一个不足是前 3 级分类较粗，同时，分布式检测融合作为一种重要的信息融合，主要用于判断目标存在与否，似乎在 4 级分类模型中也找不到对应的位置。

第 5 种分级模型是 6 级融合模型，如图 2-3 所示，它是在综合 5 级分类模型和 4 级分类模型优点的基础上提出的。在图 2-3 中左边是信息源及要监视/跟踪的环境。融合功能主要包括信源预处理、检测级融合(第 1 级)、位置级融合(第 2 级)、目标识别级融合(第 3 级)、态势估计(第 4 级)、威胁估计(第 5 级)以及精细处理(第 6 级)。该模型既包含了 4 级模型的优点，突出了精细化处理，强调了人在信息融合中的作用，又包含了 5 级模型的优点，对从检测到威胁估计的整个过程给出了清晰划分，还恰当地包含分布式检测融合，避免了 3 级模型和 4 级模型的不足，从而更便于指导人们对信息融合理论的研究。这种 6 级模型也是本书的主线。

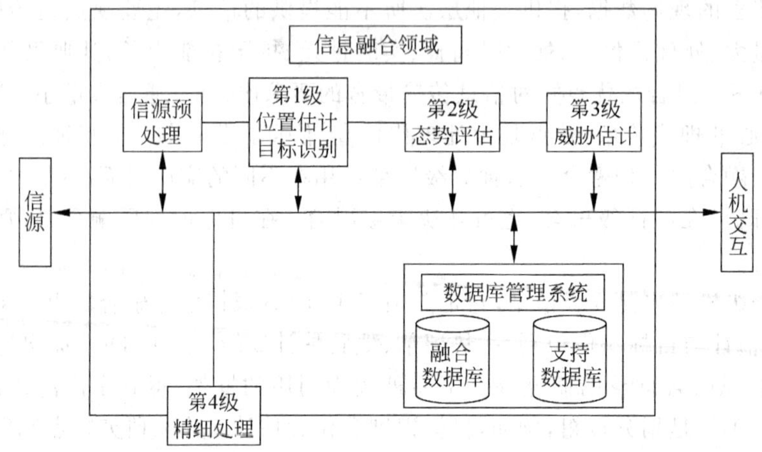

图 2-2 信息融合 4 级分类模型

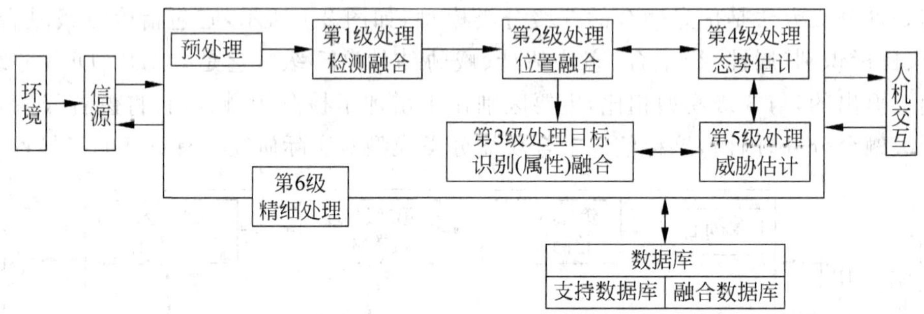

图 2-3 信息融合系统 6 级功能分类模型简化框图

2.2.1 信源

多源数据融合系统中的信息源(即信源)主要有雷达、ESM、红外、声呐、敌我识别器(IFF)、电子情报、通信情报、技侦情报等。这里所讲的信源不仅包括物理意义上的各种传感器系统,也包括与观测环境匹配的各种信息获取系统,甚至包括人和动物的感知系统。

2.2.2 信源预处理

在信源预处理阶段,根据观测时间、报告位置、传感器类型、信息的属性和特征来分选和归并数据,主要是进行信号处理、信号分选、过程分配、误差补偿、像素级或信号级数据关联与归并等,其输出主要是信号、特征等。在多源数据融合系统中,对信息的预处理可避免融合系统过载,也有助于提高融合系统性能。

2.2.3 检测级融合

检测级融合是信号处理级的信息融合,也是一个分布检测问题,它通常是根据所选择的检测准则形成最优化检测门限,以产生最终的检测输出。检测级融合的结构模型主要有5种,即分散式结构、并行结构、串行结构、树状结构和带反馈的并行结构。近几年的研究方向是:传感器向融合中心传送经过某种处理的检测和背景杂波统计量,然后在融合中心直接进行分布式虚警(CFAR)检测；相关高斯/非高斯环境下同时优化局部决策规则和融合中心规则的分布式检测融合；异步分布式检测融合等。

2.2.4　位置级融合

第 2 级处理是直接在传感器的观测报告或测量点迹和传感器的状态估计上进行的融合，包括时间上的融合、空间上的融合以及时空上的融合，它通过综合来自多传感器的位置信息建立目标的航迹和数据库，获得目标的位置和速度，主要包括数据校准、数据互联、目标跟踪、状态估计、航迹关联、估计融合等。该级主要有集中式、分布式、混合式和多级式结构。为了提高局部节点的跟踪能力，对分布式、混合式和多级式系统，其局部节点也经常接收来自融合节点的反馈信息。

2.2.5　目标识别融合

第 3 级处理是目标识别(属性)信息融合，也称属性分类或身份估计，它是指对来自多个传感器的目标识别(属性)数据进行组合，以得到对目标身份的联合估计。依据融合采用的信息的层次，主要有决策级融合、特征级融合和数据级融合这 3 种方法，例如，基于图像的目标识别融合，就可以在这 3 级中的任一级进行；依据传感器是否采用合作工作方式，主要有基于合作传感器的融合识别和基于非合作传感器的融合识别，例如，基于敌我识别器在不同时刻的目标识别报告所进行的目标识别就是基于合作传感器的目标识别融合；依据传感器提供的信息的分辨率，有基于高分辨率传感器的目标识别融合和基于低分辨率传感器的目标识别融合。

目标识别级融合结构的新进展是 Dastrathy 提出的 5 级结构，即“数据入-数据出(DAI-DAO)”、“数据入-特征出(DAI-FEO)”、“特征入-特征出(FEI-FEO)”、“特征入-决策出(FEI-DEO)”、“决策入-决策出(DEI-DEO)”5 级。该方法的优点是可用于构建灵活的信息融合系统结构，对于实际的应用研究也有指导意义。

图像融合作为目标识别融合中的一个重要方面，可以在像素级、特征级或决策级任一级进行融合，也可以利用 Dasarathy 提出的 5 级结构，构造灵活的图像融合识别结构，以进一步改善图像融合的性能。

2.2.6　态势估计

态势是一种状态，一种趋势，是一个整体和全局的概念。态势估计是对战斗力量部署及其动态变化情况的评估过程，从而分析并确定事件发生的深层次原因，得到关于敌方兵力结构、使用特点的估计，推断敌方意图、预测将来活动，最终形成战场综合态势图，从而提供最优决策依据的过程。态势估计包括态势元素提取、当前态势分析和态势预测，如图 2-4 所示。态势估计涵盖以下几个方面。

(1) 提取进行态势估计要考虑的各要素，为态势推理做准备；

(2) 分析并确定事件发生的深层次原因；

(3) 根据以往时刻发生的事件，预测将来时刻可能发生的事件；

(4) 形成战场态势分析报告和综合态势图，为指挥员提供辅助决策信息，主要包括目标聚类、事件/活动聚类、语义信息融合、多视图(multi-perspective)评估(如红色视图-我方态势，蓝色视图-敌方态势，白色视图-天气、地理等战场态势）等；综合态势图常见的有 SIAP（single integtated air picture，空情图）、SISP（single integrated sea picture，海情图）、SIGP（single integrated ground picture，陆情图）等。

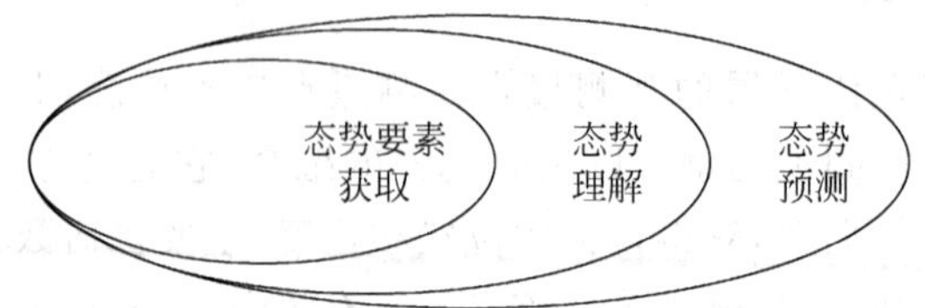

图 2-4 态势估计 3 级模型

态势分析报告和综合态势图通常有以下两个特点。

(1) 具有时间推理能力。时间推理是指推理事件间时间关系的能力。由于作战单元进行战术协同的要求，各军事事件间必须满足一定的时间限制关系。

(2) 满足客观性、一致性及灵敏度等原则。客观性原则是指态势估计的结果必须反映真实局势，并且符合态势的独立性；一致性原则指所选估计方法必须符合某些直觉判断和专家给出的意见；灵敏度原则是指估计结果不随战场因素的微变而发生较大变化。

2.2.7 威胁估计

威胁估计的任务是在态势估计的基础上，综合敌方破坏能力、机动能力、运动模式及运行为企图的先验知识，得到敌方兵力的战术含义，估计出作战事件出现的过程或严重性，并对作战意图做出指示与告警，重点是定量表示敌方作战能力，并估计敌方企图。主要包括：估计/聚类作战能力；预测敌方意图；判断威胁时机；估计潜在事件，如兵力的弱点、关键事件时刻、威胁系统优先权排序、系统出现的可能性等；进行多视图评估，如进攻、防御等。

需要说明的是，除态势估计和威胁估计的概念外，近年来还有一个与“态势估计”极易混淆的概念，即所谓的“态势感知”。所谓态势感知，按 Endsley 的定义是“在一定的空间和时间内了解周围的事务，掌握它们在未来的含义和动态”。据此定义，可确定态势估计感知的 4 个要素为：感知（perception）、理解（comprehension）、预测（prediction）及估计（estimation）。因此，态势感知一般是指在大规模系统环境中，对能够引起系统安全态势估计发生变化的安全要素获取、理解以及预测的过程，并识别出它们的身份。态势感知和态势估计和威胁估计的关系如图 2-5 所示。

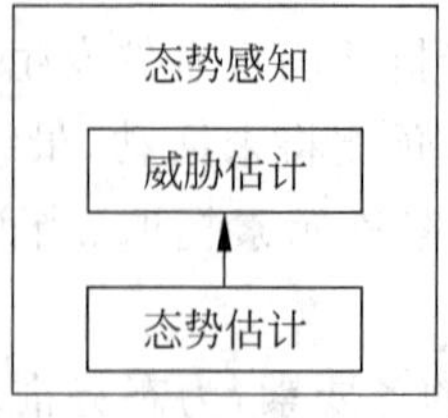

图 2-5 态势估计、威胁估计及态势感知关系图

由图 2-5 可知，态势估计和威胁估计分别是态势感知过程的一个环节，它们共同构成了态势感知。态势感知注重事件的出现，威胁估计则更注重事件和态势的效果。态势感知是

一种知识的状态，而态势估计是获得知识的处理过程。

在态势估计和威胁估计层面，既涉及大量异类传感器系统和异构信息，也涉及指挥员意图、人员心理、气候、环境、兵力组成、国际形势等，因而信息融合的重点由其他级别的数据层次的融合转到知识层次的融合，即对来自不同知识源的知识相互作用和支持，形成知识的过程，它不但能够融合数据、信息，而且还可以对方法、经验，甚至人的思想进行融合。显然，由于包含了更大的不确定性，知识融合也具有更大的难度。

2.2.8　精细处理

精细处理包括评估、规划和控制，主要由以下内容构成。

(1) 性能评估，通过对信息融合系统的性能评估，达到实时控制和/或长期改进的目的。主要包括：

① 信息融合系统的工作性能评估，如MTBF、工作稳定性等。

② 信息融合系统的性能质量(MOP)度量，如目标跟踪精度、航迹正确关联概率、航迹错误关联概率、目标定位的GDOP、机动目标跟踪能力、最大跟踪目标数量、系统预警时间等。

③ 信息融合系统。

(2) 融合控制要求，主要包括位置/身份要求、势态估计要求、威胁估计要求等。

(3) 信源要求的有效性度量(MOE)，它包含了多类MOP，如武装力量对威胁识别和反应的能力、信息融合系统防止对己方或友方误伤的能力、对可重定位且时间紧迫(RTC)目标的势态感知能力等。主要包括传感器任务、合格数据要求、参考数据要求等。

(4) 任务管理，主要包括任务要求和任务规划等。

(5) 传感器管理，传感器管理用于控制融合数据收集，规划观测和最佳资源利用，包括传感器的选择、分配及传感器工作状态的优选和监视等。

2.2.9　数据库处理

多源数据融合中的数据库系统主要包括支持数据库和融合数据库两类数据库，它是实际多源数据融合系统中必不可少的重要组成部分。其中，支持数据库包括环境数据库、条令数据库、技术数据库、算法数据库、观测数据库、档案任务数据库；融合数据库包括目标位置/身份数据库、态势估计数据库、威胁估计数据库等。为了使数据库管理正常运行，需要采用高速并行推理机制和不精确推理方式处理数据的海量性和不确定性。

习题

2.1　简要描述信息融合的级别。

2.2　通过查阅相关文献，分析多源数据融合的工作流程。

第 3 章

多传感器数据融合算法

在由多个元件(模块)组成的数据融合系统中,由给定的融合框架指定基础的融合算法,对输入数据进行加工(融合),在实际生活中,融合应用必须处理一些具有挑战性的数据,因此本章基于数据融合的新分类探讨数据融合算法。融合系统的输入数据可能是有缺陷的、相关的、不一致的或者形式完全不同的。挑战性问题的 4 个主要类别都可以进一步细分为更多具体的问题,如图 3-1 所示。

有缺陷数据的分类的灵感是来自 Smet 的开拓性工作以及最近 Dubois 和 Prade 的论述。分类中考虑了数据缺陷的 3 个方面:不确定性、不精确性和粒度。

若由数据表示的相关置信度小于 1 则数据是不确定的。而不精确数据是指有许多个对象而不仅仅是只有一个对象的数据。数据粒度是指区分对象的能力,这种能力由数据描述,依赖于所提供的数据集。从数学上讲,假设给定的数据 d(对于每个感兴趣的描述对象)由以下结构组成:

对象 O	属性 A	陈述 S

表示数据 d 正在陈述 S 关于实际世界中一些属性 A 和对象 O 的关系。进一步假设 $C(S)$ 为分配给陈述 S 的置信度。如果 $C(S)<1$ 是准确即单独的,则数据认为是不确定的。如果隐含的属性 A 或者置信度 C 不止一个,如一个区间或者集合,则这些数据也将被看作不精确的。注意数据的陈述部分通常是精确的。

不精确的 A 或者是 C 可能是明确定义的或者是不明确定义的,或者是错过了某些信息。因此不精确表现为数据的含糊性、模糊性或者不完整性。含糊性数据是指那些 A 或者 C 是准确的而且是明确定义的但本身是不明确的。例如在句子“目标位置在 2 和 5 之间”指定的属性是明确定义的不准确区间[2,5]。模糊性数据具有不准确定义的属性即属性是多于一个而不是一个定义明确的集合或者区间。例如句子“这个塔好大”中指定的属性“大”是可以主观理解的不明确定义即对于不同的观察者有不同的意义。有某些信息丢失的不精确数据被称作不完整数据。例如句子“不可能看见椅子”置信度 C 只给出了上限即 $C<s$ 对于某些 s。

考虑一个信息系统其大量的(而不是一个)对象 $O=\{o_1,o_2,\cdots,o_k\}$ 用一个系列属性 $A=\{r_1,r_2,\cdots,r_n\}$ 和不同的域 $D_1,D_2,\cdots,D_n$ 描述。设 $F=D_1\times D_2\times\cdots\times D_n$ 表示一系列的 A 中属性给出的所有可能描述,也被称为帧。对于多个对象可能在一些属性上有同样的描述,设 $[o]_F$ 为在帧 F 内等价描述(因此没有区别)的对象集合,也被称作等价类。现在设 $T\subseteq O$

表示对象的目标集合，一般用 F 不可能准确描述 T，因为 T 可能包含也可能不包含在帧 F 内不可区分的对象。但是通过上下限设置能够近似描述 T，这能在 F 里根据引出的等价类来准确描述。总之，数据粒度是指数据帧 F（粒度）的选择对所得数据不精确性的影响；换句话说，选择不同属性子集将导致不同的帧和由不可识别（不准确）对象组成的不同集合。

相关数据对于数据融合系统也是一个挑战，必须妥善处理。输入数据的不一致源于三种情况：数据冲突、数据异常和数据混乱。所得的融合数据可能以一种或几种方式不同的形式产生，如由物理传感器（硬数据）产生或人们操作（软数据）产生。这样分类的优点是使它们根据具体的数据融合相关问题探索出明确的融合技术。分类的目的是通过提供有合适前景的数据算法来促进开发设计，并提供相关技术用于解决相关数据和在应用中涉及的问题。这样分类也有助于非专业人士更加直观地了解数据融合这个领域。

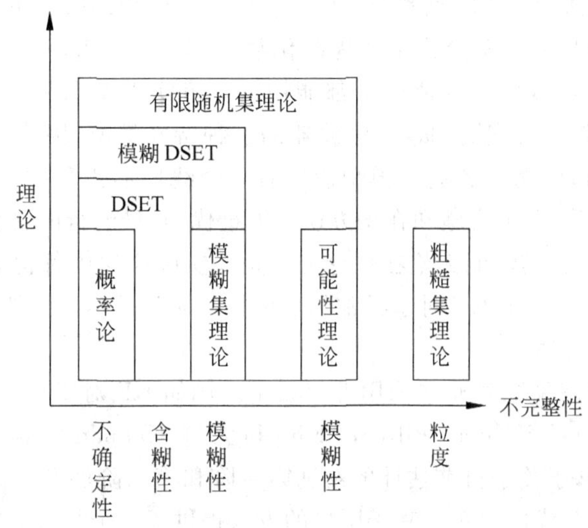

图 3-1 缺陷数据处理理论框架概述（注：在图中模糊集理论被省略以避免混淆）

3.1 有缺陷的数据融合

数据的自身缺陷对于数据融合系统是最根本的挑战问题，因此大部分研究工作都集中在解决这个问题上。有一些数学理论可以有效地描述有缺陷的数据，如概率论、模糊集理论、可能性理论、粗糙集理论、D-S 理论（DSET）。多数这些方法能够描述具体的部分有缺陷数据，例如一个概率分布描述数据的不确定性，模糊集合理论描述数据的模糊性，证据理论可以描述不确定和含糊的数据。从历史上看概率论长期使用于处理大多数缺陷数据信息，因为它是过去唯一存在的理论。替代的技术如模糊集理论和证据推理方式以及提出用于处理概率方法的局限性，如复杂性、不一致性、模型精度和不确定性。讨论数据融合算法种类的每一种，以及它们的混合目的是为了更加全面地处理数据缺陷。这种混合架构如模糊粗糙集理论和模糊 D-S 理论（fuzzy DSET）。运用随机集描述新兴融合领域，可以用于发展一个处理数据缺陷的统一框架。图 3-1 提供了处理数据缺陷的上述数学理论的概述。在图 3-1x 轴上描绘了数据缺陷的各个方面。围绕数学理论的方块指出了该理论主要针对的缺陷范围。

3.1.1 概率融合

概率方法利用概率分布或者密度函数描述数据的不确定性。这些方法的核心是 Bayes 估计,它能把数据的碎片融合起来,因此称作"Bayes 融合"。假设有一个状态空间,Bayes 估计提供了一个计算假定空间 x_k 在时间 k 上的后验(条件)概率分布或密度的方法,其中一系列测量已给出 $\boldsymbol{Z}^k=\{z_1,z_2,\cdots,z_k\}$(直到时间 k),以及先验分布,如下所示

$$p(x_k \mid \boldsymbol{Z}^k)=\frac{p(z_k \mid x_k)p(x_k \mid \boldsymbol{Z}^{k-1})}{p(\boldsymbol{Z}^k \mid \boldsymbol{Z}^{k-1})} \tag{3-1}$$

其中 $p(z_k|x_k)$被称为似然函数,是基于给定的传感器模型的,$p(x_k|\boldsymbol{Z}^{k-1})$称为先验分布包含了系统给定的转换模型,分母只是一个规范化数量以确保概率密度函数积分为 1。

可以应用 Bayes 估计每个时刻和通过融合新的数据碎片递归地更新状态系统的概率分布或者密度即 z_k。但是无论先验分布和规范化数量都包含一般不能分析估计的积分。因此 Bayes 的分析方式并不是所有情况下都能用的。事实上著名的 Kalman 滤波(Kalman Fliter,KF)是有明确解决方案的 Bayes 滤波器的一种特殊情况,因为把动态系统的约束条件简化成了线性高斯,即测量和运动模型假定有一个线性形式和被零均值高斯噪声干扰。尽管如此 KF 因其简单、易于实施和在均方误差上最优,是最流行的融合方法。这是一个非常完善的数据融合方法,其性能无论在理论上还是在实际应用中都得到了检验。另一方面与其他最小二乘法估计类似,KF 对于异常的数据损坏非常敏感。此外 KF 在误差特性不易于参数化的应用中不合适。

当处理非线性动态系统时通常采用近似技术。例如 KF 对于非线性系统的应用,扩展 Kalman 滤波(Extended Kalman Filter,EKF)和无迹 Kalman 滤波(Unscented Kalman Filter,UKF)分别是基于关于目前估计的泰勒第一阶和第二阶展开。但是这两种方法都只能在一定程度上解决非线性问题。基于网格的方法提供了一个替代方案去近似非线性概率密度函数,但是在高维上很难计算。基于 Monte Carlo 模拟技术如 Sequential Monte Carlo (SMC)和 Markov Chain Monte Carlo (MCMC)是目前最强大和流行的近似概率方法。它们也是十分灵活的,因为它们没有提出关于概率密度是近似的这个假设。粒子滤波器是 SMC 算法的一种递归实现。当处理非高斯噪声和非线性系统时,它提供了 KF 的代替品。它的想法是把(加权)集成的随机抽取的样品(微粒)看作是感兴趣的概率密度的近似。随机样品通常根据所给测量(感知模型)的可能性由先验密度(转移模型)和它们的权重所抽取(预测)。这种执行粒子滤波器的方法被称为序贯重要性采样(Sequential Importance Sampling,SIS)。通常采用的重采用步骤是将当前集合的微粒用一个新的集合代替,而这个新的集合是根据原本微粒的概率比例权重抽取出来的。这个步骤在粒子滤波器的最初建议中已经包含,被称为序贯重要性重采样算法(Sequential Importance Resampling,SIR)。

与 KF 相似,粒子滤波器已经证明对数据异常敏感,需要一组辅助变量以提高它们的鲁棒性。另外与 KF 相比,粒子滤波器计算耗费更大,因为它们需要大量的随机样本(微粒)去估计所需的后验概率密度。事实上它们不适合用于涉及高维状态空间的融合问题,因为要求用于估计一个给定的密度函数的数量随维度指数会迅速增加。

当处理高维时替代微粒滤波器的方法是 MCMC 算法。其基本思想就是通过用

Markov 链演算样本来减少高维密度估计的负担，而不是简单地把样本在每一个步骤随机地（和独立的）抽样。这里 Markov 链是一个随机样本序列通过具有 Markov 特性的过渡概率（核心）函数产生，即状态空间中不同样本值之间的过渡概率只取决于随机样本的当前状态。这已经被证明人们可以总是使用一个设计好的 Markov 链使其收敛到一个唯一稳定感兴趣的密度（根据已抽样的样品）。在一个足够大的迭代次数之后收敛，这被称作老化期。Metropolis 和 Ulam 率先利用该技术解决涉及高维密度估计的问题。他们的方法被后来的 Hastings 拓展被称作 Metropolis-Hastings 算法。该算法原理是通过依次从一些跳跃（建议）的分布中采样候选点，这是由当前样本得出的潜在样本条件概率。得到的候选点依概率接受，这个概率是根据候选点和当前点的密度比率决定的。Metropolis-Hastings 算法对于样本初始化和跳跃分布的选择十分敏感。当选择了不恰当的初始样本或/和跳跃分布老化期可能会显著增长。因此所谓的最优初始点和跳跃分布是该研究的主题。初始点一般尽可能地设立在分布的中心，例如分布模式。此外，随机游动和独立采样链是两个跳跃分布普遍采用的方法。

流行的 Gibbs 采样是 Metropolis-Hastings 算法的特殊情况，其中候选点总是接受的。这种方法的关键优点是它认为只有单变量条件分布，这也通常有更简单的形式和因此比全联合分布更易于模拟。因此 Gibbs 采样模拟 n 个随机变量时，将依次通过单次模拟从全联合分布产生一个单独的 n 维向量。在实际中应用 MCMC 方法的一个难点是估计老化时间，虽然通常认为通过提供够大的样本容量可以使老化时间不重要。尽管如此，当并行处理计划应用 MCMC 方法时，老化时间可能是不能被忽略的。随着并行 MCMC 的计算负担被分为几片，这使个别样本容量并没有想象中那么大。为了缓解这一问题，收敛诊断方法常用来确定老化时间。这些方法必须谨慎应用，因为它们可能引入本身的一些误差到计算中。

3.1.2 证据置信度推理

置信度函数理论源于 Dempster 的研究，在已理解的 Gisher 方法的概率推理下得到完善，在基于证据的一般理论下被 Shafer 数学公式化。置信度函数理论是一种在理论上让人感兴趣的证据推理框架，并且是流行的处理不确定和不精确的方法。D-S 理论引入分配置信度和合理度至可能的测量假设，以及用规定的融合规则去融合它们的概念。这可以看作是 Bayes 理论处理概率质量函数的一般化。

用数学语言描述，考虑一个 X 表示系统的所有可能状态（也称作识别框架）和幂集 2^X 表示包含 X 的所有可能子集的集合。与概率理论分配概率量到每一个的 X 元素相比，D-S 理论则是分配置信度 m 到每一个 2^X 的元素 E 表示关于系统状态 x 的可能命题。函数 m 有如下两个特性：

① $M(\phi)=0$。

② $\sum_{E\in 2^X} m(E) = 1$。

对于任意的命题 E 直观可知，$m(E)$ 表示有效的系统状态 x 属于 E 的有效证据比率。一般地，m 对于仅有有限数量的集合是非零的称作焦元。使用 m 可以得到 E 的概率区间如下

$$bel(E) \leqslant P(E) \leqslant pl(E) \tag{3-2}$$

其中，$bel(E)$ 称作 E 的置信度，定义为 $bel(E)=\sum_{B\in E}m(B)$；$pl(E)$ 称作 E 的合理度，定义为 $pl(E)=\sum_{B\cap E\neq\phi}m(B)$。

传感器的证据通常使用 Dempster 融合规则融合。分布考虑两个有置信度质量函数 m_1 和 m_2 的信息源。联合置信度质量函数 $m_{1,2}$ 计算如下

$$m_{1,2}(E)=(m_1\oplus m_2)(E)=\frac{1}{1-K}\sum_{B\cap C=E\neq\phi}m_1(B)m_2(C) \tag{3-3}$$

$$m_{1,2}(\phi)\neq 0 \tag{3-4}$$

其中，K 表示两个信息源直接的冲突量，由下式得出

$$K=\sum_{B\cap C\neq\phi}m_1(B)m_2(C) \tag{3-5}$$

Garvey 等人于 1981 年第一次提出利用 D-S 理论处理数据融合问题。不像 Bayes 推论，D-S 理论允许每个源在不同程度的细节上提供信息。例如，一个传感器可以提供信息来区分个别实体，而其他传感器能提供信息来区分实体的类别。此外，D-S 理论不会分配先验概率至未知命题，也就是说只有当支持的信息有效时才会分配概率。事实上，它通过分配整个质量至识别框架允许完全不了解的明确表达，即任何时候有 $m(E=X)=1$，而用概率理论必须假设一个统一的分布来处理这种情况。为了在 Bayes 和 D-S 推论之间做出选择，必须在前者提供的高程度精确和后者的灵活公式表达之间做出权衡。

特别在近几年中 D-S 理论已经建立了有前途和流行的数据融合方法。然而还是存在一些问题如计算的指数复杂度(一般最坏的情况下)和当用 Dempster 融合规则融合有冲突的数据时可能产生有悖常理的结果。这些问题都已经在文献中被大量研究并提出了许多解决或延缓的策略。Barrnett 的研究是第一个解决执行 Demspter 融合规则时的计算问题。在他提出的算法中每个证据要么肯定要么否认一个命题。后来 Gordon 和 Shortliffe 提出了一个能够处理分层证据的改进算法。为了避免非常高的计算复杂度，算法使用了近似结合证据，但是近似不能很好地处理有高度冲突证据的情况。至此许多研究团体已经研究了基于图形技术、并行处理方案、减少焦元数量以及粗化识别框架以近似原始潜在置信度的减少复杂度方法。一些研究还设立了焦元的有限集合表示来促进融合计算。Shenoy 和 Shafer 展示了这种局部计算方法对于 Bayes 和模糊逻辑的能力。

3.1.3 融合和模糊推理

模糊集理论是处理不完善数据的另一个理论推理方案。它引入了使推理不精确(而不是清晰的)的部分集合成员的新颖概念。一个模糊集 $F\subseteq X$ 由逐步隶属函数 $\mu_F(x)$ 在区间 $[0,1]$ 定义如下

$$\mu_F(x)\in[0,1],\quad \forall x\in X \tag{3-6}$$

其中隶属程度越高，表示越多的 x 属于 F。这让模糊数据融合有一个有效的解决方法，就是使用逐步隶属函数模糊或者部分传感数据模糊化。模糊数据可以用模糊规则融合以产生模糊融合输出。模糊融合规则可以分为连接型和分离型。前者的例子如下

$$\mu_1^{\cap}=\min[\mu_{F_1}(x),\mu_{F_2}(x)],\quad \forall x\in X \tag{3-7}$$

$$\mu_2^{\cap}=\mu_{F_1}(x)\cdot\mu_{F_2}(x),\quad \forall x\in X \tag{3-8}$$

分别表示两个模糊集的标准交集和乘积。后者模糊融合类别的例子如下

$$\mu_1^{\cup} = \max[\mu_{F_1}(x), \mu_{F_2}(x)], \quad \forall x \in X \tag{3-9}$$

$$\mu_2^{\cap} = \mu_{F_1}(x) + \mu_{F_2}(x) - \mu_{F_1}(x) \cdot \mu_{F_2}(x), \quad \forall x \in X \tag{3-10}$$

分别表示两个模糊集的标准合集和代数和。当融合数据由同等可靠和同类的源提供时连接型模糊融合规则被认为是合适的。另外，当（至少）有一个源被认为可靠虽然另一个源不已知或者融合高度冲突的数据时分离型规则被使用。因此一些自适应模糊融合规则作为两种类别的折中被开发，使其在两种情况下都可用。下面的融合规则是自适应模糊融合的例子。

$$\mu_{\text{Adoptive}} = \max\left\{\frac{m\mu_i^{\cap}}{h(\mu_{F_1}(x), \mu_{F_2}(x))}, \min\{1 - h(\mu_{F_1}(x), \mu_{F_2}(x)), \mu_j^{\cup}\}\right\}, \quad \forall x \in X \tag{3-11}$$

其中 $h(\mu_{F_1}(x), \mu_{F_2}(x))$ 为逐次隶属函数 $\mu_{F_1}(x)$ 和 $\mu_{F_2}(x)$ 之间的冲突程度，定义为

$$h(\mu_{F_1}(x), \mu_{F_2}(x)) = \max(\min(\mu_{F_1}(x), \mu_{F_2}(x))), \quad \forall x \in X \tag{3-12}$$

其中 $\mu_i^{\cap}$ 和 $\mu_j^{\cup}$ 分别是连接型和分离型模糊融合规则。

与其他理论相比，概率和证据理论非常适合在一个确定对象类中把不确定的目标成员模型化，而模糊集理论非常适合在一个不确定对象类中把不确定目标的模糊成员模型化。然而与概率论类似，概率论需要事先了解概率分布，模糊集理论需要事先了解不同模糊集的隶属函数。由于作为一个强大的表示模糊数据的理论，模糊集理解在人类专家以语言的方式产生的模糊数据的表示和融合中特别有用。此外，它经常被以互补的方式集成于概率和D-S证据融合算法。

3.1.4 可能性融合

可能性理论由 Zadeh 始建而后由 Dubois 和 Prade 拓展。它基于模糊集理论，但是它主要是为了表示不完整数据而不是模糊数据。可能性理论对不完整数据的处理方式在思路上与概率和 D-S 理论相似但有着不一样的量化方式。不完整数据模型在可能性理论中是可能性分布 $\pi_B(x) \in [0,1]$，$\forall x \in X$，它以已知（确定的）B 类元素 x 的不确定成员为特征。这与模糊集理论的逐步隶属函数 $\mu_F(x)$ 有区别，逐步隶属函数是以不确定的模糊集 F 的 x 中的成员为特征。另一个重要区别是归一化约束中至少有一个值是具有完整的可能性，即 $\exists x^* \in X$ 约束条件 $\pi_B(x^*)=1$。给定可能性分布 $\pi_B(x)$，事件 U 的可能性测量 $\prod(U)$ 和必要性测量 $N(U)$ 定义如下

$$\prod(U) = \max_{x\in U}\{\pi_B(x)\}, \quad \forall U \in X \tag{3-13}$$

$$\prod(U) = \min_{x\in U}\{1 - \pi_B(x)\}, \quad \forall U \in X \tag{3-14}$$

可能性程度 $\prod(U)$ 量化至事件 U 的合理程度，而必要性程度 $\prod(U)$ 量化至事件 U 的确定性，面对不完整信息时用 $\pi(x)$ 表达。可能性和必要性也可以被解释为在一种特殊情况下与概率理论关联的上界概率与下界概率。用于可能性融合的融合规则与用于模糊融合的类似。主要的不同是可能性融合规则经常是归一化的。选择合适的融合规则决定于数据源可接受程度以及对于它们可靠度的了解。但是模糊集理论的基础连接型和分离型融合规则只有在受限的情况下才有效。有许多增强可能性的融合方法使其可以处理更加困难的融合情

况，例如假设 $0 \leqslant \lambda_i \leqslant 1$ 表示对于不一致可靠的集合 a 第 i 个源的认知可靠性，用收益法如 $\pi_i' = \max(\pi_i, 1-\lambda)$ 把可靠性融入融合处理中可以修正信息源相关可能性分布 π_i。

虽然可能性理论还没有在数据融合领域广泛使用，但一些研究人员已经研究了其与概率和证据融合方法的性能比较，而且表明了它可以产生具有相当竞争力的结果。此外可能性融合被认为在所知甚少的环境下（没有有效的统计数据）和在异质源的融合中非常合适。例如，Benferhat 和 Sossai 最近的研究中展示了可能性理论在部分已知的室内环境下对于机器定位的有效性。

3.1.5 基于粗糙集融合

用于不完整数据的粗糙集理论由 Pawlak 开发用于表示不完整数据，该理论忽略了在不同粒度级别的不确定性。确实，粗糙集理论能够处理数据粒度。在一个给定框架 F_B 且满足 $B \subseteq A$ 的情况下，该理论提供了近似一种方法来近似一个明确的集合 T 的形式展现，通过用特定的一组已选择好的属性来描述对象。这个近似以一个数组 $\langle B_*(T), B^*(T) \rangle$ 的形式展现，其中 $B_*(T)$ 和 $B^*(T)$ 分别表示在框架 F_B 下集合 T 近似的上界和下界，如下定义

$$B_*(T) = \{o \mid [o]_{F_B} \subseteq T\} \tag{3-15}$$

$$B^*(T) = \{o \mid \lceil o \rceil_{F_D} \cap T \neq \phi\} \tag{3-16}$$

其中，$B_*(T) \subseteq T \subseteq B^*(T)$。下界近似 $B_*(T)$ 可以解释为只包括绝对为 T 的成员的对象的保守近似值，而上界近似 $B^*(T)$ 则是更广泛包括所有可能属于 T 的对象。基于这个近似 T 的边界域定义为 $BN_B(T) = B^*(T) - B_*(T)$，这也是不能定义为属于 T 也不能定义为不属于 T 的集合。因此如果一个集合 T 被认为是粗糙的 $BN_B(T) \neq \phi$。

在数据融合框架里，T 被认为是表示系统（而不是抽象对象）状态（目标）的不精准集合。粗糙集理论将允许根据输入数据的粒度近似系统的可能状态，即 F_B。一旦粗糙集近似，可以分别用传统集合理论连接型或分离型融合算子融合数据碎片，即交集或合集。

为了成功进行融合，数据颗粒既不能太细致也不能太粗糙。在数据过于细致这种情况下，即 $[o]_{F_B}$ 将变得单一，粗糙集理论降低至传统集理论。另外，对于过于粗糙的数据颗粒，即 $[o]_{F_B}$ 将变成巨大的子集，数据近似下界将十分接近空集，导致完全的无知。相对于其他方法，粗糙集的主要优点是不需要初步或者额外的信息如数据分布或者隶属函数。粗糙集理论允许不精确数据融合近似仅仅基于它的内部结构（颗粒）。

由于粗糙集理论还是一个相对新的理论而且没有得到很好的理解，它在数据融合问题上应用较少。一些研究描述了在数据融合系统上应用粗糙集理论，提供了根据融合系统目的选择最丰富的属性（传感器）集的方法，如对象分类。这个想法是用一个粗糙的整体如每个传感器相关的方法，而后过滤出低于给定阈值的传感器。

3.1.6 混合融合方法

发展混合融合方法背后的重要思想是不同的融合方法不应该是竞争关系，例如模糊推理、D-S 理论和可能性融合。因为它们的数据融合方法是由不同的（可能互补的）观点出发。在理论层面，为了在处理不完整数据时提供一个更加完善的框架模糊集理论和 D-S 理论的混合已经被频繁研究。在许多类似的建议中，Yen 的研究可能是最流行的方法，其拓展了 D-S 理论至模糊领域同时保持它的主要理论原则。Yen 的模糊 D-S 理论已经在文献中经常

被运用。例如 Zue 和 Basir 把基于一个模糊 D-S 证据推理方案的混合融合系统应用至图像分割问题上。

由 Dubois 和 Prade 提出的模糊集理论和粗糙集理论的组合(FRST)是另一个在研究中重要的混合理论。尽管这是一个对于粗糙和模糊数据都很强大的表示工具,但原始 FRST 有许多限制如依赖于特殊的模糊关系。最近由 Yeung 等人尝试通过概括任意模糊关系的 FRST 解决这个问题。在数据融合应用 FRST 已经不再经常在融合文献中被研究因为粗糙集理论本身仍然是不完善的数据融合方法。

3.1.7　随机集理论融合

随机集理论原则是在 20 世纪 70 年代在研究积分几何时第一次提出。随机集理论的统一能力已经由一些研究人员展示,其中 Goodman 等人的研究取得最大的关注。特别地,在书中他尝试呈现随机集理论的详细阐述和关于一般单目标与多目标数据融合问题的应用。

随机集理论经常被看作是流行 Bayes 滤波器从单一目标(单一随机变量模拟)拓展到多目标(一个随机集模拟)的理想框架。因此大多数研究工作集中于应用随机集理论去追踪多目标。而是在制定了一个合适的有限随机集计算才可能得到。确实在随机集数据中,即目标状态和测量是由有限随机集模拟而不是传统向量。为了做到这一点,构造先验和似然函数使它们能够模拟更加广泛的不同现象。例如,与动态系统相关的现象如目标消失或出现、增加或取消目标以及大量产生目标,和相关测量现象如漏检和误报这些都可以明确地表现。

明显人们不能指望它解决多目标追踪分析(因为没有单目标 Bayes 滤波器的情况),因此不同的近似技术设计用于计算新的 Bayes 等式。矩阵匹配技能已经非常成功的近似单目标 Bayes 滤波器。例如,KF 基于传播前两个时刻(均值和方差)然而 alpha-beta 滤波器只需满足第一个时刻。在多目标追踪的情况下,第一时刻就是概率假设密度(PHD),这是用于开发滤波器的共同话题即 PHD 滤波器。这个滤波器还有个高阶延伸称作 Cardinalized 概率假设密度(CPHD)滤波器,它传播的 PHD 与随机变量的全概率分布用于表示目标的数目。PHD 和 CPHD 滤波器都涉及积分,可以有效防止直接执行封闭形式的解决方法。因此两种近似方法称作混合 Gaussian(GM)和 SMC,已经在文献中用于进一步缓解这些滤波器的执行阶段。两种方法都经常被评估和展示去比较替代方法如 JPDA 和 MHT,然而比其中任何一种方法的计算要求都要小。(C)PHD 滤波器的一个重要优点是避免数据的联合问题,但也意味着保持继续追踪变成一个艰巨任务。对于(C)PHD 滤波器的最近研究评论,有兴趣的读者可以参考。

随机集理论已经被展现可以有效地解决融合相关任务如目标检测、目标追踪、目标识别、传感器管理以及软/硬数据融合。尽管如此,进一步的研究在不同的应用环境通过更复杂的测试场景以证明它作为融合不完整数据的统一框架的性能。表 3-1 给出了本章节所述的不完整数据融合框架的一个比较总览。

表 3-1　不完整数据融合框架比较

框　架	特　性	性　能	限　制
概率框架	使用概率分布与 Bayes 框架融合在一起来表现传感器数据	完善和可理解的处理不确定数据的方法	认为没有能力处理其他方面数据缺陷

续表

框　　架	特　　性	性　　能	限　　制
证据框架	依赖于概率密度以及使用置信度和合理度去进一步表示数据，然后使用 D-S 规则融合	能够融合不确定和模糊数据	不能处理其他方面数据缺陷，在高冲突数据融合处理时效率低
模糊推理框架	允许粗糙数据表示，用模糊成员和基于模糊规则融合	处理模糊数据特别是人类产生的数据的直接方法	仅限于模糊数据融合
可能性框架	数据表示与概率和证据框架类似，用模糊框架融合	在普遍了解甚少的环境允许处理不完整数据	在融合领域使用不普遍且不能被很好理解
粗糙集理论框架	用传统集合理论算子精确近似下界和上界处理模糊数据	不需要初步或额外信息	需要合适的数据粒度水平
混合框架	目的在于对不完整数据提供更加全面的处理	使融合框架互补而不是竞争	把一个融合框架融入另一个，造成额外的计算负担
随机集理论框架	依赖于测量或状态空间随机子集来表示不完整数据的许多方面	能够潜在提供一个统一不完整数据融合框架	在融合领域相对较新而且不是很完善

3.2 相关数据的融合

许多数据融合算法包括流行的 KF 方法需要交叉协方差数据的独立性以及先验知识产生一致结果。不幸的是，在许多数据融合应用中是与潜在未知的交叉协方差相关联的。这可能是由于普遍噪声作用于集中式融合设置中的观察现象，或谣言传播问题，也被称作数据混乱或双计数问题，即在分布式融合设定中观测被无意地使用多次。如果不妥善处理数据关联就会出现有偏估计，如产生虚高的信心值甚至融合算法的发散。对于基于 KF 的系统，存在最优 KF 方法允许保持更新之间的交叉协方差信息。但是这通常是不希望的，因为它是更新数目的平方缩放。此外在数据混乱的情况下，确切的解决方法是保持追踪系谱信息(其中包括所有传感器测量)组成一个确定估计。这种解决方法的吸引力并不大，因此它不能很好地用融合节点数目测量。大多数提出的关于数据融合的解决方法尝试解决它要么通过消除关联的原因，要么解决融合过程中关联的影响。

3.2.1 消除数据关联性

数据关联性在分布式融合系统中是特别严重的问题，一般由数据混乱导致。当同一信息由不同路径从源传感器传送到融合节点或由循环路径通过信息循环从一个融合节点输出回到输入时，容易出现数据混乱。在数据融合之前，可以通过去除数据混乱或者重建测量来解决这个问题。去除数据混乱方法通常假设一个特定的拓扑网络和固定通信延迟，目前可以采用图论算法考虑有延迟变量的任意拓扑问题。重建测量方法尝试形成一个去相关测量序列，例如从最近中间状态更新到以前的中间状态，以此去除关联。然后将去相关序列当作滤波器算法的输入反馈至全局融合处理器。这个系列的拓展考虑了存在杂波、数据关联和相互作用的更复杂融合场景。

3.2.2 数据融合中存在未知的相关性

可以设计一个融合算法计算出数据的相关性以代替去除数据相关性的处理。协方差交集(CI)是更普遍的处理关联数据的融合方法。CI 最初被提出是为了避免由于数据混乱矩阵协方差降低估计。这解决了一般形式下对于两个数据源(即随机变量)的问题,通过构造矩阵协方差的估计作为输入数据的均值和方差的凸组合。CI 已经被证明是最优的,根据寻找组合协方差的上界,以及从信息论的观点来看对于任意概率分布函数 CI 在理论上都是合理和合适的。

另一方面 CI 需要一个非线性优化过程也因此需要相应的计算能力。此外,它往往高估交叉区域,这导致了消极的结果和由此产生的融合性能衰退。一些快速的变种 CI 已经被提出尝试减缓前者问题。最大椭球(LE)算法的开发,作为 CI 的替代算法,用于解决后者问题。LE 提供了更严格的矩阵协方差估计,通过寻找在输入协方差交叉区域内满足的最大椭圆。最近被证实 LE 关于最大椭圆中心的公式推导是不适合的,而一个新的算法称为内部椭圆近似(IEA)被提出用于完成这个任务。这些方法的一个主要限制是它们没有能力在一个比基于 KF 技术更加强大的融合框架如颗粒滤波器里促进相关数据融合。最近一种基于广义 CI 近似算法融合框架称为 Chernoff 融合方法被提出,这解决了任意数量的相关概率密度函数(PDF)的通用融合问题。讨论相关数据融合方法的综述如表 3-2 所列。

表 3-2 相关数据融合方法总结

框 架	算 法	特 性
去关联框架	显式去除	一般假设一个特定拓扑网络和固定通信延迟
	重建测量	适用于更复杂的融合场景
关联表现框架	交叉协方差	避免协方差低估问题,还有计算量大的问题
	快速 CI	通过代替非线性优化流程提高效率
	最大椭圆	提供更严格(更少消极)协方差估计,而且像其他算法受限于基于 KF 的融合

3.2.3 不一致数据融合

数据不一致的概念在一般意义上和包括虚假以及无序和冲突数据类似。为了解决三个数据不一致的问题,笔者结合文献,探索和开发对应的各种新技术。

3.2.4 虚假数据

由于不希望出现永久故障、短期尖峰失效或者缓慢发展故障等情况,可能导致传感器提供的数据对于融合系统是虚假的。如果直接数据融合,这样的虚假数据能够导致严重的估计不准确。例如,如果使用异常值 KF 将很容易损坏。处理虚假数据的研究主要集中在融合过程中识别或者预测和后续清除异常值。这些技术的缺陷是需要有先验信息、并在一个特定的故障模型中。因此一般情况下即先验信息不是有效的或者没有对故障事件建模,这些研究方案将表现不佳。最近提出了一个随机自适应建模的一般框架，它用于传感器检查虚假数据，因此不再是特定的任意，现有传感器模型。它通过在 Bayes 融合框架中增加新的自定义变量到一般表达式中出现，这个变量表示了在数据和实际数据不是虚假的条件下的概率估计。这个变量的预期效果是当从一个传感器得来的数据在某方面与其他传感器不一致时增加后验分布的方差。广泛的实验模拟展示了该技术在处理虚假数据时具有不错的性能。

3.2.5 脱离序列数据

融合系统的输入数据通常是由标明原始时间的时间标示来标记的离散的碎片。融合系统中的一些因素，例如对于不同数据源的可变传播时间以及不同性质的传感器在多重速率下的操作，都可能导致数据脱离序列。脱序测量可能导致在融合算法中出现冲突数据。在研究当前时间与延迟测量时间之间的相关过程噪声时，主要问题是如何使用脱离序列数据(一般是旧的)更新当前估计。脱序测量的一个常见解决方法是简单地放弃它。如果脱序测量普遍存在于输入数据中，这样的解决方法将导致数据丢失和严重的融合性能衰退。另一个直接解决方法是有序地存储所有输入数据或者一旦接收到脱序测量才进行再处理。由于有大量的计算和存储要求，所以通过这种方法得到最优性能是不现实的。在过去十年中，由于分布式传感和追踪系统的日益普遍，在这个方面已做了对应的研究。

3.2.6 冲突数据

冲突数据的融合早就被认为是数据融合领域具有挑战性的难题，例如许多专家就对同一个现象有不同的意见。特别是在 D-S 理论中已经大量研究了这个问题。如在 Zadeh 的著名反例中，Dempster 的融合规则对于大量冲突数据的朴素应用导致不直观的结果。自从那时以来 Dempster 的融合规则由于相当反直观的特性受到大量的批评，大多数解决方法提出了代替 Dempster 的融合规则。另外，一些作者为此规则辩护，认为违反直觉的结果是由于此规则的不当应用。例如 Mahler 展示所谓 Dempster 的融合规则的不直观结果可以用一个简单正确的策略来解决，即分配任意小但不为零的置信质量去假设认为这样的结果极不可能。确实，适当运用 Dempster 的融合规则需要满足以下 3 个限制：①独立消息源提供独立证据；②同性质源在唯一识别框架上定义；③一个识别框架包括一个单独和详尽的假设列表。

这些限制太严格而且实际应用太难满足。因此 DSET 已经拓展至更灵活的理论如传统信度模型(TBM)和 DezertSmarandache 理论(DSmT)。前者的理论通过拓宽有限的约束来扩展 DSET，即开放全局假设以及允许识别框架之外的元素由空集表示。后者驳斥了单独限制允许表示复合元素，即超幂集的元素。TBM 的理论辩护最近由 Semts 提出，在其研究中，他提供了关于现有融合规则的一个详尽评论，并尝试揭示它们的适用性和理论健全性。他认为大多数提出的融合规则是自然中的特殊情况而且缺乏相应的理论证明，大多数替代融合规则确实是幂集的一些元素之间重新分配全局(或部分)冲突信度质量的连接型融合算子。这依赖于这个概念，如果专家认可某些证据，那么它们则被认为是可靠的，否则它们中至少有一个是不可信的，因此分离型融合规则被提出。但是分离型规则通常会导致数据特性的衰退。因此有效来源的可靠性必须是已知先验或者估计的。

Bayes 概率框架下的冲突数据融合也被一些研究人员探索。例如，协方差联合（CU）算法用于补充 CI 方法，而且可以进行输入数据不只是关联而且冲突的数据融合。此外一个对于不确定、不精确和冲突数据融合的新 Bayes 框架最近被提出。作者利用 TBM 和 DSmT 理论允许冲突数据的一致概率融合的类似理论特性取得 Bayes 研究领域的进展以完善 Bayes 模型。表 3-3 提供所讨论的在不一致数据融合的研究工作的总结。

表 3-3　不一致数据融合方法概述

不一致方面	问　题	解决方案	特　性
异常数据	如果直接融合数据，则会导致严重的不精准估计	传感器标准技术	识别/预测随后的清除异常值，一般仅限于已知的故障模型
		随机自适应传感模型	无先验知识的一般检测虚假数据的模型
混乱数据	用旧的观测更新当前估计（OOSM）	忽略、再处理或用向前/向后预测	主要假设单滞后和目标线性动态
	用旧的轨迹更新当前估计（OOST）	用增大状态框架去具体化延迟估计	文献中研究和理解得较少
冲突数据	当用 D-S 融合规则融合高度冲突数据时的不直观结果	众多替代的融合规则	大多是临时性没有正确的理论证明
		使用 Demspter 规则时应用修正后的策略	提出满足某些限制条件即可保证 Dempster 规则的有效性

3.3　融合异质数据

融合系统的输入数据可能由各种各样的传感器、人类甚至存档的传感数据产生。为这些异质的数据融合建立一个一致和准确的全局观察或者观察现象是十分困难的任务。尽管如此，在一些融合应用中如人机交互，多样的传感器使人们的交互变得更加自然是必要的。研究的焦点是产生的数据（软数据）融合以及软硬数据的融合，近几年来这个方面的研究已经引起了关注。这是出于电子（硬）传感器的固有限制和最近通信基础设备的有效性，这让人类的行动可以看成是软传感器。此外，虽然使用传统传感器的数据融合已经有大量的研究，但是由人类和非人类传感器产生的数据融合却研究得很有限。这方面的初步研究例子包括为软/硬数据融合产生一个数据集当作基础和为未来研究产生一个验证或者确认。最近一个对于软/硬数据融合的 D-S 理论框架被提出，它使用 D-S 理论基于一个创新条件方法来更新以及一个新的模型来把命题逻辑语句从文本转换成一种可接受的形式。此外，一些研究探讨语言数据的不确定表示问题，作者描述多种人类语言在自然中的固有不确定性以及一些用于消除语言歧义的工具如词汇、语法和词典。

研究的另一个新方向集中在称为以人类为中心的数据融合模式，注重人类在融合过程中的作用。这个新模式允许人类参与数据融合过程不仅仅当作软传感器，而且是作为混合计算机和特设组（蜂巢意识）。这依赖于新兴技术如虚拟世界和社交网络软件以支持人类新的融合角色。即使这些发展，硬/软数据和以人类为中心的融合仍然在起步阶段，相信在未来理论会进一步发展，也将有大量实际试验的机会。

习题

3.1 学习书中给出的几种不完整数据融合框架方法，通过查阅相关文献，试比较这些方法的优缺点、工作流程、应用领域和发展趋势。

3.2 学习书中给出的几种相关数据融合方法，通过查阅相关文献，试比较这些方法的优缺点、工作流程、应用领域和发展趋势。

3.3 学习书中给出的几种不一致数据方法，通过查阅相关文献，试比较这些方法的优缺点、工作流程、应用领域和发展趋势。

3.4 通过查阅相关文献，阐述异质数据融合概念、工作流程、应用领域和发展趋势。

第 4 章

多传感分布检测

4.1 Neyman-Pearson 公式

本节将介绍分布式检测问题的 Neyman-Pearson(NP)公式，分别考虑并行和串行拓扑结构。假设一个二进制假设检验问题，即所有传感器的观测要么对应存在一个信号(假设 H_1)，要么不存在这样一个信号(假设 H_0)。

4.1.1 并行拓扑结构

首先考虑 N 个传感器的并行结构，如图 4-1 所示。假设传感器之间不相互通信而且从融合中心到任何一个传感器都没有反馈。令 y_i 表示无论是由第 i 个有效传感器的单个信号观测，还是在多观测情况下可能存在已给定二值假设检验的充分统计。第 i 个传感器采用映射规则 $u_i=\gamma_i(y_i)$ 以及传递量化信息 u_i 至融合中心。基于所接收的信息 $\boldsymbol{u}=(u_1,u_2,\cdots,u_N)$，融合中心作出全局判决 $u_0=\gamma_0(\boldsymbol{u})$，结果要么是 H_1(如果 $u_0=1$)，要么是 H_0(如果 $u_0=0$)。分布式检测问题的 NP 构想描述如下：对于一个全局虚警概率的规定约束 P_F，找到(最优)局部和全局描述规则 $\Gamma=(\gamma_0,\gamma_1,\cdots,\gamma_N)$、最小化全局误报概率 P_M。这个构想包括了对于一系列给定的局部决策规则只对融合规则优化，对于一系列给定融合规则只对决策规则优化。此外，该问题的解决方法取决于传感器观测是否条件独立(假设条件)。

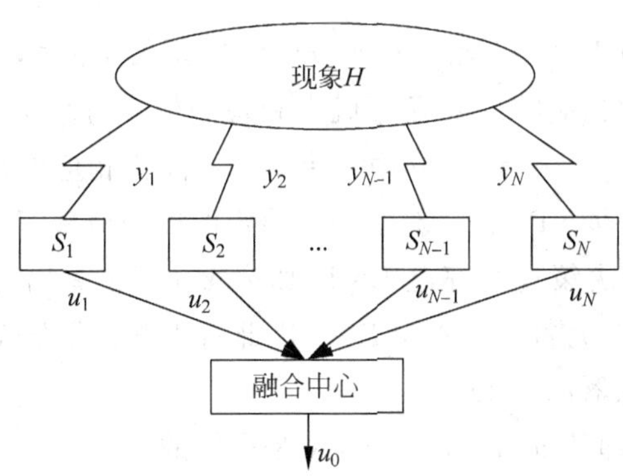

图 4-1　有融合中心的并行拓扑

(1) 条件独立：传感器观测的条件独立指观测的联合密度服从下式

$$p(y_1, y_2, \cdots, y_N \mid H_l) = \prod_{i=1}^{N} p(y_i \mid H_l) l = 0,1 \tag{4-1}$$

对于上述提及的 NP 问题在条件独立的假设下，传感器的映射规则和融合中心的决策规则是基于相应似然比的阈值规则。下面简述证明过程，其中$\{u_i, i=1,2,\cdots,N\}$取二进制值。就是说，$u_i=0$ 或者 $u_i=1$ 是指第 i 个传感器决策为假设 H_0 或 H_1。由于融合中心的观测是向量 $\boldsymbol{u}$，根据标准 NP 引理，最优融合中心检验由式(4-2)给出，其中阈值 λ_0 和随机常数 ε 被用于达到想要的 $P_F=\alpha$。因此最优融合中心检验是一个似然比检验(LRT)。为了表明局部最优决策规则也是 LRT 的，先来看看下面的引理。

$$\Lambda(\boldsymbol{u}) = \frac{P(\boldsymbol{u} \mid H_1)}{P(\boldsymbol{u} \mid H_0)} \begin{cases} > \lambda_0 & \text{,决策 } H_1 \text{ 或 } u_0 = 1 \\ = \lambda_0 & \text{,概率 } \varepsilon \text{ 的随机决策 } H_1 \\ < \lambda_0 & \text{,决策 } H_0 \text{ 或 } u_0 = 0 \end{cases} \tag{4-2}$$

引理 4.1 对于所有的 i 使局部决策规则为 $P_{D_i} \geqslant P_{F_i}$。$u_i^+ \geqslant u_i^*$ 对于一个给定的向量 $\boldsymbol{u}^*$ 使得 $\Lambda(\boldsymbol{u}^*) > \lambda_0$，而且对于所有的 i 其他任意向量 $\boldsymbol{u}^+$ 使得 $\Lambda(\boldsymbol{u}^+) > \lambda_0$。条件独立假设指

$$\Lambda(\boldsymbol{u}) = \frac{P(\boldsymbol{u} \mid H_1)}{P(\boldsymbol{u} \mid H_0)} = \prod_{i=1}^{N} \frac{P(u_i \mid H_1)}{P(u_i \mid H_0)} \tag{4-3}$$

当在式(4-3)中使用关系 $P_{D_i} \geqslant P_{F_i}$ 时引理变得明显。

由于决策变量 u_i 是二进制的，式(4-2)中的 LRT 等价于融合中心决策 $u_0 = \gamma_0(\boldsymbol{u})$成为一个布尔型函数。由于 $\boldsymbol{u}$ 可以假设 2^N 个可能的值，所以可能的布尔型函数的数量为 2^{2^N}。但是对于 NP 问题的最优解决方法，融合规则必须满足引理 1。在引理 4.1 中给出的一个满足单调性的布尔型函数被称为正单边函数。对于 N 的不同整数值，正单边函数的数量在已有的文献中给出。而且这个数目明显比 2^{2^N} 小，但还是随 N 成倍增长。例如，对于 $N=4$ 的积极单边函数数量是 168，然而当 $N=5$ 时，积极单边函数的数量则为 7581。

现在能够建立传感器的最优 LRT。使 $u_0 = \gamma_0^*(\boldsymbol{u})$，其中 $\gamma_0^*(\cdot)$是一个积极单边函数。当以一个算术结果形式表达时，这样的一个函数没有补充变量。这里

$$\frac{\partial P_D}{\partial P_{D_i}} \geqslant 0, \quad i = 1,2,\cdots,N \tag{4-4}$$

考虑一个决策规则集合 $\Gamma^* = (\gamma_0^*, \gamma_1^*, \cdots \gamma_N^*)$达到期望的 $P_F=\alpha$ 以及同时达到检测概率 P_D^*。对于这个检验，假设相应的局部虚警概率和检测概率分别为 $P_{F_i}^*$ 和 $P_{D_i}^*$。考虑一个决策规则替换集合 $\Gamma=(\gamma_0, \gamma_1, \cdots, \gamma_N)$，其中 $\gamma_0 = \gamma_0^*$，与同样相应的局部虚警概率 $P_{F_i}^*$ 但是不一样的检测概率 P_{D_i}。根据 NP 引理，对于一个给定的虚警概率，LRT 达到最大可能检测概率。因此，如果 Γ 的每个决策规则都是 LRT，那么每个 $P_{D_i} \geqslant P_{D_i}^*$。由于最优融合规则 γ_0^* 必须是单调规则，则式(4-4)意味着 $P_D \geqslant P_D^*$。因此对于 NP 分布式检测问题的一个最优解决方法应该采用局部传感器的 LRT。

上述结论是有效的，即使 $u_i, i=1,2,\cdots,N$ 是多值的。

即使局部决策规则和全局融合规则是 LRT 的，寻找一个真实的 LRT 是相当困难的。这是因为需要确定式(4-2)中的阈值 λ_0 和局部阈值 t_i 再进入局部检验

$$\frac{p(y_i \mid H_1)}{p(y_i \mid H_0)} = \Lambda(y_i)\begin{cases} > t_i & ,u_i = 1 \\ < t_i & ,u_i = 0 \\ = t_i & ,\text{有概率 } \varepsilon_i \text{ 的 } u_i = 1 \end{cases} \tag{4-5}$$

对于一个给定的 $P_F=\alpha$ 以便最大化 P_D(如果式(4-5)中的似然率是一个无质点的连续随机变量,则随机化是不需要的,而且 ε_i 能够被假定为零而没有损失最优性)。优于式(4-2)是已知为单调融合规则,这能够解决对于一个给定融合规则的最优局部阈值$\{t_i,i=1,2,\cdots,N\}$和计算相应的 P_D。那么这能依次考虑其他可能单调的融合规则并取得相应的检测概率。最终的最优解决方法是一个单调融合规则和相应的局部决策规则(4-5),它提供了最大的 P_D。以这种方式找出的最优解决方法可能只适用于非常小的 N 值。复杂度随着 N 增大是因为:①单调性规则数量随 N 成倍增长;②寻找对于一个给定融合规则的最优$\{t_i,i=1,2,\cdots,N\}$是一个涉及$(N-1)$维搜寻的优化问题(比 N 少一维是因为约束条件 $P_F=\alpha$)。

考虑 3 种情况:①式(4-5)中无随机性,产生了确定性方案;②每个传感器与所有其他传感器独立地选择式(4-5)的随机规则,导致独立随机;③一个被称为独立随机的方案,在决策集的一个成员 $\Gamma^l,l=1,2,\cdots,K$ 中 $\Gamma^l\in\{\Gamma^k=(\gamma_0^k,\cdots,\gamma_N^k),k=1,2,\cdots,K\}$以一定的概率 p_l 选择。有研究表明,如果式(4-5)中的似然比没有质点,则决策方案集合的最优解决方法也是独立随机方案集合的最优解决方法。

有个较早的解决 NP 分布检测问题的尝试,就是假定最优决策规则可以通过最大化 Lagrangian 来获得,$P_D+\lambda(P_F-\alpha)$。不幸的是,这种方法可能不能总是产生正确的结果。原因是如果描绘出所有可能接收者对应不同决策集 Γ 的工作曲线(ROC)(展示了 P_D 与 P_F 的比较),其可能是有一定概率分布的非凸区域。在这种情况下,NP 问题的最优解决方法不是在非凸区域的 Lagrangian 最大化,而且这个解决方法得到的 Lagrangian 最大值也不是最优的。Lagrangian 最大化仍然可以用于 ROC 是凸的情况,如对于混合融合规则的局部决策规则的推导。

(2) 条件不独立观测:当观测的联合密度、给定假设不能被写为边缘密度的产物时,传感器的观测是不独立的,如在式(4-1)中。这种情况将会出现如果检测噪声中的一个随机信号或者当检测噪声中的一个决策信号与传感器噪声样本是相关的,条件不独立观测将会出现。对于条件不独立的情况,传感器的最优检验不再仅仅基于各个传感器的观测似然比的阈值类型。一般情况下,最优解决方法是棘手的。当观测值是离散和条件不独立时,最优解决方法是完整的非多项式。当传感器观测的联合分布有一定的结构时,确定分布决策规则的性能可以很容易确定。

4.1.2 串行拓扑结构

在一个有 N 个传感器的串行或者串联结构中,第$(j-1)$个传感器传递它的量化信息至第 j 个传感器,这个传感器基于自身的观测和从前一个传感器(如图 4-2 所示)那接收到的量化信息也产生它的量化信息。网络中的第一个传感器只利用自身的观测来推导出它的量化信息使下一个传感器得以利用。网络中的最后一个传感器做出一个决策,两个可能假设中哪个与传感器观测相对应。当传感器观测是条件独立时,串行结构对应的 NP 问题最优解决方法较易实现。当条件独立的假设是无效时,这个问题是棘手的。因此假设条件独立。

考虑当串行结构中的每个传感器做一个二进制决策的情况,即 $u_i\in\{0,1\}$对于 $i=1$,

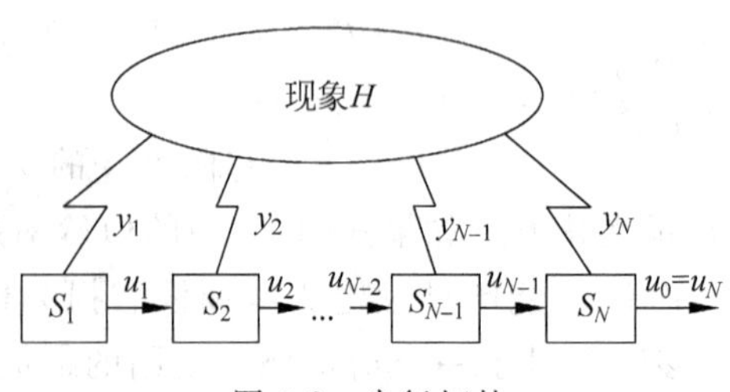

图 4-2　串行拓扑

2,…,N。这表示第 j 个阶段(传感器)的虚警概率和检测概率分别为 P_{F_j} 和 P_{D_j},NP 问题表述如下:受约束于 $P_{F_N}\leqslant\alpha$,寻找所有传感器的决策规则使这些规则达到最大可能的 P_{D_N}。上述问题的解决方法是在第 j 阶段确定一个似然比阈值规则,然后利用第 j 个传感器的观测和第($j-1$)阶段的决策计算出似然比。这个解决方法是基于后面的观测。从 NP 基本引理知道,最后(第 N 个)阶段必须采用 LRT 以达到最大可能的 P_{D_N}。通过展示第 j 阶段的检测概率是对于任意给定的 P_{F_j} 和 P_{F_j-1} 的 P_{D_j-1} 单调增函数,因此第($j-1$)阶段的检验必然是似然比阈值检验。如在并行情况下,所有传感器的检验是 LRT,但是解决所需采用的最优阈值通常十分困难。但是对于串行的情况,现成的算法能够获得的最优阈值在线性复杂度 N 以内。

一般来说,串行网络有严重的可靠性问题。累积延迟是因为每个阶段必须等待前一个阶段的结果。这个问题能够通过修正通信结构解决。更严重的问题是如果串行结构的"链接"在一个中间阶段损坏,性能将大大减小。在本章的剩余部分,将研究这个问题,串行网络能否在不出现任何故障下比并行网络提供一个更好的决策性能?对于一个双传感器网络有下面的命题。

命题　对于由两个检测器组成的分布式检测网络,最优串联网络性能至少与并行网络一样。

证明　考虑一个有两个局部检测器和一个融合中心的并行融合网络。使 $\gamma^*=\{\gamma_0^*,\gamma_1^*,\gamma_2^*\}$是对于融合中心和两个局部检测器的最优决策集。决策规则 γ_1^* 和 γ_2^* 独自处理它们的观测 y_1 和 y_2 以产生决策 u_1 和 u_2。融合决策 γ_0^* 基于局部决策 u_1 和 u_2 决定全局决策 u_0。

现在考虑一个双检测器串行网络,其中检测器采用决策规则 γ_1^* 和 γ_2^*。第一个检测器采用 γ_1^* 处理它的观测,并将它的决策提供给第二个检测器。第二个检测器采用 γ_2^* 处理它的观测并得到它的初步决策。然后它用融合规则 γ_0^* 结合它的初步决策和从第一个检测器获得的决策以产生的最终决策。串行网络用 ad hoc(不需要最优)方式设计能够通常复制最优双检测器并行融合网络的性能。因此最优串行网络性能至少与最优并行网络一样。

在由比两个更多检测器组成的串行和并行网络相对的性能得不到相似的结果。对于传感器一般是二进制决策的网络,相关的结果总有一种比并行融合规则更好的串行规则,作为一个两输入和一输出的布尔规则序列这是可以实现的。但是,一个最优并行融合规则可能不属于融合规则类,作为一个两输入和一输出的规则序列是可以实现的,而且并行网络可能大大优于串行网络。实际上对于渐近变大的 N,与并行结构比较,对于串行网络的漏检概率以较低的速率接近于零。

在图 4-3 中的树形网络类型情况下,对于条件独立观测,表明了 NP 问题的最优解决方法是确定一个似然比的阈值检验。解决这个最优阈值的问题较复杂。

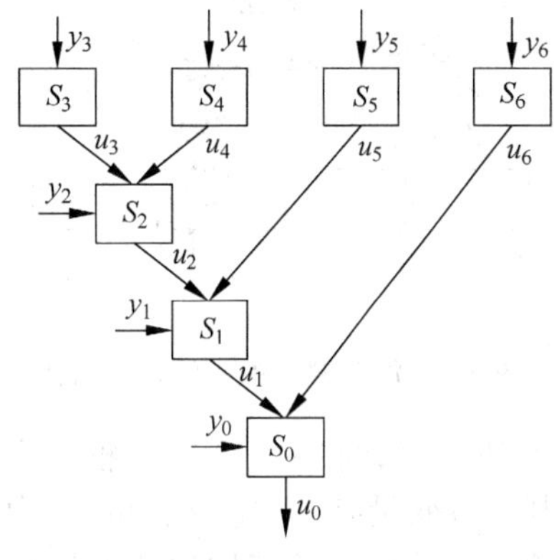

图 4-3 树形拓扑

4.2 Bayes 公式

以下介绍分布式检测问题的 Bayes 公式,其目标是尽量减少 Bayes 风险。这个问题的解决方法需要不同运动路线成本的分配方式和先验概率的知识。本章首先解决并行和串行网络拓扑结构的问题,然后讨论一些其他检查网络的拓扑结构。本章中将假设传感器观测时条件是独立的。

4.2.1 并行结构

(1) 没有融合中心的并行结构:考虑一个没有融合中心的并行网络如图 4-4 所示。所有的传感器观测同一个现象而且做出关于它的局部决策,这些决策没有组合以产生全局决策。假定不同传感器做出决策的成本是相关的,以及基于耦合成本分配执行一个全系统的优化,从而使传感器决策结果是耦合的。为了方便展示,只关注两个传感器的网络。更多一般的结果能够通过相似的方式获得。使 P_0 和 P_1 分别表示对于两个假设 H_0 和 H_1 的一个先验概率。运动路线的成本由 $C_{i,j,k}, i,j,k=0,1$ 表示,其中 $C_{i,j,k}$ 表示当 H_k 出现时检测器一得出决策 H_i 和检测器二得出决策 H_j 的成本。目标是获得两个检测器的决策规则,式(4-6)给出了联合最小化 Bayes 风险$\mathcal{R}$。最终决策规则是形式(4-5)的 LRT。第一个传感器的阈值由式(4-7)给出。表明 t_1 是 $P(u_2=0 \mid y_2)$的一个函数由第二个传感器的决策规则决定。因此 t_1 是 t_2 的一个函数,可以由 t_1 的一个函数获得一个 t_2 相似的表达式。这些表达式表示 t_1 和 t_2 必须满足的必要条件。这些耦合等式的结果产生一个局部最优解决方法。当有多个局部极小值时,必须对每个进行检验以找出最优解决方法。

$$\mathcal{R}=\sum_{i,j,k}\int_{y_1,y_2} p(u_1,u_2,y_1,y_2,H_k)C_{i,j,k}=\sum_{i,j,k}\int_{y_1,y_2} P_k C_{i,j,k} p(u_1,u_2 \mid y_1,y_2,H_k)p(y_1,y_2 \mid H_k) \tag{4-6}$$

$$t_1=\frac{P_0\int_{y_2} p(y_2 \mid H_0)\{[C_{110}-C_{010}]+P(u_2=0 \mid y_2)[C_{100}-C_{000}+C_{010}-C_{110}]\}}{P_1\int_{y_2} p(y_2 \mid H_1)\{[C_{011}-C_{111}]+P(u_2=0 \mid y_2)[C_{001}-C_{101}+C_{111}-C_{011}]\}} \tag{4-7}$$

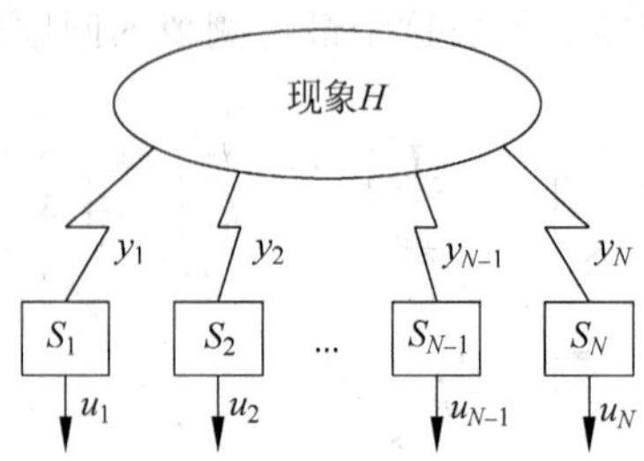

图 4-4 没有融合中心的并行拓扑

(2) 局部决策最优融合：接下来考虑在一个 Bayes 框架中传感器决策 $u_i, i=1,2,\cdots,N$ 的融合。每个 u_i 是一个二进制随机变量有关联的 P_{F_i} 和 P_{M_i} 特征。目标是决定融合规则以最小化 Bayes 风险。再次，这个二元假设检验问题的结果是 LRT。

$$\frac{P(u_1, u_2, \cdots, u_N \mid H_1)}{P(u_1, u_2, \cdots, u_N \mid H_0)} \underset{u_0=0}{\overset{u_0=1}{\gtrless}} \frac{P_0(C_{10}-C_{00})}{P_1(C_{01}-C_{11})} = \eta \tag{4-8}$$

其中 C_{ij} 表示当表示 H_j 时全局决策为 H_i 的成本。这个 LRT 可以由如下形式表示

$$\sum_{i=1}^{N}\left[u_i \log\frac{1-P_{M_i}}{P_{F_i}} + (1-u_i)\log\frac{P_{M_i}}{1-P_{F_i}}\right] \underset{u_0=0}{\overset{u_0=1}{\gtrless}} \log\eta \tag{4-9}$$

因此传感器决策的加权总和形成并与阈值进行比较。这个权重是虚警概率和单独传感器失误函数，因此也是传感器品质函数。

(3) 全局优化：最后考虑图 4-1 所示系统，由一系列以并行方式连接的传感器和一个融合中心组成。Bayes 公式中的目标是获得决策集 $\Gamma=\{\gamma_0, \gamma_1, \cdots, \gamma_N\}$ 使最小化整个系统的平均操作成本。Bayes 风险可以表示如下：

$$\Re = C + C_F\sum_{\boldsymbol{u}} P(u_0=1 \mid \boldsymbol{u})P(\boldsymbol{u} \mid H_0) - C_D\sum_{\boldsymbol{u}} P(u_0=1 \mid \boldsymbol{u})P(\boldsymbol{u} \mid H_1) \tag{4-10}$$

其中

$$C_F = P_0(C_{10}-C_{00})$$
$$C_D = (1-P_0)(C_{01}-C_{11})$$
$$C = C_{01}(1-P_0) + C_{00}P_0$$

$\sum_{\boldsymbol{u}}$ 表示所有 $\boldsymbol{u}$ 可能值的总和。采用一种人对人优化(PBPO)方法对系统优化。在这个方法中，当任何一个决策规则优化时，假定所有其他决策保持不变。系统由 PBPO 过程确定表达式来表示必要但在一般情况下非充分的条件，用于确定全局最优解决方法。同时求解这个等式集以获得所需要的 PBPO 解决方法。传感器决策规则和融合规则是 LRT 由下面给出

$$\frac{p(y_k \mid H_1)}{p(y_k \mid H_0)} \underset{u_k=0}{\overset{u_k=1}{\gtrless}} \frac{\sum_{\boldsymbol{u}^k} C_F A(\boldsymbol{u}^k)\prod_{i=1, i\neq k}^{N} P(u_i \mid H_0)}{\sum_{\boldsymbol{u}^k} C_D A(\boldsymbol{u}^k)\prod_{i=1, i\neq k}^{N} P(u_i \mid H_1)} \tag{4-11}$$

$$\prod_{i=1}^{N}\frac{p(u_i \mid H_1)}{p(u_i \mid H_0)} \underset{u_0=0}{\overset{u_0=1}{\gtrless}} \frac{C_F}{C_D} \tag{4-12}$$

其中

$$\boldsymbol{u}^k = (u_1,\cdots,u_k,u_{k+1},\cdots,u_N)^{\mathrm{T}}$$

$$A(\boldsymbol{u}^k) = P(u_0 = 1 \mid \boldsymbol{u}^{k1}) - P(u_0 = 1 \mid \boldsymbol{u}^{k0})$$

$$\boldsymbol{u}^{k,j} = (u_1,\cdots,u_{k-1},u_k = j,u_{k+1},\cdots,u_N)^{\mathrm{T}},\quad j = 0,1$$

一个上述($N+2^N$)耦合的非线性等式同步结果产生 PBPO 解决方法。分布式检测网络决策规则的确定十分复杂。

考虑一个特殊情况，其中传感器的观测是同分布的。在这种情况下，将出现传感器的决策也应该是同样的。在找到的例子中，却是不同决策规则时最优。这表明了同决策规则限制的解决方法是渐近最优的，而且同决策规则假设通常很少或者不会造成最优性的损失。因此，局部的同决策规则假设频繁地用于多种情况。另外，所有传感器都同局部决策规则和同分布时，最优融合规则减少到一个 K/N 的形式，即如果 K 或者更多传感器决策为 1，则全局决策 $u_0=1$。这种融合规则的结构减少了相当大的计算复杂度。

(4) 基于信息熵的成本函数：到目前为止，成本的公式化涉及了运动路线的固定成本。在信号检测应用中，当这些成本是无效的或者对能够传输的信息数量感兴趣时，基于信息熵的成本函数被证明是非常有用的。图 4-1 所示的系统设计基于如下对数成本函数

$$C_{ij} = \log\left\{\frac{P(u_{0i},H_j)}{P(u_{0i})P(H_j)}\right\},\quad i,j = 0,1 \tag{4-13}$$

其中 u_{0i}表示 $u_0=i$。基于 PBPO 方法，可以获得最大化相互信息 $I(H;u_0)$的融合规则和传感器决策规则。向量 $\boldsymbol{u}^*$ 的融合规则是

$$\frac{p(\boldsymbol{u}^* \mid H_1)}{p(\boldsymbol{u}^* \mid H_0)} \underset{P(u_0=1|\boldsymbol{u}^*)=0}{\overset{P(u_0=1|\boldsymbol{u}^*)=1}{\gtrless}} \frac{P_0(C_{00}-C_{10})}{P_1(C_{11}-C_{01})} \tag{4-14}$$

传感器决策规则是 LRT 的，其中阈值由下式给出

$$t_k = \frac{P_0(C_{10}-C_{00})\dfrac{\partial P_F}{\partial P_{F_k}}}{P_1(C_{01}-C_{11})\dfrac{\partial P_D}{\partial P_{D_k}}},\quad k = 1,2,\cdots,N \tag{4-15}$$

通过同时求解式(4-14)和式(4-15)得到 PBPO 解决方法。

4.2.2 串行拓扑结构

以下考虑对于串行网络(如图 4-3 所示)的 Bayes 假设检验问题。为简单起见，只关注有两个传感器的网络。在这个网络中，第一个检测器基于 y_1 做出决策 $u_1=i$。第二个检测器基于 u_1 和 y_2 做出最终决策 u_2。令 C_{jk} 表示当表示 H_k 时做出决策 $u_2=j$ 的成本。目标是推导出两个检测器的决策规则使得做出决策 u_2 的成本最小。这种情况的 Bayes 风险可

以由

$$\mathcal{R}=\sum_{i,j,k}\int_{y_1,y_2} P_k C_{jk} P(u_2 \mid u_1,y_2)p(u_1,y_1 \mid H_k)p(y_2 \mid H_k) \tag{4-16}$$

表示。基于 PBPO 方法得出系统最优化。两个检测器的决策规则是 LRT 的。一个单阈值用于第一个检测器并根据第一个检测的决策在第二个检测器上使用双阈值。t_2^i 表示当$u_1=i$ 时第二个检测器的阈值。这 3 个阈值如下所示

$$t_1 = \frac{C_F P_{F_2}(t_2^1) - P_{F_2}(t_2^0)}{C_D P_{D_2}(t_2^1) - P_{D_2}(t_2^0)} \tag{4-17}$$

$$t_2^1 = \frac{C_F P_{F_1}}{C_D P_{D_1}} \tag{4-18}$$

$$t_2^0 = \frac{C_F(1-P_{F_1})}{C_D(1-P_{D_1})} \tag{4-19}$$

其中 $P_{F_2}(t_2^i)$和 $P_{D_2}(t_2^i)$表示在检测器基于阈值 t_2^i,$i=0,1$ 时的虚警概率和检测概率的值。确定 3 个阈值需要求解上述等式。对于一个含有 N 个检测器的串行网络,需要求解$(2N-1)$个等式以得出阈值。对于很大的 N,一个更方便的方法是递归表示这些等式。

一个重要的问题是并行拓扑或者串行拓扑是否在 Bayes 准则下能更好执行。Bayes 准则是独立于这个准则提出的,因此也有效。对于 N 检测器网络($N>2$),不能做出明确的描述。这表明了在渐近情况中并行网络比串行网络更好。在并行网络中并不知道重要的 N 的取值。另一个有趣的问题是不同检测器的顺序。把较好的检测器设置到最后这可能是诱人的,但是某些例子表明最优化不需要将较好的检测器设置到最后。顺序取决于许多因素如先验概率、成本等,但是在这个问题上没有一个统一的结论。

4.2.3 更一般的网络拓扑结构

前面讨论了对于两种基础分布式检测网络拓扑结构的 Bayes 公式。树形网络可以用相似的方式处理以及推导所有检测器的决策规则。在所有迄今考虑过的结构中,信息只以一个方向(即向融合中心)流动。对于传感器之间的广泛通信或对于从融合中心流向传感器的反馈信息都没有提供。通过引入额外通信能力可以提高系统性能。某些文献中已经考虑了这样一些网络结构。例如,在一个有反馈的并行网络中,传感器观测值在观测间隔内顺序到达。接收到每个观测值后,传感器做出初步决策并将其传送到融合中心。融合中心结合这些决策并发送回传感器暂定全局决策。传感器用这个反馈信息采取它们的决策规则。这个系统的设计和分析是有效的。另一个有趣的观察,是一系列传感器经过联合商议可以共同达到一个决策。每个传感器发送它的暂时决策到所有的其他传感器。基于它的原始观测和最新暂时决策集,每个传感器"重新考虑"并做出另一个暂时决策。这个过程持续到所有传感器达成共识。这个系统的性能是以达成共识的时间和结果的正确性为特性。

习题

4.1 数据融合系统的结构模型有哪几种?各自优缺点是什么?

4.2 简要介绍有融合中心和没有融合中心的结构模型的特点。

第 5 章

传感器管理

近年来，无论在军工领域还是民用领域，传感器都起着越来越重要的作用，但是单个传感器往往效率低下。随着传感技术、信号检测与信息处理技术及计算机技术的快速发展，多传感器信息融合得到了广泛应用。在传感器资源有限的情况下，为了实现信息融合系统性能的最优化，需要对传感器资源进行合理分配、协调，于是传感器管理成为信息融合系统的一部分，并起着重要作用。因此，传感器管理技术成为当前的研究热点。

5.1 传感器管理的定义

实际情况中，多传感器系统往往在操作方面、环境方面、传感器物理方面和算法逻辑上存在约束。尤其在目标环境不确定性增加时，监控难度随之增加。因此需要一种机制对传感器资源进行有效地协调和分配，才能最大地发挥系统效能，该机制被称为传感器管理。所谓传感器管理，通常被描述为一个系统或过程，在一定的约束条件下，根据具体任务要求和一系列最优原则（一般为可量化的参数，如目标的检测概率、识别精度、轨迹预测精度等），科学合理地协调、分配动态环境中的有限传感器资源，使系统高效地完成目标检测、跟踪并获取所需区域信息，进而充分发挥多传感器数据融合系统的功能和性能，取得最优化结果。

简言之，传感器管理就是对多传感器系统在时间上、空间上、工作模式上的控制过程，它的首要目标是用最小的资源开销更好地掌握监控区域的信息和状态。合理的传感器管理可以通过控制数据融合过程，选择需要用到的数据，有效地避免不必要的数据存储、计算和能量消耗。另一个目标是实现整体系统的优化，通过检测结果进行反馈控制。如现代战斗机都配备有多种传感器，并建立起一套传感器自动管理系统，在提高数据系统精度的同时减轻了飞行员的操作和心理压力。

当前，传感器管理广泛性的研究框架是由新加坡学者 Ng. G. W 提出的，从功能的角度将传感器管理分为 3 层：单传感器管理、单平台多传感器管理和多平台多传感器管理（或传感器网络管理）。

单传感器管理作为最基础的管理层，主要负责对单个传感器的发送频率、检测方向和电源等可控参数的独立控制。如根据任务的需要，改变非全向雷达的检测方向等。

单平台传感器管理为中级管理层，主要负责根据不同的任务对传感器进行任务分配、传感器指示交接和传感器模式确定等操作。通常应用于单一平台的多传感器系统，如天基、空基、陆基和海基等。

多平台多传感器管理为高级管理层，也称为传感器网络管理，它主要负责多传感器和多平台之间的通信和协同控制等操作。如传感器的动态布局以保持良好的目标覆盖等。

上述三类传感器之间的差异如表 5-1 所列。

表 5-1 三类传感器管理的对比

管理类型	优化目标	约束条件	管理策略	常见方法
单传感器管理	最小化目标状态误差	能量限制、工作模式的局限等	参数控制、电源控制、模式切换等	滤波技术、数学规划、信息论方法等
单平台多传感器管理	最大化传感器资源效能	传感器的监控能力、传感器数量限制等	多目标排序、传感器对目标分配、传感器模式确定	滤波技术、数学规划、智能优化、信息论方法等
多平台多传感器管理	最大化网络寿命，最大化传感器资源效能	能量限制、带宽限制、通信范围限制等	通信控制、协同控制等	滤波技术、数学规划、智能优化技术等

此外，随着物联网的兴起，无线传感器网络已成为国际上计算机、信息与控制的一个新的研究热点，显示出了与传统多传感器系统的区别，如节点数量巨大、网络管理需求等，成为传感器管理技术新的挑战。

5.2 数据融合系统中的传感器管理

传感器管理作为数据融合系统中的重要部分，不仅服务于数据融合操作，其所需的管理依据也来源于数据融合的结果。然而，以往的数据融合系统仅仅是环境检测和融合数据的开环过程，且只在融合中心准则和算法上进行局部优化，而并没有强调对整个系统的传感器资源的协调，也没有利用融合的结果来反馈、引导传感器管理进行传感器资源的实时分配和传感器的控制。

美国国防部试验联合指导工作组提出的 JDL 数据融合 4 级模型，强调了数据融合需与传感器管理相结合的观点；随后 A. R. Benaskeur 等人又提出了数据融合与传感器管理的闭环式模型，并证明了其相对于开环式模型的优越性。该模型可以在提高系统效能的同时减少目标探测时间和系统的负载。在这里，简单介绍闭环模型。

数据融合系统的闭环结构如图 5-1 所示。

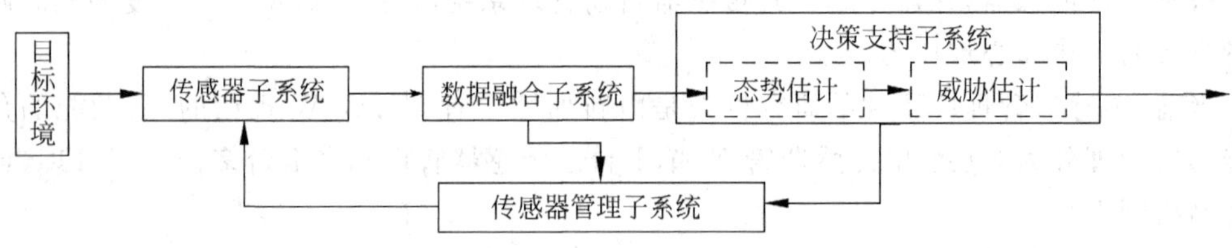

图 5-1 传感器反馈控制的闭环数据融合系统

图 5-1 中，传感器子系统为环境探测装置，作用在于实时地检测环境变化并为数据融合子系统提供相关数据；数据融合子系统对来自传感器子系统的数据进行融合操作，进一步获取当前环境的状态信息；决策支持子系统利用数据融合的结构及时进行势态估计和威胁

分析,该结果又为传感器管理提供重要依据;传感器管理子系统根据前面几个阶段提供的反馈信息,对传感器资源进行实时地调整和优化,在闭环系统中起着极其重要的反馈调节作用。显而易见,闭环反馈模型的引入大大提高了系统的自适应能力和稳定性。

P. L. Rothman 指出应从 4 个方面对闭环系统中传感器管理系统进行评价:相对任务目标的绩效量测选择、相对权重确定、基准场景定义、传感器管理系统间的对比。但目前仍然没有完成对该评价体系的具体实现,这也是传感器管理系统有待研究的问题之一。

多年来,多源数据融合技术蓬勃发展,也带动了对传感器管理技术的研究。随着传感器管理在信息融合系统中的作用越来越明显,它从作为信息融合系统的一部分,逐渐发展成一个较为独立的功能模块。它们之间的关系由从属关系过渡到既独立又联系的阶段。但是传感器管理的作用依然是合理分配传感器资源和对信息融合系统进行反馈控制。目前,传感器管理和信息融合的这种相辅相成的闭环模式已经成为最热门的发展趋势。

5.3 传感器管理的内容

传感器管理的首要问题在于按照一定的优化原则,选择系统中哪些传感器在什么时候以何种工作模式完成什么工作。这是一个非常宽泛的概念,因此涉及很多复杂的问题:传感器部署、传感器任务分配和传感器之间的协调问题等。由于近几年无线传感器网络的兴起,现在的传感器管理还需要对网络通信进行管理。因此,根据任务的要求不同,传感器管理的范围大致可以概括为:时间管理、空间管理、模式管理和网络管理。具体介绍如下。

(1) 时间管理。在多传感器系统中,经常会遇到由于传感器分布或具体任务的不同,而只需要一部分传感器工作,或经常要完成一些需要多传感器间严格时间同步工作的情况(如轨迹检测、运动目标检测、对抗活动等),此时就需要对该系统进行时间管理操作。

(2) 空间管理。它的主要任务是决定各个传感器的空间位置,并给出非全向传感器的检测方向,以确保对整个区域的覆盖和对目标的检测、定位与跟踪。这直接涉及对传感器资源的合理利用。

(3) 模式管理。它主要完成对传感器的工作模式或可变参数的调节。例如,由于大多数传感器能量有限,有时为了保证自身的隐蔽性,就适当降低传感器的主动发送次数,或使它进入静默状态或空闲状态。另外,传感器处于不同的工作模式可以完成不同的任务,或可以根据特定的环境改变传感器的一些参数,通常包括对传感器的孔径、信息号波形、功率和处理技术的选择等。例如,目前先进的雷达就有数十种工作模式和参数供选择。

(4) 网络管理。它是针对传感器网络而言的。它在确保网络寿命最大化的基础上,完成多个传感器或传感器平台间通信的管理和信息共享控制,使传感器网络更好地协作完成任务。而无线传感器网络又有节点尺寸小、数量多、冗余性高、无线连接等特点,其网络管理的主要任务是对网络通信、计算和存储等操作进行协调管理。

那么传感器管理又是怎样实现以上 4 类管理的呢? 当然,想要只通过一种机制来完成复杂的传感器管理是不可能的。因此,通常一个合理的传感器管理应当通过以下几步来完成:目标排列、传感器预测、事件预测、传感器对目标的分配、空间和时间范围控制、配置和控制策略。具体介绍如下。

(1) 目标排列。它是依据目标当前状态和目标将来状态建立目标优先级,目的在于确定传感器资源分配的优化方案。同时，必须提供人工操作接口，满足人为提出的优先级排序要求。

(2) 传感器预测。它的作用是分配传感器给当前目标，事先预测各个传感器的能力和它对目标的有效性。

(3) 事件预测。它是根据当前事件、目标状态和战术原则，预测将来可能发生的事件，并验证所期望的事件。例如在进行目标跟踪时，可以根据目标当前位置预测未来位置，以保持对目标的监控。

(4) 传感器对目标的分配。在多传感器系统中出现多个目标时，需要将多个传感器分配给不同的目标。该分配原则依据相应的目标函数。

(5) 空间和时间范围的控制。其功能是通过设置目标指示传感器，在保持对区域内目标监控的同时，及时感应进入区域的目标。而对于空间扫描的时间消耗又需考虑以下几个方面：目标检测概率、跟踪和识别性能以及被敌人检测到的概率。

(6) 传感器配置和控制策略。将传感器配置方案装换成具体的对传感器的命令。

以上几个功能模块组成了通用的传感器管理功能模型。具体功能模块由具体情况确定。

5.4 传感器管理的结构

传感器管理的结构作为传感器管理的基础与数据融合结构相关联，有着重要的作用。其结构的好坏直接影响数据融合系统输入数据的好坏，一个合理的结构可以大大减轻数据融合系统的负担。随着数据融合和多源传感器系统规模、结构的变化，传感器管理架构也发生了巨大变化。前面提到，传感器管理可以分为单传感器管理、单平台多传感器管理和传感器网络管理。相应地，按传感器管理结构通常可分为集中式结构、分布式结构和混合式结构。

1. 集中式管理结构

如图 5-2 所示，在系统中有一个融合中心，通过反馈作用对所有传感器资源进行统一的分配和管理，并通过信息交互通知它们。该结构的优点在于结构简单、中心节点的决策精确合理，且各个传感器有较好的独立工作环境，可以自主完成对自身物理资源的管理；缺点在于当传感器数量很多时计算量太大、不灵活，且容易造成个别传感器过载的问题。

该结构主要应用在简单的单传感器和单平台多传感器系统中。

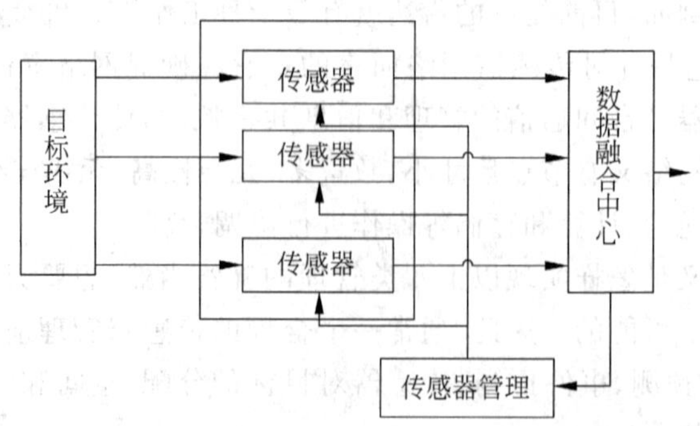

图 5-2　单平台多传感器集中式管理结构

2．分布式管理结构

当传感器数量增加、任务变得复杂时，集中式结构的缺点也逐渐明显，因此当系统规模很大并要完成很多不同任务时，通常采用分布式结构。如图5-3所示，该结构中没有传感器管理中心，且每个平台的地位都是一样的。每个平台有自己的传感器管理系统，且在独立地完成自身任务的同时通过平台间的通信来共享信息。该结构的优点是可以将管理操作分配到几个不同传感器平台进而增强系统的可扩展性、可靠性和抗打击能力，同时避免了集中式结构中的带宽限制和个别传感器负荷过重的情况。其不足之处在于系统的整体协调能力减弱，且易产生任务冲突而使管理更加复杂。

该结构多适用于复杂的多平台多传感器系统中，如无线传感器网络。

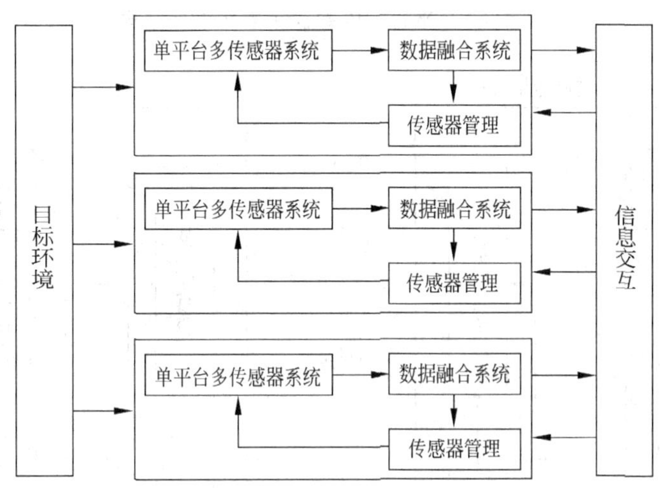

图5-3 多平台多传感系统的分布式结构

3．混合式管理结构

由前面可知，集中式结构和分布式结构都有自己的优点和缺点，有时候同一个传感器管理环境中两种结构都适用。而通常在传感器数量较多时会结合使用两种结构，即混合式管理结构。下面介绍两种常见的混合式管理结构。

通常为了增强系统的总体性能，可以将它建立在分级基础上(将管理操作分配到不同位置或不同传感器上)，即将系统分为多个层次。为了模块化这样的系统，又引入了宏观与微观结构的概念。如图5-4所示，在该单平台多传感器系统中，将传感器管理分为宏观管理器和微观管理器：宏观管理器主要完成多个传感器任务的分配和协调，对所有传感器资源进行动态配置，同时控制传感器间的信息交互；微观管理器负责决定各个传感器如何执行给定的任务，对它们的可变参数和可切换模式进行选择。

多平台多传感器系统也可采用宏观与微观结构，即将多个宏观与微观结构的传感器平台通过信息交互和协同的方式联系起来，从而形成一个更大的系统，如图5-5所示。

另外，在文献中还提到一种基于计算机网络中服务器和客户机概念的多代理混合管理结构。此处的代理指软件代理，每个代理具有自主的推断能力并可以对周围的环境变化做出反应，即传感器管理操作。代理之间还可以进行通信交互，形成一个网络结构。

通常有两类代理：传感器代理和融合中心代理，融合中心代理又可分为本地融合中心

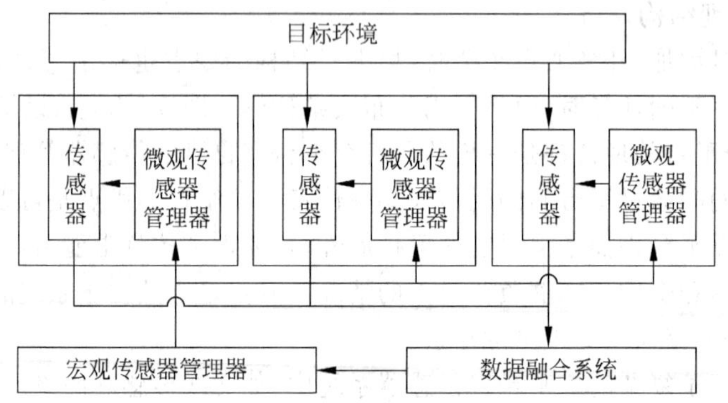

图 5-4　单平台多传感器微观/宏观式结构

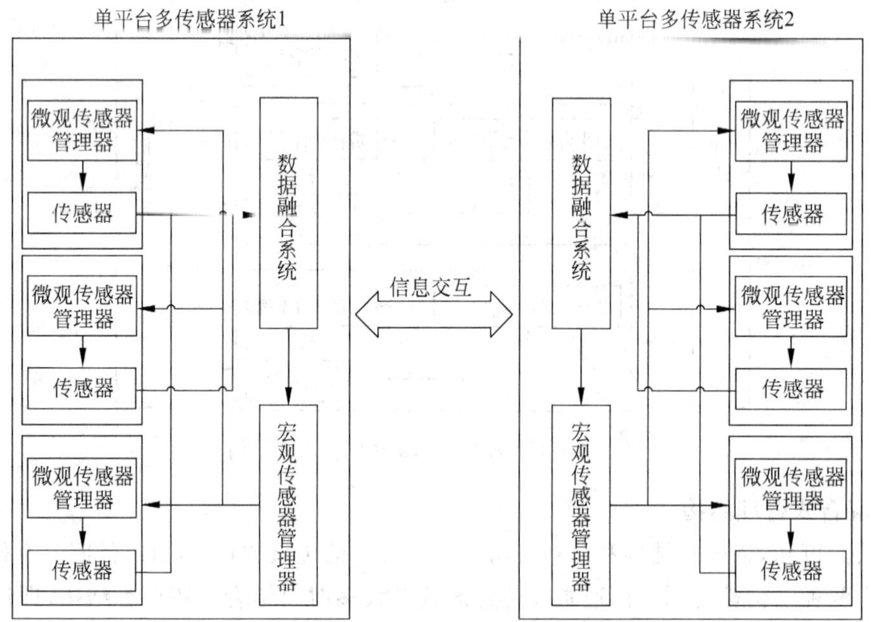

图 5-5　多平台多传感器的微观/宏观式结构

代理和融合中心代理，如图 5-6 所示。该结构将管理系统分为三层：传感器层、本地融合层和中心融合层。在管理过程中，融合中心代理的作用是确定性能指标和传达传感器代理需完成的任务，并对实际性能是否达标进行监控，同时还担任着建立本地传感器群组的作用。而本地融合中心代理的功能包括管理所在群组的传感器代理，并将本地融合结构传递给上一级；传感器代理的任务则是监控目标和获取其他传感器的数据，通过相互协商后将任务分配到各个传感器。

实际应用中，混合模式综合了集中式结构和分布式结构的优点，因此通常采用混合式结构根据不同的情况来设计适合当前环境的传感器管理系统结构。

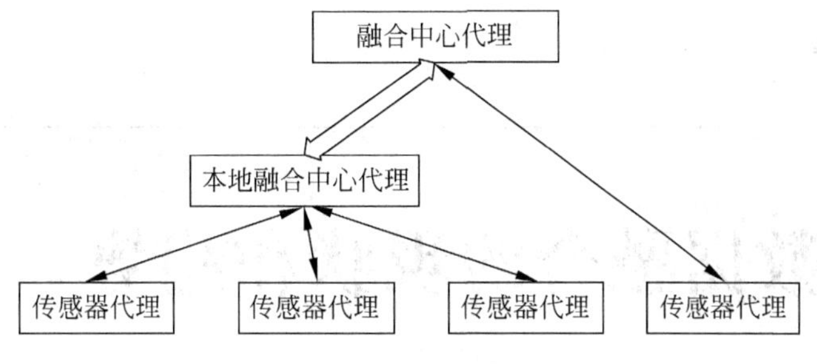

图 5-6 多代理混合管理结构

习题

5.1 简述传感器管理定义和传感器管理内容。

5.2 阐述传感器管理几种结构的特点以及它们的优缺点。

第 6 章

数据融合的现状和趋势

本章将揭示一些传感器数据融合领域中的新兴趋势和框架，另外也将探索数据融合正在研究的许多主题。与新兴模式相反，虽然这些研究已经建立，但还是了解和发展甚少。

6.1 新兴融合模式

6.1.1 软/硬数据融合

与传统融合系统相比，输入数据是由有良好定义特性的标准电子传感器系统产生的，而研究软数据融合认为在无约束的自然语言下融合基于人类的数据表现得非常好。软数据融合是一个复杂的问题，一直都是融合领域研究的焦点。在某些应用中软和硬数据的融合甚至更具有挑战性但也更有必要。在最近的研究中，如以人类为中心的数据融合模式和软/硬数据融合初步研究的进展成为新趋势的指向，这是一个更一般的融合框架，使人类和非人类传感数据能够更有效的处理。

6.1.2 机会数据融合

传统数据融合系统大多数设计用于专用传感器和信息源，而这些系统具有一定的局限性。然而对于有效而且无处不在的计算和通信技术，机会数据融合模式考虑了在分享资源时处理传感器的可能性，并且以一种可能性的方式进行融合。而关于这个融合系统已确认的新挑战性问题以及解决它们的创新方法已经被研究出来了。机会信息融合模型(OMM)与传统方法的区别是在传输过程中对传感器发现、临时计算负荷以及动态(非预先定义)融合规则的需求。需要实现 OIFM 的关键使能组件是对于中间开发的新方法称机会中间模型(OOM)。这是因为现有的中间平台不能拓展到 OIFM 应用需求的设备多样性、数目和运行动态。不幸的是现今 OMM 规格不能处理它执行相关问题，因此未来的研究仍然需要使 OIFM 可行。尽管如此，已经有一些初步研究，如在一个数据跨越时间、空间和特点层面的机会融合在一个视觉传感器网络中进行和实现人体动作分析。

6.1.3 自适应融合和研究

自适应要求数据融合在所需环境参数不先验已知或动态改变的情形下进行，因此在传输过程中必须重新估计。自适应数据融合的早期工作可以追溯到 20 世纪 90 年代初。然而这个问题在文献中很少被探讨直到如今。一些现有的研究集中于把自适应结合进 KF 算法。其中有：一个能够智能分配有限资源的自适应融合系统可以有效地追踪三维运动目标；一个 KF 的自适应变体称 FL-AKF，它依赖于基于自适应估计测量噪声的协方差矩的阵协方差匹配的模糊集推论；用一个类似的方法，提出一个创新的自适应 Kalman 滤波器(NAKF)，它用一个基于协方差匹配的数学函数称匹配程度(DoM)达到了自适应；最近提出了一个基于多重衰退因素的增益矫正自适应 UKF 算法，并且应用于超微卫星状态估计问题；另一个研究趋势是研究明确地把机器学习算法整合进融合过程中以完成自适应(例如，机器学习方法用于实现在人机交互应用框架中用户的多模式时间阈值的即时自适应)。一些其他研究研究了用于进行动态数据可靠性估计的自适应融合系统的强化学习应用。最近研究也提出了用基于核心的学习方法以实现自适应决策融合规则。

6.2 正在进行的数据融合研究

6.2.1 自动融合

这方面的研究是基于形式逻辑和范畴论框架内的数据融合形式化。其主要目的是开发一个正式融合理论，它将允许以一个独特(标准)的方式指定各种融合概念和要求。这种理论的优点是双重的：①一个新提出的融合方法的相关特性将正规可证。②开发人员可以用正规的语言规定他们的设计，然后用正规的方法合成和评估所需的融合系统。后者的优点特别有用，因为它能够提供数据融合算法的快速和机器自动化原型。然而，基于这种形式化的融合算法自动化开发的概念仍然是一个遥远目标，还需要进一步的研究，虽然已经通过基于给定的规范高阶数据融合算法综合推理展现出它的可行性。

6.2.2 置信度可靠性

大多数数据融合研究是基于关于产生不完整数据关联置信度的基本模型可靠性的乐观假设。例如，感官数据被普遍视为一般可靠和在融合过程中起着对称作用。然而不同的模型通常有不同的可靠性而且不止适用于一个特定范围。最近的数据融合的趋势大多数通过尝试计算置信度的可靠性解决了这个问题。通过引入一个第二级不确定的概念实现了这个尝试，即不确定性的不确定性表示可靠系数。主要挑战是首先估计这些系数，然后把它们纳入融合过程。已经提出许多方法估计可靠系统，它们依赖于知识领域和语境信息，通过训练、可能性理论和专业判定学习。此外，在一些融合框架如 D-S 理论、模糊和可能性理论、传递信度模型和概率论下研究了可靠性一体化的问题。最近的研究也研究了信度可靠性在高阶数据融合的影响。数据融合的可靠性问题仍然没有很好完善，以及一些开发性问题如可靠性、异质数据的可靠性和一个处理数据融合算法的全局构架和数据源的可靠性的关系将一直是未来研究的内容。

6.2.3 安全融合

数据完整性、保密性和新鲜度是许多数据融合应用需求的安全问题，特别在军事领域中。最近研究中提出了一些安全数据融合的协议。其中提出了一个安全融合框架称盲信息融合框架(BIFF),它为保护数据融合提供了保密性。一个程序被描述用于从一般空间改变数据形式至无名空间,其中的数据一旦被融合就不能被导出。此外,也提出了一个算法称随机抵消方法(ROM)用于保证基于共识平均法的分布式融合系统中的共同隐私。ROM 首先通过通知程序模糊融合数据实现了它的目的,因此从其他融合方隐藏它自身,然后利用高频消除共识滤波器的特性以恢复融合阶段的通知数据。

尽管这些初步努力,数据融合系统的安全性方面仍然有很多未探索领域,特别是在大规模有广覆盖传感器网络方面。因此,将安全性作为数据融合系统的一个重要组成部分是一个对于未来研究有趣的问题。事实上,在传感器网络领域中与安全性相关的数据融合问题已经得到相当的关注,这进一步表明了当发展现代分布式融合系统时考虑相关安全性问题的重要性。

6.2.4 融合评估

性能评估目的是学习一个数据融合系统由各种算法操作的特性以及基于一个观测集或矩阵比较它们的利弊。优势通常表现在一个不同算法映射到不同真实值或者部分需求的排名。一般来说,数据融合系统得到的性能被认为是依赖于两个部分即输入数据的质量和融合算法的效率。因此,研究(低程度)融合估计的文献可以分为以下几种。

(1) 融合系统输入数据质量评估:这个目标是开发一些途径,它们能够对源于融合系统的数据质量评估和根据特性如可靠性和可信性的数据信度计算。这种研究中最显著的可能是 NATO 的标准协议(STANAG)2022。STANAG 采用了字母数字评级系统,它结合了信息源的可靠性观测和信息可信性的观测,都用了现有知识评估。STANAG 建议用自然语言陈述表现,这使它们相当不精确和模棱两可。一些研究人员试图分析这些建议并且提供了一个符合 NATO 建议的正式信息评估数学系统。提出的形式依赖于一个信息评估系统的 3 种概念:支持信息的独立源数目、它们的可靠性和信息可能与一些有效/先验的信息冲突。因此一个被定义的评估模型和其融合方法只要占上述 3 个概念即可制定。尽管如此,当今形式仍然是不完整的,如一些 STANAG 提议的预测概念,例如对信息源的可靠性完全无知就没有被考虑。另一个关于输入信息质量的重要方面,这个很大程度上被忽略的方面,是传输到融合系统的速率。信息速率是许多因素的函数,包括传感器回访率、数据集通信率以及通信回路的质量。信息速率的影响在不完善通信普遍存在的分布式融合系统中特别重要。

(2) 融合系统性能评估:融合系统本身性能是由一个特殊方法集称性能方法(MOP)来计算和比较的。MOP 的研究工作相当广泛而且包括各种各样的方法。具体的 MOP 的选择取决于融合系统的特性。例如,与单传感器系统相比更多在多传感器系统的评估。此外,在多目标问题的情况下系统的数据/轨迹相关部分以及估计部分也需要评估。MOP 的普遍使用可能大体分为对每个目标的指标计算和合成目标的指标计算。一些 MOP 属于前者分类是轨迹精准、轨迹协方差一致、轨迹抖动、轨迹估计偏差、轨迹纯度和轨迹连续性。后者分类的测量例子是丢失目标的平均数目、额外目标的平均数目、起始时间的平均轨迹、历史完整性和跨平台的共同历史。还有其他一些不太受欢迎有关融合系统区别和/或分类能力的方法,在一些应用中收集这些方法可能是有用的。除了常规性能测量方法,还有一些在有限集理论框架内对于多目标融合系统 MOP 开发的研究。关键的观察结果是一个多目标系统与单目标系统从本质上是不同的。在前一种情况下,系统状态确实是向量的有限集合而不是单向量。这是由于目标出现/消失,将导致随时间变化的状态数目。此外,它是更自然的在数学上表现一个有限的状态集合,因为由状态列出的顺序没有物理意义。这个方法是在目标数目是不已知而且只能由它们的位置推断的融合应用中特别有用。最后,值得指出一些融合评估工具和测试平台最近变得有效。Boeing 的融合性能分析(FPA)工具是一款能够为几乎所有融合系统计算技术性能测量(TPM)的软件。它是由 JAVA(因此是独立平台)开发而且以 3 大类实现了许多 TPM,包括状态估计、轨迹质量和识别。另一个有趣拓展是多传感器多目标追踪测试平台,它最近被引入而且是实现目前技术水平测试平台估计大规模分布式融合系统的第一步。

(3) 据我们所知,没有标准和健全的评估框架去评估数据融合算法的性能。大部分研究正在做模拟和基于有时理想化的假设,这使得很难预测算法在实际应用中的性能。最近发表了一个数据融合性能评估的评论文献,其中讨论了数据融合性能评估在实际中的挑战性问题。经分析超过 50 篇的相关文献工作,表明了只有极少数(约 6%)的调查研究工作从实际角度处理了融合评估问题。事实上,它表明大多数现有研究集中在模拟或不真实的测试环境中进行评估,这与实际情况大为不同。一些实际融合评估的主要挑战性文献中经常被忽略的问题有以下几种。

① 基础实况实际中通常是不知道的,然而许多目前使用的性能测量需要基础实况的知识。

② 性能有不同的、可能冲突的、在全局中难以捕捉的度量和统一的测量。例如,性能评估认为是应该多方位的,即不只是实现融合目标的程度应该被测量,用于完成这些目标的尝试/资源数目也应该被考虑。

③ 为了一个公平的融合性能指标,性能测量应该需要适应时间的推移或者根据给定上下文/情形。

第 1 个问题是最常见和最严重的问题,特别是在图像融合领域。一个潜在的解决方案是为了开发所谓的客观性能测量,即从基础实况或人为主观评估中独立出来。然而,很少有这方面的研究。

第 2 个问题反映了一个事实,可能很难制定一个统一的 MOP 去全面捕捉系统性能的所有方面。这主要是由于竞争的性能方面之间存在权衡。例如,精确度和取消权衡是融合领域公认的。因此一个全面的 MOP 可能变得过于抽象而且无法正确展示所有系统性能的特点。一种替代方法是开发一个由给定应用所需求的 MOP 集。

第 3 个问题表现了考虑到在融合系统正在评估的具体情况或环境下的重要性。越复杂的评估场景它变得越具有挑战性,对于融合系统保持所需水平,这很重要。基于这个观察,一些研究人员已经提出方法能够量化评估场景的复杂度,这通常称为情境度量。类似的替代方法是所谓的目标相关性能指标,它能够在某一时刻适应自身到情境定义的环境中包含一些机制如自学。

关于上述探讨,体现了一个对于在数据融合系统实际评估的性能应用的发展和标准化测量的进一步研究的迫切需要。

习题

6.1 通过查阅相关文献,阐述数据融合的发展趋势。

第二部分　数学理论基础

第 7 章

Bayes方法

7.1 Bayes 方法的发展

Bayes 方法理论是由英国数学家 Thomas Bayes 创立的，他将归纳推理法用于概率论基础理论，并于 18 世纪中叶在一篇论文中首次提出了 Bayes 定理这个概念。之后 Bayes 方法席卷了概率论，并将应用延伸到各个领域，几乎所有需要做出概率预测的地方都可以看到 Bayes 方法的影子，如垃圾邮件拦截等。

7.2 Bayes 定理

Bayes 定理其实是一种基于假设的先验概率和给定假设下观察到的不同数据的概率，是一种后验概率，通常与条件概率和边缘概率有关。其中，先验概率是根据以往的数据分析得到，或根据先验知识估计获取的概率；后验概率是可以根据先验概率和观测信息对之前概率重新修正后的概率，随着样本信息的增加，后验概率也不断更新，且前一次后验概率将作为下一次的先验概率，是一个"学习"的过程。

7.2.1 条件概率

条件概率(conditional probability)是概率论中一个重要且普遍适用的概念，它考虑的是在事件 B 已发生的前提下，事件 A 发生的概率，如图 7-1 所示。

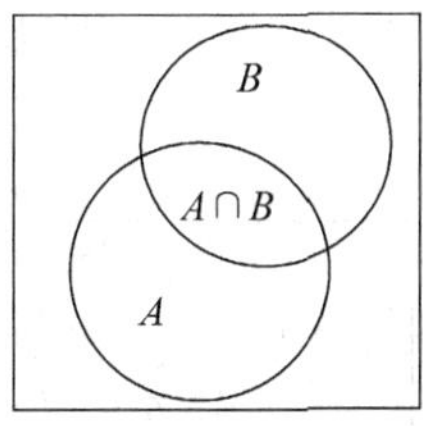

图 7-1 事件 A、B 发生的概率关系

由文氏图 7-1 可知，当事件 B 和事件 A 同时发生的概率是 $P(A\cap B)$，而当事件 B 发生的前提下，事件 A 发生的概率是

$$P(A \mid B) = \frac{P(A \cap B)}{P(B)}$$

定义 7.1 设 A、B 是两个事件，且 $P(A)>0$，称

$$P(A \mid B) = \frac{P(A \cap B)}{P(B)} \tag{7-1}$$

为在事件 B 发生的前提下，事件 A 发生的条件概率；且需满足以下 3 项：

① 非负性：对于每个事件 A，都有 $P(A|B) \geqslant 0$；

② 规范性：对于必然事件 S，有 $P(S|A)=1$；

③ 可列可加性：事件 $B_1, B_2, \cdots, B_n$ 两两不相容，则有 $P\left(\bigcup_{i=1}^{n} B_i\right) = \sum_{i=1}^{n} P(B_i \mid A)$。

7.2.2 概率乘法规则

定理 7.1 设 A、B 是两个事件，且 $P(A)>0$，则有

$$P(A \cap B) = P(B \mid A)P(A)$$

同样，当 $P(B)>0$ 时，事件 A 发生的前提下，事件 B 发生的条件概率为

$$P(B \mid A) = \frac{P(B \cap A)}{P(A)} \tag{7-2}$$

于是就有

$$P(A \mid B)P(B) = P(B \mid A)P(A) = P(A \cap B)$$

将上式推广到多个事件的情况：设 $A_1, A_2, A_3, \cdots, A_n$ 为 n 个事件，且 $n \geqslant 2$，$P(A_1 \cap A_2 \cap \cdots \cap A_{n-1})>0$，则有

$$\begin{aligned} &P(A_1 \cap A_2 \cap \cdots \cap A_n) \\ &= P(A_n \mid A_1 \cap A_2 \cap \cdots \cap A_{n-1})P(A_{n-1} \mid A_1 \cap A_2 \cap \cdots \cap A_{n-2})\cdots P(A_2 \mid A_1)P(A_1) \end{aligned}$$

上式也被称为概率的链规则。

7.2.3 全概率公式

如图 7-2 所示，区域 S 被分成 A_1 和 A_2 两部分，事件 B 发生的概率为

$$P(B) = P(A_1 \cap B) + P(A_2 \cap B) \tag{7-3}$$

又由概率乘法规则可得

$$P(B) = P(B \mid A_1)P(A_1) + P(B \mid A_2)P(A_2) \tag{7-4}$$

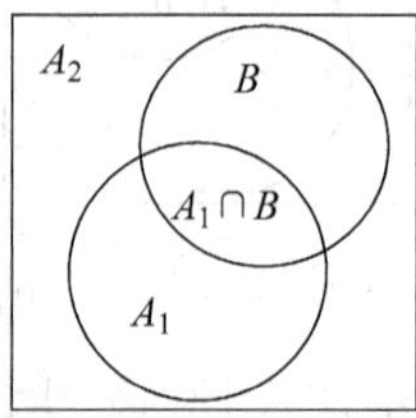

图 7-2 事件 B 的发生与事件 A 的概率关系

于是全概率公式如下：

定理 7.2 设实验 E 的样本空间为 S，B 为 E 的事件，$A_1,A_2,A_3,\cdots,A_n$ 为 S 的一个划分，即满足(a)$A_j\cap A_i=\varnothing\ (i\neq j)$；(b)$A_1\cup A_2\cup A_3\cup\cdots=S$；(c)$P(A_i)>0\ (i=1,2,3,\cdots)$，则有

$$P(B)=P(B\mid A_1)P(A_1)+P(B\mid A_2)P(A_2)+\cdots+P(B\mid A_n)P(A_n) \tag{7-5}$$

7.2.4 Bayes 概率

当 $P(B)>0$ 时，由概率乘法规则可得到

$$P(A\mid B)=\frac{P(B\mid A)P(A)}{P(B)}$$

在已知事件 B 发生的前提下，事件 A_1 发生的概率可表示为

$$P(A_1\mid B)=\frac{P(A_1\cap B)}{P(B)}=\frac{P(B\mid A_1)P(A_1)}{P(B\mid A_1)P(A_1)+P(B\mid A_2)P(A_2)} \tag{7-6}$$

这是 Bayes 概率的一种特殊情况，而更一般的情况可描述如下：

定理 7.3 设实验 E 的样本空间为 S，B 为 E 的事件，$A_1,A_2,A_3,\cdots$为样本空间 S 的一个划分，且满足以下条件：

① A_j与A_i交集为空集$(i\neq j)$；

② $A_1\cup A_2\cup A_3\cup\cdots=S$；

③ $P(A_i)>0\ (i=1,2,3,\cdots)$。

因此可得 Bayes 概率的一般形式为

$$P(A_i\mid B)=\frac{P(B\mid A_i)P(A_i)}{\sum_j P(B\mid A_j)P(A_j)} \tag{7-7}$$

称 Bayes 定理。它可以被理解为

后验概率 = 标准相似度×先验概率

其中，$\frac{P(B\mid A_i)}{\sum_j P(B\mid A_j)P(A_j)}$ 被称为标准相似度(standardised likelihood)，$P(A_i)$ 被称为先验概率。这也是 Bayes 推断的含义，即在给定似然函数的基础上，根据观测值对其加以更新。因此需要根据以往的知识来预估一个先验概率，然后进行试验，通过试验来确定概率增强还是减弱，当相似度大于 1 时，先验概率增强；而相似度小于 1 时，先验概率减弱。如没有任何预先知识来确定先验概率，Bayes 提出可以假设其为均匀分布，该假设称为 Bayes 假设。

当然，Bayes 定理也可以用于连续随机分布，设有连续随机变量 X、Y，且 Y 与 X 有一定概率关系；当 y 成立时，x 也成立的概率可表示为

$$f(x\mid y)=\frac{f(y\mid x)f(x)}{\int f(y\mid x)f(x)\mathrm{d}x} \tag{7-8}$$

$f(x)$是 X 的边缘概率密度函数，也是先验分布；$f(x,y)$为 X 和 Y 的联合分布；$f(y|x)$是 Y 在 x 下的条件概率。

在定理 7.3 的基础上，假设有事件 B_1 和事件 B_2 同时发生，则此时对于 A_i 成立的条件概率可表示如下

$$P(A_i \mid B_1 \cap B_2) = \frac{P(B_1 \cap B_2 \mid A_i)P(A_i)}{\sum_j P(B_1 \cap B_2 \mid A_j)P(A_j)} \tag{7-9}$$

此时为了简化计算，假设 A，B_1 和 B_2 之间相互独立的，即有

$$P(B_1 \cap B_2 \mid A_i) = P(B_1 \mid A_i)P(B_2 \mid A_i)$$

于是上式可以改写为

$$P(A_i \mid B_1 \cap B_2) = \frac{P(B_1 \mid A_i)P(B_2 \mid A_i)P(A_i)}{\sum_j P(B_1 \mid A_j)P(B_2 \mid A_j)P(A_j)} \tag{7-10}$$

这一结果还可以推广到存在两个或两个以上事件的情况。

有一样本空间 S 被划分为 $A_1, A_2, A_3, \cdots$，当 n 个事件 $B_1, B_2, B_3, \cdots$ 同时发生，每个事件之间相互独立并且条件独立时，可以得到 A_i 的条件概率为

$$P(A_i \mid B_1 \cap B_2 \cap \cdots \cap B_n) = \frac{P(A_i)\prod_{k=1}^{n} P(B_k \mid A_i)}{\sum_j \prod_{k=1}^{n} P(B_k \mid A_j)P(A_j)} \tag{7-11}$$

简言之，Bayes 定理概率即主观概率。客观概率是通过记录多次重复试验结果，然后统计得到；而 Bayes 定理则是根据现有的先验知识对未知事件进行的估计，除此之外，另一个特点是它适合多假设的情况。

7.3 多源数据融合中的 Bayes 方法

Bayes 推理从 Bayes 理论衍生而来，有很广的应用范围，在多源数据融合中用 Bayes 推理时，要求系统可能的决策相互独立，这样可以把这些决策看作一个样本空间，从而使用 Bayes 推理做出决策。再把每个传感器对目标的观测量转换成概率赋值(决策值)，且把相互独立的决策置入统一的识别框架，借助 Bayes 定理对它们做出处理，最终系统依据某些推论规则形成决策，如最大后验概率(maximum posterior)的决策等。Bayes 推理的基本思想可以归纳如下：

(1) 根据先验知识或统计求得各个决策的概率密度表达式和先验概率；

(2) 利用 Bayes 公式求出后验概率；

(3) 根据后验概率进行判定决策。

如图 7-3 所示，有 n 个对同一目标进行监控的不同传感器，该目标有 m 个属性($A_1, A_2, \cdots, A_m$)需要决策识别。在系统运行过程中，首先传感器层将接收的数据根据提取的信息特征和先验知识与目标的具体属性联系起来，并给出关于该属性的一个输出值 B_i，因此测量数据的好坏和信息分类方法影响该阶段的输出值。然后，计算出每个传感器的输出值在各个命题为真时的概率(似然函数)。接下来，根据 Bayes 定理计算出当各个假设为真时的后验概率。最后依据推论规则对属性结论进行判定。

在似然函数阶段，传感器输出 B_i 在属性 A_i 条件下的条件概率为 $P(B_k|A_i)$。假设每个 B_i 相互独立，那么系统联合概率函数为

$$P(B_1 \cap B_2 \cap \cdots \cap B_n) = \prod_{k=1}^{n} P(B_k \mid A_i) \tag{7-12}$$

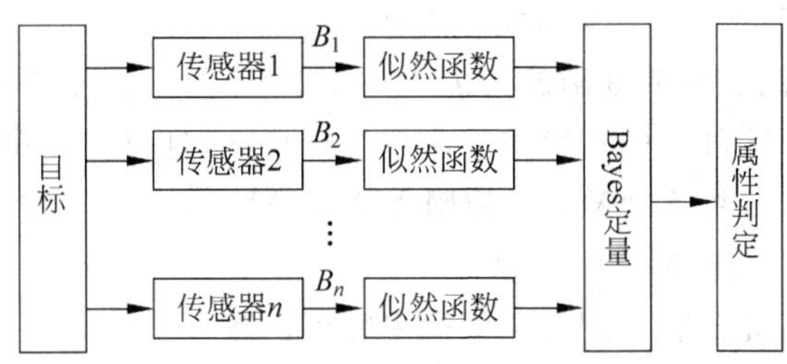

图 7-3 Bayes 推理框架模型

再将上式代入 Bayes 公式可得

$$P(A_i \mid B_1 \cap B_2 \cap \cdots \cap B_n) = \frac{P(A_i)\prod_{k=1}^{n} P(B_k \mid A_i)}{\sum_j \prod_{k=1}^{n} P(B_k \mid A_j) P(A_j)} \tag{7-13}$$

即检测到属性 A_i 的后验概率。

然后在属性判定阶段，对所有属性集内所有属性($A_1, A_2, \cdots, A_m$)的后验概率可以采用最大后验判定逻辑或采用门限判定逻辑来做最终的决策 A，由于每种判定的风险可能不一样，有时又会用到最小风险决策方法。最大后验概率表示为

$$P(A \mid B_1 \cap B_2 \cap \cdots \cap B_n) = \max P(A_i \mid B_1 \cap B_2 \cap \cdots \cap B_n) \tag{7-14}$$

门限判定表示为

$$P(A_i \mid B_1 \cap B_2 \cap \cdots \cap B_n) > P_0 \tag{7-15}$$

其中 P_0 为系统的判决门限，决定对 A_i 的判定是否可以接受。当没有给出属性概率 $P(A_i)$ 时，根据 Bayes 假设可以进一步简化。

7.4 Bayes 方法的优缺点

Bayes 方法是最早用于不确定推理的方法，主要优点在于使用概率表示所有形式的不确定性，且有具体的公理基础和易于理解的性质；另外，它通过综合先验信息和后验信息避免了主观偏见和缺乏样本信息时带来的盲目搜索和计算，计算量不大且较精确。

而 Bayes 定理的最大缺点在于要求所有概率都是相互独立的，这在实际情况中很难满足；其次，先验概率的准确与否对 Bayes 方法的优劣起着关键作用，而目前先验分布的确定只依赖一些准则，没有完整的理论系统，因此这也带来一定的困难；最后，当系统规则改变时，为了保持系统的相关性和一致性，就需要重新计算所有概率，这不利于系统的灵活性；最后，Bayes 方法要求必须有统一的识别框架，并保证先验概率分配的合理性。

习题

7.1 $X_1, X_2, \cdots, X_n$ 是 n 独立同分布的随机变量，它们的密度函数和分布函数分别为 $f_X(x)$ 和 $F_X(x)$。定义随机变量 Y 是变量 $X_1, X_2, \cdots, X_n$ 的最大值，即

$$Y = \max\{X_1, X_2, \cdots, X_n\}$$

(1) 求随机变量 Y 的概率密度函数 $f_Y(y)$。

(2) 若每一个 X_i 的概率密度函数为 $f_X(x)=\mathrm{e}^{-x}$,$x\geqslant 0$,求 y 的 $f_Y(y)$。

7.2 设随机变量 X 和 Y 的概率密度函数统计独立,且每个变量都服从均值为 1、方差为 1 的高斯(正态)分布。令 $Z=X+Y$,使用 MATLAB

(1) 画出 X 理论上的概率密度函数。

(2) 求解并画出随机变量 Z 理论上的概率密度函数。

(3) 使用 10 000 个样本,作出 Z 的直方图并与其概率密度函数进行比较。

7.3 设 U_1 和 U_2 是独立(0,1]均匀分布的随机变量,即

$$f(u_i)=\begin{cases}1, & 0<u_i<1, i=1,2\\ 0, & \text{其他}\end{cases}$$

由下式定义随机变量的变换:

$$X=\sqrt{-2\sigma^2\ln U_1\cos(2\pi U_2)}$$

$$Y=\sqrt{-2\sigma^2\ln U_1\sin(2\pi U_2)}$$

其中,σ^2 是正的常数。

(1) 试求联合密度函数 $f(x,y)$。

(2) 如何解释边际密度函数 $f(x)$和 $f(y)$。

7.4 随机变量 n 的概率密度函数为

$$p(n)=\frac{(\theta-1)\gamma^{\theta-1}n}{[n^2+\gamma^2]^{(\theta+1)/2}},\quad n\geqslant 0$$

其中,θ 为正整数,γ 是一个正参数,当 $\theta=4$ 和 $\theta=5$ 时,分别求其均值和方差。

7.5 4 个实随机变量 x_1、x_2、x_3 及 x_4 是均值为 0 的联合高斯随机变量,它们之间的协方差为

$$\mu_{ij}=E\{x_i x_j\}$$

特征函数为

$$\Phi(\omega_1,\omega_2,\omega_3,\omega_4)$$

利用式

$$E\{x_1x_2x_3x_4\}=\mu_{12}\mu_{34}+\mu_{13}\mu_{24}+\mu_{14}\mu_{23}$$

证明:

$$E\{x_1x_2x_3x_4\}=\left.\frac{\partial^4\Phi(\omega_1,\omega_2,\omega_3,\omega_4)}{\partial\omega_1\partial\omega_2\partial\omega_3\partial\omega_4}\right|_{\omega_1=\omega_2=\omega_3=\omega_4=0}$$

第 8 章

模糊集理论

8.1 模糊数学概念

模糊集是模糊数学的基础，模糊数学则是研究和处理模糊现象的数学方法。世界公认的"模糊集之父"扎德教授于 1965 年在《信息与控制》杂志上发表了一篇开创性论文《模糊集合》，这标志着模糊数学的诞生。

众所周知，经典数学是以精确性为特征的。然而，与精确性相悖的模糊性并不完全是消极的、没有价值的。甚至可以说，有时模糊性比精确性还要好。例如，你要去车站接一位"高个子、金色短头发、戴黑色眼镜的中年男人"，尽管这里只提供了"男人"这个精确信息，而其他的信息——高个子、金色短头发、戴黑色眼镜都是模糊的，但你能将这些模糊信息经过你的头脑综合分析与判断，顺利接到这位陌生朋友。如果这个问题交给计算机来处理的话，那么你甚至要精确地告诉计算机这个中年男人有多少根头发。如果他不慎在途中掉了几根头发(这太有可能了)，计算机就可能找不到这个人了。由此可见，有时太精确了未必是好事情。

模糊数学绝不是要把数学变成模糊不确定的东西，它也是有数学的共性：条理分明，一丝不苟，即使描述模糊的东西也能描述得清清楚楚。扎德教授创立的模糊数学是继经典数学。统计数学之后，数学学科的一个新的发展方向。统计数学将数学的应用范围从必然现象领域扩大到偶然现象领域，模糊数学则把数学的应用范围从精确现象领域扩大到模糊现象领域。

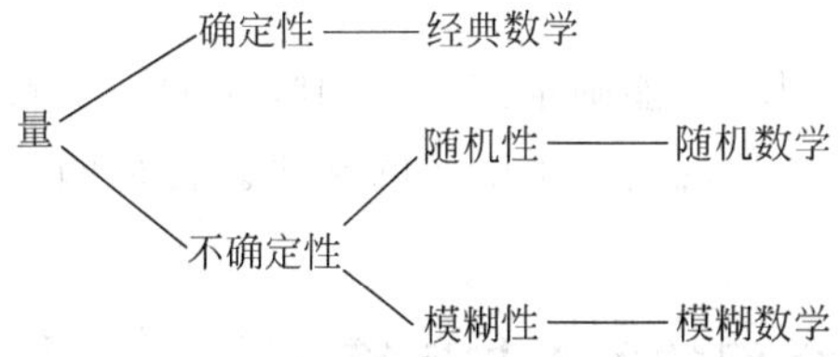

在各个领域内，人们所遇到的各种各样的量大体上可以分为两大类，即确定的与不确定的，而不确定的又可以分为随机的和模糊的。因此，数学模型可以分为 3 大类。

第 1 类是确定性数学模型。这类模型研究的对象具有确定性，对象之间具有必然的关系，最典型的就是用微分法、微分方程、差分方程所建立的数学模型。

第 2 类是随机性数学模型。这类模型研究的对象具有随机性，对象之间具有偶然的关系，如用概率论分布方法、Markov链建立的数学模型。

第3类是模糊性数学模型。这类模型所研究的对象与对象之间具有模糊性。

模糊性是客观事物所呈现的普遍现象。它主要是指客观事物差异中的中间过渡的“不分明”，或者说是研究对象的类属边界或状态的不确定性。概率论是研究数学中不确定性的主要方法，但是如上面说过的那样，有些不确定性是非随机的，而是模糊的。所以，模糊数学的目的是要使客观存在的一些模糊事物能够用数学的方法来处理。

8.1.1 经典集合相关定义与基本概念

经典集合是近代数学最基本的概念。为了与模糊集合与粗糙集合相区分，经典集合也称为普通集合。集合将具有某种共同属性且彼此不同的对象放在一起，视为一个整体，其中组成这一整体的对象称为该集合的元或元素。

当集合 A 的元素个数有限时，称其为有限集，该集合的基数为所含元素的个数，并记为 $|A|$ 或 card(A)；当集合 A 的元素个数无限时，称其为无限集，它的元素数目总数称为该集合的势(无限基数)。

定义 8.1(全集与论域) 在经典集合中，通常将所讨论的具有共同属性的对象组成的集合称为全集。基于模糊集理论与粗糙集理论时，便将所讨论的具有共同属性的对象组成的集合称为论域，简记为 U。

定义 8.2(幂集) 给定集合 A，称由 A 所有子集组成的集合为集合 A 的幂集，记为 $P(A)$ 或 2^A，即 $P(A)=2^A=\{X|\ \forall X\subseteq A\}$。

定义 8.3(子集簇) 给定一个集合 A，它的幂集为 2^A，则称幂集中的任意个元素组成的集合，即幂集的每一个子集 $\mathrm{Sub}(2^A)\subseteq 2^A$ 为 A 的一个子集簇。

集合的表示一般采用3种表示方法：第1种称为列举和枚举法，就是把集合中的元素一一列举出来，写在花括号内。第2种称为描述法，就是用描述集合元素的共同属性的方法来表示这个集合。例如，所有平行四边形组成的集合 $=\{x|x$ 是平行四边形$\}$。第3种称为特征函数(隶属函数)表示法。

定义 8.4(特征函数，即隶属函数) 设 A 是论域中的一个子集，称映射 $\chi_A:U\to\{0,1\}$ 即 $\forall x\in U, u\mapsto\begin{cases}1, x\in A\\0, x\notin A\end{cases}$ 为经典集合 A 的特征函数，简记为 χ_A(或者 μ_A)，其中 χ_A 的值只能为0或1。

只要给出论域的一个子集，就能确定该子集的唯一的一个特征函数，反之，如果给定一个论域的特征函数，就能唯一地确定一个论域的子集。特征函数与论域的子集之间建立起一一对应的关系。

8.1.2 经典集合之间的关系与运算

集合与集合之间大体有以下3类关系

(1) 相等 $A=B\Leftrightarrow A\subseteq B\wedge B\subseteq A$，即两个集合的元素完全相同。

(2) 包含(一般包含和真包含)

① 一般包含：如果集合 A 的元素都是集合 B 的元素，则称集合 A 包含于集合 B，记为

$A\subseteq B$。

② 真包含：如果集合 A 的元素都是集合 B 的元素，且在集合 B 中至少有一个元素不属于集合，A 则称集合 A 真包含于集合 B，记为 $A\subseteq B$。

(3) 互不包含：如果集合 A 中至少有一个元素不属于 B，同时集合 B 中也至少有一个元素不属于集合 A，则称集合 A 与集合 B 互不包含，简记为 $A\not\subset B$ 或 $B\not\subset A$。特殊地，

① 互不相交(互斥)：当 $A\cap B=\varnothing$，称集合 A 与集合 B 互不相交或互斥；

② 部分相交：当 $(A\cap B\neq\varnothing)\wedge(A\cap B\neq A)\wedge(A\cap B\neq B)$ 时，则称集合 A 与集合 B 部分相交。

集合之间的运算主要有交、并、差、余、笛卡儿积等。

定理 8.1

(1) 幂等律：$A\cup A=A, A\cap A=A$；

(2) 交换律：$A\cup B=B\cup A, A\cap B=B\cap A$；

(3) 结合律：$(A\cup B)\cup C=A\cup(B\cup C), (A\cap B)\cap C=A\cap(B\cap C)$；

(4) 吸收律：$A\cap(A\cup B)=A, A\cup(A\cap B)=A$；

(5) 分配律：$(A\cup B)\cap C=(A\cap C)\cup(B\cap C)$；

(6) 0-1 律：$A\cup U=U, A\cap U=A, A\cup\varnothing=A, A\cap\varnothing=\varnothing$；

(7) 还原律：$(A^C)^C=A$；

(8) 对偶律：$(A\cup B)^C=A^C\cap B^C, (A\cap B)^C=A^C\cup B^C$；

(9) 排中律：$A^C\cup A=U, A^C\cap A=\varnothing$；

(10) $|A\cup B|=|A|+|B|-|A\cap B|$；

(11) $|A\cap B|\leqslant\min\{|A|,|B|\}$；

(12) $|A\backslash B|\geqslant|A|-|B|$；

(13) 设 X 是一个集合，$B\subset X, \varnothing\neq \mathrm{Sub}(2^X)\subset P(X)$，则

① $B\backslash\bigcap \mathrm{Sub}(2^X)=\bigcup\{B\backslash A: A\in \mathrm{Sub}(2^X)\}$，

② $B\backslash\bigcup \mathrm{Sub}(2^X)=\bigcup\{B\backslash A: A\in \mathrm{Sub}(2^X)\}$。

8.2 模糊集集合

允许元素可能部分隶属的集合称为模糊集合。模糊集合是对模糊现象或模糊概念的刻画。所谓的模糊现象就是没有严格的界限划分而使得很难用精确的尺度来刻画的现象，而反映模糊现象的概念称为模糊概念。在模糊集合论中，模糊集合可以表达模糊概念，也可以表达清晰概念。把论域 U 上的模糊集合记为 $\underset{\sim}{A}$，一个元素 x 属于模糊概念 $\underset{\sim}{A}$ 内部，记为 1；若元素 x 属于模糊概念 $\underset{\sim}{A}$ 外部，记为 0；若元素 x 部分属于模糊概念 $\underset{\sim}{A}$ 外部的同时又部分属于其内部，则表示隶属的中介状态，元素 x 属于模糊概念 $\underset{\sim}{A}$ 内部的程度表示了元素 x 对 $\underset{\sim}{A}$ 的隶属程度。为了描述这种中介状态，必须把元素对集合的绝对隶属关系(某元素要么属于集合 A，要么不属于 A)扩展为各种不同程度的隶属关系，这就是把经典集合 A 的特征函数 $\chi_A(x)$ 的值域 $\{0,1\}$ 扩大到闭区间 $[0,1]$ 上。因此，经典集合的特征函数就扩展为模糊集合的隶属函数。

定义 8.5 设 U 是论域，称映射

$$\forall \underset{\sim}{A} \subseteq \widetilde{F}(U), \underset{\sim}{A} \leftrightarrow \mu_{\underset{\sim}{A}}(\chi_{\underset{\sim}{A}}): U \to [0,1], x \mapsto \begin{cases} 1, x \in A \\ \mu_{\underset{\sim}{A}}(x), 0 < \mu_{\underset{\sim}{A}}(x) < 1 \\ 0, x \notin A \end{cases}$$

确定了一个 U 上的模糊子集 A。映射 μ_A 称为 $\underset{\sim}{A}$ 的隶属函数，$\mu_A(x)$ 称为 x 对 $\underset{\sim}{A}$ 的隶属程度。常用的隶属函数有正态型、柯西型、居中型和降 Γ 分布。U 上的模糊子集所组成的集合称为 U 的模糊幂集，记为 $\widetilde{F}(U)$。

从上可以看出，一个模糊集 $\underset{\sim}{A}$ 完全由其隶属函数 $\mu_{\underset{\sim}{A}}$ 来刻画，当 $\mu_A(x)=0.5$ 时，点 x 为 $\underset{\sim}{A}$ 的过渡点，此时该点最具模糊性；当 $\mu_{\underset{\sim}{A}}(x)\to 1$ 时表示 x 对 $\underset{\sim}{A}$ 的隶属程度高；当 $\mu_{\underset{\sim}{A}}(x)\to 0$ 时表示 x 对 $\underset{\sim}{A}$ 的隶属程度低；当隶属函数退化为 $\{0,1\}$ 二值集合时，隶属函数就退化为经典集合的特征函数，即经典集合是模糊集合的特殊形态。

论域 $U=\{x_1,x_2,\cdots,x_n\}$ 是有限集，U 上的任一模糊集 $\underset{\sim}{A}$，其隶属函数为 $\{\mu_{\underset{\sim}{A}}(x_i)\}$。

(1) 扎德(Zadeh)表示法：

$$\underset{\sim}{A} = \frac{\mu_{\underset{\sim}{A}}(x_1)}{x_1} + \frac{\mu_{\underset{\sim}{A}}(x_2)}{x_2} + \cdots + \frac{\mu_{\underset{\sim}{A}}(x_n)}{x_n} = \sum_{i=1}^{n} \frac{\mu_{\underset{\sim}{A}}(x_i)}{x_i}$$

(2) 序偶表示法：$\underset{\sim}{A}=\{(x_1,\mu_{\underset{\sim}{A}}(x_1)),(x_2,\mu_{\underset{\sim}{A}}(x_2)),\cdots,(x_n,\mu_{\underset{\sim}{A}}(x_n))\}$

(3) 向量表示法：$\vec{\underset{\sim}{A}}=[\mu_{\underset{\sim}{A}}(x_1),\mu_{\underset{\sim}{A}}(x_2),\cdots,\mu_{\underset{\sim}{A}}(x_n)]$

8.2.1 基本模糊集运算

1. 模糊集中 3 种基本运算

设 $\underset{\sim}{A},\underset{\sim}{B}\in \widetilde{F}(U)$，那么有以下 3 种运算：

(1) 交运算：$\underset{\sim}{A}\cap \underset{\sim}{B}\Leftrightarrow \mu_{\underset{\sim}{A}\cap \underset{\sim}{B}}(x)=\min[\mu_{\underset{\sim}{A}}(x),\mu_{\underset{\sim}{B}}(x)]$

(2) 并运算：$\underset{\sim}{A}\cup \underset{\sim}{B}\Leftrightarrow \mu_{\underset{\sim}{A}\cup \underset{\sim}{B}}(x)=\max[\mu_{\underset{\sim}{A}}(x),\mu_{\underset{\sim}{B}}(x)]$

(3) 余运算：$\underset{\sim}{B}^C\Leftrightarrow \mu_{\underset{\sim}{B}^C}(x)=1-\mu_{\underset{\sim}{B}}(x)$

定理 8.2

(1) 幂等律：$\underset{\sim}{A}\cup \underset{\sim}{A}=\underset{\sim}{A},\underset{\sim}{A}\cap \underset{\sim}{A}=\underset{\sim}{A}$；

(2) 交换律：$\underset{\sim}{A}\cup \underset{\sim}{B}=\underset{\sim}{B}\cup \underset{\sim}{A},\underset{\sim}{A}\cap \underset{\sim}{B}=B\cap \underset{\sim}{A}$；

(3) 结合律：$(\underset{\sim}{A}\cup \underset{\sim}{B})\cup \underset{\sim}{C}=\underset{\sim}{A}\cup(\underset{\sim}{B}\cup \underset{\sim}{C}),(\underset{\sim}{A}\cap \underset{\sim}{B})\cap \underset{\sim}{C}=\underset{\sim}{A}\cap(\underset{\sim}{B}\cap \underset{\sim}{C})$；

(4) 吸收律：$\underset{\sim}{A}\cap(\underset{\sim}{A}\cup \underset{\sim}{B})=\underset{\sim}{A},\underset{\sim}{A}\cup(\underset{\sim}{A}\cap \underset{\sim}{B})=\underset{\sim}{A}$；

(5) 分配律：$(\underset{\sim}{A}\cup \underset{\sim}{B})\cap \underset{\sim}{C}=(\underset{\sim}{A}\cap \underset{\sim}{C})\cup(\underset{\sim}{B}\cap \underset{\sim}{C}),(\underset{\sim}{A}\cap \underset{\sim}{B})\cup \underset{\sim}{C}=(\underset{\sim}{A}\cup \underset{\sim}{C})\cap(\underset{\sim}{B}\cup \underset{\sim}{C})$；

(6) 0-1 律：$\underset{\sim}{A}\cup\varnothing=\underset{\sim}{A},\underset{\sim}{A}\cap\varnothing=\varnothing,\underset{\sim}{A}\cup U=U,\underset{\sim}{A}\cap U=\underset{\sim}{A}$；

(7) 还原律：$(\underset{\sim}{A}^C)^C=\underset{\sim}{A}$；

(8)对偶律：$(\underset{\sim}{A}\cup \underset{\sim}{B})^C=\underset{\sim}{A}^C\cap \underset{\sim}{B}^C,(\underset{\sim}{A}\cap \underset{\sim}{B})^C=\underset{\sim}{A}^C\cup \underset{\sim}{B}^C$。

要注意的是，模糊集保留了经典集的许多重要性质，但与经典集相比，又有一些根本性的区别。如在模糊集中排中律不再成立。

2. 模糊集中其他的运算

1) 环和乘积算子($\hat{+}$, ·)

设 $\underset{\sim}{A},\underset{\sim}{B}\in \widetilde{F}(U)$，定义：

(1) 环和($\hat{+}$)：$\forall x \in U, (\underset{\sim}{A} \hat{+} \underset{\sim}{B})(x) = \underset{\sim}{A}(x) \hat{+} \underset{\sim}{B}(x) - \underset{\sim}{A}(x) \cdot \underset{\sim}{B}(x)$；

(2) 乘积($\cdot$)：$\forall x \in U, (\underset{\sim}{A} \cdot \underset{\sim}{B})(x) = \underset{\sim}{A}(x) \cdot \underset{\sim}{B}(x)$。

定理 8.3 环和与乘积满足如下性质：

(1) 交换律：$\underset{\sim}{A} \hat{+} \underset{\sim}{B} = \underset{\sim}{B} \hat{+} \underset{\sim}{A}, \underset{\sim}{A} \cdot \underset{\sim}{B} = \underset{\sim}{B} \cdot \underset{\sim}{A}$；

(2) 结合律：$(\underset{\sim}{A} \hat{+} \underset{\sim}{B}) \hat{+} \underset{\sim}{C} = \underset{\sim}{A} \hat{+} (\underset{\sim}{B} \hat{+} \underset{\sim}{C}), (\underset{\sim}{A} \cdot \underset{\sim}{B}) \cdot \underset{\sim}{C} = \underset{\sim}{A} \cdot (\underset{\sim}{B} \cdot \underset{\sim}{C})$；

(3) 0-1 律：$\underset{\sim}{A} \hat{+} U = U, \underset{\sim}{A} \cdot U = \underset{\sim}{A}, \underset{\sim}{A} \hat{+} \varnothing = \underset{\sim}{A}, \underset{\sim}{A} \cdot \varnothing = \varnothing$；

(4) 对偶律：$(\underset{\sim}{A} \hat{+} \underset{\sim}{B})^C = \underset{\sim}{A}^C \cdot \underset{\sim}{B}^C, (\underset{\sim}{A} \cdot \underset{\sim}{B})^C = \underset{\sim}{A}^C \hat{+} \underset{\sim}{B}^C$

2) 有界算子($\oplus, \odot$)

设 $\underset{\sim}{A}, \underset{\sim}{B} \in \widetilde{F}(U)$，定义：

(1) 有界和($\oplus$)：$\forall x \in U, (\underset{\sim}{A} \oplus \underset{\sim}{B})(x) = 1 \wedge [\underset{\sim}{A}(x) + \underset{\sim}{B}(x)]$；

(2) 有界积($\odot$)：$\forall x \in U, (\underset{\sim}{A} \odot \underset{\sim}{B})(x) = 0 \vee [\underset{\sim}{A}(x) + \underset{\sim}{B}(x) - 1]$。

定理 8.4 有界算子满足如下性质：

(1) 交换律：$\underset{\sim}{A} \oplus \underset{\sim}{B} = \underset{\sim}{B} \oplus \underset{\sim}{A}, \underset{\sim}{A} \odot \underset{\sim}{B} = \underset{\sim}{B} \odot \underset{\sim}{A}$；

(2) 结合律：$(\underset{\sim}{A} \oplus \underset{\sim}{B}) \oplus \underset{\sim}{C} = \underset{\sim}{A} \oplus (\underset{\sim}{B} \oplus \underset{\sim}{C}), (\underset{\sim}{A} \odot \underset{\sim}{B}) \odot \underset{\sim}{C} = \underset{\sim}{A} \odot (\underset{\sim}{B} \odot \underset{\sim}{C})$；

(3) 0-1 律：$\underset{\sim}{A} \oplus U = U, \underset{\sim}{A} \odot U = \underset{\sim}{A}, \underset{\sim}{A} \oplus \varnothing = \underset{\sim}{A}, \underset{\sim}{B} \odot \varnothing = \varnothing$；

(4) 对偶律：$(\underset{\sim}{A} \oplus \underset{\sim}{B})^C = \underset{\sim}{A}^C \odot \underset{\sim}{B}^C, (\underset{\sim}{A} \odot \underset{\sim}{B})^C = \underset{\sim}{A}^C \oplus \underset{\sim}{B}^C$；

(5) 排中律：$\underset{\sim}{A} \oplus \underset{\sim}{A}^C = U, \underset{\sim}{A} \odot \underset{\sim}{A}^C = \varnothing$。

3) 取最大乘积算子($\vee, \cdot$)：$a \vee b = \max(a, b), a \cdot b = ab$

4) 有界和取最小算子($\oplus, \wedge$)：$a \oplus b = \min(1, a+b), a \wedge b = \min(a, b)$

5) 有界和乘积算子($\oplus, \cdot$)：$a \oplus b = \min(1, a+b), a \cdot b = ab$

6) Einstain 算子($\overset{+}{\varepsilon}, \dot{\varepsilon}$)

$$\overset{+}{\varepsilon} b = \frac{a+b}{1+ab}, a \dot{\varepsilon} b = \frac{ab}{1+(1-a)(1-b)}$$

7) Hamacher 算子($\overset{+}{r}, \dot{r}$)

$$\begin{cases} a \overset{+}{r} b = \dfrac{a \hat{+} b - (1-r)ab}{r + (1-r)(1-ab)} \\ a \dot{r} b = \dfrac{ab}{r + (1-r)(a \hat{+} b)}, r \in (0, +\infty) \end{cases}$$

8.2.2 模糊集的基本定理

1) λ-截集

定义 8.6 设 $\underset{\sim}{A} \in \widetilde{F}(U)$，$\forall \lambda \in [0,1]$，记

$$(\underset{\sim}{A})_\lambda = A_\lambda \triangleq \{x \mid \underset{\sim}{A}(x) \geqslant \lambda\}$$

称 A_λ 为 $\underset{\sim}{A}$ 的 λ-截集，其中称 λ 为阈值或者置信水平。

定理 8.5 设 $\underset{\sim}{A},\underset{\sim}{B}\in\widetilde{F}(U)$，$\lambda,\mu\in[0,1]$，于是有

(1) 若 $\underset{\sim}{A}\subseteq\underset{\sim}{B}$，则 $\underset{\sim}{A}_\lambda\subseteq\underset{\sim}{B}_\lambda$；

(2) 若 $\lambda\leqslant\mu$，则 $\underset{\sim}{A}_\lambda\supseteq\underset{\sim}{A}_\mu$；

(3) $(\underset{\sim}{A}\cup\underset{\sim}{B})_\lambda=\underset{\sim}{A}_\lambda\cup\underset{\sim}{B}_\lambda$，$(\underset{\sim}{A}\cap\underset{\sim}{B})_\lambda=\underset{\sim}{A}_\lambda\cap\underset{\sim}{B}_\lambda$。

2) 分解定理

定义 8.7 设 $\lambda\in[0,1]$，$\underset{\sim}{A}\in\widetilde{F}(U)$，规定 $\lambda\underset{\sim}{A}\in\widetilde{F}(U)$，其隶属函数为 $(\lambda\underset{\sim}{A})(x)\triangleq\lambda\wedge\underset{\sim}{A}(x)$ 并称 $\lambda\underset{\sim}{A}$ 为数 λ 与模糊集 $\underset{\sim}{A}$ 的乘积。

定理 8.6(分解定理) 设 $\underset{\sim}{A}\in\widetilde{F}(U)$，则 $\underset{\sim}{A}=\bigcup_{\lambda\in[0,1]}\lambda A_\lambda$。

3) 扩张原理

定义 8.8(扩张原理) 设映射 $f: U\to V$，称映射

$$f:\widetilde{F}(U)\to\widetilde{F}(V),\quad \underset{\sim}{A}\mapsto f(\underset{\sim}{A})$$

为从映射 f 扩张的模糊变换，其隶属函数为 $f(\underset{\sim}{A})(v)\triangleq\bigvee_{f(u)=v}\underset{\sim}{A}(u)$

称映射

$$f^{-1}:\widetilde{F}(V)\to\widetilde{F}(U),\quad \underset{\sim}{B}\mapsto f^{-1}(\underset{\sim}{B})$$

为从映射 f 扩张的反向模糊变换，其隶属函数为 $f^{-1}(\underset{\sim}{B})(u)\triangleq\underset{\sim}{B}(f(u))$。

8.3 模糊聚类分析

模糊识别又称为模糊分类。从处理问题的性质与解决问题的方法角度来看，模糊识别可分为有监督的分类(supervised classification)和无监督的分类(unsupervised classification)两种类型。

在有监督的分类中，模式类别与样本的类别属性是已知的。首先使用具有类别标记的样本对分类系统进行学习，使系统能够对已知样本进行正确分类，然后使用经过训练的分类系统对未知类别的样本进行分类。要做到这一点，就必须对分类问题有足够的先验知识。而要做到这一点，代价往往很大。因此，需要借助于无监督的分类。

无监督分类又称为聚类分析(cluster analysis)。聚类就是按照一定的规律与要求对事物进行区分和分类的过程。在这个过程中，分类系统没有关于分类的先验知识，仅仅靠事物间的相似性作为类属划分的规则。聚类分析是指用数学的方法研究和处理给定对象的分类。

传统的聚类分析是一种硬划分，它把每个待分类的对象严格地划分到某类中，具有“非此即彼”的性质，因此这种划分界限是分明的。但是，事实上大多数对象没有严格的属性，它们在状态和类属方面存在中介性，因此适合软划分。模糊集论为这样的软划分提供了有力的工具。

8.3.1 聚类分析的数学模型

设 $X=\{x_1,x_2,\cdots,x_n\}$ 是待聚类分析的对象全体(称为论域)，X 中的每个对象(样本)

$x_k(k=1,2,\cdots,n)$常用有限个参数值来刻画，每个参数值刻画x_k的某个特征。于是每个对象x_k就有一个向量$P(x_k)=(x_{k1},x_{k2},\cdots,x_{kn})$，其中$x_{kj}(j=1,2,\cdots,s)$是$x_k$在第$j$个特征上的赋值，$P(x_k)=[x_{k1},x_{k2},\cdots,x_{kn}]$称为$x_k$的特征向量或模式矢量。

聚类分析就是分析论域X中的n个样本所对应的模式矢量间的相似性，并按照各个样本间的亲疏关系把$x_1,x_2,\cdots,x_n$划分为多个不相交的子集$X_1,X_2,\cdots,X_c$，并且要求这些子集满足条件：$X=X_1\cup X_2\cup\cdots\cup X_c,X_i\cap X_j=\varnothing,1\leqslant i\neq j\leqslant c$。样本$x_k(k=1,2,\cdots,n)$对子集$X_i(1\leqslant i\leqslant c)$的隶属关系可以用隶属函数表示为

$$\mu_{X_i}(x_k)=\mu_{ik}=\begin{cases}1, & x_k\in X_i\\ 0, & x_k\notin X_i\end{cases} \tag{8-1}$$

其中，隶属函数必须满足条件$\mu_{ik}\in E_h$。即，要求每个样本只能隶属于某一类，同时要求每个子集都是非空的。因此，这种划分称为硬划分。

$$E_h=\left\{\mu_{ik}\mid\mu_{ik}\in\{0,1\};\ \forall k,\sum_{i=1}^{c}\mu_{ik}=1;\ \forall i,0<\sum_{k=1}^{n}\mu_{ik}<n\right\} \tag{8-2}$$

在模糊划分中，样本集X被划分为c个模糊子集$\underset{\sim}{X}_1,\underset{\sim}{X}_2,\cdots,\underset{\sim}{X}_c$，而且样本的隶属函数从二值集合$\{0,1\}$扩大到闭区间$[0,1]$上，满足条件：

$$E_f=\left\{\mu_{ik}\mid\mu_{ik}\in[0,1];\ \forall k,\sum_{i=1}^{c}\mu_{ik}=1;\ \forall i,0<\sum_{k=1}^{n}\mu_{ik}<n\right\} \tag{8-3}$$

显然，由上式可得$\bigcup_{i=1}^{c}\sup p(\underset{\sim}{X}_i)=X$，这里$\sup p$表示取模糊集合的支撑集。

对于模糊划分，如果放宽概率约束条件$\forall k,\ \sum_{i=1}^{c}\mu_{ik}=1$，则模糊划分演变为可能性划分。对于可能性划分，每个样本对各个划分子集的隶属度构成矢量$\mu_k=[\mu_{1k},\mu_{2k},\cdots,\mu_{ck}]$，它在$c$维实空间中的单位是在超立方体单位内取值，即

$$E_p=\{\mu_i\in R^c\mid\forall k,\forall i,\mu_{ik}\in[0,1]\} \tag{8-4}$$

而模糊划分E_p的取值范围为c维空间中过c个单位基矢量的超平面，即

$$E_f=\left(\mu_{ik}\in E_p\mid\forall k,\sum_{i=1}^{c}\mu_{ik}=1\right) \tag{8-5}$$

如此，硬划分E_h只能在单位超c立方体的c个单位基矢量上取值。

8.3.2 模糊关系

与模糊集是经典集的推广一样，模糊关系是普通关系的推广。例如，你和同学之间互相"亲密"是模糊关系，而"父子"关系是普通关系。

定义 8.9 如果对任意的$i=1,2,\cdots,m;\ j=1,2,\cdots,n$，都有$r_{ij}\in[0,1]$，则称矩阵$\boldsymbol{R}=(r_{ij})_{m\times n}$为模糊矩阵。例如

$$\boldsymbol{R}=\begin{bmatrix}1 & 0.2 & 0.5\\ 0.1 & 0.7 & 1\end{bmatrix}$$

为了方便表述，用$\boldsymbol{M}^{m\times n}$表示$m\times n$模糊矩阵全体。

定义 8.10 设$\boldsymbol{A},\boldsymbol{B}\in\boldsymbol{M}^{m\times n}$，记$\boldsymbol{A}=(a_{ij}),\boldsymbol{B}=(b_{ij})$，定义：

(1) 相等：$\boldsymbol{A}=\boldsymbol{B}\Leftrightarrow a_{ij}=b_{ij},i=1,2,\cdots,m;\ j=1,2,\cdots,n$；

(2) 包含：$\boldsymbol{A} \leqslant \boldsymbol{B} \Leftrightarrow a_{ij} \leqslant b_{ij}, i=1,2,\cdots,m; j=1,2,\cdots,n$。

定义 8.11 设 $\boldsymbol{A},\boldsymbol{B} \in \boldsymbol{M}^{m\times n}$，记 $\boldsymbol{A}=(a_{ij})$，$\boldsymbol{B}=(b_{ij})$，定义：

(1) 并：$\boldsymbol{A} \cup \boldsymbol{B}=(a_{ij} \vee b_{ij})_{m\times n}$；

(2) 交：$\boldsymbol{A} \cap \boldsymbol{B}=(a_{ij} \wedge b_{ij})_{m\times n}$；

(3) 余：$\boldsymbol{A}^C=(1-a_{ij})_{m\times n}$。

定理 8.7 设 $\boldsymbol{A},\boldsymbol{B},\boldsymbol{C},\boldsymbol{D} \in \boldsymbol{M}^{m\times n}$，则有

(1) 幂等律：$\boldsymbol{A} \cup \boldsymbol{B}=\boldsymbol{A}, \boldsymbol{A} \cap \boldsymbol{A}=\boldsymbol{A}$；

(2) 交换律：$\boldsymbol{A} \cup \boldsymbol{B}=\boldsymbol{B} \cup \boldsymbol{A}, \boldsymbol{A} \cap \boldsymbol{B}=\boldsymbol{B} \cap \boldsymbol{A}$；

(3) 结合律：$(\boldsymbol{A} \cup \boldsymbol{B}) \cup \boldsymbol{C}=\boldsymbol{A} \cup (\boldsymbol{B} \cup \boldsymbol{C}), (\boldsymbol{A} \cap \boldsymbol{B}) \cap \boldsymbol{C}=\boldsymbol{A} \cap (\boldsymbol{B} \cap \boldsymbol{C})$；

(4) 吸收率：$\boldsymbol{A} \cap (\boldsymbol{A} \cup \boldsymbol{B})=\boldsymbol{A}, \boldsymbol{A} \cup (\boldsymbol{A} \cap \boldsymbol{B})=\boldsymbol{A}$；

(5) 分配律：$(\boldsymbol{A} \cup \boldsymbol{B}) \cap \boldsymbol{C}=(\boldsymbol{A} \cap \boldsymbol{C}) \cup (\boldsymbol{B} \cap \boldsymbol{C}), (\boldsymbol{A} \cap \boldsymbol{B}) \cup \boldsymbol{C}=(\boldsymbol{A} \cup \boldsymbol{C}) \cap (\boldsymbol{B} \cup \boldsymbol{C})$；

(6) 0-1 律：$\boldsymbol{A} \cup \boldsymbol{O}=\boldsymbol{A}, \boldsymbol{A} \cup \boldsymbol{U}=\boldsymbol{U}, \boldsymbol{A} \cap \boldsymbol{O}=\boldsymbol{O}, \boldsymbol{A} \cap \boldsymbol{U}=\boldsymbol{A}$；

(7) 还原律：$(\boldsymbol{A}^C)^C=\boldsymbol{A}$；

(8) 对偶律：$(\boldsymbol{A} \cup \boldsymbol{B})^C=\boldsymbol{A}^C \cap \boldsymbol{B}^C, (\boldsymbol{A} \cap \boldsymbol{B})^C=\boldsymbol{A}^C \cup \boldsymbol{B}^C$；

(9) $\boldsymbol{A} \leqslant \boldsymbol{B} \Rightarrow \boldsymbol{A} \cup \boldsymbol{B}=\boldsymbol{B}, \boldsymbol{A} \cap \boldsymbol{B}=\boldsymbol{A}, \boldsymbol{A}^C \geqslant \boldsymbol{B}^C$；

(10) $\boldsymbol{A} \leqslant \boldsymbol{B}, \boldsymbol{C} \leqslant \boldsymbol{D} \Rightarrow \boldsymbol{A} \cup \boldsymbol{C} \leqslant \boldsymbol{B} \cup \boldsymbol{D}, \boldsymbol{A} \cap \boldsymbol{C} \leqslant \boldsymbol{B} \cap \boldsymbol{D}$。

定义 8.12(模糊矩阵的合成) 设 $\boldsymbol{A}=(a_{ij})_{m\times s}$，$\boldsymbol{B}-(b_{ij})_{s\times n}$，称模糊矩阵 $\boldsymbol{A} \circ \boldsymbol{B}=(c_{ij})_{m\times n}$ 为 $\boldsymbol{A}$ 与 $\boldsymbol{B}$ 的合成，其中 $c_{ij}=\bigvee\limits_{k=1}^{s}(a_{ik} \vee b_{kj})$。

定义 8.13(模糊矩阵的幂) 设 $\boldsymbol{A},\boldsymbol{B},\boldsymbol{C},\boldsymbol{D} \in \boldsymbol{M}^{m\times n}$，模糊矩阵的幂定义为

$$\boldsymbol{A}^2=\boldsymbol{A} \circ \boldsymbol{A}, \quad \boldsymbol{A}^3=\boldsymbol{A}^2 \circ \boldsymbol{A}, \quad \boldsymbol{A}^n=\boldsymbol{A}^{n-1} \circ \boldsymbol{A} \tag{8-6}$$

定义 8.14(模糊矩阵的转置) 设 $\boldsymbol{A}=(a_{ij})_{m\times n}$，称 $\boldsymbol{A}^{\mathrm{T}}=(a_{ij}^{\mathrm{T}})_{m\times n}$ 为 $\boldsymbol{A}$ 的转置矩阵，其中

$$a_{ij}^{\mathrm{T}}=a_{ji}, i=1,2,\cdots,m; \ j=1,2,\cdots,n \tag{8-7}$$

模糊矩阵的转置定义与线性代数中的转置定义是相同的。

定义 8.15(模糊矩阵的 λ-截矩阵) 设 $\boldsymbol{A} \in \boldsymbol{M}^{m\times n}$，记 $\boldsymbol{A}=(a_{ij})$，定义：$\forall \lambda \in [0,1]$，称 $\boldsymbol{A}_\lambda=(a_{ij}^{(\lambda)})$ 为模糊矩阵 $\boldsymbol{A}=(a_{ij})$ 的 λ-截矩阵，其中 $a_{ij}^{(\lambda)}=\begin{cases}1, a_{ij} \geqslant \lambda \\ 0, a_{ij}<\lambda\end{cases}$ 显然，λ-截矩阵为布尔矩阵。

8.3.3 模糊关系的定义

定义 8.16 设有论域 U 和 V，称 $U\times V$ 的一个模糊子集 $\underset{\sim}{R} \in \widetilde{F}(U\times V)$ 为 U 到 V 的模糊关系，记为 $U \xrightarrow{R} V$。其隶属函数为映射

$$M_R: U \times V \to [0,1], \quad (x,y) \mapsto M_R(x,y) \triangleq \underset{\sim}{R}(x,y)$$

并称隶属度 $\underset{\sim}{R}(x,y)$ 为 (x,y) 关于模糊关系 $\underset{\sim}{R}$ 的相关程度。

定义 8.17(模糊关系的简单运算) 设 $\underset{\sim}{R}, \underset{\sim}{R_1}, \underset{\sim}{R_2} \in \widetilde{F}(U\times V)$ 为 U 到 V 的模糊关系，定义：

(1) 相等：$\underset{\sim}{R_1}=\underset{\sim}{R_2} \Leftrightarrow \underset{\sim}{R_1}(x,y)=\underset{\sim}{R_2}(x,y)$；

(2) 包含：$\underset{\sim}{R_1} \subseteq \underset{\sim}{R_2} \Leftrightarrow \underset{\sim}{R_1}(x,y) \leqslant \underset{\sim}{R_2}(x,y)$；

(3) 并：$\underset{\sim}{R_1} \cup \underset{\sim}{R_2}$，其隶属函数为 $(\underset{\sim}{R_1} \cup \underset{\sim}{R_2})(x,y)=\underset{\sim}{R_1}(x,y) \vee \underset{\sim}{R_2}(x,y)$；

(4) 交：$\underset{\sim}{R}_1 \cap \underset{\sim}{R}_2$，其隶属函数为$(\underset{\sim}{R}_1 \cap \underset{\sim}{R}_2)(x,y)=\underset{\sim}{R}_1(x,y) \wedge \underset{\sim}{R}_2(x,y)$；

(5) 余：$\underset{\sim}{R}^C$，其隶属函数为$\underset{\sim}{R}^C(x,y)=1-\underset{\sim}{R}(x,y)$。

定义 8.18(模糊关系的合成) 设有 X,Y,Z 三个论域，$\underset{\sim}{R}_1$ 是 X 到 Y 的模糊关系，$\underset{\sim}{R}_2$ 是 Y 到 Z 的模糊关系，定义 $\underset{\sim}{R}_1$ 与 $\underset{\sim}{R}_2$ 的合成 $\underset{\sim}{R}_1 \circ \underset{\sim}{R}_2$ 是 X 到 Z 的模糊关系，其隶属函数为

$$(\underset{\sim}{R}_1 \circ \underset{\sim}{R}_2)(x,y) = \bigvee_{y \in Y} (R_1(x,y)) \wedge (R_2(x,y))$$

当论域为有限时，模糊关系的合成就转化成模糊矩阵的合成。

在前面曾讲过，某论域上的普通等价关系可以确定该论域的一个划分。同样，模糊等价关系也可以用于分类。

定义 8.19(模糊等价关系) 若模糊关系 $\underset{\sim}{R} \in \widetilde{F}(X \times X)$满足：

(1) 自反性：$\underset{\sim}{R}(x,x)=1$；

(2) 对称性：$\underset{\sim}{R}(x,y)=\underset{\sim}{R}(y,x)$；

(3) 传递性：$\underset{\sim}{R} \circ \underset{\sim}{R} \subseteq \underset{\sim}{R}$。

则称 $\underset{\sim}{R}$ 是 X 上的一个模糊等价关系，其中隶属度 $\underset{\sim}{R}(x,y)$表示(x,y)的相关程度。

8.4 模糊模型识别

模糊聚类分析所讨论的对象是一大堆样本，事先没有任何模型可以借鉴，要求根据它们的特性进行适当分类，是一种无模型的分类问题。而模糊模型识别所要讨论的是：已知若干模型，或已知一个标准模型库，有一个待识别的对象，要求去识别对象应属于哪一个模型。

8.4.1 第一类模糊模型识别

称 $\boldsymbol{a}=[a_1,a_2,\cdots,a_n]$为模糊向量，其中 $0 \leqslant a_i \leqslant 1$。记 $a_i=\underset{\sim}{A}(x_i)$，$(i=1,2,\cdots,n)$。那么模糊向量 $\boldsymbol{a}=[a_1,a_2,\cdots,a_n]$为论域 $U=\{x_1,x_2,\cdots,x_n\}$上的模糊集 $\underset{\sim}{A}$。

定义 8.20(内积与外积) 设模糊向量 $\boldsymbol{a},\boldsymbol{b} \in M^{1 \times n}$，则称

(1) 内积：$\boldsymbol{a} \cdot \boldsymbol{b}=\bigvee_{i=1}^{n}(a_i \wedge b_i)$；

(2) 外积：$\boldsymbol{a} \odot \boldsymbol{b}=\bigwedge_{i=1}^{n}(a_i \vee b_i)$。

定义 8.21 设 $\underset{\sim}{A}_1,\underset{\sim}{A}_2,\cdots,\underset{\sim}{A}_n$ 是论域 U 上的 n 个模糊子集，称以模糊集 $\underset{\sim}{A}_1,\underset{\sim}{A}_2,\cdots,\underset{\sim}{A}_n$ 为分量的模糊向量为模糊向量集合族，记为 $\underset{\sim}{A}=[\underset{\sim}{A}_1,\underset{\sim}{A}_2,\cdots,\underset{\sim}{A}_n]$。

定义 8.22 设论域 U 上有 n 个模糊子集 $\underset{\sim}{A}_1,\underset{\sim}{A}_2,\cdots,\underset{\sim}{A}_n$，其隶属函数为 $\underset{\sim}{A}_i(x)$ $(i=1,2,\cdots,n)$，而 $\underset{\sim}{A}=[\underset{\sim}{A}_1,\underset{\sim}{A}_2,\cdots,\underset{\sim}{A}_n]$为模糊向量集合族，$x^\circ=[x_1^\circ,x_2^\circ,\cdots,x_n^\circ]$为普通向量，则称

$$\underset{\sim}{A}(x^\circ) = \bigwedge_{i=1}^{n} \{\underset{\sim}{A}_i(x_i^\circ)\}$$

为 x°对模糊向量集合族 $\underset{\sim}{A}$ 的隶属度。

定义 8.23 (最大隶属度原则)

最大隶属度原则Ⅰ：设论域 $U=\{x_1,x_2,\cdots,x_n\}$上有 m 个模糊子集 $\underset{\sim}{A}_1,\underset{\sim}{A}_2,\cdots,\underset{\sim}{A}_m$(即 m 个模型)，构成一个标准型模型库，若对于任 $x_0 \in U$，有使得

$$\underset{\sim}{A}_{i_0}(x_0) = \bigvee_{k=1}^{m} \underset{\sim}{A}_k(x_0) \tag{8-8}$$

则认为 x_0 相对隶属于 $\underset{\sim}{A}_{i_0}$。

最大隶属度原则Ⅱ：设论域 $U=\{x_1,x_2,\cdots,x_n\}$ 上有一个标准模型 $\underset{\sim}{A}$，待识别的对象有 n 个，$x_1,x_2,\cdots,x_n \in U$。如果有某个 x_k 满足

$$\underset{\sim}{A}(x_k) = \bigvee_{i=1}^{n} \{\underset{\sim}{A}(x_i)\} \tag{8-9}$$

则应优先录取 x_k。

8.4.2 第二类模糊模型识别

设论域 $U=\{x_1,x_2,\cdots,x_n\}$ 上有 m 个模糊子集 $\underset{\sim}{A}_1,\underset{\sim}{A}_2,\cdots,\underset{\sim}{A}_m$，构成了标准模型库，被识别的对象 $\underset{\sim}{B}$ 也是一个模糊集。$\underset{\sim}{B}$ 与 $\underset{\sim}{A}_i(i=1,2,\cdots,m)$ 中的哪一个最贴近？这是一个模糊集对标准集的识别问题。在这里涉及两贴近度问题。

定义 8.24(格) 设在集合 L 中定义了两种运算 $\vee$、$\wedge$，即 $a\vee b=\sup\{a,b\}$，$a\wedge b=\inf\{a,b\}$，并满足下列运算性质：

(1) 幂等律：$a\vee a=a, a\wedge a=a$；

(2) 交换律：$a\vee b-b\vee a, a\wedge b=b\wedge a$；

(3) 结合律：$(a\vee b)\vee c=a\vee(b\vee c)$，$(a\wedge b)\wedge c=a\wedge(b\wedge)c$；

(4) 吸收律：$(a\vee b)\wedge a=a$，$(a\wedge b)\wedge a=a$。

则称 L 是一个格，记为$(L,\vee,\wedge)$。

定义 8.25 设$(L,\vee,\wedge)$为一个格，

(1) 若$(L,\vee,\wedge)$满足：$(a\vee b)\wedge c=(a\wedge c)\vee(b\wedge c)(a\wedge b)\vee c=(a\vee c)\wedge(b\vee c)$(分配律)，则称$(L,\vee,\wedge)$为分配格。

(2) 若$(L,\vee,\wedge)$还满足：$a\vee 0=a, a\wedge 0=0, a\vee 1=1, a\wedge 1=a$，(0-1 律)，其中有 0 和 1 两种元素，则称$(L,\vee,\wedge)$为完全格。

(3) 若再有最小元 0 与最大元 1 的分配格$(L,\vee,\wedge)$中规定一种余运算，满足：$(a^C)^C=a$(复原律)，$a\vee a^C=1, a\wedge a^C=0$(互余律)，则称$(L,\vee,\wedge)$为一个布尔代数。

定义 8.26 设 $A,B\in\widetilde{F}(U)$，称 $\underset{\sim}{A}\odot\underset{\sim}{B}=\bigvee_{x\in U}[\underset{\sim}{A}(x)\wedge B(x)]$为 $\underset{\sim}{A},\underset{\sim}{B}$ 的内积，称 $\underset{\sim}{A}\otimes\underset{\sim}{B}=\bigwedge_{x\in U}[\underset{\sim}{A}(x)\vee B(x)]$为 $\underset{\sim}{A},\underset{\sim}{B}$ 的外积。且内积越大，模糊集越贴近；外积越小，模糊集也越贴近。因此，用二者的相结合“格贴近度”来描述两个模糊集的贴近程度。

定义 8.27(格贴近度) 设 $A,B\in\widetilde{F}(U)$，称

$$\sigma_0(\underset{\sim}{A},\underset{\sim}{B}) = \frac{1}{2}[\underset{\sim}{A}\odot\underset{\sim}{B} + (1-\underset{\sim}{A}\otimes\underset{\sim}{B})]$$

为 $\underset{\sim}{A}$ 与 $\underset{\sim}{B}$ 的格贴近度。

8.5 模糊决策

决策在生活工作中普遍存在。决策的目的是要把论域中的对象按优劣进行排序，或者按某种方法从论域中选择一个令人满意的方案。

8.5.1　模糊意见集中决策

在实际的问题中，可供选择的方案不止一个，将它们记为一个集合 U。由于决策环境具有模糊性，方案集合 U 中的决策目标是很难确切描述的。因此可供选择的方案集合 U 也是模糊集。

对供选择的方案集合(即论域)

$$U = \{u_1, u_2, \cdots, u_n\} \tag{8-10}$$

中的元素进行排序，可有 m 个专家组成专家小组 M(记 $|M| = m$)分别对 U 中元素排序得到 m 种意见：

$$V = \{v_1, v_2, \cdots, v_m\} \tag{8-11}$$

这些意见往往是模糊的，将这 m 种意见集中为一个比较合理的意见，称为模糊意见集中决策。

8.5.2　模糊二元对比决策

在实践中，认识事物常常是从两个事物的比较开始的。一般先对两个对象进行比较，然后再换两个比较，如此重复。每次比较之后就得到一个认识，但这种认识往往是模糊的。将这种模糊数量化，最后用模糊数学方法给出总体排序，这就是模糊二元对比决策。

设论域 $U = \{x_1, x_2, \cdots, x_n\}$ 为 n 个备选方案，在 U 上确定一个模糊集 $\underset{\sim}{A}$，运用模糊数学方法在 n 个备选方案中建立一种模糊优先关系，然后将它们排出一个优劣次序，此为模糊优先关系排列决策。

以 r_{ij} 表示 x_i 与 x_j 相比较时 x_i 对于 $\underset{\sim}{A}$ 的比 x_j 对于 $\underset{\sim}{A}$ 的优越程度，或称 x_i 对 x_j 的优先选择比。尽管备选方案在对比中各有所长，但要求优先选择比 r_{ij} 满足：

$$\begin{cases} r_{ij} = 0, 0 \leqslant r_{ij} \leqslant 1 (i \neq j) \\ r_{ji} + r_{ij} = 1 \end{cases} \tag{8-12}$$

x_i 与 x_j 相比较时，没有什么优越便记为 $r_{ii} = 0$，x_i 与 x_j 相比较时各有所长，二者结合在一起就是 1，即 $r_{ji} + r_{ij} = 1$；当只发现 x_i 比 x_j 有长处而未发现 x_j 比 x_i 有任何长处时，记 $r_{ij} = 1$，$r_{ji} = 0$；当 x_i 与 x_j 相比较时不分优劣，则 $r_{ij} = r_{ji} = 0.5$。因此可得到由 r_{ij} 组成的矩阵

$$R = (r_{ij})_{n \times n} \tag{8-13}$$

为模糊优先关系矩阵，由此矩阵确定的关系称为模糊优先关系。

取定阈值 $\lambda \in [0,1]$，得到 λ-截矩阵

$$R_\lambda = (r_{ij}^{(\lambda)})_{n \times n} \tag{8-14}$$

其中 $r_{ij}^{(\lambda)} \begin{cases} 1, & r_{ij} \geqslant \lambda \\ 0, & r_{ij} < \lambda \end{cases}$。

8.6　模糊综合评判决策

8.6.1　经典综合评判决策

在实际的工作中，对一个事物的判断与评价常常涉及多个因素和指标，这就要求能根据

多个因素多事物做出综合评判，而不能只从某一个因素的情况去考虑。所谓综合评判，指按照给定的条件对事物的优劣、好坏进行评价。综合评判的方法多种多样，其中最常用的两种方法如下。

1. 评总分法

评总分法是根据评判对象列出评价项目，对每个项目定出评价的等级，并用分数表示。将评价项目的分数累计相加，然后按总分的大小次序排列，决定方案的优劣。

$$S = \sum_{i=1}^{n} S_i \tag{8-15}$$

其中，S 表示总分，S_i 表示第 i 个项目得分，n 为项目数。

2. 加权评分法

加权评分法主要是考虑众多因素在评价中所处的地位或所起到的作用不尽相同，因此不能一律平等对待各个因素。

$$E = \sum_{i=1}^{n} a_i S_i \tag{8-16}$$

其中，E 表示加权平均分数，$a_i(i=1,2,\cdots,n)$ 是第 i 个因素所占的权重，且要求 $\sum_{i=1}^{n} a_i = 1$。

8.6.2 模糊映射与模糊变换

对映射概念作两个方面的扩张：

点集映射 $f: X \to \widetilde{F}(Y), x \mapsto f(x) = B \in \widetilde{F}(Y)$

集合变换 $T: \widetilde{F}(X) \to \widetilde{F}(Y), A \mapsto T(A) = B$

定义 8.28 称映射

$$\underset{\sim}{f}: X \to \widetilde{F}(Y), \quad x \mapsto \underset{\sim}{f}(x) = \underset{\sim}{B} \tag{8-17}$$

为 X 到 Y 的模糊映射。

定义 8.29 称映射

$$\underset{\sim}{T}: \widetilde{F}(X) \to \widetilde{F}(Y), \quad \underset{\sim}{A} \mapsto \underset{\sim}{T}(\underset{\sim}{A}) = \underset{\sim}{B} \tag{8-18}$$

为 X 到 Y 的模糊变换。

定义 8.30 设 $\underset{\sim}{T}$ 是 X 到 Y 的模糊线性变换，且

$$\underset{\sim}{R}_T \in \widetilde{F}(X \times Y) \tag{8-19}$$

满足 $\forall \underset{\sim}{A} \in \widetilde{F}(X), \underset{\sim}{T}(\underset{\sim}{A}) = \underset{\sim}{A} \odot \underset{\sim}{R}_T$，则称 $\underset{\sim}{T}$ 是由模糊关系诱导出的。

习题

8.1 设 A 为论域 U 上的一个模糊子集，A_λ 是 A 的 λ 截集，$\lambda \in [0,1]$，根据分解定理有 $A = \bigcup_{\lambda \in [0,1]} \lambda A_\lambda$，其中，$\lambda A_\lambda$ 表示 X 上的一个模糊子集，称 λ 与 A_λ"乘积"的隶属度函数规定为

$$\mu_\lambda A_\lambda(x)=\begin{cases}\lambda, & x\in A_\lambda\\ 0, & x\in A_\lambda\end{cases}$$

试画图分别表示出 $\mu_\lambda(x)$，$\mu A_\lambda(x)$和 $\mu_\lambda A_\lambda(x)$。

8.2　设论域 X 为所要研究的军用飞机类型，定义 $X=\{a10,b52,f117,c5.c130,fbc1.f14,f15,f16,f111,kc130\}$，设 A 为轰炸机集合，B 为战斗机集合，它们分别为

$A=0.2/f16+0.4/fbc1+0.5/a10+0.5/f14+0.6/f15+0.8/f11+1.0/b11+1.0/b52$

$B=0.1/f117+0.3/f111+0.5/fbc1+0.8/f15+0.9/f14+1.0/f16$

试求 A 和 B 的下列组合运算：

(1) $A\cap B$；

(2) $A\cup B$；

(3) A^C；

(4) B^C；

(5) $\overline{A\cap B}$；

(6) $\overline{A\cup B}$；

(7) $\overline{A^C\cap B}$。

8.3　设有两个传感器，一个是敌-我-中识别(IFFN)，另一个是电子支援测量(ESM)传感器。设目标共有 n 种可能的机型，分别用 $O_1,O_2,\cdots,O_n$ 表示，先验概率 $p_{\text{IFFN}}(x|O_i)$已知，其中 x 表示敌、我、中 3 种情形之一。对于 ESM 传感器，能在机型级上识别飞机属性，有 $p_{\text{ESM}}(x\mid O_i)=\dfrac{p_{\text{ESM}}(O_i\mid z)p(z)}{\sum_{i=1}^{n}(O_i\mid z)p(z)}$，$i=1,2,\cdots,n$。试求出 p(我$|z$)，p(敌$|z$)，p(中$|z$)。

8.4　假设空中目标可能有 10 种机型，4 种机型类(轰炸机、大型机、小型机、民航)，3 个识别属性(敌、我、不明)。对目标采用中频雷达、ESM 和 IFF 传感器。假设已获得两个测量周期的后验可信度分配数据：

M_{11}({民航}，{轰炸机}，{不明}) = (0.3，0.4，0.3)

M_{12}({民航}，{轰炸机}，{不明}) = (0.3，0.5，0.2)

M_{21}({敌轰炸机 1}，{敌轰炸机 2}，{我轰炸机}，{不明}) = (0.4，0.3，0.2，0.1)

M_{22}({敌轰炸机 1}，{敌轰炸机 2}，{我轰炸机}，{不明}) = (0.4，0.4，0.1，0.1)

M_{31}({我}，{不明}) = (0.6，0.4)

M_{31}({我}，{不明}) = (0.4，0.6)

其中 M_{sj} 表示第 s 个传感器($s=1,2,3$)在第 j 个测量周期($j=1,2$)上对命题的后验可信度分配函数。试比较对各目标的后验可信度分配。

8.5　构建基于模糊逻辑的系统的领域专家，需要哪些知识和经验？

第 9 章

粗糙集理论

粗糙集理论是由帕拉克于 1982 年首先提出的。粗糙集理论把知识看作关于论域的划分，从而认为知识是有粒度的，而知识的不精确性是由知识的粒度太大引起的。

模糊集与粗糙集理论都能够处理不确定的和不精确的问题，都是经典集合理论的推广和重要发展。然而，它们的侧重点不一样。模糊集合论中的对象的隶属度不依赖于论域中的其他对象，一般由专家直接给出或通过统计的方法获取，可以反映客观事物的变化规律，但也带有较强的主观性且缺乏精度的概念，而粗糙集理论中对象的隶属函数值却依赖于知识库，它可以从所需要的数据中直接得到，无须外界的任何信息，所以用它来反映知识的模糊性比较客观。它的核心思想是不需要任何先验信息，充分利用已知信息，在保持信息系统分类能力不变的前提下，通过知识约简从大量数据中发现关于某个问题的基本知识或规则。

9.1 知识与知识系统

假设研究对象构成的集合记为 U，它是一个非空的有限集，称为论域 U；任何子集 $X\subseteq U$，称为 U 中的一个概念或范畴。通常认为空集也是一个概念。把 U 中任何概念族都称为关于 U 的抽象知识，简称知识。一个划分定义为：$X=\{X_1,X_2,\cdots,X_n\}$；$X_i\subseteq U \quad X_i\neq\varphi$，$X_i\cap X_j=\varphi$，且 $i\neq j,i,j=1,2,\cdots,n$；$\bigcup_i^n X_i=U$。U 上的一簇划分称为关于 U 的一个知识系统。R 是 U 上的一个等价关系，由它产生的等价类记为$[x]_R=\{y|xRy,y\in U\}$，这些等价类构成的集合 $U/R=\{[x]_R|x\in U\}$是关于 U 的一个划分。一个知识系统就是一个关系系统 $K=(U,Q)$，其中 U 为非空的有限集合，称为论域，Q 是 U 上的一簇等价关系。

若 $P\subseteq Q$，且 $P\neq\varphi$，则 P 中所有的等价关系的交集也是一个等价关系，称为 P 上的不可分辨关系，记为 $\mathrm{ind}(P)$，且有$[x]_{\mathrm{ind}(P)}=\bigcap\limits_{Q\in P}[x]_Q$。

对于 $K=(U,Q)$和 $K'=(U,Q)$是两个知识库，当 $\mathrm{ind}(Q)\subset\mathrm{ind}(P)$时，则称知识 Q 比知识 P 更精细。

9.2 粗糙集与不精确范畴

令 $X\subseteq U$，R 是 U 上的一个等价关系，当 X 能表达成某些 R 基本集的并时，称 X 为 R 上可定义子集，也称 R 为精确集；否则称 X 为 R 不可定义的，也称 R 为粗糙集。

在讨论粗糙集时，元素的成员关系或者集合之间的包含和等价关系，都不同于初等集合中的概念，它们都是基于不可分辨关系的。一个元素是否属于某一集合，要根据对该元素的了解程度而定，和该元素所对应的不可分辨关系有关，不能仅仅依据该元素的属性值来简单判定。

给定知识库 $K=(U,Q)$，对于每个子集 $X\subseteq U$ 和一个等价关系 $R\in \mathrm{ind}(Q)$，定义：

$\underline{R}(X)=\{x\mid[x]_R\subseteq X,x\in U\}$ 称为在知识系统 U/R 下集合 X 的下近似；

$\overline{R}(X)=\{x\mid[x]_R\cap X\neq\varphi,x\in U\}$ 称为在知识系统 U/R 下集合 X 的上近似；

$BN_R(X)=\overline{R}(x)-\underline{R}(X)$ 称为在知识系统 U/R 下集合 X 的边界区域；

$POS_R(X)=\underline{R}(X)$ 称为在知识系统 U/R 下集合 X 的正域；

$NEG_R(X)=U-\overline{R}(X)$ 称为在知识系统 U/R 下集合 X 的负域；

边界区域 $BN_R(X)$ 是根据知识 R，U 中既不能肯定归入集合 X，又不能肯定归入集合 $\overline{X}$ 的元素构成的集合；正域是根据知识 R，U 中所有一定能肯定归入集合 X 的元素构成的集合；负域是根据知识 R，U 中所有不能确定一定归入集合 X 的元素构成的集合。边界区域 $BN_R(X)$ 是某种意义上论域的不确定域。

9.3　知识约简与知识依赖

知识约简是粗糙集理论的核心内容之一。知识库的知识属性并不是同等重要的，甚至其中某些知识是冗余的。所谓的知识约简，就是在保持知识库分类能力不变的条件下，删除其中不相关或不重要的知识。

令 R 为一簇等价关系，$r\in B$，如果 $\mathrm{ind}(R)=\mathrm{ind}(R-r)$，则称 r 为 R 中不必要的；否则称为 r 为 R 中必要的。如果对于每一个 $r\in B$ 都为 R 中必要的，则称 R 为独立的；否则称 R 为依赖的。

设 $Q\subseteq P$，如果 Q 是独立的，且 $\mathrm{ind}(Q)=\mathrm{ind}(P)$，则称 Q 为 P 的一个约简。显然，P 可以有多个约简。P 中所有必要关系组成的集合称为核，记为 $\mathrm{core}(P)$。

R，Q 均为 U 上的等价关系簇，它们确定的知识系统分别为 $U/R=\{[x]_R\mid x\in U\}$ 和 $U/Q=\{[y]_Q\mid y\in U\}$，若任意 $[x]_R\in U/R$，有 $\overline{Q}([x]_R)=\underline{Q}([x]_R)=[x]_R$，则称知识 R 完全依赖于知识 Q，即当研究对象具有 Q 的某些特征时，这个研究对象一定具有 R 的某些特征，说明 R 与 Q 之间是确定关系；否则，称知识 R 部分依赖于知识 Q，即研究对象 Q 的某些特征不能完全确定其 R 特征，说明 R 与 Q 之间是不确定关系。因此，定义知识 R 对知识 Q 的依赖程度为

$$\gamma_Q(R)=\frac{\mathrm{card}(\mathrm{POS}_Q(R))}{\mathrm{card}(U)} \tag{9-1}$$

其中，$\mathrm{card}(\cdot)$ 表示集合的基数，在此用集合所含元素的个数表示。

显然，$0\leqslant\gamma_Q(R)\leqslant 1$。当 $\gamma_Q(R)=1$ 时，知识 R 完全依赖于知识 Q；当 $\gamma_Q(R)\to 1$ 时，说明定义知识 R 对知识 Q 的依赖程度高。$\gamma_Q(R)$ 的大小从总体上反映了知识 R 对知识 Q 的依赖程度。

9.4　知识表达系统

知识表达系统在智能数据处理中占有十分重要的地位。形式上，4 元组 $S=(U,R,V,f)$ 是一个知识表达系统，其中 U：对象的非空有限集合，称为论域；R：属性的非空有限集

合；$V=\bigcup_{r\in R}V_r$，V_r 是属性 r 的值域；$f: U\times A\rightarrow V$ 是一个信息函数，它为对象的每个属性赋予一个信息值，即 $\forall r\in R, x\in U, f(x,a)\in V_r$。

决策表是一类特殊而重要的知识表达系统。设 $S=(U,R,V,f)$ 是一个知识表达系统，$R=C\cup D, C\cap D=\varphi$，$C$ 称为条件属性集，D 称为决策属性集。具有条件属性和决策属性的知识表达系统为决策表。令 X_i 和 Y_j 分别代表 U/C 与 U/D 中的等价类，$\mathrm{des}(X_i)$ 表示对等价类 X_i 的描述，即等价类 X_i 对于各条件属性值的特定取值；$\mathrm{des}(Y_j)$ 表示对等价类 Y_j 的描述，即等价类 Y_j 对于各决策属性值的特定取值。

决策规则定义如下：r_{ij}：$\mathrm{des}(X_i)\rightarrow\mathrm{des}(Y_j)$，$X_i\cap Y_j=\varnothing$。在决策表中，不同的属性可能具有不同的重要性。为了找出某些属性的重要性，其方法是从表中去掉一些属性，再来考虑没有该属性后分类会怎样变化。若条件属性集合中有无条件属性 c_i 对决策属性集合的依赖程度改变不大，则可以认为条件属性 c_i 的重要程度不高。基于这个观点，条件属性 c_i 关于决策属性 D 的重要程度定义为：

$$\sigma_D(c_i)=\gamma_c(D)-\gamma_{C-\{c_i\}}(D) \tag{9-2}$$

$\sigma_D(c_i)$ 越大，属性 c_i 的重要性越高。

9.5 粗糙集理论在信息融合中的应用

用粗糙集理论进行属性信息融合的基本步骤如下。

(1) 将采集到的样本信息按条件属性和结论属性编制一张信息表，即建立关系数据模型。

(2) 对将要处理的数据中的连续属性值进行离散化，对不同区间的数据在不影响其可分辨性的基础上进行分类，并用相应的符号表示。

(3) 利用属性约简及核等概念去掉冗余的条件属性及重复信息，得出简化信息表，即条件约简。

(4) 对约简后的数据按不同属性分类，并求出核值表。

(5) 根据核值表和原来的样本列出可能性决策表。

(6) 进行知识推理。汇总对应的最小规则，得出最快融合算法。

相对于概率论方法、模糊理论，粗糙集理论由于是基于数据推理，不需要先验信息，具有处理不完整数据、冗余信息压缩和数据关联的能力。

习题

9.1 (Ω,F,P) 是一个概率空间，U 是一个有限集合构成的论域空间，而 $X: \Omega\rightarrow p(U)$ 是随机集，且对于 $\forall\omega\in\Omega, X(\omega)\neq\phi, X(\omega)\neq U$，试证明：$\mathrm{Bel}(A)=P\{X_*(A)\}$。

9.2 “判断妻子是否在家”问题，已知条件如下：当他的妻子离开家时经常把前门的灯打开，但有时候她希望客人来时也打开这个灯；他们还养着一只狗，当无人在家时，这只狗被关在后院，而狗生病时也关在后院；如果狗在后院，就可以听见狗叫声，但有时候听见的是邻居的狗叫声。

(1) 针对图 9-1 中的 Bayes 网络，检验其是否满足概率一致性。

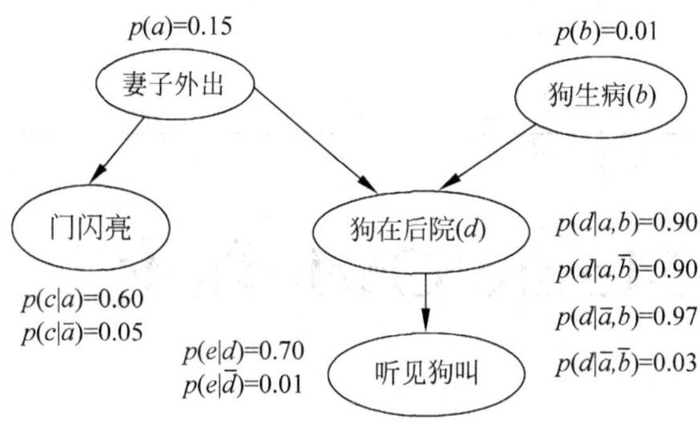

图 9-1 Bayes 网络示例

(2) 假定已知“妻子外出”且“听见狗叫”,请问“狗在后院”的后验概率是多少?

(3) 假定已知“妻子外出”且“狗在后院”,请问“狗生病”的后验概率是多少?

(4) 如果改变条件概率 $p(\lambda_2|\lambda_1,y=\bar{b})=p(d|a,\bar{b})=0.09$,即“妻子外出”和“狗生病”同时发生时,“狗在后院”的可能性是 0.09,那么在已知“妻子外出”和“狗在后院”的前提下,试求“狗生病”的可能性?

第 10 章

Monte Carlo理论

10.1 Monte Carlo 基本理论

10.1.1 概述

Monte Carlo 方法亦称为随机模拟方法，有时也称作随机抽样技术或统计试验方法，属于计算数学的一个分支，是一种基于"随机数"的计算方法。我们将[0,1]上均匀分布的随机抽样值称为随机数。

最早的 Monte Carlo 方法是由物理学家发明的，旨在通过随机化的方法计算积分。假设给定函数 $h(x)$，计算如下积分

$$\int_a^b h(x)\mathrm{d}x$$

如果无法通过数学推导直接求出解析解，为了避免对 (a,b) 区间所有的 x 值进行枚举，可以将 $h(x)$ 分解为某个函数 $f(x)$ 和一个定义在 (a,b) 上的 pdf $p(x)$ 的乘积。这样整个积分就可以写成

$$\int_a^b h(x)\mathrm{d}x = \int_a^b f(x)p(x)\mathrm{d}x = E_{p(x)}[f(x)]$$

这样一来，原积分就等于 $f(x)$ 在 $p(x)$ 这个分布上的均值。这时，如果从分布 $p(x)$ 上采集大量的样本 $x_1,\cdots,x_n$，这些样本符合分布 $p(x)$，意即 $\forall i, x_i/\sum_i x_i \approx p(x_i)$。那么，就可以通过这些样本逼近这个均值。

$$\int_a^b h(x)\mathrm{d}x = E_{p(x)}[f(x)] \approx \frac{1}{n}\sum_{i=1}^{n} f(x_i)$$

这就是 Monte Carlo 的基本思想。

Monte Carlo 方法可以分为以下 3 个主要步骤。

(1) 针对实际问题建立一个简单且便于实现的概率统计模型，使所求的量(或解)恰好是该模型某个指标的概率分布或者数字特征。

Monte Carlo 方法可以用于求解两类问题：一类是确定性问题，如多重积分、求逆矩阵、解积分方程、计算微分算子的特征值等；另一类就是随机性问题。

(2) 对模型中的随机变量建立抽样方法，在计算机上进行模拟测试，抽取足够多的随机数，对有关事件进行统计。

(3) 给出所求解的"近似值"而解的精确度可用估计值的标准误差来表示，即建立各种估计量。建立各种估计量，有点类似于将模拟实验的结果进行考察和登记，从中得到问题的解。必要时，还应改进模型以降低估计方差和减少试验费用，提高模拟计算的效率。

10.1.2 Monte Carlo 方法

Monte Carlo 方法采用统计抽样和估计对数学问题进行求解。抽样算法是 Monte Carlo 的一个简单实现，常见的抽样算法有舍选抽样、直接抽样、复合抽样、近似抽样、舍选复合抽样、变换抽样等，这里主要介绍前面 4 种抽样。

1. Monte Carlo 舍选抽样法

假设随机变量 x 的概率密度函数为 $p(x)=\begin{cases}=0, x<c, x>d\\ \leqslant a, c\leqslant a\leqslant d\end{cases}$，其中 c,d 分别是随机变量 x 的上下界，且 a 为 $p(x)$ 的上界。假设 $\hat{z}_1^{(i)}\sim U[0,1]$ 和 $\hat{z}_2^{(i)}\sim U[0,1]$ 是相互独立的两个伪随机序列，设 $\begin{cases}\hat{x}_1^{(i)}=c+(d-c)\hat{z}_1^{(i)}\\ \hat{x}_2^{(i)}=a\,\hat{z}_2^{(i)}\end{cases}$ 这样 $(\hat{x}_1^{(i)},\hat{x}_2^{(i)})$ 就在以边长为 $d-c$ 和 a 的矩形内均匀分布。并且如果有 $\hat{x}_1^{(i)}\leqslant p(\hat{x}_1^{(i)})$，那么就可以令 $\hat{x}^{(i)}=\hat{x}_1^{(i)}, i=1,2,\cdots$ 作为抽样值，即满足 $x^{(i)}\sim p(x)$；否则必须舍弃再重新进行抽样。

2. 直接抽样方法

对任意给定的分布函数 $F(w)$，直接抽样的一般形式为

$$\xi_n=\inf_{F(t)\geqslant r_n} t,\quad n=1,2,\cdots,n \tag{10-1}$$

其中，$r_1,r_2,\cdots,r_n$ 为随机数序列，为了简便起见，可以将上式写成

$$\xi_n=\inf_{F(t)\geqslant r} t \tag{10-2}$$

等式(10-1)中所确定的随机变量具有相同的分布 $F(x)$，且 $r_1,r_2,\cdots,r_n$ 是相互独立的，而等式(10-1)所确定的函数是波雷尔可测的，因此 ξ_1,ξ_2 也是相互独立的。

1) 离散分布的直接抽样法

离散分布的一般表示如下

$$F(x)=\sum_{x_i<\infty} P_i \tag{10-3}$$

其中，$x_1,x_2,\cdots$ 为离散随机变量的跳跃点；$p_1,p_2,\cdots$ 为相应的概率。

对于上述离散型分布，根据直接抽样法的一般公式(10-1)，有离散型随机分布的直接抽样方法为 $\xi_F=x_n$，当 $\sum_{i}^{n-1}p_i<r\leqslant\sum_{i=1}^{n}p_i$。

2) 连续型分布的直接抽样法

连续分布的一般密度如下

$$F(x)=\int_{-\infty}^{x}f(t)\mathrm{d}t \tag{10-4}$$

其中，$f(x)$ 为密度函数。

同样根据直接采样的一般公式(10-1)，如果分布函数的反函数存在的话，则连续性分布的直接抽样方法如下

$$\xi_F = F^{-1}(r) \tag{10-5}$$

举一个比较典型的例子，二项分布为离散型分布，其概率密度函数为 $p(x=n)=p_n=\mathrm{e}^{-\lambda}\frac{\lambda^n}{n!}$，其中 λ 为大于零的数。

因此分布的直接抽样方法为：当 $\sum_{i=0}^{n-1}\frac{\lambda^i}{i!} < r\mathrm{e}^2 \leqslant \sum_{i=0}^{n}\frac{\lambda^i}{i!}$ 时，$\xi_r = n$。

3. 复合抽样法

复合抽样法是由 Marsglia 于 1961 年提出的，当要抽取的分布函数 $F(x)$ 可以表示成几个其他分布函数：$F_1(x), F_2(x), \cdots$ 的线性组合，且 $F_j(x)$ 随机数容易得到时，这里不是直接产生 $F(x)$ 随机数，而是采用复合抽样法产生 $F(x)$ 的随机数。假设对所有 x，随机变量 ξ 的分布函数 $F(x)$ 可写成

$$F(x) - \sum_j p_j f_j(x) \tag{10-6}$$

若 ξ 是连续性随机变量，密度函数 $f(x)$ 可写成：$f(x)=\sum_j p_j f_j(x)$ 其中 $p\geqslant 0, \sum_j p_j = 1$ 每个 $F_j(x)$（或 $f_j(x)$）都是分布函数（或密度函数）。公式(10-1) 或公式(10-2) 就是复合抽样公式，它们给出的抽样方法如下：

(1) 产生一个正的随机整数 J，使得 $j=1,2,\cdots$；

(2) 产生分布为 $F_j(x)$（或 $f_j(x)$）的随机数，即为 ξ 的随机数。

重复步骤(1)和(2)，即可产生 ξ 的随机数序列，可以证明由(1)和(2)两步得到 $F(x)$ 的随机数，事实上

$$\begin{aligned} p\{\xi \leqslant x\} &= p\left\{(\xi \leqslant x) \cap \sum_j (J=j)\right\} \\ &= \sum_j p\{\xi \leqslant x \mid J=j\} p\{J=j\} \\ &= \sum_j F_j(x) p_j \\ &= F(x) \end{aligned} \tag{10-7}$$

4. 近似抽样法

在实际问题中，分布密度函数的形式有时非常复杂，有些甚至不能用解析形式给出，只能用数据或曲线形式给出。对于这样的抽样需要用近似分步密度函数的抽样代替原分布密度函数的抽样，这种方法称为近似抽样方法。

下面所要介绍的近似抽样方法是在已知密度函数 $f(x)$（或者分布函数 $F(x)$）来进行近似得到的，确定某一近似的分布 $f_a(x)\approx f(x)$，然后对近似分布 $f_a(x)$ 进行抽样，用近似分布的随机变量 X_{f_a} 代替原分布的随机变量 x_i。

(1) 梯形近似

对于梯形近似有

$$f_a(x) = c\left[f_{i-1} + \frac{x - x_{i-1}}{x_i - x_{i-1}}(f_i - f_{i-1})\right], \quad x_{i-1} < x < x_i \tag{10-8}$$

其中，c 为归一化因子，$f_i = f(x_i)$，$x_0, x_1, \cdots, x_n$ 为任一分点。根据抽样方法，梯形近似抽样方法为

$$f_a(x)=\int_{x_{i-1}}^{x_i} f(x)\mathrm{d}x=f_i^*,\quad 当\ x_{i-1}<x<x_i \tag{10-9}$$

(2) 阶梯近似

设 $f_a(X)\approx f(X)$,即 $f_a(X)$是 $f(X)$的近似密度函数。阶梯近似

$$X_{f_a}=x_{i-1}+\frac{\xi-F_a(x_{i-1})}{F_a(x_i)-F_a(x_{i-1})}(x_i-x_{i-1}),\quad 当\ F_a(x_{i-1})<\xi<F_a(x_i)$$

$$X_{f_a}=x_{i-1}+\frac{x_i-x_{i-1}}{f_i^*}\left(\xi-\sum_{j=1}^{i-1}f_j^*\right),\quad 当\sum_{j=1}^{i-1}f_j^*<\xi<\sum_{j=1}^{i}f_j^* \tag{10-10}$$

其中,x_i 为任意分布点。在此情形下,阶梯近似抽样法为

$$F_a(x_{i-1})<\xi_1<F_a(x_i)$$

$$\xi_1-F_a(x_{i-1})\leqslant[(f_i-f_{i-1})\xi_2+f_{i-1}]\frac{x_i-x_{i-1}}{2}$$

$$X_{f_a}=x_{i-1}+(x_i-x_{i-1})\cdot\xi_2$$

$$X_{f_a}=x_{i-1}+(x_i-x_{i-1})(1-\xi_2) \tag{10-11}$$

除了上述这种近似外,近似抽样方法还包括对直接抽样方法中分布函数反函数的近似处理,以及用具有近似分布的随机变量代替原分布的随机变量。

10.2 Markov Chain Monte Carlo 算法

MCMC——Markov 链 Monte Carlo 方法产生于 19 世纪 50 年代早期,是在 Bayes 理论框架下,通过计算机进行模拟的 Monte Carlo 方法,该方法将 Markov 过程引入 Monte Carlo 模拟中,实现抽样分布随模拟的进行而改变的动态模拟,弥补了传统的 Monte Carlo 积分只能静态模拟的缺陷,是近年来广泛应用的统计计算方法。MCMC 算法是一个迭代过程,其基本思路是:通过建立一个平稳分布为 $\pi(x)$的 Markov 链来得到 $\pi(x)$的样本,基于这样就可以做各种统计推断。

定义 10.1 Markov 链的平稳分布定义:设$\{X_n,n\geqslant1\}$是齐次 Markov 链,状态空间为 I,转移概率为 p_{ij},称概率分布$\{\pi_j,j\in I\}$为 Markov 链的平稳分布,若它满足

$$\begin{cases}\pi_j=\sum\limits_{i\in I}\pi_i p_{ij}\\ \sum\limits_{j\in I}\pi_j=1,\quad \pi_j\geqslant0\end{cases}$$

由上述定义可知,只要知道 Markov 链的一步转移概率矩阵,即可通过求解上面的线性方程组得到它的平稳分布。

Monte Carlo 方法的一个基本步骤是产生(伪)随机数,使之服从一个概率分布 $\pi(x)$。当 X 是一维的情况时,这很容易做到。现在有许多计算机软件都可以得到这样的随机数,前面介绍的例子都是这种简单情况。但 X 常取值于R^k,直接产生符合 π 的独立样本通常是不可行的。往往是要么样本不独立,要么不符合 π,或者二者都有。以前有很多人设计出许多方法克服这一点。目前最常用的是 MCMC 方法。Metropolis 方法与 Hastings 的概括奠定了 MCMC 方法的基石。此方法就是在以 π 为平稳分布的马氏链上产生相互依赖的样本。换句话说,MCMC 方法本质上是一个 Monte Carlo 综合程序,它的随机样本的产生与

一条 Markov 链有关。基于条件分布的迭代取样是另外一种重要的 MCMC 方法，其中最著名的特殊情况就是 Gibbs 抽样，现在已成为统计计算的标准工具，它最吸引人的特征是其潜在的 Markov 链是通过分解一系列条件分布建立起来的。

10.2.1 Markov 链概念

Markov 过程定义 10.2 给定随机过程$\{X_t, t\in T\}$，如果过程的条件分布函数存在，且对参数中任意 n 个时刻 $t_j, i=1,2,\cdots,n, t_1<t_2<\cdots<t_n$ 有

$$P\{X_{t_n}\leqslant x_n \mid X_{t_1}=x_1, X_{t_2}=x_2,\cdots,X_{t_{n-1}}=x_{n-1}\}=P\{X_{t_n}\leqslant x_n \mid X_{t_{n-1}}=x_{n-1}\} \tag{10-12}$$

则称随机过程$\{X_t, t\in T\}$为马尔科夫过程，简称马氏过程。具有式(10-12)性质称为 Markov 性或者无后效性。

Markov 链是具有 Markov 性质的随机变量 $X^0, X^1, X^2,\cdots$的一个数列。这些变量的范围，即它们所有可能取值的集合，被称为“状态空间”，而 X^n 的值则是在时间 n 的状态，满足式(10-12)这个概率等式的序列就称为 Markov 链。

定义 10.2 给定马氏过程$\{X_t, t\in T\}$，若条件分布函数

$$p_{s,t}(x,y)=P\{X_t\leqslant y \mid X_s=x\} \tag{10-13}$$

存在，称其为马氏过程$\{X_t, t\in T\}$的转移分布函数，称条件概率 $P\{X_{t_n}x_n \mid X_{t_{n-1}}=x_{n-1}\}$为转移概率。马氏过程的有限维分布由一维分布和条件分布完全决定，在马氏过程的研究中其一维分布和条件分布尤为重要。

10.2.2 Markov 过程的分类

按照 Markov 过程$\{X_t, t\in T\}$的参数集 T 和状态空间集 E，可将 Markov 过程分为如下几类：

(1) 时间参数离散、状态空间离散的离散参数 Markov 链；

(2) 时间参数连续、状态空间离散的可数状态 Markov 过程；

(3) 时间参数离散、状态空间连续的 Markov 序列；

(4) 时间参数和状态空间都连续的连续参数 Markov 过程；

(5) 状态空间不确定的叫隐式 Markov 过程。

1. 离散参数 Markov 过程

定义 10.3 随机变量序列$\{X_n, n=0,1,2,\cdots\}$的状态空间为 $E=\{0,1,2,\cdots\}$，若对任意非负整数 k, l 及 $0\leqslant n_1\leqslant n_2\leqslant\cdots\leqslant n_l\leqslant m$ 以及 $i_{n_1}, i_{n_2},\cdots,i_{n_l}, i_m, i_{m+k}\in E$，

$$P\{X_{m+k}=i_{m+k} \mid X_{n_1}=i_1,\cdots,X_{n_l}=x_l, X_m=x_m\}=P\{X_{m+k}=i_{m+k} \mid X_m=i_m\} \tag{10-14}$$

成立，则称$\{X_n, n=0,1,2,\cdots\}$为离散参数 Markov 链。

马氏过程$\{X_t, t\in T\}$的有限维分布由一维分布和条件分布完全确定，对于离散参数 Markov 链，由式(10-14)可知其有限维分布由

$$\begin{aligned} P\{X_{t_1}=x_1, X_{t_2}=x_2,\cdots,X_{t_n}=x_n\} &= P\{X_{t_1}=x_1\}P\{X_{t_2}=x_2 \mid X_{t_1}=x_n\} \\ &= P\{X_{t_n}=x_n\}\cdots P\{X_{t_n}=x_n \mid X_{t_{n-1}}=x_{n-1}\} \end{aligned} \tag{10-15}$$

给出，即由初始分布和转移概率确定，故引入如下定义。

定义 10.4 设$\{X_n, n=0,1,2,\cdots\}$为 Markov 链，状态空间 $E=\{0,1,2,\cdots\}$，称条件概率

$$p_{ij}^{k}(m)=P\{X_{m+k}=j \mid X_m=i\}$$

为 Markov 链$\{X_n, n=0,1,2,\cdots\}$在 m 时刻的 k 步转移概率。

特别地，当 $k=1$ 时，记

$$p_{ij}(m)=p_{ij}^{(1)}(m)=P\{X_{m+1}=j \mid X_m=i\}$$

称为一步转移概率，简称转移概率。

定理 10.1 离散参数 Markov 链$\{X_n, n=0,1,2,\cdots\}$的转移概率 $p_{ij}^{k}(m)$，满足 C-K (Chapman-Kolmogrov)方程。

$$p_{ij}^{(k+l)}(m)=\sum_{r\in E} p_{ir}^{(k)}(m) p_{rj}^{(l)}(m+k)$$

其矩阵形式为

$$\boldsymbol{P}^{(k+l)}(m)=\boldsymbol{P}^{(k)}(m)\boldsymbol{P}^{(l)}(m+k)$$

2. 连续参数 Markov 过程

定义 10.5 设随机过程$\{X_t, t\geqslant 0\}$，若对任意 $n>1, 0\leqslant t_0<t_1<\cdots<t_n<t_{n+1}$ 及非负整数 $i_0, i_1, \cdots, i_n, i_{n+1}\in E$，若

$$P\{X_{t_{n+1}}=i_{n+1} \mid X_{t_0}=i_0, X_{t_1}=i_1, \cdots, X_{t_n}=i_n\}=P\{X_{t_{n+1}}=i_{n+1} \mid X_{t_n}=i_n\}$$

则称$\{X_t, t\geqslant 0\}$为连续参数 Markov 链。若对任意 $s,t\geqslant 0$ 及 $i,j\in E$，有

$$P\{X_{t+s}=j \mid X_s=i\}=P\{X_t=j \mid X_0=i\} \stackrel{\Delta}{=} P_{ij}(t)$$

称$\{X_t, t\geqslant 0\}$为连续参数齐次 Markov 链。

定义 10.6 设$\{X_t, t\geqslant 0\}$为连续参数 Markov 链，对任意 $i,j\in E$，任意的非负实数是 s，t，称条件概率

$$p_{ij}(s,t)=P\{X_{t+s}=j \mid X_s=i\}$$

为此 Markov 链的转移概率函数，称 $\boldsymbol{P}(s,t)=(p_{ij}(s,t), i,j\in E)$为 Markov 链的转移矩阵。

转移概率满足

$$0\leqslant p_{ij}(s,t)\leqslant 1, \quad \sum_{j\in E} p_{ij}(s,t)=1, \quad (i,j\in E)$$

定义 10.7 若连续参数齐次 Markov 链$\{X_t, t\geqslant 0\}$的转移概率极限存在

$$\lim_{t\to 0+} p_{ij}(t)=\pi_j>0, \quad (i,j\in E)$$

且与 i 无关，称其为连续参数遍历 Markov 链，或称该链具有遍历性。

若 $\pi_j>0, \sum_{j\in E}\pi_j=1$，称 $\prod=\{\pi_j, j\in E\}$为齐次马氏链$\{X_t, t\geqslant 0\}$的极限分布。

10.2.3 齐次 Markov 链

定义 10.8 若 Markov 链$\{X_n, n=0,1,2,\cdots\}$的一步转移概率 $p_{ij}(m)$与初始时刻 m 无关，即

$$p_{ij}(m)=P\{X_{m+1}=j \mid X_m=i\}=p_{ij}$$

称$\{X_n, n=0,1,2,\cdots\}$为齐次 Markov 链，简称齐次 Markov 链。

齐次 Markov 链的一步转移矩阵记为 $\boldsymbol{P}=(p_{ij})$，$\boldsymbol{P}$ 与时间起点无关。由 C-K 方程不难得

知，齐次 Markov 链的 k 步转移矩阵 $\boldsymbol{P}^{(k)}(m)=(p_{ij}^{(k)}(m))$ 也与时间起点 m 无关，记为 $\boldsymbol{P}^{(k)}=(p_{ij}^{(k)})$，满足：$0\leqslant p_{ij}^{(k)}\leqslant 1,\sum_{j\in E}p_{ij}^{(k)}=1$。

定义 10.9 设 $\{X_n,n=0,1,2,\cdots\}$ 为齐次 Markov 链，若对一切状态 i 和 j，存在与 i 无关的常数 $\pi_j>0$，使得

$$\lim_{n\to\infty}p_{ij}^{(n)}=\pi_j,\quad(i,j\in E)\tag{10-16}$$

则称此 Markov 链具有遍历性。

定理 10.2（遍历性定理） 设齐次 Markov 链 $\{X_n,n=0,1,2,\cdots\}$ 的状态空间 $E=\{1,2,\cdots,s\}$ 为有限，若存在正整数 n_0，对任意 $i,j\in E$，有 $p_{ij}^{(n_0)}>0$，则此链是遍历的，且其极限分布 $\prod=\{\pi_j,j\in E\}$ 是方程组

$$\pi_j=\sum_{i=1}^{s}\pi_i p_{ij},\quad j=1,2,\cdots,s$$

满足条件 $\pi_j>0,\sum_{j}^{s}\pi_j=1$ 的唯一解。

定义 10.10 设 $\{X_n,n=0,1,2,\cdots\}$ 为齐次 Markov 链，若存在 $\{v_j,j\in E\}$ 满足下列条件

(1) $v_j>0,j\in E$； (2) $\sum_{j\in E}v_j=1$； (3) $v_j=\sum_{i\in E}v_i p_{ij}$；

则称此 Markov 链是平稳的，且称 $\{v_j,j\in E\}$ 为此马氏链的平稳分布。

齐次 Markov 链的转移概率矩阵 $\boldsymbol{P}(t)=(p_{ij}(t))(i,j\in E)$，它满足以下性质：

(1) $0\leqslant p_{ij}(t)\leqslant 1,i,j\in E$；

(2) $\sum_{j\in E}p_{ij}(t)=1,i\in E$；

(3) (C-K 方程) $p_{ij}(s+t)=\sum_{r\in E}p_{ir}(t)p_{rj}(s),(i,j\in E)$，其矩阵形式为 $\boldsymbol{P}(s+t)=\boldsymbol{P}(t)\boldsymbol{P}(s)$；

(4) 对 $i,j\in E,p_{ij}(0)=\delta_{ij},\delta_{ij}=1,\delta_{ij}=0(i\neq j)$。

10.2.4 隐式 Markov 模型

隐马尔科夫模型(Hidden Markov Model,HMM)是一种广泛使用的统计模型。它是在 Markov 链的基础上发展起来的。由于实际问题比 Markov 模型所描述的更为复杂，观察到的事件并不是与状态一一对应的，而是通过一组概率分布相联系，这样的模型就称为 HMM。HMM 是一个输出符号序列的统计模型，具有 N 个状态 $S_1,S_2,\cdots,S_N$，它按一定的周期从一个状态转移到另一个状态，每次转移时，输出一个符号。转移到哪一个状态，转移输出什么符号，分别由状态转移概率和转移时的输出概率来决定。因为只能观察到输出符号序列，不能观测到状态转移序列（即模型输出符号序列时，通过了哪些状态路径是不能知道的）。因而称之为“隐” Markov 模型。

一个 HMM 可以由一个 5 元组 $(N,M,\boldsymbol{\pi},\boldsymbol{A},\boldsymbol{B})$ 来表示，其中：

(1) N：模型中 Markov 链状态数目。记 N 个状态为 $\theta_1,\theta_2,\cdots,\theta_N$，记 t 时刻 Markov 链所处状态为 q_t，显然 $q_t\in(\theta_1,\theta_2,\cdots,\theta_N)$；

(2) M：每个状态对应的可能的观察值数目。计 M 个观察值为 $v_1, v_2, \cdots, v_M$，记 t 时刻的观察值为 $O_t, O_t \in (V_1, V_2, \cdots, V_M)$；

(3) $\boldsymbol{\pi}$：初始状态概率矢量，$\boldsymbol{\pi}=(\pi_1, \pi_2, \cdots, \pi_N)$，其中 $\pi_1 = P(q_1=\theta_i), 1 \leqslant i \leqslant N$；

(4) $\boldsymbol{A}$：状态转移概率矩阵，$\boldsymbol{A}=(a_{ij})_{N\times N}$，而 $a_{ij}=P(q_{t+1}=\theta_j/q_t=\theta_i), 1 \leqslant i, j \leqslant N$；

(5) $\boldsymbol{B}$ 代表可观察符号的概率分布，$\boldsymbol{B}=\{b_{ijk}\}, 1 \leqslant i, j \leqslant N, 1 \leqslant K \leqslant M$ 表示在 θ_j 状态输出观察符合 v_k 的概率。

HMM 的 3 个基本算法：

(1) 前向后向算法。用来计算给定一个观察值序列 $\boldsymbol{O}=O_1, O_2, \cdots, O_T$ 以及一个模型 $\lambda=(\boldsymbol{\pi}, \boldsymbol{A}, \boldsymbol{B})$ 时，由模型 λ 产生出 $\boldsymbol{O}$ 的概率 $P\left(\frac{\boldsymbol{O}}{\lambda}\right)$；

(2) Viterbi 算法。解决了给定一个观察值序列 $\boldsymbol{O}=O_1, O_2, \cdots, O_T$ 和一个模型 $\lambda=(\boldsymbol{\pi}, \boldsymbol{A}, \boldsymbol{B})$，在最佳意义上确定一个状态序列 $\boldsymbol{Q}^*=q_1^*, q_2^*, \cdots, q_T^*$ 的问题；

(3) Baum-Welch 算法。解决 HMM 训练，即 HMM 参数估计问题，或者说，给定一个观察值序列 $\boldsymbol{O}=O_1, O_2, \cdots, O_T$，该算法能确定一个 $\lambda=(\boldsymbol{\pi}, \boldsymbol{A}, \boldsymbol{B})$，使 $P\left(\frac{\boldsymbol{O}}{\lambda}\right)$ 最大。

10.2.5 隐式半 Markov 模型

隐式半 Markov 模型(Hidden Semi-Markov Models，HSMM)是 HMM 的衍生模型，在定义完全的 HMM 的结构上加入了时间组成部分，克服了因 Markov 链的假设所造成的 HMM 的局限性。在解决实际问题中，HSMM 能够提供更好的建模和分析能力，提高了模式分类的精度。从本质上讲，HSMM 是在 HMM 的基础上添加了一个描述清晰的状态持续时间概率函数，但是添加函数后的模型不再遵循严格的 Markov 过程。HSMM 和 HMM 类似，不同的是，每个状态不仅只对应一个观测值，而是可以对应一系列的观测值，这些对应于停留在状态 i 时的所有观测值在建模中被看作是一个整体。

基本上，隐式 Markov 模型并不假定观测的数据序列具有 Markov 特性，但是，未观测(隐含)但相关的变量假定存在且具有 Markov 特性。与标准 HMM 不同，隐式半 Markov 模型中的状态会产生一个片段的观测值，而 HMM 中的状态仅会产生单个观测值。

HSMM 中的参数有：初始状态分布(用 $\boldsymbol{\pi}$ 表示)，状态转换矩阵(用 $\mathbf{A}$ 表示)，状态持续时间分布(用 D 表示)，观测值模型(用 B 表示)，因此一个 HSMM 可以用参数组表示为 $\lambda=(\boldsymbol{\pi}, \boldsymbol{A}, D, B)$。在片段 HSMM 中，有 N 个状态，均是隐藏不可直接观测的。状态间的转换符合转换矩阵 $\mathbf{A}$，从状态 i 转换到 j 的概率为 a_{ij}。与标准 HMM 相似，我们假设状态时刻 t 为 0 时的状态为 s_0，以此为“开始”。状态的初始分布为 $\boldsymbol{\pi}$。宏状态的转换过程 $s_{ql-1} \to s_{ql}$ 符合 Markov 过程

$$P(s_{ql}=j \mid s_{ql}=i)=a_{ij}$$

微状态的转换 $s_{ql-1} \to s_{ql}$ 通常不是 Markov 过程，这即是该模型被称为“半 Markov (Semi-Markov)”的原因。

HSMM 有 3 个问题需要解决、评估、识别和训练。为了提高推理程序的计算效率，我们采用了一个动态规划方案。定义前向变量 $a_t(i)$，表示生成观测序列 $o_1 o_2 \cdots o_t$ 并且结束于状态 i 的概率

$$a_t(i)=P\left(o_1o_2\cdots o_t, i \text{ ends at state } \frac{t}{\lambda}\right)=\sum_{i=1}^{N}\sum_{d=1}^{\min(D,t)} a_{t-d}(i)p(d|j)b_j(O_{t-d+1}^{t})$$

这里 D 是可能存在的最长状态持续时间。$b_j(O_{t-d+1}^{t})$是数量为 d 的连续观测序列($o_{t-d+1}o_{t-d+2}\cdots o_t$)的联合密度。可以看出，在模型参数为$\lambda$时，出现观测序列 O 的概率可以表示如下

$$P(O|\lambda)=\sum_{i=1}^{N}a_T(i)$$

与前向变量相似，后向变量可以写作

$$\beta_t(i)=\sum_{j=1}^{N}\sum_{d=1}^{\min(D,t)} a_{ij}p(d|j)b_j(O_{t+1}^{t+d})\beta_{t+d}(j)$$

为了对 HSMM 模型中所有的变量给出重新估值公式，这里又定义了如下 3 个前向-后向变量

$$u_{t,t'}(i,j)=P(o_1o_2\cdots o_{t'}, t=q_n, s_t=i, t'=q_{n+1}, s_{t'}=j|\lambda)$$

$$\phi_{t,t'}(i,j)=P(o_1o_2\cdots o_{t'}, t=q_{n+1}, s_t=i, t'=q_{n+1}, s_{t'}=j|\lambda)$$

$$\xi_{t,t'}(i,j)=P(t=q_n, s_t=i, t'=q_{n+1}, s_{t'}=j|O_1^{\mathrm{T}}\lambda)$$

这里 $O_{t+1}^{t'}=o_{t+1}o_{t+2}\cdots o_{t'}$ 并且 $O_1^{\mathrm{T}}=o_1o_2\cdots o_T$。

$$\phi_{t,t'}(i,j)=a_t(i)a_{ij}\phi_{t,t'}(i,j)$$

$$a_{t'}(j)=\sum_{i=1}^{N}\sum_{d=1}^{D}[P(d=t'-t|j)]a_{t,t'}(i,j)$$

$$\xi_{t,t'}(i,j)==\frac{\sum_{d=1}^{D}a_t(i)a_{ij}\phi_{t,t'}(i,j)\beta_t{'}(j)}{\beta_0(i=\text{START})}$$

前向-后向算法的计算遵循如下步骤：

(1) 前向传递：用前向传递算法来计算 $a_t(i)$，$a_{t,t'}(i,j)$和 $\phi_{t,t'}(i,j)$。

第一步：初始化($t=0$)

$$a_{t=o}(i)=\begin{cases}1, & i=\text{START}\\ 0, & \text{其他}\end{cases}$$

第二步：前向递归($t>0$)。满足 $t=1,2,\cdots,T$；$1\leqslant i,j\leqslant N$ 并且 $1\leqslant d\leqslant D$。

$$\phi_{t,t'}(i,j)=\sum_{d=1}^{D}[P(d=t'-t|j)P(O_{t+1}^{t'}|t=q_n, s_t=i, t'=q_{n+1}, s_{t'}=j|\lambda)]$$

$$a_{t,t'}(i,j)=a_t(i)a_{ij}\phi_{t,t'}(i,j)$$

$$a_{t'}(j)=\sum_{i=1}^{N}\sum_{d=1}^{D}[P(d=t'-t|j)a_{t,t'}(i,j)]$$

(2) 后向传递：用后向传递算法计算 $\beta_t(i)$和 $\xi_{t,t'}(i,j)$。

第一步：初始化($t=T$，并且 $1\leqslant i,j\leqslant N$)，$\beta_t(i)=1$；

第二步：后向递归($t<T$)。满足 $t=1,2,\cdots,T$；$1\leqslant i,j\leqslant N$，并且 $1\leqslant d\leqslant D$。

$$\beta_t(i)=\sum_{j=1}^{N}\sum_{d=1}^{\min(D,t)} a_{ij}p(d|j)b_j(O_{t+1}^{t+d})\beta_{t+d}(j)=\sum_{j=1}^{N}a_{ij}\phi_{t,t'}(i,j)\beta_{t'}(j)$$

$$\xi_{t,t'}(i,j)=\frac{\sum_{d=1}^{D}a_t(i)a_{ij}\phi_{t,t'}(i,j)\beta_{t'}(j)}{\beta_0(i=\text{START})}$$

令 D_l 表示状态 1 可能的最长持续时间。整个前向 - 后向算法的计算复杂度为 $O(N^2DT)$，这里 $D=\sum_{l=0}^{L-1}D_l$。

10.2.6 Metropolis-Hastings 算法

MCMC 方法就是通过建立一个平稳分布为 $\pi(x)$ 的 Markov 链来得到 $\pi(x)$ 的样本，基于这些样本做各种统计推断，概括起来分为以下 3 步：

(1) 在 D 上选一个"合适"的 Markov 链，使其转移概率为 $P(\cdot,\cdot)$，"合适"的含义就是指 $\pi(x)$ 是其相应的平稳分布；

(2) 由 D 上的某一点 $X^{(0)}$ 出发，用(1) 中的 Markov 链产生点序列 $X^{(1)},\cdots,X^{(n)}$；

(3) 对某个 m 和足够大的 n，任一函数的期望估计如下

$$\hat{E}_\pi f=\frac{1}{n-m}\sum_{t=m+1}^{n}f(X^{(t)})$$

可以看出采用 MCMC 方法时，构造转移概率是至关重要的，不同的 MCMC 方法往往也就是转移概率的构造方法不同。出现比较早的一种方法是 Mteropolis 等人在 1953 年提出的，Hastings 随后将其推广为 Metropolis-Hastings 方法，其做法如下：例如想建立一个以 $\pi(x)$ 为平稳分布的马氏链，现任选一个不可约转移概率 $P(\cdot,\cdot)$ 以及一个函数 $\alpha(\cdot,\cdot)$，$(0<\alpha\leqslant 1)$，对任一组合 (x,y)，$(x\neq y)$ 定义

$$p(x,y)=p(x\to y)=q(x,y)\alpha(x,y) \tag{10-17}$$

直观上看就是：如果链在时刻 t 处于状态 x，即 $X^{(t)}=x$，首先由 $q(\cdot\mid x)$ 产生一个潜在的转移 $x\to y$，然后根据概率来决定是否转移，也就是说在潜在转移点 y 找到后，以概率 $\alpha(x,y)$ 接受 y 作为链在下一时刻的状态值，而以概率 $1-\alpha(x,y)$ 拒绝转移到 y，从而链在下一时刻仍处于状态 x。于是，在有了 y 后，就可从[0,1]上均匀分布抽取一个随机数 u，则

$$X^{(t+1)}=\begin{cases}y, & u\leqslant\alpha(x,y)\\ x, & u>\alpha(x,y)\end{cases} \tag{10-18}$$

分布 $q(\cdot\mid x)$ 称为建议分布。因为目标是使 $\pi(x)$ 为平稳分布，因此在有了 $P(\cdot,\cdot)$ 后，此时应选择一个相应的 $\alpha(\cdot,\cdot)$，p(。，Ⅳ)为 $p(x,y)$ 的平稳分布，一个常用的选择是

$$\alpha(x,y)=\min\left\{1,\frac{\pi(y)q(y,x)}{\pi(x)q(x,y)}\right\} \tag{10-19}$$

此时，$p(x,y)$ 为 $p(x,y)=\begin{cases}q(x,y),\pi(y)q(y,x)\geqslant\pi(x)q(x,y)\\ q(y,x)\dfrac{\pi(y)}{\pi(x)},\pi(y)q(y,x)<\pi(x)q(x,y)\end{cases}$

下面由 Metropolis-Hastings 方法生成的 Markov 链，就是以 $\pi(x)$ 为平稳分布达到细致平衡的条件。下面分 3 种情况说明：

(1) $\pi(x)q(x,y)=\pi(y)q(x,y)$，则 $\alpha(x,y)=\alpha(y,x)=1$ 由式(10-19)有 $p(x,y)\pi(x)=q(x,y)\pi(x)$ 和 $p(y,x)\pi(y)=q(y,x)\pi(y)$ 因此有 $p(x,y)\pi(x)=p(y,x)\pi(y)$ 这说明细致平衡条件成立；

(2) $\pi(x)q(x,y)>\pi(y)q(y,x)$，在这种情况下 $\alpha(x,y)=\dfrac{\pi(y)q(y,x)}{\pi(x)q(x,y)}$，$\alpha(y,x)=1$，

因此

$$\begin{aligned}p(x,y)\pi(x)&=q(x,y)\alpha(x,y)\pi(x)\\&=q(x,y)\frac{p(y)q(y,x)}{p(x)q(x,y)}\pi(x)\\&=q(y,x)\pi(y)\\&=q(y,x)\alpha(y,x)\pi(y)=p(y,x)\pi(x)\end{aligned}$$

(3) $\pi(x)q(x,y)<\pi(y)q(y,x)$，在这种情况下 $\alpha(x,y)=1,\alpha(y,x)=\frac{q(x,y)\pi(x)}{q(y,x)\pi(y)}$，因此

$$\begin{aligned}p(y,x)\pi(y)&=q(y,x)\alpha(y,x)\pi(y)\\&=q(y,x)\left(\frac{q(x,y)\pi(x)}{q(y,x)\pi(y)}\right)\pi(y)\\&=q(x,y)\pi(x)=q(x,y)\alpha(x,y)\pi(x)=p(x,y)\pi(x)\end{aligned}$$

建议分布 $q(x,y)$ 可取各种形式，下面是两种常见的选择：

① 对称的建议分布，即 $q(x,y)=q(y,x)$，$\forall x,y$，此时 $\alpha(x,y)$ 简化为 $\alpha(x,y)=\min\left\{1,\frac{\pi(y)}{\pi(x)}\right\}$；

② 独立抽样。如果 $q(x,y)$ 与状态 x 无关，即 $q(x,y)=q(y)$，则称此方法为独立抽样方法，此时 $\alpha(x,y)$ 变为 $\alpha(x,y)=\min\left\{1,\frac{\pi(y)}{\pi(x)}\right\}$，其中 $\omega(x)=\frac{\pi(x)}{q(x)}$。一般地，独立的效果可能很好，也可能很不好。通常，要使独立抽样有好的效果，$q(x)$ 应接近 $\pi(x)$。比较安全的办法是使 $q(x)$ 的尾比 $\pi(x)$ 重。

10.2.7 Gibbs 抽样

Gibbs 抽样方法是一种基于条件分布的迭代取样方法。这就要用到条件分布，特别是满条件分布。所谓满条件分布就是形如 $\pi(x_T|x_{-T})$ 的条件分布，其中 $x_T=\{x_i,i\in T\}$，$x_{-T}=\{x_i,i\notin T\}$，$T\subset\{1,2,\cdots,n\}$，注意到，在上述的条件分布中，所有的变量全部出现了（或出现在条件中，或出现在变元中）。实际上 Gibbs 抽样方法可看作 Metropolis-Hastings 算法的特例。其抽样具体步骤为：

由马氏链 $X_n(\omega)$ 的样本可按以下程序得到的一个样本。

(1) 先得到服从分布 $\{\pi(y_1|x_2,\cdots,x_m),y_1\in D_1\}$ 的随机变量 $X_{n+1,1}(\omega)$（注意 $x_2,\cdots,x_m$ 来自 $X_n(\omega)$）；

(2) 然后再得到服从分布 $\{\pi(y_2|y_1,x_3,\cdots,x_m)\}$，$y_2\in D_2$ 的随机变量 $X_{n+1,2}(\omega)$ 的一个样本 y_2，依次下去，得到服从分布 $\{\pi(y_k|y_1,\cdots,y_{k-1},x_{k+1},\cdots,x_m)\}$，$y_k\in D_k$ 的随机变量 $X_{n+1,k}(\omega)$ 的一个样本 $y_k(k=1,\cdots,m-1)$。最后得到服从分布 $\{\pi(y_m|y_1,\cdots,y_m)\}$，$y_m\in D$ 的随机变量 $X_{n+1,m}(\omega)$ 的一个样本 y_m。

定义 $y\overset{\Delta}{=}(y_1,y_2,\cdots,y_m)$ 就是 $X_{n+1}(\omega)$ 的一个样本。现任取一个初值 $X_0(\omega)=y^{(0)}$，按上面方法得 $X_1(\omega)$ 的一个样本 $y^{(n)}$，对 n 归纳地得到的样本 $y^{(2)},\cdots,y^{(n)}$，当 n 充分大时，马氏链 $X_n(\omega)$ 分布近似服从一个 $\pi(x_1,x_2,\cdots,x_m)$，就可以认为 $y^{(n)}$ 是近似服从 $\pi(x_1,x_2,\cdots,x_m)$ 的一个样本。

习题

10.1 学习文中给出的几种 Markov 过程分类方法，通过查阅相关文献，试比较这些方法的优缺点、工作流程、应用领域和发展趋势。

10.2 Markov 模型如图 10-1 所示，根据该模型求出其 4 状态转移矩阵和观测矩阵。

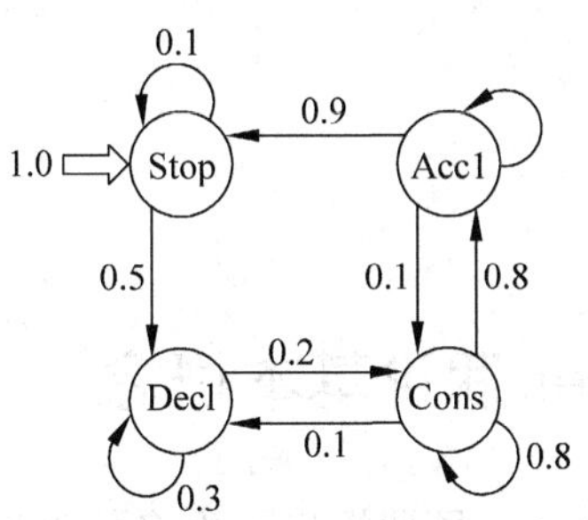

图 10-1 Markov 模型

第 11 章

Dempster-Shafer证据理论

11.1 Dempster-Shafer 理论基本概念

D-S 证据理论起源于 Dempster 早期提出的由多值映射导出的所谓上限概率和下限概率，后来由 Shafer 作了进一步的发展，所以证据理论又称为 D-S 理论。

D-S 理论是一种不确定性推理的方法。它采用置信函数而不是概率作为量度，通过对一些事件的概率加以约束以建立置信函数，而不必说明精确的难以获得的概率，当为严格约束限制概率时，它就成为概率论。D-S 理论具有以下独特的优点：

(1) D-S 理论具有比较强的理论基础，既能处理随机性所导致的不确定性，也能处理模糊性导致的不确定性；

(2) D-S 理论可以依靠证据的积累，不断地缩小假设集；

(3) D-S 理论能将“不知道”和“不确定”区分开来；

(4) D-S 理论可以不需要先验概率和条件概率密度。

从 D-S 理论的发展来看，D-S 理论不是独立发展的，它与许多理论密切相关，可以和更多理论结合，使 D-S 理论不断发展。这方面应值得读者注意。

在 D-S 理论中，一个样本空间称为一个辨识框架，用 Θ 表示。Θ 由一系列对象 θ_i 构成，对象之间两两相斥，且包含当前要识别的全体对象，即 $\Theta=\{\theta_1,\theta_2,\cdots,\theta_n\}$。

θ_i 称为 Θ 的一个单子，只含一个单子的集合称为单子集合。证据理论的基本问题是：已知辨识框架 Θ，判明测量模板中某一未定元素属于 Θ 中某一 θ_i 的程度。对于 Θ 的每个子集，可以指派一个概率，称为基本概率分配。

定义 11.1 令 Θ 为一论域集合，2^Θ 为 Θ 的所有子集构成的集合，称 $m: 2^\Theta \to [0,1]$ 为基本概率分配函数，它满足如下定理

$$\sum_{A\in P(\Theta)} m(A)=1,\quad m(\Phi)=0 \tag{11-1}$$

式中 $P(\Theta)$ 表示幂集。

D-S 理论的一个基本策略是将证据集合划分为 2 个或多个不相关的部分，并利用它们分别对辩识框架独立进行判断，然后用 Dempster 组合规则将它们组合起来。Dempster 组合规则的形式为

$$m(A)=\frac{1}{1-k}\sum_{\substack{A_i,B_j\\ A_i\cap B_j=A}} m_1(A_i)m_2(B_j),\quad A\neq 0, m(\Phi)=0 \tag{11-2}$$

式中

$$k=\sum_{A_i \cap B_j=\Phi} m_1(A_i)m_2(B_j) \tag{11-3}$$

反映了证据之间冲突的程度。

11.2 Dempster-Shafer 组合规则

D-S 理论的核心是 Dempster 证据组合规则，现将其介绍如下。

Dempster 组合规则：设 $m_1, m_2, \cdots, m_n$ 是识别框架 Θ 上的基本概率分配函数(BPFA)，则多概率分配函数的正交和 $m=m_1 \cdot m_2 \cdot \cdots \cdot m_n$ 由式(11-4)表示

$$\begin{cases} m(A)=\dfrac{1}{1-k}\sum\limits_{\cap A_i=A}\prod\limits_{1\leqslant j\leqslant n} m_j(A_i) & (A\neq \Xi) \\ m(\Xi)=0 \end{cases} \tag{11-4}$$

式中，$k=\sum\limits_{\cap A_i=\Xi}\prod\limits_{1\leqslant j\leqslant n} m_j(A_i)$ 称为不一致因子，用来反映融合过程中各证据间冲突的程度，$0\leqslant k\leqslant 1$，k 越大，证据间冲突越激烈，矛盾越明显；而 $\dfrac{1}{1-k}$ 是修正因子(组合规则的归一化系数)，Dempster 对它的引入完善了识别框架。

11.3 Dempster-Shafer 组合规则的相关改进

对组合规则的修正方面以 Lefevre 等人提出的统一信度函数组合方法为代表。Yager 提出的改进方法采用对冲突信息重新分配的原则，把支持证据冲突的那部分概率全部赋予未知领域，而对于不冲突证据仍采用 Dempster 的组合规则与运算方式进行合成。Yager 证据合成公式为

$$\begin{cases} m(A)=\sum\limits_{\cap A_i=A}\prod\limits_{1\leqslant j\leqslant n} m_j(A_i)\quad (A\neq \Xi, A\neq\Theta) \\ m(\Theta)=\sum\prod\limits_{1\leqslant j\leqslant n} m_j(A_i)+k \\ m(\Xi)=0 \end{cases} \tag{11-5}$$

式中，k 与式(11-1)定义一样；Θ 为辨识框架；Ξ 为空集。即把冲突认为是对客观世界的无知部分，将冲突信息全部划分给全域即未知项等待新的证据来临再做判断，符合认知逻辑，并且解决了高度冲突的证据的合成；但由于 Yager 对冲突证据 k 全盘否定，全部赋给了未知项，因而在证据源多于两个时，合成的效果并不理想。

针对 Yager 合成公式的问题，即使证据间存在冲突，它们也是可用的，而不应全部分配给未知项，并通过引入了证据可信度 $\in$ 的概念，对冲突性证据 k 采用加权和平均的形式进行分配。孙全证据合成公式为

$$\begin{cases} m(A)=\sum\limits_{\cap A_I=A}\prod\limits_{1\leqslant j\leqslant n} m_j(A_i)+k\in q(A)\quad (A\neq \Xi, A\neq\Theta) \\ m(\Theta)=\sum\limits_{\cap A_i=\Theta}\prod\limits_{1\leqslant j\leqslant n} m_j(A_i)+k\in q(\Theta)+k(1-\in) \\ m(\Xi)=0 \end{cases} \tag{11-6}$$

式中，$q(A)=\frac{1}{n}\sum_{i=1}^{n}m_i(A)$，但该公式中证据可信度 $\in = e^{-\bar{k}}$ 的定义带有较大的主观性，当 $\in$ 取为$10^{-\bar{k}}$ 或者 $5^{-\bar{k}}$ 或别的底数时，其计算结果差异有时十分明显，将导致最后的融合结果不一致。

李弼程针对证据可信度$\in$的主观随意性，提出合成公式中废弃了证据可信任度的概念，把支持证据冲突的概率按各个命题的平均支持程度加权进行分配。其合成公式为

$$\begin{cases} m(A)=\sum\limits_{\cap A_I=A}\prod\limits_{1\leqslant j\leqslant n}m_j(A_i)+kq(A) \quad (A\neq \Xi) \\ m(\Xi)=0 \end{cases} \tag{11-7}$$

式中，$q(A)$为各证据对命题 A 的平均支持度，与式(11-6)定义一致。

在对 D-S 证据理论的第一类改进（即对 Dempster 组合公式的改进）中，以上的式(11-5)～式(11-7)都起到了较好的积极作用，能够较合理地处理大冲突证据的融合，但均未考虑对各证据交叉情况下融合作用的改进。

向阳提出了反映证据交叉融合程度的聚焦系数 s_1 的概念，根据所联合的集合的基数大小决定向下聚焦的程度，防止在大的子集上（携带确定信息不多）的基本概率分派函数聚焦在小的子集上。向阳的合成公式为

$$\begin{cases} s_1=\dfrac{\| A_i\cap B_j\|}{\| A_i\| + \| B_j\| - \| A_i\cap B_j\|} \\ k\neq 1, A_i\cap B_i\neq 0 \text{ 时}, \begin{cases} m(A_i\cap B_j)=m_1(A_i)\times m_2(B_J)\times\dfrac{s_1}{1-k} \\ m(A_i)=m_1(A_i)\times m_2(B_j)\times\dfrac{1-s_1}{1-k}\times\dfrac{m_1(A_i)}{m_1(A_i)+m_2(B_j)} \\ m(B_j)=m_1(A_i)\times m_2(B_j)\times\dfrac{1-s_1}{1-k}\times\dfrac{m_2(B_j)}{m_1(A_i)+m_2(B_J)} \end{cases} \\ k=1 \text{ 时}, m(A\cup B)=m_1(A)\times m_2(B) \end{cases} \tag{11-8}$$

但该合成公式只适用于两路证据合成，对多路证据合成则无能为力，而且聚焦系数 s_1 等于证据集合基的比例，属于一种线性平均运算关系，违背了 D-S 证据理论不冲突性证据“与运算”的合成法则，因而这种合成法则同样也不完善。

11.4 Dempster-Shafer 理论的推广

11.4.1 广义 Dempster-Shafer 理论简介

定义 11.2 函数 bel：$X\rightarrow[0,1]$称为弱信任函数，如果它满足下列条件：

(1) $\text{bel}(\Phi)=0$；

(2) $\text{bel}(\Psi)=1$；

(3) 对任意的 $A_1,\cdots,A_n\in X(n>0)$，$\text{bel}(A_1\cup\cdots\cup A_n)\geqslant\sum_{I;I\neq I\subseteq 1,\cdots,n}(-1)^{|I|+1}\cdot(\bigcap_{i\in I}A_i)$，称 $pl(A)=1-\text{bel}(A')$为似然函数。

定义 11.3 函数 $m: X\rightarrow[0,1]$称为 mass 函数，如果该函数满足如下条件：

(1) $m(\Phi)=0$；

(2) 在 X 中存在有限个元素 $A_1,A_2,\cdots,A_F(F>0$,有限)，使得 $m(A)\neq 0$，当 $A\neq A_i(i=1,\cdots,F)$时，$m(A)=0$ 且 $\sum_{A\subseteq\Psi}m(A)=\sum_{i=1}^{F}m(A)=1$。

如果 $m(A)>0$，则称 A 为 m 在 X 上的焦点元素。从上述定义知焦点元素的个数是有限的。

定义 11.4 函数 bel：$X\rightarrow[0,1]$称为一信任函数，如果存在一个 mass 函数 m，使得对任意的 A 有 $\text{bel}(A)=\sum m(B)$，B 是 A 的子集。

定理 11.1 一个信任函数是一个弱信任函数，反之，如果 $X=2^{\Omega}$，Ω 是有限集合，则一个弱信任函数是一个信任函数。

定义 11.5 假设 $E\in X$，且 $\text{bel}(E')<1$，则关于 E 的条件函数 $\text{bel}(\cdot|E): X\rightarrow[0,1]$定义为：对任意 $A\in X$。

$$\text{bel}(\cdot|E)(A)=\text{bel}(A|E)=\frac{\text{bel}(A|E')-\text{bel}(E')}{1-\text{bel}(E')}$$

定理 11.2 设 m_1 和 m_2 是两个 mass 函数，如果 $\sum_{A\cap B\neq\phi}m_1(A)m_2(B)>0$，则如下定义的函数 $m: X\rightarrow[0,1]$满足 $m(\phi)=0$，对任意的 $C\in\Psi$，且 $C\neq\phi$；

$$m(C)=\frac{\sum_{A\cap B=C}m_1(A)m_2(B)}{\sum_{A\cap B\neq\phi}m_1(A)m_2(B)}$$

是一个 mass 函数。

如果 $\sum_{A\cap B\neq\phi}m_1(A)m_2(B)>0$，则称 m_1 和 m_2 是可组合的，记为 $m=m_1\oplus m_2$。

11.4.2 条件化 Dempster-Shafer 理论

当证据和先验知识为 Bayes(即证据的焦元是单假设集)时，可以用 Bayes 公式将先验知识与证据进行组合；然而，当先验知识为非 Bayes 时，则无法用 Bayes 规则进行组合。Mahler 将粗糙集理论引入到概率论中，提出了条件化 D-S 理论，成功地解决了先验为非 Bayes 时与证据的组合问题。

定义 11.6 假设物体的有限集，即辨识框架 Θ，Θ 的一个子集 S 表示一个概念或类别，$K_1,K_2,\cdots,K_m\in\Theta$，指派函数 $m(K_i)$，$\text{bel}(S)=\sum_{K_i\subseteq S}m(K_i)$，一般认为先验为一个随机集合 Γ，$p(\Gamma=K_i)=m$，$m_{\Gamma}(S)=p(\Gamma=S)$，$\text{bel}_{\Gamma}(S)=p(\Gamma\subseteq S)$。

(1) $R[\Theta]$表示由实数集 $\mathbf{R}$ 和 Θ 的子集产生的向量空间

$$B=\sum_{S\subset\Theta}b_S S,\quad b_S\in\mathbf{R}$$

(2) $\{S\}$为假设的线性无关向量集，如果 $\sum b_S=1$，且 $b_S\geqslant 0$，则表示证据另外一种表达式，b_S 为指派值。

(3) Γ 是随机数集，则 $R[\Theta;\Gamma]$表示由所有 $S\subseteq\Theta$ 且 $\mathrm{bel}_\Gamma(S)\neq0$，产生 $R[\Theta]$的空间，$R[\Theta;\Gamma]$的元素与Γ 或 bel_Γ 一致。

定义 11.7 Γ 是随机数集，$B,C\in R[\Theta]$，$B=\sum_{S\subset\Theta}b_S S$，$C=\sum_{T\subset\Theta}c_T T$，则

(1) B,C 关于Γ 的条件一致定义

$$a_\Gamma(B,C)=\sum_{S,T\subseteq\Theta}b_S c_T a_\Gamma(S,T)$$

$$a_\Gamma(S,T)=\frac{\mathrm{bel}_\Gamma(S\cap T)}{\mathrm{bel}_\Gamma(S)\mathrm{bel}_\Gamma(T)}$$

(2) B,C 关于Γ 的条件积为

$$B\cdot_\Gamma C=\sum_{S,T\subset\Theta}b_S c_T a_\Gamma(S,T)S\cap T$$

(3) B,C 关于Γ 的条件的 D-S 组合为

$$B*_\Gamma C=\frac{B\cdot_\Gamma C}{a_\Gamma(B,C)}\quad\text{（CDS 组合公式）}$$

$$a_\Gamma(B,C)\neq0$$

定义 11.8 任意 $S\subseteq\Theta$ 定义关于Γ 的 Mobius 变换，形成 $R[\Theta;\Gamma]$的元素

$$e_S=\sum_{T\subseteq S}(-1)^{\#(S-T)}\mathrm{bel}_T(T)T$$

其中，$\#(S-T)$表示 $S-T$ 元素个数。

定理 11.3 Ξ,Γ 为相互独立的随机集，则

$$a_\Gamma(\langle\Xi|\Gamma\rangle,e_S)=m_\Gamma(S|\Xi)=p(\Gamma=S|\Gamma\subseteq\Xi)$$

此定理说明证据$\langle\Xi|\Gamma\rangle$与 $R[\Theta;\Gamma]$的元素的一致性。

推论 $S\subseteq\Theta$ 且 $\mathrm{bel}_\Gamma(S)\neq0$；$m_\Gamma(T|S)=a_\Gamma(S,e_T)=\dfrac{m_\Gamma(T)}{\mathrm{bel}_\Gamma(s)}$，$T\subseteq S$；否则 $m_\Gamma(T|S)=0$。

11.4.3 Dempster-Shafer 理论在模糊集合上的推广

设由证据 E_1,E_2 给出的焦元分别是 A_i,B_j，相应的基本置信指派为 m_1,m_2，在实际过程中，证据 E_1,E_2 中的焦元有可能是模糊的，所以用模糊集合来表示，称这样的焦元为模糊焦元，记为$\underset{\sim}{A_i},\underset{\sim}{B_j}$。而证据 E_1,E_2 由于具有模糊焦元，故称其为模糊证据，记为$\underset{\sim}{E_1}$、$\underset{\sim}{E_2}$，由于具有模糊焦元，故称其为模糊证据，记为$\underset{\sim}{\mathrm{bel}_1},\underset{\sim}{\mathrm{bel}_2}$，基本置信指派为模糊基本置信指派，记为$\underset{\sim}{m_1},\underset{\sim}{m_2}$。

定义 11.9 设模糊集 $\underset{\sim}{A}$ 和 $\underset{\sim}{B}$ 分别是模糊证据$\underset{\sim}{E_1}$、$\underset{\sim}{E_2}$ 的模糊焦元，则模糊焦元 $\underset{\sim}{A}$ 和 $\underset{\sim}{B}$ 的交的程度

$$J\left(\frac{\underset{\sim}{B}}{\underset{\sim}{A}}\right)=\frac{\max\{\mu_{\underset{\sim}{A}\cap\underset{\sim}{B}}(a)\}}{\min\{\max\limits_a\{\mu_{\underset{\sim}{A}}(a)\},\max\limits_a\{\mu_{\underset{\sim}{B}}(a)\}\}}$$

且 $\mu_{\underset{\sim}{A}\cap\underset{\sim}{B}}=\min\limits_a\{\mu_{\underset{\sim}{A}}(a),\mu_{\underset{\sim}{B}}(a)\}$。

定义 11.10 设模糊集合 $\underset{\sim}{A}$ 和 $\underset{\sim}{B}$ 分别是模糊证据$\underset{\sim}{E_1}$、$\underset{\sim}{E_2}$ 的模糊焦元，则模糊焦元 $\underset{\sim}{A}$ 包含在模糊焦元 $\underset{\sim}{B}$ 的程度为

$$BH\left(\frac{\underset{\sim}{B}}{\underset{\sim}{A}}\right)=\min_{a}\{1,1-\mu_{\underset{\sim}{A}}(a)+\mu_{\underset{\sim}{B}}(a)\}$$

可以证明参数 $J\left(\frac{\underset{\sim}{B}}{\underset{\sim}{A}}\right)$和 $BH\left(\frac{\underset{\sim}{B}}{\underset{\sim}{A}}\right)$是论域 H 上的包含度。

定义 11.11 设$\underset{\sim}{\text{bel}}_1$、$\underset{\sim}{\text{bel}}_2$ 是同一论域 H 上的两个模糊证据$\underset{\sim}{E}_1$、$\underset{\sim}{E}_2$ 的置信函数，$\underset{\sim}{\text{bel}}_1$、$\underset{\sim}{\text{bel}}_2$ 相应的模糊基本置信指派分别为$\underset{\sim}{m}_1$，$\underset{\sim}{m}_2$，相应的模糊焦元分别为模糊集 $A_1,\cdots,A_k$ 和 $B_1,\cdots,B_k$，且设 $\sum_{\underset{\sim}{A}_i^0\cap\underset{\sim}{B}_j^0}J(\underset{\sim}{B}/\underset{\sim}{A})\cdot\underset{\sim}{m}_1(\underset{\sim}{A})\cdot\underset{\sim}{m}_2(\underset{\sim}{B})\neq 0$，则合成后的置信函数$\underset{\sim}{\text{bel}}$，由如下给出的基本置信指派得到

$$\underset{\sim}{m}(\underset{\sim}{A})=\begin{cases}\dfrac{\sum\limits_{\underset{\sim}{A}_j^0\cap\underset{\sim}{B}_j^0=\underset{\sim}{A}^0}J(\underset{\sim}{B}_j/\underset{\sim}{A}_i)\cdot\underset{\sim}{m}_1(\underset{\sim}{A}_i)\cdot\underset{\sim}{m}_2(\underset{\sim}{B}_j)}{\sum\limits_{\underset{\sim}{A}_i^0\cap\underset{\sim}{B}_j^0\neq\varphi}J(\underset{\sim}{B}/\underset{\sim}{A})\cdot\underset{\sim}{m}_1(\underset{\sim}{A})\cdot\underset{\sim}{m}_2(\underset{\sim}{B}_j)}, & \underset{\sim}{A}\neq\phi\\ 0, & \underset{\sim}{A}\equiv\phi\end{cases}$$

其中，$\underset{\sim}{A}_i^0$ 和$\underset{\sim}{B}_j^0$ 分别是$\underset{\sim}{A}_i$ 和$\underset{\sim}{B}_j$ 的强 0 截集。可以证明 $\underset{\sim}{m}$ 是一个基本置信指派。

定义 11.12 设 $\underset{\sim}{m}$ 是论域 H 上的模糊置信指派，$\underset{\sim}{A},\underset{\sim}{D}\in F(H)$且 $\underset{\sim}{A},\underset{\sim}{D}$ 是模糊证据的焦元，则定义 $\underset{\sim}{m}$ 所对应的模糊置信函数为

$$\underset{\sim}{\text{bel}}(\underset{\sim}{A})=\sum_{\underset{\sim}{D}^0\subset\underset{\sim}{A}^0}BH(\underset{\sim}{A}|\underset{\sim}{D})\cdot\underset{\sim}{m}(\underset{\sim}{D})$$

习题

11.1 简述 D-S 理论的基本概念和组合规则。

11.2 通过查阅相关文献，阐述 D-S 理论规则改进算法、应用领域和发展趋势。

第 12 章

估计理论

12.1 估计理论基础

12.1.1 一般概念

设 $\boldsymbol{x}\in\mathbf{R}^n$ 是一个未知参数向量，量测 $\boldsymbol{y}$ 是一个 m 维的随机向量，而 $\boldsymbol{y}$ 的一组容量为 N 的样本是 $\{\boldsymbol{y}_1,\boldsymbol{y}_2,\cdots,\boldsymbol{y}_N\}$，设对它的统计量为

$$\hat{\boldsymbol{x}}^{(N)}=\varphi(\boldsymbol{y}_1,\boldsymbol{y}_2,\cdots,\boldsymbol{y}_N) \tag{12-1}$$

称其为对 $\boldsymbol{x}$ 的一个估计量，其中 $\varphi(\cdot)$ 称为统计规则或估计算法。

利用样本对参数的估计量本质上是随机的，而当样本值给定时所得到的参数估计值一般与真值并不相同，因而需要用某些准则进行评价。

对于式(12-1)，所得估计量如果满足

$$E(\hat{\boldsymbol{x}}^{(N)})=\boldsymbol{x} \tag{12-2}$$

则称 $\hat{\boldsymbol{x}}^{(N)}$ 是对参数 $\boldsymbol{x}$ 的一个无偏估计；如果满足

$$\lim_{N\to\infty}E(\hat{\boldsymbol{x}}^{(N)})=\boldsymbol{x} \tag{12-3}$$

则称 $\hat{\boldsymbol{x}}^{(N)}$ 是对参数 $\boldsymbol{x}$ 的一个渐近无偏估计。

对于式(12-1)所得估计量如果依概率收敛于真值，即

$$\lim_{N\to\infty}\hat{\boldsymbol{x}}^{(N)}\xrightarrow{P}\boldsymbol{x} \tag{12-4}$$

则称 $\hat{\boldsymbol{x}}^{(N)}$ 是对参数 $\boldsymbol{x}$ 的一个一致估计量。

设 $\hat{\boldsymbol{x}}^{(N)}$ 是对参数 $\boldsymbol{x}$ 的一个正规无偏估计，则其估计误差协方差阵满足如下 Cramer-Rao 不等式

$$\operatorname{cov}(\tilde{\boldsymbol{x}})\triangleq E(\tilde{\boldsymbol{x}},\tilde{\boldsymbol{x}}^{\mathrm{T}})\geqslant \boldsymbol{M}_x^{-1} \tag{12-5}$$

其中 $\tilde{\boldsymbol{x}}\triangleq\hat{\boldsymbol{x}}^{(N)}-\boldsymbol{x}$ 是估计误差，而 $\boldsymbol{M}_x$ 是 Fisher 信息矩阵（主要标量对向量求导取行向量），定义为

$$\boldsymbol{M}_x\triangleq E\left\{\left[\frac{\partial\log p(\boldsymbol{y}\mid\boldsymbol{x})}{\partial\boldsymbol{x}}\right]^{\mathrm{T}}\left[\frac{\partial\log p(\boldsymbol{y}\mid\boldsymbol{x})}{\partial\boldsymbol{x}}\right]\right\}$$

其中 $p(\boldsymbol{y}|\boldsymbol{x})$ 是给定 $\boldsymbol{x}$ 时 $\boldsymbol{y}$ 的条件概率密度函数。

12.1.2 Bayes 点估计理论

设 $\boldsymbol{x}$ 也是一个 n 维随机向量，仍设 $\{\boldsymbol{y}_1,\boldsymbol{y}_2,\cdots,\boldsymbol{y}_N\}$ 是 $\boldsymbol{y}$ 的一组容量为 N 的样本。设 $\boldsymbol{z}=(\boldsymbol{y}_1^{\mathrm{T}},\boldsymbol{y}_2^{\mathrm{T}},\cdots,\boldsymbol{y}_N^{\mathrm{T}})^{\mathrm{T}}$ 表示量测信息，则 $\boldsymbol{x}$ 与 $\boldsymbol{z}$ 的联合概率密度函数是

$$p(\boldsymbol{x},\boldsymbol{z})=\prod_{i=1}^{N}p(\boldsymbol{x},\boldsymbol{y}_i)=\prod_{i=1}^{N}p(\boldsymbol{x})p(\boldsymbol{y}_i\mid\boldsymbol{x})$$

假定 $\hat{\boldsymbol{x}}$ 表示由量测信息 z 得到的一个估计，而估计误差定义为

$$\tilde{\boldsymbol{x}}\triangleq\hat{\boldsymbol{x}}-\boldsymbol{x}\tag{12-6}$$

估计误差 $\tilde{\boldsymbol{x}}=(\tilde{x}_1,\tilde{x}_2,\cdots,\tilde{x}_n)^{\mathrm{T}}$ 函数 $L(\tilde{\boldsymbol{x}})$ 称为一个损失函数，如果

① 按分类的损失为零，即 $\tilde{\boldsymbol{x}}=0\Rightarrow L(\tilde{\boldsymbol{x}})=0$；

② 按分量的绝对值单调增，即 $\tilde{\boldsymbol{x}}^{(1)}$ 和 $\tilde{\boldsymbol{x}}^{(2)}$ 的第 i 个分量满足 $|\tilde{x}_i^{(1)}|\geqslant|\tilde{x}_i^{(2)}|$，其余分量相等，则 $L(\tilde{\boldsymbol{x}}^{(1)})\geqslant L(\tilde{\boldsymbol{x}}^{(2)})$；

③ $L(\tilde{\boldsymbol{x}})$ 是对称的，即 $L(\tilde{\boldsymbol{x}})=L(-\tilde{\boldsymbol{x}})$，$\forall\,\tilde{\boldsymbol{x}}$。

设 $\hat{\boldsymbol{x}}=\varphi(\boldsymbol{z})$，估计误差 $\tilde{\boldsymbol{x}}$ 的损失函数是 $L(\tilde{\boldsymbol{x}})$，则风险函数的定义为

$$R(\boldsymbol{x},\varphi)\triangleq E(L(\tilde{\boldsymbol{x}})\mid\boldsymbol{x})=E_{z|x}[L(\boldsymbol{x}-\varphi(\boldsymbol{z}))\mid\boldsymbol{x}]\tag{12-7}$$

其中 φ 是估计方法，则 Bayes 风险定义为

$$J(\varphi)\triangleq E_x[R(\boldsymbol{x},\varphi)]=E_x\{E_{z|x}[L(\boldsymbol{x}-\varphi(\boldsymbol{z}))\mid\boldsymbol{x}]\}\tag{12-8}$$

其中 E_x 和 $E_{z|x}$ 分别表示按分布或条件分布求期望；而最小 Bayes 风险估计定义为

$$\hat{\boldsymbol{x}}^*=\varphi^*(\boldsymbol{z}),\quad J(\varphi^*)=\min_{\varphi}J(\varphi)\tag{12-9}$$

利用 Bayes 公式 $p(\boldsymbol{x}|\boldsymbol{z})=p(\boldsymbol{x})p(\boldsymbol{z}|\boldsymbol{x})/p(\boldsymbol{z})$，Bayes 风险可以改写为

$$J(\varphi)=E_z\{E_{x|z}[L(\boldsymbol{x}-\varphi(\boldsymbol{z}))\mid\boldsymbol{z}]\}\tag{12-10}$$

其中 $J^0(\varphi)=E_{x|z}[L(\boldsymbol{x}-\varphi(\boldsymbol{z}))|\boldsymbol{z}]$ 就是损失函数的后验期望。而最小后验期望损失估计定义为

$$\hat{\boldsymbol{x}}^*=\varphi^*(\boldsymbol{z}),J^0(\varphi^*)=\min_{\varphi}J^0(\varphi)\tag{12-11}$$

设参数 $\boldsymbol{x}$ 个量测信息 $\boldsymbol{z}$ 是联合 Gauss 分布的，其均值和协方差分别为

$$\boldsymbol{m}=E\begin{bmatrix}\boldsymbol{x}\\\boldsymbol{z}\end{bmatrix}=\begin{bmatrix}\bar{\boldsymbol{x}}\\\bar{\boldsymbol{z}}\end{bmatrix},\quad\boldsymbol{R}=\mathrm{cov}\begin{bmatrix}\boldsymbol{x}\\\boldsymbol{z}\end{bmatrix}=\begin{bmatrix}\boldsymbol{R}_{xx}&\boldsymbol{R}_{xz}\\\boldsymbol{R}_{zx}&\boldsymbol{R}_{zz}\end{bmatrix}$$

并假定 $\boldsymbol{R}$ 和 $\boldsymbol{R}_{zz}$ 非奇异；那么，给定 $\boldsymbol{z}$ 时 $\boldsymbol{x}$ 也是条件 Gauss 的，而且对估计误差的任意容许损失函数，最小后验期望损失估计按如下公式

$$\hat{\boldsymbol{x}}=E(\boldsymbol{x}\mid\boldsymbol{z})=\bar{\boldsymbol{x}}+\boldsymbol{R}_{xz}\boldsymbol{R}_{zz}^{-1}(\boldsymbol{z}-\bar{\boldsymbol{z}})\tag{12-12}$$

估计误差的协方差阵是

$$\boldsymbol{P}=\mathrm{cov}(\tilde{\boldsymbol{x}})=\boldsymbol{R}_{xx}-\boldsymbol{R}_{xz}\boldsymbol{R}_{zz}^{-1}\boldsymbol{R}_{zx}\tag{12-13}$$

证明

(1) 条件密度函数 $p(\boldsymbol{x}|\boldsymbol{z})$ 是 Gauss 分布的。因为 $(\boldsymbol{x},\boldsymbol{z})$ 是联合 Gauss 的，则

$$p(\boldsymbol{x},\boldsymbol{z})=(2\pi)^{-(Nm+n)/2}\,|\boldsymbol{R}|^{-1/2}\exp\left\{-\frac{1}{2}\begin{bmatrix}\boldsymbol{x}-\bar{\boldsymbol{x}}\\\boldsymbol{z}-\bar{\boldsymbol{z}}\end{bmatrix}^{\mathrm{T}}R^{-1}\begin{bmatrix}x-\bar{\boldsymbol{x}}\\z-\bar{\boldsymbol{z}}\end{bmatrix}\right\}$$

$$p(\boldsymbol{z})=(2\pi)^{-Nm/2}\,|\boldsymbol{R}_{zz}|^{-1/2}\exp\left\{-\frac{1}{2}(\boldsymbol{z}-\bar{\boldsymbol{z}})^{\mathrm{T}}\boldsymbol{R}_{zz}^{-1}(\boldsymbol{z}-\bar{\boldsymbol{z}})\right\}$$

对 $\boldsymbol{R}$ 进行变换：

$$\begin{bmatrix}\boldsymbol{I} & -\boldsymbol{R}_{xz}\boldsymbol{R}_{zz}^{-1}\\ 0 & \boldsymbol{I}\end{bmatrix}\boldsymbol{R}\begin{bmatrix}\boldsymbol{I} & 0\\ -\boldsymbol{R}_{zz}^{-1}\boldsymbol{R}_{zx} & \boldsymbol{I}\end{bmatrix}=\begin{bmatrix}\boldsymbol{R}_{xx}-\boldsymbol{R}_{xz}\boldsymbol{R}_{zz}^{-1}\boldsymbol{R}_{zx} & 0\\ 0 & \boldsymbol{R}_{zz}\end{bmatrix}$$

求行列式得 $|\boldsymbol{R}|=|\boldsymbol{R}_{xx}-\boldsymbol{R}_{xz}\boldsymbol{R}_{zz}^{-1}\boldsymbol{R}_{zx}|\cdot|\boldsymbol{R}_{zz}|$；对 $\boldsymbol{R}$ 求逆得

$$\boldsymbol{R}^{-1}=\begin{bmatrix}\boldsymbol{I} & 0\\ -\boldsymbol{R}_{zz}^{-1}\boldsymbol{R}_{zx} & \boldsymbol{I}\end{bmatrix}\begin{bmatrix}\boldsymbol{R}_{xx}-\boldsymbol{R}_{xz}\boldsymbol{R}_{zz}^{-1}\boldsymbol{R}_{zx} & 0\\ 0 & \boldsymbol{R}_{zz}\end{bmatrix}\begin{bmatrix}\boldsymbol{I} & -\boldsymbol{R}_{xz}\boldsymbol{R}_{zz}^{-1}\\ 0 & \boldsymbol{I}\end{bmatrix}$$

代入 Bayes 公式得

$$p(\boldsymbol{x}\mid\boldsymbol{z})=\frac{p(\boldsymbol{x},\boldsymbol{z})}{p(\boldsymbol{z})}=(2\pi)^{-n/2}\left|\boldsymbol{R}_{xx}-\boldsymbol{R}_{xz}\boldsymbol{R}_{zz}^{-1}\boldsymbol{R}_{zx}\right|^{-1/2}\cdot$$

$$\exp\left\{-\frac{1}{2}(x-\hat{\boldsymbol{x}})^{\mathrm{T}}\left[\boldsymbol{R}_{xx}-\boldsymbol{R}_{xz}\boldsymbol{R}_{zz}^{-1}\boldsymbol{R}_{zx}\right]^{-1}(\boldsymbol{x}-\hat{\boldsymbol{x}})\right\}\tag{12-14}$$

其中条件均值$\hat{\boldsymbol{x}}$由式(12-14)表示，从而证明了后验概率密度函数是 Gauss 的。

(2) 估计误差$\tilde{\boldsymbol{x}}$与 $\boldsymbol{z}$ 独立，且式(12-14)成立。因为

$$E(\tilde{\boldsymbol{x}})=E(\boldsymbol{x}-\hat{\boldsymbol{x}})=E(\boldsymbol{x})-\bar{\boldsymbol{x}}-\boldsymbol{R}_{xz}\boldsymbol{R}_{zz}^{-1}E(\boldsymbol{z}-\bar{\boldsymbol{z}})=0$$

$$\begin{aligned}\operatorname{cov}(\tilde{\boldsymbol{x}},\boldsymbol{z})&=E[\tilde{\boldsymbol{x}}(\boldsymbol{z}-\bar{\boldsymbol{z}})^{\mathrm{T}}]=E[(\boldsymbol{x}-\bar{\boldsymbol{x}})(\boldsymbol{z}-\bar{\boldsymbol{z}})^{\mathrm{T}}]-\boldsymbol{R}_{xz}\boldsymbol{R}_{zz}^{-1}E[(\boldsymbol{z}-\bar{\boldsymbol{z}})(\boldsymbol{z}-\bar{\boldsymbol{z}})^{\mathrm{T}}]\\&=\boldsymbol{R}_{xz}-\boldsymbol{R}_{xz}\boldsymbol{R}_{zz}^{-1}\boldsymbol{R}_{zz}=0\end{aligned}$$

所以估计误差$\tilde{\boldsymbol{x}}$与 $\boldsymbol{z}$ 独立且

$$\operatorname{cov}(\tilde{\boldsymbol{x}}\mid\boldsymbol{z})=\boldsymbol{R}_{xx}-\boldsymbol{R}_{xz}\boldsymbol{R}_{zz}^{-1}\boldsymbol{R}_{zx}=\operatorname{cov}(\tilde{\boldsymbol{x}})$$

即式(12-14)成立。

(3) 对于任意损失函数，式(12-12)和式(12-13)是最小后验期望损失估计。根据 Sherman 定理，对于任意损失函数，最小后验期望损失估计就是式(12-12)的条件期望。

12.1.3 加权最小二乘法估计

最小二乘(Least Squares，LS)估计由德国数学家 Gauss 首先提出，目前被广泛应用于科学和工程技术领域。假设系统的测量方程为

$$\boldsymbol{z}=\boldsymbol{H}\boldsymbol{x}+\boldsymbol{v}\tag{12-15}$$

其中，$\boldsymbol{z}$ 为 $m\times1$ 的维矩阵，$\boldsymbol{H}$ 为 $m\times n$ 维矩阵，$\boldsymbol{v}$ 为白噪声，且 $E(\boldsymbol{v})=0$，$E(\boldsymbol{v}\boldsymbol{v}^{\mathrm{T}})=\boldsymbol{R}$。加权最小二乘(Weighted Least Squares，WLS)估计的指标是：使量测量 $\boldsymbol{z}$ 与估计$\hat{\boldsymbol{x}}$确定的量测量估计$\hat{\boldsymbol{z}}=\boldsymbol{H}\hat{\boldsymbol{x}}$之差的平方和最小，即

$$\boldsymbol{J}(\hat{\boldsymbol{x}})=(\boldsymbol{z}-\boldsymbol{H}\hat{\boldsymbol{x}})^{\mathrm{T}}\boldsymbol{W}(\boldsymbol{z}-\boldsymbol{H}\hat{\boldsymbol{x}})=\min\tag{12-16}$$

式中，$\boldsymbol{W}$ 为正定的权值矩阵，不难看出，当 $\boldsymbol{W}=\boldsymbol{I}$ 时，式(12-16)就是一般的最小二乘估计。要使式(12-16)成立，则必须满足

$$\frac{\partial J(\hat{\boldsymbol{x}})}{\partial\hat{\boldsymbol{x}}}=-\boldsymbol{H}^{\mathrm{T}}(\boldsymbol{W}+\boldsymbol{W}^{\mathrm{T}})(\boldsymbol{z}-\boldsymbol{H}\hat{\boldsymbol{x}})=0$$

由此可以解得加权最小二乘估计为

$$\hat{\boldsymbol{x}}_{\mathrm{WLS}}=[\boldsymbol{H}^{\mathrm{T}}(\boldsymbol{W}+\boldsymbol{W}^{\mathrm{T}})\boldsymbol{H}]^{-1}\boldsymbol{H}^{\mathrm{T}}(\boldsymbol{W}+\boldsymbol{W}^{\mathrm{T}})\boldsymbol{z}$$

由于正定加权矩阵 W 也是对称阵，即 $\boldsymbol{W}=\boldsymbol{W}^{\mathrm{T}}$，所以加权最小二乘估计为

$$\hat{\boldsymbol{x}}_{\mathrm{WLS}}=(\boldsymbol{H}^{\mathrm{T}}\boldsymbol{W}\boldsymbol{H})^{-1}\boldsymbol{H}^{\mathrm{T}}\boldsymbol{W}\boldsymbol{z}\tag{12-17}$$

加权最小二乘误差为

$$\begin{aligned}\tilde{\boldsymbol{x}} &= \hat{\boldsymbol{x}}_{\mathrm{WLS}} - \boldsymbol{x} = (\boldsymbol{H}^{\mathrm{T}}\boldsymbol{W}\boldsymbol{H})^{-1}\boldsymbol{H}^{\mathrm{T}}\boldsymbol{W}\boldsymbol{H}\boldsymbol{x} - (\boldsymbol{H}^{\mathrm{T}}\boldsymbol{W}\boldsymbol{H})^{-1}\boldsymbol{H}^{\mathrm{T}}\boldsymbol{W}\boldsymbol{z} \\ &= (\boldsymbol{H}^{\mathrm{T}}\boldsymbol{W}\boldsymbol{H})^{-1}\boldsymbol{H}^{\mathrm{T}}\boldsymbol{W}(\boldsymbol{H}\boldsymbol{x} - \boldsymbol{z}) \\ &= -(\boldsymbol{H}^{\mathrm{T}}\boldsymbol{W}\boldsymbol{H})^{-1}\boldsymbol{H}^{\mathrm{T}}\boldsymbol{W}\boldsymbol{v}\end{aligned}$$

若 $\mathrm{E}(\boldsymbol{v})=0, \mathrm{cov}(\boldsymbol{v})=\boldsymbol{R}$,则

$$E(\tilde{\boldsymbol{x}}\tilde{\boldsymbol{x}}^{\mathrm{T}}) = (\boldsymbol{H}^{\mathrm{T}}\boldsymbol{W}\boldsymbol{H})^{-1}\boldsymbol{H}^{\mathrm{T}}\boldsymbol{W}\boldsymbol{R}\boldsymbol{W}^{\mathrm{T}}\boldsymbol{H}(\boldsymbol{H}^{\mathrm{T}}\boldsymbol{W}\boldsymbol{H})^{-1} \tag{12-18}$$

式(12-18)表明加权最小二乘估计是无偏估计,且可得到估计误差方差为

$$E(\tilde{\boldsymbol{x}}\tilde{\boldsymbol{x}}^{\mathrm{T}}) = (\boldsymbol{H}^{\mathrm{T}}\boldsymbol{W}\boldsymbol{H})^{-1}\boldsymbol{H}^{\mathrm{T}}\boldsymbol{W}\boldsymbol{R}\boldsymbol{W}^{\mathrm{T}}\boldsymbol{H}(\boldsymbol{H}^{\mathrm{T}}\boldsymbol{W}\boldsymbol{H})^{-1}$$

如果满足 $\boldsymbol{W}=\boldsymbol{R}^{-1}$,则加权最小二乘估计变为

$$\begin{cases}\hat{\boldsymbol{x}}_{\mathrm{WLS}} = (\boldsymbol{H}^{\mathrm{T}}\boldsymbol{R}^{-1}\boldsymbol{H})^{-1}\boldsymbol{H}^{\mathrm{T}}\boldsymbol{R}^{-1}\boldsymbol{z} \\ E(\tilde{\boldsymbol{x}}\tilde{\boldsymbol{x}}^{\mathrm{T}}) = (\boldsymbol{H}^{\mathrm{T}}\boldsymbol{R}^{-1}\boldsymbol{H})^{-1}\end{cases} \tag{12-19}$$

只有当 $\boldsymbol{W}=\boldsymbol{R}^{-1}$ 时,加权最小二乘估计的均方差误差才能达到最小。

综上所述可以看出,当 $\boldsymbol{W}=\boldsymbol{I}$ 时,最小二乘估计为使总体偏差达到最小,兼顾了所有量测误差,但其缺点在于其不分优劣地使用了各量测值。如果可以知道不同量测值之间的质量,那么可以采用加权的思想区别对待各量测值,也就是说,质量比较高的量测值所取权重较大,而质量较差的量测值权重取值较小,这就是加权最小二乘估计。

12.1.4 极大似然估计与极大后验估计

极大似然(Maximum Likelihood,ML)估计是估计非随机参数最为常见的方法,通过最大化似然函数 $p(\boldsymbol{z}|\boldsymbol{x})$,可以得到极大似然估计为

$$\hat{\boldsymbol{x}}_{\mathrm{ML}} = \arg\max_{x} p(\boldsymbol{z} \mid \boldsymbol{x}) \tag{12-20}$$

注意到,$\boldsymbol{x}$ 为未知常数,$\hat{\boldsymbol{x}}_{\mathrm{ML}}$ 为一个随机变量,它是一组随机观测的函数。似然函数能够反映出在观测值得到的条件下,参数取某个值的可能性大小。

极大似然估计为似然方程

$$\left.\frac{\partial \ln p(\boldsymbol{z} \mid \boldsymbol{x})}{\partial \boldsymbol{x}}\right|_{x=\hat{x}_{\mathrm{ML}}} = 0$$

的解。

极大后验(Maximum a Posterior,MAP)估计通过最大化后验概率密度函数 $p(\boldsymbol{x}|\boldsymbol{z})$ 得到,即

$$\hat{\boldsymbol{x}}_{\mathrm{MAP}} = \arg\max_{x} p(\boldsymbol{x} \mid \boldsymbol{z}) \tag{12-21}$$

极大后验估计为后验方程

$$\left.\frac{\partial \ln p(\boldsymbol{x} \mid \boldsymbol{z})}{\partial \boldsymbol{x}}\right|_{x=\hat{x}_{\mathrm{MAP}}} = 0 \tag{12-22}$$

的解。

12.1.5 主成分估计

设 $\boldsymbol{h}=(h_1, h_2, \cdots, h_p)^{\mathrm{T}} \in \mathbf{R}^p$ 为随机向量,而且 $E(\boldsymbol{h})=\bar{\boldsymbol{h}}$ 和 $\mathrm{cov}(\boldsymbol{h})=\boldsymbol{G}$ 已知,假定 $\boldsymbol{G}$ 有特征值 $\lambda_1 \geqslant \lambda_2 \geqslant \cdots \geqslant \lambda_p$,对应的标准正交化特征向量为 $\boldsymbol{\varphi}_1, \boldsymbol{\varphi}_2, \cdots, \boldsymbol{\varphi}_p$,所以 $\boldsymbol{\Phi} = (\boldsymbol{\varphi}_1, \boldsymbol{\varphi}_2, \cdots, \boldsymbol{\varphi}_p)$ 为正交阵,且满足

$$\boldsymbol{\Phi}^{\mathrm{T}}\boldsymbol{G}\boldsymbol{\Phi}=\boldsymbol{\Lambda}=\operatorname{diag}(\lambda_1,\lambda_2,\cdots,\lambda_p)$$

随机向量 $\boldsymbol{h}$ 的主成分(Principal Component,PC)定义为

$$\boldsymbol{y}=(y_1,y_2,\cdots,y_p)^{\mathrm{T}}\triangleq\boldsymbol{\Phi}^{\mathrm{T}}(\boldsymbol{h}-\bar{\boldsymbol{h}})\tag{12-23}$$

而 $y_i=\varphi_i^{\mathrm{T}}(\boldsymbol{h}-\bar{\boldsymbol{h}}),i=1,2,\cdots,p$ 称为 $\boldsymbol{h}$ 的第 i 个主成分。

主成分具有如下性质

$$\operatorname{cov}(\boldsymbol{y})=\boldsymbol{\Lambda}$$

即任意两个主成分都互不相关,且第 i 个主成分的方差为 λ_i;

$$\sum_{i=1}^{p}\operatorname{var}(y_i)=\sum_{i=1}^{p}\operatorname{var}(h_i)=\operatorname{tr}(\boldsymbol{G})$$

即主成分的方差之和与原随机向量的方差之和相等;

$$\sup_{\boldsymbol{a}^{\mathrm{T}}\boldsymbol{a}=1}\operatorname{var}(\boldsymbol{a}^{\mathrm{T}}\boldsymbol{h})=\operatorname{var}(y_i)=\lambda_i\tag{12-24}$$

$$\sup_{\substack{\boldsymbol{a}^{\mathrm{T}}\boldsymbol{a}=1\\ \boldsymbol{\varphi}_j^{\mathrm{T}}\boldsymbol{a}=0}}\operatorname{var}(\boldsymbol{a}^{\mathrm{T}}\boldsymbol{h})=\operatorname{var}(y_i)=\lambda_i,\quad i=1,2,\cdots,p;\quad j=1,2,\cdots,i-1\tag{12-25}$$

即任意的单位向量 $\boldsymbol{a}\in\mathrm{R}^p$,在随机变量 $\boldsymbol{a}^{\mathrm{T}}\boldsymbol{h}$ 中第一个主成分 $y_1=\boldsymbol{\varphi}_1^{\mathrm{T}}(\boldsymbol{h}-\bar{\boldsymbol{h}})$的方差最大;而在与第一个主成分不相关的随机变量 $\boldsymbol{a}^{\mathrm{T}}\boldsymbol{h}$ 中,第二个主成分 $y_2=\boldsymbol{\varphi}_2^{\mathrm{T}}(\boldsymbol{h}-\bar{\boldsymbol{h}})$的方差最大;一般来讲,在与前面 $i-1$ 个主成分不相关的随机变量 $\boldsymbol{a}^{\mathrm{T}}\boldsymbol{h}$ 中,第 i 个主成分 $y_i=\boldsymbol{\varphi}_i^{\mathrm{T}}(\boldsymbol{h}-\bar{\boldsymbol{h}})$的方差最大。

证明

(1) 因为 $\operatorname{cov}(\boldsymbol{y})=E[\boldsymbol{\Phi}^{\mathrm{T}}(\boldsymbol{h}-\bar{\boldsymbol{h}})(\boldsymbol{h}-\bar{\boldsymbol{h}})^{\mathrm{T}}\boldsymbol{\Phi}]=\boldsymbol{\Phi}^{\mathrm{T}}\boldsymbol{G}\boldsymbol{\Phi}=\Lambda$

(2) 因为$\boldsymbol{\Phi}^{\mathrm{T}}\boldsymbol{\Phi}=\boldsymbol{\Phi}\boldsymbol{\Phi}^{\mathrm{T}}=\boldsymbol{I}$,则有

$$\sum_{i=1}^{p}\operatorname{var}(y_i)=\operatorname{tr}[\operatorname{cov}(\boldsymbol{y})]=\operatorname{tr}[\Phi^{\mathrm{T}}(\boldsymbol{h}-\bar{\boldsymbol{h}})(\boldsymbol{h}-\bar{\boldsymbol{h}})^{\mathrm{T}}\boldsymbol{\Phi}]$$

$$=\operatorname{tr}(\boldsymbol{\Phi}^{\mathrm{T}}\boldsymbol{G}\boldsymbol{\Phi})=\operatorname{tr}(\boldsymbol{G})=\operatorname{tr}[\operatorname{cov}(\boldsymbol{h})]=\sum_{i=1}^{p}\operatorname{var}(h_i)$$

(3) 对任意单位向量 $\boldsymbol{a}\in\mathrm{R}^p$,如果

$$\operatorname{var}(\boldsymbol{a}^{\mathrm{T}}\boldsymbol{h})=E[\boldsymbol{a}^{\mathrm{T}}(\boldsymbol{h}-\bar{\boldsymbol{h}})(\boldsymbol{h}-\bar{\boldsymbol{h}})^{\mathrm{T}}\boldsymbol{a}]=\boldsymbol{a}^{\mathrm{T}}\boldsymbol{G}\boldsymbol{a}>\lambda_1,$$

则与 λ_1 是 G 的最大特征值相矛盾,所以式(12-24)成立。类似可证明式(12-25)成立。

设随机向量 $\boldsymbol{h}$ 的数学期望$\bar{\boldsymbol{h}}$和协方差阵 $\boldsymbol{G}$ 未知,而另有一组随机样本 $\boldsymbol{h}_1,\boldsymbol{h}_2,\cdots,\boldsymbol{h}_n$,则可用样本均值$\hat{\boldsymbol{h}}$和样本方差$\hat{\boldsymbol{G}}$分别作为$\bar{\boldsymbol{h}}$和 $\boldsymbol{G}$ 的估计,即

$$\hat{\boldsymbol{h}}=\frac{1}{n}\sum_{i=1}^{n}\boldsymbol{h}_i;\quad \hat{\boldsymbol{G}}=\frac{1}{n}\sum_{i=1}^{n}(\boldsymbol{h}_i-\hat{\boldsymbol{h}})(\boldsymbol{h}_i-\hat{\boldsymbol{h}})^{\mathrm{T}}$$

称

$$y_i=\hat{\boldsymbol{\Phi}}^{\mathrm{T}}(\boldsymbol{h}_i-\hat{\boldsymbol{h}})\quad i=1,2,\cdots,n$$

为样本 $\boldsymbol{h}_i$ 的主成分,其中$\hat{\boldsymbol{\Phi}}$为$\hat{\boldsymbol{G}}$的标准正交化特征向量。

现在考虑主成分估计问题。

考虑线性量测方程

$$z = Hx + v \tag{12-26}$$

其中 $x \in \mathbf{R}^p$ 是未知参数，$z \in \mathrm{R}^p$ 是量测向量，$v \sim N(0,\sigma^2 I)$是量测误差，$H \in \mathbf{R}^{n\times p}$ 为量测矩阵。假定 H 已经中心化、标准化，即把 $H=(h_1,h_2,\cdots,h_p)$各分量视为随机向量，满足

$$\hat{h} = \frac{1}{p}\sum_{i=1}^{p} h_i = 0$$

而 $H^{\mathrm{T}}H$ 的特征值$\lambda_1 \geqslant \lambda_2 \geqslant \cdots \geqslant \lambda_p \geqslant 0$，所对应的标准正交化特征向量为$\varphi_1,\varphi_2,\cdots,\varphi_p$，$\Phi = (\varphi_1,\varphi_2,\cdots,\varphi_p)$为正交阵，则式(12-26)的典范形式为

$$z = \Gamma\omega + v \tag{12-27}$$

其中$\Gamma = H\Phi$，$\omega = \Phi^{\mathrm{T}}x$，且满足

$$\Gamma^{\mathrm{T}}\Gamma = \Phi^{\mathrm{T}} H^{\mathrm{T}} H\Phi = \Lambda = \mathrm{diag}(\lambda_1,\lambda_2,\cdots,\lambda_p)$$

称ω为典范向量；而

$$\Gamma = (\gamma_1,\gamma_2,\cdots,\gamma_p) = H\Phi \tag{12-28}$$

就是量测矩阵 H 的主成分。

由以上讨论可见，典范形式(12-27)就是以原量测矩阵 H 的主成分Γ为量测矩阵的新的量测方程。如果$H^{\mathrm{T}}H$ 的特征值λ 中有一部分很小，不妨设后面 $p-r$ 个很小，即 λ_{r+1}，$\lambda_{r+2},\cdots,\lambda_p \approx 0$。由主成分的定义知，$\gamma_j^{\mathrm{T}}\gamma_j = \lambda_j \approx 0, j=r+1,r+2,\cdots,p$，所以

$$\mathrm{cov}(\gamma_j) = E(\gamma_j\gamma_j^{\mathrm{T}}) = \lambda_j \approx 0$$

故可以把这些 $\gamma_{r+1},\gamma_{r+2},\cdots,\gamma_p$ 看成常数，即不再是随机向量。这样，就可以从估计模型中剔除。故可以把这些主成分去掉，这样原来要处理 p 维向量估计问题，现在只需要进行 r 维向量的降维估计，这就是利用主成分估计的好处。

如果主成分 $\gamma_{r+1},\gamma_{r+2},\cdots,\gamma_p$ 相应的特征值$\lambda_{r+1},\lambda_{r+2},\cdots,\lambda_p \approx 0$，对$\Lambda$，$\omega$，$\Gamma$ 和Φ 作相应分块，即设

$$\Lambda = \text{block diag}(\Lambda_1,\Lambda_2), \quad \Lambda_1 \in \mathbf{R}^{r\times r}$$

$$\omega = \begin{bmatrix}\omega_1 \\ \omega_2\end{bmatrix}, \quad \omega_1 \in \mathbf{R}^r$$

$$\Gamma = (\Gamma_1 \quad \Gamma_2), \quad \Gamma_1 \in \mathbf{R}^{n\times r}$$

$$\Phi = [\Phi_1 \quad \Phi_2], \quad \Phi_1 \in \mathbf{R}^{p\times r}$$

则式(12-27)相应变为

$$z = \Gamma_1\omega_1 + \Gamma_2\omega_2 + v$$

因为$\Gamma_2 \approx 0$，即可剔除$\Gamma_2\omega_2$ 这一项，这样可求得ω_1 的 LS 估计为

$$\hat{\omega}_1^{\mathrm{LS}} = \Lambda_1^{-1}\Gamma_1^{\mathrm{T}}z$$

考虑到$\Phi\Phi^{\mathrm{T}} = I$，则$\Phi\omega = \Phi\Phi^{\mathrm{T}}x = x$，从而有

$$\hat{x}_{\mathrm{PC}} = \Phi_1\hat{\omega}_1^{\mathrm{LS}} = \Phi_1\Lambda_1^{-1}\Gamma_1^{\mathrm{T}}z = \Phi_1\Lambda_1^{-1}\Phi_1^{\mathrm{T}}H^{\mathrm{T}}z \tag{12-29}$$

这就是主成分(Principal Component，PC)估计。

主成分的主要性质如下：

(1) 主成分估计$\hat{x}_{\mathrm{PC}}$是 LS 估计$\hat{x}_{\mathrm{LS}}$的一个线性变换，即

$$\hat{x}_{\mathrm{PC}} = \Phi_1\Phi_1^{\mathrm{T}}\hat{x}_{\mathrm{LS}} \tag{12-30}$$

（2）只要 $r<p$，主成分估计就是有偏估计；

（3）当量测矩阵呈病态时，适当选取 r，可使 PC 估计 $\hat{\boldsymbol{x}}_{\mathrm{PC}}$ 比 LS 估计 $\hat{\boldsymbol{x}}_{\mathrm{LS}}$ 有较小的均方误差(MSE)，即

$$\mathrm{MSE}(\hat{\boldsymbol{x}}_{\mathrm{PC}})<\mathrm{MSE}(\hat{\boldsymbol{x}}_{\mathrm{LS}}) \tag{12-31}$$

证明

（1）这是因为

$$\begin{aligned}\hat{\boldsymbol{x}}_{\mathrm{PC}}&=\boldsymbol{\Phi}_1\boldsymbol{\Lambda}_1^{-1}\boldsymbol{\Phi}_1^{\mathrm{T}}\boldsymbol{H}^T\boldsymbol{z}=\boldsymbol{\Phi}_1\boldsymbol{\Lambda}_1^{-1}\boldsymbol{\Phi}_1^{\mathrm{T}}\boldsymbol{H}^T\boldsymbol{H}\hat{\boldsymbol{x}}_{\mathrm{LS}}=\boldsymbol{\Phi}_1\boldsymbol{\Lambda}_1^{-1}\boldsymbol{\Phi}_1^{\mathrm{T}}\boldsymbol{\Lambda}\boldsymbol{\Phi}^T\hat{\boldsymbol{x}}_{\mathrm{LS}}\\&=\boldsymbol{\Phi}_1\boldsymbol{\Lambda}_1^{-1}\boldsymbol{\Phi}_1^{\mathrm{T}}[\boldsymbol{\Phi}_1\boldsymbol{\Lambda}_1^{-1}\boldsymbol{\Phi}_1^{\mathrm{T}}+\boldsymbol{\Phi}_2\boldsymbol{\Lambda}_2\boldsymbol{\Phi}_2^{\mathrm{T}}]\hat{\boldsymbol{x}}_{\mathrm{LS}}\approx\boldsymbol{\Phi}_1\boldsymbol{\Phi}_1^{\mathrm{T}}\hat{\boldsymbol{x}}_{\mathrm{LS}}\end{aligned}$$

（2）这是因为 $E(\hat{\boldsymbol{x}}_{\mathrm{PC}})=\boldsymbol{\Phi}_1\boldsymbol{\Phi}_1^{\mathrm{T}}E(\hat{\boldsymbol{x}}_{\mathrm{LS}})\neq\boldsymbol{x}$；

（3）这是因为

$$\begin{aligned}\mathrm{MSE}(\hat{\boldsymbol{x}}_{\mathrm{PC}})&-\mathrm{MSE}(\boldsymbol{\Phi}_1\boldsymbol{\omega}_1^{\mathrm{LS}})+\sum_{j=r+1}^{p}\|\boldsymbol{\gamma}_j\|^2=\sigma^2\sum_{i=1}^{r}\lambda_i^{-1}+\sum_{j=r+1}^{p}\|\boldsymbol{\gamma}_j\|^2\\&=\sigma^2\sum_{i=1}^{p}\lambda_i^{-1}+\left(\sum_{j=r+1}^{p}\|\boldsymbol{\gamma}_j\|^2-\sum_{j=r+1}^{p}\lambda_j^{-1}\right)=\mathrm{MSE}(\hat{\boldsymbol{x}}_{\mathrm{LS}})+\left(\sum_{j=r+1}^{p}\|\boldsymbol{\gamma}_j\|^2-\sum_{j=r+1}^{p}\lambda_j^{-1}\right)\end{aligned}$$

由于假设量测矩阵呈病态，所以有后面 $p-r$ 个 λ_j 很接近于零，此时 $\sum_{j=r+1}^{p}\lambda_j^{-1}$ 就很大，可使上式的第二项为负，于是结论成立。

12.1.6 递推最小二乘法估计与最小均方估计

考虑如下参数估计问题：

$$z_k=\boldsymbol{x}_k^{\mathrm{T}}\boldsymbol{\theta}+v_k \tag{12-32}$$

其中 $k\in\mathrm{N}$ 是时间指标，$\boldsymbol{x}_k,\boldsymbol{\theta}\in\mathrm{R}^n$ 分别是回归向量和未知参数向量，z_k 是 k 时刻的量测量，而 $v_k=z_k-\boldsymbol{x}_k^{\mathrm{T}}\boldsymbol{\theta}$ 是量测误差。

1. 递推最小二乘估计

假定$\{v_k\}$是一个零均值的随机过程，对于 k 时刻的量测量、回归总量和误差总量 $\boldsymbol{Z}_k\triangleq[z_1,z_2,\cdots,z_k]^{\mathrm{T}}$，$\boldsymbol{X}_k\triangleq[\boldsymbol{x}_1,\boldsymbol{x}_2,\cdots,\boldsymbol{x}_k]$，$\boldsymbol{V}_k\triangleq[v_1,v_2,\cdots,v_k]^{\mathrm{T}}$，可有总量关系

$$\boldsymbol{Z}_k=(\boldsymbol{X}_k)^{\mathrm{T}}\boldsymbol{\theta}+\boldsymbol{V}_k$$

所以有最小二乘估计

$$\hat{\boldsymbol{\theta}}_k^{\mathrm{LS}}=[\boldsymbol{X}_k(\boldsymbol{X}_k)^{\mathrm{T}}]^{-1}\boldsymbol{X}_k\boldsymbol{Z}_k \tag{12-33}$$

引理（矩阵求逆引理） 设 $\boldsymbol{A}\in\mathbf{R}^{n\times n}$，$\boldsymbol{D}\in\mathbf{R}^{m\times m}$ 均可逆，$\boldsymbol{B}\in\mathbf{R}^{n\times m}$，$\boldsymbol{C}\in\mathbf{R}^{m\times n}$，则有

$$(\boldsymbol{A}-\boldsymbol{B}\boldsymbol{D}^{-1}\boldsymbol{C})^{-1}=\boldsymbol{A}^{-1}+\boldsymbol{A}^{-1}\boldsymbol{B}(\boldsymbol{D}-\boldsymbol{C}\boldsymbol{A}^{-1}\boldsymbol{B})^{-1}\boldsymbol{C}\boldsymbol{A}^{-1}$$

设获得第 $k+1$ 时刻的量测 z_{k+1} 和回归向量 $\boldsymbol{x}_{k+1}$ 之后，令

$$(\boldsymbol{X}_{k+1})^{\mathrm{T}}=\begin{bmatrix}(\boldsymbol{X}_k)^{\mathrm{T}}\\ \boldsymbol{x}_{k+1}^{\mathrm{T}}\end{bmatrix},\quad \boldsymbol{P}_k\triangleq[\boldsymbol{X}_k(\boldsymbol{X}_k)^{\mathrm{T}}]^{-1}$$

则有递推最小二乘(Recursive Least Squares，RLS)估计是

$$\hat{\boldsymbol{\theta}}_{k+1}^{\mathrm{LS}}=\hat{\boldsymbol{\theta}}_k^{\mathrm{LS}}+\boldsymbol{K}_{k+1}\varepsilon_{k+1} \tag{12-34}$$

其中 $\boldsymbol{K}_{k+1}$ 和 ε_{k+1} 分别是 Kalman 增益矩阵和一步预测误差或参数估计新息，分别计算为

$$\boldsymbol{K}_{k+1}=\frac{\boldsymbol{P}_k\boldsymbol{x}_{k+1}}{1+\boldsymbol{x}_{k+1}^{\mathrm{T}}\boldsymbol{P}_k\boldsymbol{x}_{k+1}},\quad \varepsilon_{k+1}=z_{k+1}-\boldsymbol{x}_{k+1}^{\mathrm{T}}\hat{\boldsymbol{\theta}}_k^{\mathrm{LS}}$$

而 $\boldsymbol{P}_k$ 的递推计算式为

$$\boldsymbol{P}_{k+1}=\boldsymbol{P}_k-\boldsymbol{P}_k\frac{\boldsymbol{x}_{k+1}\boldsymbol{x}_{k+1}^{\mathrm{T}}}{1+\boldsymbol{x}_{k+1}^{\mathrm{T}}\boldsymbol{P}_k\boldsymbol{x}_{k+1}}\boldsymbol{P}_k,\quad k\in\mathbf{N} \tag{12-35}$$

证明 这是因为 $\boldsymbol{P}_k\triangleq[\boldsymbol{X}_{k+1}(\boldsymbol{X}_{k+1})^{\mathrm{T}}]^{-1}=[\boldsymbol{X}_k(\boldsymbol{X}_k)^{\mathrm{T}}+\boldsymbol{x}_{k+1}\boldsymbol{x}_{k+1}^{\mathrm{T}}]^{-1}$，根据矩阵求逆引理直接可得式(12-34)，于是

$$\begin{aligned}\hat{\boldsymbol{\theta}}_{k+1}^{\mathrm{LS}}&=\boldsymbol{P}_{k+1}\boldsymbol{X}_{k+1}\boldsymbol{Z}_{k+1}=\left[\boldsymbol{P}_k-\boldsymbol{P}_k\frac{\boldsymbol{x}_{k+1}\boldsymbol{x}_{k+1}^{\mathrm{T}}}{1+\boldsymbol{x}_{k+1}^{\mathrm{T}}\boldsymbol{P}_k\boldsymbol{x}_{k+1}}\boldsymbol{P}_k\right][\boldsymbol{X}_k\boldsymbol{Z}_k+\boldsymbol{x}_{k+1}z_{k+1}]\\&=\hat{\boldsymbol{\theta}}_k^{\mathrm{LS}}+\frac{\boldsymbol{P}_k\boldsymbol{x}_{k+1}}{1+\boldsymbol{x}_{k+1}^{\mathrm{T}}\boldsymbol{P}_k\boldsymbol{x}_{k+1}}[z_{k+1}-\boldsymbol{x}_{k+1}^{\mathrm{T}}\hat{\boldsymbol{\theta}}_k^{\mathrm{LS}}]\end{aligned}$$

结论得证。

2. 最小均方估计

此时定义量测误差的均方值是

$$\begin{aligned}\mathrm{MSE}\triangleq\xi&=E(v_k^2)=E[(z_k-\boldsymbol{x}_k^{\mathrm{T}}\boldsymbol{\theta})^{\mathrm{T}}(z_k-\boldsymbol{x}_k^{\mathrm{T}}\boldsymbol{\theta})]\\&=E(z_k^2)-2\boldsymbol{P}_k^{\mathrm{T}}\boldsymbol{\theta}+\boldsymbol{\theta}^{\mathrm{T}}\boldsymbol{R}_k\boldsymbol{\theta}\end{aligned} \tag{12-36}$$

其中 $\boldsymbol{P}_k\triangleq E(\boldsymbol{x}_kz_k)$，$\boldsymbol{R}_k\triangleq E(\boldsymbol{x}_k\boldsymbol{x}_k^{\mathrm{T}})$，定义均方方差函数的梯度向量是

$$\boldsymbol{\nabla}_k\triangleq\left(\frac{\partial E(v_k^2)}{\partial\boldsymbol{\theta}}\right)^{\mathrm{T}}=-2\boldsymbol{P}_k+2\boldsymbol{R}_k\boldsymbol{\theta}$$

假定 $\boldsymbol{R}_k$ 可逆，则参数的最优估计是

$$\hat{\boldsymbol{\theta}}_k^*=\boldsymbol{R}_k^{-1}\boldsymbol{P}_k \tag{12-37}$$

则上式就是最小二乘意义上的最优估计。

因为一般情况下梯度向量 $\boldsymbol{\nabla}_k$ 并不能确切获得，所以自适应的最小均方算法就是最速下降法的一种实现：正比于梯度向量估计值 $\hat{\boldsymbol{\nabla}}_k$ 的负值，即

$$\hat{\boldsymbol{\theta}}_{k+1}=\hat{\boldsymbol{\theta}}_k+\mu(-\hat{\boldsymbol{\nabla}}_k)$$

其中 $\hat{\boldsymbol{\nabla}}_k=\boldsymbol{\nabla}_k-\tilde{\boldsymbol{\nabla}}_k$ 是一种梯度估计，等于真实梯度减去梯度误差，μ 是自适应参数。根据自适应线性组合器的误差公式，可以求得一个很粗略的梯度估计

$$\hat{\boldsymbol{\nabla}}_k=\left(\frac{\partial\varepsilon_k^2}{\partial\hat{\boldsymbol{\theta}}_k}\right)^{\mathrm{T}}=2\varepsilon_k\left(\frac{\partial\varepsilon_k}{\partial\hat{\boldsymbol{\theta}}_k}\right)^{\mathrm{T}}=-2\varepsilon_k\boldsymbol{x}_k$$

其中 $\varepsilon_k=z_k-\boldsymbol{x}_k^{\mathrm{T}}\hat{\boldsymbol{\theta}}_k$ 是 k 时刻的估计残差。从而得最小均方(Least Mean-Squares，LMS)估计算法

$$\hat{\boldsymbol{\theta}}_{k+1}=\hat{\boldsymbol{\theta}}_k+2\mu\varepsilon_k\boldsymbol{x}_k \tag{12-38}$$

其中，μ 是自适应参数。

12.1.7 最佳线性无偏最小方差估计

设 $\boldsymbol{a}\in\mathbf{R}^n$，$\boldsymbol{B}\in\mathbf{R}^{n\times(Nm)}$，对参数 $\boldsymbol{x}$ 的估计表示为量测信息 $\boldsymbol{z}$ 的线性函数

$$\hat{\boldsymbol{x}}=\boldsymbol{a}+\boldsymbol{B}\boldsymbol{z} \tag{12-39}$$

则称为线性估计；进而如果估计误差的均方值达到最小，则称为线性最小方差估计；如果

估计还是无偏的，则称为线性无偏最小方差估计。

这种线性无偏最小方差估计在多源数据融合领域一般称为最佳线性无偏估计(Best Linear Unbiased Estimation，BLUE)。

设参数 x 和量测信息 $\boldsymbol{z}$ 是任意分布，$\boldsymbol{z}$ 的协方差阵 $\boldsymbol{R}_{zz}$ 非奇异，则利用量测信息 $\boldsymbol{z}$ 对参数 $\boldsymbol{x}$ 的 BLUE 唯一地表示为

$$\hat{\boldsymbol{x}}_{\mathrm{BLUE}} = E^*(\boldsymbol{x} \mid \boldsymbol{z}) = \bar{\boldsymbol{x}} + \boldsymbol{R}_{xz}\boldsymbol{R}_{zz}^{-1}\boldsymbol{R}_{zx}(\boldsymbol{z} - \bar{\boldsymbol{z}}) \tag{12-40}$$

此处 $E^*(\cdot \mid \cdot)$ 只是一个记号，不表示条件期望；而估计误差的协方差阵是

$$\boldsymbol{P} = \operatorname{cov}(\tilde{\boldsymbol{x}}) = \boldsymbol{R}_{xx} - \boldsymbol{R}_{xz}\boldsymbol{R}_{zz}^{-1}\boldsymbol{R}_{zx} \tag{12-41}$$

证明 分两个步骤证明。

(1) 因为线性估计是无偏的，所以有 $\bar{\boldsymbol{x}} = E(\boldsymbol{x}) = E(\hat{\boldsymbol{x}}) = \boldsymbol{a} + \boldsymbol{B}E(\boldsymbol{z}) = \boldsymbol{a} + \boldsymbol{B}\bar{\boldsymbol{z}}$，从而有 $\boldsymbol{a} = \bar{\boldsymbol{x}} - \boldsymbol{B}\bar{\boldsymbol{z}}$；于是，线性无偏估计可以表示为：$\hat{\boldsymbol{x}}_{\mathrm{BLUE}} = \bar{\boldsymbol{x}} + \boldsymbol{B}(\boldsymbol{z} - \bar{\boldsymbol{z}})$。

(2) 因为 $E(\tilde{\boldsymbol{x}}) = E(x - \hat{\boldsymbol{x}}_{\mathrm{BLUE}}) = \boldsymbol{B}(\bar{z} - \bar{z}) = 0$，则估计误差的协方差阵是

$$\begin{aligned}
\operatorname{cov}(\tilde{\boldsymbol{x}}) &= E(\tilde{\boldsymbol{x}}\tilde{\boldsymbol{x}}^{\mathrm{T}}) = E\{[(\boldsymbol{x} - \bar{\boldsymbol{x}}) - \boldsymbol{B}(\boldsymbol{z} - \bar{\boldsymbol{z}})][(\boldsymbol{x} - \bar{\boldsymbol{x}}) - \boldsymbol{B}(\boldsymbol{z} - \bar{\boldsymbol{z}})]^{\mathrm{T}}\} \\
&= \boldsymbol{R}_{xx} - \boldsymbol{B}\boldsymbol{R}_{zx} - \boldsymbol{R}_{xz}\boldsymbol{B}^{\mathrm{T}} + \boldsymbol{B}\boldsymbol{R}_{zz}\boldsymbol{B}^{\mathrm{T}} \\
&= (\boldsymbol{B} - \boldsymbol{R}_{xz}\boldsymbol{R}_{zz}^{-1})\boldsymbol{R}_{zz}(\boldsymbol{B} - \boldsymbol{R}_{xz}\boldsymbol{R}_{zz}^{-1})^{\mathrm{T}} + \boldsymbol{R}_{xx} - \boldsymbol{R}_{xz}\boldsymbol{R}_{zz}^{-1}\boldsymbol{R}_{zx}
\end{aligned}$$

为使方差最小，当且仅当上式第一项为零，即 $\boldsymbol{B} = \boldsymbol{R}_{xz}\boldsymbol{R}_{zz}^{-1}$，从而式(12-40)和式(12-41)得证。

12.2 混合系统多模型估计

在混合空间 $\mathbf{R}^n \times \mathbf{S}$ 上定义系统

$$\boldsymbol{x}_{k+1} = \boldsymbol{f}_k(\boldsymbol{x}_k, s_{k+1}) + \boldsymbol{g}_k[s_{k+1}, \boldsymbol{x}_k, \boldsymbol{w}_k(s_{k+1}, \boldsymbol{x}_k)] \tag{12-42}$$

$$\boldsymbol{z}_k = \boldsymbol{h}_k(\boldsymbol{x}_k, s_k) + \boldsymbol{v}_k(\boldsymbol{x}_k, s_k) \tag{12-43}$$

式中 $k \in \mathbf{N}$ 是离散时间变量，$\boldsymbol{x}_k \in \mathbf{R}^n$ 为基础状态空间 $\mathbf{R}^n$ 上的状态向量；$s_k \in \mathbf{S}$ 表示系统模式空间上的模式变量；$\boldsymbol{z}_k \in \mathbf{R}^m$ 是系统的量测向量；$\boldsymbol{w}_k \in \mathbf{R}^m$ 和 $\boldsymbol{v}_k \in \mathbf{R}^m$ 分布表示系统的过程噪声和量测噪声，则称此系统为离散时间随机混合系统。

系统模式序列假定是一个 Markov 链，带有转移概率

$$p(s_{k+1} = s^{(j)} \mid s_k = s^{(i)}, \boldsymbol{x}_k) = \phi_k(s^{(i)}, s^{(j)}, \boldsymbol{x}_k), \quad \forall s^{(i)}, s^{(j)} \in \mathbf{S} \tag{12-44}$$

其中 ϕ 是标量函数。

式(12-44)表明基础状态观测一般来说是模式依赖的，而且量测序列嵌入了模式信息。换句话说系统模式序列是间接观测(或隐藏)的 Markov 模型。当 Markov 链是齐次的情况下，从 $s^{(i)}$ 到 $s^{(j)}$ 的转移概率记为 π_{ij}。所以，线性形式的随机混合系统描述为

$$\boldsymbol{x}_{k+1} = \boldsymbol{F}_k(s_k)\boldsymbol{x}_k + \boldsymbol{\Gamma}_k(\boldsymbol{s}_k)\boldsymbol{w}_k(\boldsymbol{s}_k) \tag{12-45}$$

$$\boldsymbol{z}_k = \boldsymbol{H}_k(s_k)\boldsymbol{x}_k + \boldsymbol{v}_k(s_k) \tag{12-46}$$

$$p(s_{k+1}) = s^{(j)} \mid s^{(i)} = \pi_{ij}, \quad \forall^{(i)}s, s^{(j)} \in \mathbf{S} \tag{12-47}$$

上述系统显然是一个非线性的动态系统，但是一旦系统的允许模式给定，则该系统就可简化为一个线性系统。这个系统也称为跳变线性系统。

混合估计问题根据带有噪声的(模式依赖的)量测序列来估计基础状态和模式状态。

12.2.1 多模型估计概念

混合估计的主流方法是多模型(Multi-Model,MM)方法,这对于混合估计来说也是最自然的方法。MM 估计的应用由下面几部分组成。

1. 模型设计

必须设计一个有限个模型构成的模型集,本节将针对如下模型集

$$\boldsymbol{M}=\{m^{(j)}\}_{j=1,2,\cdots,r}$$

其中每个模型 $m^{(j)}$ 是对模式空间中相应模式 $m^{(i)}$ 的一种描述,这种对应关系既可以是一对一的,也可以不是一对一的,但在后一种情况下通常模型集比模式集要小许多。这种匹配关系也可以描述为

$$m_k^{(j)}\triangleq\{s_k=m^{(j)}\},\quad k\in\mathbf{N},\quad j=1,2,\cdots,r \tag{12-48}$$

即在 k 时刻的系统模式有模型匹配。事实上,一旦确定了 $\boldsymbol{M}$,MM 方法隐含假定了系统模式 S 可被 $\boldsymbol{M}$ 成员准确表示。

2. 滤波器选择

这是第二个重要环节,即选择一些递推滤波器来完成混合估计。

3. 估计融合

为产生总体估计,估计融合有 3 种方法。

(1) 软决策和无决策:总体估计的获得是根据滤波器获得的估计,而不是硬性规定利用哪些滤波器的估计值。这是 MM 估计融合的主流方法。如果把基础状态的条件均值作为估计,则在最小均方意义下,总体估计就是所有滤波器估计值的概率加权和

$$\hat{\boldsymbol{x}}_k=E(\boldsymbol{x}_k\mid\boldsymbol{Z}_k)=\sum_i\hat{\boldsymbol{x}}_k^{(i)}p(m_k^{(i)}\mid\boldsymbol{Z}_k) \tag{12-49}$$

(2) 硬决策:总体估计的近似获得是根据某些滤波器获得的估计值得到的,而这些滤波器的选择原则是最大可能与当前模式匹配,最终的状态估计是硬性规定的。例如在所有的模型中按最大概率只选择一个模型,把估计值作为总体估计值。这种融合方法就退化为传统的"决策后估计"法。

(3) 随机决策:总体估计是基于某些随机选择的模型序列的估计来近似决定的。

4. 滤波器的重初始化

决定怎样重初始化每个滤波器,这是有效 MM 算法和其他 MM 算法的主要方面,大部分研究都集中在这里。下面主要讨论跳变 Markov 系统,第 i 个模型应服从下述的离散时间方程

$$\boldsymbol{x}_{k+1}=\boldsymbol{F}_k^{(i)}\boldsymbol{x}_k+\boldsymbol{\Gamma}_k^{(i)}\boldsymbol{w}_k^{(i)},\quad k\in\mathbf{N},\quad j=1,2,\cdots,r$$

$$\boldsymbol{z}_k=\boldsymbol{H}_k^{(i)}\boldsymbol{x}_k+\boldsymbol{v}_k^{(i)},\quad k\in\mathbf{N},\quad j=1,2,\cdots,r$$

$$\pi_{ij}=p(s_k=m^{(j)}\mid s_{k-1}=m^{(j)}),\quad k\in\mathbf{N},\quad i,j=1,2,\cdots,r$$

而 $\boldsymbol{w}_k^{(i)}\sim N(\bar{\boldsymbol{w}}_k,\boldsymbol{Q}_k^{(i)})$ 和 $\boldsymbol{v}_k^{(i)}\sim N(\bar{\boldsymbol{v}}_k,\boldsymbol{R}_k^{(i)})$ 分别表示互相独立的独立过程噪声和独立量测噪声。

假定模型 $m^{(j)}$ 在初始时刻正确(系统处于模式 $s^{(j)}$ 下)的先验概率为

$$p(m^{(j)}\mid\boldsymbol{Z}_0)=\mu_0^{(j)}$$

式中的 Z_0 为初始时刻系统的先验量测信息,则有

$$\sum_{j=1}^{r}\mu_0^{(j)} = 1$$

由于任何时刻混合系统的当前模型服从于 r 个可能的模型之一，则到时刻 k 为止，该混合系统所可能具有的模式历史序列就有可能有 r^k 个。根据 Bayes 全概率理论，对该混合系统的最优状态滤波器的计算量随着时间的延长随指数增长，因此基于此技术导出的最优滤波器的计算量所需要的计算机资源将十分庞大，这在现实中是不可能实现的。为了避免出现这种情况，出现了下列几种比较典型的次优多模型滤波器。

12.2.2 定结构多模型估计

固定模型集的最优估计是全假设树估计，即考虑每一时刻系统的所有可能模式。其模型集是预先确定的，而不管模型本身是不是时变的。但是，由于其计算量和内存随时间的推移呈指数增长，要达到最优是不可能的。例如，有 r 个可能的模型，系统从 0 时刻运行到 k 时刻，就有 r^{k-1} 个可能的模型跳变序列，于是对于系统状态的估计是 $\hat{\boldsymbol{x}}_{k-1} = E(\boldsymbol{x}_k|\boldsymbol{Z}_k, m_{1:k-1}^{(i)})$，其中 $m_{1:k-1}^{(i)}$ 就是 r^{k-1} 个可能的序列之一。所以，有必要利用某些假设管理技术来建立更有效的非全假设树算法，以保证剩余的假设数量在一定的范围内。例如：

(1) 删除“不太可能”的模型序列，这将导致估计融合的硬性决策方法；

(2) 合并“相似”的模型序列，这可能通过重新初始化时的具有“相同”的估值和协方差的滤波器进行合并；

(3) 将弱耦合模型序列解耦合为串；

(4) 其他的假设管理技术。

经验表明，一般情况下基于合并相似模型序列的非全假设估计要基于删除不可能模型序列的估计器。

下面讨论几种固定记忆的 MM 估计器。

所谓广义伪 Bayes 方法(GPB)，就是在时刻 k，进行系统状态估计时仅考虑系统过去有限个采样时间间隔内的目标模型历史。

一阶的 GPB 算法(GPB1)采用最简单的重初始化方法，仅把上次总体状态估计 $\hat{\boldsymbol{x}}_{k-1}$ 以及估计误差的协方差阵 $\boldsymbol{P}_{k-1}$ 作为公共的初始条件，然后各个模型按基本 Kalman 算法进行各自的状态估计，同时计算各个模型的概率；最后利用加权和求单位本次的总体状态估计 $\hat{\boldsymbol{x}}_k$ 以及估计误差的协方差阵 $\boldsymbol{P}_k$，计算过程如图 12-1 所示。

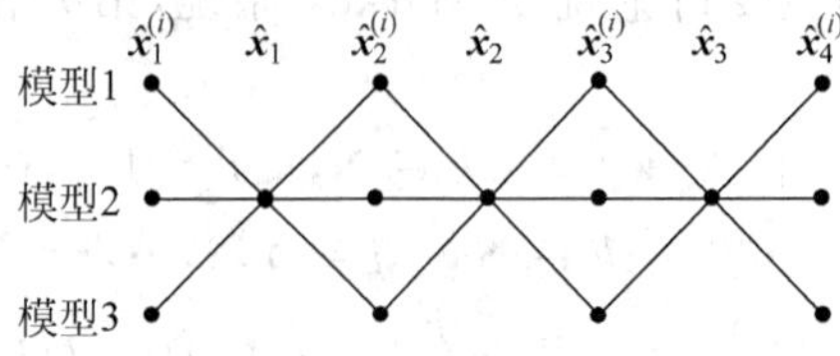

图 12-1 GPB1 算法时序图($r=3$)

对于 $i=1,2,\cdots,r$，每个循环如下

(1) 重初始化

$$\hat{\hat{\boldsymbol{x}}}_{k-1}^{(i)} = \hat{\boldsymbol{x}}_{k-1}, \quad \hat{\boldsymbol{P}}_{k-1}^{(i)} = \boldsymbol{P}_{k-1}, \quad i = 1,2,\cdots,r$$

(2) 条件滤波,即$\hat{\hat{x}}_{k-1}^{(i)}$和相应的误差协方差阵$\hat{P}_{k-1}^{(i)}$为初始值,利用与$m^{(i)}$匹配的模型,按一般KF方程,分别计算得到状态估计和估计误差的协方差阵;而且计算得到似然函数

$$\boldsymbol{\Lambda}_k^{(i)} = p(z_k \mid m_k^{(i)}, \boldsymbol{Z}_{k-1}) \approx p(z_k \mid m_k^{(i)}, \hat{\hat{\boldsymbol{x}}}_{k-1}^{(i)}, \hat{\boldsymbol{P}}_{k-1}^{(i)}), \quad i = 1,2,\cdots,r \tag{12-50}$$

(3) 模型概率更新,即计算

$$\mu_k^{(i)} = p(m_k^{(i)} \mid \boldsymbol{Z}_k) = \frac{1}{c}\Lambda_k^{(i)} \sum_{j=1}^{r} \pi_{ji}\mu_{k-1}^{(j)}, \quad i = 1,2,\cdots,r$$

其中π_{ji}是式(12-47)给出的转移概率;而c值为正则化常数,即

$$c = \sum_{i=1}^{r} \Lambda_k^{(i)} \sum_{j=1}^{r} \pi_{ji}\mu_{k-1}^{(j)}$$

(4) 估计合成,即得到k时刻的估计及其误差的协方差阵分别是

$$\hat{\boldsymbol{x}}_k = \sum_{i=1}^{r} \mu_k^{(i)} \hat{\boldsymbol{x}}_k^{(i)}$$

$$\boldsymbol{P}_k = \sum_{i=1}^{r} [\boldsymbol{P}_k^{(i)} + (\hat{\boldsymbol{x}}_k - \hat{\boldsymbol{x}}_k^{(i)})(\hat{\boldsymbol{x}}_k - \hat{\boldsymbol{x}}_k^{(i)})^{\mathrm{T}}]\mu_k^{(i)}$$

图12-2给出了GPB1算法的结构图。

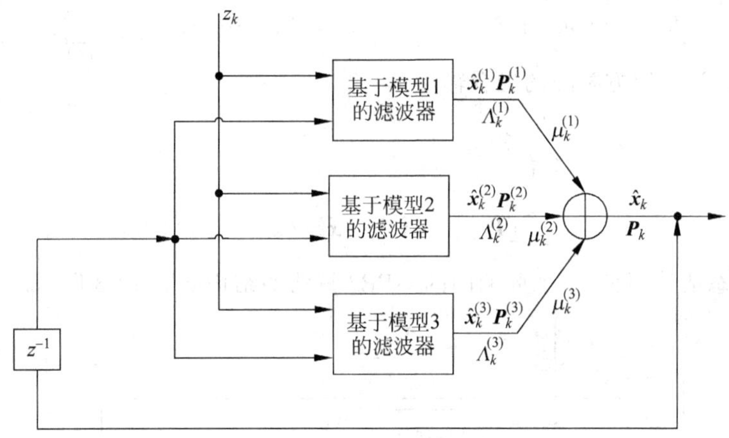

图12-2　GBP1算法结构图($r=3$)

二阶GPB算法(GPB2)则只需要考虑过去两个采样时间间隔内的历史,滤波器初始值要在此假设下重新计算,这种算法需要有r^2个滤波器并行处理。假定$k-1$时刻已经获得估计

$$\hat{\boldsymbol{x}}_{k-1}^{(i)} = E(\boldsymbol{x}_{k-1} \mid m_{k-1}^{(i)}, \boldsymbol{Z}_{k-1}), \quad i = 1,2,\cdots,r$$

以及相应协方差阵

$$\boldsymbol{P}_{k-1}^{(i)} = \mathrm{cov}(\hat{\boldsymbol{x}}_{k-1} - \hat{\boldsymbol{x}}_{k-1}^{(i)} \mid m_{k-1}^{(i)}), \quad i = 1,2,\cdots,r$$

GPB2在一个采样周期的计算循环如下:

(1) 重初始化

$$\hat{\hat{\boldsymbol{x}}}_{k-1}^{(i)} = \hat{\boldsymbol{x}}_{k-1}^{(i)}, \quad \hat{\boldsymbol{P}}_{k-1}^{(i)} = \boldsymbol{P}_{k-1}^{(i)}, \quad i = 1,2,\cdots,r$$

(2) 条件滤波,按$k-1$时刻采样模型$m_{k-1}^{(i)}$和k时刻采样模型$m_k^{(j)}$,利用KF方法计算状态估计$\hat{\boldsymbol{x}}_k^{\langle i,j\rangle}$和估计误差协方差阵$\boldsymbol{P}_k^{\langle i,j\rangle}$,如

$$\hat{\boldsymbol{x}}_k^{\langle i,j\rangle} = E(\boldsymbol{x}_k \mid \boldsymbol{Z}_k, m_k^{(j)}, m_{k-1}^{(i)}) = \boldsymbol{F}_{k-1}^{(j)} \hat{\hat{\boldsymbol{x}}}_{k-1}^{(i)} + \boldsymbol{\Gamma}_{k-1}^{(j)} \bar{\boldsymbol{w}}_{k-1}^{(i)}$$

$$+\boldsymbol{K}_k^{(j)}[\boldsymbol{z}_k-\boldsymbol{H}_k^{(j)}\boldsymbol{F}_{k-1}^{(j)}\hat{\hat{\boldsymbol{x}}}_{k-1}^{(i)}-\bar{\boldsymbol{v}}_k^{(i)}],\quad i,j=1,2,\cdots,r$$

其中$\boldsymbol{K}_k^{(j)}$是 Kalman 增益阵，而$\hat{\hat{\boldsymbol{x}}}_{k-1}^{(i)}$是第 i 个滤波器的合成初始值；同时似然函数

$$\Lambda_k^{(i,j)}=p(z_k\mid m_k^{(i)},m_{k-1}^{(i)},\boldsymbol{Z}_{k-1})\approx p(z_k\mid m_k^{(j)},\hat{\hat{\boldsymbol{x}}}_{k-1}^{(i)},\hat{\boldsymbol{P}}_{k-1}^{(i)}),\quad i,j=1,2,\cdots,r$$

(3) 估计合成，首先计算 k 时刻采样模型 $m_k^{(i)}$ 而 $k-1$ 时刻采样模型 $m_{k-1}^{(i)}$ 的概率为

$$\mu_{k-1|k}^{(i,j)}=p(m_{k-1}^{(i)}\mid m_k^{(j)},\boldsymbol{Z}_k)=\frac{1}{c_j}\Lambda_k^{(i,j)}\pi_{ij}\mu_{k-1}^{(i)},\quad i,j=1,2,\cdots,r$$

其中

$$c_j=\sum_{i=1}^{r}\Lambda_k^{(i,j)}\pi_{ij}\mu_{k-1}^{(i)},\quad j=1,2,\cdots,r$$

然后计算状态估计的合成及相应的协方差阵

$$\hat{\boldsymbol{x}}_k^{(i)}=E(x_k\mid m_k^{(i)},\boldsymbol{Z}_k)=\sum_{i=1}^{r}\hat{\boldsymbol{x}}_k^{(j,i)}\mu_{k-1|k}^{(j,i)},\quad i=1,2,\cdots,r$$

$$\boldsymbol{P}_k^{(i)}=\sum_{i=1}^{r}[\boldsymbol{P}_k^{(j,i)}+(\hat{\boldsymbol{x}}_k^{(j,i)}-\hat{\boldsymbol{x}}_k^{(j)})(\hat{\boldsymbol{x}}_k^{(j,i)}-\hat{\boldsymbol{x}}_k^{(j)})^{\mathrm{T}}]\mu_{k-1|k}^{(j,i)},\quad i=1,2,\cdots,r$$

(4) 模型概率更新

$$\mu_k^{(i)}=p(m_k^{(i)}\mid\boldsymbol{Z}_k)=c_i/c,\quad i=1,2,\cdots,r,\quad c=\sum_{i=1}^{r}c_i$$

(5) 状态估计与协方差阵的融合输出

$$\hat{\boldsymbol{x}}_k=\sum_{i=1}^{r}\hat{\boldsymbol{x}}_k^{(i)}\mu_k^{(i)}$$

$$\boldsymbol{P}_k=\sum_{i=1}^{r}[\boldsymbol{P}_k^{(i)}+(\hat{\boldsymbol{x}}_k^{(i)}-\hat{\boldsymbol{x}}_k)(\hat{\boldsymbol{x}}_k^{(i)}-\hat{\boldsymbol{x}}_k)^{\mathrm{T}}]\mu_k^{(i)}$$

对混合系统状态估计而言，一个周期内的 GPB2 算法的结构如图 12-3 所示。

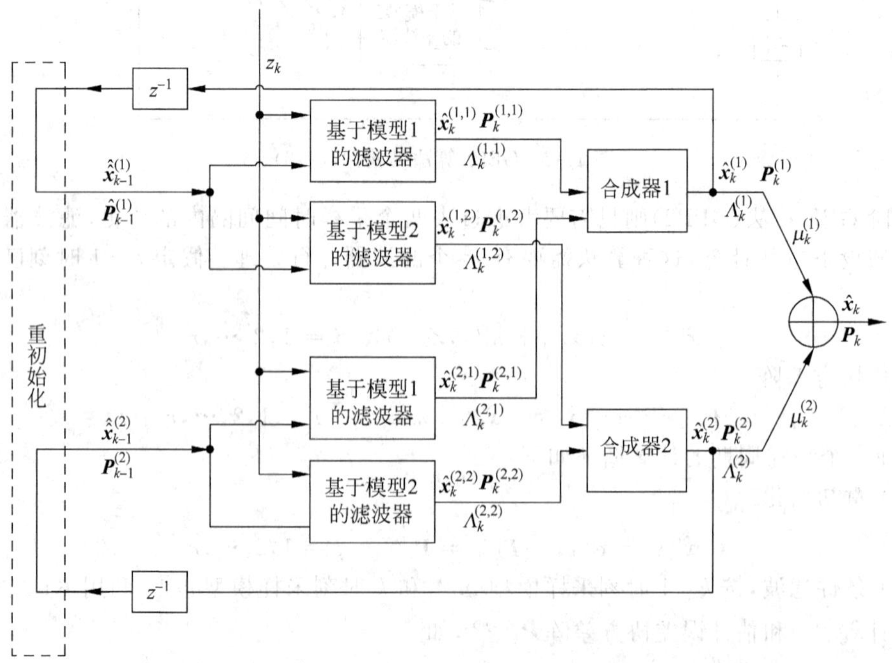

图 12-3 GPB2 算法结构图($r=2$)

12.2.3 交互式多模型算法

Blom 和 Bar-Shalom 在广义伪 Bayes 算法基础上，提出了一种具有 Markov 切换系数的交互式多模型(IMM)算法，并给出了关于 IMM 的严谨描述。通过使用一种更好的假设管理技术，IMM 估计具有 GPB2 的性能和 GPB1 计算上的优势，一般被认为是最有效的混合估计方案，已被成功地应用于许多实际问题，逐渐成为该领域研究的主流方向。本节将重点介绍 IMM 算法的基本理论。

IMM 算法也是一种关于混合系统状态估计的次优算法。在时刻 k，利用交互式多模型方法进行目标状态估计的计算时，考虑每个模型滤波器都有可能成为当前有效的系统模型滤波器，每个滤波器的初始条件都是基于前一时刻各条件模型滤波器结果的合成(合成初始条件)。作为与 GPB1 算法的比较，图 12-4 给出了 IMM 算法的时序图。下面详细描述 IMM 算法的整个过程，而 IMM 算法的结构如图 12-5 所示。

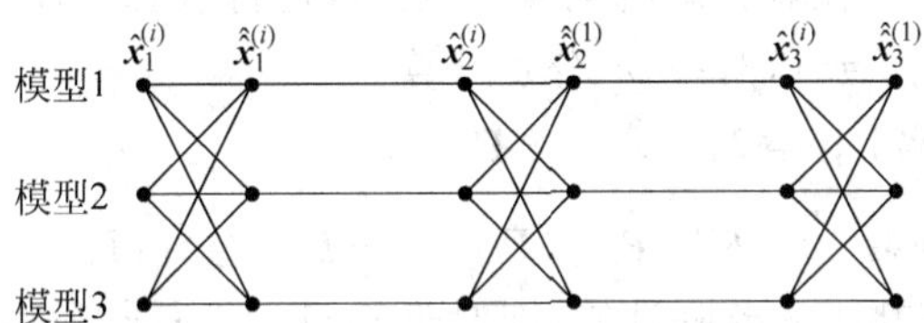

图 12-4 IMM 算法时序图($r=3$)

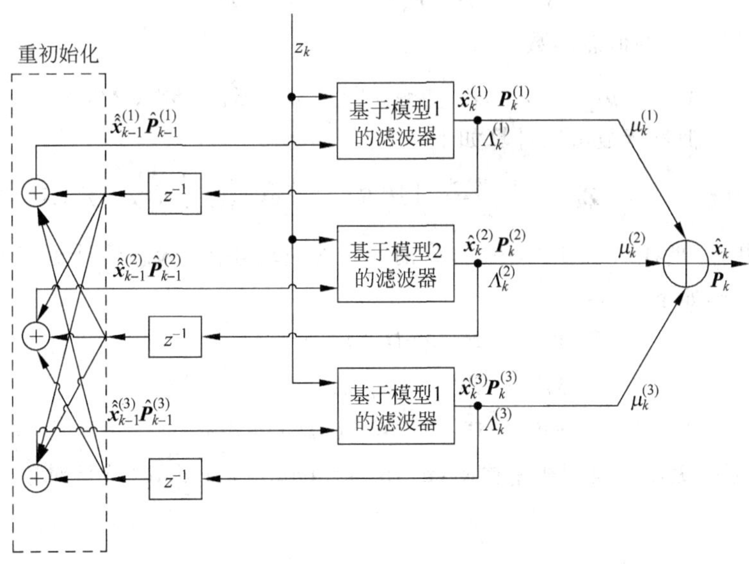

图 12-5 IMM 算法结构图($r=3$)

IMM 估计算法是递推的。每步递推主要是由以下 4 步组成。

(1) 模型条件重初始化。模型条件重初始化(model-conditional reinitialization)是在假定第 j 个模型在当前时刻有效的条件下，与其匹配的滤波器的输入由上一时刻各滤波器的估计混合而成。

① 混合概率(mixing probability)假定 $k-1$ 时刻的匹配模型是 $m_{k-1}^{(i)}$，而在 k 时刻的匹

配模型是 $m_k^{(j)}$，以信息 $\boldsymbol{Z}_{k-1}$ 为条件的混合概率是

$$\mu_{k-1}^{(i,j)} \triangleq p(m_{k-1}^{(i)} \mid m_k^{(j)}, \boldsymbol{Z}_{k-1}) = \frac{1}{\bar{c}_j}\pi_{ij}\mu_{k-1}^{(i)}, \quad i,j = 1,2,\cdots,r \tag{12-51}$$

其中，$\bar{c}_j = \sum_{i=1}^{r}\pi_{ij}\mu_{k-1}^{(i)}$。

② 混合估计(mixing estimation)，即对于 $j=1,2,\cdots,r$，重初始化的状态与协方差按混合估计分别为

$$\hat{\hat{\boldsymbol{x}}}_{k-1}^{(j)} \triangleq E(x_{k-1} \mid m_k^{(j)}, \boldsymbol{Z}_{k-1}) = \sum_{j=1}^{r}\hat{\boldsymbol{x}}_{k-1}^{(i)}\mu_{k-1}^{(i,j)} \tag{12-52}$$

$$\hat{\boldsymbol{P}}_{k-1}^{(j)} = \sum_{i=1}^{r}[\boldsymbol{P}_{k-1}^{(i)} + (\hat{\boldsymbol{x}}_{k-1}^{(i)} - \hat{\hat{\boldsymbol{x}}}_{k-1}^{(j)})(\hat{\boldsymbol{x}}_{k-1}^{(i)} - \hat{\hat{\boldsymbol{x}}}_{k-1}^{(j)})^{\mathrm{T}}]\mu_{k-1}^{(i,j)} \tag{12-53}$$

(2) 模型条件滤波。模型条件滤波(model-conditional filtering)是在给定重初始化的状态和协方差阵的前提下，在获得新的测量 z_k 之后，进行状态估计更新。

① 状态预测，即对于 $i=1,2,\cdots,r$，分别计算

$$\hat{\hat{\boldsymbol{x}}}_{k|k-1}^{(i)} = \boldsymbol{F}_{k-1}^{(i)}\hat{\hat{\boldsymbol{x}}}_{k-1}^{(i)} + \boldsymbol{\Gamma}_{k-1}^{(i)}\bar{\boldsymbol{w}}_{k-1}^{(i)}$$

$$\boldsymbol{P}_{k|k-1}^{(i)} = \boldsymbol{F}_{k-1}^{(i)}\hat{\boldsymbol{P}}_{k-1}^{(i)}(\boldsymbol{F}_{k-1}^{(i)})^{\mathrm{T}} + \boldsymbol{\Gamma}_{k-1}^{(i)}\boldsymbol{Q}_{k-1}^{(i)}(\boldsymbol{\Gamma}_{k-1}^{(i)})^{\mathrm{T}}$$

② 量测预测残差及其协方差阵计算，即对于 $i=1,2,\cdots,r$，分别计算

$$\tilde{\boldsymbol{z}}_k^{(i)} = \boldsymbol{z}_k - \boldsymbol{H}_k^{(i)}\hat{\boldsymbol{x}}_{k|k-1}^{(i)} - \bar{\boldsymbol{v}}_k^{(i)}$$

$$\boldsymbol{S}_k^{(i)} = \boldsymbol{H}_k^{(i)}\boldsymbol{P}_{k|k-1}^{(i)}(\boldsymbol{H}_k^{(i)})^{\mathrm{T}} + \boldsymbol{R}_k^{(i)}$$

同时计算与 $m_k^{(i)}$ 匹配的似然函数

$$\Lambda_k^{(i)} = p(\boldsymbol{z}_k \mid m_k^{(i)}, \boldsymbol{Z}_{k-1}) \approx p[\boldsymbol{z}_k \mid m_k^{(i)}, \hat{\hat{\boldsymbol{x}}}_{k-1}^{(i)}, \boldsymbol{S}_k^{(i)}(\hat{\boldsymbol{P}}_{k-1}^{(i)})]$$

在 Gauss 假设下，似然函数可以计算如下

$$\Lambda_k^{(i)} = p(\tilde{\boldsymbol{z}}_k^{(i)} \mid m_k^{(i)}, \boldsymbol{Z}_{k-1}) \xlongequal{\text{假 Gauss}} |2\pi\boldsymbol{S}_k^{(i)}|^{-1/2}\exp\left\{-\frac{1}{2}\pi(\tilde{\boldsymbol{z}}_k^{(i)})^{\mathrm{T}}(\boldsymbol{S}_k^{(i)})^{-1}\tilde{\boldsymbol{z}}_k^{(i)}\right\}$$

③ 滤波更新，即对于 $i=1,2,\cdots,r$，分别计算滤波增益阵、状态估计更新和状态估计更新误差协方差阵，如下所示：

$$\boldsymbol{K}_k^{(i)} = \boldsymbol{P}_{k|k-1}^{(i)}(\boldsymbol{H}_k^{(i)})^{\mathrm{T}}(\boldsymbol{S}_k^{(i)})^{-1}$$

$$\hat{\boldsymbol{x}}_k^{(i)} = \hat{\boldsymbol{x}}_{k|k-1}^{(i)} + \boldsymbol{K}_k^{(i)}\tilde{\boldsymbol{z}}_k^{(i)}$$

$$\boldsymbol{P}_k^{(i)} = \boldsymbol{P}_{k|k-1}^{(i)} - \boldsymbol{K}_k^{(i)}(\boldsymbol{S}_k^{(i)})(\boldsymbol{K}_k^{(i)})^{\mathrm{T}}$$

(3) 模型概率更新。模型概率更新(model probability update)就是对于 $i=1,2,\cdots,r$，计算模型概率

$$\mu_k^{(i)} = p(m_k^{(i)} \mid \boldsymbol{Z}_k) = \frac{1}{c}\Lambda_k^{(i)}\bar{c}_i, \quad i = 1,2,\cdots,r$$

其中，$\bar{c}_i = \sum_{j=1}^{r}\pi_{ji}\mu_{k-1}^{i}$ 由式(12-54)给出，而 $c = \sum_{j=1}^{r}\Lambda_k^{(i)}\bar{c}_j$。

(4) 估计融合。估计融合(estimation fusion)就是给出 k 时刻的总体估计和总体估计误差协方差阵，分别为

$$\hat{\boldsymbol{x}}_k = \sum_{i=1}^{r}\hat{\boldsymbol{x}}_k^{(i)}\mu_k^{(i)}$$

$$\boldsymbol{P}_k = \sum_{i=1}^{r} [\boldsymbol{P}_k^{(i)} + (\hat{\boldsymbol{x}}_k - \hat{\boldsymbol{x}}_k^{(i)})(\hat{\boldsymbol{x}}_k - \hat{\boldsymbol{x}}_k^{(i)})^{\mathrm{T}}]\mu_k^{(i)}$$

即以所有滤波器状态估计的概率加权和作为总体状态估计。

虽然 IMM 估计已被成功地应用，但对其性能和特性的理论分析仍然缺乏。最需要分析的或许是在其具有有界均方估计误差的意义下，稳定的充分与必要条件。

与定结构 MM 算法密切相关，而几乎被忽略的一个问题是：MM 估计器的性能在很大程度上依赖于所使用的模型集。此处存在一个困境，即为了提高估计精度而需要增加模型，但太多模型的使用除了急剧增加计算量外，反而会降低估计器的性能。

走出这个困境有两个方法：①设计更好的模型集（但直至目前为止可用的理论结果仍然非常有限）；②使用可变模型集。

12.2.4　变结构多模型算法

1. 多模型算法的图论表述

模型集对于估计性能的重要性是显而易见的，因而应用 MM 估计理论的主要困难就是设计一个合适的模型集。不幸的是关于这个重要问题的可用理论结果非常有限。因而，变结构多模型（VSMM）方法便成为一个新的研究热点。

一个大模型集的 VSMM 算法在性能上是不可能令人满意的，主要原因是这个集合中的很多模型在特定时间与系统有效模式差别很大，不仅在计算上浪费时间，而且来自"多余"模型的不必要"竞争"反而降低了估计的性能。

最优的变结构估计器一般是不可能得到的，就像定结构算法一样需要使用假设管理技术来删除"不太可能"的假设或合并"相似"的假设。这样可以在性能和计算之间找到某种折中。

设 D 是有向图，E 和 V 分别是 D 的顶点集合和边集合。而随机有向图是一个每条边都被指定了概率权值的有向图，其对应每个顶点的所有边的权值之和为 1。其邻接矩阵（adjacency matrix）$\boldsymbol{A}$ 定义为 $\boldsymbol{A}=\{a_{ij}\}$，$a_{ij}$ 是从顶点 v_i 到顶点 v_j 边的权值；从顶点 v_j 出来，和定顶点 v_l 的邻接集合分别定义为 $F_j=\{v_i:a_{ji}\neq 0\}$，$T_j=\{v_i:a_{il}\neq 0\}$。

MM 算法所使用的模型集合模型转换法则一起可以用一个没有平行边的随机有向图表示。

一个有向图是强连接的（strongly connected），如果在任意两个顶点直接存在一个直接通道。

在图论的帮助下，MM 算法的基本要素可确定为：

（1）基于算法的单模型集合（如 KF），每一个匹配一个特殊模式；

（2）基于单模型算法的总体结构融合规则；

（3）每一时刻确定递推滤波器初始条件的初始化规则；

（4）每一时刻定义模式之间图论关系的优先有向图（underlying digraph）的演化机制。优先有向图也称支撑有向图。

需要强调的是与一个模式集相联系的支撑有向图有很多种。

图论表示法为 MM 算法的研究开辟了一条崭新的道路。下面是一些有用的结论。

（1）Markov 链是各态历经的，当且仅当其相应的有向图是强连接的随机有向图；

(2) 关于 $m^{(i)}$ 的状态依赖模式集是出自于 $m^{(i)}$ 的邻接集合；

(3) 系统模式集 $\boldsymbol{S}$ 不是状态依赖的，当且仅当其相应的有向图是完全对称的(也就是说，每个模式都可以从其他任一模式直接跳转)；显然，状态依赖的系统模式集通常和它们的联合 $\boldsymbol{S}$ 不一样，其中 $\boldsymbol{S} \triangleq \{S_1, S_2, \cdots, S_N\}$ 是所有不同的状态依赖的系统模式集构成的类；

(4) 由 $\boldsymbol{S}$ 的成员组成的模式序列是容许的，当且仅当它对应于 $\boldsymbol{S}$ 的有向图的一个直接通道；

(5) 在时刻 k，$\boldsymbol{S}$ 的容许模式序列数 $N_s(k) = \sum_{i,j} a_{ij}^{(k)}$，其中 $a_{ij}^{(k)}$ 是 $\boldsymbol{A}^k$(邻接集合 $\boldsymbol{A}$ 的 k 次方)的第(i,j)项。这遵从图论中的定理：从 v_i 到 v_j 的长度为 k 的直接通道数等于 $a_{ij}^{(k)}$。

MM 算法的某些性质与其支撑有向图有关，因此，MM 算法根据其支撑有向图可以分成几类。

固定有向图 MM 算法其支撑有向图在任何时刻必须是同构的；否则，就称其为可变有向图。如果其支撑有向图不只由孤立顶点构成，称 MM 算法是可转换的。如果所有支撑有向图都是强连接的，则称算法是强可转换的。

注：①固定有向图算法必定有固定结构，但是定结构算法在不同时间其支撑有向图可能带有不同的非零权。换句话说，定结构算法允许模式转换概率自适应(或时变)，也就是系统模式序列的一个非齐次 Markov 链模型。②定结构算法必须使用固定模型集，而固定模型集算法不必使用定结构，因为零权值和非零权值可以在不同时间重新指定其支撑有向图。③几乎所有有效实用的算法都是强可转换的。实际上，实用 MM 算法的支撑有向图通常是对称的(或双向的)，只是个别例外。

MM 算法的图论表述为其提供了一个严格的框架，其不仅使图论中许多已发展很好的技术和结果得到利用，而且为变结构 MM 算法实时处理模式集演化提供了一个系统方法论。

2. 实用的 VSMM 估计

不论 VSMM 多么有前途，它最终的成功主要依赖于在有效性、通用性和效率方面优良的模型集自适应算法的开发。

令 $\boldsymbol{M}_k$ 和 $\boldsymbol{M}^k$ 分别表示 k 时刻模型集合直到 k 时刻的模型集序列。递推自适应模型集(RAMS)在每一时刻 k 由下面的关键步骤组成。

(1) 模型集自适应：基于$\{\boldsymbol{M}^{k-1}, \boldsymbol{Z}_k\}$确定模型集 $\boldsymbol{M}_k$；

(2) 重初始化基于模型的滤波器：获得每个基于 $\boldsymbol{M}_k$ 中的一个模型的滤波器的"初始"条件；

(3) 模式匹配估计：对于 $\boldsymbol{M}_k$ 中的每个模型，在假定这个模型精确匹配系统有效模型的条件下得到估计；

(4) 模式序列概率计算：对于 $\boldsymbol{M}_k$ 中的所有 m_k，计算 $p(\boldsymbol{M}_k, m_k | \boldsymbol{Z}_k)$；

(5) 估计融合：得到总体估计和它的协方差。

其中(1) 是变结构算法所特有的，它的理论基础是合并/删除准则。

给定 $V' \subset V(D)$，其中 $V(D)$ 表示 D 的顶点集，如果 E' 包含所有末端顶点都在 V' 中的 D 的边，则称 $D' = (V', E')$ 是由 V' 引起的 D 的子有向图，记为 $D[V']$。带有权值的有向图的正规化是一个按比例缩放有向图中的所有权值而得到一个随机有向图的过程。令 $\boldsymbol{D}$ 是通过正规化所考虑的 MM 算法在所有时刻支撑有向图的联合所得到的全部有向图。

下面是3种VSMM算法开发方案。

(1) 活跃有向图算法。得到可变有向图的一种方法被称为活跃有向图(Active Digraph,AD)。其基本思想是在每一时刻使用全体有向图的一个子有向图作为活跃有向图。这是受到有限制的非线性规划中有些集方法的启发。AD算法的一个循环如下:

① 得到系统模式集的联合$Y=\bigcup_{m\in D_{k-1}} S_k^{(m)}$,其中$D_{k-1}$是$k-1$时刻的活跃有向图,$S_k^{(m)}$是关于$m$的系统状态依赖模式集,由下式定义

$$S_{k+1}^{(m)}=\{m_{k+1}:p(m_{k+1}\mid m_k^{(i)},x_k)>0,x_k\in \mathbf{R}^n\}$$

② 估计Y中每个模式的概率;

③ 形成有些模式集Y',是Y的子集,且其由具有最大概率的,不超过K个模式组成,K依赖于最大计算负荷;

④ 通过标准化$\boldsymbol{D}[Y']$得到D_k,由Y'引起的$\boldsymbol{D}$的子图;

⑤ 使用D_k执行上面RAMS方法的②～⑤步。

上面的AD算法可做如下简化。有向图的所有模式可被分为3类:不可能的或不显著的、显著的和主要的。因此,模式集演化的一个合理规划计划为:抛弃不可能模式;保留显著模式;激活与主要模式强邻接的模式。

(2) 有向图转换算法。另一种使支撑有向图自适应的方法是根据一定的规划在一些预定的有向图之间进行切换。这些有向图中的每一个都是一组密切相关的系统模式的图论表示。这些有向图的模式集不必是互不相交的,因为一些模式可能属于不止一组。希望不同有向图的预定组$\boldsymbol{D}\triangleq\{D_1,D_2,\cdots,D_L\}$在下面意义上是全体有向图$\boldsymbol{D}$的一个(强)覆盖,即

① $\boldsymbol{D}$中的每个D_i都是$\boldsymbol{D}$的一个(强连接)随机子有向图;

② $V(\boldsymbol{D})\subset\bigcup_{i=1} V(D_i)$,也就是说,$\boldsymbol{D}$的模式集被$D_i,i=1,2,\cdots,L$的模式集所覆盖。如果$V(\boldsymbol{D})$是非常大的集合,这点可以放松。

在有向图转换算法中首先建立一个(强)覆盖,这与所谓的集合覆盖问题密切相关,这个问题可以通过求解整型线性规划问题解决。然而,在MM算法中,在大多数情况下,可由模式的物理意义得到。

(3) 自适应网格算法。自适应网格(Adaptive Grid,AG)算法是获得支撑有向图的第3种方式,通过修改刻画可能模型的参数网格。这一算法遵循同自适应多模型概率数据互连(MMPDA)滤波器或移动组MM估计器相似的思想。在这种方案中,最初建立一个粗略的网格,然后根据一个可能基于当前估计、模型概率和量测残差的修改方案,递归调整网格。这种方法对于系统可能模型集很大的情况特别有利。

3. 两种VSMM估计方法

(1) 模型组转换算法。模型组转换(Model-Group Switching,MGS)算法属于DS方案,其基本思想是使模型集根据一定的准则在预先确定的由相互紧密相关的模型组成的组之间自适应转换。该算法中,首先需要确定总模型集的一个划分或覆盖。

一般地,MGS算法的一个循环在概念上由下面几步组成:

① 模型集自适应。分解为模型集的激活和终止。一旦一个模型组被激活,在当前时刻就开始使用而不是从下一个时刻开始。这在模式转换期间对于减少峰值估计误差非常重要。

② 新激活模型/滤波器的初始化。

③ MM 估计。

步骤①和②是 MGS 算法所特有的。在 MGS 算法中，这两步通常使用 VSIMM 算法结合在一起。事实上，似乎不可能真正严格地得到任何使用硬决策的非最优算法，虽然它的性能和属性可以严格得到。

下面是 MGS 算法的几点讨论。

① 模型组自适应。包括如下决策：决定是否激活候选模型组；决定是否终止新激活的候选模型组；决定是否终止当前时刻有效模型组。

模型组的激活通常由基于系统当前有效模式的先验和后验信息的规则集合组成。模式的先验信息大都表现在总模型集的拓扑结构和相应的转换概率矩阵中，即使它们可能是时变或自适应的。实际的候选模型组激活逻辑应该是问题依赖的，其设计依赖于总模型集的拓扑结构等性能，这个设计应与模型组终止阈值的选择结合起来。

模型组的终止是按顺序模型集似然比检验和顺序模型集概率比检验来完成。

② 模型组的初始化。新激活滤波器的初始化由两步组成：在一次循环之前，给新激活的模型分配概率；再一次循环之前，确定这些滤波器的状态估计和误差协方差。状态依赖的系统模式的概念是一个强有力的概率，对于滤波器的初始化特别有用。它表明给定当前的系统模式，下一时刻系统模式集是总模式集的一个由 Markov 模式转换定律决定的子集。应用到滤波器的初始化上，一个模型初始概率的分配应只考虑那些可以转换到该模型的概率，状态估计和协方差的初始化类似。对于 MGS 算法，如果使用 VSIMM 循环，则上面所讨论的初始化实际上被省掉了。

③ MGS 算法的初始化。MGS 算法的初始化依赖于所初始化的系统模式的可用的先验信息。如果先验信息表明初始系统模式可能在总模型集的某一个子集中，则 MGS 算法应从相应的模型组开始。

MGS 算法具有潜在的缺点，即在任何时候至多只有一个模型组可被激活。在允许两个模型组的联合时，没有模型组被激活。为了在这些情况下提高 MGS 算法的性能，提出了扩展 MGS(EMGS)算法。它允许运行模型组联合的同时，激活一个或多个候选模型组。

(2) 可能模型集算法。可能模型集(Likely-Model Set，LMS)算法属于活跃有向图方案。其基本思想是在任何给定时间使用所有可能的模型的集合。最简单的一种是基于下面的思想：按照概率将所有有效的模型分为不可能的、有效的和主要的。那么，模型集自适应可根据如下原则：①抛弃不可能的；②保留有效的；③激活与主要模型相邻的模型。因为源自主要模型的邻集，就包括几乎可以肯定的转换，从而保证了优良的性能；同时，不可能模型的排除带来了计算量实质性的减少，且性能没有退化。

可能模型集算法比 MGS 算法以及固定结构的 IMM 算法更有效，尤其是总模型集很大时更是如此。可能模型集算法只需要调整两个阈值，比 MGS 算法简单。LMS 估计器唯一潜在的缺点似乎是：处理在总模型集中两个远离的只通过几个中间模式相连的模式之间跳转显得不足。这样的跳转很少发生，或者总模型集的拓扑结构设计得不合适。一个可能的补救或缓和方法是在每一步中反复应用 3 个自适应规则，直到什么也没有发生。

与 MGS 估计器相似，因为不能保证模型集自适应的正确和及时，则可能在状态估计和相应的协方差中引入误差。研究有效的补救办法就是未来的工作。

12.3 期望最大化方法

期望最大化（Expectation-Maximization，EM）算法由 Arthur Dempster，Nan Laird 和 Donald Rubin 在 1977 年提出，是当前统计学领域最广泛应用的算法之一。

给定某个测量数据 z，以及用参数$\boldsymbol{\theta}$描述的模型族，EM 算法的基本形式就是求得$\boldsymbol{\theta}$，使得似然函数 $p(z|\boldsymbol{\theta})$为最大，即

$$\hat{\boldsymbol{\theta}}^{*}=\arg\max_{\boldsymbol{\theta}} p(z \mid \boldsymbol{\theta}) \tag{12-54}$$

一般情况下，由式(12-54)给出的 ML 估计只能求得局部极大值。可以考虑采用迭代算法，每次迭代都对$\boldsymbol{\theta}$值进行修正，以增大似然值，直至达到最大值。

假定已经确定一个对数似然函数变化量

$$L(\boldsymbol{\theta})-L(\hat{\boldsymbol{\theta}}_k)=\ln p(z \mid \boldsymbol{\theta})-\ln p(z \mid \hat{\boldsymbol{\theta}}_k)=\ln \frac{p(z \mid \boldsymbol{\theta})}{p(z \mid \hat{\boldsymbol{\theta}}_k)},\quad k\in\mathbf{N} \tag{12-55}$$

显然，L 值的增大或减少依赖于对$\boldsymbol{\theta}$的选择。于是选择$\boldsymbol{\theta}$使得方程式(12-54)的右边极大化，从而使似然函数最大可能的增大。但是，一般情况下这是不可能做到的，因为实际问题中用以描述模型族的观测数据 z 可能是不完全的。

12.3.1 EM 方法描述

设观测数据集合是 z_{obs}，而不可观测数据（或缺失数据）是 z_{mis}，二者构成对考虑模型族适配的完全数据集合

$$z=z_{\text{obs}}\cup z_{\text{mis}} \tag{12-56}$$

假设 z_{mis}是已知的，则最优的$\boldsymbol{\theta}$值就容易计算得到。从数学的观点来看，对于离散概率分布，式(12-55)变为

$$L(\boldsymbol{\theta})-L(\hat{\boldsymbol{\theta}}_k)=\ln \frac{\sum_{z_{\text{mis}}} p(z_{\text{obs}} \mid z_{\text{mis}},\boldsymbol{\theta})p(z_{\text{mis}} \mid \boldsymbol{\theta})}{p(z_{\text{obs}} \mid \hat{\boldsymbol{\theta}}_k)},\quad k\in\mathbf{N} \tag{12-57}$$

这个表达式是对和式求对数，一般难于处理。不加证明地给出所谓 Jensen 不等式

$$\sum_j \lambda_j=1 \Rightarrow \ln\sum_j \lambda_j y_j \geqslant \sum_j \lambda_j \ln y_j \tag{12-58}$$

为了利用这个不等式，需要构造 $\lambda_{z_{\text{obs}}}\geqslant 0$，使得$\sum_{z_{\text{mis}}}\lambda_{z_{\text{mis}}}=1$。显然，在给定当前观测数据 z_{obs} 和参数 $\hat{\boldsymbol{\theta}}_k$ 的前提下，缺失数据 z_{mis} 的条件概率 $p(z_{\text{mis}} \mid z_{\text{obs}},\hat{\boldsymbol{\theta}}_k)\geqslant 0$，且有 $\sum_{z_{\text{mis}}} p(z_{\text{mis}} \mid z_{\text{obs}},\hat{\boldsymbol{\theta}}_k)=1$，于是把这些系数引入式(12-57)，得

$$L(\boldsymbol{\theta})-L(\hat{\boldsymbol{\theta}}_k)=\ln \frac{\sum_{z_{\text{mis}}} p(z_{\text{obs}} \mid z_{\text{mis}},\boldsymbol{\theta})p(z_{\text{mis}} \mid \boldsymbol{\theta})}{p(z_{\text{obs}} \mid \hat{\boldsymbol{\theta}}_k)}\frac{p(z_{\text{mis}} \mid z_{\text{obs}},\hat{\boldsymbol{\theta}}_k)}{p(z_{\text{mis}} \mid z_{\text{obs}},\hat{\boldsymbol{\theta}}_k)},\quad k\in\mathbf{N} \tag{12-59}$$

现在可以应用 Jensen 不等式得

$$L(\boldsymbol{\theta})-L(\hat{\boldsymbol{\theta}}_k)\geqslant\sum_{z_{\text{mis}}}p(z_{\text{mis}}\mid z_{\text{obs}},\hat{\boldsymbol{\theta}}_k)\ln\frac{\sum\limits_{z_{\text{mis}}}p(z_{\text{obs}}\mid z_{\text{mis}},\boldsymbol{\theta})p(z_{\text{mis}}\mid\boldsymbol{\theta})}{p(z_{\text{obs}}\mid\hat{\boldsymbol{\theta}}_k)p(z_{\text{mis}}\mid z_{\text{obs}},\hat{\boldsymbol{\theta}}_k)},\quad k\in\mathbf{N}$$

重写式(12-59),得到

$$L(\boldsymbol{\theta})\geqslant L(\hat{\boldsymbol{\theta}}_k)+\Delta(\theta\mid\hat{\boldsymbol{\theta}}_k),\quad k\in\mathbf{N}\tag{12-60}$$

其中

$$\Delta(\boldsymbol{\theta}\mid\hat{\boldsymbol{\theta}}_k)=\sum_{z_{\text{mis}}}p(z_{\text{mis}}\mid z_{\text{obs}},\hat{\boldsymbol{\theta}}_k)\ln\frac{\sum\limits_{z_{\text{mis}}}p(z_{\text{obs}}\mid z_{\text{mis}},\boldsymbol{\theta})p(z_{\text{mis}}\mid\boldsymbol{\theta})}{p(z_{\text{obs}}\mid\hat{\boldsymbol{\theta}}_k)p(z_{\text{mis}}\mid z_{\text{obs}},\hat{\boldsymbol{\theta}}_k)}$$

现在,$L(\boldsymbol{\theta})$和$(l(\boldsymbol{\theta}\mid\hat{\boldsymbol{\theta}}_k))$都是参数$\boldsymbol{\theta}$的函数,而且在参数空间中前者处处大于或等于后者,如图 12-6 所示。进而可以证明,如果$\boldsymbol{\theta}=\hat{\boldsymbol{\theta}}_k$,则 $\Delta(\boldsymbol{\theta}\mid\hat{\boldsymbol{\theta}}_k)=0$。于是可以用图 12-6 对 EM 算法进行说明。

EM 算法可以分为如下两个步骤进行。

(1) E(求期望)步骤:利用当前的参数估计$\hat{\boldsymbol{\theta}}_k$ 计算似然函数 $l(\boldsymbol{\theta})$,即按式(12-60)的右边计算得到 $l(\boldsymbol{\theta})$的表达式。

(2) M(极大化)步骤:对函数 $l(\boldsymbol{\theta})$求极大化以得到新的参数估计$\hat{\boldsymbol{\theta}}_{k+1}$,也就是对 $L(\hat{\boldsymbol{\theta}}_k)+\Delta(\boldsymbol{\theta}\mid\hat{\boldsymbol{\theta}}_k)$求极大化。此时对利用了假定不可观测数据已知的条件,一般情况下将比直接对 $L(\boldsymbol{\theta})$求极大化来得容易。因此

$$\begin{aligned}\hat{\boldsymbol{\theta}}_{k+1}&=\arg\max_{\boldsymbol{\theta}}\left[L(\hat{\boldsymbol{\theta}}_k)+\sum_{z_{\text{mis}}}p(z_{\text{mis}}\mid z_{\text{obs}},\hat{\boldsymbol{\theta}}_k)\ln\frac{p(z_{\text{obs}}\mid z_{\text{mis}},\boldsymbol{\theta})p(z_{\text{mis}}\mid\boldsymbol{\theta})}{p(z_{\text{obs}}\mid\hat{\boldsymbol{\theta}}_k)p(z_{\text{mis}}\mid z_{\text{obs}},\hat{\boldsymbol{\theta}}_k)}\right]\\&=\arg\max_{\boldsymbol{\theta}}\left\{\sum_{z_{\text{mis}}}p(z_{\text{mis}}\mid z_{\text{obs}},\hat{\boldsymbol{\theta}}_k)\ln[p(z_{\text{obs}}\mid z_{\text{mis}},\boldsymbol{\theta})p(z_{\text{mis}}\mid\boldsymbol{\theta})]\right\}\\&=\arg\max_{\boldsymbol{\theta}}[E_{z_{\text{mis}}\mid z_{\text{obs}}}\ln p(z_{\text{mis}},z_{\text{obs}}\mid\boldsymbol{\theta})],\quad k\in\mathbf{N}\end{aligned}$$

此处,$\sum\limits_{z_{\text{mis}}}p(z_{\text{mis}}\mid z_{\text{obs}},\hat{\boldsymbol{\theta}}_k)\ln[p(z_{\text{obs}}\mid z_{\text{mis}},\boldsymbol{\theta})p(z_{\text{mis}}\mid\boldsymbol{\theta})]$与$\hat{\boldsymbol{\theta}}_{k+1}$ 的优化无关。

因此,EM 算法的步骤可描述如下。

(1) E-步计算

$$Q(\boldsymbol{\theta}\mid\hat{\boldsymbol{\theta}}_k)\triangleq E_{z_{\text{mis}}\mid z_{\text{obs}}}\ln p(z_{\text{mis}},z_{\text{obs}}\mid\boldsymbol{\theta}),\quad k\in\mathbf{N}\tag{12-61}$$

(2) M-步计算

$$\hat{\boldsymbol{\theta}}_{k+1}=\arg\max_{\boldsymbol{\theta}}[Q(\boldsymbol{\theta}\mid\hat{\boldsymbol{\theta}}_k)],\quad k\in\mathbf{N}\tag{12-62}$$

定理 12.1 上述 EM 算法在满足假设条件时收敛。

证明 证明分两步进行。

(1) $\hat{\boldsymbol{\theta}}_{k+1}$对 $Q(\boldsymbol{\theta}\mid\hat{\boldsymbol{\theta}}_k)$极大化,所以有

$$Q(\hat{\boldsymbol{\theta}}_{k+1}\mid\hat{\boldsymbol{\theta}}_k)\geqslant Q(\hat{\boldsymbol{\theta}}_k\mid\hat{\boldsymbol{\theta}}_k)=0$$

因此对每次迭代,$L(\boldsymbol{\theta})$不降低。

(2) 如果 EM 算法在某个$\hat{\boldsymbol{\theta}}_k$ 达到一个不动点,则$\hat{\boldsymbol{\theta}}_k$ 就是 $l(\boldsymbol{\theta})$的极大点;进而,$L(\boldsymbol{\theta})$和

$l(\boldsymbol{\theta})$在该点相等。

12.3.2　混合 Gauss 参数估计的 EM 算法

混合高斯是用来逼近任意分布的一个重要技术。接下来讨论利用 EM 算法进行极大似然混合密度参数估计的问题。设有混合概率密度模型

$$p(\boldsymbol{x} \mid \boldsymbol{\theta}) = \sum_{j=1}^{M} \alpha_i p_j(\boldsymbol{x} \mid \boldsymbol{\vartheta}_j) \tag{12-63}$$

其中$\boldsymbol{\theta} = \{\alpha_i, \boldsymbol{\vartheta}_j\}_{j=1}^{M}$是待估计的参数，而$\boldsymbol{x} = \{\boldsymbol{x}_i\}_{i=1}^{N}$是观测样本。不完全的数据的对数似然是

$$\ln p(\boldsymbol{x} \mid \boldsymbol{\theta}) = \ln \prod_{i=1}^{N} p(\boldsymbol{x}_i \mid \boldsymbol{\theta}) = \sum_{i=1}^{N} \ln p(\boldsymbol{x}_i \mid \boldsymbol{\theta}) = \sum_{i=1}^{N} \ln \sum_{j=1}^{M} \alpha_i p_j(\boldsymbol{x}_i \mid \boldsymbol{\vartheta}_j)$$

这是一个求和的对数，显然不容易进行优化计算。令$\boldsymbol{y} = \{y_i\}_{i=1}^{N}$是未观测数据，其中

$$y_i \in \{1, 2, \cdots, M\} \triangleq \Gamma, \quad k \in \mathbf{N}$$

而$y_i = k$意味着样本$\boldsymbol{x}_i$由第k个混合密度成员产生。于是$\boldsymbol{z} = \{\boldsymbol{x}, \boldsymbol{y}\}$就是完全数据。这样可以构造完全数据似然函数

$$\ln p(\boldsymbol{x}, \boldsymbol{y} \mid \boldsymbol{\theta}) = \ln \prod_{i=1}^{N} p(\boldsymbol{x}_i, y_i \mid \boldsymbol{\theta}) = \sum_{i=1}^{N} \ln p(\boldsymbol{x}_i, y_i \mid \boldsymbol{\theta}) = \sum_{i=1}^{N} \ln \alpha_{y_i} p_{y_i}(\boldsymbol{x}_i \mid \boldsymbol{\vartheta}_j)$$

E-步求期望的表达式是

$$Q(\boldsymbol{\theta} \mid \hat{\boldsymbol{\theta}}_k) = E_{\boldsymbol{y}|\boldsymbol{x}, \hat{\boldsymbol{\theta}}_k} \ln p(\boldsymbol{x}, \boldsymbol{y} \mid \boldsymbol{\theta}) \tag{12-64}$$

而$p(y_i \mid \boldsymbol{x}_i, \hat{\boldsymbol{\theta}}_k) = \dfrac{\hat{\alpha}_{y_i,k} p_{y_i}(\boldsymbol{x}_i \mid \boldsymbol{\vartheta}_{y_i,k})}{\sum_{s=1}^{M} \hat{\alpha}_{y_s,k} p_{y_s}(\boldsymbol{x}_s \mid \boldsymbol{\vartheta}_{y_s,k})}, k \in \mathbf{N}$(当$\hat{\boldsymbol{\theta}}_k$已知时容易求得)。同时有

$$p(\boldsymbol{y} \mid \boldsymbol{x}, \hat{\boldsymbol{\theta}}_k) = \prod_{i=1}^{N} p(y_i \mid \boldsymbol{x}_i, \hat{\boldsymbol{\theta}}_k)$$

所以

$$\begin{aligned} Q(\boldsymbol{\theta} \mid \hat{\boldsymbol{\theta}}_k) &= E_{\boldsymbol{y}|\boldsymbol{x}, \hat{\boldsymbol{\theta}}_k} \ln p(\boldsymbol{x}, \boldsymbol{y} \mid \boldsymbol{\theta}) = \sum_{y \in \Gamma} [\ln p(\boldsymbol{x}, \boldsymbol{y} \mid \boldsymbol{\theta})] p(\boldsymbol{x}, \boldsymbol{y} \mid \hat{\boldsymbol{\theta}}_k) \\ &= \sum_{j=1}^{M} \left[\sum_{i=1}^{N} \ln \alpha_j p_j(\boldsymbol{x}_i \mid \boldsymbol{\vartheta}_j) \right] p(j \mid \boldsymbol{x}_i, \hat{\boldsymbol{\theta}}_k) \\ &= \sum_{j=1}^{M} \sum_{i=1}^{N} [\ln \alpha_j] p(j \mid \boldsymbol{x}_i, \hat{\boldsymbol{\theta}}_k) + \sum_{j=1}^{M} \sum_{i=1}^{N} [p_j(\boldsymbol{x}_i \mid \boldsymbol{\vartheta}_j)] p(j \mid \boldsymbol{x}_i, \hat{\boldsymbol{\theta}}_k) \end{aligned}$$

对于某些特殊的分布函数，可以得到参数的解析表达，例如正态分布的混合密度函数有：

E- 步求期望$\boldsymbol{\vartheta}_j = \left\{ \boldsymbol{u}_j, \sum_j \right\}, j = 1, 2, \cdots, M$，分别表示各分量的均值和协方差阵，则

$$p_j(\boldsymbol{x}_i \mid \boldsymbol{\vartheta}_j) = \frac{1}{(2\pi)^{d/2} \left| \sum_j \right|^{1/2}} \exp\left\{ -\frac{1}{2} (\boldsymbol{x}_i - \boldsymbol{u}_j)^{\mathrm{T}} \sum_j^{-1} (\boldsymbol{x}_i - \boldsymbol{u}_j) \right\}$$

$$p(j \mid \boldsymbol{x}_i, \hat{\boldsymbol{\theta}}_k) = \frac{\hat{\alpha}_{j,k} p_j(\boldsymbol{x}_i \mid \boldsymbol{\vartheta}_{j,k})}{\sum_{s=1}^{M} \hat{\alpha}_{s,k} p_s(\boldsymbol{x}_s \mid \boldsymbol{\vartheta}_{s,k})}, \quad j = 1, 2, \cdots, M$$

$$p_j(\boldsymbol{x}_i \mid \boldsymbol{\vartheta}_{j,k}) = \frac{1}{(2\pi)^{d/2}\left|\hat{\sum}_{j,k}\right|^{1/2}}\exp\left\{-\frac{1}{2}(\boldsymbol{x}_i - \hat{\boldsymbol{u}}_{j,k})^{\mathrm{T}}\hat{\sum}_{jk}^{-1}(\boldsymbol{x}_i - \hat{\boldsymbol{u}}_{j,k})\right\}$$

从而求得 $Q(\boldsymbol{\theta} \mid \hat{\boldsymbol{\theta}}_k)$。

M-步求最大化

$$\hat{\boldsymbol{\theta}}_{k+1} = \arg\max_{\boldsymbol{\theta}}[Q(\boldsymbol{\theta} \mid \hat{\boldsymbol{\theta}}_k)] \tag{12-65}$$

$$约束条件\sum_{j=1}^{M}\hat{\alpha}_j = 1$$

利用 Lagrange 乘子法容易求得参数估计$\hat{\boldsymbol{\theta}}_{k+1}$(由 x_i 和 $p(j \mid x_i, \hat{\theta}_k)$表示)。$\hat{\boldsymbol{\theta}}_{k+1}$将作为 E-步的初始值,重复 E-步和 M-步计算,直至收敛。

习题

12.1 对基于如下观测的随机变量 θ 求估计器:

$$y = \ln\theta + n$$

其中

$$p(\theta) = \begin{cases} 1, & 0 \leqslant \theta \leqslant 1 \\ 0, & 其他 \end{cases}$$

且

$$p(n) = \begin{cases} \mathrm{e}^{-n}, & n \geqslant 0 \\ 0, & 其他 \end{cases}$$

求(a)MSE 估计;(b)MAP 估计;(c)绝对误差估计。

12.2 求参数 a 和 b 的 ML 估计,给定观测量的集合为

$$y_i = a + bn_i, \quad i = 1, 2, \cdots, m$$

其中,n_i 是独立、同分布的,它的 PDF 为

$$p(n_i) = \frac{1}{\sqrt{2\pi}}\exp\left(-\frac{n_i^2}{2}\right)$$

12.3 求参数 θ 的 ML 估计和 MAP 估计,观测量 y 由下式给出:

$$y = 2\theta + \theta^2 + n$$

其中

$$p(n) = \begin{cases} \mathrm{e}^{-n}, & n \geqslant 0 \\ 0, & 其他 \end{cases}$$

且

$$p(\theta) = \frac{1}{5}\delta(\theta) + \frac{4}{5}\delta(\theta - 2)$$

第 13 章

滤波器理论

13.1 基本概念

13.1.1 离散时间线性系统模型

在讨论系统的估计问题时,可以用下式来描述一个离散时间线性系统的状态转换

$$\boldsymbol{X}_{k+1} = \boldsymbol{F}_k \boldsymbol{X}_k + \boldsymbol{\Phi}_k \boldsymbol{U}_k + \boldsymbol{\Gamma}_k \boldsymbol{W}_k \tag{13-1}$$

其中,$\boldsymbol{X}_k \in \mathbf{R}^n$ 是 k 时刻系统的状态向量;$\boldsymbol{F}_k \in \mathbf{R}^{n\times n}$是系统从 k 时刻到 $k+1$ 时刻的状态转移矩阵;$\boldsymbol{U}_k \in \mathbf{R}^n$ 是 k 时刻的输入控制信号,$\boldsymbol{\Phi}_k \in \mathbf{R}^{n\times n}$是与之对应的加权矩阵,在没有输入控制信号时,这一项为 0;$\boldsymbol{W}_k \in \mathbf{R}^m$ 是 k 时刻的过程演化噪声,它是一个 m 维零均值的白色高斯噪声序列,$\boldsymbol{\Gamma}_k \in \mathbf{R}^{n\times m}$是与之对应的分布矩阵,且该噪声序列是一个独立过程,其协方差阵为$\boldsymbol{Q}_k \in \mathbf{R}^{n\times n}$,即:$E[\boldsymbol{W}_k \boldsymbol{W}_k^{\mathrm{T}}]=\boldsymbol{Q}_k\delta_{i,j}$,$\delta_{i,j}$为克罗内克函数。

系统的量测方程可以用下式表示

$$\boldsymbol{Z}_k = \boldsymbol{H}_k \boldsymbol{X}_k + \boldsymbol{V}_k \tag{13-2}$$

其中,$\boldsymbol{Z}_k \in \mathbf{R}^n$ 是 k 时刻系统的量测向量,$\boldsymbol{H}_k \in \mathbf{R}^{n\times n}$是系统 k 时刻的量测矩阵;$\boldsymbol{V}_k \in \mathbf{R}^n$ 是 k 时刻的量测噪声,它是一个零均值的白色高斯噪声序列,同样,它也是一个独立过程,其协方差阵为$\boldsymbol{R}_k \in \mathbf{R}^{n\times n}$,即:$E[\boldsymbol{V}_k(\boldsymbol{V}_k)^{\mathrm{T}}]=R_k\delta_{i,j}$。

假设用$\boldsymbol{Z}^k$ 代表到 k 时刻为止,所有量测结果构成的集合,即

$$\boldsymbol{Z}^k = \{\boldsymbol{Z}_1, \boldsymbol{Z}_2, \cdots, \boldsymbol{Z}_k\}$$

假设,将基于量测集$\boldsymbol{Z}^j$ 对 k 时刻的系统状态$\boldsymbol{X}_k$ 做出的某种估计记作$\hat{\boldsymbol{X}}_{k|j}$。

当 $k=j$ 时,对$\boldsymbol{X}_k$ 的估计问题称为状态滤波问题,$\hat{\boldsymbol{X}}_{k|j}$是 k 时刻$\boldsymbol{X}_k$ 的滤波值;

当 $k>j$ 时,对$\boldsymbol{X}_k$ 的估计问题称为状态预测问题,$\hat{\boldsymbol{X}}_{k|j}$是 k 时刻$\boldsymbol{X}_k$ 的预测值;

当 $k<j$ 时,对$\boldsymbol{X}_k$ 的估计问题称为状态平滑问题,$\hat{\boldsymbol{X}}_{k|j}$是 k 时刻$\boldsymbol{X}_k$ 的平滑值。

13.1.2 连续时间线性系统的离散化

在许多实际问题中遇到的往往不是离散时间系统的情况,为了便于处理问题,需要将连续时间系统转化为离散时间系统。下面介绍将连续时间线性系统转化为离散时间线性系统的方法。

连续时间线性系统模型的状态转化关系可以用下式表示

$$\dot{\boldsymbol{x}}(t)=\boldsymbol{A}(t)\boldsymbol{x}(t)+\boldsymbol{B}(t)\boldsymbol{u}(t)+\boldsymbol{N}(t)\boldsymbol{w}(t) \tag{13-3}$$

其中，$\boldsymbol{x}(t)\in\mathbf{R}^n$ 是 t 时刻系统的状态向量；$\boldsymbol{u}(t)\in\mathbf{R}^n$ 是 t 时刻的输入控制信号；$\boldsymbol{w}(t)\in\mathbf{R}^m$ 是 t 时刻的过程演化噪声；$\boldsymbol{A}(t)$，$\boldsymbol{B}(t)\in\mathbf{R}^{n\times n}$ 和 $\boldsymbol{N}(t)\in\mathbf{R}^{n\times m}$ 是与时间 t 有关的已知矩阵。

该系统的量测方程为

$$\boldsymbol{z}(t)=\boldsymbol{L}(t)\boldsymbol{x}(t)+\boldsymbol{v}(t) \tag{13-4}$$

它的定义与离散时间的量测方程相似，其中 $z(t)\in\mathbf{R}^n$ 是 t 时刻系统的量测向量；$\boldsymbol{L}(t)\in\mathbf{R}^{n\times n}$ 是系统 t 时刻的量测矩阵。

为了将连续时间系统转化为相应的离散时间线性系统，需要以一定的时间间隔对连续时间线性系统的状态进行采样。假设采样时间序列为 $\{t_0,t_1,\cdots t_k,t_{k+1},\cdots\}$，其采样间隔为 Δt，即 $t_{k+1}-t_k=\Delta t$。采样得到的状态序列为 $\{\boldsymbol{x}(t_0),\boldsymbol{x}(t_1),\cdots,\ \boldsymbol{x}(t_k),\boldsymbol{x}(t_{k+1}),\cdots\}$，且记 $\boldsymbol{x}(t_k)=\boldsymbol{X}(k)$，相应的量测序列为 $\{\boldsymbol{z}(t_0),\boldsymbol{z}(t_1),\cdots,\ \boldsymbol{z}(t_k),\boldsymbol{z}(t_{k+1}),\cdots\}$，记 $\boldsymbol{z}(t_k)=\boldsymbol{Z}(k)$。

对公式(13-3)的微分方程求通解可得

$$\boldsymbol{x}(t)=C\mathrm{e}^{\int_0^t A(\tau)\mathrm{d}\tau}+\mathrm{e}^{\int_0^t A(\tau)\mathrm{d}\tau}\int_0^t[\boldsymbol{B}(\tau)\boldsymbol{u}(\tau)+\boldsymbol{N}(\tau)\boldsymbol{w}(\tau)]\mathrm{e}^{-\int_0^\tau A(\gamma)\mathrm{d}\gamma}\mathrm{d}\tau,\quad C\in\mathbf{R}^{n\times n}$$

相应地，

$$\begin{aligned}\boldsymbol{x}(t+\Delta t)&=C\mathrm{e}^{\int_0^{t+\Delta t}A(\tau)\mathrm{d}\tau}+\mathrm{e}^{\int_0^{t+\Delta t}A(\tau)\mathrm{d}\tau}\int_0^{t+\Delta t}[\boldsymbol{B}(\tau)\boldsymbol{u}(\tau)+\boldsymbol{N}(\tau)\boldsymbol{w}(\tau)]\mathrm{e}^{-\int_0^\tau A(\gamma)\mathrm{d}\gamma}\mathrm{d}\tau\\&=\mathrm{e}^{\int_t^{t+\Delta t}A(\tau)\mathrm{d}\tau}\left\{C\mathrm{e}^{\int_0^t A(\tau)\mathrm{d}\tau}+\mathrm{e}^{\int_0^t A(\tau)\mathrm{d}\tau}\int_0^{t+\Delta t}[\boldsymbol{B}(\tau)\boldsymbol{u}(\tau)+\boldsymbol{N}(\tau)\boldsymbol{w}(\tau)]\mathrm{e}^{-\int_0^\tau A(\gamma)\mathrm{d}\gamma}\mathrm{d}\tau\right\}\end{aligned}$$

则式(13-1)中的 $\boldsymbol{F}(k)$ 可以表达为

$$\boldsymbol{F}(k)=\mathrm{e}^{\int_{t_k}^{t_k+\Delta t}A(\tau)\mathrm{d}\tau}$$

$$\begin{aligned}\boldsymbol{\Phi}(k)\boldsymbol{U}(k)+\boldsymbol{\Gamma}(k)\boldsymbol{W}(k)&=\boldsymbol{X}(k+1)-\boldsymbol{F}(k)\boldsymbol{X}(k)\\&=\boldsymbol{x}(t_k+\Delta t)-\boldsymbol{F}(k)x(t_k)\\&=\int_t^{t+\Delta t}[\boldsymbol{B}(\tau)\boldsymbol{u}(\tau)+\boldsymbol{N}(\tau)w(\tau)]\mathrm{e}^{\int_\tau^{t+\Delta t}A(\gamma)\mathrm{d}\gamma}\mathrm{d}\tau\\&=\int_t^{t+\Delta t}\boldsymbol{B}(\tau)\boldsymbol{u}(\tau)\mathrm{e}^{\int_\tau^{t+\Delta t}A(\gamma)\mathrm{d}\gamma}\mathrm{d}\tau+\int_t^{t+\Delta t}\boldsymbol{N}(\tau)w(\tau)\mathrm{e}^{\int_\tau^{t+\Delta t}A(\gamma)\mathrm{d}\gamma}\mathrm{d}\tau\end{aligned}$$

所以

$$\boldsymbol{\Phi}(k)\boldsymbol{U}(k)=\int_t^{t+\Delta t}\boldsymbol{B}(\tau)\boldsymbol{u}(\tau)\mathrm{e}^{\int_\tau^{t+\Delta t}A(\gamma)\mathrm{d}\gamma}\mathrm{d}\tau$$

$$\boldsymbol{\Gamma}(k)\boldsymbol{W}(k)=\int_t^{t+\Delta t}\boldsymbol{N}(\tau)\boldsymbol{w}(\tau)\mathrm{e}^{\int_\tau^{t+\Delta t}A(\gamma)\mathrm{d}\gamma}\mathrm{d}\tau$$

在对式(13-4)进行离散化时，只需对 $L(t)$ 和 $v(t)$ 做抽样，即式(13-2)中的 $\boldsymbol{H}(k)$ 和 $\boldsymbol{V}(k)$ 可以表达为

$$\boldsymbol{H}(k)=\boldsymbol{L}(t_k)$$

$$\boldsymbol{V}(k)=\boldsymbol{v}(t_k)$$

所以，连续时间线性系统就可以转化为等效的离散时间线性系统了，这样有利于对系统进行分析且便于计算机处理。

13.2 Kalman 滤波器

13.2.1 基本 Kalman 滤波器

Kalman 滤波器(KF)最早是在 1960 年由匈牙利数学家 Rudolf Emil Kalman 在他的论文 *A New Approach to Linear Filtering and Prediction Problems*(线性滤波与预测问题的新方法)中提出的,它是一种最优化自回归的数据处理算法,可以用它来解决线性系统中的估计问题。

在这里,只考虑没有输入控制信号时的情况,此时系统的状态方程可以简化为

$$\boldsymbol{X}_{k+1} = \boldsymbol{F}_k \boldsymbol{X}_k + \boldsymbol{\Gamma}_k \boldsymbol{W}_k$$

定义$\hat{\boldsymbol{X}}_{k|k}$为 k 时刻系统状态的最优估计,即

$$\hat{\boldsymbol{X}}_{k|k} = E[\boldsymbol{X}_k \mid \boldsymbol{Z}^k]$$

与之相伴的协方差阵$\boldsymbol{P}_{k|k}$为

$$\boldsymbol{P}_{k|k} = E[\tilde{\boldsymbol{X}}_{k|k} (\tilde{\boldsymbol{X}}_{k|k})^{\mathrm{T}} \mid \boldsymbol{Z}^k]$$

其中

$$\tilde{\boldsymbol{X}}_{k|k} = \boldsymbol{X}_k - \hat{\boldsymbol{X}}_{k|k}$$

这里的$\hat{\boldsymbol{X}}_{k|k}$和$\boldsymbol{P}_{k|k}$就是 KF 在 k 时刻得到的滤波结果,并作为 KF 下一次迭代中用到的条件。其本质就是根据前一次的滤波结果和当前时刻的测量值得到当前时刻的滤波结果。

首先,要对线性系统进行初始化,初始化条件为

$$\hat{\boldsymbol{X}}_{0|0} = E[\boldsymbol{X}_0]$$

$$\boldsymbol{P}_{0|0} = E[\tilde{\boldsymbol{X}}_{0|0} (\tilde{\boldsymbol{X}}_{0|0})^{\mathrm{T}}]$$

随机变量$\boldsymbol{X}_0$ 满足某一特定的概率分布。

接着进行一步提前预测,定义一步提前预测值$\hat{\boldsymbol{X}}_{k+1|k}$为

$$\begin{aligned}\hat{\boldsymbol{X}}_{k+1|k} &= E[\boldsymbol{X}_k \mid \boldsymbol{Z}^{k-1}] = E[\boldsymbol{F}_k \boldsymbol{X}_k + \boldsymbol{\Gamma}_k \boldsymbol{W}_k \mid \boldsymbol{Z}^k] \\ &= E[\boldsymbol{F}_k \boldsymbol{X}_k \mid \boldsymbol{Z}^k] + E[\boldsymbol{\Gamma}_k \boldsymbol{W}_k \mid \boldsymbol{Z}^k] = \boldsymbol{F}_k \hat{\boldsymbol{X}}_{k|k}\end{aligned}$$

与之相伴的一步提前预测协方差为

$$\begin{aligned}\boldsymbol{P}_{k+1|k} &= E[\tilde{\boldsymbol{X}}_{k+1|k} (\tilde{\boldsymbol{X}}_{k+1|k})^{\mathrm{T}} \mid \boldsymbol{Z}^k] \\ &= E\{[\boldsymbol{X}_{k+1} - \hat{\boldsymbol{X}}_{k+1|k}][X_{k+1} - \hat{\boldsymbol{X}}_{k+1|k}]^{\mathrm{T}} \mid \boldsymbol{Z}^k\} \\ &= E\{[\boldsymbol{F}_k \tilde{\boldsymbol{X}}_{k|k} + \boldsymbol{\Gamma}_k \boldsymbol{W}_k] \cdot [\boldsymbol{F}_k \tilde{\boldsymbol{X}}_{k|k} + \boldsymbol{\Gamma}_k \boldsymbol{W}_k]^{\mathrm{T}} \mid \boldsymbol{Z}^k\} \\ &= E[\boldsymbol{F}_k \tilde{\boldsymbol{X}}_{k|k} (\tilde{\boldsymbol{X}}_{k|k})^{\mathrm{T}} (\boldsymbol{F}_k)^{\mathrm{T}} \mid \boldsymbol{Z}^k] + E[\boldsymbol{\Gamma}_k \boldsymbol{W}_k (\boldsymbol{W}_k)^{\mathrm{T}} (\boldsymbol{\Gamma}_k)^{\mathrm{T}} \mid \boldsymbol{Z}^k] \\ &= \boldsymbol{F}_k \boldsymbol{P}_{k|k} (\boldsymbol{F}_k)^{\mathrm{T}} + \boldsymbol{\Gamma}_k \boldsymbol{Q}_k (\boldsymbol{\Gamma}_k)^{\mathrm{T}}\end{aligned} \tag{13-5}$$

其中

$$\tilde{\boldsymbol{X}}_{k+1|k} = \boldsymbol{X}_{k+1} - \hat{\boldsymbol{X}}_{k+1|k}$$

称之为一步预测误差。

相应地，量测的一步提前预测值$\hat{\boldsymbol{Z}}_{k+1|k}$为

$$\begin{aligned}\hat{\boldsymbol{Z}}_{k+1|k} &= E[\boldsymbol{Z}_{k+1} \mid \boldsymbol{Z}^k] = E[\boldsymbol{H}_{k+1}\boldsymbol{X}_{k+1} + \boldsymbol{V}_{k+1} \mid \boldsymbol{Z}^k] \\ &= E[\boldsymbol{H}_{k+1}\boldsymbol{X}_{k+1} \mid \boldsymbol{Z}^k] + E[\boldsymbol{V}_{k+1} \mid \boldsymbol{Z}^k] = \boldsymbol{H}_{k+1}\hat{\boldsymbol{X}}_{k+1|k}\end{aligned}$$

与之相伴的量测预测协方差为

$$\begin{aligned}\boldsymbol{R}_{\widetilde{Z}_{k+1|k}\widetilde{Z}_{k+1|k}} &= E[\widetilde{\boldsymbol{Z}}_{k+1|k}(\widetilde{\boldsymbol{Z}}_{k+1|k})^{\mathrm{T}} \mid \boldsymbol{Z}^k] \\ &= E\{[\boldsymbol{Z}_{k+1} - \hat{\boldsymbol{Z}}_{k+1|k})][\boldsymbol{Z}_{k+1} - \hat{\boldsymbol{Z}}_{k+1|k}]^{\mathrm{T}} \mid \boldsymbol{Z}^k\} \\ &= E\{[\boldsymbol{H}_{k+1}\widetilde{\boldsymbol{X}}_{k+1|k} + \boldsymbol{V}_{k+1}] \cdot [\boldsymbol{H}_{k+1}\widetilde{\boldsymbol{X}}_{k+1|k} + \boldsymbol{V}_{k+1}]^{\mathrm{T}} \mid \boldsymbol{Z}^k\} \\ &= E[\boldsymbol{H}_{k+1}\widetilde{\boldsymbol{X}}_{k+1|k}(\widetilde{\boldsymbol{X}}_{k+1|k})^{\mathrm{T}}(\boldsymbol{H}_{k+1})^{\mathrm{T}} \mid \boldsymbol{Z}^k] + E[\boldsymbol{V}_{k+1}(\boldsymbol{V}_{k+1})^{\mathrm{T}} \mid \boldsymbol{Z}^k] \\ &= \boldsymbol{H}_{k+1}\boldsymbol{P}_{k+1|k}(\boldsymbol{H}_{k+1})^{\mathrm{T}} + \boldsymbol{R}_{k+1}\end{aligned}$$

其中

$$\widetilde{\boldsymbol{Z}}_{k+1|k} = \boldsymbol{Z}_{k+1} - \hat{\boldsymbol{Z}}_{k+1|k}$$

称之为新息，并且可以证明新息序列是一个零均值的独立过程。

另外，可以得到状态预测和量测预测之间的协方差为

$$\begin{aligned}\boldsymbol{R}_{\widetilde{X}_{k+1|k}\widetilde{Z}_{k+1|k}} &= E[\widetilde{\boldsymbol{X}}_{k+1|k}(\widetilde{\boldsymbol{Z}}_{k+1|k})^{\mathrm{T}} \mid \boldsymbol{Z}^k] \\ &= E\{\widetilde{\boldsymbol{X}}_{k+1|k}[\boldsymbol{Z}_{k+1} - \hat{\boldsymbol{Z}}_{k+1|k}]^{\mathrm{T}} \mid \boldsymbol{Z}^k\} \\ &= E\{\widetilde{\boldsymbol{X}}_{k+1|k}[\boldsymbol{H}_{k+1}\widetilde{\boldsymbol{X}}_{k+1|k} + \boldsymbol{V}_{k+1}]^{\mathrm{T}} \mid \boldsymbol{Z}^k\} \\ &= E[\widetilde{\boldsymbol{X}}_{k+1|k}(\widetilde{\boldsymbol{X}}_{k+1|k})^{\mathrm{T}}(\boldsymbol{H}_{k+1})^{\mathrm{T}} \mid \boldsymbol{Z}^k] + E[\widetilde{\boldsymbol{X}}_{k+1|k}(\boldsymbol{V}_{k+1})^{\mathrm{T}} \mid \boldsymbol{Z}^k] \\ &= \boldsymbol{P}_{k+1|k}(\boldsymbol{H}_{k+1})^{\mathrm{T}}\end{aligned}$$

然后，当获得 $k+1$ 时刻的量测值时，要对一步预测结果进行更新，根据定义可以推得 $k+1$ 时刻的最优状态估计为

$$\begin{aligned}\hat{\boldsymbol{X}}_{k+1|k+1} &= E[\boldsymbol{X}_{k+1} \mid \boldsymbol{Z}^{k+1}] = E[\boldsymbol{X}_{k+1} \mid \hat{\boldsymbol{Z}}^k, \hat{\boldsymbol{Z}}_{k+1}] \\ &= E[\boldsymbol{X}_{k+1} \mid \hat{\boldsymbol{Z}}^k] + E[\boldsymbol{X}_{k+1} \mid \hat{\boldsymbol{Z}}_{k+1}] - E[\boldsymbol{X}_{k+1}] \\ &= \hat{\boldsymbol{X}}_{k+1|k} + \boldsymbol{R}_{\widetilde{X}_{k+1|k}\widetilde{Z}_{k+1|k}}(\boldsymbol{R}_{\widetilde{Z}_{k+1|k}\widetilde{Z}_{k+1|k}})^{-1}\hat{\boldsymbol{Z}}_{k+1} \\ &= \hat{\boldsymbol{X}}_{k+1|k} + \boldsymbol{K}_{k+1}\hat{\boldsymbol{Z}}_{k+1}\end{aligned}$$

其中

$$\begin{aligned}\boldsymbol{K}_{k+1} &= \boldsymbol{R}_{\widetilde{X}_{k+1|k}\widetilde{Z}_{k+1|k}}(\boldsymbol{R}_{\widetilde{Z}_{k+1|k}\widetilde{Z}_{k+1|k}})^{-1} \\ &= \boldsymbol{P}_{k+1|k}(\boldsymbol{H}_{k+1})^{\mathrm{T}}[\boldsymbol{H}_{k+1}\boldsymbol{P}_{k+1|k}(\boldsymbol{H}_{k+1})^{\mathrm{T}} + \boldsymbol{R}_{k+1}]^{\mathrm{T}}\end{aligned}$$

$\boldsymbol{K}(k+1)$叫作 $k+1$ 时刻的 Kalman 增益。同时，更新 $k+1$ 时刻的协方差

$$\begin{aligned}\boldsymbol{P}_{k+1|k+1} &= E[\hat{\boldsymbol{X}}_{k+1|k+1}(\widetilde{\boldsymbol{X}}_{k+1|k+1})^{\mathrm{T}} \mid \boldsymbol{Z}^k] \\ &= E\{[\hat{\boldsymbol{X}}_{k+1|k} - \boldsymbol{K}_{k+1}\hat{\boldsymbol{Z}}_{k+1|k}] \cdot [\widetilde{\boldsymbol{X}}_{k+1|k} - \boldsymbol{K}_{k+1}\widetilde{\boldsymbol{Z}}_{k+1|k}]^{\mathrm{T}} \mid \boldsymbol{Z}^k\} \\ &= \boldsymbol{P}_{k+1|k} - \boldsymbol{K}_{k+1}\boldsymbol{R}_{\widetilde{Z}_{k+1|k}\widetilde{X}_{k+1|k}} - \boldsymbol{R}_{\widetilde{X}_{k+1|k}\widetilde{Z}_{k+1|k}}(\boldsymbol{K}_{k+1})^{\mathrm{T}} + \boldsymbol{K}_{k+1}\boldsymbol{R}_{\widetilde{Z}_{k+1|k}\widetilde{Z}_{k+1|k}}(\boldsymbol{K}_{k+1})^{\mathrm{T}} \\ &= \boldsymbol{P}_{k+1|k} - \boldsymbol{K}_{k+1}\boldsymbol{R}_{\widetilde{Z}_{k+1|k}\widetilde{X}_{k+1|k}} - \boldsymbol{R}_{\widetilde{X}_{k+1|k}\widetilde{Z}_{k+1|k}}(\boldsymbol{K}_{k+1})^{\mathrm{T}} + \boldsymbol{R}_{\widetilde{X}_{k+1|k}\widetilde{Z}_{k+1|k}}(\boldsymbol{K}_{k+1})^{\mathrm{T}} \\ &= \boldsymbol{P}_{k+1|k} - \boldsymbol{K}_{k+1}\boldsymbol{R}_{\widetilde{Z}_{k+1|k}\widetilde{X}_{k+1|k}} \\ &= \boldsymbol{P}_{k+1|k} - \boldsymbol{P}_{k+1|k}(\boldsymbol{H}_{k+1})^{\mathrm{T}} \cdot [\boldsymbol{H}_{k+1}\boldsymbol{P}_{k+1|k}(\boldsymbol{H}_{k+1})^{\mathrm{T}} + \boldsymbol{R}_{k+1}]^{-1}\boldsymbol{H}_{k+1}\boldsymbol{P}_{k+1|k}\end{aligned} \tag{13-6}$$

KF 的迭代关系如图 13-1 所示。

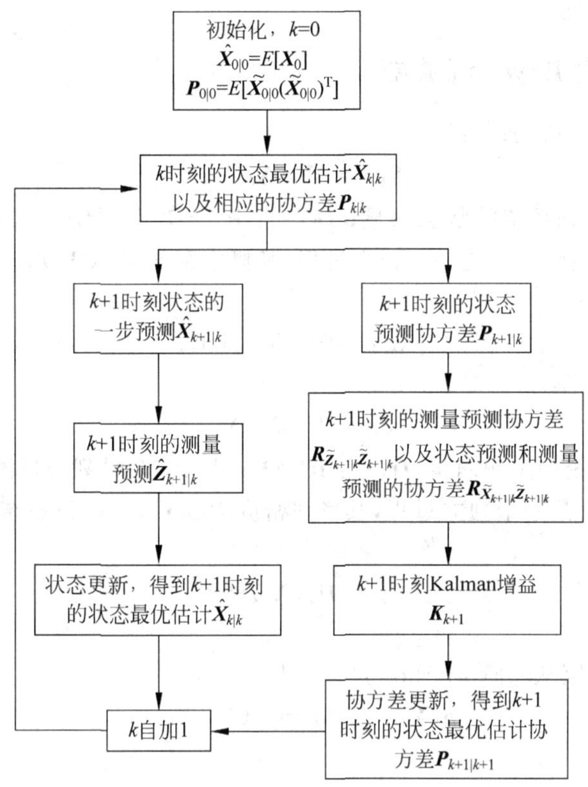

图 13-1 Kalman 滤波器流程图

13.2.2 信息滤波器

信息滤波器是对标准 KF 的一种改进，它与标准 KF 的不同之处在于，它用协方差阵的逆矩阵来代替协方差阵在一步预测和更新中进行递推，这样可以降低计算的复杂度，尤其在量测向量维数远小于状态向量维数时，信息滤波器计算量远小于标准 KF。

把协方差阵的逆矩阵称为信息矩阵，对于前一部分所描述的线性系统来说，必须要求它所有的状态转移矩阵 $\boldsymbol{F}(k)$和所有的协方差阵都是可逆的，这样才可以使用信息滤波的方法实现递推运算。

对式(13-5)两端同时求逆可以得到一步预测信息矩阵

$$\boldsymbol{P}_{k+1|k}=[\boldsymbol{F}_k\boldsymbol{P}_{k|k}(\boldsymbol{F}_k)^{\mathrm{T}}+\boldsymbol{\Gamma}_k\boldsymbol{Q}_k(\boldsymbol{\Gamma}_k)^{\mathrm{T}}]^{-1}$$

对式(13-6)的两边同时求逆可得

$$\begin{aligned}(\boldsymbol{P}_{k+1|k+1})^{-1}&=\{\boldsymbol{P}_{k+1|k}-\boldsymbol{P}_{k+1|k}(\boldsymbol{H}_{k+1})^{\mathrm{T}}\cdot[\boldsymbol{H}_{k+1}\boldsymbol{P}_{k+1|k}(\boldsymbol{H}_{k+1})^{\mathrm{T}}+\boldsymbol{R}_{k+1}]^{-1}\boldsymbol{H}_{k+1}\boldsymbol{P}_{k+1|k}\}^{-1}\\&=(\boldsymbol{P}_{k+1|k})^{-1}+(\boldsymbol{H}_{k+1})^{\mathrm{T}}(\boldsymbol{R}_{k+1})^{-1}\boldsymbol{H}_{k+1}\end{aligned}$$

那么，Kalman 增益就可以表达为

$$\begin{aligned}\boldsymbol{K}_{k+1}&=\boldsymbol{P}_{k+1|k}(\boldsymbol{H}_{k+1})^{\mathrm{T}}[\boldsymbol{H}_{k+1}\boldsymbol{P}_{k+1|k}(\boldsymbol{H}_{k+1})^{\mathrm{T}}+\boldsymbol{R}_{k+1}]^{\mathrm{T}}\\&=\{\boldsymbol{P}_{k+1|k}-\boldsymbol{P}_{k+1|k}(\boldsymbol{H}_{k+1})^{\mathrm{T}}[\boldsymbol{H}_{k+1}\boldsymbol{P}_{k+1|k}(\boldsymbol{H}_{k+1})^{\mathrm{T}}+\boldsymbol{R}_{k+1}]^{-1}\boldsymbol{H}_{k+1}\boldsymbol{P}_{k+1|k}\}(\boldsymbol{H}_{k+1})^{\mathrm{T}}(\boldsymbol{R}_{k+1})^{-1}\\&=[(\boldsymbol{P}_{k+1|k})^{-1}+(\boldsymbol{H}_{k+1})^{\mathrm{T}}(\boldsymbol{R}_{k+1})^{-1}\boldsymbol{H}_{k+1}]^{-1}(\boldsymbol{H}_{k+1})^{\mathrm{T}}(\boldsymbol{R}_{k+1})^{-1}\\&=\boldsymbol{P}_{k+1|k}(\boldsymbol{H}_{k+1})^{\mathrm{T}}(\boldsymbol{R}_{k+1})^{-1}\end{aligned}$$

这样就完成了信息滤波器中信息矩阵的递推过程，以及 Kalman 增益的计算，其余部分的推导与标准 KF 相同。

13.2.3 最优 Bayes 滤波器

假设非线性系统的状态方程为

$$\boldsymbol{X}_{k+1}=\boldsymbol{F}_k(\boldsymbol{X}_k,\boldsymbol{W}_k)$$

其中，$\boldsymbol{X}_k\in\mathbf{R}^n$ 是 k 时刻系统的状态向量；$\boldsymbol{F}_k(\cdot)$：$\mathbf{R}^n\rightarrow\mathbf{R}^n$ 是系统的状态转移函数，$\boldsymbol{W}_k\in\mathbf{R}^n$ 是 k 时刻的过程演化噪声，它是一个独立过程，其概率密度为 $\rho(\boldsymbol{W}_k)$。假设系统噪声是加性的，则上式可以改写为

$$\boldsymbol{X}_{k+1}=\boldsymbol{F}_k(\boldsymbol{X}_k)+\boldsymbol{W}_k \tag{13-7}$$

该系统的量测方程为

$$\boldsymbol{Z}_k=\boldsymbol{H}_k(\boldsymbol{X}_k,\boldsymbol{V}_k)$$

其中，$\boldsymbol{Z}_k$ 是 k 时刻系统的量测向量，$\boldsymbol{H}(\cdot)$：$\mathbf{R}^n\rightarrow\mathbf{R}^n$ 是系统 k 时刻的量测函数；$\boldsymbol{V}(k)\in\mathbf{R}^n$ 是 k 时刻的量测噪声，它是一个独立过程，其概率密度为 $\rho(\boldsymbol{V}_k)$。假设系统噪声是加性的，则上式可以改写为

$$\boldsymbol{Z}_k=\boldsymbol{H}_k(\boldsymbol{X}_k)+\boldsymbol{V}_k \tag{13-8}$$

另外，假设：

(1) 系统的状态服从一阶 Markov 过程，即

$$p(\boldsymbol{X}_k\mid\boldsymbol{X}^{k-1})=p(\boldsymbol{X}_k,\boldsymbol{X}_{k-1})$$

其中

$$\boldsymbol{X}^k=\{\boldsymbol{X}_0,\boldsymbol{X}_1,\cdots,\boldsymbol{X}_k\}$$

(2) 系统量测值仅与当前时刻的系统状态有关，即

$$p(\boldsymbol{Z}_k\mid\boldsymbol{X}^k)=p(\boldsymbol{Z}_k\mid\boldsymbol{X}_k)$$

(3) 初始状态的概率密度函数 $p(\boldsymbol{X}_0)$已知。

在上面提到的非线性系统中，已知的信息仅限于初始状态的概率分布和当前及过去时刻的所有量测信息 $\boldsymbol{Z}^k=\{\boldsymbol{Z}_0,\boldsymbol{Z}_1,\cdots,\boldsymbol{Z}_k\}$。Bayes 滤波的目标在于利用已知信息求得状态的后验概率密度 $p(\boldsymbol{X}_k|\boldsymbol{Z}^k)$。这样也就获得了对 k 时刻状态统计特性的完整描述，从而可以按照不同的准则得到 k 时刻的状态估计值及其估计误差的协方差阵，如采用最小方差估计时得到 k 时刻的状态估计及其估计误差协方差矩阵为

$$\hat{\boldsymbol{X}}_k=\int\boldsymbol{X}_k p(\boldsymbol{X}_k\mid\boldsymbol{Z}^k)\mathrm{d}\boldsymbol{X}_k$$

$$\boldsymbol{P}_k=\int(\boldsymbol{X}_k-\hat{\boldsymbol{X}}_k)(\boldsymbol{X}_k-\hat{\boldsymbol{X}}_k)^{\mathrm{T}}p(\boldsymbol{X}_k\mid\boldsymbol{Z}^k)\mathrm{d}\boldsymbol{X}_k$$

由此可见，后验概率密度 $p(\boldsymbol{X}_k|\boldsymbol{Z}^k)$在滤波理论中起着非常重要的作用，它封装了当前状态向量 $\boldsymbol{X}_k$ 的所有信息，因为 $p(\boldsymbol{X}_k|\boldsymbol{Z}^k)$蕴含了量测 $\boldsymbol{Z}^k$ 和状态的先验信息。递推 Bayes 滤波的基本思路是基于量测信息和前一时刻的后验概率信息获得当前状态的概率密度。递推 Bayes 滤波的基本步骤如下：

(1) 初始状态的概率密度函数为 $p(\boldsymbol{X}_0)$。

(2) 假设 k 时刻状态的后验概率密度函数为 $p(\boldsymbol{X}_k|\boldsymbol{Z}^k)$，那么状态后验密度函数的一步预测为

$$p(\boldsymbol{X}_{k+1} \mid \boldsymbol{Z}^k) = \int p(\boldsymbol{X}_{k+1}, \boldsymbol{X}_k \mid \boldsymbol{Z}^k)\mathrm{d}\boldsymbol{X}_k = \int p(\boldsymbol{X}_{k+1} \mid \boldsymbol{X}_k, \boldsymbol{Z}^k)p(\boldsymbol{X}_{k+1} \mid \boldsymbol{Z}^k)\mathrm{d}\boldsymbol{X}_k$$
$$= \int p(\boldsymbol{X}_{k+1} \mid \boldsymbol{X}_k)p(\boldsymbol{X}_k \mid \boldsymbol{Z}^k)\mathrm{d}\boldsymbol{X}_k$$

其中，$p(\boldsymbol{X}_{k+1}|\boldsymbol{X}_k)$可以通过状态方程(13-7)获得，即

$$p(\boldsymbol{X}_{k+1} \mid \boldsymbol{X}_k) = \int \delta(\boldsymbol{X}_{k+1} - \boldsymbol{F}_k(\boldsymbol{X}_k))\rho(\boldsymbol{W}_k)\mathrm{d}\boldsymbol{W}_k$$

$\delta(\cdot)$为克罗内克函数。

(3) $k+1$ 时刻量测概率密度的一步预测为

$$p(\boldsymbol{Z}_{k+1} \mid \boldsymbol{Z}^k) = \int p(\boldsymbol{X}_{k+1}, \boldsymbol{Z}_{k+1} \mid \boldsymbol{Z}^k)\mathrm{d}\boldsymbol{X}_{k+1} = \int p(\boldsymbol{Z}_{k+1} \mid \boldsymbol{X}_{k+1}, \boldsymbol{Z}^k)p(\boldsymbol{X}_{k+1} \mid \boldsymbol{Z}^k)\mathrm{d}\boldsymbol{X}_{k+1}$$
$$= \int p(\boldsymbol{Z}_{k+1} \mid \boldsymbol{X}_{k+1})p(\boldsymbol{X}_{k+1} \mid \boldsymbol{Z}^k)\mathrm{d}\boldsymbol{X}_{k+1}$$

其中 $p(\boldsymbol{Z}_{k+1}|\boldsymbol{X}_{k+1})$可以通过量测方程(13-8)获得，即

$$p(\boldsymbol{Z}_{k+1} \mid \boldsymbol{X}_{k+1}) = \int \delta(\boldsymbol{Z}_{k+1} - \boldsymbol{H}_k(\boldsymbol{X}_{k+1}))\rho(\boldsymbol{V}_{k+1})\mathrm{d}\boldsymbol{V}_{k+1}$$

(4) 若在 $k+1$ 时刻获得了新的量测向量 $\boldsymbol{Z}_{k+1}$，此时，可以更新状态后验概率密度函数

$$p(\boldsymbol{X}_{k+1} \mid \boldsymbol{Z}^{k+1}) = \frac{p(\boldsymbol{X}_{k+1}, \boldsymbol{Z}^{k+1})}{p(\boldsymbol{Z}^{k+1})} = \frac{p(\boldsymbol{Z}_{k+1} \mid \boldsymbol{X}_{k+1}, \boldsymbol{Z}^k)p(\boldsymbol{X}_{k+1}, \boldsymbol{Z}^k)}{p(\boldsymbol{Z}_{k+1} \mid \boldsymbol{Z}^k)p(\boldsymbol{Z}^k)}$$
$$= \frac{p(\boldsymbol{Z}_{k+1} \mid \boldsymbol{X}_{k+1})p(\boldsymbol{X}_{k+1} \mid \boldsymbol{Z}^k)p(\boldsymbol{Z}^k)}{p(\boldsymbol{Z}_{k+1} \mid \boldsymbol{Z}^k)p(\boldsymbol{Z}^k)}$$
$$= \frac{p(\boldsymbol{Z}_{k+1} \mid \boldsymbol{X}_{k+1})p(\boldsymbol{X}_{k+1} \mid \boldsymbol{Z}^k)}{p(\boldsymbol{Z}_{k+1} \mid \boldsymbol{Z}^k)}$$

可以将上述计算过程归纳为如图 13-2 所示的流程图。

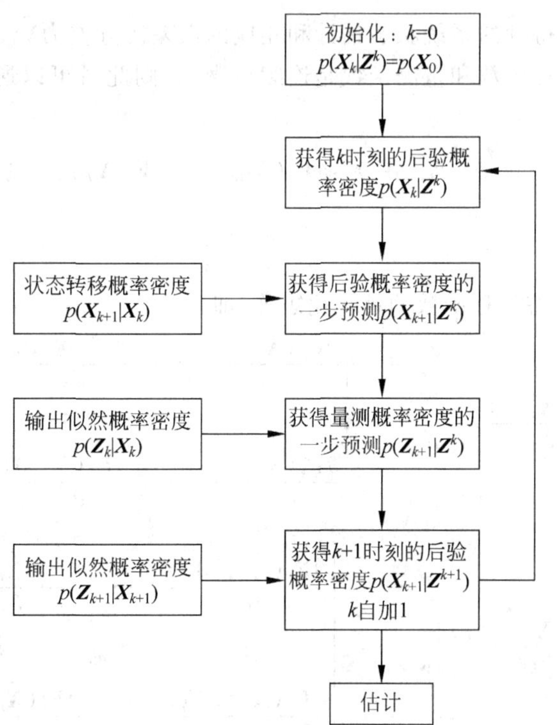

图 13-2 递推 Bayes 滤波流程图

从上述分析可以看出，无论是对线性还是对非线性系统来说 Bayes 滤波都是一种最优的滤波算法。在递推 Bayes 滤波中，对后验概率密度 $p(\boldsymbol{X}_k|\boldsymbol{Z}^k)$的计算在不同的前提下有不同的解决方法。在线性系统的条件下可以通过 KF 求得最优解。而当系统是非线性时，要得到最优的滤波解是非常困难的，有时甚至是不可能的。因此，Bayes 滤波只是为非线性滤波提供了一种一般性的解决方案，如果要在实际中采用往往需要极大的计算量，而且实现起来非常困难。所以，为了缓解非线性 Bayes 滤波的计算压力，人们往往采用一些次优的近似方法，如 EKF、UKF、差分滤波、粒子滤波等。

13.2.4 扩展 Kalman 滤波器

KF 是一种递推滤波算法，一般适用于线性系统的状态估计。然而，许多实际的系统往往是非线性的，要对这些系统的状态进行估计，靠标准的 KF 是做不到的，为此，人们提出了大量次优的近似估计方法。其中有一种就是函数近似法，也就是对非线性状态方程或量测方程做线性化处理，最典型的算法就是 EKF。EKF 用泰勒级数展开的方法对非线性方程做线性化近似，根据泰勒级数展开阶数的不同一般有一阶 EKF 算法和二阶 EKF 算法。

考虑下面的离散时间非线性系统的模型

$$\boldsymbol{X}_{k+1} = \boldsymbol{F}_k(\boldsymbol{X}_k, \boldsymbol{W}_k)$$
$$\boldsymbol{Z}_k = \boldsymbol{H}_k(\boldsymbol{X}_k, \boldsymbol{V}_k)$$

其中，系统的状态转移函数 $\boldsymbol{F}_k(\cdot)$和量测函数 $\boldsymbol{H}(\cdot)$可以表示为下面的向量形式

$$\boldsymbol{F}_k(\cdot) = [\boldsymbol{F}_k^1(\cdot), \boldsymbol{F}_k^2(\cdot), \cdots, \boldsymbol{F}_k^n(\cdot)]$$
$$\boldsymbol{H}_k(\cdot) = [\boldsymbol{H}_k^1(\cdot), \boldsymbol{H}_k^2(\cdot), \cdots, \boldsymbol{H}_k^m(\cdot)]$$

一阶 EKF 算法的递推步骤如下：

假设 k 时刻滤波得到的系统状态估计和相应的误差协方差为$\hat{\boldsymbol{X}}_{k|k}$和 $\boldsymbol{P}_{k|k}$。

假设系统状态转移函数和量测函数是连续可微的，则此时可以通过一阶泰勒展开对它做近似线性化处理

$$\boldsymbol{X}_{k+1} = \boldsymbol{F}_k(\boldsymbol{X}_k, \boldsymbol{W}_k) \approx \boldsymbol{F}_k(\hat{\boldsymbol{X}}_{k|k}, 0) + \boldsymbol{F}_k^X \tilde{\boldsymbol{X}}_{k|k} + \boldsymbol{F}_k^W \boldsymbol{W}_k$$

其中

$$\tilde{\boldsymbol{X}}_{k|k} = \boldsymbol{X}_k - \hat{\boldsymbol{X}}_{k|k}$$

$\boldsymbol{F}_k^X$ 和 $\boldsymbol{F}_k^W$ 表示状态转移函数的雅克比矩阵，即

$$\boldsymbol{F}_k^X = \left.\frac{\partial \boldsymbol{F}_k(\boldsymbol{X}_k, 0)}{\partial \boldsymbol{X}_k}\right|_{\boldsymbol{X}_k=\hat{\boldsymbol{X}}_{k|k}} = \begin{bmatrix} \dfrac{\partial \boldsymbol{F}_k^1(\boldsymbol{X}_k, 0)}{\partial x_1} & \cdots & \dfrac{\partial \boldsymbol{F}_k^1(\boldsymbol{X}_k, 0)}{\partial x_n} \\ \vdots & \ddots & \vdots \\ \dfrac{\partial \boldsymbol{F}_k^n(\boldsymbol{X}_k, 0)}{\partial x_1} & \cdots & \dfrac{\partial \boldsymbol{F}_k^n(\boldsymbol{X}_k, 0)}{\partial x_n} \end{bmatrix}_{\boldsymbol{X}_k=\hat{\boldsymbol{X}}_{k|k}}$$

$$\boldsymbol{F}_k^W = \left.\frac{\partial \boldsymbol{F}_k(\hat{\boldsymbol{X}}_{k|k}, \boldsymbol{W}_k)}{\partial \boldsymbol{W}_k}\right|_{\boldsymbol{W}_k=0} = \begin{bmatrix} \dfrac{\partial \boldsymbol{F}_k^1(\hat{\boldsymbol{X}}_{k|k}, \boldsymbol{W}_k)}{\partial w_1} & \cdots & \dfrac{\partial \boldsymbol{F}_k^1(\hat{\boldsymbol{X}}_{k|k}, \boldsymbol{W}_k)}{\partial w_n} \\ \vdots & \ddots & \vdots \\ \dfrac{\partial \boldsymbol{F}_k^n(\hat{\boldsymbol{X}}_{k|k}, \boldsymbol{W}_k)}{\partial w_1} & \cdots & \dfrac{\partial \boldsymbol{F}_k^n(\hat{\boldsymbol{X}}_{k|k}, \boldsymbol{W}_k)}{\partial w_n} \end{bmatrix}_{\boldsymbol{W}_k=0}$$

将 k 时刻滤波状态代入状态转换函数 $\boldsymbol{F}_k(\cdot)$ 中求得对 $k+1$ 时刻的一步状态预测

$$\hat{\boldsymbol{X}}_{k+1|k}=\boldsymbol{F}_k(\hat{\boldsymbol{X}}_{k|k},0)$$

相应的预测误差为

$$\tilde{\boldsymbol{X}}_{k+1|k}=\boldsymbol{X}_{k+1}-\hat{\boldsymbol{X}}_{k+1|k}\approx\boldsymbol{F}_k^X\tilde{\boldsymbol{X}}_{k|k}+\boldsymbol{F}_k^W\boldsymbol{W}_k$$

相应的预测误差协方差阵为

$$\begin{aligned}\boldsymbol{P}_{k+1|k}&=E(\hat{\boldsymbol{X}}_{k+1|k}\hat{\boldsymbol{X}}_{k+1|k}^{\mathrm{T}})\approx\boldsymbol{F}_k^X\hat{\boldsymbol{X}}_{k|k}\hat{\boldsymbol{X}}_{k|k}^{\mathrm{T}}(\boldsymbol{F}_k^X)^{\mathrm{T}}+\boldsymbol{F}_k^W\boldsymbol{W}_k\boldsymbol{W}_k^{\mathrm{T}}(\boldsymbol{F}_k^W)^{\mathrm{T}}\\&=\boldsymbol{F}_k^X\boldsymbol{P}_{k|k}(\boldsymbol{F}_k^X)^{\mathrm{T}}+\boldsymbol{F}_k^W\boldsymbol{Q}_k(\boldsymbol{F}_k^W)^{\mathrm{T}}\end{aligned}$$

同样地，通过一阶线性展开对量测函数 $\boldsymbol{H}(\cdot)$ 做近似线性化处理可得：

$$\boldsymbol{Z}_{k+1}=\boldsymbol{H}_{k+1}(\boldsymbol{X}_{k+1},\boldsymbol{V}_{k+1})\approx\boldsymbol{H}_{k+1}(\hat{\boldsymbol{X}}_{k+1|k},0)+\boldsymbol{H}_{k+1}^X\tilde{\boldsymbol{X}}_{k+1|k}+\boldsymbol{H}_{k+1}^V\boldsymbol{V}_{k+1}$$

其中

$$\boldsymbol{H}_{k+1}^X=\left.\frac{\partial\boldsymbol{H}_{k+1}(\boldsymbol{X}_{k+1},0)}{\partial\boldsymbol{X}_{k+1}}\right|_{\boldsymbol{X}_k=\hat{\boldsymbol{X}}_{k+1|k}}=\begin{bmatrix}\dfrac{\partial\boldsymbol{H}_{k+1}^1(\boldsymbol{X}_{k+1},0)}{\partial x_1}&\cdots&\dfrac{\partial\boldsymbol{H}_{k+1}^1(\boldsymbol{X}_{k+1},0)}{\partial x_n}\\\vdots&\ddots&\vdots\\\dfrac{\partial\boldsymbol{H}_{k+1}^m(\boldsymbol{X}_{k+1},0)}{\partial x_1}&\cdots&\dfrac{\partial\boldsymbol{H}_{k+1}^m(\boldsymbol{X}_{k+1},0)}{\partial x_n}\end{bmatrix}_{\boldsymbol{X}_{k+1}=\hat{\boldsymbol{X}}_{k+1|k}}$$

$$\boldsymbol{H}_{k+1}^V=\left.\frac{\partial\boldsymbol{H}_{k+1}(\hat{\boldsymbol{X}}_{k+1|k},\boldsymbol{V}_{k+1})}{\partial\boldsymbol{V}_{k+1}}\right|_{\boldsymbol{V}_{k+1}=0}=\begin{bmatrix}\dfrac{\partial\boldsymbol{H}_{k+1}^1(\hat{\boldsymbol{X}}_{k+1|k},\boldsymbol{V}_{k+1})}{\partial w_1}&\cdots&\dfrac{\partial\boldsymbol{H}_{k+1}^1(\hat{\boldsymbol{X}}_{k+1|k},\boldsymbol{V}_{k+1})}{\partial w_n}\\\vdots&\ddots&\vdots\\\dfrac{\partial\boldsymbol{H}_{k+1}^m(\hat{\boldsymbol{X}}_{k+1|k},\boldsymbol{V}_{k+1})}{\partial w_1}&\cdots&\dfrac{\partial\boldsymbol{H}_{k+1}^m(\hat{\boldsymbol{X}}_{k+1|k},\boldsymbol{V}_{k+1})}{\partial w_n}\end{bmatrix}_{\boldsymbol{V}_{k+1}=0}$$

将 k 时刻的滤波状态代入量测函数 $\boldsymbol{H}(\cdot)$ 中可以求得 $k+1$ 时刻量测值的一步预测

$$\hat{\boldsymbol{Z}}_{k+1|k}=\boldsymbol{H}_{k+1}(\hat{\boldsymbol{X}}_{k+1|k},0)$$

相应的预测误差为

$$\tilde{\boldsymbol{Z}}_{k+1|k}=\boldsymbol{Z}_{k+1}-\hat{\boldsymbol{Z}}_{k+1|k}\approx\boldsymbol{H}_{k+1}^X\tilde{\boldsymbol{X}}_{k+1|k}+\boldsymbol{H}_{k+1}^V\boldsymbol{V}_{k+1}$$

则相应的量测预测误差的协方差阵以及状态预测误差和量测预测误差的互协方差阵为

$$\begin{aligned}\boldsymbol{R}_{\tilde{Z}_{k+1|k}\tilde{Z}_{k+1|k}}&=E(\tilde{\boldsymbol{Z}}_{k+1|k}\tilde{\boldsymbol{Z}}_{k+1|k}^{\mathrm{T}})\approx\boldsymbol{H}_{k+1}^X\tilde{\boldsymbol{X}}_{k+1|k}(\tilde{\boldsymbol{X}}_{k+1|k})^{\mathrm{T}}(\boldsymbol{H}_{k+1}^X)^{\mathrm{T}}+\boldsymbol{H}_{k+1}^V\boldsymbol{V}_{k+1}(\boldsymbol{V}_{k+1})^{\mathrm{T}}(\boldsymbol{H}_{k+1}^V)^{\mathrm{T}}\\&=\boldsymbol{H}_{k+1}^X\boldsymbol{P}_{k+1|k}(\boldsymbol{H}_{k+1}^X)^{\mathrm{T}}+\boldsymbol{H}_{k+1}^V\boldsymbol{R}_{k+1}(\boldsymbol{H}_{k+1}^V)^{\mathrm{T}}\end{aligned}$$

$$\boldsymbol{R}_{\tilde{Z}_{k+1|k}\tilde{Z}_{k+1|k}}=E(\tilde{\boldsymbol{X}}_{k+1|k}\tilde{\boldsymbol{Z}}_{k+1|k}^{\mathrm{T}})\approx\tilde{\boldsymbol{X}}_{k+1|k}(\hat{\boldsymbol{X}}_{k+1|k})^{\mathrm{T}}(\boldsymbol{H}_{k+1}^X)^{\mathrm{T}}=\boldsymbol{P}_{k+1|k}(\boldsymbol{H}_{k+1}^X)^{\mathrm{T}}$$

据此可以计算得到 $k+1$ 时刻的 Kalman 增益阵为

$$\begin{aligned}\boldsymbol{K}_{k+1}&=\boldsymbol{R}_{\hat{X}_{k+1|k}\tilde{Z}_{k+1|k}}(\boldsymbol{R}_{\tilde{Z}_{k+1|k}\tilde{Z}_{k+1|k}})^{-1}\\&\approx\boldsymbol{P}_{k+1|k}(\boldsymbol{H}_{k+1}^X)^{\mathrm{T}}[\boldsymbol{H}_{k+1}^X\boldsymbol{P}_{k+1|k}(\boldsymbol{H}_{k+1}^X)^{\mathrm{T}}+\boldsymbol{H}_{k+1}^V\boldsymbol{R}_{k+1}(\boldsymbol{H}_{k+1}^V)^{\mathrm{T}}]^{-1}\end{aligned}$$

若在 k 时刻得到更新的量测值 $\boldsymbol{Z}_{k+1}$，则此时可以得到滤波的更新结果为

$$\begin{aligned}\hat{\boldsymbol{X}}_{k+1|k+1}&=\hat{\boldsymbol{X}}_{k+1|k}+\boldsymbol{K}_{k+1}(\boldsymbol{Z}_{k+1}-\boldsymbol{H}_{k+1}^X\hat{\boldsymbol{X}}_{k+1|k})\\\boldsymbol{P}_{k+1|k+1}&=\boldsymbol{P}_{k+1|k}-\boldsymbol{K}_{k+1}\boldsymbol{H}_{k+1}^X\boldsymbol{P}_{k+1|k}\end{aligned}$$

二阶 EKF 算法的精度要高于一阶 EKF 算法，它舍弃的是泰勒展开式中高于二阶的项，

二阶 EKF 算法的递推步骤如下：

同一阶 EKF 算法相似，假设 k 时刻的滤波得到的系统状态估计和相应的误差协方差为 $\hat{\boldsymbol{X}}_{k|k}$ 和 $\boldsymbol{P}_{k|k}$。

假设系统状态转移函数和量测函数是二阶连续可微的，则此时可以通过二阶泰勒展开对它做近似线性化处理

$$\boldsymbol{X}_{k+1}=\boldsymbol{F}_k(\boldsymbol{X}_k,\boldsymbol{W}_k)\approx\boldsymbol{F}_k(\hat{\boldsymbol{X}}_{k|k},0)+\boldsymbol{F}_k^X\tilde{\boldsymbol{X}}_{k|k}+\frac{1}{2}\sum_{i=1}^{n}\boldsymbol{e}_i(\tilde{\boldsymbol{X}}_{k|k})^{\mathrm{T}}\boldsymbol{F}_{i,k}^{XX}\hat{\boldsymbol{X}}_{k|k}+\boldsymbol{F}_k^W\boldsymbol{W}_k$$

其中，$\boldsymbol{e}_i\in\mathbf{R}^n$ 是第 i 个标准基向量，$\boldsymbol{F}_k^X$ 和 $\boldsymbol{F}_k^X$ 的定义与一阶的相同，$\boldsymbol{F}_{i,k}^{XX}$ 是状态转移函数 $\boldsymbol{F}_k(\cdot)$ 的第 i 个分量 $\boldsymbol{F}_k^i(\cdot)$ 的海塞矩阵，即

$$\boldsymbol{F}_{i,k}^{XX}=\frac{\partial}{\partial\boldsymbol{X}_k}\left[\frac{\partial\boldsymbol{F}_k^i(\boldsymbol{X}_k,0)}{\partial\boldsymbol{X}_k}\right]\Bigg|_{X_k=\hat{X}_{k|k}}=\begin{bmatrix}\dfrac{\partial\boldsymbol{F}_k^i(\boldsymbol{X}_k,0)}{\partial x_1\partial x_1} & \cdots & \dfrac{\partial\boldsymbol{F}_k^i(\boldsymbol{X}_k,0)}{\partial x_1\partial x_n}\\ \vdots & \ddots & \vdots\\ \dfrac{\partial\boldsymbol{F}_k^i(\boldsymbol{X}_k,0)}{\partial x_n\partial x_1} & \cdots & \dfrac{\partial\boldsymbol{F}_k^i(\boldsymbol{X}_k,0)}{\partial x_n\partial x_n}\end{bmatrix}_{X_k=\hat{X}_{k|k}}$$

其中，$i=1,2,\cdots,n$。

对 $k+1$ 时刻的一步状态预测为

$$\hat{\boldsymbol{X}}_{k+1|k}\approx\boldsymbol{F}_k(\hat{\boldsymbol{X}}_{k|k},0)+\frac{1}{2}\sum_{i=1}^{n}\boldsymbol{e}_i\mathrm{tr}(\boldsymbol{F}_{i,k}^{XX}\boldsymbol{P}_{k|k})$$

相应地，可以获得状态预测误差为

$$\tilde{\boldsymbol{X}}_{k+1|k}=\boldsymbol{X}_{k+1}-\hat{\boldsymbol{X}}_{k+1|k}\approx\boldsymbol{F}_k^X\tilde{\boldsymbol{X}}_{k|k}+\boldsymbol{F}_k^W\boldsymbol{W}_k$$

相应的状态预测误差协方差为

$$\begin{aligned}\boldsymbol{P}_{k+1|k}&=E(\hat{\boldsymbol{X}}_{k+1|k}\tilde{\boldsymbol{X}}_{k+1|k}^{\mathrm{T}})\approx\boldsymbol{F}_k^X\tilde{\boldsymbol{X}}_{k|k}\tilde{\boldsymbol{X}}_{k|k}^{\mathrm{T}}(\boldsymbol{F}_k^X)^{\mathrm{T}}+\boldsymbol{F}_k^W\boldsymbol{W}_kW_k^{\mathrm{T}}(\boldsymbol{F}_k^W)^{\mathrm{T}}\\&=\boldsymbol{F}_k^X\boldsymbol{P}_{k|k}(\boldsymbol{F}_k^X)^{\mathrm{T}}+\boldsymbol{F}_k^WQ_k(\boldsymbol{F}_k^W)^{\mathrm{T}}\end{aligned}$$

同样地，通过二阶线性展开对量测函数 $\boldsymbol{H}(\cdot)$ 做近似线性化处理可得

$$\begin{aligned}\boldsymbol{Z}_{k+1}&=\boldsymbol{H}_{k+1}(\boldsymbol{X}_{k+1},\boldsymbol{V}_{k+1})\\&\approx\boldsymbol{H}_{k+1}(\tilde{\boldsymbol{X}}_{k+1|k},0)+\boldsymbol{H}_{k+1}^X\hat{\boldsymbol{X}}_{k+1|k}+\frac{1}{2}\sum_{i=1}^{m}e_i(\tilde{\boldsymbol{X}}_{k+1|k})^{\mathrm{T}}\boldsymbol{H}_{i,k+1}^{XX}\tilde{\boldsymbol{X}}_{k+1|k}+\boldsymbol{H}_{k+1}^V\boldsymbol{V}_{k+1}\end{aligned}$$

其中，$\boldsymbol{e}_i\in\mathbf{R}^m$ 是第 i 个标准基向量，$\boldsymbol{H}_{k+1}^X$ 和 $\boldsymbol{H}_{k+1}^V$ 的定义与一阶的相同，$\boldsymbol{H}_{i,k}^{XX}$ 是量测函数 $\boldsymbol{H}_k(\cdot)$ 的第 i 个分量 $\boldsymbol{H}_k^i(\cdot)$ 的海塞矩阵，即

$$\begin{aligned}\boldsymbol{H}_{i,k+1}^{XX}&=\frac{\partial}{\partial\boldsymbol{X}_{k+1}}\left[\frac{\partial\boldsymbol{H}_{k+1}^i(\boldsymbol{X}_{k+1},0)}{\partial\boldsymbol{X}_{k+1}}\right]\Bigg|_{X_{k+1}=\hat{X}_{k+1|k}}\\&=\begin{bmatrix}\dfrac{\partial\boldsymbol{H}_{k+1}^i(\boldsymbol{X}_{k+1},0)}{\partial x_1\partial x_1} & \cdots & \dfrac{\partial\boldsymbol{H}_{k+1}^i(\boldsymbol{X}_{k+1},0)}{\partial x_1\partial x_n}\\ \vdots & \ddots & \vdots\\ \dfrac{\partial\boldsymbol{H}_{k+1}^i(\boldsymbol{X}_{k+1},0)}{\partial x_n\partial x_1} & \cdots & \dfrac{\partial\boldsymbol{H}_{k+1}^i(\boldsymbol{X}_{k+1},0)}{\partial x_n\partial x_n}\end{bmatrix}_{X_{k+1}=\hat{X}_{k+1|k}}\end{aligned}$$

其中，$i=1,2,\cdots,m$。

对 $k+1$ 时刻量测值的一步预测

$$\hat{\boldsymbol{Z}}_{k+1|k} \approx \boldsymbol{H}_k(\hat{\boldsymbol{X}}_{k+1|k},0) + \frac{1}{2}\sum_{i=1}^{m}\boldsymbol{e}_i\operatorname{tr}(\boldsymbol{H}_{i,k}^{XX}\boldsymbol{P}_{k+1|k})$$

相应地，可以获得量测预测误差为

$$\widetilde{\boldsymbol{Z}}_{k+1|k} = \boldsymbol{Z}_{k+1} - \hat{\boldsymbol{Z}}_{k+1|k} \approx \boldsymbol{H}_{k+1}^X\widetilde{\boldsymbol{X}}_{k+1|k} + \boldsymbol{H}_{k+1}^V\boldsymbol{V}_{k+1}$$

则相应的量测预测误差的协方差阵以及状态预测误差和量测预测误差的互协方差阵为

$$\begin{aligned}\boldsymbol{R}_{\widetilde{Z}_{k+1|k}\widetilde{Z}_{k+1|k}} &= E(\widetilde{\boldsymbol{Z}}_{k+1|k}\widetilde{\boldsymbol{Z}}_{k+1|k}^{\mathrm{T}}) \approx \boldsymbol{H}_{k+1}^X\widetilde{\boldsymbol{X}}_{k+1|k}(\widetilde{\boldsymbol{X}}_{k+1|k})^{\mathrm{T}}(\boldsymbol{H}_{k+1}^X)^{\mathrm{T}} + \boldsymbol{H}_{k+1}^V\boldsymbol{V}_{k+1}(\boldsymbol{V}_{k+1})^{\mathrm{T}}(\boldsymbol{H}_{k+1}^V)^{\mathrm{T}}\\ &= \boldsymbol{H}_{k+1}^X\boldsymbol{P}_{k+1|k}(\boldsymbol{H}_{k+1}^X)^{\mathrm{T}} + \boldsymbol{H}_{k+1}^V\boldsymbol{R}_{k+1}(\boldsymbol{H}_{k+1}^V)^{\mathrm{T}}\end{aligned}$$

$$\boldsymbol{R}_{\widetilde{Z}_{k+1|k}\widetilde{Z}_{k+1|k}} = E(\widetilde{\boldsymbol{X}}_{k+1|k}\widetilde{\boldsymbol{Z}}_{k+1|k}^{\mathrm{T}}) \approx \widetilde{\boldsymbol{X}}_{k+1|k}(\widetilde{\boldsymbol{X}}_{k+1|k})^{\mathrm{T}}(\boldsymbol{H}_{k+1}^X)^{\mathrm{T}} = \boldsymbol{P}_{k+1|k}(\boldsymbol{H}_{k+1}^X)^{\mathrm{T}}$$

据此可以计算得到 $k+1$ 时刻的 Kalman 增益阵为

$$\begin{aligned}\boldsymbol{K}_{k+1} &= \boldsymbol{R}_{\widetilde{X}_{k+1|k}\widetilde{Z}_{k+1|k}}(\boldsymbol{R}_{\widetilde{Z}_{k+1|k}\widetilde{Z}_{k+1|k}})^{-1}\\ &\approx \boldsymbol{P}_{k+1|k}(\boldsymbol{H}_{k+1}^X)^{\mathrm{T}}[\boldsymbol{H}_{k+1}^X\boldsymbol{P}_{k+1|k}(\boldsymbol{H}_{k+1}^X)^{\mathrm{T}} + \boldsymbol{H}_{k+1}^V\boldsymbol{R}_{k+1}(\boldsymbol{H}_{k+1}^V)^{\mathrm{T}}]^{-1}\end{aligned}$$

若在 k 时刻得到更新的量测值 $\boldsymbol{Z}_{k+1}$，则此时可以得到滤波的更新结果为

$$\begin{aligned}\hat{\boldsymbol{X}}_{k+1|k+1} &= \hat{\boldsymbol{X}}_{k+1|k} + \boldsymbol{K}_{k+1}(\boldsymbol{Z}_{k+1} - \boldsymbol{H}_{k+1}^X\hat{\boldsymbol{X}}_{k+1|k})\\ \boldsymbol{P}_{k+1|k+1} &= \boldsymbol{P}_{k+1|k} - \boldsymbol{K}_{k+1}\boldsymbol{H}_{k+1}^X\boldsymbol{P}_{k+1|k}\end{aligned}$$

同样地，如果把泰勒级数展开式保留到 3 阶或 4 阶项，则可以获得 3 阶或 4 阶 EKF。但是，一般来说，EKF 不是最优的，实际上可以把它看作一种限制复杂性的滤波器。只是用线性逼近的方法把它限定成与线性滤波器具有类似结构的形式，所以，它可能会发散，在实际使用中尤其要注意这个问题。

13.2.5　迭代扩展 Kalman 滤波

前面讲到，在对非线性系统进行状态估计时，利用 EKF 方法可以建立系统的线性化 KF 模型。EKF 算法的结构较为简单，而且具有一定的精度。但是它在实际应用中仍然存在一定的问题。由于 EKF 舍去了泰勒展开式中的高阶项，所以在强非线性系统中或在非线性误差比较严重时，就可能造成估计的不准确。当线性化误差较严重时，会造成滤波器的不稳定。所以，为了减少 EKF 的非线性误差，提高非线性滤波性能，人们对 EKF 方法进行了改进。

这里提到的迭代扩展 Kalman 滤波(IEKF)方法就是在 EKF 的基础上进行改进的一种滤波方法。IEKF 方法在原有 EKF 的基础上，引入迭代滤波理论，重复利用观测信息，从而提高估计的精度。

IEKF 的基本思想是，按照 EKF 算法获得 $k+1$ 时刻的状态 $\hat{\boldsymbol{X}}_{k+1|k+1}$ 和 $\boldsymbol{P}_{k+1|k+1}$ 后，用它们代替一步预测状态 $\hat{\boldsymbol{X}}_{k+1|k}$ 和预测误差协方差 $\boldsymbol{P}_{k+1|k}$ 再进行 EKF 处理。以一阶 EKF 为例，相应的 IEKF 算法的步骤如下：

利用 EKF 获得 $k+1$ 时刻的一步预测状态 $\hat{\boldsymbol{X}}_{k+1|k}$ 和预测误差协方差 $\boldsymbol{P}_{k+1|k}$，并把它们作为迭代算法的初始值 $\boldsymbol{x}_{k+1|k}^{(0)}$ 和 $\boldsymbol{p}_{k+1|k}^{(0)}$。

假设第 i 次迭代获得的状态和协方差分别为 $\boldsymbol{x}_{k+1|k}^{(i)}$ 和 $\boldsymbol{p}_{k+1|k}^{(i)}$，对量测方程重新做线性化处理，即

$$\boldsymbol{Z}_{k+1}=\boldsymbol{H}_{k+1}(\boldsymbol{X}_{k+1},\boldsymbol{V}_{k+1})\approx\boldsymbol{H}_{k+1}(\boldsymbol{x}_{k+1|k}^{i},0)+\boldsymbol{H}_{k+1}^{X_i}\widetilde{\boldsymbol{X}}_{k+1|k}+\boldsymbol{H}_{k+1}^{V}\boldsymbol{V}_{k+1}$$

其中

$$\widetilde{\boldsymbol{X}}_{k+1|k}=\boldsymbol{X}_{k+1}-\boldsymbol{x}_{k+1|k}^{(i)}$$

$$\boldsymbol{H}_{k+1}^{X_i}=\left.\frac{\partial\boldsymbol{H}_{k+1}(\boldsymbol{X}_{k+1},0)}{\partial\boldsymbol{X}_{k+1}}\right|_{\boldsymbol{X}_k=x_{k+1|k}^{(i)}}$$

$$\boldsymbol{H}_{k+1}^{V}=\left.\frac{\partial\boldsymbol{H}_{k+1}(\boldsymbol{x}_{k+1|k}^{(i)},\boldsymbol{V}_{k+1})}{\partial\boldsymbol{V}_{k+1}}\right|_{\boldsymbol{V}_{k+1}=0}$$

量测值的一步预测

$$\boldsymbol{z}_{k+1|k}^{i}=\boldsymbol{H}_{k}(\boldsymbol{x}_{k+1|k}^{i},0)$$

相应的量测预测误差为

$$\widetilde{\boldsymbol{Z}}_{k+1|k}=\boldsymbol{Z}_{k+1}-\boldsymbol{z}_{k+1|k}^{i}\approx\boldsymbol{H}_{k+1}^{X_i}\widetilde{\boldsymbol{X}}_{k+1|k}+\boldsymbol{H}_{k+1}^{V}\boldsymbol{V}_{k+1}$$

相应的量测预测误差的协方差阵以及状态预测误差和量测预测误差的互协方差阵为

$$\boldsymbol{R}_{\widetilde{Z}_{k+1|k}\widetilde{Z}_{k+1|k}}\approx\boldsymbol{H}_{k+1}^{X_i}\boldsymbol{p}_{k+1|k}^{i}(\boldsymbol{H}_{k+1}^{X_i})^{\mathrm{T}}+\boldsymbol{H}_{k+1}^{V}\boldsymbol{R}_{k+1}(\boldsymbol{H}_{k+1}^{V})^{\mathrm{T}}$$

$$\boldsymbol{R}_{\widetilde{Z}_{k+1|k}\widetilde{Z}_{k+1|k}}\approx\boldsymbol{p}_{k+1|k}^{i}(\boldsymbol{H}_{k+1}^{X_i})^{\mathrm{T}}$$

据此可以计算得到 Kalman 增益阵为

$$\begin{aligned}\boldsymbol{K}_{k+1}^{i}&=\boldsymbol{R}_{\widetilde{X}_{k+1|k}\widetilde{Z}_{k+1|k}}(\boldsymbol{R}_{\widetilde{Z}_{k+1|k}\widetilde{Z}_{k+1|k}})^{-1}\\&\approx\boldsymbol{p}_{k+1|k}^{i}(\boldsymbol{H}_{k+1}^{X_i})^{\mathrm{T}}\left[\boldsymbol{H}_{k+1}^{X_i}\boldsymbol{p}_{k+1|k}^{i}(\boldsymbol{H}_{k+1}^{X_i})^{\mathrm{T}}+\boldsymbol{H}_{k+1}^{V}\boldsymbol{R}_{k+1}(\boldsymbol{H}_{k+1}^{V})^{\mathrm{T}}\right]^{-1}\end{aligned}$$

此时可以得到第 $i+1$ 次迭代滤波结果

$$\boldsymbol{x}_{k+1|k}^{i+1}=\boldsymbol{x}_{k+1|k}^{(i)}+\boldsymbol{K}_{k+1}^{i}(\boldsymbol{Z}_{k+1}-\boldsymbol{H}_{k+1}^{X}\boldsymbol{x}_{k+1|k}^{(i)})$$

$$\boldsymbol{p}_{k+1|k}^{i+1}=\boldsymbol{p}_{k+1|k}^{i}-\boldsymbol{K}_{k+1}^{i}\boldsymbol{H}_{k+1}^{X_i}\boldsymbol{p}_{k+1|k}^{i}$$

在迭代过程中，若量测迭代的误差满足

$$|(\boldsymbol{x}_{k+1|k}^{i+1})_j-(\boldsymbol{x}_{k+1|k}^{i})_j|\leqslant\varepsilon,\quad j=1,2,\cdots,n$$

则退出迭代，否则，继续进行迭代。其中 $(\boldsymbol{x}_{k+1|k}^{i+1})_j$ 代表向量 $\boldsymbol{x}_{k+1|k}^{i+1}$ 的第 j 个元素，ε 是一个给定的迭代阈值。

13.2.6 强跟踪滤波器

EKF 虽然能够对系统的状态变化做出一定的描述，但是它仍然具有很多不确定性，它与其描述的非线性系统不能完全匹配，因此，滤波器的状态估计值往往会偏离系统的真实状态，从而导致滤波发散，而造成这种不确定性的主要原因有以下几点。

(1) 模型简化：实际应用中的模型往往比较复杂，为了简化系统，一般使用较少的状态变量来对系统进行描述，而忽略那些相对来说不是很重要的因素。然而，这些因素可能在某些情况下被激发出来，从而造成建模系统与实际情况的不匹配。

(2) 系统噪声建模不准确：模型中使用的噪声一般过于理想，不能如实反映系统噪声的真实状态，实际系统往往会受到各种复杂的干扰，其统计特性可能会有很大变动。

(3) 对系统初始状态的建模不够准确。

(4) 实际系统的模型参数发生变化：KF 缺少对突变状态的跟踪能力，当系统状态发生突变时，预报残差将随之增大，而 KF 的增益并不会随之增大，也就是说它不能随滤波效果而自适应地调整。

这里所说的强跟踪滤波器(Strong Tracking Filter,STF)是由清华大学的周东华教授首次提出的,它是一种带次优渐消因子的EKF,是对EKF的改进。当理论模型与实际系统完全匹配时,KF输出的残差序列是互不相关的高斯白噪声序列。这一点已经得到了证明。但是,由于受系统不确定性的影响,当滤波器的状态估计结果偏离系统的实际状态时,必然会在输出残差序列的均值和幅值中表现出来,使得输出残差序列彼此之间不再正交。因此,强跟踪滤波的主要思想就是,在线调整增益矩阵,强迫残差序列保持彼此正交,这样可以强迫滤波器在系统模型不确定时仍能保持对系统状态的跟踪,从而改善了EKF鲁棒性差和滤波发散的问题。

为了使强跟踪滤波器具有比EKF更好的性能,一种思路就是用时变的渐消因子对过去的数据进行渐消,从而减弱老数据对当前滤波的影响。这可以通过实时地调整一步预测状态误差协方差阵和相应的增益阵来得到。引入一个单重次优渐消因子 $\lambda(k+1)$ 来对一步预测状态误差协方差 $\boldsymbol{P}_{k+1|k}$ 和相应的增益矩阵 $\boldsymbol{K}_{k+1}$ 进行调整,使得

$$E\{[\boldsymbol{X}_{k+1}-\hat{\boldsymbol{X}}_{k+1|k+1}][\boldsymbol{X}_{k+1}-\hat{\boldsymbol{X}}_{k+1|k+1}]^{\mathrm{T}}\}=\min$$

$$E[\tilde{\boldsymbol{Z}}_{k+1+j|k+j}\,(\hat{\boldsymbol{Z}}_{k+1k})^{\mathrm{T}}]=0,\quad k=0,1,2,\cdots,\quad j=1,2,\cdots$$

对一步预测状态误差协方差 $\boldsymbol{P}_{k+1|k}$ 作如下调整

$$\boldsymbol{P}_{k+1|k}=\lambda_{k+1}\boldsymbol{F}_k\boldsymbol{P}_{k+1|k}\,(\boldsymbol{F}_k)^{\mathrm{T}}+\boldsymbol{Q}_k$$

相应的增益矩阵 $\boldsymbol{K}(k+1)$ 通过下式获得

$$\boldsymbol{K}_{k+1}=\boldsymbol{P}_{k+1|k}\,(\boldsymbol{H}_{k+1})^{\mathrm{T}}\,[\boldsymbol{H}_{k+1}\boldsymbol{P}_{k+1|k}\,(\boldsymbol{H}_{k+1})^{\mathrm{T}}+\boldsymbol{R}_{k+1}]^{-1}$$

其中,$\lambda_{k+1}\geqslant 1$,为提高算法的实时性,通常采用次优算法来求 λ_{k+1},λ_{k+1} 具体求解方法如下

$$\lambda_{k+1}=\begin{cases}\lambda_{k+1}^0, & \lambda_{k+1}^0>1\\ 1, & \lambda_{k+1}^0\leqslant 1\end{cases}$$

其中

$$\lambda_{k+1}^0=\frac{\mathrm{tr}[\boldsymbol{N}_{k+1}]}{\mathrm{tr}[\boldsymbol{M}_{k+1}]}$$

$$\boldsymbol{M}_{k+1}=\boldsymbol{F}_k\boldsymbol{P}_{k|k}\,(\boldsymbol{F}_k)^{\mathrm{T}}\,(\boldsymbol{H}_{k+1})^{\mathrm{T}}\boldsymbol{H}_{k+1}$$

$$\boldsymbol{N}_{k+1}=\boldsymbol{V}_{k+1}-\boldsymbol{H}_{k+1}\boldsymbol{Q}_k\,(\boldsymbol{H}_{k+1})^{\mathrm{T}}-\beta\boldsymbol{R}_{k+1}$$

其中,$\beta\geqslant 1$,叫作弱化因子,引入弱化因子可以使状态估计更加平滑,它的取值可以通过经验来确定,也可以通过计算机仿真,由下面的准则来确定

$$\beta:\min_{\beta}\left(\sum_{k=0}^{L}\sum_{i=1}^{n}|\boldsymbol{X}_k^i-\hat{\boldsymbol{X}}_{k|k}^i|\right)$$

其中,L 为仿真步数,此准则反映了滤波器的累积误差。另外,$\boldsymbol{V}_{k+1}$ 是实际输出残差序列的协方差阵,可由下式进行估算

$$\boldsymbol{V}_{k+1}=\begin{cases}\tilde{\boldsymbol{Z}}_{1|0}\,(\tilde{\boldsymbol{Z}}_{1|0})^{\mathrm{T}}, & \lambda_{k+1}^0>1\\ \dfrac{\rho\boldsymbol{V}_k+\tilde{\boldsymbol{Z}}_{k+1|k}\,(\tilde{\boldsymbol{Z}}_{k+1|k})^{\mathrm{T}}}{1+\rho}, & \lambda_{k+1}^0\leqslant 1\end{cases}$$

式中,$0<\rho\leqslant 1$ 为遗忘因子,一般取 $\rho=0.95$。

上面描述的是单重渐消因子的强跟踪滤波器,有时为了充分利用已有的先验知识,可以

引入多重渐消因子的强跟踪滤波器，多重渐消因子强跟踪滤波器的次优渐消因子 λ_{k+1} 是一个 $n\times n$ 的对角阵

$$\lambda_{k+1}=\begin{bmatrix}\lambda_{k+1}^{1} & 0 & \cdots & 0\\ 0 & \lambda_{k+1}^{2} & \cdots & 0\\ \vdots & \vdots & \ddots & \vdots\\ 0 & 0 & \cdots & \lambda_{k+1}^{n}\end{bmatrix}$$

其中

$$\lambda_{k+1}^{i}=\begin{cases}\alpha_i C_{k+1}, & \alpha_i C_{k+1}>1\\ 1, & \alpha_i C_{k+1}\leqslant 1\end{cases}$$

$$C_{k+1}=\frac{\mathrm{tr}(\boldsymbol{N}_{k+1})}{\sum_{i=1}^{n}\alpha_i M_{k+1}^{ii}}$$

其中，M_{k+1}^{ii} 为矩阵 $\boldsymbol{M}_{k+1}$ 第 i 行第 i 列的对角元素。$\alpha_i\geqslant 0, i=1,2,\cdots,n$ 是一组选定的常数，根据先验信息来确定。假如从先验知识中得知某个系统状态向量的某个分量 $\boldsymbol{X}_i(k)$ 变化较快，那么相应的 α_i 就可以选得大一些，从而提高对状态的跟踪能力。如果没有任何先验知识，则 $\alpha_1=\alpha_2=\cdots=\alpha_n=1$，这时，多重渐消因子的强跟踪滤波器也就退化成前面所说的单重渐消因子的强跟踪滤波器了。

强跟踪滤波器算法的流程如图 13-3 所示。

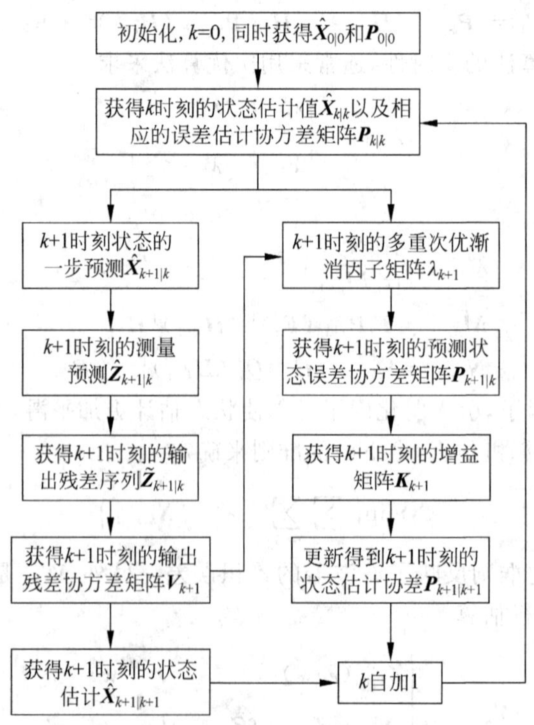

图 13-3 强跟踪滤波器算法流程图

由此可见，强跟踪滤波器是对 EKF 的改进，它对模型的不确定性有较强的鲁棒性，对突变状态的跟踪能力较强，虽然其计算复杂度和 EKF 相比有所增加，但在一定范围内是可以

接受的。

13.2.7 无迹 Kalman 滤波

在前面的讨论中知道，EKF 滤波方法是一种用函数近似法获得的非线性滤波方法。虽然它结构简单且具有一定精度，但是它依然存在诸多缺陷。例如，在滤波过程中必须求解非线性函数的雅克比矩阵或海塞矩阵，对于复杂系统的滤波容易出错，对于非线性强度高的系统存在较大的误差。

基于上述原因，为了提高滤波精度和效率，必须寻找新的逼近方法。这里所讲的无UKF 与 EKF 不同，它是一种对后验概率密度进行近似而得到的一种次优滤波算法。UKF 的核心是 UT 变换，UT 变换是一种计算非线性变换中随机变量统计特性的有效方法。

UT 变换的基本思路是：根据随机向量 $\boldsymbol{X}\in\mathbf{R}^n$ 的统计特性（均值向量为 $\bar{\boldsymbol{X}}\in\mathbf{R}^n$，协方差阵为 $\boldsymbol{P}_X\in\mathbf{R}^{n\times n}$），选取一系列的点 $\{\boldsymbol{x}_i \mid i=0,1,\cdots,L\}$，称之为 Sigma 点。假设 Sigma 点通过非线性函数 $\boldsymbol{F}(\cdot)$ 后的结果为 $\{\boldsymbol{y}_i \mid i=0,1,\cdots,L\}$。然后基于点集 $\{\boldsymbol{y}_i \mid i=0,1,\cdots,L\}$ 计算通过非线性函数 $\boldsymbol{F}(\cdot)$ 后的随机向量 $\boldsymbol{Y}\in\mathbf{R}^n$ 的统计特性，即求得 $\boldsymbol{Y}$ 的均值向量 $\bar{\boldsymbol{Y}}\in\mathbf{R}^n$ 和协方差阵 $\boldsymbol{P}_Y\in\mathbf{R}^{n\times n}$。

在 UT 变换中，最关键的问题是确定 Sigma 点的采样策略，也就是确定采样点的个数，距离中心点的距离，以及相应的权值。其中，最常用的一种采样策略是对称采样策略。

对称采样的相关过程如下：

假设随机向量 $\boldsymbol{X}\in\mathbf{R}^n$ 经非线性变换 $\boldsymbol{F}(\cdot)$ 后得到的随机向量为 $\boldsymbol{Y}\in\mathbf{R}^n$，其中 $\boldsymbol{X}$ 的均值向量为 $\bar{\boldsymbol{X}}$，协方差阵为 $\boldsymbol{P}_X$，$\boldsymbol{Y}$ 的均值向量为 $\bar{\boldsymbol{Y}}$，协方差阵为 $\boldsymbol{P}_Y$。使用 UT 变换的目的就是通过对称采样策略估计 $\boldsymbol{Y}$ 的统计特性。

首先，根据随机向量 $\boldsymbol{X}$ 的均值 $\bar{\boldsymbol{X}}$ 和协方差 $\boldsymbol{P}_X$ 来构造 Sigma 点集，对称采样策略的 Sigma 点有 $2n+1$ 个，它们的构造方式如下

$$
x_i = \begin{cases} \bar{\boldsymbol{X}} + \left(\sqrt{(n+\kappa)\boldsymbol{P}_X}\right)_i, & i = 1,2,\cdots,n \\ \bar{\boldsymbol{X}} - \left(\sqrt{(n+\kappa)\boldsymbol{P}_X}\right)_i, & i = n+1,n+2,\cdots,2n \\ \bar{\boldsymbol{X}}, & i = 0 \end{cases}
$$

其中，κ 为尺度参数，可以用于调节 Sigma 点与 $\bar{\boldsymbol{X}}$ 之间的距离，对它进行适当调整可以提高逼近精度。$\left(\sqrt{(n+\kappa)\boldsymbol{P}_X}\right)_i$ 代表矩阵 $\sqrt{(n+\kappa)\boldsymbol{P}_X}$ 的第 i 列元素构成的向量。

然后对 Sigma 点集 $\{\boldsymbol{x}_i \mid i=0,1,\cdots,2n\}$ 进行 $\boldsymbol{F}(\cdot)$ 非线性变换，可以得到变换后的点集为

$$
y_i = \boldsymbol{F}(x_i), \quad i = 0,1,\cdots,2n
$$

通过非线性变换 $\boldsymbol{F}(\cdot)$ 得到的点集 $\{\boldsymbol{y}_i \mid i=0,1,\cdots,2n\}$ 可以近似地用来表达随机向量 $\boldsymbol{Y}$ 的分布。

最后，对非线性变换得到的点集 $\{\boldsymbol{y}_i \mid i=0,1,\cdots,2n\}$ 做加权处理，可以得到对随机变量 $\boldsymbol{Y}$ 的均值向量 $\bar{\boldsymbol{Y}}$ 和协方差阵 $\boldsymbol{P}_Y$ 的估计

$$
\bar{\boldsymbol{Y}} \approx \sum_{i=0}^{2n} \boldsymbol{W}_i^{(m)} \boldsymbol{y}_i
$$

$$
\boldsymbol{P}_Y \approx \sum_{i=0}^{2n} \boldsymbol{W}_i^{(c)} (\boldsymbol{y}_i - \bar{\boldsymbol{Y}})(\boldsymbol{y}_i - \bar{\boldsymbol{Y}})^{\mathrm{T}}
$$

其中，$\boldsymbol{W}_i^{(m)}$ 和 $\boldsymbol{W}_i^{(c)}$ 分别为 Sigma 点集 $\{\boldsymbol{x}_i \mid i=0,1,\cdots,2n\}$ 的一阶和二阶权值，它们的相关定

义如下

$$W_0^{(c)} = \frac{\kappa}{n+\kappa}$$

$$W_0^{(m)} = \frac{\kappa}{n+\kappa} + (1-\alpha^2+\beta)$$

$$W_i^{(m)} = W_i^{(c)} = \frac{\kappa}{2(n+\kappa)}, \quad i = 1,2,\cdots,2n$$

其中，$\kappa=\alpha^2(n+\lambda)-n$，在计算权值过程中要确定 α、λ 和 β 的取值，它们的取值范围如下：

(1) α 确定了 $\bar{X}$ 周围 Sigma 点的分布，通常设为一个较小的正整数，其范围一般为 $e^{-4}<\alpha<1$。

(2) λ 为第二个尺度参数，通常设为 0 或 $3-n$。

(3) β 是状态分布参数，对高斯分布而言，$\beta=2$ 是最优的。

适当调节 α 和 λ 的取值可以提高均值向量 $\bar{Y}$ 的估计精度，而适当调节 β 的取值可以提高协方差阵 P_Y 的估计精度。

可以用图 13-4 形象地说明 UT 变换的过程。

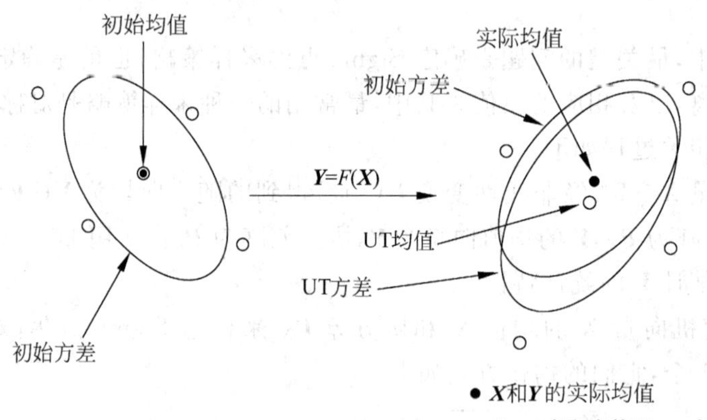

图 13-4 UT 变换图示

UKF 滤波就是以 UT 变换为基础，采用 KF 框架的滤波方法，其具体实现方法如下：

考虑下面的离散时间非线性系统模型

$$X_{k+1} = F_k(X_k) + W_k$$
$$Z_k = H_k(X_k) + V_k$$

假设初始时刻的状态和协方差已知，且分别为 $\hat{X}_{0|0}$ 和 $P_{0|0}$。

假设 k 时刻滤波得到的系统状态估计和相应的误差协方差为 $\hat{X}_{k|k}$ 和 $P_{k|k}$。

根据 k 时刻的滤波状态来构造 Sigma 点集，采用对称采样策略，则 Sigma 点有 $2n+1$ 个，它们的构造方式如下

$$x_i = \begin{cases} \hat{X}_{k|k} + \left(\sqrt{(n+\kappa)P_{k|k}}\right)_i, & i = 1,2,\cdots,n \\ \hat{X}_{k|k} - \left(\sqrt{(n+\kappa)P_{k|k}}\right)_i, & i = n+1,n+2,\cdots,2n \\ \hat{X}_{k|k}, & i = 0 \end{cases}$$

对 Sigma 点集$\{\boldsymbol{x}_i | i=0,1,\cdots,2n\}$进行 $\boldsymbol{F}_k(\cdot)$非线性变换后，得到的点集为

$$\boldsymbol{y}_i = \boldsymbol{F}_k(\boldsymbol{x}_i), \quad i=0,1,\cdots,2n$$

由此可以得到系统状态的一步预测及预测误差协方差为

$$\hat{\boldsymbol{X}}_{k+1|k} \approx \sum_{i=0}^{2n} \boldsymbol{W}_i^{(m)} \boldsymbol{y}_i$$

$$\boldsymbol{P}_{k+1|k} \approx \sum_{i=0}^{2n} \boldsymbol{W}_i^{(c)} (\boldsymbol{y}_i - \hat{\boldsymbol{X}}_{k+1|k})(\boldsymbol{y}_i - \hat{\boldsymbol{X}}_{k+1|k})^{\mathrm{T}} + \boldsymbol{Q}_k$$

$\boldsymbol{W}_i^{(m)}$ 和 $\boldsymbol{W}_i^{(c)}$ 为 Sigma 点集$\{\boldsymbol{x}_i | i=0,1,\cdots,2n\}$的一阶权值和二阶权值。

对 Sigma 点集$\{\boldsymbol{y}_i | i=0,1,\cdots,2n\}$进行 $\boldsymbol{H}_{k+1}(\cdot)$非线性变换后，得到的点集为

$$\boldsymbol{z}_i = \boldsymbol{H}_{k+1}(\boldsymbol{y}_i), \quad i=0,1,\cdots,2n$$

相应地，$k+1$ 时刻量测值的一步预测为

$$\hat{\boldsymbol{Z}}_{k+1|k} \approx \sum_{i=0}^{2n} \boldsymbol{W}_i^{(m)} \boldsymbol{z}_i$$

相应的量测预测误差的协方差阵以及状态预测误差和量测预测误差的互协方差阵为

$$\boldsymbol{R}_{\tilde{Z}_{k+1|k}\tilde{Z}_{k+1|k}} \approx \sum_{i=0}^{2n} \boldsymbol{W}_i^{(c)} (\boldsymbol{z}_i - \hat{\boldsymbol{Z}}_{k+1|k})(\boldsymbol{z}_i - \hat{\boldsymbol{Z}}_{k+1|k})^{\mathrm{T}} + \boldsymbol{R}_k$$

$$\boldsymbol{R}_{\hat{X}_{k+1|k}\hat{Z}_{k+1|k}} \approx \sum_{i=0}^{2n} \boldsymbol{W}_i^{(c)} (\boldsymbol{y}_i - \hat{\boldsymbol{X}}_{k+1|k})(\boldsymbol{z}_i - \hat{\boldsymbol{Z}}_{k+1|k})^{\mathrm{T}}$$

据此可以计算得到 $k+1$ 时刻的 Kalman 增益阵为

$$\boldsymbol{K}_{k+1} = \boldsymbol{R}_{\tilde{X}_{k+1|k}\tilde{X}_{k+1|k}} (\boldsymbol{R}_{\tilde{Z}_{k+1|k}\tilde{Z}_{k+1|k}})^{-1}$$

若在 k 时刻得到更新的量测值 $\boldsymbol{Z}_{k+1}$，则此时可以得到滤波的更新结果：

$$\hat{\boldsymbol{X}}_{k+1|k+1} = \hat{\boldsymbol{X}}_{k+1|k} + \boldsymbol{K}_{k+1}(\boldsymbol{Z}_{k+1} - \hat{\boldsymbol{Z}}_{k+1|k})$$

$$\boldsymbol{P}_{k+1|k+1} = \boldsymbol{P}_{k+1|k} - \boldsymbol{R}_{\hat{X}_{k+1|k}\hat{Z}_{k+1|k}} (\boldsymbol{K}_{k+1})^{\mathrm{T}}$$

13.2.8 中心差分 Kalman 滤波器

中心差分滤波器(Central Difference Kalman Filter，CDKF)同 UKF 一样，是对 EKF 的一种改进滤波方法，改善了 EKF 的非线性滤波性能，它最早由 Norgarrd 等人提出，它具有比 UKF 稍高的理论精度，而且更加易于实现。

CDKF 假定系统状态服从高斯分布，对任意已知分布的高斯随机变量，都可以用 CDKF 方法估计它经非线性系统后的均值及协方差。CDKF 的出发点是借助于 Sterling 插值公式，用多项式逼近非线性方程的导数以避免求导运算，它采用中心差分来代替泰勒级数展开中的一阶和二阶导数。

$$\nabla f \approx \frac{f(X+h\delta_X) - f(X+h\delta_X)}{2h}$$

$$\nabla^2 f \approx \frac{f(X+h\delta_X) + f(X+h\delta_X) - 2f(x)}{h^2}$$

其中，h 为中心差分半步长度，它决定了 Sigma 点的分布情况，它的取值应该与系统前一个状态的分布相对应，对于高斯分布而言 h 的最优值为$\sqrt{3}$。δ_X 为零均值且与 X 具有相同协方差阵的随机变量。

对于 n 维的状态向量 $\boldsymbol{X}$ 来说，CDKF 的 Sigma 点的个数为 $2n+1$。为了使这些 Sigma 点与实际状态分布有相同的均值、方差以及高阶中心矩，按下式构造相应的 Sigma 点

$$\begin{cases} \boldsymbol{x}_0 = \bar{\boldsymbol{X}}, & i = 0 \\ \boldsymbol{x}_i = \bar{\boldsymbol{X}} + (h\sqrt{\boldsymbol{P}_{XX}})_i, & i = 1,2,\cdots,n \\ \boldsymbol{x}_{i+n} = \bar{\boldsymbol{X}} - (h\sqrt{\boldsymbol{P}_{XX}})_i, & i = 1,2,\cdots,n \end{cases}$$

相应的权值为

$$\begin{cases} W_0^m = \dfrac{h^2 - n}{h^2} \\ W_i^m = \dfrac{1}{2h^2} \\ W_i^{c1} = \dfrac{1}{4h^2} \\ W_i^{c2} = \dfrac{h^2 - 1}{4h^4} \end{cases}, \quad i = 1,\cdots,2n$$

CDKF 算法的具体步骤如下：

首先，对状态统计特性进行初始化。

根据 k 时刻的滤波结果，计算相应的 Sigma 点

$$\begin{cases} \boldsymbol{x}_0 = \hat{\boldsymbol{X}}_{k|k} \\ \boldsymbol{x}_i = \hat{\boldsymbol{X}}_{k|k} + (h\sqrt{\boldsymbol{P}_{k|k}})_i & i = 1,2,\cdots,n \\ \boldsymbol{x}_{i+n} = \hat{\boldsymbol{X}}_{k|k} - (h\sqrt{\boldsymbol{P}_{k|k}})_i & = 1,2,\cdots,n \end{cases}$$

Sigma 点 $\boldsymbol{x}_i$ 经过状态转换函数 $\boldsymbol{F}(\cdot)$后的结果为 $\boldsymbol{y}_i$，即

$$\boldsymbol{y}_i = \boldsymbol{F}(\boldsymbol{x}_i), \quad i = 0,1,2,\cdots,2n$$

由此可得，一步状态预测值为

$$\hat{\boldsymbol{X}}_{k+1|k} = \sum_{i=0}^{2n} \boldsymbol{W}_i^m \boldsymbol{y}_i$$

相应的预测误差协方差为

$$\boldsymbol{P}_{k+1|k} = \sum_{i=1}^{n} \{\boldsymbol{W}_i^{c1}[\boldsymbol{y}_i - \boldsymbol{y}_{i+n}][\boldsymbol{y}_i - \boldsymbol{y}_{i+n}]^{\mathrm{T}} + \boldsymbol{W}_i^{c2}[\boldsymbol{y}_i + \boldsymbol{y}_{i+n} - 2\boldsymbol{y}_0][\boldsymbol{y}_i + \boldsymbol{y}_{i+n} - 2\boldsymbol{y}_0]^{\mathrm{T}}\} + \boldsymbol{Q}_k$$

根据一步预测得到的$\hat{\boldsymbol{X}}_{k+1|k}$和 $\boldsymbol{P}_{k+1|k}$计算相应的 Sigma 点

$$\begin{cases} \boldsymbol{\gamma}_0 = \hat{\boldsymbol{X}}_{k+1|k} \\ \boldsymbol{\gamma}_i = \hat{\boldsymbol{X}}_{k+1|k}(h\sqrt{\boldsymbol{P}_{k+1|k}})_i, & i = 1,2,\cdots,n \\ \boldsymbol{\gamma}_{i+n} = \hat{\boldsymbol{X}}_{k+1|k} - (h\sqrt{\boldsymbol{P}_{k+1|k}})_i, & k = 1,2,\cdots,n \end{cases}$$

Sigma 点$\boldsymbol{\gamma}_i$ 经过量测函数 $\boldsymbol{H}(\cdot)$后的结果为 $\boldsymbol{z}_i$，即

$$\boldsymbol{z}_i = \boldsymbol{H}(\boldsymbol{\gamma}_i), \quad i = 0,1,2,\cdots,2n$$

由此可得，量测预测值为

$$\hat{\boldsymbol{Z}}_{k+1|k} = \sum_{i=0}^{2n} \boldsymbol{W}_i^m \boldsymbol{z}_i$$

相应的自协方差和互协方差阵为

$$R_{\tilde{Z}_{k+1|k}\tilde{Z}_{k+1|k}} = \sum_{i=1}^{n}[W_i^{c1}(z_i - z_{i+n})(z_i - z_{i+n})^{\mathrm{T}} + W_i^{c2}(z_i + z_{i+n} - 2z_0)(z_i + z_{i+n} - 2z_0)^{\mathrm{T}}] + R_k$$

$$R_{\tilde{X}_{k+1|k}\tilde{Z}_{k+1|k}} = \sum_{i=1}^{2n} W_i^m (y_i - \hat{X}_{k+1|k})(z_i - \hat{Z}_{k+1|k})^{\mathrm{T}}$$

则 $k+1$ 时刻的 Kalman 增益为

$$K_{k+1} = R_{\tilde{X}_{k+1|k}\tilde{Z}_{k+1|k}}(R_{\tilde{Z}_{k+1|k}\tilde{Z}_{k+1|k}})^{-1}$$

在获得 $k+1$ 时刻的量测值 $Z(k+1)$后,可以更新滤波结果

$$\begin{cases} \hat{X}_{k+1|k+1} = \hat{X}_{k+1|k} + K_{k+1}(Z_{k+1} - \hat{Z}_{k+1|k}) \\ P_{k+1|k+1} = P_{k+1|k} - K_{k+1}R_{\tilde{Z}_{k+1|k}\tilde{Z}_{k+1|k}}(K_{k+1})^{\mathrm{T}} \end{cases}$$

13.3 粒子滤波器

13.3.1 粒子滤波方法

粒子滤波是从 20 世纪 90 年代中后期发展起来的一种滤波方法,粒子滤波主要源于 Monte Carlo 思想,也就是用某件事出现的频率来指代该事件发生的概率。它的基本思路是用随机样本来描述概率密度,以样本均值代替积分运算,根据这些样本通过非线性系统后的位置及各个样本的权值来估计随机变量通过该系统的统计特性。这里的样本就是所谓的粒子。

Bayes 估计理论是粒子滤波的理论基础,它是一种将客观信息和主观先验信息相结合的估计方法,Bayes 递推滤波就是基于 Bayes 估计的一种滤波方法。

$$p(X_{k+1} \mid Z_{1:k+1}) = \frac{p(Z_{k+1} \mid X_{k+1})p(X_{k+1} \mid Z_{1:k})}{p(Z_{k+1} \mid Z_{1:k})}$$

$$p(X_{k+1} \mid Z_{1:k}) = \int p(X_{k+1} \mid X_k)p(X_k \mid Z_{1:k})\mathrm{d}X_k$$

$$p(Z_{k+1} \mid Z_{1:k}) = \int p(Z_{k+1} \mid X_k)p(X_k \mid Z_{1:k})\mathrm{d}X_k$$

其中,$p(X_k|Z_k)$是 k 时刻的滤波值,$p(X_{k+1}|Z_{k+1})$是 $k+1$ 时刻的滤波值。滤波的目的是实现 $p(X_k|Z_k)$的递推估计,实际上,这一点很难做到,一般情况下,上述递推过程可能无法获得解析解。因此,用若干的随机样本对待求的概率密度进行近似,即

$$p(X_k \mid Z_{1:k}) \approx \hat{p}(X_k \mid Z_{1:k}) = \sum_{i=1}^{N} W_k^{(i)}\delta(X_k - X_k^{(i)})$$

其中,$\hat{p}(X_k|Z_{1:k})$是对概率密度 $p(X_k|Z_{1:k})$的估计结果,$X_k^{(i)}$ 是 k 时刻滤波后的第 i 个粒子,$W_k^{(i)}$ 是该粒子对应的权值,$\delta(\cdot)$是狄拉克函数,N 是粒子总数。

因此,在粒子滤波方法中,确定合适的采样策略至关重要,下面介绍几种常见的采样策略。

1. 完备采样

对概率密度函数 $p(X)$来说,假设$\{X^{(i)}, i=1,2,\cdots,N\}$是根据概率密度 $p(X)$采样得到

的独立同分布粒子，那么

$$p(\boldsymbol{X}) \approx \frac{1}{N}\sum_{i=1}^{N}\delta(\boldsymbol{X}-\boldsymbol{X}^{(i)})$$

用样本均值代替积分运算可以得到对随机变量的均值和协方差的估计

$$E(\boldsymbol{X}) = \int \boldsymbol{X}p(\boldsymbol{X})\mathrm{d}\boldsymbol{X} \approx \frac{1}{N}\sum_{i=1}^{N}\boldsymbol{X}^{(i)}$$

$$\boldsymbol{P}_{XX} = \int [\boldsymbol{X}-E(\boldsymbol{X})][\boldsymbol{X}-E(\boldsymbol{X})]^{\mathrm{T}}p(\boldsymbol{X})\mathrm{d}\boldsymbol{X} \approx \frac{1}{N}\sum_{i=1}^{N}[\boldsymbol{X}^{(i)}-E(\boldsymbol{X})][\boldsymbol{X}^{(i)}-E(\boldsymbol{X})]^{\mathrm{T}}$$

完备采样是一种基本的采样方法，但是对非线性系统来说，一般不可能直接对后验概率密度函数 $p(\boldsymbol{X}_{0:k}|\boldsymbol{Z}_{1:k})$进行采样。为此，引入了下述重要性采样方法。

2. 重要性采样

从上面的讨论中已经知道，尤其是对于非线性滤波而言，几乎不可能直接从 $p(\boldsymbol{X}_{0:k}|\boldsymbol{Z}_{1:k})$中直接获得采样值，所以，要引入一个更加易于采样的概率密度函数 $q(\boldsymbol{X}_{0:k}|\boldsymbol{Z}_{1:k})$，称为重要性函数或建议分布函数。随机变量集合 $X_{0:k}$ 通过任意的系统 $\boldsymbol{F}(\cdot)$后获得的随机变量集为 $\boldsymbol{F}(\boldsymbol{X}_{0:k})$，对 $\boldsymbol{F}(\boldsymbol{X}_{0:k})$做最优估计

$$\begin{aligned}E[\boldsymbol{F}(\boldsymbol{X}_{0:k})] &= \int F(\boldsymbol{X}_{0:k})p(\boldsymbol{X}_{0:k} \mid \boldsymbol{Z}_{1:k})\mathrm{d}\boldsymbol{X}_{0:k}\\ &= \int \boldsymbol{F}(\boldsymbol{X}_{0:k})\frac{p(\boldsymbol{X}_{0:k} \mid \boldsymbol{Z}_{1:k})}{q(\boldsymbol{X}_{0:k} \mid \boldsymbol{Z}_{1:k})}q(\boldsymbol{X}_{0:k} \mid \boldsymbol{Z}_{1:k})\mathrm{d}\boldsymbol{X}_{0:k}\end{aligned} \tag{13-9}$$

其中，$p(\boldsymbol{X}_{0:k}|\boldsymbol{Z}_{1:k})$可以进一步表示为

$$\begin{aligned}p(\boldsymbol{X}_{0:k} \mid \boldsymbol{Z}_{1:k}) = \frac{p(\boldsymbol{X}_{0:k},\boldsymbol{Z}_{1:k})}{p(\boldsymbol{Z}_{1:k})} &= \frac{p(\boldsymbol{X}_{0:k},\boldsymbol{Z}_{1:k})}{\int p(\boldsymbol{X}_{0:k},\boldsymbol{Z}_{1:k})\mathrm{d}\boldsymbol{X}_{0:k}}\\ &= \frac{p(\boldsymbol{X}_{0:k},\boldsymbol{Z}_{1:k})}{\int \frac{p(\boldsymbol{X}_{0:k},\boldsymbol{Z}_{1:k})}{q(\boldsymbol{X}_{0:k} \mid \boldsymbol{Z}_{1:k})}q(\boldsymbol{X}_{0:k} \mid \boldsymbol{Z}_{1:k})\mathrm{d}\boldsymbol{X}_{0:k}}\end{aligned}$$

若记

$$\boldsymbol{W}_k = \frac{p(\boldsymbol{X}_{0:k},\boldsymbol{Z}_{1:k})}{q(\boldsymbol{X}_{0:k} \mid \boldsymbol{Z}_{1:k})} \tag{13-10}$$

则式(13-9)可以进一步化为

$$E[\boldsymbol{F}(\boldsymbol{X}_{0:k})] = \frac{\int \boldsymbol{F}(\boldsymbol{X}_{0:k})\boldsymbol{W}_k\, q(\boldsymbol{X}_{0:k} \mid \boldsymbol{Z}_{1:k})\mathrm{d}\boldsymbol{X}_{0:k}}{\int \boldsymbol{W}_k\, q(\boldsymbol{X}_{0:k} \mid \boldsymbol{Z}_{1:k})\mathrm{d}\boldsymbol{X}_{0:k}}$$

假设$\{\boldsymbol{X}_{0:k}^{(i)}, i=1,2,\cdots,N\}$是根据重要性函数 $q(\boldsymbol{X}_{0:k}|\boldsymbol{Z}_{1:k})$采样得到的 N 个独立同分布粒子。则

$$q(\boldsymbol{X}_{0:k} \mid \boldsymbol{Z}_{1:k}) \approx \frac{1}{N}\sum_{i=1}^{N}\delta(\boldsymbol{X}_{0:k}-\boldsymbol{X}_{0:k}^{(i)})$$

令

$$\widetilde{\boldsymbol{W}}_k^{(i)} = \frac{p(\boldsymbol{X}_{0:k}^{(i)},\boldsymbol{Z}_{1:k})}{q(\boldsymbol{X}_{0:k}^{(i)} \mid \boldsymbol{Z}_{1:k})}, \quad i=1,2,\cdots,N$$

$\widetilde{\boldsymbol{W}}_k^{(i)}$ 是粒子 $\boldsymbol{X}_{0:k}^{(i)}$的未归一化权值。

以样本均值代替积分运算可得

$$E[\boldsymbol{F}(\boldsymbol{X}_{0:k})]=\frac{\int \boldsymbol{F}(\boldsymbol{X}_{0:k})\boldsymbol{W}_k q(\boldsymbol{X}_{0:k} \mid \boldsymbol{Z}_{1:k})\mathrm{d}\boldsymbol{X}_{0:k}}{\int \boldsymbol{W}_k q(\boldsymbol{X}_{0:k} \mid \boldsymbol{Z}_{1:k})\mathrm{d}\boldsymbol{X}_{0:k}}$$

$$\approx \frac{\frac{1}{N}\sum_{i=1}^{N}\widetilde{\boldsymbol{W}}_k^{(i)}\boldsymbol{F}(\boldsymbol{X}_{0:k}^{(i)})}{\frac{1}{N}\sum_{i=1}^{N}\widetilde{\boldsymbol{W}}_k^{(i)}}=\sum_{i=1}^{N}\overline{\boldsymbol{W}}_k^{(i)}\boldsymbol{F}(\boldsymbol{X}_{0:k}^{(i)})$$

其中，$\overline{W}_k^{(i)}$ 是粒子 $\boldsymbol{X}_{0:k}^{(i)}$ 的归一化权值

$$\overline{\boldsymbol{W}}_k^{(i)}=\frac{\widetilde{\boldsymbol{W}}_k^{(i)}}{\sum_{i=1}^{N}\widetilde{\boldsymbol{W}}_k^{(i)}},\quad i=1,2,\cdots,N$$

从上面的结果可以看出，重要性采样等效于对后验概率密度 $p(\boldsymbol{X}_{0:k}|\boldsymbol{Z}_{1:k})$ 作如下的近似处理：

$$p(\boldsymbol{X}_{0:k} \mid \boldsymbol{Z}_{1:k})\approx \sum_{i=1}^{N}\overline{\boldsymbol{W}}_k^{(i)}\delta(\boldsymbol{X}_{0:k}-\boldsymbol{X}_{0:k}^{(i)})$$

另外发现，使用重要性采样进行滤波时，每当获得新的量测向量时，都要重新计算归一化权值 $\overline{\boldsymbol{W}}_k^{(i)}$，而不是通过递推计算获得。因此，还要对重要性采样做相关改进。

3. 序贯重要性采样

SIS 是重要性采样的扩展，它能够实现权值的递推。

由于重要性函数本身也是一个概率密度函数，所以根据 Bayes 定理可以得出以下的递推关系

$$\begin{aligned}q(\boldsymbol{X}_{0:k+1} \mid \boldsymbol{Z}_{1:k+1})&=q(\boldsymbol{X}_{k+1} \mid \boldsymbol{X}_{0:k},\boldsymbol{Z}_{1:k+1})q(\boldsymbol{X}_{0:k} \mid \boldsymbol{Z}_{1:k+1})\\&=q(\boldsymbol{X}_{k+1} \mid \boldsymbol{X}_{0:k},\boldsymbol{Z}_{1:k+1})q(\boldsymbol{X}_{0:k} \mid \boldsymbol{Z}_{1:k})\end{aligned}$$

且

$$\begin{aligned}p(\boldsymbol{X}_{0:k+1},\boldsymbol{Z}_{1:k+1})&=p(\boldsymbol{X}_{k+1},\boldsymbol{Z}_{k+1},\boldsymbol{X}_{0:k},\boldsymbol{Z}_{1:k})\\&=p(\boldsymbol{Z}_{k+1} \mid \boldsymbol{X}_{k+1},\boldsymbol{X}_{0:k},\boldsymbol{Z}_{1:k})p(\boldsymbol{X}_{k+1} \mid \boldsymbol{X}_{0:k},\boldsymbol{Z}_{1:k})p(\boldsymbol{X}_{0:k},\boldsymbol{Z}_{1:k})\\&=p(\boldsymbol{Z}_{k+1} \mid \boldsymbol{X}_{k+1})p(\boldsymbol{X}_{k+1} \mid \boldsymbol{X}_k)p(\boldsymbol{X}_{0:k},\boldsymbol{Z}_{1:k})\end{aligned}$$

代入式(13-10)中可得

$$\begin{aligned}\boldsymbol{W}_{k+1}&=\frac{p(\boldsymbol{X}_{0:k+1},\boldsymbol{Z}_{1:k+1})}{q(\boldsymbol{X}_{0:k+1} \mid \boldsymbol{Z}_{1:k+1})}=\frac{p(\boldsymbol{Z}_{k+1} \mid \boldsymbol{X}_{k+1})p(\boldsymbol{X}_{k+1} \mid \boldsymbol{X}_k)p(\boldsymbol{X}_{0:k},\boldsymbol{Z}_{1:k})}{q(\boldsymbol{X}_{k+1} \mid \boldsymbol{X}_{0:k},\boldsymbol{Z}_{1:k+1})q(\boldsymbol{X}_{0:k} \mid \boldsymbol{Z}_{1:k})}\\&=\frac{p(\boldsymbol{Z}_{k+1} \mid \boldsymbol{X}_{k+1})p(\boldsymbol{X}_{k+1} \mid \boldsymbol{X}_k)}{q(\boldsymbol{X}_{k+1} \mid \boldsymbol{X}_{0:k},\boldsymbol{Z}_{1:k+1})}\boldsymbol{W}_k\end{aligned}$$

一般来说，为了能够方便地使用回归 Bayes 滤波算法，希望重要性概率密度的值只与当前时刻的量测和前一时刻状态有关，即

$$q(\boldsymbol{X}_{k+1} \mid \boldsymbol{X}_{0:k},\boldsymbol{Z}_{1:k+1})=q(\boldsymbol{X}_{k+1} \mid \boldsymbol{X}_k,\boldsymbol{Z}_{k+1})$$

那么，相应粒子更新也可以由上式的概率密度给出，即

$$\boldsymbol{X}_{k+1}^{(i)}\sim q(\boldsymbol{X}_{k+1} \mid \boldsymbol{X}_k^{(i)},\boldsymbol{Z}_{k+1}),\quad i=1,2,\cdots,N$$

此时，

$$\boldsymbol{W}_{k+1}=\frac{p(\boldsymbol{Z}_{k+1}\mid\boldsymbol{X}_{k+1})p(\boldsymbol{X}_{k+1}\mid\boldsymbol{X}_k)}{q(\boldsymbol{X}_{k+1}\mid\boldsymbol{X}_k,\boldsymbol{Z}_{k+1})}\boldsymbol{W}_k$$

相应地，也就得到了对应的重要性权值的更新公式

$$\widetilde{\boldsymbol{W}}_{k+1}^{(i)}=\frac{p(\boldsymbol{Z}_{k+1}\mid\boldsymbol{X}_{k+1}^{(i)})p(\boldsymbol{X}_{k+1}^{(i)}\mid\boldsymbol{X}_k^{(i)})}{q(\boldsymbol{X}_{k+1}^{(i)}\mid\boldsymbol{X}_k^{(i)},\boldsymbol{Z}_{k+1})}\widetilde{\boldsymbol{W}}_k^{(i)},\quad i=1,2,\cdots,N$$

然后获得相应的归一化重要性权值 $\overline{\boldsymbol{W}}_k^{(i)}$。从而得到后验概率密度估计的更新值

$$p(\boldsymbol{X}_{0:k+1}\mid\boldsymbol{Z}_{1:k+1})\approx\sum_{i=1}^{N}\overline{\boldsymbol{W}}_{k+1}^{(i)}\delta(\boldsymbol{X}_{0:k+1}-\boldsymbol{X}_{0:k+1}^{(i)})$$

虽然 SIS 给出了一种递推方法，但是它存在所谓的粒子退化问题。也就是说，经过若干次迭代之后，很大一部分粒子的重要性权值会趋近于零。这种现象是无法避免的，这是因为粒子权值的协方差会随着迭代次数的增加而增加。这样，在确定重要性函数的时候就要有所选择。所以，一种减弱粒子退化影响的方法是选择合适的重要性函数。可以证明，这里的最优重要性函数为

$$q(\boldsymbol{X}_{k+1}^{(i)}\mid\boldsymbol{X}_k^{(i)},\boldsymbol{Z}_{k+1})=p(\boldsymbol{X}_{k+1}^{(i)}\mid\boldsymbol{X}_k^{(i)},\boldsymbol{Z}_{k+1})\tag{13-11}$$

其中，最优准则是使粒子重要性权值的协方差最小。另外一种解决粒子退化问题的方法是下面提到的重采样算法。

4. 重采样

为克服 SIS 算法中的粒子退化问题，其中一种解决方法就是采用重采样技术。重采样算法的基本思想是对前一次滤波得到的概率密度的离散近似表示再进行一次采样，复制权值较大的样本，淘汰权值较小的样本，形成一个新的样本集合，以克服样本权值退化的问题。

假设获得了 k 时刻的后验概率密度的离散近似表示

$$p(\boldsymbol{X}_k\mid\boldsymbol{Z}_{1:k})\approx\sum_{i=1}^{N}\overline{\boldsymbol{W}}_k^{(i)}\delta(\boldsymbol{X}_k-\boldsymbol{X}_k^{(i)})$$

那么重采样就是以 $\{\overline{\boldsymbol{W}}_k^{(i)}\mid i=1,2,\cdots,N\}$ 为离散随机变量的分布率重新产生 N 个粒子 $\{\hat{\boldsymbol{X}}_k^{(i)}\mid i=1,2,\cdots,N\}$，即

$$p(\hat{\boldsymbol{X}}_k^{(i)}=\boldsymbol{X}_k^{(j)})=\overline{\boldsymbol{W}}_k^{(j)},\quad i,j=1,2,\cdots,N$$

要获得这样的 N 个新粒子，最早提出的是多项式重采样算法，它的实现过程如下：

每次在区间[0,1]上的均匀分布中随机抽取一个样本 $u\sim U[0,1]$，若

$$\sum_{j=1}^{m-1}\overline{\boldsymbol{W}}_k^{(j)}<u\leqslant\sum_{j=1}^{m}\overline{\boldsymbol{W}}_k^{(j)}$$

则复制第 m 个粒子 $\boldsymbol{X}_k^{(m)}$ 到新的粒子集合中。重复该过程 N 次，最终得到新的粒子集合 $\{\hat{\boldsymbol{X}}_k^{(i)}\mid i=1,2,\cdots,N\}$，每个粒子的权值都为 $1/N$。

另外，常见的采样算法还有残差重采样算法、分层重采样算法和系统重采样算法。如果从滤波精度和计算量上综合考虑，其中系统采样的效果是最好的。其实现过程如下：

首先，生成一组随机数

$$u_i=\frac{(i-1)+\mu}{N},\quad \mu\sim U[0,1],\quad i=1,2,\cdots,N$$

如果第 i 个随机数 u_i 满足

$$\sum_{j=1}^{m-1}\overline{\boldsymbol{W}}_k^{(j)}<u_i\leqslant\sum_{j=1}^{m}\overline{\boldsymbol{W}}_k^{(j)},\quad i=1,2,\cdots,N$$

则复制第 m 个粒子 $\boldsymbol{X}_k^{(m)}$，即 $\hat{\boldsymbol{X}}_k^{(i)}=\boldsymbol{X}_k^{(m)}$，且权值变为 $1/N$，最终得到新的粒子集合 $\{\hat{\boldsymbol{X}}_k^{(i)} \mid i=1,2,\cdots,N\}$。

显然，在重采样算法中，权值越高的粒子被复制的概率也就越大，且重采样后得到的新粒子的权值都为 $1/N$。那么 k 时刻的后验密度函数可以近似表示为

$$p(\boldsymbol{X}_k \mid \boldsymbol{Z}_{1:k}) \approx \frac{1}{N}\sum_{i=1}^{N}\delta(\boldsymbol{X}_k-\hat{\boldsymbol{X}}_k^{(i)})$$

如图 13-5 所示，在重采样过程中，权值越大的粒子被复制的次数越多，权值较小的复制次数相对较少，而有些权值过小的粒子则很可能被淘汰，而重采样后的 N 个粒子有相同的权值，都为 $1/N$。

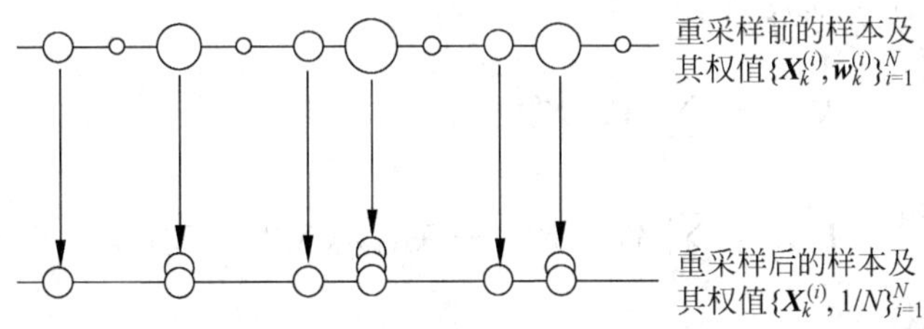

图 13-5 重采样过程图示

虽然重采样粒子滤波算法改善了 SIS 粒子滤波算法的粒子退化问题，但同时也降低了粒子的多样性，于是它带来了新的问题，即粒子贫化。为了改善粒子贫化的现象，要引入对粒子退化程度的度量，以避免每次滤波都进行重采样。因此，定义有效粒子数 $\hat{N}_{eff}=\frac{1}{\sum_{i=1}^{N}(\overline{W}_k^{(i)})^2}$ 来衡量粒子退化程度，有效粒子数越少说明粒子退化越严重，所以为它设立一个阈值$\left(\text{通常为}\frac{2}{3}N\right)$，只有当粒子数小于该阈值时才进行重采样。

13.3.2 基本粒子滤波算法

基本粒子滤波算法也叫 SIR 是 Gordon 等人于 1993 年提出的，为了克服 SIS 算法中的粒子退化问题，他们首次将重采样技术引入到 SIS 算法中。

从前面的论述中知道，选择合适的重要性函数可以改善 SIS 算法中的粒子退化问题，且这里的最优重要性函数已经通过式(13-11)给出。但是，在通常情况下，要从概率密度函数 $p(\boldsymbol{X}_{k+1}^{(i)} \mid \boldsymbol{X}_k^{(i)},\boldsymbol{Z}_{k+1})$ 中直接获得抽样是不可能的。所以一般情况下，可以选择系统状态转移概率密度 $p(\boldsymbol{X}_{k+1}^{(i)} \mid \boldsymbol{X}_k^{(i)})$ 作为重要性函数，该函数可以通过先验信息得到。虽然这种方法没有利用更新的量测信息 $\boldsymbol{Z}_{k+1}$，而且通过这种方法得到的权值方差也较大，但是由于其形式简单，易于实现，所以它仍然被广泛采用。

标准粒子滤波算法包括时间预测、观测更新和重采样 3 个步骤。其具体的实现过程如下。

首先，进行初始化，得到初始时刻的粒子集合。即，以已知的概率密度 $p(\boldsymbol{X}_0)$ 生成 N 个初始粒子，且这 N 个粒子是等权重的

$$\{\boldsymbol{X}_0^{(i)},1/N;\ i=1,2,\cdots,N\}$$

选取重要性函数

$$q(\boldsymbol{X}_{k+1} \mid \boldsymbol{X}_{0,k}, \boldsymbol{Z}_{1,k+1}) = p(\boldsymbol{X}_{k+1} \mid \boldsymbol{X}_k)$$

那么，从重要性函数中采样得到预测的新粒子

$$\boldsymbol{X}_{k+1}^{(i)} \sim p(\boldsymbol{X}_{k+1}^{(i)} \mid \hat{\boldsymbol{X}}_k^{(i)}), \quad i = 1,2,\cdots,N$$

根据获得的新量测值 $\boldsymbol{Z}_{k+1}$ 可以实现权值的更新

$$\widetilde{W}_k^{(i)} = p(\boldsymbol{Z}_k \mid \boldsymbol{X}_{k+1}^{(i)}) \widetilde{\boldsymbol{W}}_{k+1}^{(i)}, \quad i = 1,2,\cdots,N$$

然后，对权值作归一化处理

$$\overline{W}_{k+1}^{(i)} = \frac{\widetilde{\boldsymbol{W}}_{k+1}^{(i)}}{\sum_{j=1}^{N} \widetilde{\boldsymbol{W}}_{k+1}^{(i)}}, \quad i = 1,2,\cdots,N$$

输出的状态估计和协方差分别为

$$\hat{\boldsymbol{X}}_{k+1} = \sum_{i=1}^{N} \overline{\boldsymbol{W}}_{k+1}^{(i)} \boldsymbol{X}_{k+1}^{(i)}$$

$$\boldsymbol{P}_{XX} = \sum_{i=1}^{N} \boldsymbol{W}_{k+1}^{(i)} (\boldsymbol{X}_{k+1}^{(i)} - \hat{\boldsymbol{X}}_{k+1}) (\boldsymbol{X}_{k+1}^{(i)} - \hat{\boldsymbol{X}}_{k+1})^{\mathrm{T}}$$

根据下式进行重采样

$$p(\hat{\boldsymbol{X}}_{k+1}^{(i)} = \boldsymbol{X}_{k+1}^{(j)}) = \overline{\boldsymbol{W}}_{k+1}^{(j)}, \quad i,j = 1,2,\cdots,N$$

得到 N 个等权值的新粒子

$$\{\hat{\boldsymbol{X}}_{k+1}^{(i)}, 1/N; \ i = 1,2,\cdots,N\}$$

重采样得到的粒子集可以在下一次的滤波迭代中继续使用。

图 13-6 展示了基本粒子滤波算法中粒子更新和重采样的过程。首先，在 k 时刻从重要

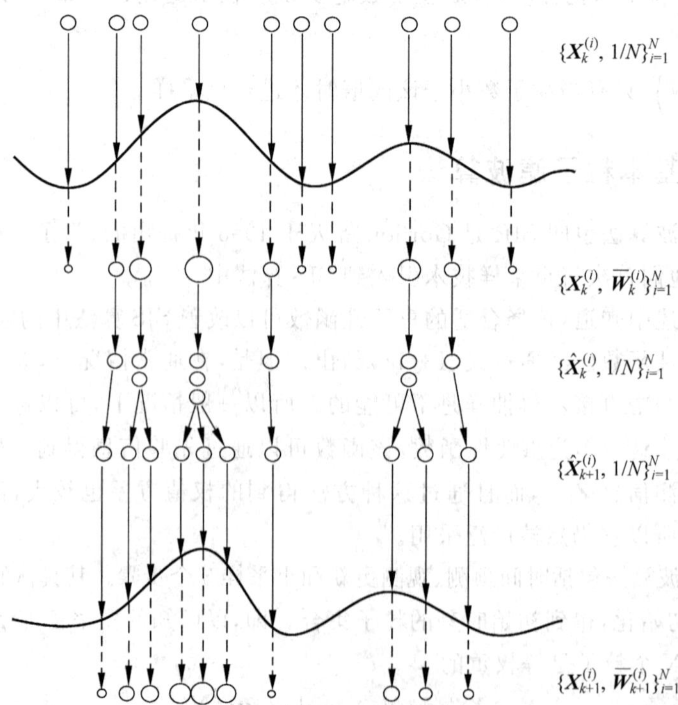

图 13-6 粒子更新和重采样过程图示

性函数中得到 N 个等权值的粒子$\{\boldsymbol{X}_k^{(i)},1/N\}_{i=1}^N$。当量测值 $\boldsymbol{Z}_k$ 到来时更新这些粒子的权值并归一化，得到$\{\boldsymbol{X}_k^{(i)},\overline{\boldsymbol{W}}_k^{(i)}\}_{i=1}^N$。然后对这些粒子进行重采样，复制大权值的粒子，淘汰小权值的粒子，得到新的等权值粒子集合$\{\hat{\boldsymbol{X}}_k^{(i)},1/N\}_{i=1}^N$。接着继续在下一时刻通过设定的重要性函数得到更新的等权值粒子集合$\{\boldsymbol{X}_{k+1}^{(i)},1/N\}_{i=1}^N$。然后在 $k+1$ 时刻的量测值 $\boldsymbol{Z}_{k+1}$ 到来时更新粒子的权值并归一化，得到$\{\boldsymbol{X}_{k+1}^{(i)},\overline{\boldsymbol{W}}_{k+1}^{(i)}\}_{i=1}^N$。依次循环，就实现了递推的粒子滤波算法。

13.3.3　辅助粒子滤波

SIR 算法虽然简单易求，抽样容易，但它仅仅是从粒子运动规律和以前的一些状态中盲目抽样，而没有考虑到系统状态的最新量测，所以它可能会使大量的低权值粒子丢失，导致误差增大，滤波性能下降。

辅助粒子滤波(Auxiliary Particle Filter，APF)算法是由 Pitty 和 Shephard 于 1999 年提出的，该算法以 SIS 为基础，通过引入一个辅助变量 U 对下一时刻量测似然值高的粒子进行标识。并且，在它的重要性函数中也引入了对最新量测值 Z_{k+1} 的考虑。其重要性函数的定义如下

$$q(\boldsymbol{X}_{k+1},j \mid \boldsymbol{X}_{0:k},\boldsymbol{Z}_{1:k+1}) \propto \overline{\boldsymbol{W}}_k^{(j)} p(\boldsymbol{Z}_{k+1} \mid \boldsymbol{U}_{k+1}^{(j)}) p(\boldsymbol{X}_{k+1} \mid \boldsymbol{X}_k^{(j)})$$

其中，j 是 k 时刻粒子的标号。通过上式采样得到的粒子集合$\{\boldsymbol{X}_{k+1}^{(i)},j_i\}_{i=1}^N$中 j_i 代表与 $k+1$ 时刻的第 i 个相对的 k 时刻粒子的标号。也就是说，$k+1$ 时刻的第 i 个粒子 $\boldsymbol{X}_{k+1}^{(i)}$是由 k 时刻的第 j_i 个粒子 $\boldsymbol{X}_k^{(j_i)}$ 通过系统的状态转移概率函数预测得到的。辅助变量 $\boldsymbol{U}_{k+1}^{(j)}$代表在给定 $\boldsymbol{X}_k=\boldsymbol{X}_k^{(j)}$ 的情况下 $\boldsymbol{X}_{k+1}$的某些特征，通常是 $\boldsymbol{X}_{k+1}$的均值

$$\boldsymbol{U}_{k+1}^{(j)} = E(\boldsymbol{X}_{k+1} \mid \boldsymbol{X}_k^{(j)})$$

也可以是从状态转移函数 $p(\boldsymbol{X}_{k+1}|\boldsymbol{X}_k^{(j)})$中获得的一个抽样，即

$$\boldsymbol{U}_{k+1}^{(j)} \sim p(\boldsymbol{X}_{k+1} \mid \boldsymbol{X}_k^{(j)})$$

引入中间变量的作用在于，选出下一时刻量测似然值相对较高的粒子进行预测，似然值越高的粒子被选中的可能性越高。

辅助粒子滤波算法实现步骤如下。

首先，进行初始化，得到初始时刻的粒子集合$\{\boldsymbol{X}_0^{(i)},1/N\}_{i=1}^N$。

假设 k 时刻滤波得到的粒子集合为$\{\boldsymbol{X}_k^{(i)},\overline{\boldsymbol{W}}_k^{(i)}\}_{i=1}^N$。然后，计算该粒子集合中所有粒子的辅助变量

$$\boldsymbol{U}_{k+1}^{(i)} = E(\boldsymbol{X}_{k+1} \mid \boldsymbol{X}_k^{(i)}),\quad i=1,2,\cdots,N$$

计算每个辅助变量的未归一化权值

$$\widetilde{\boldsymbol{V}}_{k+1}^{(i)} = \overline{\boldsymbol{W}}_k^{(i)} p(\boldsymbol{Z}_k \mid \boldsymbol{U}_k^{(i)})$$

归一化权值

$$\overline{\boldsymbol{V}}_{k+1}^{(i)} = \frac{\widetilde{\boldsymbol{V}}_{k+1}^{(i)}}{\sum_{i=1}^{N} \widetilde{\boldsymbol{V}}_{k+1}^{(i)}},\quad i=1,2,\cdots,N$$

根据辅助变量的归一化权值对 k 时刻的粒子集合$\{\boldsymbol{X}_k^{(i)},\overline{\boldsymbol{W}}_k^{(i)}\}_{i=1}^N$重采样，得到新的粒子集合$\{\boldsymbol{X}_k^{(j_i)},1/N\}_{i=1}^N$。

利用系统状态转移概率度对粒子集合$\{\boldsymbol{X}_k^{(j_i)},1/N\}_{i=1}^N$进行预测，得到新的粒子集合$\{\boldsymbol{X}_{k+1}^{(i)},1/N\}_{i=1}^N$

$$\boldsymbol{X}_{k+1}^{(i)} \sim p(\boldsymbol{X}_{k+1} \mid \boldsymbol{X}_k^{(j_i)}), \quad i=1,2,\cdots,N$$

计算$k+1$时刻新粒子的权值

$$\widetilde{\boldsymbol{W}}_{k+1}^{(i)} = \frac{p(\boldsymbol{Z}_{k+1} \mid \boldsymbol{X}_{k+1}^{(i)})}{p(\boldsymbol{Z}_{k+1} \mid \boldsymbol{U}_{k+1}^{(j_i)})}, \quad i=1,2,\cdots,N$$

归一化权值

$$\overline{\boldsymbol{W}}_{k+1}^{(i)} = \frac{\widetilde{\boldsymbol{W}}_{k+1}^{(i)}}{\sum_{i=1}^{N} \widetilde{\boldsymbol{W}}_{k+1}^{(i)}}, \quad i=1,2,\cdots,N$$

$k+1$时刻的状态估计和协方差分别为

$$\hat{\boldsymbol{X}}_{k+1} = \sum_{i=1}^{N} \overline{\boldsymbol{W}}_{k+1}^{(i)} \boldsymbol{X}_{k+1}^{(i)}$$

$$\boldsymbol{P}_{XX} = \sum_{i=1}^{N} \boldsymbol{W}_{k+1}^{(i)} (\boldsymbol{X}_{k+1}^{(i)} - \hat{\boldsymbol{X}}_{k+1})(\boldsymbol{X}_{k+1}^{(i)} - \hat{\boldsymbol{X}}_{k+1})^{\mathrm{T}}$$

在辅助粒子滤波算法中，引入辅助变量U对系统做预测，不仅根据粒子的预测似然值对其重采样，筛选出似然值较大的粒子，而且其重要性采样过程利用了最新的量测值$\boldsymbol{Z}_{k+1}$，使获得的粒子更接近真实情况。尤其在过程噪声较小的情况下，APF 算法要优于 SIR 算法。

13.3.4 正则粒子滤波

虽然 SIR 算法在一定程度上改善了 SIS 算法中出现的粒子退化问题，但它也带来了粒子贫化的问题，也就是粒子多样性的消失。这是因为在 SIR 算法的重采样过程中，重采样粒子是从离散的概率分布中获得的。这样，权值较低的粒子被淘汰，而权值较高的粒子被多次复制，因此粒子集合就失去了多样性。所以，解决这个问题的一个思路就是，通过后验概率密度的离散分布来重建它的连续分布。正是基于这种思想，Musso 等人提出了正则粒子滤波(Regularized Particle Filter，RPF)算法。

RPF 算法与 SIR 算法的不同之处在于：在重采样过程中，SIR 从离散近似的概率分布中采样，而 RPF 则是从连续近似的概率分布中采样。其连续近似概率分布可以表达为

$$p(\boldsymbol{X}_k \mid \boldsymbol{Z}_{1:k}) \approx \hat{p}(\boldsymbol{X}_k \mid \boldsymbol{Z}_{1:k}) = \sum_{i=1}^{N} \overline{\boldsymbol{W}}_k^i \boldsymbol{K}_h(\boldsymbol{X}_k - \boldsymbol{X}_k^i)$$

其中

$$\boldsymbol{K}_h(\boldsymbol{X}) = \frac{1}{h^n} \boldsymbol{K}\left(\frac{\boldsymbol{X}}{h}\right)$$

这里的$\boldsymbol{K}_h(\cdot)$是对核密度函数$\boldsymbol{K}(\cdot)$重新标度后的结果。n为状态向量$\boldsymbol{X}$的维数，h是核带宽，核密度函数$\boldsymbol{K}(\cdot)$满足下面的条件

$$\int \boldsymbol{X}\boldsymbol{K}(X)\mathrm{d}\boldsymbol{X} = 0$$

$$\int \|\boldsymbol{X}\|^2 \boldsymbol{K}(\boldsymbol{X})\mathrm{d}\boldsymbol{X} < \infty$$

选择核带宽h的准则是，使真实的后验概率密度和相应的正则化近似密度之间的平均

积分方差 MISE(p)最小

$$\text{MISE}(p)=E\left[\int\left[\hat{p}(\boldsymbol{X}_k \mid \boldsymbol{Z}_{1:k})-p(\boldsymbol{X}_k \mid \boldsymbol{Z}_{1:k})\right]^2 \mathrm{d}\boldsymbol{X}_k\right]$$

在所有权值都相等($\overline{\boldsymbol{W}}_k^i=1/N, i=1,2,\cdots,N$)的情况下,最优核密度是 Epanechnikov 核密度

$$K_{\text{opt}}=\begin{cases}\dfrac{n+2}{2C_n}(1-\|X\|^2), & \|X\|<1\\ 0, & \text{其他}\end{cases}$$

其中,C_n 是 n 维空间上单位超球体的体积。如果实际的后验概率密度是具有单位协方差阵的高斯分布,那么核带宽 h 的最优选择是

$$h_{\text{opt}}=AN^{\frac{1}{n+4}}$$

其中

$$A=\left[8C_n^{-1}(n+4)(2\sqrt{\pi}^n)\right]^{1/(n+4)}$$

当后验概率的协方差阵不是单位阵时,如果要用上式获得最优的核带宽,就需要通过线性变换进行白化。假设样本的经验方差矩阵是 $\boldsymbol{S}$,令 $\boldsymbol{S}=\boldsymbol{D}\boldsymbol{D}^{\mathrm{T}}$,则有

$$\boldsymbol{D}\boldsymbol{Y}^{(i)}=\boldsymbol{X}^{(i)}$$

其中,$\boldsymbol{X}^{(i)}$ 是原粒子,$\boldsymbol{Y}^{(i)}$ 是与之对应的白化粒子。假设核函数 $\boldsymbol{K}_h(\boldsymbol{X}-\overline{\boldsymbol{X}})$ 的均值为 $\overline{\boldsymbol{X}}$,方差为 $\boldsymbol{S}$,最优核带宽为 h,则它的样本 $\boldsymbol{X}^{(i)}$ 为

$$\boldsymbol{X}^{(i)}=\overline{\boldsymbol{X}}+h\boldsymbol{D}\boldsymbol{Y}^{(i)}$$

虽然以上结果只是在高斯情况下达到最优,但在其他情况下依然可以使用,以获得次优滤波。

正则粒子滤波的实现过程与 SIR 算法的区别仅在重采样部分:

假设已经获得 $k+1$ 时刻的预测粒子$\{\boldsymbol{X}_{k+1}^{(i)}\}_{i=1}^N$及其归一化权值$\{\overline{\boldsymbol{W}}_{k+1}^{(i)}\}_{i=1}^N$。首先计算粒子的经验方差阵 $\boldsymbol{S}_k$,令 $\boldsymbol{S}_k=\boldsymbol{D}_k\boldsymbol{D}_k^{\mathrm{T}}$,求出相应的 $\boldsymbol{D}_k$。

对粒子集合$\{\boldsymbol{X}_{k+1}^{(i)},\overline{\boldsymbol{W}}_{k+1}^{(i)}\}_{i=1}^N$进行重采样得到新粒子集合$\{\hat{\boldsymbol{X}}_{k+1}^{(i)},1/N\}_{i=1}^N$。

若从 Epanechnikov 核密度中抽取的第 i 个样本为 $\boldsymbol{Y}_{k+1}^{(i)}$,那么,相应的从正则化近似密度上抽取的样本为

$$\boldsymbol{X}_{k+1}^{*(i)}=\hat{\boldsymbol{X}}_{k+1}^{(i)}+h_{\text{opt}}\boldsymbol{D}_k\boldsymbol{Y}_k^{(i)}$$

最终得到粒子集合为$\{\boldsymbol{X}_{k+1}^{*(i)},1/N\}_{i=1}^N$。

RPF 算法可以改善重采样过程中造成的粒子匮乏问题,尤其在系统过程噪声较小的情况下,使用 SIR 算法可能会有较严重的粒子匮乏问题,这时使用 RPF 算法的滤波效果就要明显优于 SIR 算法。

习题

13.1 设系统方程和量测方程分别为

$$\dot{\boldsymbol{X}}(t)=\boldsymbol{F}(t)\boldsymbol{X}(t)$$
$$\boldsymbol{Z}(t)=\boldsymbol{H}(t)\boldsymbol{X}(t)+\boldsymbol{v}(t)$$

式中

$$E[\boldsymbol{v}(t)\boldsymbol{v}^{\mathrm{T}}(t)] = r(t)\delta(t-\tau)$$

求连续性 KF 估计的均方误差阵 $\boldsymbol{P}(t)$。

13.2 $\begin{cases}\boldsymbol{x}(t+1)=0.5\boldsymbol{x}(t)+\boldsymbol{w}(t)\\ \boldsymbol{y}(t+1)=\boldsymbol{x}(t)+\boldsymbol{v}(t)\end{cases}$，其中 $w(t)$ 和 $\boldsymbol{v}(t)$ 是 0 均值、方差各为 $Q=1$ 和 $R=1$ 的不相关白噪声。

(1) 写出 Kalman 滤波公式。

(2) 令 $\hat{\boldsymbol{x}}(0|0)=1$，$\boldsymbol{P}(0|0)=1$，$\boldsymbol{y}(1)=2$，$\boldsymbol{y}(2)=5$。求 $\hat{\boldsymbol{x}}(1|1)$，$\hat{\boldsymbol{x}}(2|1)$，$\hat{\boldsymbol{x}}(2|2)$，$\boldsymbol{P}(1|1)$，$\boldsymbol{P}(2|2)$。

13.3 设系统状态方程和观测方程分别为

$$\boldsymbol{X}_{k+1} = 0.5\boldsymbol{X}_k + \boldsymbol{W}_k$$

$$\boldsymbol{X}_k = \boldsymbol{X}_k + \boldsymbol{V}_k$$

其中 $\boldsymbol{W}_k$ 和 $\boldsymbol{V}_k$ 是零均值的白噪声序列，且不相关，其统计特性如下：

$$E[\boldsymbol{W}_k] = 0, E[\boldsymbol{V}_k] = 0$$

$$E[\boldsymbol{W}_k\boldsymbol{W}_j] = \delta_{ij}, E[\boldsymbol{V}_k\boldsymbol{V}_j] = 2\delta_{ij}$$

初值 $E[\boldsymbol{X}_0]=0$，$\boldsymbol{P}_{0|0}=1$。

观测值 $\boldsymbol{Z}_0=0$，$\boldsymbol{Z}_1=4$，$\boldsymbol{Z}_2=2$。

分别求解时刻 1 和时刻 2 的最优状态，估计 $E[\boldsymbol{X}_1|1]$ 和 $E[\boldsymbol{X}_2|2]$。

13.4 设二阶系统模型和标准观测模型为

$$\boldsymbol{X}_{k+1} = \begin{bmatrix}1 & 1\\0 & 1\end{bmatrix}\boldsymbol{X}_k + \boldsymbol{W}_k$$

$$\boldsymbol{Z}_k = \boldsymbol{X}_k + \boldsymbol{V}_k \quad k = 1,\cdots,10$$

输入噪声 $\boldsymbol{W}_k$ 是平稳的，$\boldsymbol{Q}_k=\begin{bmatrix}0 & 0\\0 & 1\end{bmatrix}$，量测噪声 $\boldsymbol{V}_k$ 是非平稳的，$\boldsymbol{R}_k=2+(-1)^k$。换句话说，$k$ 为偶数时的噪声比 k 为奇数时的噪声大。假定初始状态的方差阵 $\boldsymbol{P}=\begin{bmatrix}10 & 0\\0 & 10\end{bmatrix}$，欲计算 $\boldsymbol{K}_k$。

13.5 设系统与量测方程分别为

$$\boldsymbol{X}_{k+1} = \boldsymbol{X}_k + \boldsymbol{W}_k$$

$$\boldsymbol{Z}_k = \boldsymbol{X}_k + \boldsymbol{V}_k$$

$\boldsymbol{X}_k$ 和 $\boldsymbol{Z}_k$ 都是标量，$\boldsymbol{W}_k$ 和 $\boldsymbol{V}_k$ 都是零均值的白噪声序列，且有

$$\mathrm{cov}(\boldsymbol{W}_k, \boldsymbol{W}_j) = \delta_{kj}, \quad \mathrm{cov}(\boldsymbol{V}_k, \boldsymbol{V}_j) = \delta_{kj}$$

$\boldsymbol{W}_k$，$\boldsymbol{V}_k$ 和 $\boldsymbol{X}_0$ 三者互不相关，$m_{\boldsymbol{X}_0}=0$，量测序列为

$$\{\boldsymbol{Z}_i\} = \{1, -2, 4, 3, -1, 1, 1\}$$

试按下述 3 种情况计算 $\boldsymbol{X}_{k+1|k}$ 和 $\boldsymbol{P}_{k+1|k}$：

(1) $\boldsymbol{P}_0=\infty$；　　(2) $\boldsymbol{P}_0=1$；　　(3) $\boldsymbol{P}_0=0$。

13.6 对比分析新息滤波和传统的 KF，并用新息滤波来推导多传感器信息系统数学模型，包括线性系统和非线性系统。

13.7 试证明集中式融合算法中并行滤波与贯序滤波结果具有相同的估计精度？

第三部分　多源数据融合算法

第 14 章

Bayes决策

14.1 简介

假设已知一个有 M 类($\omega_1, \omega_2, \cdots, \omega_M$)的决策任务以及各类在 n 维特征空间的统计分布,要确定样本 $\boldsymbol{x}$ 属于哪一类,就需做出决策。样本 $\boldsymbol{x}$ 的 n 个特征值组成一个 n 维的特征向量$[x_1, x_2, \cdots, x_n]$,而这个 n 维特征向量所有可能的取值则组成了一个 n 维的特征空间。在数据融合系统中,这 n 个特征值可能是来自不同传感器的观测信息,根据这些信息可以判别该信息来源的状态,并对应做出一种合理的决策来处理信息。

相关统计分布如下:

(1) 类 $\omega_i, i=1,2,\cdots,M$ 的先验概率:$P(\omega_i)$。

(2) 样本条件概率密度函数:$P(\boldsymbol{x}|\omega_i)$(可解释为当已知为类别 ω_i 的情况下,样本 x 的概率分布密度函数)。

(3) 后验概率:生成 M 个条件后验概率 $P(\omega_i|\boldsymbol{x}), i=1,2,\cdots,M$。也就是对于一个样本,每一个条件后验概率 $P(\omega_i|\boldsymbol{x})$都代表样本 $\boldsymbol{x}$ 来源于类 ω_i 的概率。

如何做出合理的判决就是 Bayes 决策所要讨论的问题。其中,最具代表性的是基于最小错误率的 Bayes 决策和基于最小风险的 Bayes 决策。接下来,对两种方法进行介绍和比较。

14.2 基于最小错误率的 Bayes 决策

在进行数据融合时,往往希望尽量减少决策的错误,从这样的要求出发,利用概率论中的 Bayes 公式,就能得出使错误率最小的决策规则,称为最小错误率 Bayes 决策。

14.2.1 两类情况

1. 基本描述

所谓两类问题,即根据所收到的信息做出二选一的判断。两类情况是多类情况的基础,多类情况往往可以看作是多个两类情况。两类情况具体描述如下。

(1) 用 $\omega_i, i=1, 2$ 表示对于样本 $\boldsymbol{x}$(通常由一维列向量表示)所属类别。

(2) 假设先验概率 $P(\omega_1), P(\omega_2)$已知。这个假设是合理的,因为如果先验概率未知,可以从训练特征向量中估算出来，即如果 N 是训练样本总数，其中有 N_1, N_2 个样本分别对应于类别 ω_1, ω_2，则相应的先验概率为

$$P(\omega_1) \approx \frac{N_1}{N_2}, \quad P(\omega_2) \approx \frac{N_2}{N} \tag{14-1}$$

(3) 假设样本条件概率密度函数 $P(\boldsymbol{x}|\omega_i)(i=1,2)$ 已知，用来描述样本属于类 ω_i 时特征向量的分布情况，如图 14-1 所示。如果样本条件概率密度函数未知，则可以从可用的训练数据中估计出来。

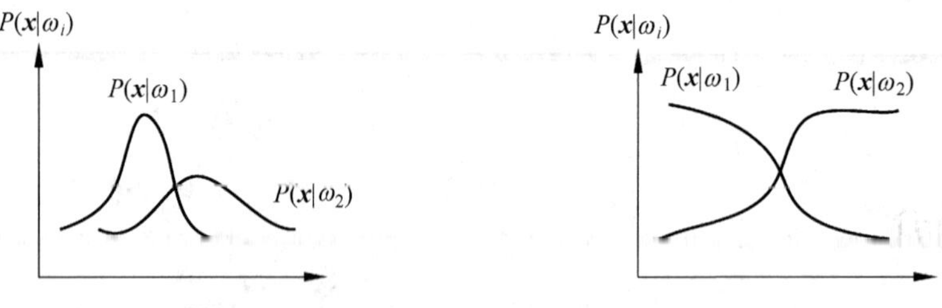

图 14-1 条件概率密度分布　　　　图 14-2 后验概率分布

根据 Bayes 公式可以把先验概率转化为后验概率(如图 14-2 所示)。

$$P(\omega_i \mid \boldsymbol{x}) = \frac{P(\boldsymbol{x} \mid \omega_i)P(\omega_i)}{\sum_{i=1}^{2} P(\boldsymbol{x} \mid \omega_i)P(\omega_i)} \tag{14-2}$$

其中，$\sum_{i=1}^{2} P(\boldsymbol{x} \mid \omega_i)P(\omega_i)$ 是 $\boldsymbol{x}$ 的概率密度函数(全概率密度)，它等于所有可能状态的概率密度函数乘以相应的先验概率之和。于是，根据后验概率的 Bayes 判别规则可以描述为

$$\begin{cases} 若\ P(\omega_1 \mid \boldsymbol{x}) > P(\omega_2 \mid \boldsymbol{x}), 则\ \boldsymbol{x} \in \omega_1 \\ 若\ P(\omega_1 \mid \boldsymbol{x}) < P(\omega_2 \mid \boldsymbol{x}), 则\ \boldsymbol{x} \in \omega_2 \end{cases} \tag{14-3}$$

Bayes 决策规则就是看 $\boldsymbol{x} \in \omega_1$ 的可能性大，还是 $\boldsymbol{x} \in \omega_2$ 的可能性大。$P(\omega_i|\boldsymbol{x}), i=1,2$ 解释为当样本 $\boldsymbol{x}$ 出现时，$\boldsymbol{x}$ 属于类 ω_1 或类 ω_2 的可能性。

因为 $\sum_{i=1}^{2} P(\boldsymbol{x} \mid \omega_i)P(\omega_i)$ 对于所有的类别都是一样的，可视为常数因子，它并不影响结果，不考虑。故可采用下面的判决规则来比较后验概率的大小，

$$P(\boldsymbol{x} \mid \omega_1)P(\omega_1) \gtrless P(\boldsymbol{x} \mid \omega_2)P(\omega_2) \Rightarrow \boldsymbol{x} \in {\omega_1 \atop \omega_2} \text{(样本条件概率密度)} \tag{14-4}$$

可以写成

$$\frac{P(\boldsymbol{x} \mid \omega_1)}{P(\boldsymbol{x} \mid \omega_2)} \gtrless \frac{P(\omega_2)}{P(\omega_1)}, 则\ x \in {\omega_1 \atop \omega_2} \tag{14-5}$$

这里把 $P(\boldsymbol{x}|\omega_1)$ 叫作似然函数，把 $\frac{P(\boldsymbol{x}|\omega_1)}{P(\boldsymbol{x}|\omega_2)}$ 叫作似然比，$\frac{P(\omega_2)}{P(\omega_1)}$ 叫作似然比阈值。还可以对上式取自然对数，得到

$$\ln \frac{P(\boldsymbol{x} \mid \omega_1)}{P(\boldsymbol{x} \mid \omega_2)} \gtrless \ln \frac{P(\omega_2)}{P(\omega_1)}, \quad 则\ x \in {\omega_1 \atop \omega_2} \text{(取对数法)} \tag{14-6}$$

以上定义的判决规则实际上是使对每个样本的所属类别的判断误差最小，同时使对于

相应的决策的平均错误率 $P(e)$ 达到最小。因此,此类 Bayes 决策具有最小错误率,称为 Bayes 意义上的最优决策。

2. 错误率

判决错误通常会有两种情况。如图 14-3 所示,如果 $\boldsymbol{x}$ 原属于 R_1,却落在 R_2 内,称为第一判错:$P_1(e)=P(\boldsymbol{x}\in R_2\mid\omega_1)=\int_{R_2}P(\boldsymbol{x}\mid\omega_1)\mathrm{d}\boldsymbol{x}$;如果 $\boldsymbol{x}$ 原属于 R_2,却落在 R_1 内,称为第二判错:$P_2(e)=P(\boldsymbol{x}\in R_1\mid\omega_2)=\int_{R_1}P(\boldsymbol{x}\mid\omega_2)\mathrm{d}\boldsymbol{x}$。

于是平均错误概率,可以用数学表示为

$$P(e)=\int_{-\infty}^{\infty}P(e,\boldsymbol{x})\mathrm{d}\boldsymbol{x}=\int_{-\infty}^{\infty}P(e\mid\boldsymbol{x})P(\boldsymbol{x})\mathrm{d}\boldsymbol{x} \tag{14-7}$$

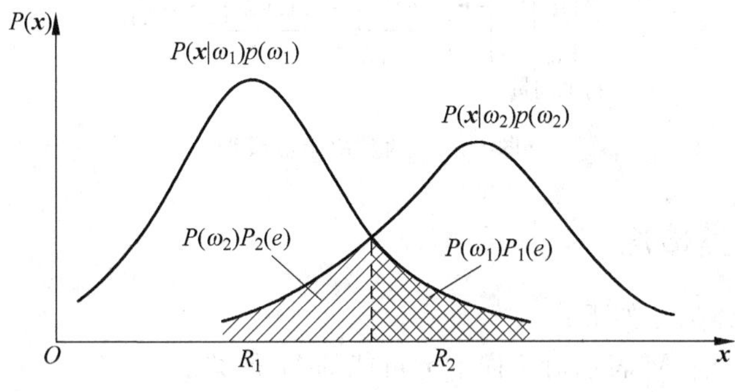

图 14-3 判决错误的情况

对于两类判决问题若 $P(\omega_1|\boldsymbol{x})>P(\omega_2|\boldsymbol{x})$,则有 $\boldsymbol{x}\in\omega_1$

$$\begin{aligned}P(e)&=\int_{-\infty}^{t}P(\omega_2\mid\boldsymbol{x})P(\boldsymbol{x})\mathrm{d}\boldsymbol{x}+\int_{t}^{\infty}P(\omega_1\mid\boldsymbol{x})P(\boldsymbol{x})\mathrm{d}\boldsymbol{x}\\&=\int_{-\infty}^{t}P(\boldsymbol{x}\mid\omega_2)P(\omega_2)\mathrm{d}\boldsymbol{x}+\int_{t}^{\infty}P(\boldsymbol{x}\mid\omega_1)P(\omega_1)\mathrm{d}\boldsymbol{x}\end{aligned} \tag{14-8}$$

即图 14-3 中斜线面积和交叉线面积。

3. 相关概念

为了易于介绍多类情况,并使判决更加方便、直观,在两类情况的基础上引入如下几个概念。

(1) 决策域。M 维决策空间的决策任务,按照决策规则可以把多维特征空间划分成 M 个决策区域,$R_1,R_2,\cdots,R_M$ 叫决策域。

(2) 决策面。两个相邻区域 R_i 和 R_j 的交界叫决策面。$\boldsymbol{x}$ 是一维时,决策面是一个点;二维时,决策面是一条曲(直)线;三维时,决策面是一曲(平)面;n 维时,决策面是一个超曲(平)面。

(3) 决策面方程。在数学上用解析形式可以表示为用决策面方程描述。在二维决策中,可将决策面看作有正负的界面,对于任一样本 $\boldsymbol{x}=[x_1,x_2,\cdots,x_n]$,代入决策面方程左边的多项式,若是正的,说明 $\boldsymbol{x}\in\omega_1$;若为负,说明 $\boldsymbol{x}\in\omega_2$。

(4) 判别函数。所谓判别函数即描述决策规则的某种函数。用判别函数描述决策面方程更加简便。于是对于二维决策空间的 4 种形似 Bayes 判别函数可以表示如下:

① $g(\boldsymbol{x})=P(\omega_1|\boldsymbol{x})-P(\omega_2|\boldsymbol{x})$；

② $g(\boldsymbol{x})=P(\boldsymbol{x}|\omega_1)P(\omega_1)-P(\boldsymbol{x}|\omega_2)P(\omega_2)$；

③ $g(\boldsymbol{x})=\dfrac{P(\boldsymbol{x}|\omega_1)}{P(\boldsymbol{x}|\omega_2)}-\dfrac{P(\omega_2)}{P(\omega_1)}$；

④ $g(\boldsymbol{x})=\ln\dfrac{P(\boldsymbol{x}|\omega_1)}{P(\boldsymbol{x}|\omega_2)}-\ln\dfrac{P(\omega_2)}{P(\omega_1)}$。

(5) 决策器。它可以看成是由软件或硬件组成的一个"决策的机器",它的功能是先计算出 M 个判别函数,再从中选出判别函数最大值的状态作为判决结果,并做出相应决策。两类决策器的具体结构如图 14-4 所示。

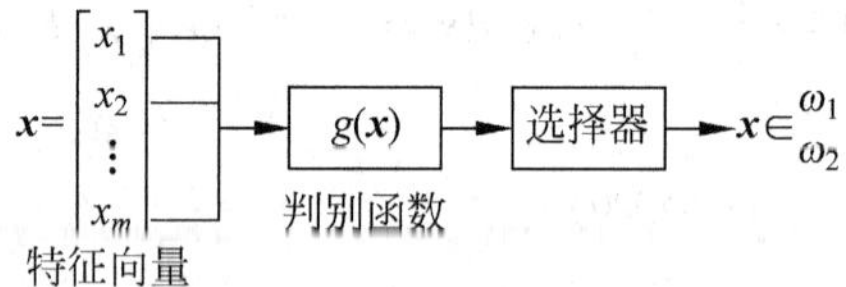

图 14-4 两类决策器模型

14.2.2 多类情况

多类情况的具体描述如下：

(1) $\omega_i, i=1,2,\cdots,M$ 表示对于样本 $\boldsymbol{x}$ 可能的 M 种类别；

(2) 先验概率 $P(\omega_i)$, $i=1,2,\cdots,M$；

(3) 假设样本条件概率密度函数 $P(\boldsymbol{x}|\omega_i), i=1,2,\cdots,M$ 已知。

根据 Bayes 公式可以求得 M 种类别的判别函数,对应有 M 个判别函数 $g_1(\boldsymbol{x}), g_2(\boldsymbol{x}),\cdots, g_M(\boldsymbol{x})$。每个判别函数有 4 种形式。求出判别函数后根据以下公式做出最终决策：

$$\begin{aligned} g_i(\boldsymbol{x}) &= P(\boldsymbol{x} \mid \omega_i) \\ &= \max_{1\leqslant j\leqslant m} P(\boldsymbol{x} \mid \omega_j)P(\omega_j) \Rightarrow \boldsymbol{x} \in \omega_i, (i=1,2,\cdots,m) \end{aligned} \tag{14-9}$$

或

$$\begin{aligned} g_i(\boldsymbol{x}) &= \ln P(\boldsymbol{x} \mid \omega_i) + \ln P(\omega_i) \\ &= \max_{1\leqslant j\leqslant m} \{\ln P(\boldsymbol{x} \mid \omega_j) + \ln P(\omega_j)\} \Rightarrow \boldsymbol{x} \in \omega_i \end{aligned} \tag{14-10}$$

而决策面方程可以表示为

$$g_i(\boldsymbol{x}) = g_j(\boldsymbol{x}), \quad 即\ g_i(\boldsymbol{x}) - g_j(\boldsymbol{x}) = 0 \tag{14-11}$$

多类决策器的结构如图 14-5 所示。

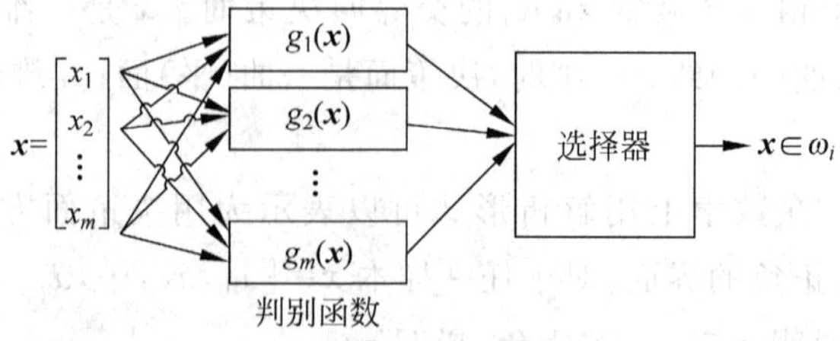

图 14-5 多类决策器模型

14.3 基于最小风险的 Bayes 决策

有时最小错误率准则并不一定是最重要的或最好的指标。对语音识别、文字识别来说可能这是最重要的指标。有些情况下，宁可扩大一些总错误率，也要使风险减小，减小产生严重的后果。因此引入与风险有关联、比风险更广泛的概念——条件风险。因此，引入风险函数 $\lambda_{ij}=\lambda(\alpha_i|\omega_i)$，$i=1,2,\cdots,a$，$j=1,2,\cdots,M$。这个函数表示当样本 $\boldsymbol{x}$ 属于类 ω_j 时，采取决策为 α_i(却判决为 ω_j)所带来的风险。这里的 a 可以等于或大于 M，其中包含了判决的情况。一般正确的判断要比错误判断的风险小。

14.3.1 条件期望风险

条件期望风险 $R(\alpha_i|\boldsymbol{x})$ 又叫条件风险，即对于给定的 $\boldsymbol{x}$ 的测量值，采取决策 α_i 时的风险。ω_j 可以是 M 类中的任一类，这里 $j=1,2,\cdots,M$，相应条件概率为 $P(\omega_j|\boldsymbol{x})$。因此在采取决策 α_i 情况下的条件期望风险 $R(\alpha_i|\boldsymbol{x})$ 可以表示为

$$R(\alpha_i \mid \boldsymbol{x}) = E[\lambda(\alpha_i \mid \omega_j)] = \sum_{j=1}^{M}\lambda(\alpha_i \mid \omega_j)P(\omega_j \mid \boldsymbol{x}), i = 1,2,\cdots,a\ (a < M) \tag{14-12}$$

式 14-12 考虑了各种情况下的风险的加权平均效果，即判断 $\boldsymbol{x}$ 属于类 ω_j 时，相应于决策 α_i 的风险函数以各类后验概率为权重的加权和。样本 $\boldsymbol{x}$ 属于某一类的可能性越大，$P(\omega_j|\boldsymbol{x})$ 就越大，相应权重就越大。因此，这里所求的期望值实际上是求 α_i 条件下各类的平均风险。

14.3.2 期望风险

$\boldsymbol{x}$ 是随机向量的测量值，对于 $\boldsymbol{x}$ 的不同观察值，采取决策 α_i 时，其条件风险的大小是不同的，决策 α_i 可以看成随机向量 $\boldsymbol{x}$ 的函数，记为 $\alpha(\boldsymbol{x})$，于是可以定义期望风险 R 为

$$R = \int R(\alpha(\boldsymbol{x}) \mid \boldsymbol{x})P(\boldsymbol{x})\mathrm{d}\boldsymbol{x} \tag{14-13}$$

式中，$\mathrm{d}\boldsymbol{x}$ 是特征空间的体积元，积分在整个特征空间进行。

期望风险 R 反映对整个特征空间所有 $\boldsymbol{x}$ 的取值都采取相应的决策 $\alpha(\boldsymbol{x})$ 所带来的平均风险；而条件风险 $R(\alpha_i|\boldsymbol{x})$ 只是反映了对某一 $\boldsymbol{x}$ 的取值采取决策 α_i 所带来的风险。

实际上是对某一模式 $\boldsymbol{x}$ 进行判别决策时，算出判断它属于各类的条件期望风险 $R(\alpha_1|\boldsymbol{x})$，$R(\alpha_2|\boldsymbol{x})$，$\cdots$，$R(\alpha_M|\boldsymbol{x})$ 之后，判决 $\boldsymbol{x}$ 属于条件风险的哪一类。

14.3.3 最小风险 Bayes 决策规则

在考虑错判带来的风险时，希望风险最小。如果在采取每一个决策，都使其条件风险最小，则对所有的 $\boldsymbol{x}$ 作出决策时，其期望风险也必然最小，这样的决策就是最小风险 Bayes 决策。最小风险 Bayes 决策规则为：

如果 $R(\alpha_k|\boldsymbol{x})=\min\limits_{i=1,2,\cdots,M} R(\alpha_i|\boldsymbol{x})$，则有 $\boldsymbol{x}\in\omega_k$。即在 a 个条件风险中，选一个最小的，这就是基于最小风险的 Bayes 决策。

14.3.4 最小风险 Bayes 决策的步骤

(1) 在已知 $P(\omega_j)$,$P(\boldsymbol{x}|\omega_j)$,$j=1,2,\cdots,M$,并给出待判决 $\boldsymbol{x}$ 的情况下,根据 Bayes 公式可以计算出后验概率为

$$P(\omega_j \mid \boldsymbol{x}) = \frac{P(\boldsymbol{x} \mid \omega_j)P(\omega_j)}{\sum_{i=1}^{M} P(\boldsymbol{x} \mid \omega_i)P(\omega_i)}, \quad j = 1,2,\cdots,M \tag{14-14}$$

(2) 利用计算出的后验概率及决策表,按条件期望风险公式计算出采取 α_i,其中 $i=1,2,\cdots,a$ 的条件风险 $R(\alpha_i|\boldsymbol{x})$。

(3) 对步骤(2) 中得到的 a 个条件风险值 $R(\alpha_i|\boldsymbol{x})$,$i=1,2,\cdots,a$,进行比较,找出使条件风险最小的决策 α_k,即 $R(\alpha_k|\boldsymbol{x})=\min\limits_{i=1,2,\cdots,m} R(\alpha_i|\boldsymbol{x})$,则 α_k 就是最小风险 Bayes 决策。

应该指出的是,最小风险 Bayes 决策除了要符合实际情况的先验概率 $P(\omega_j)$ 及样本条件概率密度 $P(\boldsymbol{x}|\omega_j)$,$j=1,2,\cdots,M$ 外,还必须要有合适的风险函数 $\lambda(\alpha_i|\omega_j)$,$i=1,2,\cdots,a$,$j=1,2,\cdots,M$。实际工作中要列出合适的决策表不易,要根据具体问题分析错误决策造成风险的严重程度,与专家共同确定。

14.3.5 最小错误率与最小风险的 Bayes 决策规则的联系

在最小风险 Bayes 决策中设风险函数为

$$\lambda(\alpha_i \mid \omega_j) = \lambda_{ij} = \begin{cases} 0, i = j \\ 1, i \neq j \end{cases} \tag{14-15}$$

式中假定:

(1) 对于 M 类只有 M 个决策,即不考虑"拒绝"的情况;

(2) 对于正确决策(即 $i=j$),$\lambda(\alpha_i|\omega_j)=0$,就是没有风险;而对于任何错误决策,其风险均为 1,这样定义的风险函数称为 0-1 风险函数。

此时,条件风险为

$$R(\alpha_i \mid \boldsymbol{x}) = \sum_{j=1}^{M} \lambda(\alpha_i \mid \omega_j)P(\omega_j \mid \boldsymbol{x}) = \sum_{j\neq i} \lambda_{ij} P(\omega_j \mid \boldsymbol{x}) = \sum_{j\neq i} P(\omega_j \mid \boldsymbol{x}) \tag{14-16}$$

式中,$\sum\limits_{j\neq i} P(\omega_j \mid \boldsymbol{x})$ 表示判断 $\boldsymbol{x}$ 属于类 ω_j 的概率,即 α_i 的条件错误概率。所以在采用 0-1 风险函数时,使 $R(\alpha_k \mid \boldsymbol{x}) = \min\limits_{i=1,2,\cdots,M} R(\alpha_i \mid \boldsymbol{x})$ 的最小风险 Bayes 决策就等价于

$$\sum_{j\neq i} P(\alpha_j \mid \boldsymbol{x}) = \min_{i=1,2,\cdots,M} \sum_{j\neq i} P(\omega_j \mid \boldsymbol{x}) \tag{14-17}$$

的最小错误率 Bayes 决策。由此可见,最小错误率 Bayes 决策就是在采用 0-1 风险函数条件下的最小风险 Bayes 决策,即前者是后者的特例。

习题

14.1 测定家庭中的空气污染。令 X 和 Y 分别为房间中无吸烟者和有一名吸烟者在 24h 内的悬浮颗粒量(以 $\mu g/m^3$ 计)。设 $X \sim N(u_X, \sigma_X^2)$,$Y \sim N(u_Y, \sigma_Y^2)$ 均未知。今取到总体 X 的容量 $n_1=9$ 的样本,算得样本值 $\overline{X}=93$,样本标准差为 $S_x=12.9$;取到总体 Y 的容量

为 11 的样本，算得样本均值 $\overline{Y}=132$，样本标准差为 $S_Y=7.1$，两样本独立。

(1) 试着检验以下假设是否合理($\alpha=0.05$)：$H_0:\sigma_X=\sigma_Y$，$H_1:\sigma_X\neq\sigma_Y$。

(2) 如能接受 H_0，试着检验以下假设是否合理($\alpha=0.05$)：$H_0':u_X\geqslant u_Y$，$H_1':u_X<u_Y$。

14.2 对一批人进行癌症普查，患癌症者定为 w_1类，正常者定为 w_2类。统计资料表明人们患癌的概率 $P(w_1)=0.005$，从而 $P(w_2)=0.995$。设化验结果是一维离散模式特征，有阳性反应和阴性反应之分，作为诊断依据。统计资料表明：癌症者有阳性反应的概率为 0.95，即 $P(x=阳|w_1)=0.95$，从而可知 $P(x=阴|w_1)=0.05$，正常人阳性反应的概率为 0.01，即 $P(x=阳|w_2)=0.01$，可知 $P(x=阴|w_2)=0.99$，请问有阳性反应的人患癌症的概率有多大？

14.3 某工程项目按合同应在 3 个月内完工，其施工费用与工厂完工工期有关。假定天气是影响能否按期完工的决定因素，如果天气好，工程能按时完工，获利 5 万元；如果天气不好，不能按时完工，施工单位将被罚款 1 万元；若不施工就要付出误工费 2000 元。根据过去的经验，计划施工期天气好地可能性为 30%。为了更好地掌握天气情况，可以申请气象中心进行天气预报，并提供同一时期天气预报资料，但需要支付资料费 800 元。从提供的资料中可知，气象中心对好天气预报的准确性为 80%。对坏天气预报的准确性为 90%。请问如何进行抉择？

14.4 某钟表厂对所生产的钟作质量检查，从生产过程中随机不放回地抽取 350 只作测试，测得每只钟的 24h 走时误差(快或慢，不计正负号)并记录下来。根据下表中 350 个数据检验生产过程中产品的误差是否服从正态分布(检验的显著水平标准 $\alpha=0.05$)。

组　号	组　限	V_i
1	$-\infty$～10	19
2	10～20	25
3	20～30	31
4	30～40	37
5	40～50	42
6	50～60	46
7	60～70	40
8	70～80	36
9	80～90	30
10	90～100	26
11	100～∞	18

14.5 假设 y 为区间$[0,\theta]$上服从均匀分布的一个观测随机变量，即

$$p(y\mid\theta)=\begin{cases}\dfrac{1}{\theta}, & 0\leqslant y\leqslant 0\\ 0, & \text{其他}\end{cases}$$

θ 分别以先验概率 π_0 与 π_1 取 θ_0 或 θ_1，并且已知代价为 C_{ij}，

(1) Bayes 判决准则是什么？试求平均风险。

(2) 对 $P_f=\alpha_f$ 的最佳 NP 检验是什么？试计算检测概率。

14.6 假设 y 为一个随机变量，在假设 H_0 下的概率密度函数为

$$p_0(y)=\frac{1}{\sqrt{2\pi}}e^{-y^2/2},\quad -\infty<y<\infty$$

在假设 H_1 下的概率密度函数为

$$p_1(y)=\begin{cases}\frac{1}{5}, & 0\leqslant y\leqslant 5\\ 0, & 其他\end{cases}$$

(1) 试求 Bayes 判决准则，以及具有相同代价且先验概率 $\pi_0=3/4$ 时检验 H_1 与 H_0 的最小 Bayes 风险。

(2) 试求相同代价下的极大极小化判决准则及极大极小化风险。

(3) 试求 NP 判决准则及虚警概率 $0<\alpha_f<1$ 时相应的检测概率。

14.7 考虑两个假设 H_0 与 H_1，相应的概率密度函数分别为

$$p_0(y)=\frac{1}{\sqrt{2\pi}}\exp\left(-\frac{y^2}{2}\right)$$

与

$$p_1(y)=\frac{1}{\sqrt{2\pi}}\exp\left(-\frac{(y-1)^2}{2}\right)$$

先验概率 $\pi_0=0.3$，$\pi_1=0.7$，代价 $C_{00}=C_{11}=0$，$C_{01}=2$，$C_{10}=1$。试求解：

(1) Bayes 门限 τ_B。

(2) MAP 门限 τ_{MAP}。

(3) 极大极小化门限 τ_{mm}。

(4) 利用 NP 门限 τ_{NP}，假定 $P_f\leqslant 0.1$。

第 15 章

正态分布时的统计决策

许多现有的统计决策理论中都涉及类条件概率密度函数 $P(x|w_i)$。对于实际的数据集合来说，正态分布是合理的近似，而且正态分布使得数据模型具有很多好的性质，便于进行数学分析。主要体现在以下两点：

(1) 物理上的合理性；

(2) 数学上的简单性。

下面主要讨论正态分布的相关性质和正态分布情况下的 Bayes 决策理论。

15.1 单变量正态分布

单变量正态分布概率密度函数的定义为

$$\rho_X(x) = \frac{1}{\sqrt{2\pi}\sigma}\exp\left[-\frac{1}{2}\left(\frac{x-\mu}{\sigma}\right)^2\right]$$

其中，μ 为随机变量 X 的数学期望，σ^2 为 X 的方差，σ 为 X 的标准差。即

$$\mu = E(X) = \int_{-\infty}^{\infty} x \cdot \rho_X(x)\mathrm{d}x$$

$$\sigma^2 = \int_{-\infty}^{\infty} (x-\mu)^2 \cdot \rho_X(x)\mathrm{d}x$$

概率密度函数 $\rho_X(x)$ 如图 15-1 所示。

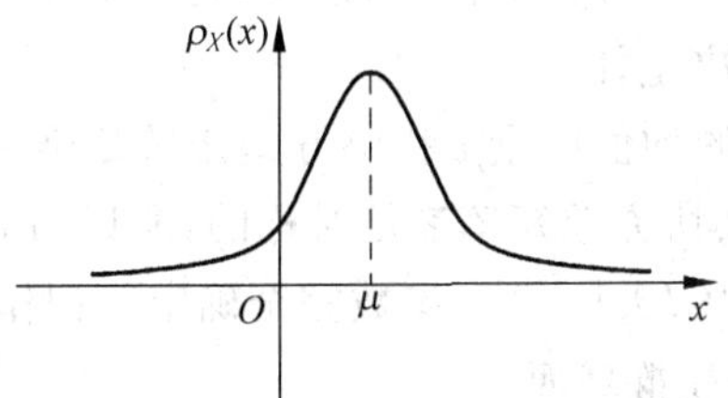

图 15-1 一元正态分布概率密度函数图

概率密度函数应满足如下条件

$$\rho_X(x) \geqslant 0, (-\infty < x < \infty)$$

$$\int_{-\infty}^{\infty} \rho_X(x)\mathrm{d}x = 1$$

单变量正态分布的密度函数 $\rho_X(x)$ 可以由参数 μ 和 σ^2 唯一确定。由图 15-1 可知，正态分布

的样本主要集中在均值 μ 附近，样本的分散程度可以用 σ 表征，σ 越大，样本越分散。若从正态分布的总体中抽取样本，约有 95%的样本落在区间$(\mu-2\sigma,\mu+2\sigma)$上。

15.2 多元正态分布

多元正态分布概率密度函数的定义为

$$\rho(x)=\frac{1}{(2\pi)^{d/2}\ |\boldsymbol{\Sigma}|^{1/2}}\exp\left[-\frac{1}{2}(x-\boldsymbol{\mu})^{\mathrm{T}}\sum^{-1}(\boldsymbol{x}-\boldsymbol{\mu})\right]$$

其中，$\boldsymbol{X}=[X_1,X_2,\cdots,X_d]^{\mathrm{T}}$ 是 d 维随机向量，$\boldsymbol{\mu}=[\mu_1,\mu_2,\cdots,\mu_d]^{\mathrm{T}}$ 是它的均值向量，即

$$\boldsymbol{\mu}=E(\boldsymbol{X})$$

或

$$\mu_i=E[X_i]=\int x_i\rho(x)\mathrm{d}x=\int_{-\infty}^{\infty}x_i\rho(x_i)\mathrm{d}x_i$$

$\boldsymbol{\Sigma}$ 是 X 的协方差矩阵，即

$$\boldsymbol{\Sigma}=E\{(\boldsymbol{X}-\boldsymbol{\mu})(\boldsymbol{X}-\boldsymbol{\mu})^{\mathrm{T}}\}$$

令

$$\boldsymbol{\Sigma}=\begin{bmatrix}\sigma_{11}^2 & \sigma_{12}^2 & \cdots & \sigma_{1d}^2\\ \sigma_{12}^2 & \sigma_{22}^2 & \cdots & \sigma_{2d}^2\\ \vdots & \vdots & \ddots & \vdots\\ \sigma_{1d}^2 & \sigma_{2d}^2 & \cdots & \sigma_{dd}^2\end{bmatrix}$$

对角线上的元素 σ_{ii}^2 代表 X_i 的方差，非对角线上的元素 σ_{ij}^2 代表 X_i 和 X_j 的协方差。即

$$\begin{aligned}\sigma_{ij}^2&=E[(X_i-\mu_i)(X_j-\mu_j)]\\&=\int_{-\infty}^{\infty}\int_{-\infty}^{\infty}[(x_i-\mu_i)(x_j-\mu_j)\cdot\rho(x_i,x_j)\mathrm{d}x_i\mathrm{d}x_j]\end{aligned}$$

$\boldsymbol{\Sigma}^{-1}$是$\boldsymbol{\Sigma}$ 的逆矩阵，$|\boldsymbol{\Sigma}|$是$\boldsymbol{\Sigma}$ 的行列式。这里只考虑$\boldsymbol{\Sigma}$ 是正定矩阵的情况，即$|\boldsymbol{\Sigma}|$所有的顺序主子式都大于 0。

多元正态分布具有很多易于分析的性质，这里，就其中几个典型的性质进行分析。

1. 参数$\boldsymbol{\mu}$ 和$\boldsymbol{\Sigma}$ 对分布的决定性

多元正态分布可以被它的均值向量$\boldsymbol{\mu}$ 和协方差矩阵$\boldsymbol{\Sigma}$ 唯一确定。对 d 维随机向 $\boldsymbol{X}$，其均值向量由 d 个分量组成，其协方差矩阵$\boldsymbol{\Sigma}$ 是对称的，所以由 $d(d+1)/2$ 个独立元素决定。所以多元正态分布可由 $d+d(d+1)/2$ 个参数完全确定。记作 $\rho(x)\sim N(\boldsymbol{\mu},\boldsymbol{\Sigma})$。

2. 等密度点的轨迹为一超椭球面

如图 15-2 所示，考虑二元正态分布的情况，从正态总体中抽取的样本大多落在由均值向量$\boldsymbol{\mu}$ 和协方差矩阵$\boldsymbol{\Sigma}$ 确定的一个区域内。该区域的中心位置由均值向量$\boldsymbol{\mu}$ 决定，该区域的大小由协方差矩阵$\boldsymbol{\Sigma}$ 决定。

由多元正态分布的概率密度函数 $\rho_X(x)$的定义可知，当 $\rho_X(x)$为常数时，只需满足

$$(\boldsymbol{X}-\boldsymbol{\mu})^{\mathrm{T}}\boldsymbol{\Sigma}^{-1}(\boldsymbol{X}-\boldsymbol{\mu})=\text{常数}$$

上式的解即为等密度点构成的集合。可以证明，上式的解是一个超椭球面。其主轴方向由

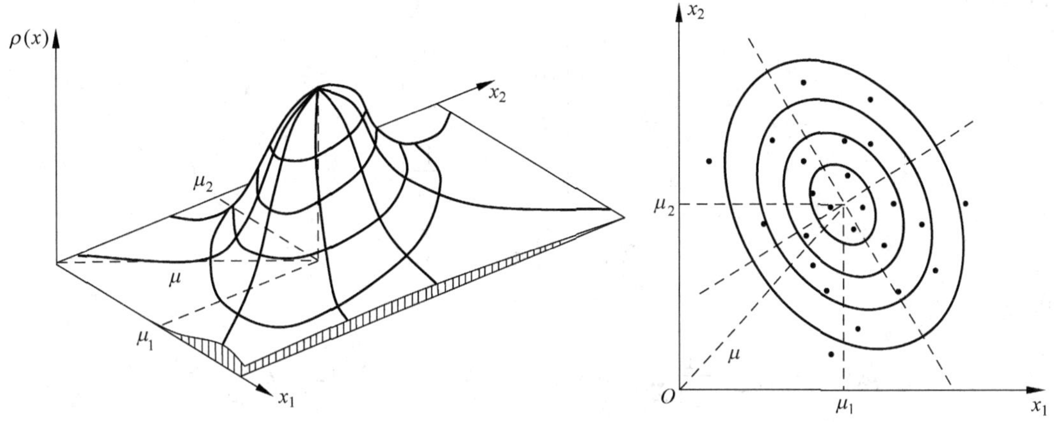

图 15-2 二元正态分布概率密度函数

协方差矩阵$\boldsymbol{\Sigma}$的特征向量决定，主轴长度与相应的特征值成正比。

若令

$$\gamma^2 = (\boldsymbol{X}-\boldsymbol{\mu})^T\boldsymbol{\Sigma}^{-1}(\boldsymbol{X}-\boldsymbol{\mu})$$

则称 γ 是向量 $\boldsymbol{X}$ 到$\boldsymbol{\mu}$ 的马氏距离，所以等密度点的集合是向量 $\boldsymbol{X}$ 到$\boldsymbol{\mu}$ 的马氏距离为常数的超椭球面。超椭球面围成的超椭球体的体积是样本相对于均值向量的离散度的度量。超椭球体的体积可由下式计算得到

$$v = v_d \mid \boldsymbol{\Sigma} \mid^{1/2} \gamma^d$$

其中，v_d 是单位超椭球体的体积，即

$$v_d = \begin{cases} \dfrac{\pi^{d/2}}{(d/2)!}, & d \text{ 为偶数} \\ \dfrac{2^d \cdot \pi^{(d-1)/2} \cdot [(d-1)/2]!}{d!}, & d \text{ 为奇数} \end{cases}$$

所以，当维数 d 确定时，样本离散度只与$|\boldsymbol{\Sigma}|^{1/2}$有关。

3. 不相关性等价于独立性

在概率论中，独立是比相关更强的条件，两个随机变量相互独立，则它们必不相关，反之不一定成立。但是在多元正态分布中，若随机向量 $\boldsymbol{X}$ 的各个分量之间不相关，则它们肯定相互独立。

两个随机变量 a 和 b 不相关的等价条件是

$$E(AB) = E(A) \cdot E(B)$$

相互独立的等价条件是

$$\rho_{AB}(a,b) = \rho_A(a) \cdot \rho_B(b)$$

所以，当随机向量 $\boldsymbol{X}$ 的各个分量之间互不相关时，若 $i \neq j$，则有

$$\sigma_{ij}^2 = E[(\boldsymbol{X}_i - \boldsymbol{\mu}_i)(\boldsymbol{X}_j - \boldsymbol{\mu}_j)^{\mathrm{T}}] = E(\boldsymbol{X}_i - \boldsymbol{\mu}_i) \cdot E(\boldsymbol{X}_j - \boldsymbol{\mu}_j)^{\mathrm{T}} = 0$$

故协方差矩阵$\boldsymbol{\Sigma}$是一个对角阵

$$\boldsymbol{\Sigma} = \begin{bmatrix} \sigma_{11}^2 & & 0 \\ & \ddots & \\ 0 & & \sigma_{dd}^2 \end{bmatrix}$$

相应地，

$$\boldsymbol{\Sigma}^{-1}=\begin{bmatrix}\frac{1}{\sigma_{11}^2} & & 0\\ & \ddots & \\ 0 & & \frac{1}{\sigma_{dd}^2}\end{bmatrix}$$

$$|\boldsymbol{\Sigma}|=\prod_{i=1}^{d}\sigma_{ii}^2$$

因此，

$$\rho_X(\boldsymbol{x})=\frac{1}{(2\pi)^{d/2}|\boldsymbol{\Sigma}|^{1/2}}\exp\left[-\frac{1}{2}(\boldsymbol{x}-\boldsymbol{\mu})^{\mathrm{T}}\sum^{-1}(\boldsymbol{x}-\boldsymbol{\mu})\right]$$
$$=\prod_{i=1}^{d}\frac{1}{\sqrt{2\pi\sigma_{ii}}}\cdot\exp\left\{-\frac{1}{2}\left(\frac{x_i-\mu_i}{\sigma_{ii}}\right)^2\right\}=\prod_{i=1}^{d}\rho_{x_i}(x_i)$$

所以，随机向量 $\boldsymbol{X}$ 的各个分量相互独立。

4. 边缘分布和条件分布的正态性

对随机向量 $\boldsymbol{X}$ 的任何一个分量 $\boldsymbol{X}_i$ 和 $\boldsymbol{X}_j$ 来说，多元正态分布的边缘分布 $\rho_{\boldsymbol{X}_i}(\boldsymbol{x}_i)$ 和条件分布 $\rho_{\boldsymbol{X}_i|\boldsymbol{X}_j}(\boldsymbol{x}_i|\boldsymbol{x}_j)$ 都是正态的。考虑二维情况的推导，一般多维情况的推导与之相似。

在二维的情况下，

$$\boldsymbol{X}=[X_1,X_2]^{\mathrm{T}}$$
$$\boldsymbol{\mu}=[\mu_1,\mu_2]^{\mathrm{T}}$$
$$\boldsymbol{\Sigma}=\begin{bmatrix}\sigma_{11}^2 & \sigma_{12}^2\\ \sigma_{21}^2 & \sigma_{22}^2\end{bmatrix}$$

根据边缘分布的定义可得

$$\rho(x_1)=\int_{-\infty}^{\infty}\rho(\boldsymbol{x})\mathrm{d}x_2$$
$$=\int_{-\infty}^{\infty}\frac{1}{(2\pi)^{d/2}|\boldsymbol{\Sigma}|^{1/2}}\exp\left[-\frac{1}{2}(\boldsymbol{x}-\boldsymbol{\mu})^{\mathrm{T}}\boldsymbol{\Sigma}^{-1}(\boldsymbol{x}-\boldsymbol{\mu})\right]\mathrm{d}x_2$$
$$=\frac{1}{\sqrt{2\pi}\sigma_{11}}\cdot\exp\left(-\frac{1}{2}\left(\frac{x_1-\mu_1}{\sigma_{11}}\right)^2\right)$$

所以，$\rho_{X_1}(x_1)\sim N(\mu_1,\sigma_{11}^2)$。同理，$\rho_{X_2}(x_2)\sim N(\mu_2,\sigma_{22}^2)$

相应地，可求得条件分布 $\rho_{X_1|X_2}(x_1|x_2)$

$$\rho_{X_1|X_2}(x_1\mid x_2)=\frac{\rho(x)}{\rho(x_2)}=\frac{\sigma_{22}}{(2\pi)^{1/2}|\boldsymbol{\Sigma}|^{1/2}}\exp\left\{-\frac{\sigma_{22}^2}{2|\Sigma|}\left[(x_1-\mu_1)-\frac{\sigma_{11}^2}{\sigma_{22}^2}(x_2-\mu_2)\right]\right\}$$

同理，

$$\rho_{X_2|X_1}(x_2\mid x_1)=\frac{\rho_X(x)}{\rho_{X_1}(x_1)}=\frac{\sigma_{11}}{(2\pi)^{1/2}|\boldsymbol{\Sigma}|^{1/2}}\exp\left\{-\frac{\sigma_{11}^2}{2|\boldsymbol{\Sigma}|}\left[(x_2-\mu_2)-\frac{\sigma_{22}^2}{\sigma_{11}^2}(x_1-\mu_1)\right]\right\}$$

所以，条件分布 $\rho_{X_1|X_2}(x_1|x_2)$ 和 $\rho_{X_2|X_1}(x_2|x_1)$ 都为正态分布。

5. 线性变换的正态性

假设对满足多维正态分布的随机向量 $\boldsymbol{X}$ 做线性变换后得到随机向量 $\boldsymbol{Y}$，即

$$\boldsymbol{Y}=\boldsymbol{A}\boldsymbol{X}$$

其中,$\boldsymbol{A}$ 是非奇异的线性变换矩阵。则

$$\boldsymbol{X}=\boldsymbol{A}^{-1}\boldsymbol{Y}$$

假设随机向量 $\boldsymbol{X}$ 的均值向量为$\boldsymbol{\mu}$,随机向量 $\boldsymbol{Y}$ 的均值向量为$\boldsymbol{\gamma}$,则

$$\boldsymbol{\gamma}=\boldsymbol{A}\boldsymbol{\mu}$$

$$\boldsymbol{\mu}=\boldsymbol{A}^{-1}\boldsymbol{\gamma}$$

$$\begin{aligned}\rho_Y(\boldsymbol{y})&=\frac{\rho_X(\boldsymbol{x})}{|\boldsymbol{A}|}=\frac{\rho_X(\boldsymbol{A}^{-1}\boldsymbol{y})}{|\boldsymbol{A}|}\\&=\frac{1}{(2\pi)^{d/2}\ |\boldsymbol{\Sigma}|^{1/2}\ |\boldsymbol{A}|}\exp\left\{-\frac{1}{2}[(\boldsymbol{x}-\boldsymbol{\mu})^{\mathrm{T}}\boldsymbol{\Sigma}^{-1}(\boldsymbol{x}-\boldsymbol{\mu})]\right\}\\&=\frac{1}{(2\pi)^{d/2}\ |\boldsymbol{\Sigma}|^{1/2}\ |\boldsymbol{A}|}\exp\left\{-\frac{1}{2}[(\boldsymbol{A}^{-1}\boldsymbol{y}-\boldsymbol{A}^{-1}\boldsymbol{\gamma})^{\mathrm{T}}\boldsymbol{\Sigma}^{-1}(\boldsymbol{A}^{-1}\boldsymbol{y}-\boldsymbol{A}^{-1}\boldsymbol{\gamma})]\right\}\\&=\frac{1}{(2\pi)^{d/2}\ |\boldsymbol{A}\boldsymbol{\Sigma}\boldsymbol{A}^{\mathrm{T}}|^{1/2}}\exp\left\{-\frac{1}{2}[(\boldsymbol{y}-\boldsymbol{\gamma})^{\mathrm{T}}(\boldsymbol{A}\boldsymbol{\Sigma}\boldsymbol{A}^{\mathrm{T}})^{-1}(\boldsymbol{y}-\boldsymbol{\gamma})]\right\}\end{aligned}$$

所以 $\boldsymbol{Y}$ 服从正态分布

$$\rho_Y(\boldsymbol{y})\sim N(\boldsymbol{A}\boldsymbol{\mu},\boldsymbol{A}\boldsymbol{\Sigma}\boldsymbol{A}^{\mathrm{T}})$$

6. 线性组合的正态性

若 $\boldsymbol{X}$ 为 d 维随机向量,$\boldsymbol{\alpha}$ 是 $\boldsymbol{Y}$ 的同维向量,$\boldsymbol{Y}$ 是 $\boldsymbol{X}$ 各分量的线性组合,即

$$\boldsymbol{Y}=\boldsymbol{\alpha}^{\mathrm{T}}\boldsymbol{X}$$

令

$$\boldsymbol{Y}'=\boldsymbol{A}^{\mathrm{T}}\boldsymbol{X}$$

其中,$\boldsymbol{A}'=[\boldsymbol{\alpha},\boldsymbol{A}]$,为非奇异阵,$\boldsymbol{A}$ 为 $d\times(d-1)$ 维矩阵,$\boldsymbol{Y}'=[\boldsymbol{y},\boldsymbol{Y}]^{\mathrm{T}}$。由前面的结论可知,$\boldsymbol{Y}'$满足多元正态分布,

$$\rho_{Y'}(\boldsymbol{y})\sim N(\boldsymbol{A}^{\mathrm{T}}\boldsymbol{\mu},\boldsymbol{A}^{\mathrm{T}}\boldsymbol{\Sigma}\boldsymbol{A})$$

则它的边缘分布满足

$$\rho_Y(\boldsymbol{y})\sim N(\boldsymbol{\alpha}^{\mathrm{T}}\boldsymbol{\mu},\boldsymbol{\alpha}^{\mathrm{T}}\boldsymbol{\Sigma}\boldsymbol{\alpha})$$

所以,满足多元正态分布的随机向量 $\boldsymbol{X}$ 的线性组合 $\boldsymbol{Y}$ 仍具有正态性。

15.3 多元正态分布情况下的 Bayes 分类方法

可以把基于 Bayes 公式的几种决策方法抽象为相应的判决函数和决策面。其中最基本的一种决策方法就是最小错误率 Bayes 决策,以该决策方法为例,研究多元正态分布情况下的判决函数和决策面。

根据最小错误率决策方法获得的判别函数为

$$g_i(\boldsymbol{x})=\rho(\boldsymbol{x}\mid\boldsymbol{w}_i)\cdot P(\boldsymbol{w}_i),\quad i=1,2,\cdots,c$$

其中,$P(\boldsymbol{w}_i)$是 i 个状态 $\boldsymbol{W}_i$ 的先验概率。

假设类条件概率密度满足正态分布,即

$$\rho(\boldsymbol{x}\mid\boldsymbol{w}_i)\sim N(\boldsymbol{\mu}_i,\boldsymbol{\Sigma}_i)$$

则

$$g_i(\boldsymbol{x})=\frac{P(\boldsymbol{w}_i)}{(2\pi)^{d/2}\ |\boldsymbol{\Sigma}_i|^{1/2}}\exp\left[-\frac{1}{2}(\boldsymbol{x}-\boldsymbol{\mu}_i)^{\mathrm{T}}\boldsymbol{\Sigma}^{-1}(\boldsymbol{x}-\boldsymbol{\mu}_i)\right]$$

对上式右端取对数后作为判别函数

$$g_i(\boldsymbol{x}) = -\frac{1}{2}(\boldsymbol{x}-\boldsymbol{\mu}_i)^{\mathrm{T}}\boldsymbol{\Sigma}^{-1}(\boldsymbol{x}-\boldsymbol{\mu}_i) - \frac{d}{2}\ln 2\pi - \frac{1}{2}\ln|\boldsymbol{\Sigma}_i| + \ln P(\boldsymbol{w}_i) \tag{15-1}$$

w_i 和 w_j 之间的决策面方程为

$$g_i(\boldsymbol{x}) = g_j(\boldsymbol{x}) \tag{15-2}$$

即

$$-\frac{1}{2}[(\boldsymbol{x}-\boldsymbol{\mu}_i)^{\mathrm{T}}\boldsymbol{\Sigma}_i^{-1}(\boldsymbol{x}-\boldsymbol{\mu}_j) - (\boldsymbol{x}-\boldsymbol{\mu}_j)^{\mathrm{T}}\boldsymbol{\Sigma}_j^{-1}(\boldsymbol{x}-\boldsymbol{\mu}_j)] - \frac{1}{2}\ln\frac{|\boldsymbol{\Sigma}_i|}{|\boldsymbol{\Sigma}_j|} + \ln\frac{P(\boldsymbol{w}_i)}{P(\boldsymbol{w}_j)} = 0$$

下面针对几种典型的情况对判别函数和决策面进行讨论。

(1) $\boldsymbol{\Sigma}_i = \sigma^2\boldsymbol{I}, i=1,2,\cdots,c$

在这种情况下，每个类对应的各特征之间相互独立，且具有相等的方差 σ^2。此时

$$|\boldsymbol{\Sigma}_i| = \sigma^{2d}$$

$$\boldsymbol{\Sigma}_i^{-1} = \frac{1}{\sigma^2}I$$

将上两式代入(15-1)中可得

$$g_i(\boldsymbol{x}) = -\frac{(\boldsymbol{x}-\boldsymbol{\mu}_i)^{\mathrm{T}}(\boldsymbol{x}-\boldsymbol{\mu}_i)}{2\sigma^2} - \frac{d}{2}\ln 2\pi - \frac{1}{2}\ln\sigma^{2d} + \ln P(\boldsymbol{w}_i)$$

忽略无关项后得

$$\begin{aligned} g_i(\boldsymbol{x}) &= -\frac{1}{2\sigma^2}(\boldsymbol{x}-\boldsymbol{\mu}_i)^{\mathrm{T}}(\boldsymbol{x}-\boldsymbol{\mu}_i) + \ln P(\boldsymbol{w}_i) \\ &= -\frac{1}{2\sigma^2}||\boldsymbol{x}-\boldsymbol{\mu}_i||^2 + \ln P(\boldsymbol{w}_i) \end{aligned}$$

其中，$||\boldsymbol{x}-\boldsymbol{\mu}_i||$是向量 $\boldsymbol{x}$ 到$\boldsymbol{\mu}_i$ 的欧氏距离。

其决策规则是，若 $g_k(\boldsymbol{x}) = \max\limits_i g_i(\boldsymbol{x}), i=1,2,\cdots,c$，则 $\boldsymbol{x}\in w_k$。

此时，决策面方程(15-2)可化为

$$\boldsymbol{w}^{\mathrm{T}}(\boldsymbol{x}-\boldsymbol{x}_0) = 0$$

其中

$$\boldsymbol{w} = \boldsymbol{\mu}_i - \boldsymbol{\mu}_j$$

$$\boldsymbol{x}_0 = \frac{1}{2}(\boldsymbol{\mu}_i+\boldsymbol{\mu}_j) - \frac{\sigma^2}{\|\boldsymbol{\mu}_i-\boldsymbol{\mu}_j\|^2}\ln\frac{P(\boldsymbol{w}_i)}{P(\boldsymbol{w}_j)}(\boldsymbol{\mu}_i-\boldsymbol{\mu}_j)$$

特别地，当各分类的先验概率相等，即 $P(\boldsymbol{w}_i)=P$ 时，

$$\boldsymbol{x}_0 = \frac{1}{2}(\boldsymbol{\mu}_i+\boldsymbol{\mu}_j)$$

所以 $\boldsymbol{w}_i$ 和 $\boldsymbol{w}_j$ 之间的决策面是一个超平面，如图 15-3 所示。

(2) $\boldsymbol{\Sigma}_i = \boldsymbol{\Sigma}, i=1,2,\cdots,c$

当$\boldsymbol{\Sigma}_i = \boldsymbol{\Sigma}, i=1,2,\cdots,c$ 时，$\boldsymbol{\Sigma}_i$ 与 i 无关，略去无关项后判别函数可以简化为

$$g_i(\boldsymbol{x}) = -\frac{1}{2}(\boldsymbol{x}-\boldsymbol{\mu}_i)^{\mathrm{T}}\boldsymbol{\Sigma}_i^{-1}(\boldsymbol{x}-\boldsymbol{\mu}_i) + \ln P(\boldsymbol{w}_i)$$

其中，$(\boldsymbol{x}-\boldsymbol{\mu}_i)^{\mathrm{T}}\boldsymbol{\Sigma}_i^{-1}(\boldsymbol{x}-\boldsymbol{\mu}_i)$是向量 $\boldsymbol{x}$ 到$\boldsymbol{\mu}_i$ 的马氏距离的平方。此时，决策面方程(15-2)可化为

$$\boldsymbol{w}^{\mathrm{T}}(\boldsymbol{x}-\boldsymbol{x}_0) = 0$$

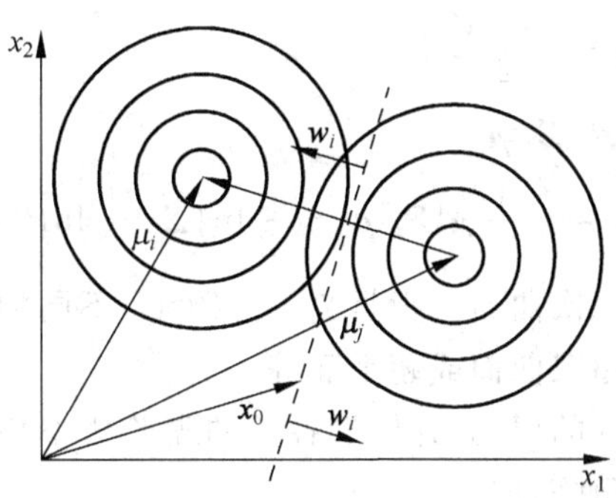

图 15-3 $\boldsymbol{\Sigma}_i=\sigma^2\boldsymbol{I}, i=1,2,\cdots,c$ 时的决策面

其中

$$\boldsymbol{w}=\boldsymbol{\Sigma}^{-1}(\boldsymbol{\mu}_i-\boldsymbol{\mu}_j)$$

$$\boldsymbol{x}_0=\frac{1}{2}(\boldsymbol{\mu}_i+\boldsymbol{\mu}_j)-\frac{\ln(P(\boldsymbol{w}_i)/P(\boldsymbol{w}_j))}{(\boldsymbol{\mu}_i-\boldsymbol{\mu}_j)^{\mathrm{T}}\boldsymbol{\Sigma}^{-1}(\boldsymbol{\mu}_i-\boldsymbol{\mu}_j)}(\boldsymbol{\mu}_i-\boldsymbol{\mu}_j)$$

特别地，当各分类的先验概率相等，即 $P(\boldsymbol{w}_i)=P$ 时，

$$\boldsymbol{x}_0=\frac{1}{2}(\boldsymbol{\mu}_i+\boldsymbol{\mu}_j)$$

所以 $\boldsymbol{w}_i$ 和 $\boldsymbol{w}_j$ 之间的决策面仍然是一个超平面，如图 15-4 所示。

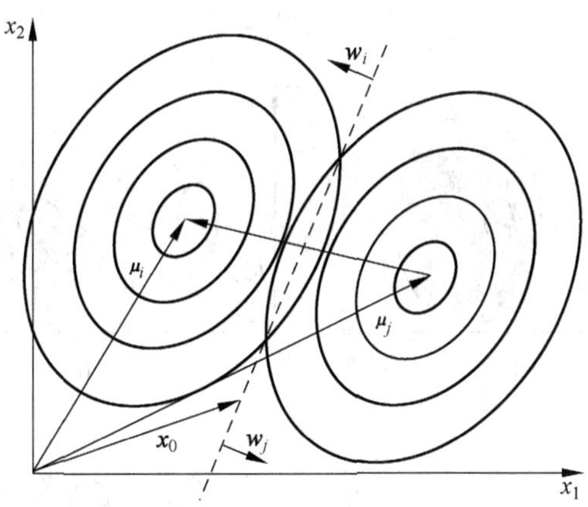

图 15-4 $\boldsymbol{\Sigma}_i=\boldsymbol{\Sigma}, i=1,2,\cdots,c$ 时的决策面

(3) $\boldsymbol{\Sigma}_i\neq\boldsymbol{\Sigma}_j, i,j=1,2,\cdots,c$

当类协方差矩阵互不相等，即$\boldsymbol{\Sigma}_i\neq\boldsymbol{\Sigma}_j, i,j=1,2,\cdots,c$ 时，考虑的是最一般的多元正态分布的情况。

略去无关项$\frac{d}{2}\ln 2\pi$ 后判别函数可以简化为

$$g_i(\boldsymbol{x})=-\frac{1}{2}(\boldsymbol{x}-\boldsymbol{\mu}_i)^{\mathrm{T}}\boldsymbol{\Sigma}_i^{-1}(\boldsymbol{x}-\boldsymbol{\mu}_i)-\frac{1}{2}\ln|\boldsymbol{\Sigma}_i|+\ln P(\boldsymbol{w}_i)$$

此时，决策面方程(15-2)可化为

$$\boldsymbol{x}^{\mathrm{T}}(\boldsymbol{W}_i-\boldsymbol{W}_j)\boldsymbol{x}+(\boldsymbol{w}_i-\boldsymbol{w}_j)^{\mathrm{T}}\boldsymbol{x}+w_{i0}-w_{j0}=0$$

其中

$$\boldsymbol{W}_i = -\frac{1}{2}\boldsymbol{\Sigma}_i^{-1}$$

$$\boldsymbol{w}_i = \boldsymbol{\Sigma}_i^{-1}\boldsymbol{\mu}_i$$

$$w_{i0} = -\frac{1}{2}\boldsymbol{\mu}_i^{\mathrm{T}}\boldsymbol{\Sigma}_i^{-1}\boldsymbol{\mu}_i - \frac{1}{2}\ln|\boldsymbol{\Sigma}_i| + \ln P(\boldsymbol{w}_i)$$

此时,决策面是一个超二次曲面。根据$\boldsymbol{\Sigma}_i$、$\boldsymbol{\mu}_i$、$P(\boldsymbol{w}_i)$不同的取值情况,决策面可能为超球面、超椭球面、超抛物面、超双曲面或超平面等。

为简化分析,只讨论二维的情况,并假设各类的先验概率相等,且两个分量之间是相互独立的,所以协方差阵为对角阵,即

$$\boldsymbol{\Sigma}_i = \begin{bmatrix} \sigma_{i1}^2 & 0 \\ 0 & \sigma_{i2}^2 \end{bmatrix}, \quad \boldsymbol{\Sigma}_j = \begin{bmatrix} \sigma_{j1}^2 & 0 \\ 0 & \sigma_{j2}^2 \end{bmatrix}$$

如图 15-5 所示,决策面的形状与$\boldsymbol{\Sigma}_i$ 和$\boldsymbol{\Sigma}_j$ 的取值有关。

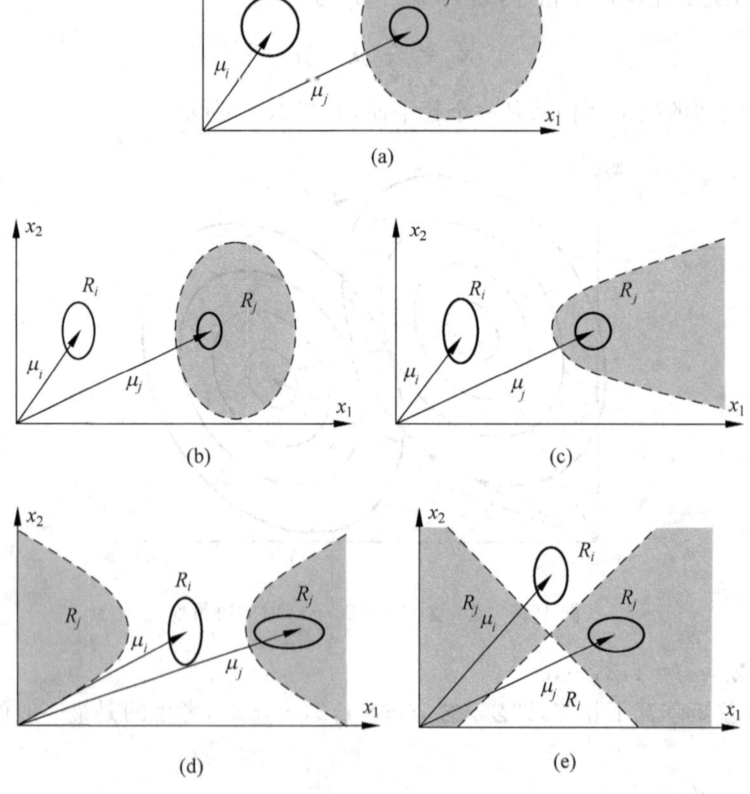

图 15-5 $\boldsymbol{\Sigma}_i \neq \boldsymbol{\Sigma}_j, i,j=1,2,\cdots,c$ 时的决策面

(1) 当 $\sigma_{i1}=\sigma_{i2}=\sigma_i, \sigma_{j1}=\sigma_{j2}=\sigma_j$ 且 $\sigma_i>\sigma_j$ 时,此时的决策面为均值点 μ_j 外的一个圆。如图 15-5(a)所示。

(2) 若增大 x_2 方向上的方差 σ_{i2} 和 σ_{j2},使之满足 $\sigma_{i1}<\sigma_{i2}, \sigma_{j1}>\sigma_{j2}$,则此时的决策面变成了椭圆。如图 15-5(b)所示。

(3) 当 $\sigma_{j1}=\sigma_{j2}$ 而 $\sigma_{i1}<\sigma_{i2}$ 时，此时的决策面为抛物线。如图 15-5(c)所示。

(4) 当 $\sigma_{i1}<\sigma_{i2}$ 而 $\sigma_{j1}>\sigma_{j2}$ 时，此时的决策面为双曲线。如图 15-5(d)所示。

(5) 在某些特殊的对称条件下，图 15-5(d)中的双曲线将退化成两条相交的直线。如图 15-5(e)所示。

习题

15.1　两类的一维模式，每一类都是正态分布，其中 $\mu_1=0,\sigma_1=2$；$\mu_2=2,\sigma_2=2$。设这里用 0-1 代价函数，且 $P(\omega_1)=P(\omega_2)=1/2$。试绘出其密度函数，画判别边界并标示其位置。

15.2　采集 k 个观测值，每个都是独立同分布的。在假设 $\boldsymbol{H}_0$ 下，每个观测值是 PDF 为 $p_0(x_i)(i=1,\cdots,k)$ 的随机变量，且具有零均值、方差 σ^2。在假设 $\boldsymbol{H}_1$ 下，每个观测值是 PDF 为 $p_1(x_i)(i=1,\cdots,k)$ 的随机变量，且均值 $\mu>0$，方差为 σ^2。

(1) 利用中心极限定理和 NP 准则证明随着 k 的增加，为了得到虚警概率为 α_f 所需的渐进门限 τ 是

$$\tau=\sqrt{2k\sigma^2}\,\mathrm{erfc}^{-1}(2\alpha_f)$$

(2) 利用(a)中求得的门限，证明检测的渐近概率是

$$P_d=\frac{1}{2}\mathrm{erfc}\left(\mathrm{erfc}^{-1}(2\alpha_f)-\sqrt{\frac{k}{2}}\,\frac{\mu}{\sigma}\right)$$

15.3　设 $\{v_i:i=1,\cdots,n\}$ 是一系列独立同分布的随机变量，密度函数是

$$p(v_i)=\begin{cases}\mathrm{e}^{-(v_i-\theta_1)}U(v_i-\theta_1), & \boldsymbol{H}_1\\ \mathrm{e}^{-(v_i-\theta_0)}U(v_i-\theta_0), & \boldsymbol{H}_0\end{cases}$$

其中

$$U(x)=\begin{cases}1, & x\geqslant 0\\ 0, & x<0\end{cases}$$

令 θ_0 和 θ_1 为两个不同的已知参数值且 $\theta_1>\theta_0$。令两个假设的先验概率相等，并令代价为单位值。求理想 Bayes 检验和最小 Bayes 风险。

第 16 章

最大最小决策

无论是基于最小错误率还是基于最小风险的 Bayes 决策，它们都与先验概率 $P(\omega_i)$有关。在连续的情况下，若对象有 n 种特征观察量 $x_1,x_2,\cdots,x_n$，则所有可能的取值范围构成 n 维特征空间，称 $\boldsymbol{x}=[x_1,x_2,\cdots,x_n]^{\mathrm{T}}$ 为 n 维特征向量。如果给定 $\boldsymbol{x}=[x_1,x_2,\cdots,x_n]^{\mathrm{T}}$，若 $P(\omega_i)(i=1,2,\cdots,n)$不变，其中 n 表示有 n 个类别问题，$P(\omega_i)$表示对应于各个类别出现的先验概率，按照 Bayes 决策规则，可以使得错误率或是风险最小。但是，若 $P(\omega_i)$是可变的，或事先并不知道先验概率，再按某个固定的 $P(\omega_i)$条件下的决策规则进行决策往往得不到最小错误率或最小风险。最大最小决策就是在考虑 $P(\omega_i)$可变的情况下如何使得最大可能的风险为最小，也就是在最差的条件下争取最好的结果。

(1) 对于两类问题，假定损失函数

① λ_{11}——当 $x\in\omega_1$ 时决策为 $x\in\omega_1$ 的损失；

② λ_{21}——当 $x\in\omega_1$ 时决策为 $x\in\omega_2$ 的损失；

③ λ_{22}——当 $x\in\omega_2$ 时决策为 $x\in\omega_2$ 的损失；

④ λ_{12}——当 $x\in\omega_2$ 时决策为 $x\in\omega_1$ 的损失。

通常做出错误决策总是比做出正确决策所带来的损失要大，即 $\lambda_{21}>\lambda_{11}$，$\lambda_{12}>\lambda_{22}$。

假定决策域$\mathcal{R}_1$和$\mathcal{R}_2$已经确定了，则得出风险 R 的计算公式

$$R=\int R(a(x)\mid x)p(x)\mathrm{d}x=\int_{\mathcal{R}_1}R(a_1\mid x)p(x)\mathrm{d}x+\int_{\mathcal{R}_2}R(a_2\mid x)p(x)\mathrm{d}x$$

$$=\int_{\mathcal{R}_1}[\lambda_{11}P(\omega_1)p(x\mid\omega_1)+\lambda_{12}P(\omega_2)p(x\mid\omega_2)]\mathrm{d}x$$

$$+\int_{\mathcal{R}_2}[\lambda_{21}P(\omega_1)p(x\mid\omega_1)+\lambda_{22}P(\omega_2)p(x\mid\omega_2)]\mathrm{d}x \tag{16-1}$$

其中，两类情况 $P(\omega_1)$和 $P(\omega_2)$应该满足：$P(\omega_1)+P(\omega_2)=1$。

(2) 根据$\int_{\mathcal{R}_2}P(\omega_1)\mathrm{d}x=1-\int_{\mathcal{R}_1}p(x\mid\omega_1)\mathrm{d}x$，式(16-1) 可重新写成

$$R=\lambda_{22}+(\lambda_{12}-\lambda_{22})\int_{\mathcal{R}_1}p(x\mid\omega_2)\mathrm{d}x+P(\omega_1)$$

$$\left[(\lambda_{11}-\lambda_{22})+(\lambda_{21}-\lambda_{11})\int_{\mathcal{R}_2}p(x\mid\omega_1)\mathrm{d}x-(\lambda_{12}-\lambda_{22})\int_{\mathcal{R}_1}p(x\mid\omega_2)\mathrm{d}x\right] \tag{16-2}$$

由式(16-2)可知，一旦$\mathcal{R}_1$和$\mathcal{R}_2$确定了，风险 R 就是先验概率 $P(\omega_1)$的线性函数，就有公式

$$R = a + bP(\omega_1)$$

和

$$A = \lambda_{22} + (\lambda_{12} - \lambda_{22})\int_{\mathcal{R}_1} p(\omega_1)\mathrm{d}x$$

和

$$b = (\lambda_{11} - \lambda_{22}) + (\lambda_{21} - \lambda_{12})\int_{\mathcal{R}_2} p(\omega_1)\mathrm{d}x - (\lambda_{12} - \lambda_{22})\int_{\mathcal{R}_1} p(\omega_2)\mathrm{d}x$$

在已知概率密度函数、损失函数以及某个确定的先验概率 $P(\omega_1)$时，可以按最小风险 Bayes 决策找出两类的分类决策面，把特征空间分割成两部分$\mathcal{R}_1$和$\mathcal{R}_2$，使得风险最小。故可以在(0,1)区间内，对先验概率 $P(\omega_1)$取若干个不同的值，分别按最小风险 Bayes 决策确定相应的决策域，从而计算其相应的最小风险 R，因此，就能得出最小 Bayes 风险 R 与先验概率的关系曲线，如图 16-1 所示。

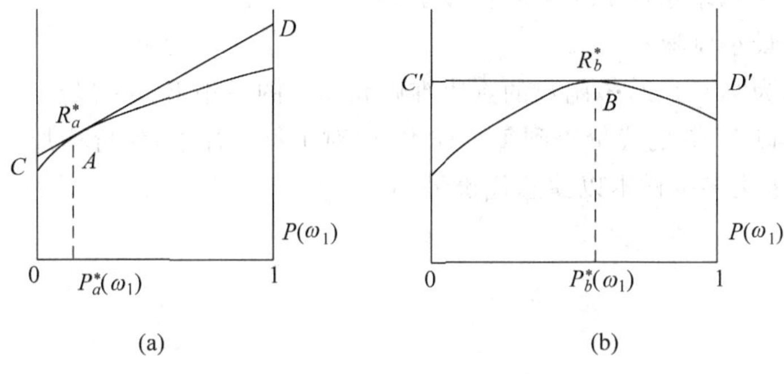

图 16-1 最小 Bayes 风险 R 与先验概率的关系

图 16-1 中，曲线 A 点的纵坐标值 R_a^* 对应先验概率 $P_a^*(\omega_1)$时的最小风险，而过 A 点的切线 CD 则是相应于式(16-2)的直线，直线上点的纵坐标则是对应于 $P(\omega_1)$变化时的风险值，风险值就在$(a, a+b)$的范围变化，其最大风险为 $a+b$。

由式(16-2)可知，如果在某个 $P(\omega_1)$情况下，能找出其决策域使得式(16-2)中 $P(\omega_1)$的系数 $b=0$，即

$$(\lambda_{11} - \lambda_{22}) + (\lambda_{21} - \lambda_{12})\int_{\mathcal{R}_2} p(\omega_1)\mathrm{d}x - (\lambda_{12} - \lambda_{22})\int_{\mathcal{R}_1} p(\omega_2)\mathrm{d}x = 0 \tag{16-3}$$

那么风险 R 就为

$$R = \lambda_{22} + (\lambda_{12} - \lambda_{22})\int_{\mathcal{R}_1} p(\omega_1)\mathrm{d}x = a \tag{16-4}$$

图中 B 点的横坐标 $P_b^*(\omega_1)$对应于找出决策域使得系数 $b=0$ 的 $P(\omega_1)$，纵坐标对应其 Bayes 风险，过 B 点的切线 $C'D'$与横轴平行，即式(16-4)所表示的直线与曲线相切且平行于 $P(\omega)$坐标轴，那么不管 $P(\omega_1)$做什么变化，其风险都不再变化，其最大风险也等于 a，这时就使得最大风险最小。

综上所述，最大最小决策的任务就是寻找使得 Bayes 风险为最大时的决策域$\mathcal{R}_1$和$\mathcal{R}_2$，它对应于上面公式积分方程的解。在求出使得 Bayes 风险为最大时的决策域$\mathcal{R}_1$和$\mathcal{R}_2$以及相应的先验概率 $P_b^*(\omega_1)$后，最大最小决策规则就完全与最小风险 Bayes 决策规则相似了。

习题

16.1 简述在 $P(\omega_i)$变化时如何使最大可能的风险最小以及先验概率 $P(\omega_1)$与风险 R 间的变化关系。

16.2 对于二元判决问题，对于 $i=1,2,\cdots,N$，以如下的概率观测到 0 和 1 序列：

$$\Pr(y_i = 0 \mid H_0) = 1$$

$$\Pr(y_i = 0 \mid H_1) = \frac{1}{2}$$

$$\Pr(y_i = 1 \mid H_1) = \frac{1}{2}$$

令 Bayes 代价 $C_{11}=C_{00}=0$ 和 $C_{01}=C_{10}=1$ 具有相等的先验概率。

(1) 如果 $N=1$，求出使 Bayes 风险最小的判决准则。

(2) 什么是最小风险？

(3) 求出作为 $N=1,2,\cdots$函数的判决准则和相关的最小 Bayes 风险。

(4) 假设需以 1/15 的代价得到每个样本(即对于每个样本，代价增加 1/15)。对于样本固定的采样，应采集多少样本以使总代价最小？

第 17 章

神经网络

17.1 神经网络概述

神经网络最早的研究是在 20 世纪 40 年代由心理学家 Mcculloch 和数学家 Pitts 合作提出的，他们提出的 MP 模型拉开了神经网络研究的序幕。

神经网络的发展大致经过 3 个阶段：①1947—1969 年为初期，科学家们提出了许多神经元模型和学习规则，如 MP 模型、HEBB 学习规则和感知器等。② 1970—1986 年为过渡期，神经网络研究经过了一个低潮，继续发展。在此期间，科学家们做了大量的工作，如 Hopfeild 教授对网络引入能量函数的概念，给出了网络的稳定性判据，提出了用于联想记忆和优化计算的途径。1984 年，Hiton 教授提出 Boltzman 机模型。1986 年 Kumelhary 等人提出误差反向传播神经网络，简称 BP 网络。③1987 年至今为发展期，神经网络受到重视，各个国家都展开研究，形成神经网络发展的另一个高潮。

神经网络具有以下优点：

(1) 可以充分逼近任意复杂的非线性关系；

(2) 具有很强的鲁棒性和容错性，因为信息是分布存储于网络内的神经元中；

(3) 并行处理方法，计算速度快；

(4) 神经网络具有自学习和自适应能力，可以处理不确定或不知道的系统；

(5) 具有很强的信息综合能力，能同时处理定量和定性的信息，能很好地协调多种输入信息关系，适用于多信息融合和多媒体技术。

17.2 人工神经网络

人工神经网络(Artificial Neural Network，ANN)是由大量简单的处理单元组成的非线性自适应自组织系统，它是在现代神经科学研究成果的基础上试图通过模拟人类神经系统对信息进行加工记忆和处理的方式设计出的一种具有人脑风格的信息处理系统。

常用的神经元非线性特性可描述如下。

阈值型，在这种模型中神经元没有内部状态而且函数 f 为一阶阶跃函数

$$h(x_i)=f(x_i)=U(x_i)=\begin{cases}1, & x_i>0\\ 0, & x_i\leqslant 0\end{cases} \tag{17-1}$$

分段线性型

$$f(x)=\begin{cases}1, & x\geqslant x_0\\ ax+b, & x_1\leqslant x<x_0\\ 0, & x<x_1\end{cases}\quad (a、b\ 为常数) \tag{17-2}$$

Sigmoid 型

$$f(x)=\frac{1}{1+\exp(-x)} \tag{17-3}$$

人工神经网络最具有吸引力的特点是它的学习能力。1962 年 Rosenblatt 给出了人工神经网络著名的学习定理，人工神经网络可以学会它能表达的任何东西，但是，人工神经网络的表达能力是有限的，这就大大限制了它的学习能力。

尽管神经网络的学习规则多种多样，但它们一般可归结为以下两类：

(1) 有指导学习。不但需要学习用的输入事例(也称训练样本通常为一矢量)同时还要求与之对应的表示所需期望输出的目标矢量。进行学习时首先计算一个输入矢量的网络输出，然后同相应的目标输出比较，比较结果的误差用来按规定的算法改变权值。如上述纠错规则以及随机学习规则就是典型的有指导学习。

(2) 无指导学习。不要求有目标矢量，网络通过自身的经历学会某种功能。在学习时关键不在于网络实际输出怎样与外部的期望输出相一致，而在于调整权重以反映学习样本的分布，因此整个训练过程实质是抽取训练样本集的统计特性。如相关规则和竞争学习规则。

在人工神经网络中学习是修正权的一个算法以获得合适的映射函数或其他系统性能。

17.3 BP 神经网络

反向传播 (Back-Propagation，BP) 网络是对非线性可微分函数进行权值训练的多层前向网络。BP 网络是人工神经网络中前向网络的核心内容体现了人工神经网络最精华的部分。

目前 BP 神经网络是应用最为广泛的一种神经网络，由于网络的训练采用误差反向传播方法而得名。从网络结构上来讲，BP 神经网络是一种前馈型网络，网络由输入层、输出层及隐层组成，隐层可以为单层或多层。

由于 BP 网络的训练采用误差反向传播算法进行，而该算法要求神经元的传递函数是可微的，因此 BP 网络的神经元传递函数通常取为线性函数或非线性函数，其中输出层神经元的传递函数类型依据所处理的问题而定。

BP 算法实质上是一种求解最优化网络权值的算法。此时最优化问题的目标函数为网络输出与期望输出之间误差构成的误差函数，待优化的变量就是网络中的所有权值，而 BP 算法就是利用梯度下降法求解能够使误差函数达到极小的网络权值的修正方法。

1. BP 网络结构设计

从函数逼近角度来讲式(17-4)可用于对任意复杂形式的函数进行逼近。而式(17-4)所代表的非线性函数可以用输出层神经元采用线性传递函数且无偏置值的含有一个隐层的 BP 网络来实现。

$$y_k = \sum_{j=1}^{N_2} w_{kj}^2 f\left(\sum_{i=1}^{N_1} w_{ji}^1 x_i + b_j\right) \tag{17-4}$$

式中，①y_k——第 k 个输出；

② w_{kj}^2——第 2 层(隐层)的 j 号神经元到输出层的 k 号神经元的权值；

③ $f(\cdot)$——隐层神经元的传递函数；

④ w_{ji}^1——第 1 层(输入层)的 i 号神经元到隐层的 j 号神经元的权值；

⑤ b_j——隐层的 j 号神经元的偏置值。

只要隐层神经元数目足够，具有一个隐层的 BP 网络能够以任意精度逼近任意复杂程度的非线性函数。

2. 传递函数

BP 网络神经元的非线性传递函数通常取为 Sigmoid 型函数

$$f(x) = \frac{1}{1+e^{-\beta x}} \tag{17-5}$$

在推导 BP 算法时选取 $\beta=1$ 的连续 S 型函数，即 Fogsig 函数

$$f(x) = \frac{1}{1+e^{-x}} \tag{17-6}$$

$$f'(x) = f(x)[1-f(x)] \tag{17-7}$$

$f(x)$是一个连续可微的函数，它的一阶导数存在，用这种函数来区分类别时，它的结果可能是一种模糊的概念。当 $x>0$ 时，其输出不为 1，而是一个大于 0.5 的数；而当 $x<0$ 时，其输出是一个小于 0.5 的数。对一个单元组成的分类器来说，如果由这种 $f(x)$函数计算出的值为 0.8(>0.5)，即说明该输入属于某一类的概率为 80%，属于另一类的概率为 20%，这种分割具有一定的科学性。对于多层网络，这种 $f(x)$函数所划分的区域不是线性划分，而是由一个非线性的超平面组成的区域，它是比较柔和、光滑的任意界面，因此它的分类比线性划分精确、合理，这种网络的容错性较好。由于 $f(x)$是连续可微的，因此可以严格利用梯度法进行 BP 算法的推算，得到明确的权值修正解析式。

3. BP 网络的特点

(1) BP 网络是一种多输入、多输出型的网络，网络实现了从 n 维输入到 m 维输出的映射，这种映射可以是线性的也可以是非线性的，这主要取决于神经元所采用的传递函数的类型，BP 网络以映射的形式实现了模式识别功能。

(2) BP 网络对权值的修正是向着减小网络输出与目标值之间的误差函数的目标进行的，BP 算法将网络权值的调整转换为多变量最优化问题，利用梯度法进行求解，因而存在解的局部最小问题。

(3) BP 网络的权值调整是整体性调整，即每一步权值修正是对所有权值都进行修正，因此当网络规模较大，网络权值较多时，网络的训练非常耗时。

(4) BP 算法是一种有教师监督的算法，这一方面可以保证网络权值能够向使网络输出与期望值之间的差别减小的方向调整；另一方面也造成当训练样本中若存在相互矛盾或冲突的样本时，网络权值的最终取值出现错误或网络根本无法收敛。

(5) BP 网络的输出是数值型的多输出形式，用输出向量代表各种模式，因而 BP 网络的输出不但可以作为最终的识别结果，也可以将 BP 网络的输出作为中间结果，通过对其做进

一步的处理而得到最终识别结果，因此用 BP 网络进行结构损伤位置识别时，不但可以将 BP 网络作为特征级数据融合的工具直接对损伤位置进行识别，也可以将多个 BP 网络的输出作为决策级数据融合的多个中间识别结果进行融合以得到最终的识别结果。

17.4 神经网络的发展趋势及前沿问题

1. 神经网络与专家系统的结合

人工神经网络是基于输入/输出的一种直觉性反射，适于发挥经验知识的作用，进行浅层次的经验推理；专家系统是基于知识、规则匹配的逻辑知识的作用，进行深层次的逻辑推理。专家系统的特色是符号推理，神经网络擅长数值计算。因此将两者科学地结合，可以取长补短。基于神经网络与专家系统的混合系统的基本出发点立足于将复杂系统分解成各种功能子系统模块，各功能子系统模块分别由神经网络或专家系统实现。其研究的主要问题包括：混合专家系统的结构框架和选择实现功能子系统方式的准则两方面。由于该混合系统从根本上抛开了神经网络和专家系统的技术限制，是当前研究的热点。

2. 神经网络与小波分析的结合

小波变换是对 Fourier 分析方法的突破。它不但在时域和频域同时具有良好的局部化性质，而且对低频信号在频域和对高频信号在时域里都有很好的分辨率，从而可以发散到对象的任意细节。

目前可以将它与神经网络相结合实现间接辨识与建模。在结合方法上，可以将小波函数作为基函数构造神经网络形成小波网络，或者以小波变换的多分辨率特性对过程状态信号进行处理，实现信噪分离，并提取出对加工误差影响最大的状态特性，作为神经网络的输入。

经过近半个世纪的发展，神经网络理论在模式识别、自动控制、信号处理、辅助决策、人工智能等众多研究领域取得了广泛的成功，但其理论分析方法和设计方法还有待于进一步发展。相信随着神经网络的进一步发展，其将在工程应用中发挥越来越大的作用。

习题

17.1 用伪代码实现 BP 神经网络算法。

17.2 通过查阅相关文献，试举例几种神经网络算法，并分析它们的特点。

第 18 章

支持向量机

支持向量机(Support Vector Machine,SVM)是从线性可分的情况下寻找最优分类面发展而来的,其理论基础是统计学习理论的 VC 维和结构风险最小化原则,具有坚实的理论基础和良好的泛化性能。

首先,SVM 实现了 SRM 原则,即保持经验风险值固定并最小化置信范围,它具有很强的泛化能力。其次,SVM 最终将转化成一个凸二次规划问题。理论上有全局最优解,不会像神经网络一样容易陷入局部极小值。再次,SVM 可通过非线性变换将原空间中的非线性问题转换为高维空间中的线性问题。最后,在高维空间中构造最优超平面,并通过引入核函数避免了高维空间中的内积运算。所以,SVM 训练算法的计算复杂度是跟样本数有关的,而不再受限于问题的特征空间维度。

18.1 线性支持向量机基础

18.1.1 支持向量机标准形式

SVM 通常可以表示为一个线性约束的二次优化问题。设训练集 $T=\{(x_1,y_1),\cdots,(x_l,y_l)\}$,$x_i\in\mathbf{R}^n$,$y_i\in\mathbf{R}$,$I=1,\cdots,l$ 为观测样本的个数,$\xi=(\xi_1,\cdots,\xi_l)^{\mathrm{T}}$ 为松弛变量,则 SVM 可以表示为如下的二次优化问题

$$\min\left[\frac{1}{2}\|w\|^2+C\sum_{i=1}^{l}(\zeta_i+\zeta_i^n)\right]$$
$$s.t.\begin{cases}((w\cdot x_i)+b)-y_i\leqslant\varepsilon+\zeta_i\\ y_i-((w\cdot x_i)+b)\leqslant\varepsilon+\zeta_i^*\\ \zeta_i,\zeta_i^*\geqslant 0\end{cases}\tag{18-1}$$

其中 C 表示函数复杂度和损失误差之间的折中。通过引入拉格朗日函数并对其求鞍点,可得优化问题式(18-1)的对偶优化问题

$$\min\frac{1}{2}\sum_{i=1}^{l}\sum_{j=1}^{l}(a_i-a_i^*)(a_j-a_j^*)K(x_i,x_j)+\varepsilon\sum_{i=1}^{l}(a_i+a_i^*)-\sum_{i=1}^{l}y_i(a_i-a_i^*)$$

$$\text{s.t.}\begin{cases}\sum_{i=1}^{l}(a_i-a_i^*)=0\\ 0\leqslant a_i,a_i^*\leqslant C,\quad i=1,\cdots,l\end{cases}\tag{18-2}$$

18.1.2 最优超平面

SVM是由线性可分情况下的最优分类面的思想发展而来的，其核心思想是：最优超平面(也称作最优分类面)。如果训练样本集被超平面正确分开(错误率为0)，并且离超平面最近的样本与超平面之间的距离是最大的，则称这个超平面为最优超平面或最大间隔超平面。如图18-1所示，实心点和空心点分别代表两类样本，H为最优超平面，H_1和H_2分别是过两类中离最优超平面最近的数据样本且平行于最优超平面的超平面，它们之间的距离就叫作分类间隔。在H_1和H_2上的样本点称作支持向量(SV)，因为是它们支撑了最优超平面H。

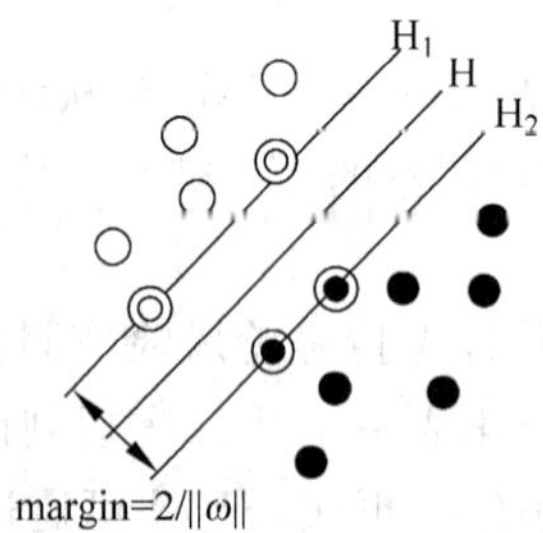

图18-1 最优超平面示意图

假定样本数据$(x_1, y_2), \cdots, (x_l, y_l)$，$x \in \mathbf{R}^d$，$y \in \{1, -1\}$可以被一个超平面

$$(\omega \cdot x) + b = 0$$

分开。其中ω为权重向量，b为阈值。对判别函数$f(x) = (\omega \cdot x) + b$进行归一化处理，并使所有样本点都满足

$$y_i[(\omega \cdot x_i) + b] - 1 \geqslant 0, \quad i = 1, \cdots, l$$

此时，位于H_1和H_2上的样本点(支持向量)满足$f(x) = 1$。H_1和H_2之间的距离，即分类间隔等于$\frac{2}{\|\omega\|}$。为增强学习机的泛化能力，要求最大化分类间隔，即要求$\|\omega\|^2$最小。我们称，满足式(18-2)且使$\|\omega\|^2$最小的超平面为最优超平面。SVM算法就是要在给定训练样本的情况下，找到最优超平面H。

18.1.3 核函数

核函数方法就是用非线性变换将一维空间中的随机矢量x映射到高维特征空间中，然后在高维特征空间中设计线性学习算法。SVM的成功很大程度上归功于采用了核函数方法。

选择不同的核函数，就会得到不同的SVM算法。主要的核函数有：

(1) 线性内积核函数：$K(x_i, x_j) = x_i \cdot x_j$；

(2) 多项式形式的内积核函数：$K(x_i, x_j) = [(x_i, x_j) + 1]^q$，$q$阶多项式分类器；

(3) 采用Sigmoid型函数作为内积核函数：$K(x_i, x_j) = \tanh[v(x_i \cdot x_j) + a]$；

(4) 径向基内积函数(RBF核(Gaussian核))：$K(x_i, x_j) = \exp\left\{\frac{\| x_i - x_j \|^2}{\sigma^2}\right\}$，得到一种函数分类器。

不同种类的核函数代表不同的映射,具有不同的分类能力,适应于不同的分类问题。目前,核函数的选择大多靠经验或者实验的方法,并没有什么指导性的理论。

18.1.4 支持向量机算法

训练 SVM 的算法归结为求解一个受约束的凸二次优化问题。目前针对 SVM 本身的特点提出了许多算法,包括块算法、分解算法、序列最小优化算法、增量与在线训练算法,以及 SVM 的扩展算法等。

1. 块算法、分解算法

块算法和分解算法是提出较早的 SVM 算法。块算法的出发点是,删除矩阵中对应于 Lagrange 乘子为零的行和列不会对最终结果产生影响。对于给定的样本,块算法的目标就是通过某种迭代方式逐步排除非支持向量。但对于支持向量数很大的问题,块算法依旧十分复杂。

分解算法是目前有效解决大规模问题的主要方法。分解算法将二次规划问题分解成一系列规模较小的二次规划子问题,进行迭代求解。在每次迭代中,选取拉格朗日乘子分量的一个子集作为工作集,利用传统优化算法求解一个二次规划的子问题。后来 Joachims 在上述分解算法的基础上做了几点重要改进。第一,采用类似 Zoutendijk 可行方向法的策略确定工作集,即求解一个线性规划问题,得到可行下降方向,把该方向中的非零分量作为本次迭代的工作集。该线性规划存在高效算法,其核心是一个排序问题。第二,提出 Shrinking 方法,估计出有界支持向量和非支持向量,有效地减小 QP 问题的规模。第三,利用 KernelCache 来减少矩阵中元素的计算次数。Joachims 利用这些方法实现的 SVMlight 是目前设计 SVM 分类器的重要软件。

块算法的目标是找出所有的支持向量,因而最终需要存储相应的核函数矩阵。对于支持向量数很大的问题,块算法十分复杂。与块算法不同,分解算法的目的不是找出所有的支持向量,而是每次只针对很小的训练子集来求解,即使支持向量的个数超过工作集的大小,也不改变工作集的规模。各种分解算法的区别在于工作集的大小和工作集生成的原则不同。

2. 序列最小优化算法

由 Platt 提出的序列最小优化(Sequential Minimal Optimization,SMO)算法是分解算法工作集的个数等于 2 的特殊情形,即 SMO 把一个大的优化问题分解成一系列只含两个变量的优化问题。序列最小优化算法的优点在于:两个变量的最优化问题可以解析求解,因而不需要迭代地求解二次规划问题。它的每一次迭代只选出 2 个分量 a_i 和 a_j 进行调整,其他分量则保持固定不变。通过求解 2 个变量的最优化问题,得到解 a_i^* 和 a_j^*,然后用 a_i^* 和 a_j^* 来改进相应的向量 a 的分量。虽然需要更多的迭代次数,但是由于每次迭代的计算量很少,该算法表现出整体的快速收敛性质。另外,该算法还具有其他的一些重要优点,如不需要存储核矩阵、没有矩阵运算、容易实现等。算法如下:

(1) 选取精度要求 ε,$\alpha^0=(\alpha_1^0,\cdots,\alpha_l^0)=0$,令 $k=0$,$\{i,j\}$作为工作集 B。

(2) 根据当前可行的近似解 α^k 选取集合$\{1,\cdots,l\}$的 l 个由 2 个元素组成的子集作为工作集 B。

(3) 求解与工作集 B 对应的最优化问题,得解 $\alpha_B^*=(\alpha_i^{k+1},\alpha_j^{k+1})^{\mathrm{T}}$。据此更新 α^k 中的第

i 个和第 j 个分量,得到新的可行的近似解 α^{k+1}。

(4) 若 $ak+1$ 在精度 ε 范围内满足某个停机准则,则得近似解 $\alpha^* = \alpha^{k+1}$,停止计算;否则,令 $K=k+1$ 转第(2) 步。

SMO 算法主要由两部分组成,即求解两个 Lagrange 乘子的一个解析方法和选择哪一个乘子是最优的启发式方法。

SMO 的停止条件:对于凸 QP 问题,一个解是最优点的充要条件是 KKT 条件满足并且 Hessian 矩阵半正定。

对于 SMO 算法,设 $R_i = y_i(w^{\mathrm{T}}x_i - b) - y_i^2 = y_i(w^{\mathrm{T}}x_i - b - y_i) = y_iE_i$

则 KKT 条件可表示为

$$a_i = 0 \Rightarrow R_i \geqslant 1$$

$$0 < a_i < C \Rightarrow R_i \approx 0$$

$$a_i = C \Rightarrow R_i \leqslant 0$$

SMO 算法在每次迭代中只处理含两个 Lagrange 乘子的 QP 问题。令 $s = y_1y_2$,由于 $y_1a_1 + y_2a_2 = \text{const}$,则目标函数 a_2 可化为的函数

$$w(a) = \frac{1}{2}(2k(x_1,x_2) - k(x_1,x_1) - k(x_2,x_2))a_2^2 + (y_2(E_1^{\text{old}} - E_2^{\text{old}}) - \eta a^{\text{old}})a_2 + \text{const}$$

$$\eta = 2k(x_1,x_2) - k(x_1,x_1) - k(x_2,x_2)$$

则关于 a_2 的一阶和二阶导数分别为

$$\frac{\mathrm{d}w}{\mathrm{d}a_2} = \eta a_2 + (y_2(E_1^{\text{old}} - E_2^{\text{old}}) - \eta a_2^{\text{old}})$$

$$\frac{\mathrm{d}^2 w}{\mathrm{d}a_2} = \eta$$

令一阶导数为零,则得到本次求解问题的最优点,即

$$\begin{cases} a_2^{\text{new}} = a_2^{\text{old}} - \dfrac{y_2(E_1 - E_2)}{\eta} \\ a_1^{\text{new}} = a_1^{\text{old}} + s(a_1^{\text{old}} - a_2^{\text{new}}) \end{cases} \tag{18-3}$$

SMO 的启发式选择策略由两个嵌套的循环组成:外循环选择 a_1,内循环选择 a_2(只考虑违反 KKT 的样本)。初始化 $a_i=0, b=0$。

(1) 如果第 1 次进入外循环或者内循环的优化没有进展,a_1 从随机位置开始遍历;否则 a_1 在 Bound 中从随机位置开始遍历。

(2) a_2 首先在 Non-Bound 中选择,使 $|E_1 - E_2|$ 最大;如果优化没有进展,a_2 在 Non-Bound 中从随机位置开始遍历所有样本;如果优化仍没有进展,a_2 在所有样本中从随机位置开始遍历。

(3) 当没有违反 KKT 条件的样本时,算法中止,得到最优解 a^*, b^*,否则返回(1)。

18.2 线性支持向量机

18.2.1 线性可分离的情况

建立线性支持向量机的问题可以转化为求解如下一个二次凸规划问题

$$\begin{cases}\min \dfrac{1}{2}\ \|w\|^2 \\ 约束条件：y_i((w\cdot x_i)+b)\geqslant 1\end{cases} \tag{18-4}$$

由于目标函数和约束条件都是凸的，根据最优化理论，这一问题存在唯一全局最小解。应用 Lagrange 乘子法并考虑满足 KKT 条件

$$a_i(y_i((x\cdot x_i)+b)-1)=0 \tag{18-5}$$

可求得最优超平面决策函数为

$$M(x)=\mathrm{Sgn}((w^*\cdot x)+b^*)=\mathrm{Sgn}\Big(\sum_{S.V.}a_i^* y_i(x\cdot x_i)+b^*\Big) \tag{18-6}$$

其中 a_i^*，b^* 为确定最优划分超平面的参数，$(x\cdot x_i)$ 为两个向量的点积。由式(18-5)知，非支持向量对应的 a_i 都为零，求和只对少数支持向量进行。

18.2.2 线性不可分的情况

对于线性不可分的情况，通过引入松弛变 ζ，修改目标函数和约束条件，应用

$$\begin{cases}\min \dfrac{1}{2}\ \|w\|^2+c\sum\limits_i\zeta \\ 约束条件：y_i((w\cdot x_i)+b)\geqslant 1-\zeta\end{cases} \tag{18-7}$$

完全类似的方法可以求解。与式(18-3)类似的新的凸规划问题为：若 N_i 都为零，式(18-3)就变成了线性可分问题式(18-7)。式(18-4)中大于零的 N_i 对应错分的样本，参数 C 为惩罚系数。

18.3 非线性支持向量机

SVM 方法真正有价值的应用是用来解决非线性问题，方法是通过一个非线性映射 φ，把样本空间映射到一个高维乃至于无穷维的特征空间，使在特征空间中可以应用线性支持向量机的方法解决样本空间中的高度非线性分类和回归等问题。

定义 18.1 所谓非线性支持向量机，它通过某种预先选择的非线性映射

$$\Phi: L\rightarrow H \tag{18-8}$$

进行变换，其中 $L=\mathbf{R}^n$ 是一个低维的欧氏空间，而 H 是一个高维内积线性特征空间，一般是 Hilbert 空间；定义一个核函数 K，使得

$$K(x_i,x_j)=\langle\Phi(x_i),\Phi(x_j)\rangle,\ \forall\, x_i,x_j\in L \tag{18-9}$$

其中$\langle\cdot,\cdot\rangle$表示 H 中的内积，使得式(18-4)中的目标函数变为

$$L_D=\sum a_i-\frac{1}{2}\sum_{i=1}^{l}a_i a_j y_i y_j K(x_i,x_j) \tag{18-10}$$

这样就把低维空间的非线性分类问题转化为高维空间的非线性分类问题，采用的方法与线性支持向量机相同。

定理 18.1(Mercer 条件) 对于任意的对数函数 $K(x,y)$，$x,y\in L$，以及一个映射 Φ：$L\rightarrow H$，它可以表示为特征空间 H 中的内积运算，即 $K(x,y)=\langle\Phi(x),\Phi(y)\rangle$成立的充分必要条件是，对于任意不恒等于零的 $g\in M^2(L)$，有下式成立

$$\int K(x,y)g(x)g(y)\mathrm{d}x\mathrm{d}y \geqslant 0$$

非线性 SVM 的常用核函数还有

$$K(x,y) = (x^{\mathrm{T}}y + 1)^p$$

这是一个次方为 p 的多项式数据分类器。而

$$K(x,y) = \mathrm{e}^{-\|x-y\|^2/(2\sigma^2)}$$

是一个 Gauss RBF 分类器，而且在此情况下通过 SVM 训练可以自动得到支持向量 s_i，权值向量 a 和截距 b 都能自动产生，而且可以获得比经典 RBF 更好的结果。同时 $K(x,y)=\tanh(kx^{\mathrm{T}}y-\delta)$ 是一种特殊的两层 Sigmoid 神经网络分类器。

18.4 新型支持向量机

1. 基于边界调节的支持向量机

根据目前通用的方法所得到的支持向量机存在抗干扰能力差，对噪声信号敏感等问题。对节点做出适当处理，这一直是支持向量机的一个重要论题。人们为此也提出了不同形式的支持向量机，例如 L1-SVM、L2-SVM、L-SVM 等。基于边界调节的支持向量机是 SVM 在最优超平面的构造上给予改进后提出了一种新型向量机。

2. 模糊支持向量机

目前，模糊支持向量机(FSVMS)概念的提出，是为了进一步完善支持向量机多类分类方法及满足一些其他实际问题的需要。在统计学习领域，模糊支持向量机分类器的设计是一个研究热点。

模糊支持向量机是近两三年提出的新方法，是对传统的支持向量机一种改进与完善。模糊支持向量机的概念主要有下列两种。

(1) 一种思想是由日本学者 Tkauga 与 Shgioc 于 2001 年和 2002 年提出的。此方法主要是针对一对多组合与一对一组合支持向量机存在决策盲区而提出的。这两种思想在多类分类问题上都有一个共同的缺点——存在不可分区域，即对于训练好的分类函数，可能对一个待分数据无法进行分类。

为了避免产生不可分区域，我们引入模糊隶属度函数，定义

$$m_{ij} = \begin{cases} 1, & D_{ij} \geqslant 1 \\ D_{ij}, & -1 < D_{ij} < 1 \\ -1, & D_{ij} \leqslant -1 \end{cases}$$

这里允许出现负的模糊隶属度，然后得到数据 x 对第 i 类的归属度 m_i 有两种定义方法：

① 最小归属度

$$m_i = \min_{j=1,\cdots,k,j\neq i} m_{ij}(x)$$

② 平均归属度

$$m_i = \frac{1}{k-1}\sum_{j\neq i,j=1}^{k} m_{ij}(x)$$

得到 k 个 m_i 后，将 x 归入 m_i 最大的一类

$$\arg\max_{i=1,\cdots,k} m_i(x)$$

对二维平面上线性可分的 3 类分类问题，使用最小归属度模糊支持向量机和平均归属度模糊支持向量机进行分类，都消除了不可分区域。

（2）另一种模糊支持向量方法于 2002 年由台湾地区学者 Chun-FuLiu，Hsneg-Dewnag，Hna-PnagHunag 与 Yi-HungLiu 等人提出，其出发点是：数据中各个样本点的重要程度是不同的，因而对重要数据的正确分类就显得更有意义。并且传统的支持向量机由于噪声数据的存在而易出现过适应现象。因而有必要消除噪声的影响，基于以上几点考虑，提出了一种模糊支持向量分类方法。

定义 18.2　定义给定一组数据集 $D=\{(x_i,y_i,s_i):i=1,2,\cdots,l\}$，其中 $x_i\in\mathbf{R}^n$ 是训练样本数据，$y_i\in\{-1,1\}$是标识数据，$s_i\in[\sigma,1]$是 x_i 的隶属度，其中 $\sigma>0$ 是无穷小量。定义 Φ：$\mathbf{R}^n\to H$ 是非线性映射，其中 H 是特征空间；模糊支持向量机（Fuzzy Support Vector Machine，FSVM）定义如下优化问题

$$\begin{aligned}\min\quad & \phi(w)=\frac{1}{2}\|w\|^2+C\sum_{i=1}^{n}s_i\xi_i\\ \text{s.t.}\quad & y_i(w^{\mathrm{T}}\phi(x_i)+b)\geqslant 1-\xi_i\end{aligned}\tag{18-11}$$

其中 C 为常量，ϕ 将 x_i 从 $\mathbf{R}^m$ 映射到高维特征空间，ξ_i 是 SVM 中的误差度量，$s_i\xi_i$ 是不同权值的误差度量。

为了求解这个优化问题，我们构造拉格朗日函数的鞍点

$$L(w,b,\xi,\alpha,\beta)=\frac{1}{2}\|w\|^2+C\sum_{i=1}^{n}s_i\xi_i-\sum_{i=1}^{n}\alpha_i(y_i(w\cdot\phi(x_i)+b)-1+\xi_i)-\sum_{i=1}^{n}\beta_i\xi_i\tag{18-12}$$

其中 α_i,β_i 是拉格朗日乘子，w,b,ξ 须满足下列条件

$$\begin{cases}\dfrac{\partial L(w,b,\xi,\alpha,\beta)}{\partial w}=w-\displaystyle\sum_{i=1}^{n}\alpha_i y_i\phi(x_i)=0\\ \dfrac{\partial L(w,b,\xi,\alpha,\beta)}{\partial b}=-\displaystyle\sum_{i=1}^{n}\alpha_i y_i=0, & i=1,2,\cdots,l\\ \dfrac{\partial L(w,b,\xi,\alpha,\beta)}{\partial \xi}=s_iC-\alpha_i-\beta_i=0\end{cases}\tag{18-13}$$

将以上条件运用到拉格朗日函数式(18-12)，则可将问题等价地转化为

$$\begin{aligned}\min\quad & Q(\alpha)=-\sum_{i=1}^{n}\alpha_i+\frac{1}{2}\sum_{i=1}^{n}\sum_{j=1}^{n}\alpha_i\alpha_j y_i y_j K(x_i,x_j)\\ \text{s.t.}\quad & \sum_{i=1}^{n}\alpha_i y_i=0,\quad 0\leqslant\alpha_i\leqslant s_iC\end{aligned}\tag{18-14}$$

通过解决最优化问题式(18-14)，就构造出了最优超平面。使得最后得到的决策函数对重要数据的分类精度显著提高，并且有较强的抗噪声能力。

18.5　小波支持向量机

核函数是 SVM 的重要组成部分，常用的核函数有多项式核、Sigmoid 核、高斯核等，目前应用最广泛的是高斯核函数，但高斯核函数通过平移不能生成 L_2 空间上的一组基，从而

导致 SVM 不能逼近 L_2 空间上任意的非线性函数。小波的伸缩和平移可构成 L_2 空间的一组基，因此小波具有良好的函数逼近能力。利用小波的这种性质构造小波核和小波 SVM，可以提高 SVM 的逼近精度。

18.5.1 小波概念

小波分析是近年来发展起来的一种数学工具，其对非平稳随机信号具有良好的时频局部特性和变焦能力，原则上可以替代 Fourier 变换应用的场合。近年来，小波分析成为复杂系统建模的一种有力工具。函数 $\psi(x)$ 称为母小波函数，如果它满足如下的容许性条件

$$W_h = \int_0^{\infty} \frac{|\Psi(\omega)|^2}{|\omega|} \mathrm{d}\omega < \infty$$

其中 $\Psi(x)$ 是 $\psi(x)$ 的 Fourier 变换。可以用一族小波基函数 $\psi_{a,b}(x)$ 来逼近一个函数 $f(x)$，这个函数族由一个母小波 $\psi(x)$ 经过伸缩和平移产生

$$\psi_{a,b}(x) = |a|^{-\frac{1}{2}} \psi\left(\frac{x-b}{a}\right)$$

其中 $x, a, b \in \mathbf{R}$，a, b 分别是伸缩尺度和平移因子。因此函数 $f(x) \in L_2(R)$ 的小波变换和重构可以分别表示成如下形式

$$W_{a,b}(f) = \langle f(x), \psi_{a,b}(x) \rangle$$

$$f(x) = \frac{1}{W_\psi} \int_{-\infty}^{\infty} \int_0^{\infty} W_{a,b}(f) \psi_{a,b}(x) \frac{1}{a^2} \mathrm{d}a\mathrm{d}b \doteq \sum_{i=1}^{l} W_i \psi_{a_i, b_i}(x)$$

其中，$\doteq$ 表示用有限项逼近 $f(x)$。

18.5.2 小波 SVM

小波 SVM 和标准的 SVM 的结构基本相同，其区别在于它们所用到的核函数不同。标准 SVM 常用的核函数有多项式核函数、径向基核函数和感知器核函数等；而小波 SVM 所用的核函数为小波核函数。把由 Marr 小波构造的小波核函数代入到对偶优化问题式(18-1)和表达式(18-2)，可得到如下形式的小波 SVM：

$$\min \frac{1}{2} \sum_{i=1}^{l} \sum_{j=1}^{l} (\alpha_i \alpha_i^*)(\alpha_j - \alpha_j^*) \prod_{n=1}^{N} \left(1 - \frac{(x_i^n - x_j^n)^2}{a_n^2}\right) \exp\left(-\frac{(x_i^n - x_j^n)^2}{2a_n^2}\right)$$
$$+ \varepsilon \sum_{i=1}^{l} (\alpha_i + \alpha_i^*) - \sum_{i=1}^{l} y_i (\alpha_i - \alpha_i^*) \tag{18-15}$$

$$\text{s. t.} \begin{cases} \sum_{i=1}^{l} (\alpha_i - \alpha_i^*) = 0 \\ 0 \leqslant \alpha_i, \alpha_i^* \leqslant C, \quad i = 1, \cdots, l \end{cases}$$

$$f(x) = \sum_{i=1}^{l} (\alpha_i - \alpha_i^*) \prod_{n=1}^{N} \psi\left(\frac{x^n - x_i^n}{a_n}\right) + b$$
$$= \sum_{i=1}^{l} (\alpha_i - \alpha_i^*) \cdot \prod_{n=1}^{N} \left(1 - \frac{(x^n - x_i^n)^2}{a_n^2}\right) \exp\left(-\frac{(x^n - x_i^n)^2}{2a_n^2}\right) + b \tag{18-16}$$

其中 X 是输入训练样本，x_i^n 表示第 i 个训练样本的第 n 个分量。这里也只有部分 α_i 或 α_i^* 不等于 0，它们对应的样本就是支持向量。并且只有满足 $\alpha_i = C$ 或 $\alpha_i^* = C$ 的样本所对应的

ξ_i 或 ξ_i^* 才会大于 0,这些样本位于超平面的 ε 的带外,它们才对损失有贡献。阈值 b 可以按下列方法计算：选择位于开区间(0,C)中的 α_j 或 α_k^*。若选到的是 α_j,则按式(18-17)中的第一个式子计算；若选到的是 α_k^*,则按式(18-17)中第二个式子计算。

$$b = y_i - \sum (\alpha_i - \alpha_i^*) \prod_{n=1}^{N} \left(1 - \frac{(x_i^n - x_j^n)^2}{a_n^2}\right) \exp\left(-\frac{(x_i^n - x_j^n)^2}{2a_n^2}\right) + \varepsilon, \quad \alpha_j \in (0, C)$$

$$b = y_k - \sum_{i=1}^{l} (\alpha_i - \alpha_i^*) \prod_{n=1}^{N} \left(1 - \frac{(x_i^n - x_k^n)}{a_n^2}\right) \exp\left(-\frac{(x_i^n - x_k^n)^2}{2a_n^2}\right) - \varepsilon, \quad \alpha_k^* \in (0, C)$$

(18-17)

小波 SVM 的目标是在多维小波基张成的空间中找到优化的小波核系数,这需要使用 SVM 的训练算法对形如式(18-15)的受约束的凸二次优化问题求解。求解的结果就是得到式(18-33)中的系数($\alpha_i - \alpha_i^*$)和阈值,从而可以得到预测函数 $f(x)$。训练 SVM 可以采用经典二次规划的算法,但这些算法通常需要利用整个 Hessian 矩阵,内存占用过多。目前针对 SVM 本身的特点人们提出了许多专用算法,其中 SMO 算法是目前训练 SVM 的较为有效的方法,因此这里采用它对小波 SVM 进行求解。

习题

18.1 学习书中给出的几种新型支持向量机,通过查阅相关文献,试比较这些方法的优缺点、工作流程、应用领域和发展趋势。

第 19 章

Bayes网络

Bayes 网络(Bayes Network,BN)是一种概率关系的图像描述,适用于不确定性和概率性事物的推理。它基于概率理论和图论,有坚实的数学基础和形象直观的语义。凭借其强大的推理能力和形象的表达等优点,Bayes 网络在数据挖掘、数据融合、计算机智能科学、医疗诊断、工业控制、计算机视觉等多领域的智能化系统中得到了广泛的应用。

19.1 Bayes 网络的概述

现实生活中存在大量不确定性知识,因此如何表达已有知识以及如何通过对现有知识进行分析、推理来获得新的知识显得极其重要。Bayes 理论从概率的角度提出了一种解决此类问题的思想。1988 年,Pearl 在 Bayes 统计和图论的基础上建立了 Bayes 网络基础理论体系。当时主要用于处理人工智能中的不确定性信息,随后它逐渐形成了相对完整的推理算法和理论体系,并成为解决不确定信息的主流技术。

Bayes 网络也称信念网或概率因果网,它结合了人工智能、概率理论、图论和决策理论,是一种表示变量间概率关系的图形模式。Bayes 网络不仅对大规模的联合概率分布提供了一种自然紧凑的表示因果信息的方法,而且为有效的概率推断提供了牢固的基础。

Bayes 网络的基础理论框架包括网络的表示、网络的构建、网络的推理等几个方面。在构建 Bayes 网络时,关键的任务是网络参数学习和网络结构学习。而 Bayes 网络推理则解决了任何给定证据下的查询问题,包括预测和诊断两个部分。本章也将从这几个方面来介绍 Bayes 网络。

19.2 Bayes 网络的理论基础

Bayes 网络是建立在概率理论和图论的基础上的表达了一种对不确定性知识的说明和推理。下面介绍一些相关的概念与定义。

图论的基础知识

Bayes 网络是一个建立在概率基础上的有向无环图,为了更加清楚地了解 Bayes 网络,下面介绍相关的图论知识。

定义 19.1(有向图) 由节点集 V 和边集 E 表示的二元组 $G=(V,E)$,如图 19-1 所示。其中,边集中的边带有方向,称为有向边。假如节点 $X,Y\in E$,从节点 X 到节点 Y 有一条有向边,那么称节点 X 和 Y 相邻,且 X 叫作 Y 的父节点,Y 叫作 X 的子节点。没有父节点的节点叫作根节点,没有子节点的节点叫作叶节点。

定义 19.2(有向无环图) 即不含环路的有向图,如图 19-2 所示。

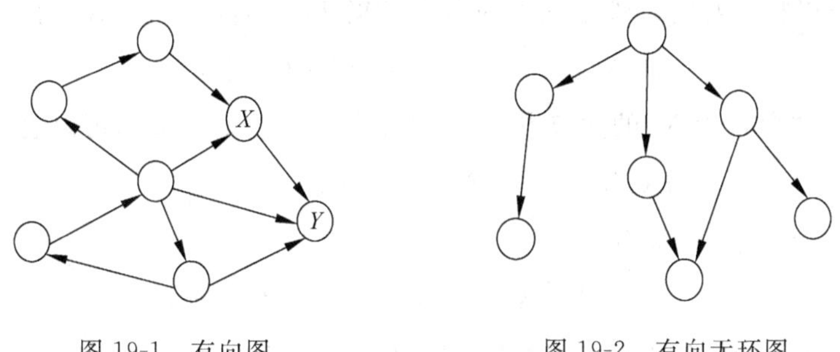

图 19-1 有向图　　　　图 19-2 有向无环图

19.3 Bayes 网络的表示

19.3.1 Bayes 网络的定义

Bayes 网络是描述变量间概率关系的图形模式,通常由有向无环图和条件概率表组成。如图 19-3 所示,在有向无环图 S 中,每个节点表示一个随机变量 X_i(可以是能直接观测到的变量或是隐含变量),其中 π_i 为节点 X_i 的父节点的集合;每条有向边表示随机变量间的条件概率关系,在条件概率表中的每个元素对应于有向无环图中的一个节点,表中存储了与该节点有直接关系的前驱节点的联合条件概率 $P(X_i|\pi_i)$。

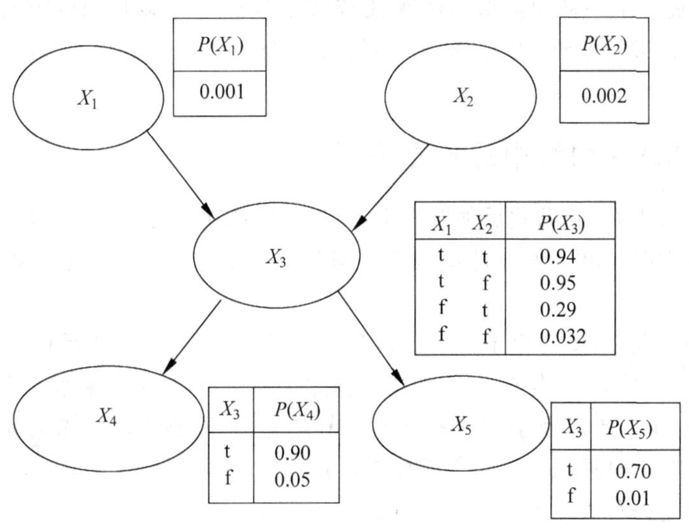

图 19-3 Bayes 网络模型

Bayes 网络相较于全联合概率的一个特征是它提供了一种将联合分布分解为几个局部分布的乘积形式的方法。它的图形体现显示了变量间的概率依赖关系，具有清晰的语义特征，这种独立的语义指明怎样组合这些局部分布来计算变量间联合分布的方法。由 Bayes 概率的链规则可得

$$P(X_1,X_2,\cdots,X_n)=P(X_1)P(X_2\mid X_1)\cdots P(X_n\mid X_1,\cdots,X_{n-1}) \tag{19-1}$$

对于任意 X_i，可以找到与它条件不独立的最小子集 $\theta_i\in\{X_1,X_2,\cdots,X_{i-1}\}$，并使得

$$P(X_1,X_2,\cdots,X_n)=\prod P(X_i\mid \theta_i) \tag{19-2}$$

因为最小子集中的变量为 X_i 的父节点，于是变量集的联合概率分布可以表示为

$$P(X_1,X_2,\cdots,X_n)=\prod P(X_i\mid P_{a_i}) \tag{19-3}$$

于是对于任意一个变量 X_i 都有

$$P(X_i\mid X_1,X_2,\cdots,X_n)=\prod P(X_i\mid \theta_i) \tag{19-4}$$

式(19-4)即为 Bayes 网络的数学表达式，也是 Bayes 网络的核心思想。

下面通过一个简单的例子来描述 Bayes 网络。

假设变量 S 为一个吸烟者；变量 C 为一个矿工；变量 L 为患有肺癌；变量 E 为患有肺气肿。具体的概率关系如图 19-4 所示。

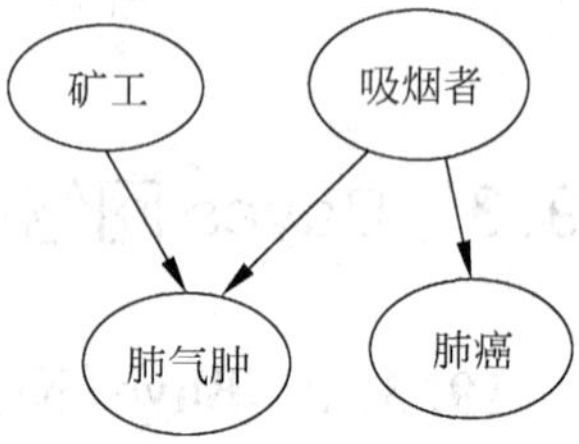

图 19-4 关系图(例子)

它的联合概率密度利用 Bayes 链规则可以表示为

$$P(S,C,L,E)=P(E\mid S,C,L)P(L\mid S,C)P(C\mid S)P(S) \tag{19-5}$$

又由于 E 与 L 无关、L 与 C 无关、C 与 S 无关，所以可得

$$P(S,C,L,E)=P(E\mid S,C)P(L\mid C)P(S) \tag{19-6}$$

Bayes 网络提供了一种用图形模型来捕获特定领域的先验知识的方法，还可以实现对变量间的因果关系进行编码，因此 Bayes 网络很适合处理不完整数据，易于扩展新变量，且具有很好的鲁棒性。

19.3.2 Bayes 网络中的独立关系

从以上内容可以看到，简化后的联合概率函数更加简单无冗余，减少了计算复杂度，解决了变量数目很大时全联合概率计算困难的问题。但是这样的简化是建立在条件独立关系上的。

所谓条件独立关系，即每个节点在确定父节点的情况下，与其非后代节点的关系是条件独立的。如图 19-5 所示，X 与 Y_1、Y_2 为条件独立关系。另外，有一种特殊的情况，即每个节点除了其父节点、子节点以及子节点的其他父节点外，与网络中其他节点都是条件独立的，称为 Markov 覆盖。如图 19-6 所示，所有节点形成了一个 Markov 覆盖，节点 X 与该覆盖区域外其他节点是条件独立的。

除了条件独立关系外，Bayes 网络中还存在另外两种独立关系：上下文独立关系和因果独立关系。

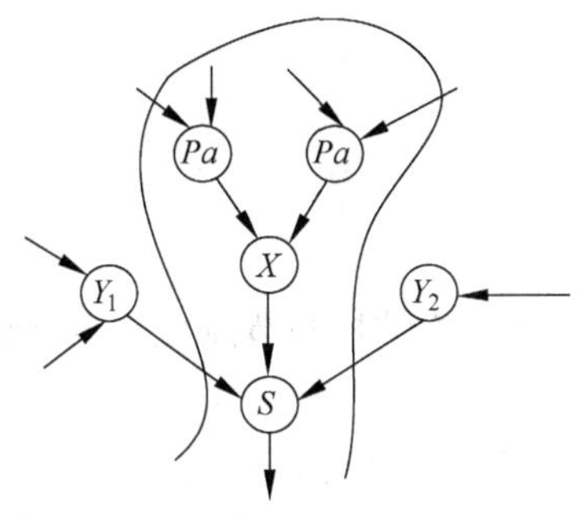

图 19-5 条件独立关系

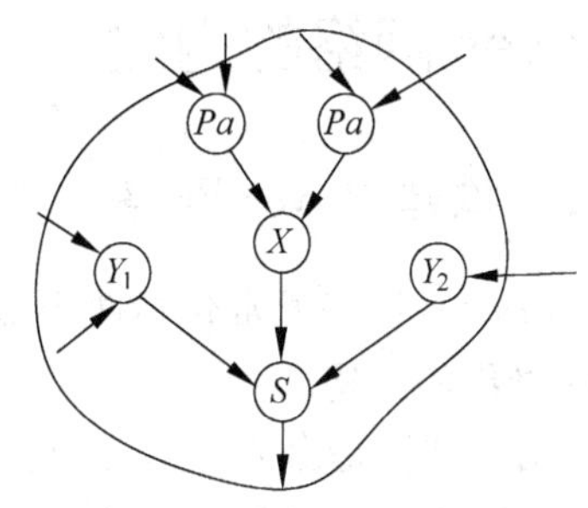

图 19-6 马尔科覆盖

1. 上下文独立关系

Bayes 网络中每个节点的条件概率表所需的条件概率数目是父节点数目的指数幂。仅从概率表中无法获取节点间条件概率分布的某些规律。所谓上下文独立关系，即在确定某些变量后，其余变量之间存在的独立关系，由此可以减少变量的条件概率计算量。从图 19-7 和表 19-1 表示的网络结构可以看到，当 $A=f$ 时，X 与 B、C 相关；而在 $A=t$ 时，因为 X 与 B、C 独立，所有可以减少概率表 19-1 中的条目。这种独立关系就叫上下文独立关系，但仅用 Bayes 网络结构并不能体现这样的独立关系，需采用更有效的方法，如条件概率树。

定义 19.3 设 X,Y,Z,C 是两两不相关的随机变量集合，在给定 Z 以及上下文关系 C 时，有 X,Y 上下文独立，则记作 $I_c=(X,Y|Z,C)$，于是有 $P(X|Z,C,Y)=P(X|Z,C)$，其中 $P(Y,Z,C)>0$。当 C 为空集时，存在条件独立关系。

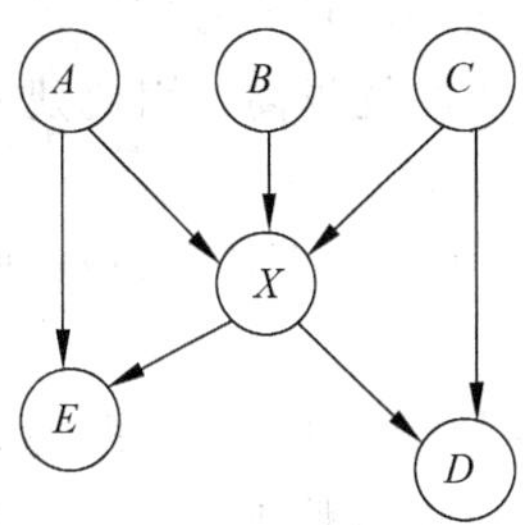

图 19-7 上下文独立关系

表 19-1 A、B、C 的上下文关系

A	**B**	**C**	**P(X)**
t	t	t	P_0
t	t	f	P_0
t	f	t	P_0
t	f	f	P_0
f	t	t	P_1
f	t	f	P_2
f	f	t	P_3
f	f	f	P_4

2. 因果影响独立关系

Bayes 网络中的有向边表示父节点到子节点的直接因果关系和子节点对父节点的依赖情况。当一个节点的多个父节点间没有合作，独自对子节点起作用时，称父节点对子节点的影响是因果独立的。

在 Bayes 网络中提出以上 3 种独立关系的目的是把联合概率分布分解成更小的因式，从而达到简化建模过程、节省存储空间和计算复杂性的目的。因此独立关系在 Bayes 网络中起着举足轻重的作用。

19.4 Bayes网络的构建

19.4.1 构建 Bayes 网络

前面提到 Bayes 网络通常包括两个部分：Bayes 网络结构和节点概率表(或网络参数)。

1. Bayes 网络的结构

Bayes 的网络结构是由节点集合和有向边集合组成的有向无环图。每个节点代表一个随机变量，对具体的实际意义进行抽象；每条有向边都体现了相邻的两个变量之间的因果关系，如两节点间没有连线则表示对应的变量是相互独立的。确定 Bayes 网络结构的过程称作 Bayes 网络结构的学习。

2. 概率表

Bayes 网络的概率表利用局部概率分布集反映了变量间的依赖程度，通常称为网络参数。该表列出了每个节点在其父节点下所有可能的条件概率。建立概率表的过程称为 Bayes 网络参数的学习。

构建 Bayes 网络是一个复杂的过程，通常需从以上两种学习入手。因此建立一个 Bayes 网络包括以下 3 个部分：

(1) 变量的定义(选取适当的变量)；

(2) Bayes 网络结构的学习；

(3) Bayes 网络参数的学习。

通常，这 3 个任务是顺序进行的。同时在构造网络过程中还需要考虑另外两个方面：一方面为了达到精度要求，需要构建一个足够大的网络模型；另一方面，要考虑该过程的费用和概率推理的复杂性。通常网络结构越复杂，其概率推理复杂性就越高。因此建立一个 Bayes 网络其实是上述 3 个部分反复交织的过程。

通常情况下，构造 Bayes 网络的方法根据用于学习的样本数据的来源不同，可以归纳为以下 3 种。

(1) 完整学习。这种方式完全用人为主观的定义 Bayes 网络结构和参数，即相关领域的专家根据已知的专业知识来构建 Bayes 网络。由于这种方法过度依赖于人且人类的知识又具有片面性，这就导致所构建的网络和实际中累积的数据具有很大的偏差。

(2) 部分学习。这种方法首先由设计者主观确定 Bayes 网络中的变量，然后通过大量的样本数据来进行 Bayes 网络结构和参数的学习。随着样本数量的增加，网络的精度也会增加。因为该方法是基于样本数据的，所有具有很强的适应能力。目前，最大的难题在于如何从数据中学习 Bayes 网络结构和参数。

(3) 混合学习。这种方法结合了以上两种方法的特点，即首先由领域专家确定 Bayes 网络中的变量和网络结构，然后从样本数据中学习网络参数。

无论采用以上哪种方法来构建 Bayes 网络，都会涉及网络参数的确定和结构的学习，这是构建 Bayes 网络的关键。由于网络结构和样本数据可以确定网络参数，因此网络结构学习是 Bayes 网络学习的核心；反之符合实际的参数设置可以更好地反映网络结构的特点。下面将详细介绍网络结构和网络参数的学习方法。

19.4.2 Bayes 网络的结构学习

网络结构学习的目的在于找到与样本数据匹配度最好的 Bayes 网络结构。根据观察 Bayes 网络的视角不同，网络结构学习方法大致可以分为 3 类：基于评分的学习方法、基于条件概率的学习方法和混合学习方法。基于评分的方法把 Bayes 网络看成是含有变量联合概率分布的结构，其学习目标是利用评分函数搜索与数据拟合最好的结构；基于条件概率的学习方法将网络看作是对变量间独立关系进行了编码的拓扑结构，并根据独立性关系将变量分组；混合学习法是前两种方法的结合。

1. 基于评分的 Bayes 网络结构学习

基于评分的结构学习主要由两部分组成：评分函数和搜索算法。选择合理的评分函数和优化搜索算法是该学习方法的核心问题。评分函数是一种评价网络拓扑结构与样本数据集拟合程度的概率度量，常用的评分函数有基于 Bayes 统计的方法和基于最小描述长度的方法(MDL)。搜索算法的目的是从众多可选网络结构中找出评分最好的结构，它的关键点和难点在于找到符合特殊情况的高效算法。下面介绍两种常见的评分函数。

1）Bayes 评分

构建 Bayes 网络首先要定义一个评分函数，该评分函数描述了每个可能结构对观察到的数据拟合，其目的就是发现评分最大的结构，这个过程连续进行到新模型的评分分数不再比老模型的高为止。

Bayes 评分是结合网络拓扑结构的先验知识，选择具有最大后验概率的网络结构。假设一个网络拓扑结构 S 的先验概率为 $P(S)$，得到样本数据集 D 的概率为 $P(D)$，根据 Bayes 公式，网络结构 S 的后验概率可以表示为

$$P(S \mid D) = \frac{P(S)P(D \mid S)}{P(D)} \tag{19-7}$$

式(19-7)中，$P(D)$与网络结构无关，所以使 $P(S)P(D|S)$最大的结构即为所要寻找的结构。因此定义

$$\log P(S,D) = \log P(S) + \log P(D \mid S) \tag{19-8}$$

为网络结构的 Bayes 评分函数。

2）最小描述长度评分

最小描述长度评分源于信息理论的编码原理，该度量综合考虑了网络结构的描述长度和给定网络结构下数据集的描述长度。用于描述网络结构的编码长度随着模型复杂度的增加而增加，而描述数据集描述的编码长度随着模型复杂度的增加而减小。如果描述网络结构的编码长度与用于描述样本数据集的编码长度之和最小，那么该网络结构为描述数据集的最佳网络结构。它可以形式化表示为

$$S_{\mathrm{MDL}} = S_{\mathrm{NET}} - S_{\mathrm{DATA}} \tag{19-9}$$

其中

$$S_{\mathrm{NET}} = \frac{\log N}{2} \mid D \mid \tag{19-10}$$

$$S_{\mathrm{DATA}} = \sum_{i=1}^{N} \log(P_s(C_i)) \tag{19-11}$$

式(19-10)描述了网络 S 的长度；$|D|$ 为网络参数的数量，$1/2\log N|D|$ 是每个参数使用的比特数。S_{DATA} 是给定数据集 D，S 的对数似然，它是基于概率分布 P_s 描述 D 所需的比特数。对数的似然值越高，网络结构与数据 D 的拟合程度越好，展开式(19-11)得

$$S_{\mathrm{DATA}} = \sum_{i=1}^{n}\sum_{X_i} P_D(X_i \mid P_{a_i})\log(\theta_{X_i \mid P_{a_i}}) \tag{19-12}$$

其中，$P_D(X_i|P_{a_i})$ 是经验分布；显然，当 $\theta_{X_i|P_{a_i}} = P_D(X_i|P_{a_i})$ 时，对数似然取得最大值。因此该学习过程其实就是在网络结构复杂度和样本数据准确性之间选择平衡点的过程。

确定评分函数之后，需要一种机制来筛选最优的网络结构，即搜索算法。一般来说，寻找最优模型是 NP 问题。而在某些情况下，搜索问题可以简化为最优化问题。常用的搜索算法有贪婪法、抽样算法、K2 算法等。现在简单介绍贪婪算法。

贪婪搜索是最简单的搜索算法。假设 C 表示所有可能添加到网络中的候选边集，$\Delta(c)$，$c \in E$ 表示添加新边 c 到网络中后评分函数的变化值。贪婪搜索可以描述为：

(1) 选择一个初始网络结构。初始网络结构可以是空网络，或是随机生成的，或由领域专家构建的网络。

(2) 从候选边集 C 中选择边 c，使得 $\Delta(c) \geqslant \Delta(c^*)$ $(c^* \in C)$，并且 $\Delta(c) > 0$，当不存在满足条件的边时停止，否则继续。

(3) 将边 c 添加到网络中，并从候选集中删去它，再转到步骤(2)。

贪婪算法采用的是局部搜索策略，容易陷入局部最优的问题。一种解决方法是当陷入局部最优时，随机改变网络的结构，以达到跳出的目的。

2. 基于条件概率的 Bayes 网络结构学习

Bayes 网络可以看作是对变量间独立性关系进行编码的拓扑结构，因此网络结构学习的目的是找到具有独立性关系的变量组并构建网络。在利用这些独立性测试结构来构建网络时，通常需做出若干假设，如满足因果关系、互信性、因果 Markov 性等。满足这些假设之后，就可以确定两个变量之间是否存在边以及边的方向。通常算法有 3 个阶段，分析算法具体描述如下：

第 1 阶段，计算任意两个节点间的互信性，当互信性大于某个阈值时说明这两个节点间有边的存在；第 2 阶段，通常根据卡方检测判断是否需要向网络中添加新的边，若需要则添加；第 3 阶段，根据卡方检测判断是否需要删减不需要的边，最后确定边的方向。

基于条件概率的学习方法能够获得全局的最优解，但是因为这种学习方法在边定向之前就对冗余边进行了处理，需要大量的高维条件概率计算，这在一定程度上降低了学习效率和准确性。因此，条件独立性检验的次数和阶数是衡量这种方法的一个关键指标。

19.4.3 Bayes 网络的参数学习

Bayes 网络的参数学习实质是在已知网络结构的条件下，构建每个节点的概率表。早期的网络概率表由专家根据相关知识指定，然而这种主观的方法往往导致结果与观测数据有很大的偏差。因此逐渐开始采用一种用数据驱动的学习方法，即从数据中学习这些参数的概率分布，具有很高的适应性。

这里的数据是指变量的一组观测值，根据观测状况，可以分为完备数据集和不完备数据集。完备数据集中每个变量都有完整的观测数据；不完备数据集指对某个变量的观测有部

分缺值或观测异常的情况。对于不完备数据的学习,通常需要采用近似的方法,如 Monte Carlo 法、高斯逼近等,这类计算的开销非常大。而常见的完备数据学习方法有:最大似然估计法和 Bayes 方法,这两种都基于一些独立假设前提(各个变量之间相互独立、各个变量服从统一的概率分布等)。

1. 最大似然估计方法

最大似然法是参数学习最基本的方法,该方法是依据数据集与参数的似然程度来选择参数的。它的一般形式为

$$L(\theta \mid D,S) = P(D \mid \theta,S) \tag{19-13}$$

或

$$L(\theta \mid D,S) = \log P(D \mid \theta,S) \tag{19-14}$$

最大似然估计选择使似然函数 $L(\theta|D,S)$ 值最大的参数作为学习的结果。根据数据集的独立同分布假设和 Bayes 网络的结构特征,于是可以进一步得到

$$\begin{aligned} L(\theta \mid D,S) &= \log P(D \mid \theta,S) = \log \prod_{l=1}^{m} P(D_l \mid \theta,S) \\ &= \log \prod_{l=1}^{m} \prod_{i=1}^{n} P(X_i(l) \mid P_a(X_i(l)),\theta) \\ &= \sum_{i=1}^{n} \sum_{j=1}^{q_i} \sum_{k=1}^{r_i} N_{ijk} \log(\theta_{ijk}) \end{aligned} \tag{19-15}$$

其中,$q_i = \prod_{X_i \in P_a(X_i)} r_i$,$N_{ijk}$ 表示数据集 D 满足条件:$X_i = x_{ik}$ 且 $P_a(X_i) = P(X_i)_j$ 的变量数。记 $N_{ij} = \sum_{k=1}^{r_i} N_{ijk}$,则最大似然估计为

$$\hat{\theta}_{ijk} = \frac{N_{ijk}}{N_{ij}} \quad (\forall i \in [1,n], \forall j \in [1,q], \forall k \in [1,r_i]) \tag{19-16}$$

根据统计学的原理可以知道,最大似然估计法中观测到的数据越多,参数越接近最佳可能值;另外,参数的不同分布形式不影响估计出的概率分布效果。

2. Bayes 方法

与最大似然估计法不同,Bayes 方法将参数视为随机变量而不是常数,参数估计成为计算参数的后验概率。Bayes 方法在估计参数的同时考虑了参数的先验分布和数据的联合似然函数,然后使用 Bayes 公式将先验分布和联合似然函数结合起来得到后验概率。

同样,在这里对参数的先验概率做出假设:全局独立,即不同变量的参数相互独立;局部独立,即一个变量的父节点的不同取值的参数相互独立;服从 Dirichlet 分布。用 θ_{ijk} 来表示 $\pi_i = j$ 时 $X_i = k$ 的条件概率,r_i 表示变量 X_i 的取值个数,每个变量 x_i 在父节点 $\pi_i = j$ 下服从 Dirichlet 分布。于是,Bayes 方法参数学习过程可以描述如下:

$$P(\theta_{ij1},\theta_{ij2},\cdots,\theta_{ijl} \mid \zeta) = c \prod_k \theta_{ijk}^{\alpha_{ijk}-1} \tag{19-17}$$

在数据集 D 下的后延分布仍为 Dirichlet 分布

$$P(\theta_{ij1},\theta_{ij2},\cdots,\theta_{ijl} \mid D;\zeta) = c \prod_k \theta_{ijk}^{n_{ijk}+\alpha_{ijk-1}} \tag{19-18}$$

所以可以用以下式子来计算条件概率

$$\theta_{ijk} = \frac{n_{ijk} + \alpha_{ijk}}{n_{ij} + \alpha_{ij}} \quad \left(\alpha_{ij} = \sum \alpha_{ijk}, n_{ij} = \sum n_{ijk}\right) \tag{19-19}$$

Bayes 方法通过 Bayes 公式来学习网络参数，将先验信息和样本数据集 D 有机结合起来，有效地提高了参数学习的精度。

19.5 Bayes 网络的推理

Bayes 网络推理是指利用 Bayes 网络的结构及其概率表，在给定证据的情况下计算某些感兴趣的节点发生时的概率，是一个 NP 困难问题，其模型如图 19-8 所示。

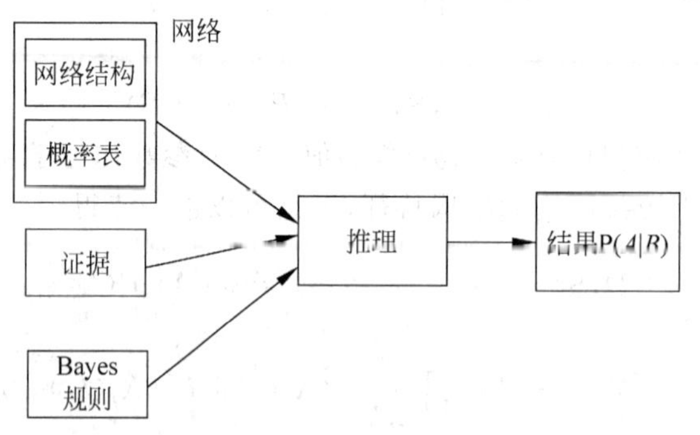

图 19-8 Bayes 网络的推理模型

在 Bayes 网络推理中主要有两种推理模式：因果推理和诊断推理。因果推理也称自顶向下的推理，从原因到结果，反映了网络中祖先节点对子孙节点的预测；而诊断推理也称自下向上的推理，从结果到原因，反映了网络中子孙节点对祖先节点是否发生的推测，该种推理通常用在病理诊断、故障诊断中，用于找到原因。另外，也可以将以上两种推理模式相结合来进行推理。

Bayes 网络的推理算法大致可以分为两类：精确推理和近似推理。所谓精确推理是指精确地计算出网络中假设节点的后验概率。精确推理完全按照基本概率公式来进行推理，能够解决现实中的大多数问题，但是由于知识认知程度的局限性，精确推理算法还有很多问题需要解决。目前，比较典型的精确推理算法有：Poly Tree 算法、联合树算法、图简约方法、基于组合优化问题的方法(SPI)等。所谓近似推理是指在不影响推理正确性的前提下通过恰当地降低推理精度达到提高计算效率的目的。近似推理算法主要有：随机抽样法、基于搜索的近似算法、模型简化法和循环信度传递法等。精确推理一般用于结构简单的 Bayes 网络推理。对于节点数量很大、结构较复杂的网络，通常采用近似推理来降低计算的复杂度。

下面介绍几种推理算法。

1) 联合树法

该算法是当前 Bayes 推理比较常用的一种精确推理算法，它不但可以解决单连通网络下的推理，也可以完成多连通下的推理。它的基本原理是将 Bayes 网络转化为联合树，然后通过定义在联合树上的消息传递来进行概率计算。

联合树是一个无向树，树中每个节点称为团，由原 Bayes 网络的一组随机变量组成，是无向图中最大的全连通子图。连接两个团的节点叫分割节点，它是这两个团中变量的交集。Bayes 网络转化为联合树后，必须将 Bayes 网络中的条件概率表转换到联合树中，即为每个节点分配它们的分布函数。常见的联合树法有两种：Hugin 算法和 Shafer-Shenoy 算法。具体过程如图 19-9 所示。

联合树算法采用了消息传递思想来满足全局的一致性，在推理过程中将消息传遍联合树的每个节点，这一过程分为两个阶段：证据收集阶段和证据扩散阶段。联合树 Hugin 算法首先选定一个团节点作为根节点 R，证据收集阶段从离 R 最远的节点开始，向 R 传递消息，每个团节点收到相邻团的消息后计算自己的结果并传递给下一个团节点，直到根节点 R。根节点 R 根据接收到的消息更新自己的分布函数，并开始证据扩散阶段，从 R 开始传递到网络中每个节点。具体如图 19-10 所示。

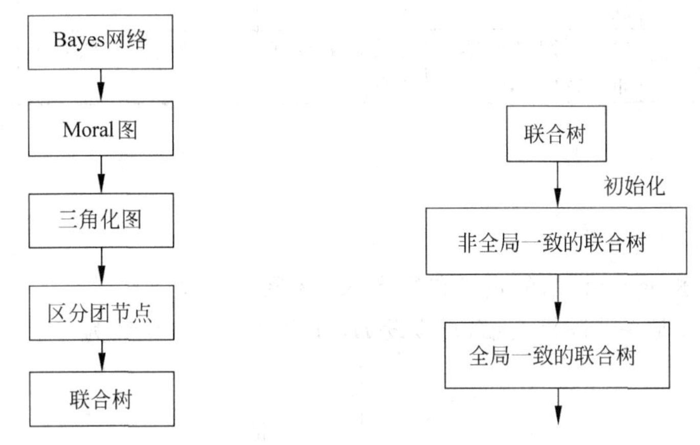

图 19-9 联合树法流程图　　图 19-10 联合树消息更新过程

2）图简约算法

该算法的基本观点是：任何概率查询都可以表示成网络的子网，推理目的是把网络分解成几个子网，用于影响图的推理。它由 3 个基本操作组成：逆转边，孤寡点（没有子节点的节点）移除，直节点归并。这 3 个基本操作分别通过 Bayes 公式、边界化和期望最大化来实现。

3）Ploy Tree 算法

该算法是针对 Poly tree 结构的特殊推理算法，所谓 Poly tree 结构即任意两个节点间都只有一条路径。它的基本观点是计算边界后验并传递出去，由两个基本算子组成：Lambda 算子和 Pi 算子。前者将消息传递给父节点，后者将消息传递给子节点。

4）随机抽样法

随机抽样法又称为 Monte Carlo 法，是最常用的 Bayes 网络近似推理算法。该算法无须假设条件独立性，也不考虑概率分布的特征，而是通过抽样得到一组满足一定概率分布的样本，然后用这些样本进行统计计算。目前主要有两种随机抽样算法：重要性抽样法和 Markov 链 Monte Carlo 方法。随机抽样算法只能给出一个概率边界而不是误差边界，即样本量越大，统计结构和真实结构的误差小于误差限的可能性就越大。

下面从实用性、复杂性、精度和影响算法效率的关键因素等几个方面，对一些常见的 Bayes 网络推理算法进行比较。从表 19-2 中可以看出，目前没有一种算法可以普遍应用于所有情况，因此在实际应用中，需针对特定的问题选择一种最优或近似最优的算法。

表 19-2 常见 Bayes 网络推理算法的比较

算法名字	网络类型	算法复杂度	精 度	算法关键	优 点
消息传递算法	单连通	网络节点的多项式	精确解	消息传递方案	计算简单、快速
联合树算法	单、多连通	最大团节点的指数	精确解	找到最大团节点最小的联合树	目前速度最快、适合稀疏网络
图简约算法	单、多连通	边反向所涉及节点数的指数	精确解	进行边反向计算	计算简单、与仿真算法结合更有效
随机抽样	单、多连通	与证据变量概率成反比	与样本量成正比	抽样方法	效果好、算法完善
基于搜索	单、多连通	取决于网络概率分布的特征	与选择额度状态有关	满足精度要求状态集合求解	多用于实时网络的计算

习题

19.1 简述 Bayes 网络的定义和构建 Bayes 网络的方法。

19.2 设 y 是一个随机变量，在假设 H_1 下的概率密度函数为

$$p_1(y)=\begin{cases}1, & 0\leqslant y\leqslant 1\\ 0, & \text{其他}\end{cases}$$

在假设 H_0 下的概率密度函数为

$$p_0(y)=\begin{cases}\dfrac{3}{4}(y^2+1), & 0\leqslant y\leqslant 1\\ 0, & \text{其他}\end{cases}$$

(1) 试求在相等先验概率、$C_{00}=C_{11}=0$、$C_{01}=C_{10}=1$ 的情况下，关于假设 H_1 与 H_0 的 Bayes 判决与最小 Bayes 风险。

(2) 试求与(a)中代价相同条件下的极大极小化判决及其极大极小化风险。

(3) 试求 NP 判决，以及 $0<\alpha_f<1$ 的虚警概率的 P_d。

19.3 设观察值 y 的特征可以用如下两个假设表示

$$p_1(y)=\begin{cases}\dfrac{2-|y|}{4}, & |y|\leqslant 2\\ 0, & |y|>2\end{cases}$$

$$p_0(y)=\begin{cases}1-|y|, & |y|\leqslant 1\\ 0, & |y|>1\end{cases}$$

如果代价为 $C_{00}=C_{11}=0$，$C_{01}=2C_{10}$，试求极大极小化判决与风险。试求 $0<\alpha_f<1$ 时的 NP 判决。

第四部分　多源数据融合应用

第 20 章

分布式检测和融合

20.1 系统模型和决策融合规则

20.1.1 问题简述

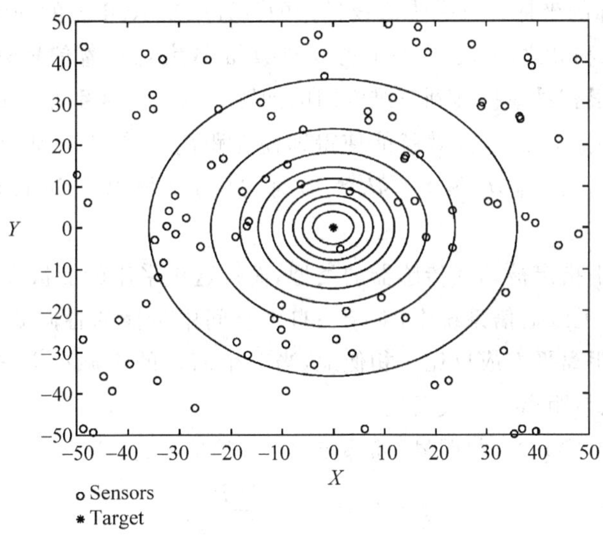

图 20-1 位于传感器区域中的目标的信号能量等高线

如图 20-1 所示，总共有 N 个传感器随机地分布在感兴趣区域（Region of Interest，ROI）中，其中，ROI 是一个面积为 b^2 的正方形区域。N 是一个服从泊松分布的随机变量

$$p(N)=\frac{\lambda^N \mathrm{e}^{-\lambda}}{N!},\quad N=0,\cdots,\infty \tag{20-1}$$

对无线传感器网络来说，传感器的位置是未知的，但是假设它们是独立同分布的（i. d. d），则它们在 ROI 中服从共同的分布

$$f(x_i,y_i)=\begin{cases}\dfrac{1}{b^2}, & -\dfrac{b}{2}\leqslant x_i,y_i\leqslant\dfrac{b}{2}\\ 0, & \text{其他}\end{cases} \tag{20-2}$$

其中，$i=1,2,\cdots,N$，(x_i,y_i)是传感器节点 i 的坐标。

局部传感器的噪声是独立同分布的，且都服从标准高斯分布，也就是均值为 0，方差为 1

$$n_i \sim N(0,1), \quad i=1,\cdots,N \tag{20-3}$$

对局部传感器 i 来说，二元假设测试问题是

$$\begin{aligned} H_1: s_i &= a_i + n_i \\ H_0: s_i &= n_i \end{aligned} \tag{20-4}$$

其中，s_i 是传感器 i 处获得的信号，a_i 是目标所发射的信号在传感器 i 处收到时测得的振幅。采用各向同性的信号能量衰减模型可得

$$a_i^2 = \frac{P_0}{1+\alpha d_i^n} \tag{20-5}$$

其中，P_0 是目标所发射的信号在距离为 0 处的功率，d_i 是目标和局部传感器 i 之间的距离

$$d_i = \sqrt{(x_i - x_t)^2 + (y_i - y_t)^2} \tag{20-6}$$

其中，(x_t,y_t)是目标的坐标。进一步假设目标的位置服从 ROI 上的均匀分布。n 是信号衰减指数，其取值在 2 和 3 之间。α 是一个可变参数，α 越大意味着信号衰减得越快。这样的信号衰减模型可以很容易地扩展到三维空间的问题。它们的区别在于式(20-5)中用的分母用的是 $1+\alpha d_i^n$，而不是 d_i^n。这样做就能使得即使在距离 d_i 接近 0 甚至等于 0 的时候也能保证模型是合理的。而当 d_i 很大($\alpha d_i^n \gg 1$)时，这两个模型之间的差别就可以忽略不计了。

此处并没有特别指定被动式传感器的类型，而且这里采用的能量衰减模型也是通用的。举个例子，在雷达或无线通信系统中，对于在自由空间中传播的各向同性辐射电磁波来说，功率和到发射端的距离平方成反比。相似地，当一个简单的声源在空气中向外发射球面声波时，其声波强度也与距离平方成反比。

由于噪声具有单位方差，很明显，局部传感器 i 的信噪比(SNR)为

$$\mathrm{SNR}_i = a_i^2 = \frac{P_0}{1+\alpha d_i^n} \tag{20-7}$$

定义零距离处的 SNR 为

$$\mathrm{SNR}_0 = 10\log_{10} P_0 \tag{20-8}$$

假设在高斯噪声的条件下所有的局部传感器使用相同的阈值 τ 来进行判决。可以得到局部传感器的误警率和检测概率为

$$p_{fa} = \int_{\tau}^{\infty} \frac{1}{\sqrt{2\pi}} \mathrm{e}^{-t^2/2} \mathrm{d}t = Q(\tau) \tag{20-9}$$

$$p_{d_i} = \int_{\tau}^{\infty} \frac{1}{\sqrt{2\pi}} \mathrm{e}^{-(t-a_i)^2/2} \mathrm{d}t = Q(\tau - a_i) \tag{20-10}$$

其中，$Q(\cdot)$是标准高斯分布的互补分布函数

$$Q(x) = \int_{x}^{\infty} \frac{1}{\sqrt{2\pi}} \mathrm{e}^{-t^2/2} \mathrm{d}t \tag{20-11}$$

假设 ROI 很大且信号能量衰减很快。所以，在 ROI 中只有相当小的一部分区域，也就是目标周围的区域，接收到的信号能量会明显大于零。不失一般性，忽略 ROI 的边界效应，并假设目标位于 ROI 的中心。因此，在某个特定的时刻，只会有一小部分的传感器可以检测到目标。为降低通信开支以及能量消耗，局部传感器只有在超过阈值 τ 的时候才会向融合中心发送数据。

20.1.2 决策融合规则

用 $I_i=\{0,1\}(i=1,\cdots,N)$来表示从局部传感器获得的二元数据。如果检测到目标，则 I_i 的值为 1；如果没有检测到目标，则 I_i 的值为 0。

Chair-Varshney 融合规则是一种最优的决策融合规则。主要是对下面数据的阈值进行测试

$$\begin{aligned}\Lambda_0 &= \sum_{i=1}^{N}\left[I_i\log\frac{p_{d_i}}{p_{fa_i}}+(1-I_i)\log\frac{1-p_{d_i}}{1-p_{fa_i}}\right]\\ &= \sum_{i=1}^{N}I_i\log\frac{p_{d_i}(1-p_{fa_i})}{p_{fa_i}(1-p_{d_i})}+\sum_{i=1}^{N}\log\frac{1-p_{d_i}}{p_{fa_i}}\end{aligned}\tag{20-12}$$

这个融合数据等效于对融合中心接收到的所有检测结果（“1”）做加权和。如果某个传感器的检测性能较好，也就是说 p_{d_i} 较高 p_{fa_i} 较低，那么它的决策就会获得较高的权值，其权值可以表示为 $\log(p_{d_i}(1-p_{fa_i})/p_{fa_i}(1-p_{d_i}))$。

根据式(20-9)可知，一旦阈值 τ 已知，那么也就知道每个传感器的误警率了。但是要想求出每个传感器的 p_{d_i} 却十分困难。根据式(20-10)可知，p_{d_i} 是由每个传感器到目标的距离以及目标信号的幅度决定的。更糟的是，由于只有当传感器接收到的信号超过阈值 τ 时，融合中心才能从该传感器获得数据，所以无法获知传感器的总数量 N。而另一种策略则是每个传感器将原始数据 s_i 发送到融合中心，然后融合中心根据这些原始数据作出决策。但是，传输原始数据将会付出高昂的代价，尤其是对能量和带宽都十分有限的无线传感器网络来说更是如此。但只是传输二元数据到融合中心则是可以接受的。如果 p_{d_i} 未知，那么融合中心只能无差别地对待来自每个传感器的检测结果。一种直观的选择就是统计检测结果“1”出现的次数，因为对融合中心来说，单个传感器发送的结果“1”几乎没什么用。系统级的决策是这样做出的：首先统计局部传感器检测到目标的次数，然后将它与阈值 T 进行比较，即

$$\Lambda=\sum_{i=1}^{N}I_i\underset{H_1}{\overset{H_0}{\lessgtr}}T\tag{20-13}$$

其中，$I_i=\{0,1\}$是传感器 i 做出的局部决策。也可以把这种融合规则叫作“计数规则”。

20.1.3 分层网络结构

接下来把重点放在无线传感器网络的应用方面。路由协议和网络结构已超出本书的研究范围。上面讨论的情况中已经隐含了一种网络结构。也就是说，ROI 中的所有传感器直接向融合中心发送数据。但是，后面会给出分析结果，虽然它是基于简单的假设得到的，但

它是通用的，能适合不同的网络结构。下面将给出一个例子来说明该方法能够适用于复杂的实际应用。

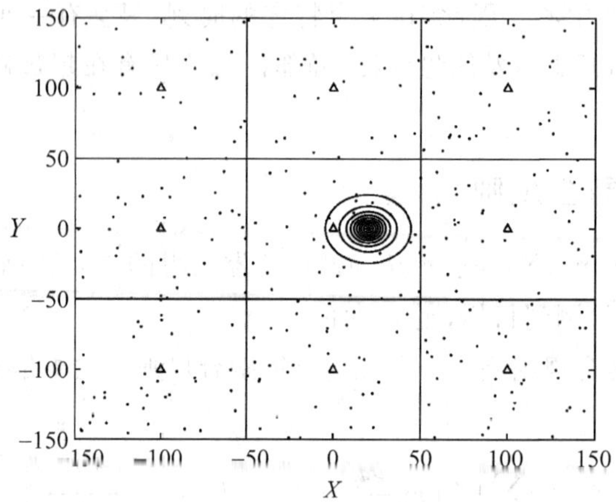

图 20-2 一个位于传感器区域中的目标的能量等高线，该区域由 9 个簇头及其相应的子区域构成

假设传感器区域很大且随着到目标距离的增大信号衰减得很快。因此，如图 20-2 所示，只有一小部分的传感器能够检测到来自目标的信号。大多数传感器得到的测量数据都是纯噪声。由于来自这些传感器的局部决策并没有传递足够多关于目标的信息，所以这种做法不仅效果差而且浪费能量。而且，当网络规模很大的时候，也存在扩展性的问题。一种合理的解决方案是采用如图 20-3 所示的 3 级分层网络结构。彼此之间相距比较近的节点形成一个簇，每个簇有属于自己的簇头，这些簇头充当局部融合中心的角色而且拥有更强大的计算和通信能力。如图 20-2 所示，每个簇负责检测 ROI 中的某个子区域。传感器将会把数据发送到各自的簇头而不是相距较远的融合中心。根据某个簇或子区域中的传感器发送过来的数据，相应的簇头会对该子区域中是否有目标出现做出决策。簇头的决策将会进一步地发送到融合中心，告诉融合中心在某个特定的区域是否出现目标或发生事件。

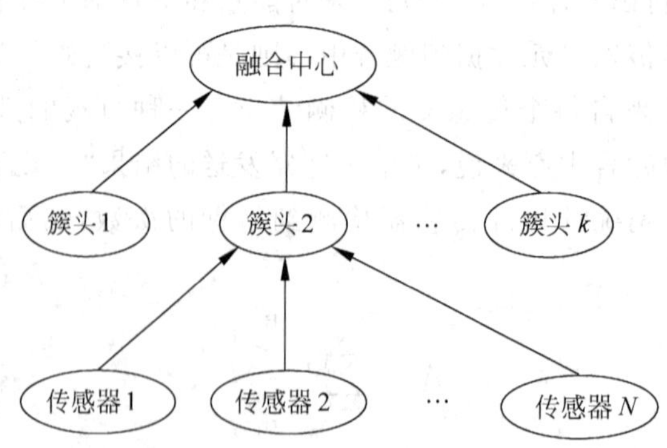

图 20-3 3 级分层传感器网络结构

只要前文中的假设在每个簇或子区域中仍然有效，那么接下去提供的理论分析就能用来估计簇头层的检测性能。

20.2 性能分析

本节将推导出系统级的检测性能，也就是融合中心处的误警概率 p_{fa} 和发现概率 p_d。同时也会将仿真结果和理论分析进行对比。

20.2.1 系统级的误警率

在融合中心处的误警率 p_{fa} 为

$$p_{fa} = \sum_{N=T}^{\infty} p(N)\Pr\{\Lambda \geqslant T \mid N, H_0\} \tag{20-14}$$

显然，当 N 给定且假设条件为 H_0 时，Λ 服从参数为(N, p_{fa})的二项分布。当 N 足够大时，$\Pr\{\Lambda \geqslant T | N, H_0\}$可以通过 Laplace-De Moivre 定理近似获得

$$\Pr\{\Lambda \geqslant T \mid N, H_0\} = \sum_{i=T}^{N} \binom{N}{i} p_{fa}^{i} (1-p_{fa})^{N-1} \approx Q\left(\frac{T-Np_{fa}}{\sqrt{Np_{fa}(1-p_{fa})}}\right) \tag{20-15}$$

知道泊松分布的峰度系数为 $3+(1/\lambda)$。当 λ 变大时，泊松分布的峰度系数将会接近于高斯分布的峰度系数。这一点可以通过泊松分布独特的性质来解释。一个均值为 λ 的泊松随机变量可以认为是M 个独立同分布且均值为$\lambda_0=\lambda/M$ 的泊松随机变量的和。因此，如果一个泊松随机变量的均值 λ 很大，那么它就是由大量(M 个)均值为常量 λ_0 的独立同分布的泊松随机变量相加得到的。所以，根据中心极限定理(CLT)，它的分布将接近一个高斯分布。因此，当 λ 很大时，N 的概率质量将会集中在均值(λ)附近。如图 20-4 就说明了这种情况，列出了当 $\lambda=1000$ 和 $\lambda=10\,000$ 时 N 的概率质量函数。根据泊松分布的这种特性，同时利用泊松分布的均值和方差都为 λ 的条件，当 λ 较大时，可以得出以下的近似结论

$$\Pr\{\lambda - 6\sqrt{\lambda} \leqslant N \leqslant \lambda + 6\sqrt{\lambda}\} \simeq 1 \tag{20-16}$$

或

$$\sum_{N_1}^{N_3} \frac{e^{-\lambda}\lambda^N}{N!} \simeq 1 \tag{20-17}$$

其中，$N_1=\lfloor \lambda-6\sqrt{\lambda} \rfloor$，$N_3=\lceil \lambda-6\sqrt{\lambda} \rceil$。

因此，对一个较大的 λ 来说，N 的典型值也是一个很大的数。N 取到一个较小值的概率是微乎其微的。例如，当 $\lambda=10\,000$ 时，$\Pr\{N<810\}=2.4\times10^{-10}$；当 $\lambda=10\,000$ 时，$\Pr\{N<9400\}=6.6\times10^{-10}$。因此，当 λ 足够大时，可以得到

$$\begin{aligned} P_{fa} &= \sum_{N=0}^{\infty} p(N) \sum_{i=T}^{N} \binom{N}{i} p_{fa}^{i}(1-p_{fa})^{N-i} \\ &\simeq \sum_{N=N_2}^{N_3} \frac{\lambda^N e^{-\lambda}}{N!} Q\left(\frac{T-Np_{fa}}{\sqrt{Np_{fa}(1-p_{fa})}}\right) \\ &= \sum_{N=N_2}^{N_3} \frac{\lambda^N e^{-\lambda}}{N!} Q\left(\frac{T-\mu_0}{\sigma_0}\right) \end{aligned} \tag{20-18}$$

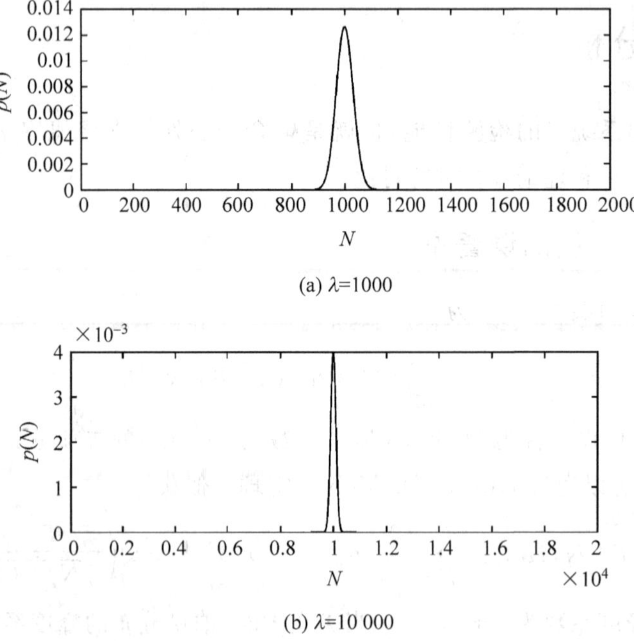

(a) λ=1000

(b) λ=10 000

图 20-4 泊松分布的概率质量函数

其中，$N_2=\max(T,N_1)$，$\mu_0 \triangleq Np_{fa}$，$\sigma_0 \triangleq \sqrt{Np_{fa}(1-p_{fa})}$。既然对足够大的 N 来说，式(20-15)中的 Laplace-De Moivre 近似是有效的，那么就可以利用这一点来推导式(20-18)。式(20-17)的重要性在于它能够显著减少计算 p_{fa} 或 p_d 的运算负荷。那是因为，在计算过程中，进行累加的次数小于或等于 $12\sqrt{\lambda}$ 就已经足够了，而不是进行无限次的累加。

20.2.2 系统级的检测概率

从所讨论问题的性质以及式(20-10)所表述的内容可知，不同的局部传感器有不同的 p_{d_i}，其中 p_{d_i} 是 d_i 的一个函数。因此，在假设 H_1 的条件下，总共的发现次数(Λ)不再服从二项分布，很难推导出 Λ 的概率分布的解析式。但是可以用近似或仿真的方法来获得 P_d。当传感器数目 N 很大的时候，通过用 CLT 进行近似，可以获得系统级的 P_d

$$\Pr\{\Lambda \geqslant T \mid N,H_1\} \simeq Q\left(\frac{T-N\bar{p}_d}{\sqrt{N\bar{\sigma}^2}}\right) \tag{20-19}$$

其中

$$\bar{p}_d = \frac{2\pi}{b^2}\int_0^{b/2} C(r)r\mathrm{d}r + \left(1-\frac{\pi}{4}\right)\gamma \tag{20-20}$$

$$\bar{\sigma}^2 = \frac{2\pi}{b^2}\int_0^{b/2}[1-C(r)]C(r)r\mathrm{d}r + \left(1-\frac{\pi}{4}\right)\gamma(1-\gamma) \tag{20-21}$$

$$C(r) = Q\left(\tau-\sqrt{\frac{P_0}{1+\alpha r^n}}\right) \tag{20-22}$$

$$\gamma = Q\left[\tau-\sqrt{\frac{P_0}{1+\alpha(\sqrt{2}b/2)^n}}\right] \tag{20-23}$$

γ 的另一种近似表达为

$$\gamma = Q(\tau) = p_{fa} \tag{20-24}$$

这里使用式(20-23)来近似。但是，当 ROI 很大时，也就是 b 很大的时候，这种差异就可以忽略了。采用和式(20-18)相似的推导方式，根据 N 的取值对式(20-19)取均值，可以得到系统级的 P_d

$$\begin{aligned} P_d &\simeq \sum_{N=N_2}^{N_3} \frac{\lambda^N \mathrm{e}^{-\lambda}}{N!}\left(\frac{T - N\bar{p}_d}{\sqrt{N\bar{\sigma}^2}}\right) \\ &= \sum_{N=N_2}^{N_3} \frac{\lambda^N \mathrm{e}^{-\lambda}}{N!} Q\left(\frac{T-\mu_1}{\sigma_1}\right) \end{aligned} \tag{20-25}$$

其中，$\mu_1 \triangleq N\bar{p}_d$，$\sigma_1 \triangleq \sqrt{N\bar{\sigma}^2}$。同样地当 λ 很大时，N 的典型值也会很大。因此，式(20-19)中根据 CLT 确定的高斯近似依然有效。

20.2.3　仿真结果

系统级的 P_d 和 P_{fa} 也能通过仿真来估计。在图 20-5～图 20-8 中接收端的 ROC 曲线可以通过近似方法和不同系统参数下的仿真得到。图 20-5 和图 20-7 是通过 10^5 次 Monte Carlo 采样获得的仿真结果，而图 20-6 和图 20-8 是通过 10^7 次 Monte Carlo 采样获得的仿真结果。从这些图中可以看出，通过近似方法获得的结果和通过仿真方法获得的结果十分接近，即使是在系统级的 P_{fa} 非常低(图 20-6 和图 20-8)的情况下也是如此。

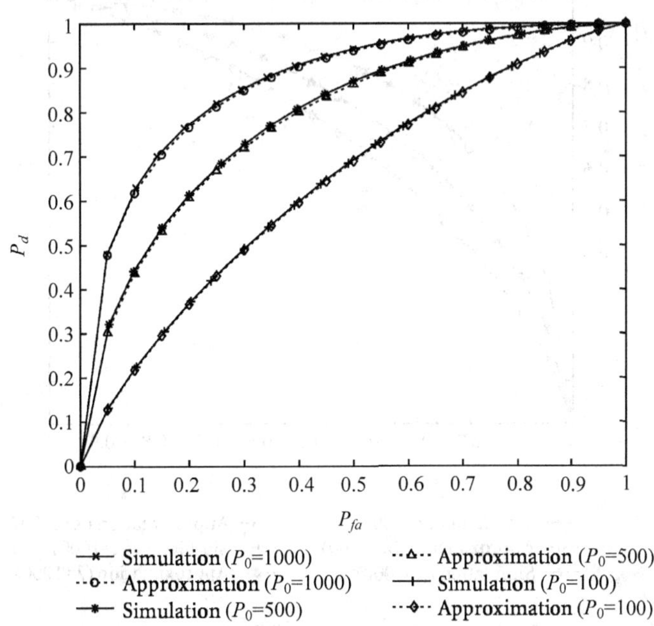

图 20-5　通过分析和仿真获得的 ROC 曲线

$\lambda=1000, n=2, b=100, \alpha=200, P_0=1000,500,100$，相应的，$\tau=0.77,0.73,0.67$

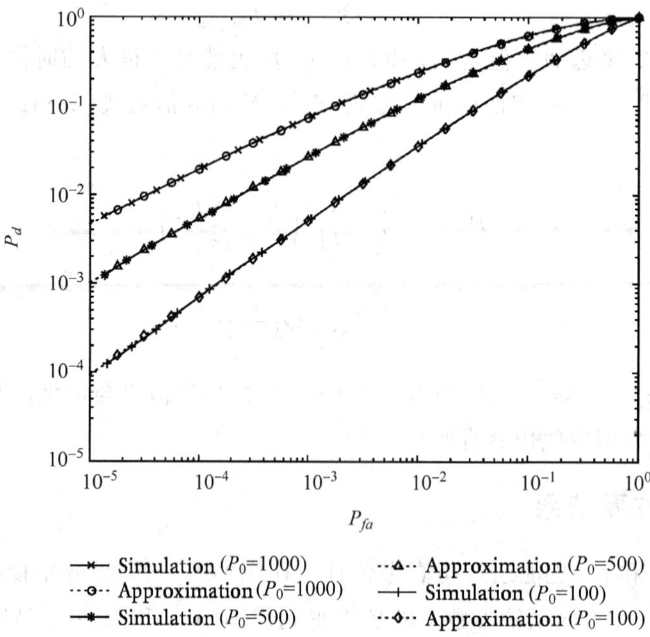

图 20-6　通过分析和仿真获得的 ROC 曲线

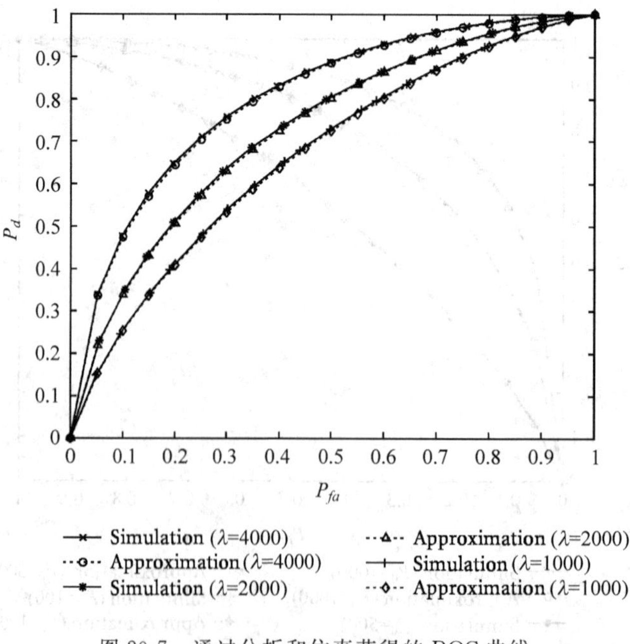

图 20-7　通过分析和仿真获得的 ROC 曲线

$P_0=500, n=3, b=100, \alpha=40, \tau=0.90$

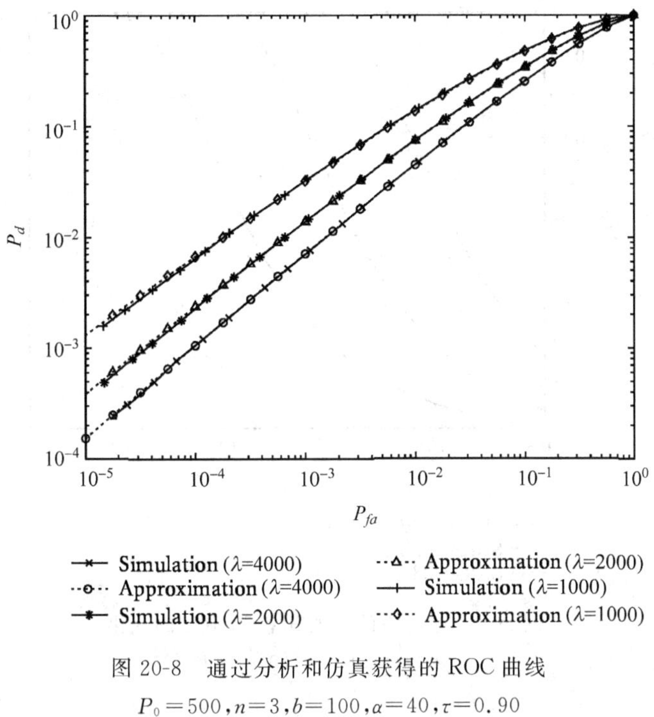

图 20-8 通过分析和仿真获得的 ROC 曲线

$P_0=500, n=3, b=100, \alpha=40, \tau=0.90$

20.2.4 渐进分析

在平均传感器数目 λ 很大时分析系统性能是非常有用的。从式(20-18)中可以知道

$$\max(T, \lfloor \lambda - 6\sqrt{\lambda} \rfloor) \leqslant N \leqslant \lceil \lambda + 6\sqrt{\lambda} \rceil \tag{20-26}$$

因此,当 $\lambda \to \infty$ 时,如果 $T \leqslant \lceil \lambda + 6\sqrt{\lambda} \rceil$,则 $N \to \lambda$。假设系统级的阈值可以写成 $T=\beta\lambda$ 的形式,那么,可以得到

$$P_{fa} \simeq \sum_{N=N_2}^{N_3} \frac{\lambda^N e^{-\lambda}}{N!} Q\left(\frac{(\beta - p_{fa})\sqrt{\lambda}}{\sqrt{p_{fa}(1-p_{fa})}}\right) \tag{20-27}$$

相似地,根据式(20-25)可以得到

$$P_d \simeq \sum_{N=N_2}^{N_3} \frac{\lambda^N e^{-\lambda}}{N!} Q\left(\frac{(\beta - \bar{p}_d)\sqrt{\lambda}}{\sqrt{\bar{\sigma}^2}}\right) \tag{20-28}$$

因此,当 $\lambda \to \infty$ 时,若 $\beta < p_{fa}$,则 $P_{fa}=P_d=1$;若 $p_{fa} < \beta < \bar{p}_d$,则 $P_{fa}=0$ 且 $P_d=1$;若 $\beta > \bar{p}_a$,则 $P_{fa}=P_d=0$。因此,只要 β 的取值在 p_{fa} 和 $\bar{p}_d$ 之间,当 $\lambda \to \infty$ 时,无线传感器网络的检测性能就能达到完美,也就是说 $P_{fa}=0$ 且 $P_d=1$。图 20-9 和图 20-10 给出了 p_{fa} 和 $\bar{p}_d$ 随 λ 变化的曲线。随着 λ 的增大,P_d 逐渐趋于 1,而 P_{fa} 逐渐趋于 0。调整 β 的取值使之满足 $\beta(p_{fa}+\bar{p}_d)/2$。另外,只要 λ 足够大,即使 SNR_0 很小,系统也能达到很好的检测性能。

20.2.5 决策融合规则的最佳性

之前提出的决策融合规则(计数规则)实际上是局部传感器对检测到目标的总次数所做的阈值测试,这是一种很直观的方法。有必要将这种融合规则与最优决策融合规则做对比,

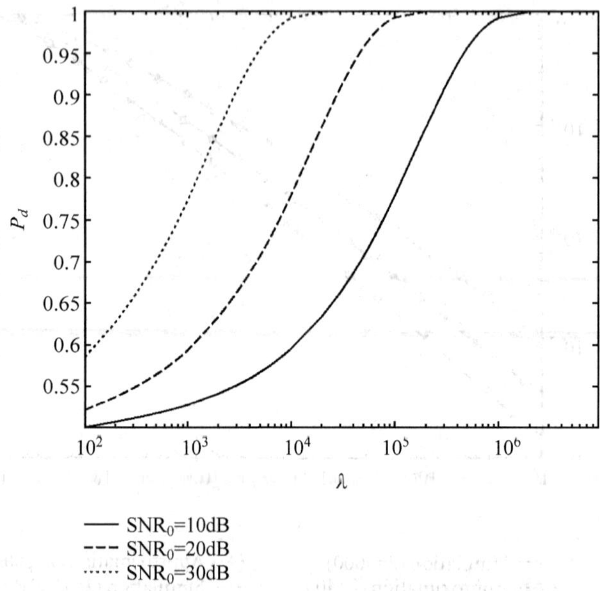

图 20-9 系统级的发现概率 P_d 随 λ 的变化

$n=2, b=100, \alpha=200, \tau=0.5$

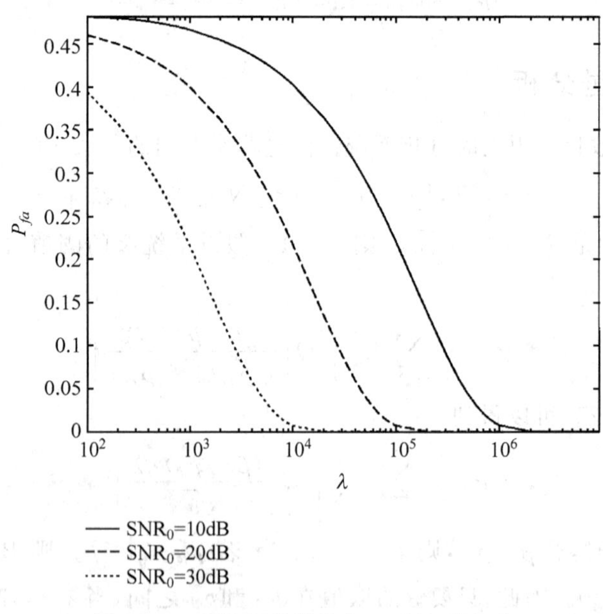

图 20-10 系统级的误警率 P_{fa} 随 λ 的变化

$n=2, b=100, \alpha=200, \tau=0.5$

这里的最优决策融合规则也是基于检测到目标的总次数提出的。

式(20-13)中的 Λ 是一个格型的随机变量，也就是说它在 0 和 N 之间进行等间隔的取值。因此，根据 CLT，对于一个较大的 N 来说，概率 $p_k=\Pr\{\Lambda=k/N\}$ 等于高斯密度的一个样本

$$\Pr\{\Lambda = k/N\} \simeq \frac{1}{\sqrt{2\pi}\sigma}\mathrm{e}^{-(k-\mu)^2/(2\sigma^2)} \quad (k=0,\cdots,N) \tag{20-29}$$

因此，在假设 H_1 的条件下，对一个较大的 λ 来说，可以得到

$$\begin{aligned}\Pr\{\Lambda = k \mid H_1\} &= \sum_{N=0}^{\infty} p(N)\Pr\{\Lambda = k \mid N, H_1\} \\ &\simeq \sum_{N=0}^{\infty} \frac{\lambda^N \mathrm{e}^{-\lambda}}{N!} \frac{1}{\sqrt{2\pi}\sigma_1(N)} \mathrm{e}^{-[k-\mu_1(N)]^2/[2\sigma_1^2(N)]}\end{aligned} \tag{20-30}$$

其中，$\mu_1(N)=N\bar{p}_d$，$\sigma_1(N)=\sqrt{N\bar{\sigma}^2}$。相似地，在假设 H_0 条件下，对一个较大的 λ 来说，可以得到

$$\Pr\{\Lambda = k \mid H_0\} \simeq \sum_{N=0}^{\infty} \frac{\lambda^N \mathrm{e}^{-\lambda}}{N!} \frac{1}{\sqrt{2\pi}\sigma_0(N)} \mathrm{e}^{-[k-\mu_0(N)]^2/[2\sigma_0^2(N)]} \tag{20-31}$$

其中，$\mu_0(N)=Np_{fa}$，$\sigma_0(N)=\sqrt{Np_{fa}(1-p_{fa})}$。可以推出 Λ 的似然比为

$$\begin{aligned}L(\Lambda) &= \frac{\Pr\{\Lambda \mid H_1\}}{\Pr\{\Lambda \mid H_0\}} \\ &\simeq \frac{\sum_{N=0}^{\infty}\lambda^N/[N!\sigma_1(N)]\mathrm{e}^{-[\Lambda-\mu_1(N)]^2/[2\sigma_1^2(N)]}}{\sum_{N=0}^{\infty}\lambda^N/[N!\sigma_0(N)]\mathrm{e}^{-[\Lambda-\mu_0(N)]^2/[2\sigma_0^2(N)]}}\end{aligned} \tag{20-32}$$

因此，融合中心处的最优融合规则是对似然比的测试

$$L(\Lambda) \underset{H_1}{\overset{H_0}{\lessgtr}} T_L \tag{20-33}$$

既然在给定系统级的 P_{fa} 时，要用前面所说的计数规则实现 NP 决策器，只需要知道 λ 和 τ 就能通过式(20-18)找到系统级的阈值 T。要想得到最优的阈值 τ，还必须要知道 P_0 的值。但是，即使没有最优的 τ 值，计数规则仍然可以实现，而且往往可以根据 P_0 的一些先验知识获得较好的 τ 值。因此，在实现计数规则的时候，不需要知道 P_0 的确切信息，即使在估计系统级的检测性能时也是如此。

至于对最优融合规则来说，需要知道 α、P_0 和 b 的准确取值来计算 $\bar{\sigma}^2$ 和 $\bar{p}_d$。因此，最优融合规则需要知道更多的信息，尤其是要知道信号功率 P_0，而 P_0 在大多数情况下都是未知的。而且，由于它对信号功率 P_0 存在依赖性，所以最优融合规则对 P_0 估计的错误更加敏感。因此最优融合规则只具有理论意义，而在一些实际应用中它起到的作用和本身的鲁棒性都不理想。因为在这些应用中往往很难估计 P_0 的值。

从式(20-32)中可知，$L(\Lambda)$是对 Λ 的非线性变换。如果 $L(\Lambda)$是关于 Λ 的单调递增的变换，那么对 Λ 和 $L(\Lambda)$进行阈值测试具有相同的检测性能。

在图 20-11 和图 20-12 中，L 作为不同系统参数条件下 Λ 的函数。在所有的情况下，$L(\Lambda)$都是关于 Λ 单调递增的，这意味着计数规则和最优融合规则在检测性能上是等价的。除了图 20-11 和图 20-12 中所示的情况外，本节还研究了不同系统参数下 L 和 Λ 之间的关系。对研究的所有系统参数来说，$L(\Lambda)$都是关于 Λ 单调递增的。

在图 20-13 中，给出了对计数规则和最优融合规则进行仿真(基于 10^6 次 Monte Carlo 仿真)得到的 ROC 曲线。可以发现，计数规则和最优融合规则的 ROC 曲线几乎重合。

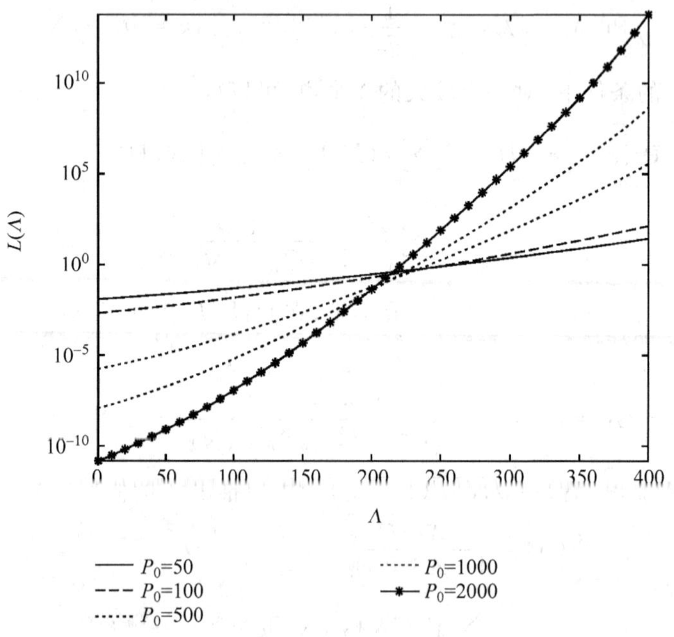

图 20-11 $L(\Lambda)$函数

$\lambda=1000, n=2, b=100, \alpha=200, P_0=50,100,500,1000,2000$,相应地,$\tau=0.66,0.67,0.73,0.77,0.82$

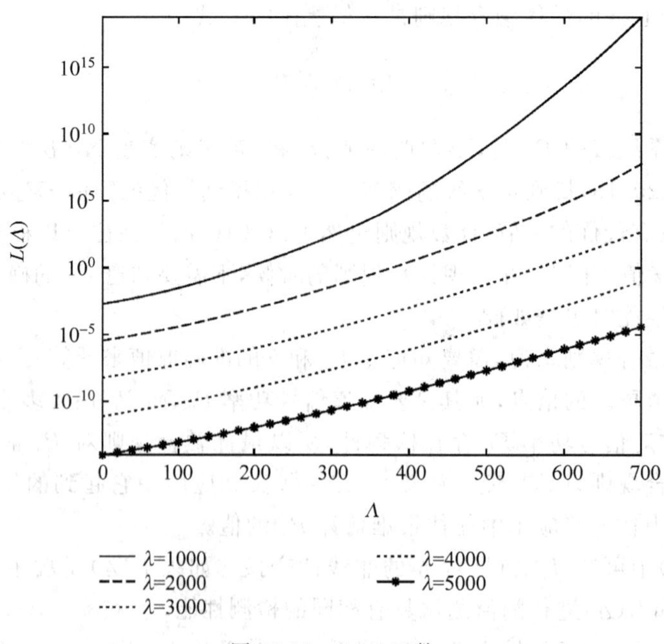

图 20-12 $L(\Lambda)$函数

$n=3, P_0=500, b=100, \alpha=40, \tau=0.90$

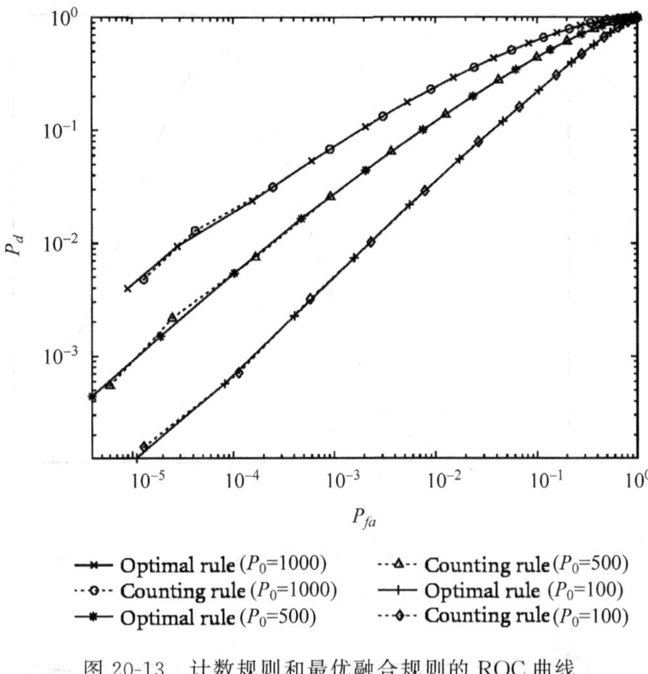

图 20-13　计数规则和最优融合规则的 ROC 曲线

系统参数和图 20-5 一致

20.3　局部传感器的阈值

为了进行性能对比，除了用 ROC 曲线外，还可以采用所谓的偏转系数，尤其是当信号和噪声的统计特性受给定时刻的限制时。偏转系数的定义为

$$D(\Lambda) = \frac{[E(\Lambda \mid H_1)] - [E(\Lambda \mid H_0)]^2}{\mathrm{var}(\Lambda \mid H_0)} \tag{20-34}$$

在 $\mathrm{var}(\Lambda|H_1)=\mathrm{var}(\Lambda|H_0)$ 时，这实际上就是检测数据的 SNR。值得注意的是，在许多具有现实意义的情况中，使用偏转系数可以获得最优的 LR 接收端。例如，在检测高斯噪声中的高斯信号时，如果使偏转值达到最大，则可以得到一个 LR 检测器。在前面假设阈值 τ（或 p_{fa}）是给定的，从式(20-18)，式(20-20)，式(20-21)和式(20-25)中可以知道 p_{fa} 和 p_d 都是 τ 的函数。因此，可以通过对 τ 这个系数进行设计以获得更好的系统性能。可以通过使偏转系数达到最大以获得最优的传感器级阈值 τ。检测问题中涉及的偏转系数可以通过下面的定理来描述。

定理 20.1　检测问题中，融合中心处的偏转系数为

$$D(\tau) = \frac{\lambda[\bar{p}_d(\tau) - p_{fa}(\tau)]^2}{p_{fa}(\tau)} \tag{20-35}$$

当 $D(\tau)$ 取得最大值时，得到最优的 τ。如图 20-14 所示存在一个最优的 τ(0.7694)使得偏转系数达到最大值 D。若使用最优的 τ_{opt}，则可以使 D 获得显著改善。

图 20-15 给出了不同 τ 条件下的系统级 ROC 曲线。最优阈值 τ_{opt}(0.77)对应的 ROC 曲线在其他阈值对应的 ROC 曲线之上。这意味着 τ_{opt} 所对应的系统性能是最好的。图 20-16

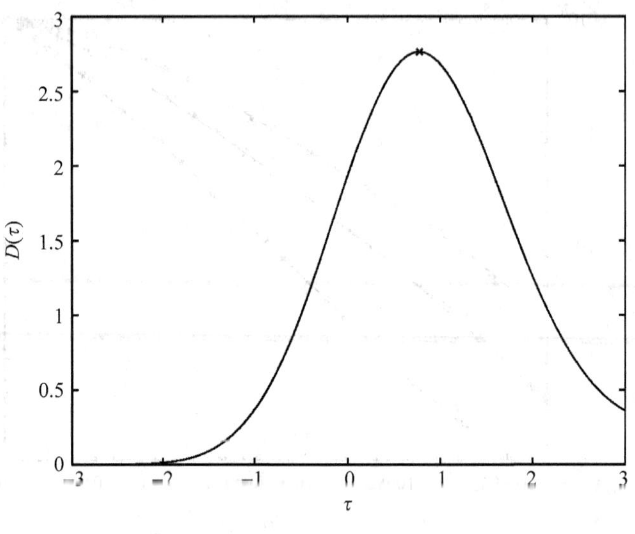

图 20-14　$D(\tau)$

$\lambda=1000, n=2, a=100, \alpha=200, \mathrm{SNR}_0=30\mathrm{dB}(P_0=1000)$

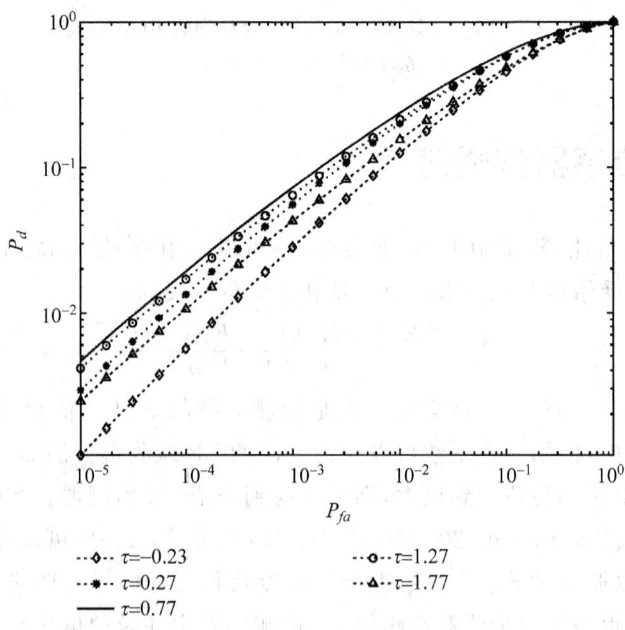

图 20-15　不同 τ 条件下系统的 ROC 曲线

和图 20-17 给出了 τ_{opt} 和相应的最佳 p_{fa} 随 SNR_0 和 α 的变化情况。显然，τ_{opt} 是随 SNR_0 单调递增，随 α 单调递减的。那是因为当存在一个较强的目标信号时（较高的 SNR_0 和较低的 α），若采用一个较高的阈值，那么局部传感器将会降低它们的误警率，尽管它们同时也能获得相对较高的检测概率。

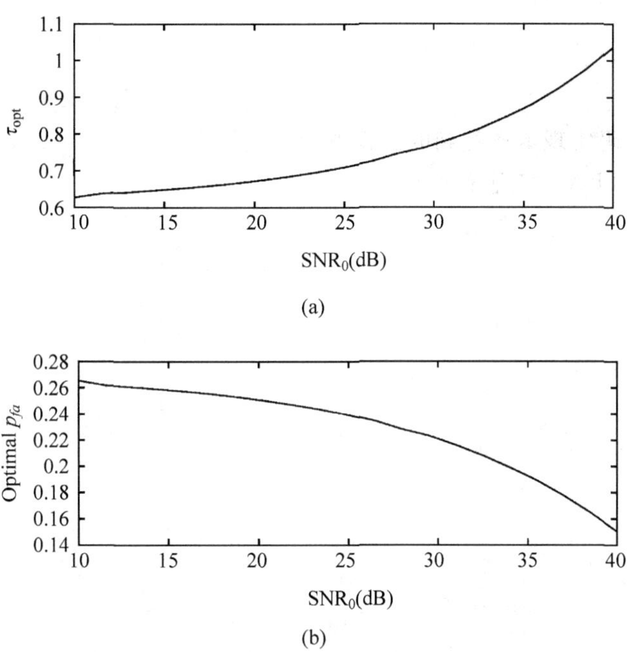

图 20-16 最优 τ_{opt} 和相应的 p_{fa} 随 SNR_0 的变化

$\lambda=1000, n=2, b=100, \alpha=200$

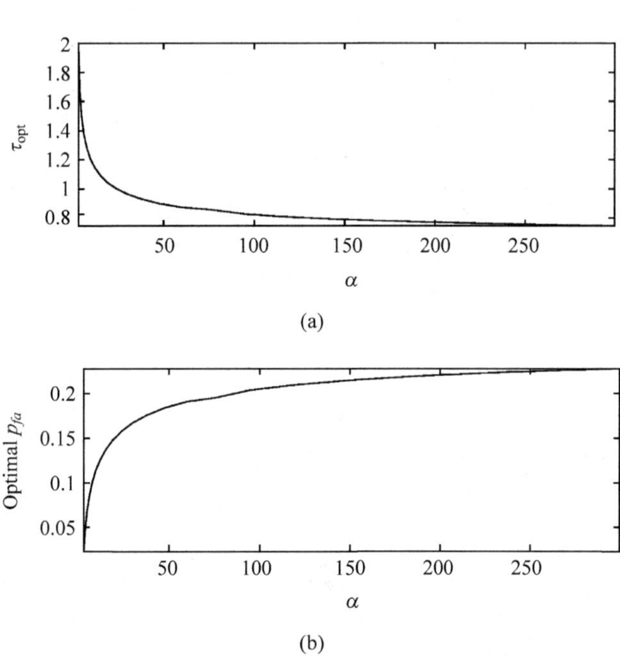

图 20-17 最优 τ_{opt} 和相应的 p_{fa} 随 α 的变化

$\lambda=1000, n=2, b=100$, $SNR_0=30$dB

习题

20.1 用伪代码实现本章提到的数据融合算法。

20.2 用 MATLAB 实现该算法。

第 21 章

分布式目标追踪的高效管理策略

在无线传感网络中分布式目标追踪问题一般可以看作是一个随机控制问题。其中系统状态包括各个目标状态、激活的传感器组和融合中心位置。当个体目标状态是通过有噪声传感器观测到时,系统的状态只能部分地被观测到。每个时刻的控制行为会在一个离散数组中取值。这个离散数组由其时刻激活的传感器列表和激活的融合中心组成。通过一个组合决策空间和一个巨大的状态空间(与它的一部分连续值),整个问题可以建模为一个部分观测 Markovian 决策问题(POMDP)。甚至在一个很小的实例中这些问题的解决方法都是棘手的,更何况对于在传感器网络中的实时适应更是相当复杂。

因此已有研究者提出了一个可行的替代方法,保留了有通信消耗目标追踪的本质特征。为了克服 POMDP 问题即隐藏状态,使用了确定性等价的观点(CEC)。CEC 是在参数不确定时对于推导控制策略的一种自适应控制技术。这个想法是估计参数和假设它们对于推导控制策略的意图是正确的。类似地,以传感器管理为目的,假设目标状态的估计是正确的。为了克服组合决策空间的问题,假定一系列连续的传感器,它们可以推导出连续值的成本函数,以及承认连续值的传感器选择策略。对于目标动态模型类,证明最优策略通过死区表现出一种混合切换特征。融合中心和响应传感器位置是固定的,直到目标离开融合中心周围的死区(或阈值),然后所在位置被切换到了目标周围的最佳传感器位置。

为了把抽象解决方法和实际问题关联起来,进行如下操作(示意图如图 21-1 所示)。

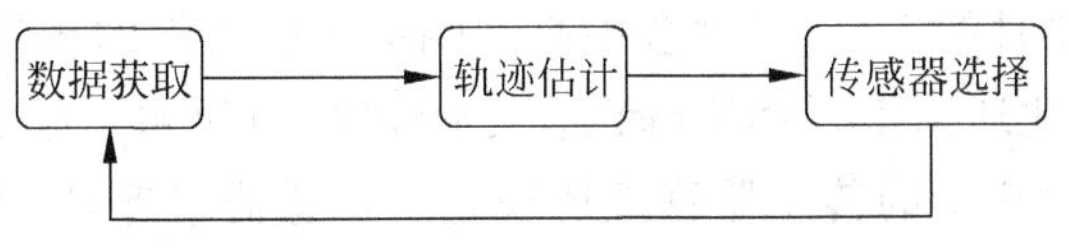

图 21-1　确定性等价策略示意图

(1) 给定当前传感器组、融合中心和过去目标状态信息,融合中心基于响应传感器组收集到的信息估计(更新)当前目标状态。任何属性的目标追踪算法如 EKF,UKF 或粒子滤波都可以使用,这里使用 EKF 作为轨迹估计算法。

(2) 基于更新后的(当前的)状态,融合中心计算出最佳的连续传感器组。然后适当离散化用于确定信息传感器的有限集合。

(3) 然后融合中心把状态信息传递给新融合中心。接着响应传感器组向新融合中心报告它们的测量结果。

21.1 一般问题

考虑一个 n 个传感器位置 $s_1, s_2, \cdots, s_n$ 的集合 S。在任何时刻 k，传感器 s_i 的观测由如下式子给出

$$\boldsymbol{Z}_k^i = F(\boldsymbol{X}_k, s_i) + \boldsymbol{V}_k^i$$

其中，$\boldsymbol{X}_k$ 是在时刻 k 的目标状态，通常包括位置和速度；$\boldsymbol{V}_k^i$ 是方差为 $\sum_v$ 的加性高斯白噪声而且对于所有 k 的 $\boldsymbol{X}_k$ 独立。注意虽然这种假定的是加性高斯白噪声，但在传感器选择算法中也可以应用于其他类型的噪声过程。独立的传感器测量噪声假设在测量噪声是特定传感器部件的一种特征的基础上是标准以及合理的。本章考虑两种类型的传感器测量。

(1) 强度：在这里是指测量从目标接收到的强度。特定地

$$y(x_p, y_p) = \frac{A}{1 + \dfrac{(X - x_p)^2 + (Y - y_p)^2}{r^2}} + \boldsymbol{v} \tag{21-1}$$

其中，$\boldsymbol{v}$ 是每一维方差都为 1 的高斯噪声；x_p 和 y_p 是传感器坐标；X 和 Y 是目标位置的坐标；r 是传感器的有效范围；A 是已知常数。

(2) 角度：在这里是指测量传感器偏向目标的角度。特定地

$$y(x_p, y_p) = \tan^{-1}\frac{Y - y_p}{X - x_p} + v \tag{21-2}$$

其中，v 为零均值和方差为 σ_v 的加性高斯噪声；x_p 和 y_p 是传感器坐标；X 和 Y 是目标位置的坐标。

目标状态演变为一个自主系统，如下所示

$$\boldsymbol{X}_{k+1} = f(\boldsymbol{X}_k, k) + \boldsymbol{w}_k \tag{21-3}$$

其中，$\boldsymbol{w}_k$ 是零均值和方差为 $\boldsymbol{\Sigma}_k$ 的高斯白噪声，假定对于所有 i,k 的 $\boldsymbol{V}_k^i$ 都独立以及独立于初始条件 $\boldsymbol{X}_0$。同样地，这里的高斯假设可以放宽，传感器选择策略同样可以运用于其他的噪声过程，只要它们的分布是关于零对称的。

感兴趣的问题是在时刻 $k+1$ 时融合中心和响应传感器组的选择，$\boldsymbol{R}_{k+1}$ 基于在时刻 k 的信息有效性，以及最小化通信消耗和追踪误差之间权衡的问题。假定融合中心位于传感器位置 s_i 中的一个。在时刻 k 的传感器管理还规定了传感器附近 $\boldsymbol{R}_k$，将向融合中心 s_i 报告其观测。

上述过程中出现了两种通信消耗。第一种，有从响应传感器到融合中心的聚集消耗。第二种，通信目标状态从当前融合中心到下一个融合中心存在手动切换的消耗。

令 ℓ_k 表示在时刻 k 的融合中心位置。令 $\boldsymbol{T}_k$ 表示对于在时刻 k 决策的信息有效性，包括所有过去收集的观测和过去融合中心的位置，包括时刻 k 的观测。在时刻 k 的控制问题就是选择一个策略 $\mu_k: \boldsymbol{T}_k \to S$，和确定融合中心在时刻 $k-1$ 时将会在什么位置。

用于选择一个控制策略的性能目标是通信消耗与追踪误差的权衡。在一个有限的时域 N 上表达这种消耗如下

$$E\left\{\sum_{k=0}^{N-1} \lambda(c_0(\boldsymbol{R}_k, \ell_k) + c_1(\ell_{k+1}, \ell_k)) + c_2(\boldsymbol{X}_k, \boldsymbol{I}_k) + c_2(\boldsymbol{X}_N, \boldsymbol{I}_N)\right\} \tag{21-4}$$

其中，$c_0(\cdot,\cdot)$是从传感器组 $\boldsymbol{R}_k$ 到融合中心ℓ_k的响应消耗，$c_1(\cdot,\cdot)$是切换融合中心位置的通信消耗，$c_2(\cdot,\cdot)$表示追踪误差。因此选择方估计误差

$$c_2(\boldsymbol{X}_k,\boldsymbol{I}_k)=(\boldsymbol{X}_k-E[\boldsymbol{X}_k\mid\boldsymbol{I}_k])^{\mathrm{T}}\boldsymbol{Q}(\boldsymbol{X}_k-E[\boldsymbol{X}_k\mid\boldsymbol{I}_k])$$

其中，$\boldsymbol{Q}$ 是加权矩阵，它可以被用来在 $\boldsymbol{X}_k$ 中选择位置输入，或者任何其他所需的加权。

讨论式(21-4)中的成本函数的叠加性质。注意可以把问题形式化为一个约束优化问题追踪误差消耗和平均通信约束。这个问题可以通过使用拉格朗日对偶让其与无约束优化问题相关。

注意当 $N>1$ 时，由此产生的问题是部分可观察具有潜在连续性的状态空间($\boldsymbol{X}_k$) Markov 决策问题，这使该问题变得棘手，除非传感器观测具有特定结构(如线性高斯测量或者测量值有限)。因为允许的控制策略是信息集合的函数，这些集合在连续空间中没有充分的有限维度统计。

21.2 贪婪策略

对于特定情况时域 $N=1$，该问题被简化为对于下一阶段融合中心位置的每个可能选择估计其在式(21-4)中的消耗，$\ell_1\in S$。可以用一个 Cramér-Rao 界法或者一个 EKF 来近似估计的误差协方差。使 $\Sigma_{0|0}$ 表示误差协方差 $E[(X_0-E[\boldsymbol{X}_0|\boldsymbol{I}_0])(\boldsymbol{X}_0-E[\boldsymbol{X}_0|\boldsymbol{I}_0])^{\mathrm{T}}\boldsymbol{I}_0]$，以及使$\hat{\boldsymbol{X}}_0$ 表示在 0 时刻给定 $\boldsymbol{I}_0$ 下的估计状态。然后 EKF 可以用来估计 1 时刻给定选择$\ell_1=s_i$ 下的追踪误差，如

$$\hat{\boldsymbol{X}}_{1|0}=f(\hat{\boldsymbol{X}}_0,0)$$

$$\Sigma_{1|0}=\frac{\partial}{\partial\boldsymbol{X}}f(\boldsymbol{X},0)|_{\hat{\boldsymbol{X}}_0}\Sigma_0\frac{\partial}{\partial X}f(\boldsymbol{X},0)^{\mathrm{T}}_{\hat{\boldsymbol{X}}_0}+\Sigma_w$$

$$\boldsymbol{C}^j=\frac{\partial}{\partial\boldsymbol{X}}F(\boldsymbol{X},s_j)|_{\hat{\boldsymbol{X}}_{1|0}}$$

$$\Sigma_{11}^{-1}(i)=\Sigma_{10}^{-1}+\sum_{j\in N_i}(\boldsymbol{C}^j)^{\mathrm{T}}\Sigma_v^{-1}\boldsymbol{C}^j$$

$$E[c_2(\boldsymbol{X}_1,\boldsymbol{I}_1)]\approx\mathrm{Trace}\left[\Sigma_{1|1}(i)\boldsymbol{Q}\right]\tag{21-5}$$

选择ℓ_1由下式得出

$$i^*=\arg\min_{i\in\{1,2,\cdots,n\}}\left\{\mathrm{Trace}\left[\Sigma_{1|1}(i)\boldsymbol{Q}\right]+\lambda c_1(s_i-s_{i_0})\right\}\tag{21-6}$$

$$\ell_1^*=s_{i^*}$$

上述算法在一个逐渐衰弱的时域可以用于产生对于任何时刻 k 的决策策略 $\mu_k(\boldsymbol{I}_k)$，在单步超前时域的基础上实现。然而，该方法延伸到一个基于超前多一个时间周期的策略就在计算上变得不可行了。

计算在线复杂度：对于单步衰退时域策略，通过式(21-6)定义的优化问题需要一个检索过的组合空间。每个实施这种方法的时间步长的计算复杂度至少为 $O(n)$，其中 n 是传感器的数量。对于密集的传感器网络，计算复杂度可能相当大，而且计算延迟可能阻碍追踪性能。因此有研究学者提出了一个在线策略，它每个时间步长具有恒定的计算复杂度并独立

于传感器的数量。

21.3 连续模型

为了深入了解通信和估计性能之间的关系，设计了一个简单问题，它仍具有原问题的基本特性。采取以下策略和关系假设。

(1) 目标追踪采用确定性等价观点，提出一个解析可行性问题。这表示状态估计和控制是被分离的，并且对于推导传感器选择策略的目的，假设的估计状态是正常状态。

(2) 假定传感器节点统一放置在检测区域。由于观测质量随传感器与目标距离增加而大幅减小。这意味着组中的大量信息传感器通常是在目标(估计)位置小半径周围的传感器的小子集。响应传感器数量与从响应传感器到融合中心总通信距离不发生明显变化。因此在式(21-4)中的成本函数中忽略这个情形，即

$$C_0(\boldsymbol{R}_k, \ell_k) \approx \text{Const}$$

(3) 为了简化分析，假设传感器连续，即在区域中传感器在每一个点上。确定每个传感器与它的位置。带符号的源节点用 $l(t)$ 表示，同时也表示传感器的位置。

多跳转与直接传输：虽然通信能量是直接与通信距离的平方(或更高指数)成正比的，这缺点导致不能真正反映多跳转消耗占主导的网状网络。在低功率传感器网络中，其通信协议被限制为多中继。在当前源节点跳转到下一个节点的情况下，通信成本主要取决于从源头到目标的跳转数。在上述情况中则是取决于从源节点到下个节点的数目。这意味着它主要依赖于绝对距离(即确定的跳转数)而不是节点之间距离的平方。具体而言，如果两个节点分别在位置 $\ell_1(x_p^1, y_p^1)$ 和 $\ell_2(x_p^2, y_p^2)$，这也是传感器节点之间的间隔。多跳转通信消耗由下式给出

$$C_1(\ell_1, \ell_2) = \eta\delta^{\alpha}\left(\frac{\dfrac{|x_p^1 - x_p^2|}{\delta + |y_p^1 - y_p^2|}}{\delta}\right)$$

其中，η 是常量，α 是一个对于无线传感器网络一般取值在 2～4 之间的衰减常量。因此，ℓ_1 为在通信距离上的范数描述多跳转的网状网络上的通信消耗。直接传输的通信消耗如下：

$$C_1(\ell_1, \ell_2) = \eta(|x_p^1 - x_p^2|^2 + |y_p^2 - y_p^2|^2)^{\alpha/2}$$

注意多跳转操作会导致通信能量显著减少。

成本函数：如前所述，考虑两种类型的传感器测量：①强度或范围的测量；②有加性噪声影响测量的角度测量。对于强度和范围测量，状态估计的误差与接收功率成反比，对于自由空间波传播模型与 $\| x(t) - l(t) \|^2$ 成正比。在角度测量中由于加性噪声，在目标位置不确定的情况下降低为 $\| x(t) - l(t) \|^2$。这是因为随着距离增加，一个常量角度的不确定性导致了位置估计不确定性的增加。基于当前目标的位置 $x(t)$ 在时刻 k 的决策变量是下一个主动传感器的位置由 $l(t+1)$ 表示。使 $u(t) = l(t+1) - l(t)$，则多跳转网络通信消耗与 $\| u(t) \|_1$ 成正比，自由空间中直接传输与 $\| u(t) \|^2$ 成正比。

21.4 随机游动

本节将介绍分析一维离散目标的运动。拓展到二维情况中，就是把不同维度的最小值一步一步地进行分离。目标运动(一维)模型由下式表示

$$x_{k+1} = x_k + w_k \tag{21-7}$$

其中，k 是离散时间标记，w_k 是独立于 x_k 的 0 均值噪声。如果 w_k 是 0 均值高斯随机变量，则 x_k 是从 0 开始的标准随机游动。系统状态由$\tilde{\boldsymbol{x}}_k=[x_k, l_k]^J$ 表示，即表示当前目标状态和当前激活的节点。然后得到拓展后的运动状态空间如下所示。

$$\tilde{\boldsymbol{x}}_{k+1} = \begin{bmatrix}1 & 0\\0 & 1\end{bmatrix}\tilde{\boldsymbol{x}}_k + \begin{bmatrix}0\\1\end{bmatrix}u_k + \begin{bmatrix}1\\0\end{bmatrix}w_k \tag{21-8}$$

有效的状态系统也可以被 $z_k = x_k - l_k$ 捕获。则系统方程由如下函数演化得出

$$z_{k+1} = x_k - u_k + w_k$$

根据上述简单动态，有如下优化问题需要解决。

$$Q1: \min_{u_1,\cdots,u_{N-1}} E\left(\sum_{k=1}^{N-1}[\lambda \| u_k \|_1 + \| z_k \|^2] + \| z_N \|^2\right)$$

$$Q2: \min_{u_k,\cdots,u_{N-1}} E\left(\sum_{k=1}^{N-1}[\lambda \| u_k \|^2 + \| z_k \|^2] + \| z_N \|^2\right)$$

21.4.1 直接通信的最优策略

首先考虑控制操作上 2 次补偿的情况，即通信消耗。对于 z_k 在状态动态模型下，优化问题 Q_2 使标准的 LQ 控制器，在完美观测下解决方案是已知的。在任意时刻 k 最优控制操作的形式为 $u_k = -L_k z_k$。注意如果 z_k 是没有控制的随机游动，则最优控制是一个经缩放的随机游动。这样意味着必须一直切换新的源节点。在多跳转操作下的通信消耗(其数额为缩放随机游动的总变量)趋于无穷。因此对于多跳转网络限制ℓ_2不能反映真实的通信消耗。

21.4.2 多跳转通信的最优策略

为了说明多跳转通信消耗，通过一个消耗标准ℓ_1补偿通信消耗。为了便于讨论考虑两种情形：①没过程噪声，即一个静止目标；②一个统一的过程噪声。

(1) 无噪声情况：对于无噪声，即 $w_k=0$，而且完美的状态观测，考虑时刻 $N-1$ 的转入消耗，

$$J_{N-1}(x_{N-1}) = \min_{u_{N-1}}\{\lambda|u_{N-1}| + z_{N-1}^2 + (z_{N-1} - u_{N-1})^2\}$$

$|u_{N-1}|$的导数在 0 处没有定义，并且因此找到了梯度集函数。在 0 处$|u_{N-1}|$的梯度集由$[-\lambda, \lambda]$给出。因此如果$|z_{N-1}|<\lambda/2$，则 0 是梯度集的一个元素。这意味着如果$|z_{N-1}|<\lambda/2$ 最优控制为 $u_{N-1}=0$。则在状态 $N-1$ 的最优转入消耗为

$$J_{N-1}(z_{N-1}) = \begin{cases} 2z_{N-1}^2, & |z_{N-1}| \leqslant \dfrac{\lambda}{2} \\ \dfrac{\lambda|z_{N-1}| - \lambda^2}{4} + z_{N-1}^2, & |z_{N-1}| > \dfrac{\lambda}{2} \end{cases}$$

在 $N-1$ 处的控制可以理解为如果 z_{N-1} 在一个死区范围 $[-\lambda/2,\lambda/2]$ 内不应用任何控制。

这表明在时刻 $N-k$ 转入消耗函数为

$$J_{N-k}(z_{N-k})=\begin{cases}(k+1)z_{N-1}^2, & |z_{N-1}|\leqslant\dfrac{\lambda}{2k}\\ \lambda|z_{N-k}|-\dfrac{\lambda}{4k}+z_{N-k}^2, & |z_{N-1}|>\dfrac{\lambda}{2k}\end{cases}$$

以及在状态 $N-k$ 时的最优死区范围是 $[-\lambda/2k,\lambda/2k]$。注意转入消耗是一个平滑凸函数。死区范围缩小。这反映出在任何状态下，如果状态 $|z_k|=|z_k-l_k|$ 是低于某个确定阈值则没有控制被应用，即源节点位置保持不变。这个结果可以被用于在多跳转网络中用最小的通信消耗有效地定位一个静止目标。

(2) 统一有界过程噪声：假设现在过程噪声 w_k 不为 0。为了方便分析，假设过程噪声 w_k 是一个统一的噪声，边界为 $[-\alpha,\alpha]$。在完美观测下有状态 $N-1$ 下的转入消耗。

$$J_{N-1}(z_{N-1})=\min_{u_{N-1}}(\lambda|u_{N-1}|+z_{N-1}^2+E_w(z_{N-1}-u_{N-1}+w_{N-1})^2)$$

由于噪声均值为 0 且不相关，则在状态 $N-1$ 下的转入消耗为

$$J_{N-1}(z_{N-1})=\begin{cases}2z_{N-1}^2+\sigma_w^2, & |z_{N-1}|\leqslant\dfrac{\lambda}{2}\\ \lambda\dfrac{|z_N|-\lambda}{2}+\dfrac{\lambda^2}{4}+z_{N-1}^2+\sigma_w^2, & |z_{N-1}|>\dfrac{\lambda}{2}\end{cases}$$

得到了如下结论。

定理 21.1 令 n 表示剩下状态的数量。则最优的 n 状态策略是个切换策略，即

$$u_n=0,\quad z\leqslant\Gamma_n$$
$$u_n=(|z|-\Gamma_n)\operatorname{sign}(z),\quad z\geqslant\Gamma_n$$

其中，$\Gamma_n>0$。对应的 n 状态转入消耗由下式描述

$$J_n(z)=\begin{cases}z^2+E(J_{N-1}(z+w)), & |z|\leqslant\Gamma_n\\ \lambda(|z|-\Gamma_n)+z^2+E(J_{N-1}(\Gamma_n+w)), & |z|>\Gamma_n\end{cases}$$

切换点 Γ_n 是均匀下有界，即

$$\Gamma_n\geqslant\Gamma_0=\min\left(\frac{\alpha}{2},\frac{\alpha\lambda}{\alpha+\lambda}\right)$$

因此无限时域策略也是个切换策略。

这意味着最优平稳策略可由对应每个传感器节点的足迹区域(或非周期性区域)表述。只要目标保持在某节点足迹中，则本次处理就定位在该节点，而且只要目标离开这个区域则处理中心也将同时切换。注意，由于通信消耗补偿 ℓ_1，因此该策略对于多跳转网络是特定的。

21.4.3 结合误差协方差

由优化问题的性质想到引入误差协方差到分析中。基本上使用 CEC 策略进行递归算法来估计平均目标位置和误差协方差。在任何步长，可以用如加入额外独立 0 均值的过程噪声一样加入误差协方差，以达到重初始化分析无限时域问题。在 $N-1$ 状态下的转入消耗为

$$J_{N-1}(z)=z^2+\min_u(\lambda|u|+E_{w+w_0}(z-u+w+w_0)^2)$$

其中，$\sigma_{w_0}^2$ 在 x 轴位置中不确定。在这种情形下容易得出

$$J_{N-1}(z)=\begin{cases}2z^2+\sigma_{w+w_0}^2, & |z|\leqslant\dfrac{\lambda}{2}\\ \lambda\left(|z|-\dfrac{\lambda}{2}\right)+\dfrac{\lambda^2}{4}+z^2+\sigma^2, & |z|>\dfrac{\lambda}{2}\end{cases}$$

其中，$\sigma^2=E(w+w_0)^2$。在这种情况下噪声 $w+w_0$ 可能不保持一致，但是由于它对称且均值为 0，则有如下引理。

引理 21.1 令 n 表示剩下状态的数量。则最优的 n 状态策略是个切换策略，即

$$u_n=0,\quad z\leqslant\Gamma_n$$

$$u_n=(|z|-\Gamma_n)\mathrm{sign}(z),\quad z\geqslant\Gamma_n$$

对应的 n 状态转入消耗由下描述

$$J_n(z)=\begin{cases}z^2+E(J_{N-1}(z+w+w_0)), & |z|\leqslant\Gamma_n\\ \lambda(|z|-\Gamma_n)+z^2+E(J_{N-1}(\Gamma_n+w+w_0)), & |z|>\Gamma_n\end{cases}$$

对于噪声 $w+w_0$ 选择任何分布函数，只要分布函数对称且均值为 0，则可用明确的离线计算找到对于任何状态的切换区域。只要噪声 $w+w_0$ 是有界的，由引理阈值 Γ_n 保证有远离 0 的界限。在二维上，该问题可以在每个维度上分别处理，如第 $N-1$ 步的转入消耗函数被分成两个维度的误差总和。注意对于误差协方差在不同维度不同的情况下，得到在二维上不对称的切换区域，即切换区域是矩形而不是正方形。

21.5 具有速度动态的目标运动

现在考虑由下面动态方程描述的目标运动

$$\begin{bmatrix}x(k+1)\\ v_x(k+1)\\ y(k+1)\\ v_y(k+1)\end{bmatrix}=\boldsymbol{A}\begin{bmatrix}x(k)\\ v_x(k)\\ y(k)\\ v_y(k)\end{bmatrix}+\boldsymbol{G}\boldsymbol{w}(k)\tag{21-9}$$

其中

$$\boldsymbol{A}=\begin{bmatrix}1 & \mathrm{d}t & 0 & 0\\ 0 & 1 & 0 & 0\\ 0 & 0 & 1 & \mathrm{d}t\\ 0 & 0 & 0 & 1\end{bmatrix}$$

以及 $\boldsymbol{G}=\boldsymbol{I}_{4\times4}$，$\mathrm{d}t$ 是采样时间。过程噪声 $\boldsymbol{w}(k)$ 的方差由下式给出

$$\boldsymbol{Q}=q\begin{bmatrix}\dfrac{\mathrm{d}t^3}{3} & \dfrac{\mathrm{d}t^2}{2} & 0 & 0\\ \dfrac{\mathrm{d}t^2}{2} & \mathrm{d}t & 0 & 0\\ 0 & 0 & \dfrac{\mathrm{d}t^3}{3} & \dfrac{\mathrm{d}t^2}{2}\\ 0 & 0 & \dfrac{\mathrm{d}t^2}{2} & \mathrm{d}t\end{bmatrix}$$

其中，q 是 0 均值过程噪声的方差。上述模型是从连续时间目标动态模型推导出的一个标准离散时间模型。在这个模型中记源节点位置为 l_x, l_y。则通过拓展状态空间，获得联合源节点和目标运动动态

$$\begin{bmatrix} \boldsymbol{X}(k+1) \\ l_x(k+1) \\ l_y(k+1) \end{bmatrix} = \begin{bmatrix} \boldsymbol{A} & 0 & 0 \\ 0 & 1 & 0 \\ 0 & 0 & 1 \end{bmatrix} \begin{bmatrix} \boldsymbol{X}(k) \\ l_x(k) \\ l_y(k) \end{bmatrix} + \begin{bmatrix} \boldsymbol{0} \\ u_x(k) \\ u_y(k) \end{bmatrix} + \begin{bmatrix} \boldsymbol{w}_k \\ 0 \\ 0 \end{bmatrix}$$

其中，$\boldsymbol{X}=[x, v_x, y, v_y]'$。在前面的情形中，确定 $z_1(k)=x(k)-l_x(k)$ 和 $z_2(k)=x(k)-l_y(k)$。则有

$$\begin{bmatrix} z_1(k+1) \\ v_x(k+1) \\ z_2(k+1) \\ v_y(k+1) \end{bmatrix} = \boldsymbol{A} \begin{bmatrix} z_1(k) \\ v_x(k) \\ z_2(k) \\ v_y(k) \end{bmatrix} - \begin{bmatrix} u_x(k) \\ 0 \\ u_y(k) \\ 0 \end{bmatrix} + \boldsymbol{w}_k$$

注意 $\boldsymbol{w}_k$ 独立于 $z_1(k), z_2(k)$ 以及 $u_x(k), u_y(k)$ 而且均值为 0。

对于上述步骤，希望在时间步长 N 之后最小化下面的成本函数

$$(Q):\ \min_{u_1,\cdots,u_{N-1}} E\left(\sum_{k=1}^{N-1}(\lambda \|\boldsymbol{u}_k\|_1 + \|\boldsymbol{z}_k\|^2) + \|\boldsymbol{z}_N\|^2\right) \tag{21-10}$$

其中，$\boldsymbol{u}_k=[u_x(k), u_y(k)]'$，$\boldsymbol{z}_k=[z_1(k), z_2(k)]'$。令 n 表示剩下状态的数量，则对于 $n=1$ 的 $N-n$ 状态下的转入消耗为

$$J_n(\boldsymbol{z}_n, \boldsymbol{v}_n)=\min\{\lambda\|\boldsymbol{u}_n\|_1+\|\boldsymbol{z}_n\|^2+\|\boldsymbol{z}_n+\boldsymbol{v}_n-\boldsymbol{u}_n\|^2\}+\sigma_w^2$$

其中，$\sigma_w^2=E(w(1)+w(2)+w(3)+w(4))^2$；$w(i)$ 是噪声向量 $\boldsymbol{w}$ 的元素。容易看出在二维的优化问题已经被分离出来了。因此将集中用一维问题代替，对于 x 方向有

$$J_n(z_1(n), v_x(n))-\sigma_w^2 = \min_{u_x(n)}\{\lambda|u_x(n)|+(z_1(n))^2+(z_1(n)v_x(n)-u_x(n))^2\}$$

与无速度情形相似，如果 $|z_1(N-1)|+v_x(N-1)\leqslant 0.5\lambda$，可以清楚地从最小化问题上看出最优化控制为 $u_x^*(N-1)=0$。在这个范围之外的最优控制如下

$$u_x^*(N-1)=z_1(N-1)+v_x(N-1)\frac{\lambda}{2}\operatorname{sign}(z_i(N-1)+v_x(N-1))$$

在 y 方向上对于最优控制有相似的策略。因此转入消耗函数，在状态 $N-1$ 时(对于一维的)如下

$$J_{N-1}(z_1, v_x)= z_1^2+\frac{1}{2}\sigma_w^2+\begin{cases} \lambda|z_1+v_x|-\dfrac{\lambda^2}{4}, & |z_1+v_x|>\dfrac{\lambda}{2} \\ (z_1+v_x)^2, & |z_1+v_x|\leqslant\dfrac{\lambda}{2} \end{cases}$$

在状态 $N-2$ 时的转入消耗递推，有

$$J_{N-2}(z_1, v_x)=\min_{u_x}[\lambda|u_x|+z_1^2+E_w J_1(z_1+v_x+w(1)-u_x, v_x+w(2))]$$

从上面的最小化显然可见转入消耗在 z_1, v_x 处联合凸出。为了简单表述，用 n 确定状态 $N-n$。则通过 DP 推导，状态 n 时的转入消耗为

$$J_n(z_1, v_x)=\min_{u_x}[\lambda|u_x|+z_1^2+E_w J_{n-1}(z_1+v_x+w(1)-u_x, v_x+w(2))]$$

引理 21.2 如果联合密度函数 $p(w(1), w(2))$ 是在 $(w(1), w(2))$ 对称的，并且如果 $J_{n-1}(z_1, v_x)=J_{n-1}(-z_1, -v_x)$，则 $J_n(z_1, v_x)=J_n(-z_1, v_x)$。

证明　如果用 $u_x=-u_x$、$w(1)=-w(1)$ 和 $w(2)=-w(2)$ 代替且 $J_{n-1}(z_1,v_x)=J_{n-1}(-z_1,-v_x)$，则最小化保持不变。

已知 $J_1(z_1,v_x)=J_1(-z_1,-v_x)$。假定它对于 $J_{n-1}(z_1,v_x)$ 也正确。则由引理 1 并应用数学归纳法，对所有的 n 有 $J_{n-1}(z_1,v_x)=J_{n-1}(-z_1,-v_x)$。最后得出下面引理。

引理 21.3　假定噪声 $w(1)$ 和 $w(2)$ 是相互独立的(即过程噪声协方差矩阵 $\boldsymbol{Q}$ 是单位矩阵)，并且分别在 $[-\alpha,\alpha]$ 和 $[-\beta,\beta]$ 有统一的分布。如果任意状态都满足 v_x 和 $\eta=z_1+v_x$ 是足够小的，则状态 n 下的最优策略由切换区域组成，即如果 $|\eta|\leqslant\Gamma_n$ 有 $u_n^{\text{opt}}=0$。

直接通信的最优策略：在通信中的消耗 ℓ_2 下，对于运动目标的运动情形，有如下超过 N 时间步长的最优问题需要解决：

$$(Q'):\min_{u_1,\cdots,u_N} E\left(\sum_{k=1}^{N-1}\lambda\|\boldsymbol{u}_k\|^2+\|\boldsymbol{z}_k\|^2+\|\boldsymbol{z}_N\|^2\right) \tag{21-11}$$

容易发现这个最优问题(Q')是在解决方法已知的完美状态观测下的标准 LQ 控制器。在任意时刻 k，最优控制是状态线性的并由 $\boldsymbol{u}_k=-L_k\boldsymbol{z}_k$ 给出的。对于快速演变的轨迹，这意味着融合中心的恒定切换导致在多跳转网络中的高通信消耗。

21.6　性能评价

下面将给出考虑的追踪问题的模拟结果。首先推导一个基于最优策略性质的追踪算法，推导出由统一过程噪声情形的随机游动和由有速度的目标运动推导出的单步 CEC 策略。

21.6.1　CEC 策略的追踪算法

在实际应用中，传感器网络不具备传感器的连续性。因此必须把前面策略获得的解决方法用离散传感器网格映射到实现中。CEC 策略由有阈值 λ 的切换区域组成，其阈值取决于通信相关消耗。在实验中，将改变这些阈值来探讨通信消耗和估计误差之间的权衡。为简单起见，假定传感器部署在一个矩形网格中，如 N^2 个传感器相应地位于 $[-(N-1)/2,(N-1)/2]\rho\times[-(N-1)/2,(N-1)/2]\rho$ 坐标中，其中 N 为奇数，ρ 为传感器间距。实验中将改变传感器间距 ρ，使其影响 CEC 策略实际性能。

在离散网格中的实现过程如下：在任意时刻 k，用 $[l_k(x),l_k(y)]$(一个离散传感器节点的位置)表示当前源传感器节点。用 $[\hat{\boldsymbol{X}}_k(x),\hat{X}_k(y)]$ 表示当前目标位置估计，并用 $[\hat{X}_{k+1}^{pr}(x),\hat{X}_{k+1}^{pr}(y)]$ 表示预测目标位置。连续 CEC 策略指出对于某些阈值 Γ

$$l_{k+1}(x)=\begin{cases}l_k(x), & |X_{k+1}^{pr}(x)-l_k(x)|\leqslant\Gamma\\ X_{k+1}^{\text{pr}}(x)-\Gamma\text{sing}(X_{k+1}^{pr}(x)-l_k(x)), & \text{其他}\end{cases}$$

y 坐标方程与之类似。

问题是更新位置 $[l_{k+1}(x),l_{k+1}(y)]$ 可能不与主动传感器位置相符。在实践中，给定此更新位置，选择固定的传感器数量来接近这个位置如相应传感器。新源节点则被选择为响应传感器，此响应传感器为距离 ℓ_1 中最接近前一个源节点的节点。要初始化这个算法，选择初始响应传感器组和源位置组，它们是基于对于目标作为初始期望源节点的先验初始位置估计。

从响应传感器给出的信息对于状态估计使用 EKF 以及在源节点更新状态。虽然其他线性和非线性滤波器是可行的,但重点是说明根据通信和追踪误差的源节点选择策略的性能,而不是微调追踪算法。该算法原理如图 21-2 所示。

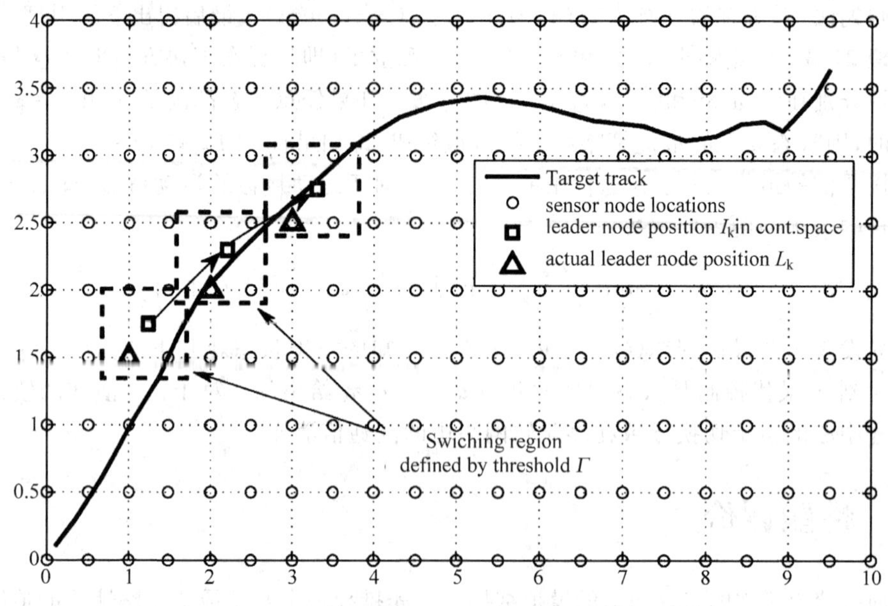

图 21-2 由 CEC 策略推导出的追踪算法图示

21.6.2 参照算法

(1) 单步组合策略:作为一个参照算法,使用组合最优方法来选择传感器。这种方法选择的响应传感器子集,其基于一个加权平均通信消耗ℓ_1和单步预测追踪误差,联合使用 EKF 方法的单步预测协方差。

(2) 后验策略:另一个参照算法可以通过使用一个非因果策略得到,其中每个时刻k正确目标位置周围的传感器用于报告和组合状态估计观测以及使用 EKF 更新。这称为后验策略,并且它提供了一个最优界限,因为它避免了不精确轨迹引起的误差。

21.6.3 CEC 策略中的传感器选择

在每个时间步长的传感器选择是由 CEC 策略得出的源节点位置附近的传感器组组成。名义上,在附近传感器增加了信号噪声比并提供最大可观测性的假设下,这些传感器将成为k近邻传感器。然而,这可能是一个不当的选择,如果位置估计的不确定半径(协方差阵最大特征值的平方根)很大。定性地看,不确定半径取决于过程噪声和有效阵列观测噪声(相对于响应传感器)。注意过程噪声方差取决于采样时间 dt。如果不确定半径比传感器间距大得多,选择最接近的传感器作为响应传感器去预测位置可能不是一个好的策略,并且周围用于选择的传感器需要增加,如图 21-3 所示。这是一个单独的优化问题,而不是作为 CEC 策略的一部分。

相对于传感器间距有较小不确定半径(椭圆形),传感器最优组在预测位置周围。如果这个半径大于传感器间距,则有应该选择更远响应传感器的选择问题。

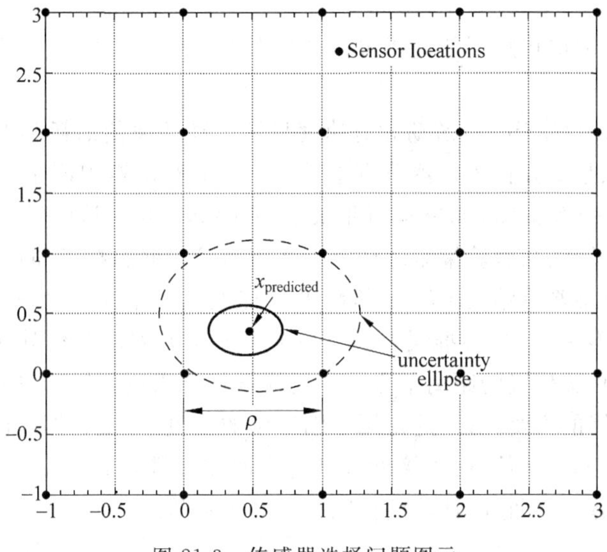

图 21-3　传感器选择问题图示

在随后的实验中，只考虑不确定半径等于或小于传感器间距的情形。这可以通过减少空间过采样来保证保持传感器部署的低消耗，并通过选择合适的采样时间使传感器响应时间更方便地适应目标。

21.6.4　切换为直接通信

在ℓ_2通信消耗下，定位源节点的策略有简单的结构，其中$\boldsymbol{u}_k=-L_k\boldsymbol{z}_k$，意味着所有时间都在切换。当此策略应用在离散传感器网络时，连续源节点位置的量化可能导致保持主动源节点不变。虽然这是优化问题的离散性的人工操作，但导致了一个用于比较的替代策略。

21.7　强度测量实验

在这些实验中，假定传感器测量大致对应发射信号强度，如在声学麦克风、地震仪和磁强计中的应用。这样模拟中的观测模型如下：

$$y(x_p,y_p)=\frac{20}{1+\frac{(X-x_p)^2+(Y-y_p)^2}{r^2}}+v \tag{21-12}$$

其中，v是在每个维度方差为1的高斯噪声，x_p和y_p是传感器x和y坐标，r是传感器的有效范围。注意信号在传感器到达距离r与目标距离之间的范围迅速衰减。在模拟中，选择$r=\rho$，传感器间距。注意这个观测模型意味着当传感器最大SNR为26dB。

在实验中，根据如下两个模型生成目标轨迹。

(1) 随机游动模型：在这个模型中，目标运动通过初始位置为$\boldsymbol{X}_0=[0,0]$的随机游动模型产生。过程噪声选择统一在$[-\alpha,\alpha]$，其中$\alpha=0.25$，用初始位置不确定性$0.01\boldsymbol{I}_{2\times 2}$来避免轨迹起始问题，因为重点是轨迹保持中的传感器选择。

(2) 有速度的目标运动：在这个模型中，目标运动通过式(21-9)模型产生。过程参数有：$\mathrm{d}t=1$，$q=0.01$，初始速度$v_x(0)=v_y(0)=0.2$。初始位置协方差由0.01倍的四维单位矩阵选择。

对于这些模型,响应传感器的选择包括在矩形上 4 个传感器,其矩形包含了在所需连续源节点的位置。

图 21-4(a)显示了对于随机游动和有速度目标运动的通信消耗和追踪误差性能之间的权衡,当传感器间距是 1 并且传感器范围参数 $\rho=1$,虽然切换阈值是变化的。在曲线中的点相应平均值超过 20 Monte Carlo 运行步长和 40 时间步长。该图显示了两种模型的 CEC 算法性能,以及联合算法和后验策略的性能。注意后验策略忽略了通信消耗,所以它提供了由 CEC 达到的预测误差的界限。CEC 策略的性能在这种情况下比联合策略性能稍差点。目前有两个原因。第一,CEC 标准误差不与一个单纯协方差误差估计相对应;相反它补偿是从源节点到预测轨迹位置的距离平方。相反联合优化用更新后的协方差的预测轨迹作为确定选择哪个传感器的主要准则,这是用于图形中的度量。第二,邻近传感器的选择可能相对于应用一个 EKF 不是最佳,由于接近零点的平面非线性,如图 21-5 所示。然而,CEC 算法的性能接近联合算法,而它的计算消耗减少了 3 个数量级。

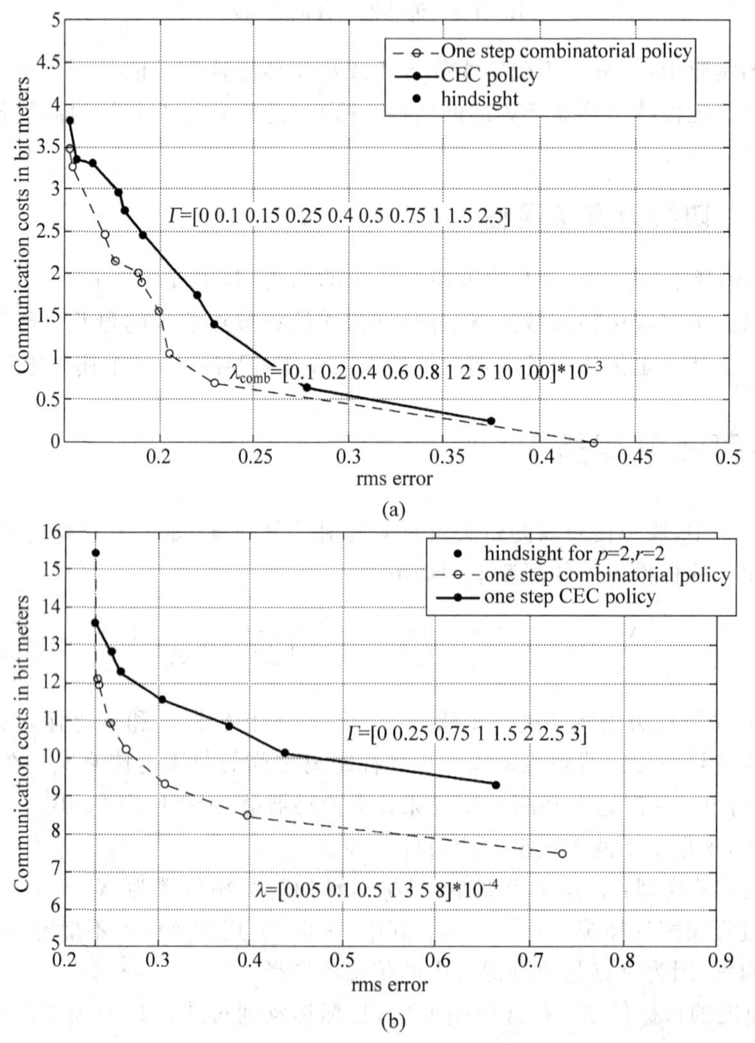

图 21-4 通信消耗误差性能直接的权衡

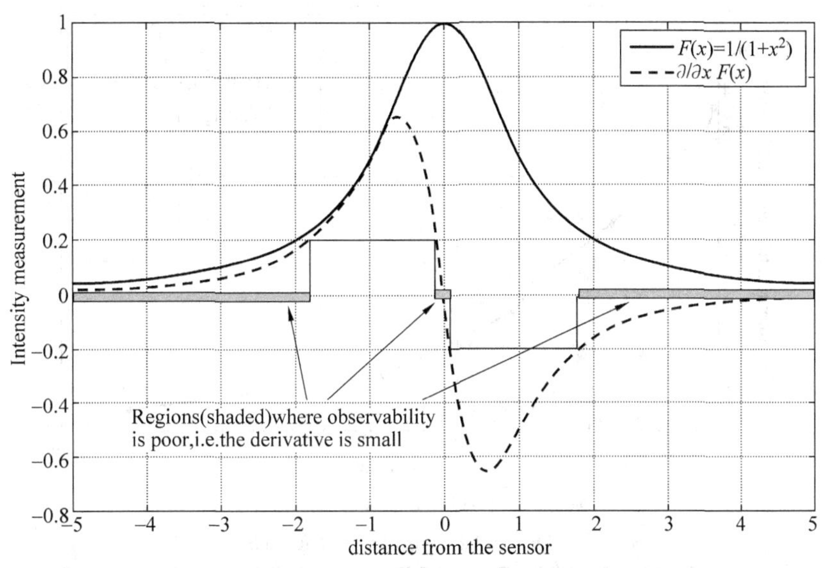

图 21-5　一维的强度观测模型

（注意有一个特定区域的线性近似是有效的。超出该范围，可观测性则出现问题）

由图 21-4(b)所示，对于有速度的目标运动有类似的权衡。这种情况下，联合策略有更低的消耗，由于更高维度的协方差计算，因此减少传感器的数量和提高传感器的间距到 2。曲线中的点对应于 Monte Carlo 运行平均超过 20 以及时间步长平均超过 25。这种情况下 CEC 策略的性能比联合策略的性能还差，它要求平均 2 个源节点切换来达到统一的追踪误差。除了先前所讨论的随机游动的情况下的因素外，还有一个额外因素限制了 CEC 策略的性能：阈值 CEC 策略只对单步超前时域最优。然而，计算消耗比用 Matlab 实现低了接近 4 个数量级。

下面进行强度测量的灵敏度试验。

(1) 对于传感器间距的灵敏度：探讨在同样的轨迹下改变传感器间距对前面试验的影响。图 21-6(a)展示了传感器间距在随机游动模型下从 1～2 改变的结果，以及在同样方式下($\rho=2$)增加传感器范围的结果。正如预期，随着传感器距离增大，切换源节点的通信成本开始减少。然而，这并没有考虑到传感器必须与源传感器有更长的距离的额外消耗，其中信息的长度是不一样的(测量值替换轨迹切换)。另外，最佳可实现 RMS 追踪误差随传感器间距增大而增大。这主要是由于增大 ρ 也同时增大观测性较差的区域大小。

图 21-6(b)展示了对于速度模型改变不同传感器间距和范围之后类似的结果。观察得到同样的效果：随传感器间距增大，源节点很少的变化以及最佳误差增长。

(2) 观测噪声的灵敏度：为了提高观测噪声方差的水平进行了实验。图 21-7 展示了增加一倍的单传感器观测噪声方差的结果。正如预期，对于相同数量的通信消耗追踪误差有所增加。

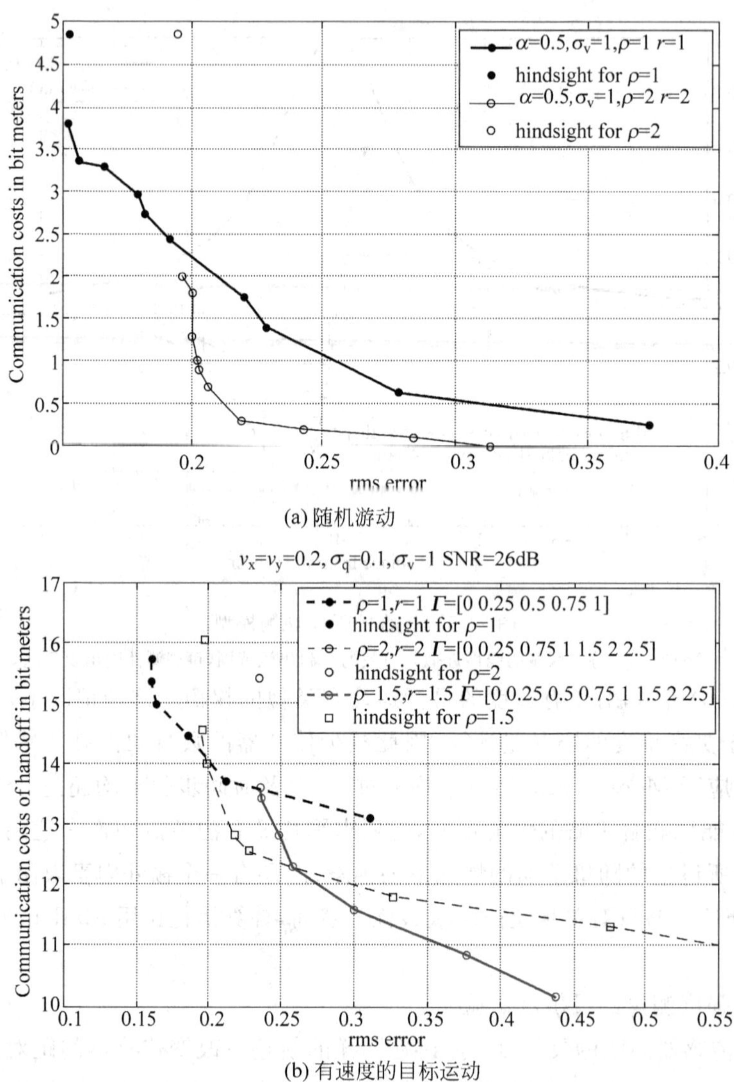

(a) 随机游动

(b) 有速度的目标运动

图 21-6 传感器间距在强度测量中对性能的影响

21.8 角度测量实验

为了说明该方法的鲁棒性，用不同类型的传感器类型进行了实验。这些实验中，假设确定了传感器测量目的地的方向，如用一小组声学数列来表示。在这种情况下，测量模型如下

$$y(x_p, y_p) = \tan^{-1}\frac{Y - y_p}{X - x_p} + v \tag{21-13}$$

其中测量误差以 0 均值和方差为 σ_v^2 的加性高斯噪声建模；x_p 和 y_p 为传感器的坐标以及 X 和 Y 为目标的坐标。在这个模型中如果目标与传感器距离为 r，则角度观测中的不确定度 $\Delta\theta$ 意味着 $E((\Delta X)^2 + (\Delta Y)^2) = r^2 E(\Delta\theta)^2$。这意味着，在噪声存在的情况下估计误差和目

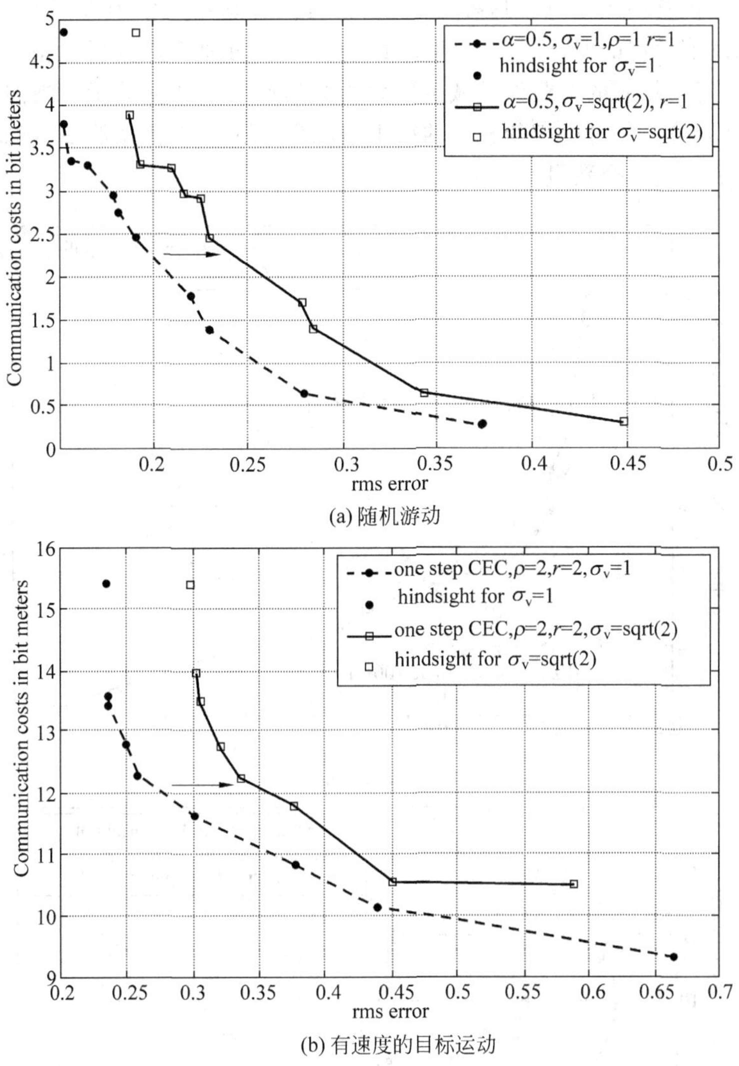

(a) 随机游动

(b) 有速度的目标运动

图 21-7　观测噪声在角度测量中对性能的影响

标与传感器的距离成正比。对于仿真选择 $\sigma_v=0.1$(平方弧度单位),这意味着在角度观测中有 6°的误差标准差。

21.8.1 随机游动

在随机游动模型的情况下,本小节考虑相同的一组轨迹作用于强度测量。在每个时刻选择 4 个矩形对应的响应传感器,它们包含了所需要的连续源节点位置。图 21-8(a)比较了 CEC 和联合策略的性能。如图所示,两种测量的性能几乎没有区别,并且 CEC 策略少了 3 个数量级的计算要求。

21.8.2 有速度的目标运动

对于有速度目标运动的情况,选择 9 个传感器围绕连续时间源节点位置来报告它们的观测。这是因为角度测量模式没有一个范围限制(不像前面讨论的强度模型),所以距离远的传感器仍然提供有用的信息。这种方式下，也可以容忍更大的追踪误差。图 21-8(b)比较了对于不同阈值设定的 CEC 与联合策略性能。虽然两种策略实现了相似的追踪误差性能，但联合策略对于相应的追踪误差减少了大约 2 的源节点切换数量。当涉及越大组的响应传感器时，联合最优化可以权衡较小的减少追踪误差相对于移动源节点的固定消耗。但是相应的计算需求是 4 个数量级以上的。

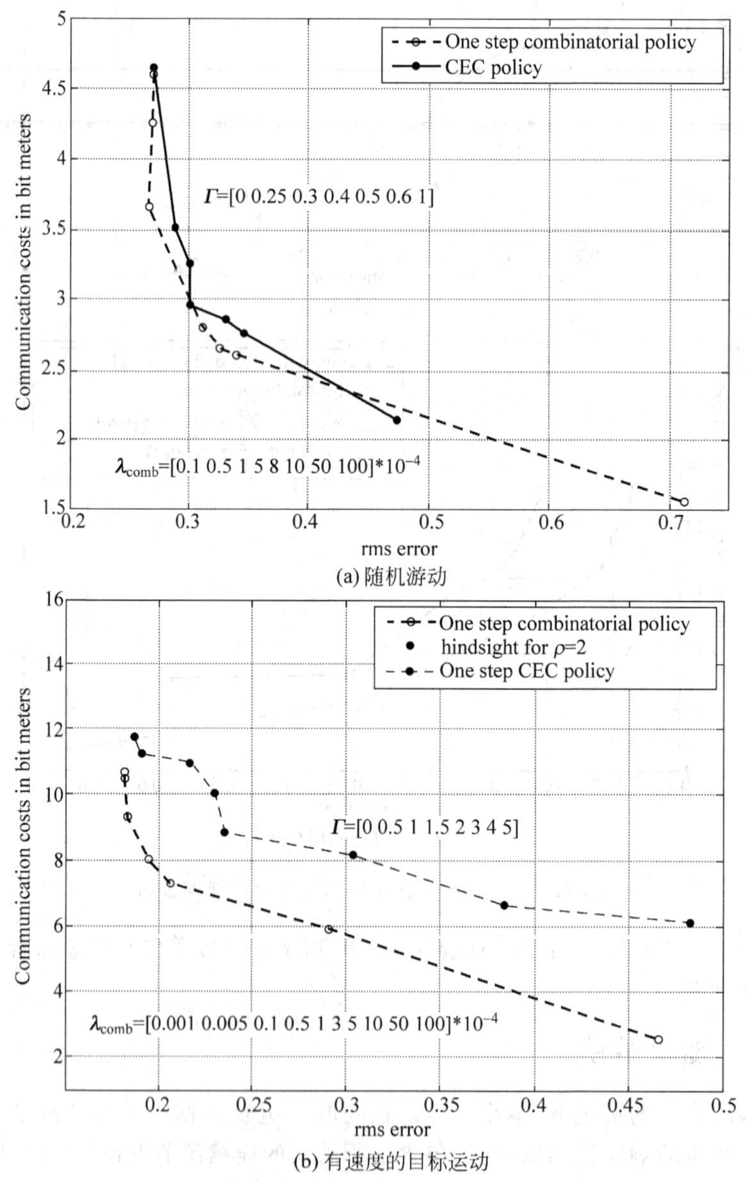

图 21-8 强度测量中通信消耗与性能的权衡

21.8.3 灵敏度实验

图 21-9 中展示了传感器间距对于随机游动和有速度目标运动情况下的不同影响。对于随机游动的情况下，随着增大传感器间距通信消耗降低，由于在 4 个传感器围成的矩形中

连续源节点位置消耗更多时间的这个事实。令人惊讶的是误差性能不随传感器距离增大而降低，甚至一定程度上有所提升。经过进一步分析，这种影响是由于不准确的预测：过程噪声在区间[－0.5，0.5]中是均匀的，这相对的大于最小传感器间距 0.75。因此基于“准确”估计的假定下选择传感器节点可能导致选择到次优响应传感器组。

但是对于有速度目标运动的情况下，注意当网络变得没那么密集时误差性能会降低。这种情况下选择 9 个传感器，所以不用在意选择正确的矩阵。因此随传感器到目标的平均距离增大，位置误差也增大。

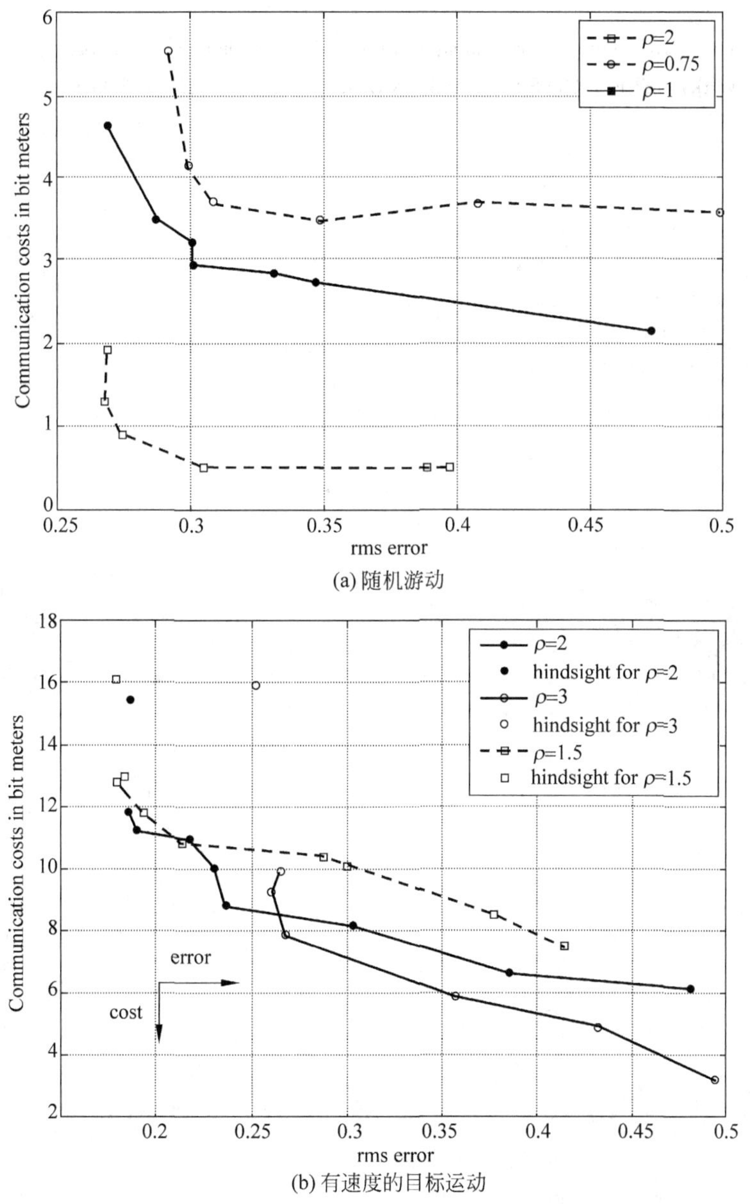

(a) 随机游动

(b) 有速度的目标运动

图 21-9　角度测量中通信消耗与性能的权衡

习题

21.1 用伪代码实现本章提到的数据融合算法。

21.2 通过查阅相关文献,试分析该算法可以改进的地方。

引文

[1] Shuchin Aeron. Efficient Sensor Management Policies for Distributed Target Tracking in Multihop Sensor Networks. IEEE TRANSACTIONS ON SIGNAL PROCESSING, 2008, vol. 56, 6:2562～2574

第 22 章

数据融合的系统校准

22.1 问题陈述和知识预备

22.1.1 问题陈述

传感器标定涉及识别和纠正传感器系统错误的过程。各种因素都归因于传感器的偏差。首先，传感器在生产过程中不可避免地要引入传感器电路电器特性的变化。其次，传感器的测量值受到环境部署很大影响。例如，在交通检测的情景中，复杂的地形常常造成传感器的敏感性不一样。不区分不同原因造成的传感器偏差，因为在大规模的部署中这是不可行的。此外，系统的偏差、环境的随机噪声和传感器硬件都会造成不精确的测量值。然而，随机噪声常常伴随着某种确定的概率分布（例如高斯噪声）。传感器标定方法利用这一性质，可以抵御随机噪声的影响。

用一个例子来说明传感器特性的变化，该例子是基于来自美国国防部高级研究计划局 SensIT 交通检测实验室的真实数据追踪。在该实验中，部署 75 WINS NG 2.0 传感节点来检测通过监测区域内的军事车辆。图 22-1(a)画出了传感节点 41 和 48 得到的声能测量值，反比于通过车辆的距离。从图 22-1(a)中可以看到，两个传感器的能量测量值均随着距离的增加而衰落。但是它们沿着不同的衰落函数。例如，当车辆距离是 40m 时，节点 41 和 48 的测量值分别约为 0.05 和 0.1。这个例子说明，传感器部署后可能产生非常不同的传感特性，因此需要标定。

无线传感器网络中的标定是项具有挑战的任务，因为传感器在部署后常常是难以接近的。甚至，当网络规模扩展到几十个传感器时，手工设备到设备标定变得更棘手。传统的标定方法常常修改每个传感器读数为一般基准值（例如高精度传感器或是地面实况）。然而，这个办法在大规模传感网络中经常造成高的通信和计算负担。相反，采用系统级方法标定传感器的传感模型可以使得网络的整体系统性能达到最优。尤其着重于在某一类传感网络中标定问题，这能利用数据融合来改善提高系统性能。现有的数据融合文献常假设所有的传感器具有一致的传感特性，因此在未标定网络中无法直接使用。该算法旨在设计在网络部署后的标定算法，它可以最优化无线传感器网络数据融合性能。为具体阐述问题，本章符号使用说明如表 22-1 所示。

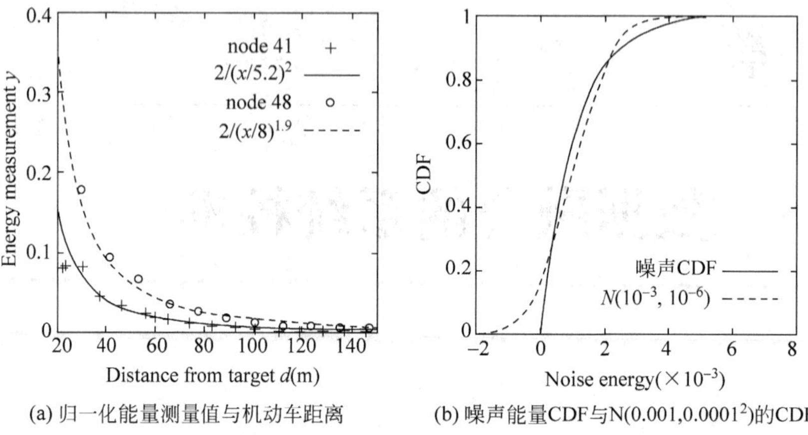

(a) 归一化能量测量值与机动车距离　(b) 噪声能量CDF与N(0.001,0.0001²)的CDF

图 22-1　SensIT 实验

表 22-1　本文符号使用说明汇总

符　　号	定　　义
S_0	训练中被控目标的发射能量
S	运行时目标发射的能量
μ_i,σ_i^2	噪声均值与方差
Θ_i	信号衰减参数
r_i,k_i	参考距离与衰落因数
λ_i	Lambert 吸收系数
d_i	到被控目标的距离
$w(d_i \mid \Theta_i)$	信号衰落函数
l_i	到监管点的距离
s_i	衰落后的信号能量
n_i	高斯噪声，$n_i \sim N(\mu_i,\sigma_i^2)$
H_0/H_1	假设目标不在/出现
y_i	能量测量值，$y_i \mid H_0 = n_i, y_i \mid H_1 = n_i$
b_i	适应本地测量的线性 z 测量
N	在一个检测簇中传感器的数量
α	系统虚警率的上限

22.1.2　传感测量模型

许多物理信号的能量(如声音信号，因地震引起的信号，电磁波信号)随着与信源距离增加而衰落。假设传感器 i 距离目标 d_im，目标发射物理信号，信源能量是 S。i 传感器位置处衰落的信号能量 s_i 由下式给出

$$s_i = S \cdot w(d_i \mid \Theta_i) \tag{22-1}$$

其中，$w(d_i \mid \Theta_i)$是 d_i 的递减函数，Θ_i 是函数 $w(\cdot)$参数的一个集合。函数 $w(\cdot)$被称为信号

衰减函数,Θ 被称为信号衰减参数。现在讨论信号衰减函数的两个例子,也就是幂律衰减和指数衰减。

许多机械波的传播(如声音和地震信号)伴随着幂律衰减,其可以表达为

$$s_i = S \cdot \frac{1}{(d_i \mid r_i)^{k_i}} \tag{22-2}$$

其中,r_i 是参考距离,由传感器尺寸决定; k_i 是衰减因数,其典型范围是 1.0～5.0。在理想的开放空间,平方反比定律(即 $k_i=2$)应用于多种信号,例如声音和雷达信号。但是,在实际中,参考距离和衰减因数随着传感器变化。对于幂律衰减,$\Theta_i=\{r_i,k_i\}$ 和 $w(d_i|\Theta_i)=\frac{1}{(d_i/r_i)^{k_i}}$。

根据比尔-朗伯特定律,光的强度随着在介质中传播距离的增加而衰减,并服从指数衰减。特别地,

$$s_i = S \cdot \mathrm{e}^{-\lambda d_i} \tag{22-3}$$

其中,λ_i 被称为朗伯特吸收系数。例如,红外光在水中传播的朗伯特吸收系数有很宽的范围,50～1000cm^{-1}。由于在水中不规则的溶液密度分布,水产荧光计有不同的朗伯特吸收系数,例如由藻类植物造成。对于指数衰减,$\Theta_i=\{\lambda_i\}$ 和 $w(d_i|\Theta_i)=\mathrm{e}^{-\lambda d_i}$。

传感器的测量值被自适应随机噪声污染。根据假设,目标不存在(H_0)或者存在(H_1),传感器 i 信号能量的测量值用 y_i 表示,$y_i|H_0=n_i$ 或者 $y_i|H_1=s_i+n_i$,此处 n_i 是传感器 i 所经历的噪声能量。在实际中,某个传感器的测量值通过许多个(≥30)样本计算其平均值得到。根据中心极限定理,噪声能量 n_i 服从正态分布,形式为 $n_i \sim N(\mu,\sigma_i^2)$,此处的 μ_i 和 σ_i^2 是 n_i 的均值和方差。假设这些噪声,$\{n_i|\forall i\}$,在传感器空间中是独立的。

在图 22-1(a)中,曲线是对数据点拟合为式(22-2)中的幂律衰减模型。可以看到,模型参数,也就是 r_i 和 k_i,随传感器而变。例如,节点 41 和 48 的参考距离分别是 5.2m 和 8m。图 22-1(b)中画出了背景噪声的累计分布范数(CDF),由 SensIT 实验中某一传感器测量所得。可以看到测得噪声的 CDF 与正态分布 $N(0.001,0.001^2)$的 CDF 匹配良好。

22.1.3 多传感器融合模型

数据融合技术作为一种有效的信号处理技术用于提高改善传感器网络的系统性能而被提了出来。一个要使用到数据融合的传感器网络常常组织成簇。簇头通过传感器簇头成员收集信息,负责做出有关目标出现的决定。由于传感器资源的限制,它只能实施有限的加工处理,以下采用一种基本的融合方案。每个簇头通过比较传感器成员报告的测量值总和与检测阈值 T 比较,做出检测决定。假定一个簇中有 N 个传感器成员,测量值总和用 Y 表示,$Y=\sum_{i=1}^{N} y_i$。如果 $Y \geqslant T$,簇头决定 H_1; 否则它决定 H_0。这样的基本数据融合模式在以前的研究中广泛采用。

由于传感器测量值中的随机噪声,目标检测本质上是随机的。系统检测性能共同特点是有两种度量,即虚警率(P_F)和检测概率(P_D)。P_F 是没有目标出现时做出肯定决定的概率,而 P_D 是准确检测到目标的概率。在上述提及的数据融合模型下,P_F 和 P_D 由 $P_F=P(Y \geqslant T|H_0)$和 $P_D=P(Y \geqslant T|H_1)$各自确定。

22.2 方法综述

在本节首先给出系统级标定方法的框架，然后正式制定出标定问题，作为一个约束优化问题。

22.2.1 系统架构

尽管这个标定方法可以应用到多种情况下的事件检测，但此处用一个使用声音传感器监控车辆的例子说明该方法的基本思想。注意，在这个例子中，声音信号服从式(22-2)幂律衰减。为了标定那些被布置用来监测车辆的传感器，如图 22-2 所示，某辆车被看作是目标穿过目标区域。然后网络就标定传感器，根据它们原位约束目标的测量值，这样系统的检测性能在运行时达到最大。注意，该方法不要求约束目标的信号轮廓的信息，只要求它的位置信息可用。假设传感器和约束目标通过 GPS 或网络定位服务知道它们自己的位置。

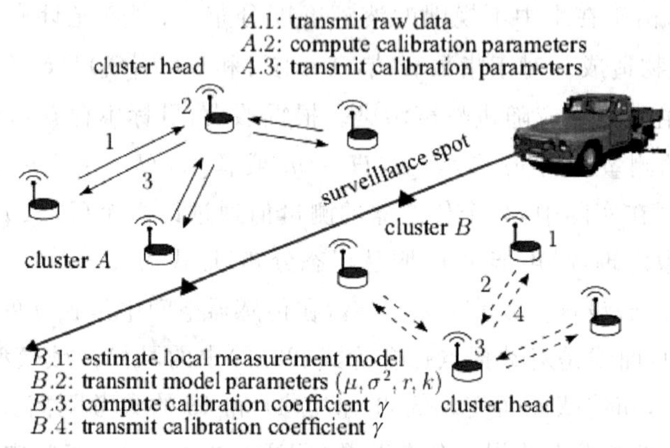

图 22-2 两层系统级标定方案簇 A 和 B 各自运行集中的双层标定算法

对于这样一个标定问题，有两种可行的方案。第一种方案是直接、可行的集中式方案。例如，在图 22-2 中，簇头 A 的每个传感器成员发送原始测量值给簇头，簇头为每一个传感器计算出标定参数。然而，大量的测量值常常要求能精确描绘某一传感器的传感模型，例如式(22-2)中的信号衰减模型。因此，这样一种方案将会带来高的通信负担。

第二种方案是根据一个双层结构。在图 22-2 中，簇头 B 中的每个传感器获得传感模型，其特点是基于原始测量值的一些参数。然后，簇头标定每一个传感器的传感模型。这样，期望的检测目标的系统性能在运行时达到最大。这样的方案不仅把计算负担分散给每个传感器，也避免了昂贵的原始数据传送。

特别地，双层结构由本地标定和系统级标定组成。在本地标定中，每个传感器 i 使用原地的约束目标测量值估计它的噪声和信号衰减模型。传感器周期地(每 5s 一次)测量出现在布置区域内约束目标发射信号的能量。为了降低噪声的影响，每个传感器在目标出现在某个位置时，多次测量。有几种参数估计方法可用来估计信号衰减模型，例如最大似然估计。第二种方案的计算和存储负担小，采用在线最小二乘法。每个传感器给簇头发送估计传感模型参数。

在系统级标定中(也就是第 2 层),簇头为每个传感器计算出标定参数,这样总体的系统性能达到最大。以下采取简单的线性标定方法。传感器 i 的测量值被标定后用$\hat{y}_i$ 表示,$\hat{y}_i=r_i \cdot y_i$,此处的 r_i 是传感器i 的标定因数。目的是为了确定所有参与数据融合的传感器的标定因数,这样系统检测性能达到最大。其他先进的标定方法,例如,使用非线性映射函数要比线性标定方法好。然而,由于线性标定方法简单,它仅仅对网络施加很小的负担,因此适合资源受限的传感器组成的无线传感器网络。

该标定方法只关心在固定的地理位置处的检测性能,并把这些固定的地理位置称为监督点。监督点可以在网络部署前根据应用场合要求选好,或是在网络部署后由网络自主识别出来。例如,在图 22-2 中,监督点可以沿着监测区域道路选择。当有些关于目标的空间分布的先验信息,就可以在监测区域内均匀选择监督点。对每一个监督点而言,簇头为每个传感器 i 计算一个标定因数 r_i,这样监督点处的检测性能达到最大。注意标定方法可以轻易地扩展到动态监督点,也就是说,运行时估计目标位置,可通过现有的目标定位算法得到。

运行时标定过的网络检测目标的过程是:每个传感器 i 给簇头发送它的测量值 y_i。为了检测目标是否在某个特殊的监督点出现,簇头比较标定测量值的总和,即 $\sum_{i}^{N} r_i \cdot y_i$ 与阈值 T,做出关于目标是否出现在监督点的判决。

22.2.2 问题描述

每个传感器本地标定的目的是为了获得高斯噪声模型参数和信号衰减模型,也就是 μ_i,σ_i^2 和 Θ_i。对单个传感器 i,输入的是数据对(d_i,y_i)的集合,也就是当约束目标在 d_im 外,测量值是 y_i。主要的挑战是使用带有噪声的测量值获得这些参数。为了处理噪声,当约束目标处在某个位置时,传感器 i 对大量的能量测量值进行抽样。这些测量值可以用来计算出一个统计数值,例如平均值,这样噪声的影响得以减轻。本地标定问题正式描述如下。

问题 1 假设在时刻 t,传感器 i 离约束目标 $d_i(t)$m 远,M 个测量值 $y_i(t)=\{y_i[1], y_i[2],\cdots,y_i[M]\}$。如何用带有噪声的测量值$\{d_i(t),y_i(t)\mid t=1,2,\cdots\}$计算出高斯噪声的参数和传感器 i 的衰减模型(μ_i,σ_i^2,Θ_i)?

每个传感器本地标定获得模型参数,系统级标定旨在标定每个传感器的传感模型以使得每处监督点处的检测性能达到最大。当目标出现在监督点时,被标定过传感器 i 的测量值由$\hat{y}_i \mid H_1=r_i \cdot y_i \mid H_1=r_i \cdot s_i+r_i \cdot n_i$ 给出,此处 s_i 服公式(22-1)的信号衰减模型,n_i 是高斯噪声。用$\hat{s}_i=r_i \cdot s_i$ 表示标定信号能量。假设传感器 i 离监督点有 l_im 远。系统级标定后,每个传感器标定过的信号能量应服从一般信号衰减模型,如下所示:

$$\hat{s}_i = \hat{S} \cdot w(l_i \mid \Theta) \tag{22-4}$$

其中,$\hat{S}$是标定源能量,Θ 是标定过的传感器常见信号衰减参数集。因为一般信号衰减模型使用的是相同的信号衰减函数,所以它才维持控制信号发射的物理规则。其结果是,基于信号衰减模型的检测算法可以用于标定过的网络。现在讨论一般模型的两个例子。对于幂律衰减

$$\hat{s}_i = \hat{S} \cdot \frac{1}{(l_i/r)^k}, \quad \Theta = \{r,k\} \tag{22-5}$$

式中,r 和 k 分别是所有标定过的传感器的一般参考距离和衰减因数。对于指数衰减,$\hat{s}_i=$

$\hat{S}\cdot e^{-\lambda\cdot d_i}$和$\Theta=\{\lambda\}$，此处的$\lambda$是所有标定过的传感器的朗伯特吸收因数。

在虚警率P_F和P_D检测概率之间有一个折中。特别地，实现越高的P_D总是以更高的P_F为代价。因此，许多系统共同的一个要求是在P_F固定时使P_D最大。其目的是找到可以使得系统检测性能达到最大的标定系数或因数，也就是说使得P_D最大，P_D它受制于具体应用指定说明的P_F的上限。系统级标定问题可以正式陈述如下。

问题2 假设在一个簇中有N个传感器。给定每个传感器的传感器模型$\{\mu_i,\sigma_i^2,\Theta_i|1\leqslant i\leqslant N\}$和到监督点的距离$\{l_i|1\leqslant i\leqslant N\}$，为了找到一般信号衰减模型$\{\hat{S},\Theta\}$，这样检测概率$P_D$达到最大受制于：(1)$\alpha$是虚警率$P_F$的上限，$\alpha\in(0,1)$；(2)每个传感器的已标定信号能量服从式(22-4)给出的一般模型。

如果问题2的最佳解决办法找到了(即$\{\hat{S},\Theta\}$)，可以计算出标定系数。在问题2中，所有的本地传感模型被标定为一个一般的传感模型，这个一般的传感模型使得每处监督点的检测性能达到最大。由于不用考虑标定后传感器的特性差异而可以采用现有的数据融合算法，这样解决方法明显简化了基于融合的无线传感器网络的设计。事实上，现有的数据融合常常为相同的传感模式假设同样的传感模型。

22.3 在线本地标定

给出本地标定的方法以及提出一个解决办法，它是以下文中线性回归技术以及它的在线改善为根据。

22.3.1 测量模型估计

下面先提出如何估计噪声模型。当没有目标出现时，传感器i只有测量噪声。因此，每个传感器可以在没有目标出现时使用大量的测量值估计噪声模型。在实际中，当目标与传感器足够远时，测量值可以认为是噪声。噪声可以分别由样本均值和方差估计。特别地，

$$\mu_i=\frac{1}{M}\sum_{j=1}^{M}y_i[j]\mid H_0,\quad \sigma_i^2=\frac{1}{M-1}\sum_{j=1}^{M}(y_i[j]\mid H_0-\mu_i)^2 \tag{22-6}$$

这里M是样本数，用于估计噪声模型。

现在讨论如何去估计式(22-1)中信号的衰减参数Θ_i。由于测量值带有噪声，它们不能直接用于估计信号衰减模型。降低噪声影响的一般方法是多次采样求平均。然而这样的方法在传感器遇到大噪声时要求大量的样本。接下来介绍一种方法，它利用本地检测概率和噪声分布之间的关系。

在时间t，当约束目标离传感器i有$d_i(t)m$远时，传感器i获得M次测量。对每次测量传感器$y_i\in y_i(t)$，传感器i比较y_i和阈值η做出决定。在时间t的检测概率用$P_{Di}(t)$表示，它可以由那些超过阈值η的测量值与M的比值估计。因此，传感器i每时间t有一个统计值$P_{Di}(t)$。传感器i根据统计值与信号衰减模型之间的关系，然后通过最小二乘法用统计值$\{P_{Di}(t),d_i(t)|t=1,2,\cdots\}$去估计信号衰减参数$\Theta_i$，其关系将在本节推导出来。

约束目标在执行M次测量期间的运动距离一般来说很小。例如，在SensIT实验中，车辆的平均速度是5m/s。如果传感器在0.5s内抽样M次，那么平均运动距离只有2.5m，由

于车辆与传感器之间的距离常常达到几十米，因此平均运动距离会被忽略。根据弱大数定理，为达到精度 ε，估计 P_{Di} 的最小概率是 p，M 的值应该大于 $\frac{1}{4(1-p)\varepsilon^2}$。要注意，传感器的采样速率常常是很高的，因此为了实现估计 P_{Di} 达到高精度，M 要足够得大。

现在推导本地检测概率 P_{Di} 和信号衰减参数之间的关系。当约束目标出现时，传感器 i 的测量值服从正态分布，即 $y_i|H_1=s_i+n_i\sim N(s_i+\mu_i,\sigma_i^2)$。因此，在前述检测规则下，传感器 i 的检测概率是 $P_{Di}=P(y_i\geqslant\eta|H_1)=Q\left(\frac{\eta-s_i-\mu_i}{\sigma_i}\right)$，$\eta$ 是检测阈值，$Q(\cdot)$ 是标准正态分布的互补累计分布函数，形式上给出如下式

$$Q(x)=\frac{1}{\sqrt{2\pi}}\int_x^{\infty}\mathrm{e}^{-t^2/2}\mathrm{d}t$$

P_{Di} 和 Θ_i 间的关系取决于信号衰减函数的具体形式。现在在幂律衰减和指数衰减的情况下各自推导它们的关系。方法的基本思想是对关系线性化，然后利用最小二乘拟合估计 Θ_i。

如果信号服从幂律衰减，用式(22-2)替代 s_i，并采用对数变换，有

$$\ln(\eta-\mu_i-\sigma_i Q^{-1}(P_{Di}))=-k_i\ln d_i+\ln(S_0 r_i^{k_i})$$

公式中，S_0 是约束目标源的能量，$Q^{-1}(\cdot)$ 是 $Q(\cdot)$ 的反函数。在时刻 t，令

$$z_i(t)=\ln(\eta-\mu_i-\sigma_i Q^{-1}(P_{Di}(t))),$$

$$x_i(t)=-\ln d_i(t),\quad b_i=\ln S_0 r_i^{k_i}$$

有

$$z_i(t)=k_i\cdot x_i(t)+b_i \tag{22-7}$$

因此，变换后的数据点 $\{z_i(t),x_i(t)|t=1,2,\cdots\}$ 应该位于斜率为 k_i，z 轴截距为 b_i 的直线上。拟合数据点的最小二乘法由下式给出

$$k_i=\frac{\operatorname{cov}(x_i,z_i)}{\sigma_{x_i}^2},\quad b_i=\bar{z}_i-k_i\cdot\bar{x}_i \tag{22-8}$$

$\bar{z}_i$ 和 $\bar{x}_i$ 是样本均值，$\operatorname{cov}(x_i,z_i)$ 和 $\sigma_{x_i}^2$ 分别是数据点的协方差与方差。因为 $b_i=\ln S_0 r_i^{k_i}$，参考距离 r_i 可以由 k_i 和 b_i 的估计计算出来，即 $r_i=\left(\frac{e^{b_i}}{S_0}\right)^{\frac{1}{k_i}}$。约束目标源能量 S_0 在实际中通常是未知的。因此，无法从线性拟合计算出 r_i 的准确值。但是在前面的分析表明，系统的检测性能仅仅依赖于 b_i，而 r_i 的值不是必需的。因此，传感器 i 的测量模型可由一个 4 元组 $(\mu_i,\sigma_i^2,k_i,b_i)$ 来表示。传感器 i 在本地标定过后把这样的一个 4 元组发送给簇头。

如果信号服从指数衰减，有

$$z_i(t)=-\lambda_i\cdot d_i(t)+\ln S_0 \tag{22-9}$$

这里 $z_i(t)$ 有同样的定义，为幂律衰减。因此可以通过基于变换数据点 $\{z_i(t),x_i(t)|t=1,2,\cdots\}$ 的最小二乘拟合，估计出 λ_i。传感器 i 的测量模型则可以由一个 3 元组 $(\mu_i,\sigma_i^2,\lambda_i)$ 表示。

22.3.2　在线模型估计

采用最小二乘法估计式(22-7)中的斜率 k_i 和 z 轴截距 b_i，以及式(22-9)中的 λ_i，这里传感器 i 不得不存储所有之前的数据点以计算出估计值。这样的方法不适合存储资源有限的传感器。例如，如果某个传感器每 0.5s 产生一个数据对 (P_{Di},d_i)，训练过程维持 5min，传

感器需要存储600个数据对，这对只有几KB存储容量的传感器来说是很明显的消耗。对于幂律衰减和指数衰减，P_{D_i}和Θ_i之间的关系可以由数据变换方法线性化。线性拟合中，第2级统计（即方差和协方差）可以逐步计算而不用存储之前的数据。但是，对于其他的衰减模型，这样的关系就不能线性化了。因此，提出一个一般的最小二乘在线改善方法用于估计Θ_i。在线算法中以实时形式起作用，即，在传感器i每得到一个数据点时，Θ_i的估计就更新。在传感器得到足够的数据点时估计平均值。

采用已被广泛使用的递推最小二乘估计（迭代最小二乘估计）方法。对于幂律衰减，用向量$z_i(t)=\boldsymbol{\phi}_i^{\mathrm{T}}(t)\cdot\boldsymbol{\theta}_i$重新计算式(22-7)，其中$\boldsymbol{\phi}_i(t)=[x_i(t),1]^{\mathrm{T}}$和$\boldsymbol{\theta}_i=[k_i,b_i]^{\mathrm{T}}$。对于指数衰减，$\boldsymbol{\phi}_i(t)=[-d_i(t),1]^{\mathrm{T}}$和$\boldsymbol{\theta}_i=[\lambda_i,\ln S_0]^{\mathrm{T}}$。$\boldsymbol{\theta}_i$的递推估计由下式给出

$$\begin{aligned}\boldsymbol{\theta}_i(t)&=\boldsymbol{\theta}(t-1)+\boldsymbol{L}(t)(\boldsymbol{z}_i(t)-\boldsymbol{\phi}_i^{\mathrm{T}}(t)\,\boldsymbol{\theta}_i(t-1))\\ \boldsymbol{L}(t)&=\boldsymbol{P}(t-1)\,\boldsymbol{\phi}(t)(1+\boldsymbol{\phi}^{\mathrm{T}}(t)\boldsymbol{P}(t-1)\,\boldsymbol{\phi}(t))^{-1}\\ \boldsymbol{P}(t)&=(\boldsymbol{I}-\boldsymbol{L}(t)\,\boldsymbol{\phi}^{\mathrm{T}}(t))\boldsymbol{P}(t-1)\end{aligned}\tag{22-10}$$

这里$\boldsymbol{I}$是单位矩阵。式(22-10)根据每个时刻模型输出与预期输出之间的误差更新估计。

迭代最小二乘估计收敛依赖于$\boldsymbol{\theta}_i(t)$和$\boldsymbol{P}(t)$的初始化。如果有关于$\boldsymbol{\theta}_i$的先验信息，它的初始估计也就可以相应地设定，这样估计量能快速收敛。例如，对于幂律衰减，$\boldsymbol{\theta}_i(0)$可设定为k_i和b_i的最佳猜测。否则，典型的初始值是$\theta_i(0)=0$。在迭代最小二乘估计中，$\boldsymbol{P}(t)$定义为$\boldsymbol{P}(t)=\left(\sum_{j=1}^{t}\boldsymbol{\phi}_i(j)\,\boldsymbol{\phi}_i^{\mathrm{T}}(j)\right)^{-1}$。如果$\boldsymbol{P}(0)=\zeta\boldsymbol{I}$，这里$\zeta$足够大，$\boldsymbol{P}(t)$收敛于$\left(\sum_{j=1}^{t}\boldsymbol{\phi}_i(j)\,\boldsymbol{\phi}_i^{\mathrm{T}}(j)\right)^{-1}$。迭代最小二乘估计的每个时刻，只需要22位浮点乘法和17位浮点加法更新估计量状态。甚至，只需要存储估计量状态，即$\boldsymbol{\theta}_{2\times1}$，$\boldsymbol{L}_{2\times1}$和$\boldsymbol{P}_{2\times2}$。这样的计算和存储消费对低成本无线传感器而言是负担得起的，例如，MICA2。图22-3绘出了数值结果，它显示了在幂律衰减的情况下迭代最小二乘估计的收敛。从图形中，可以看到迭代最小二乘估计的结果收敛于10个时间步中脱机状态结果。因此，迭代最小二乘估计在本地标定中高度精准，因为大量的(≥10)训练数据点通常对实际中的每一个传感器都可用。

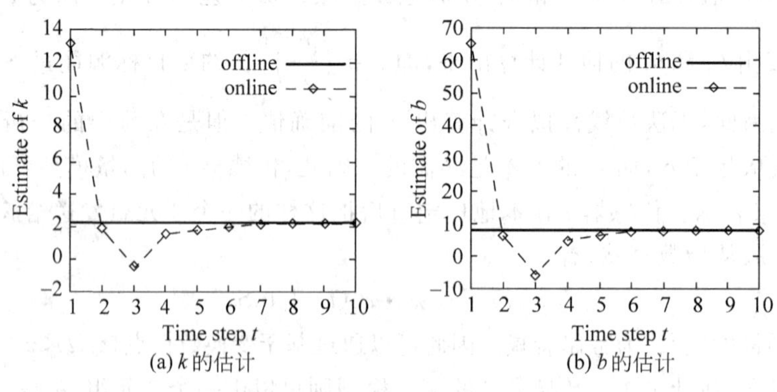

(a) k的估计　(b) b的估计

图22-3 在线本地标定算法的收敛

$k=2.3, r=2.5, S_0=500\quad \mu=0, \sigma^2=2, \boldsymbol{\theta}(0)=[0,0]^{\mathrm{T}}, \boldsymbol{P}(0)=10^5\cdot\boldsymbol{I}$

被控目标在每个时间步内向传感器移动2m，共有10个数据点用于计算脱机结构。

22.3.3 本地标定算法

幂律衰减情况下的本地标定程序伪代码在算法 22.1 中给出。该算法在传感器本地运行。当网络部署好后没有目标出现时,簇头发出 ESTIMATE_NOISE 命令,每个传感器成员估计噪声模型(2～3 行)。当约束目标出现,簇头发出 TRAINING_BEGIN 命令,每个传感器成员开始启动定时器,溢出时间 Ws(第 7 行)。例如,在 SensIT 试验条件下,让 $W=$ 5s。注意传感器不需要同步。每个传感器每隔 Ws 就迭代更新本地信号衰减模型(11～18 行)。在约束目标消失后,簇头发出 TRAINING_END 命令,每个传感器报告本地模型参数。指数衰减情况的算法可通过稍微修改算法 22.1 得到。

现在讨论算法 22.1 实现的几个注意事项。先讨论任一时间步 t 的阈值 η 的设定。如果阈值 η 设置不合理,本地检测概率 $P_{Di}(t)$将会饱和。也就是说,要是阈值 η 设置得太大或是太小,$P_{Di}(t)$就要么是 0,要么是 1。在该方法中,η 设置为 $y_i(t)$的均值以避免 $P_{Di}(t)$饱和。在这样设定的情况下,$P_{Di}(t)$将在 0.5 左右。然后讨论两种在资源受限的传感器上实现 $Q^{-1}(\cdot)$的方法。首先,存在对有效计算 $Q^{-1}(\cdot)$的未知精度的近似估算,例如,它的麦克劳林序列。其次,$Q^{-1}(\cdot)$可作为一个预算查表实现。预算 $Q^{-1}(P_D)$,P_D 在(0,1)内均匀取 100 个点,用 4bytes 表示每个值。那查表尺寸就只有 0.4KB,对于例如 MICA2 这样低成本的无线传感器来说是负担得起的。甚至,由于阈值 η 的设定,只有 $Q^{-1}(P_D)$的值超过一个 0.5 左右的小范围它才会被使用。因此,查表尺寸可以进一步降低。

ALGORITHM 22.1: y 幂率衰减情况下传感器在线本地标定

1: **event** command ESTIMATE_NOISE is received **do**
2: sample ***M*** measurements, $\{y[1], y[2], \cdots, y[M]\}$
3: compute μ and σ^2 using (6)
4: **end event**
5:
6: event command TRAINING_BEGIN is received do
7: start a periodical timer cali_timer with timeout of W sec
8: **end event**
9:
10: **event** cali_timer is fired do
11: query the current position of the controlled target
12: $x \leftarrow -\ln(d)$ where d is the distance from the controlled target
13: sample M measurements, $\{y[1], y[2], \cdots, y[M]\}$
14: $\eta \leftarrow \sum_{j=1}^{M} y[j]/M, j \in [1-M]/M$
15: /* compute the fraction of measurements that exceed η */
16: $P_D \leftarrow \#(y[j] \geqslant \eta, j \in [1-M])/M$
17: $z \leftarrow \ln(\eta - \mu - \sigma Q^{-1}(P_D))$
18: update k and b using (10) with x and z
19: **end event**
20: **event** command TRAINING_END is received do
21: stop cali_timer
22: transmite μ, σ^2, k, b to the cluster head
23: **end event**

22.4 最优系统级模型标定

在数据融合模式下先推导标定后的网络系统检测性能，数据融合模式如上所述，然后讨论如何找到最佳系统级标定系数。

22.4.1 已标定系统检测性能

当无目标出现时，传感器 i 服从正态分布，即 $\hat{y}_i \mid H_0=\gamma_i n_i \sim N(\gamma_i\mu_i,\gamma_i^2\sigma_i^2)$。因此，已标定测量值总和服从正态分布，即

$$\hat{Y}\Big|H_0=\sum_{i=1}^{N}\hat{y}_i\Big|H_0\sim N\left(\sum_{i=1}^{N}\gamma_i\mu_i,\sum_{i=1}^{N}\gamma_i^2\sigma_i^2\right)$$

因此，系统虚警率由式 $P_F=P(\hat{Y}\geqslant T\mid H_0)=Q\left(\dfrac{T-\sum_{i=1}^{N}\gamma_i\mu_i}{\sqrt{\sum_{i=1}^{N}\gamma_i^2\sigma_i^2}}\right)$ 给出，式中 T 是数据融合模式的检测阈值。由于 P_D 是 P_F 的不减函数，所以当 P_F 设置为 α 的上限时，P_D 达到最大。令 $P_F=\alpha$，最佳检测阈值 T^* 可推导如下

$$T^*=\sum_{i=1}^{N}\gamma_i\mu_i+Q^{-1}(\alpha)\cdot\sqrt{\sum_{i=1}^{N}\gamma_i^2\sigma_i^2} \tag{22-11}$$

当目标出现时，传感器 i 的已标定测量值服从正态分布，也就是说，$\hat{y}_i\mid H_1=\hat{s}_i+\gamma_i n_i\sim N(\hat{s}_i+\gamma_i\mu_i,\gamma_i^2\sigma_i^2)$。因此，已标定测量值总和也是服从正态分布的，也就是说，$\hat{Y}\Big|H_1=\sum_{i}^{N}\hat{y}_i\Big|H_1\sim N\left(\sum_{i}^{N}(\hat{s}_i+\gamma_i\mu_i),\sum_{i}^{N}\gamma_i^2\sigma_i^2\right)$。因此，系统检测概率由下式给出

$$P_D=P(\hat{Y}\geqslant T\mid H_1)=Q\left(\frac{T-\sum_{i=1}^{N}(\gamma_i\mu_i+\hat{s}_i)}{\sqrt{\sum_{i=1}^{N}\gamma_i^2\sigma_i^2}}\right)$$

用最佳检测阈值 T^* 替代 T，T^* 由式(22-11)给出以限制虚警率，有

$$P_D=Q\left(Q^{-1}(\alpha)-\frac{\sum_{i=1}^{N}\gamma_i s_i}{\sqrt{\sum_{i=1}^{N}\gamma_i^2\sigma_i^2}}\right) \tag{22-12}$$

22.4.2 最佳系统级标定

根据上文中的推导，如果簇头处的检测阈值被设定为 T^*，T^* 由式(22-11)给出，系统虚警率为 α，而已标定网络的检测概率由式(22-12)给出。上文陈述的问题 2 就简化为寻找一般信号衰减模型$(\hat{S},\Theta)$和标定系数$\{\gamma_i\mid 1\leqslant i\leqslant N\}$，这样式子给出的检测概率最大化了。有以下引理。

引理 22.1　如果目标信号服从式(22-1)中的信号衰减模型,已标定网络系统的检测概率独立于约束目标信源能量 S_0 和已标定源能量 $\hat{S}$。

证明　用式(22-1)中的 s_i 和式(22-4)中的 $\hat{s}_i$ 分别替代 $\gamma_i=\hat{s}_i/s_i$,式(22-12)变为

$$P_D = Q\left(Q^{-1}(\alpha) - S \cdot \frac{\sum_{i=1}^{N} w(l_i \mid \Theta)}{\sqrt{\sum_{i=1}^{N} \sigma_i^2 \frac{w^2(l_i \mid \Theta)}{w^2(l_i \mid \Theta_i)}}}\right) \tag{22-13}$$

式中,S 是出现在监督点处目标信源能量,l_i 是监督点与传感器 i 之间的距离。注意,传感参数 Θ_i 独立于约束目标。因此,据式(22-13),P_D 独立于 S_0 和 $\hat{S}$。

如果信号服从幂律衰减,引理 22.1 和下面的引理都支持。

引理 22.2　如果目标信号服从式(22-2)幂律衰减,已标定网络的系统检测性能独立于一般信号衰减模型的参考距离 r。

证明　用式(22-2)中的 s_i 和式(22-5)中的 $\hat{s}_i$ 分别替代 $\gamma_i=\hat{s}/s_i$,式(22-12)变为

$$P_D = Q\left(Q^{-1}(\alpha) - S \cdot \frac{\sum_{i=1}^{N} l_i^{-k}}{\sqrt{\sum_{i=1}^{N} r_i^{-2k_i} l_i^{2k_i-2k} \sigma_i^2}}\right) \tag{22-14}$$

据式(22-14),P_D 独立于 r。

据引理 22.1,问题 2 的最佳解决办法由下面的定理给出。

定理 22.1　给定所有传感器的信号衰减参数,即 $\{\Theta_i \mid \forall i\}$,传感器 i 的最佳标定系数由下式给出

$$\gamma_i^* = \gamma \cdot \frac{w(l_i \mid \Theta^*)}{w(l_i \mid \Theta_i)} \tag{22-15}$$

式中的 γ 对所有的传感器而言是一个常量,而且最佳参数 Θ^* 使得下面的函数达到最大值

$$\Lambda(\Theta) = \frac{\sum_{i=1}^{N} w(l_i \mid \Theta)}{\sqrt{\sum_{i=1}^{N} \sigma_i^2 \frac{w^2(l_i \mid \Theta)}{w^2(l_i \mid \Theta_i)}}} \tag{22-16}$$

证明　据式(22-13),式(22-16)的最大值点使得检测概率 P_D 最大。因此,最佳标定系数由式 $\gamma_i^* = \frac{\hat{s}_i}{s_i} = \frac{\hat{S}}{S} \cdot \frac{w(l_i|\Theta^*)}{w(l_i|\Theta_i)}$ 给出。注意到,$\frac{\hat{S}}{S}$ 对所有传感器都是相同的比值。据式(22-12),按比例缩放所有的标定系数不影响系统的检测性能。因此,可以用任意的常量 γ 和式(22-15)替代 $\frac{\hat{S}}{S}$。

现在应用定理 22.1 到幂律衰减和指数衰减以获得以下两个推论。

推论 22.1　若目标信号服从幂律衰减,传感器 i 最佳标定系数由下式给出

$$\gamma_i^* = \gamma \cdot l_i^{k_i-k^*} \cdot e^{-b_i} \tag{22-17}$$

这里的 γ 对所有的传感器而言是一个常量,最佳一般衰减因数 k^* 使得下面的函数值达到最大

$$\Lambda(k)=\frac{\sum_{i=1}^{N}l_i^{-k}}{\sqrt{\sum_{i=1}^{N}\mathrm{e}^{-2b_i}l_i^{2k_i-2k}\sigma_i^2}} \tag{22-18}$$

证明 用 r_i 的估计值替代公式中的 r_i，也就是说 $r_i=(\mathrm{e}^{bi}/S_0)^{\frac{1}{k_i}}$，有 $P_D=Q\left(Q^{-1}(\alpha)-\frac{S}{S_0}\Lambda(k)\right)$。因为 $Q(\cdot)$是一个递减函数，所以 $\Lambda(k)$的最大值使得 P_D 最大。因此，k^* 使得系统检测概率最大，而且最佳标定系数由下式给出

$$\gamma_i^*=\frac{\hat{s}_i}{s_i}=\frac{\hat{S}r^{k^*}l_i^{k_i}}{Sr_i^{k_i}l_i^{k^*}}=\frac{\hat{S}S_0r^{k^*}}{S}\cdot l_i^{k_i-k^*}\mathrm{e}^{-b_i}$$

式中，用 $r_i=(\mathrm{e}^{b_i}/S_0)^{\frac{1}{k_i}}$ 替代 r_i。由于 $\frac{\hat{S}S_0r^{k^*}}{S}$ 对所有的传感器来说都是相同的比值，可以用任意的常量 γ 和式(22-17)替代 $\frac{\hat{S}S_0r^*}{S}$。

推论 22.2 如果目标信号服从指数衰减，最佳系统级标定系数由下式给出

$$\gamma_i^*=\gamma\cdot\mathrm{e}^{l_i(\lambda_i-\lambda^*)}$$

式中的 γ 对所有的传感器而言是一个任意的常量，$\gamma_i^*=\arg\max\limits_{\lambda}\Lambda(\lambda)$，此处的 $\Lambda(\lambda)=\frac{\sum_{i=1}^{N}\mathrm{e}^{-\lambda l_i}}{\sqrt{\sum_{i=1}^{N}\sigma_i^2\mathrm{e}^{2l_i(\lambda_i-\lambda)}}}$。

用 $w(l_i|\lambda_i)=\mathrm{e}^{-\lambda_il_i}$ 替代定理 22.1 中信号衰减函数 $w(\cdot)$，容易证明推论 22.2。详细证明此处省略。

22.4.3 系统级标定算法

式(22-16)中使得 $\Lambda(\Theta)$最大化是一个无约束数值优化问题。有许多解决这样问题的算法，例如牛顿法。然而，如果 Θ 的维度低且 Θ 的每个分量范围有限，那么 Θ^* 的朴素搜索也可以满足。例如，对幂律衰减，需要优化的唯一参数是 k，通常它的范围有限，例如，(0,10]。甚至，通过搜索间隔尺寸可控制计算耗费。

现在通过两个数值例子说明前述的最优化。仅有两个节点参与到这两个例子中，且它们离监督点的距离分别是 8m 和 18m。第一个例子中，节点的幂律衰减模型由图 22-1(a)给出。图 22-4(a)绘出了给定不同的 S_0 时，$\Lambda(k)$对一般衰减因数 k 的目标函数。数值结果表明，k^* 为 1.68，它独立于 S_0。此外，这两个传感器的标定系数满足 $\gamma_{41}=1.98\cdot\gamma_{48}$。因此，可以选择 $\gamma_{41}=1.98$ 和 $\gamma_{48}=1$。在第 2 个例子中，两个传感器的朗伯特吸收系数分别设定为 5000cm^{-1} 和 8000cm^{-1}。图 22-4(b)绘出了 $\Lambda(\lambda)$对一般朗伯特系数 λ 的图形。结果显示，λ^* 相当是 0.013 或 7692cm^{-1}。注意到 $\Lambda(\lambda)$独立于 S_0。在这个例子中，$\gamma_{41}=1.067\cdot\gamma_{48}$。

系统级标定程序伪代码在簇头中运行，其伪代码如算法 22.2 所示。一接收到来自所有传感器的本地模型参数，簇头就为每个监督点计算出最佳标定系数和检测阈值(2～6 行)。当要求网络去检测是否有目标出现在监督点时，簇头首先检索传感器成员的读数，然后比较

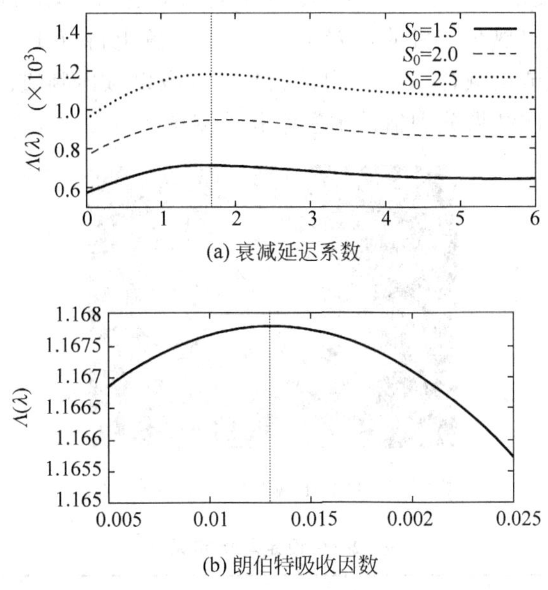

图 22-4 目标函数数值分析

读数总和与相应的检测阈值以做决定。

ALGORITHM 22.2:系统级标定与检测

```
event are received do
  for each surveillance spot in all surveillance spots do
    numerically maximize given by (16)
    compute for each sensor by (15)
    compute the optimal detection threshold by (11) with
  end for each
end event
event detection request for surveillance spot is received do
  retrieve readings from member sensors,
end event
```

22.4.4 实验方法与设定

在实验中,4 个 TelosB 灰点附在分辨率为 1024×768 的 LCD 显示屏上,去检测显示在 LCD 上的亮点。亮点模拟目标,它的显示由程序控制。通过设置亮点附近的灰度像素模拟幂律衰减,如图 22-5 所示。然而,TelosB 灰点附近的亮点传感器的传感性能差异可以忽略。为了模拟传感器偏差,降低传感器附近的灰度像素不同的百分数。特别地,离传感器一定距离内的灰度像素点减少 δ_i%。该方法模拟由环境造成的偏差。实验设定列于表 22-2 中。传感器每隔 250ms 测量亮度。算法 22.1 在微型开放系统中实现。算法 22.1 中的周期定时器的溢出时间设定为10s。汇聚节点附在笔记本电脑上,运行算法22.2,用Java实现。在训练阶段,亮点出现在随机的位置上,且每个位置上持续10s。选择(600,300)为一监督点。运行时,汇聚节点融合250ms内接收到的读数以做出判决。当监督点处亮点不在或不出现时,系统用检测结果分别估计虚警率和检测概率。

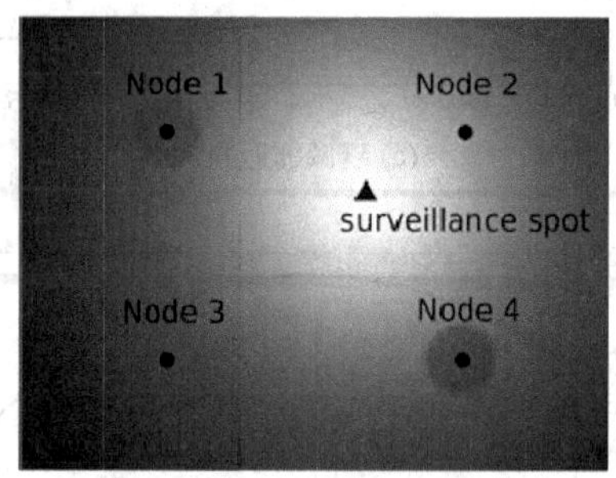

图22-5 目标出现时的一个屏幕截图

表22-2 设定与标定系数

节点	位置	δ_i 百分比	l_i	μ_i	σ_i^2	k_i	b_i	γ_i^*	γ_i'
1	(256,192)	15	313	20.1	3.2	1.6	11.8	4.2	1.5
2	(768,192)	0	243	17.1	2.7	1.7	12.9	14.9	1.0
3	(256,576)	0	403	46.9	8.1	1.9	13.3	1.0	2.0
4	(768,576)	25	352	23.0	4.0	1.6	11.4	3.3	2.4

但是,因为它们设计常常是对具有特殊特点的特定应用,不能轻易地使用它们作为基准,以做出公平比较。把最佳系统标定方法与两种基准标定方法比较,即设备级标定和最佳非设备级标定,在设备级标定方法中,噪声的影响通过把读数平均得到削减,敏感性最高的传感器人为地选择为标准传感器。如果传感器 i 离监督点的距离是 $l_i m$,那么传感器 i 的标定系数计算公式是 $\gamma_i = s_{std}(l_i)/s_i(l_i)$,当与约束目标的距离是 $l_i m$ 时,$s_{std}(l_i)$ 和 $s_i(l_i)$ 分别是标准传感器和传感器 i 接收到的信号能量。检测阈值根据式(22-11)设定以满足问题2的第一个限制。在这个直观却又特定的方法中,噪声被传感器接收,同时也被放大了。因此设备级标定方法的性能会很低。在测试平台上,除了运行算法22.1外,传感器也要给暗点发送原始数据,以实现设备级标定方法。在最佳非设备级标定方法中,传感器数据融合无须标定。检测阈值据式(22-11)设定,此处 $\gamma_i=1$,传感器噪声模型已由算法22.1估计过了。最佳非设备级标定是一种最佳的检测方法,无须强制所有的传感器有一致的传感模型(即,问题2的第2个限制)。但是,许多现有的数据融合算法无法轻易地应用于传感器有不同的传感模型的网络中。两种方法都旨在簇头处构建基于传感器模型的最佳数据融合准则。但是它们应用了不同的数据融合模型。

22.4.5 标定方法性能比较

在几个实验结果中,考虑传感器噪声和使用了信号延迟模型。标定系数记录于表22-2中。注意到 γ_i^* 和 γ_i' 分别是最佳系统级标定和设备级标定方法产生的标定系数。可以从表22-2中得出3个结果。第一,传感器有不同的噪声轮廓。尤其是第3个传感器的噪声轮廓明显有别于其他传感器。第二，第 1 个和第 4 个传感器比其他的传感器有更小的衰减因数。这与图 22-5 中显示的模拟传感器的偏差是一致的，也就是说节点 1 与节点 4 周围的灰度级像素降低了。第三，在该方法中，接近于监督点的传感器分配高的标定系数。据式(22-17)，该方法的标定系数连带地考虑了传感器传感模型和距离监督点的距离。因此，来自接近于监督点的传感器的高质量测量值对检测结果贡献更多。相反，设备级标定方法只是考虑了关于标准传感器的测量映射函数，得到相对低的系统性能。

现在来评估已标定网络的接受操作性能，它是一种被广泛采用的系统检测性能测量方法。图 22-6 画出了不同标定方法的 ROC 曲线，两点在中心处的灰度级是 48。可以看到，就检测概率 P_D 和错误警报概率 P_F 而言，最佳方法明显优于基准方法。

图 22-7 画出了当虚警率是 5%时，由不同的标定方法得到的检测概率相对于亮点中心处的灰度级的图。该结果清晰地表明该方法对低信噪比情形的效率。

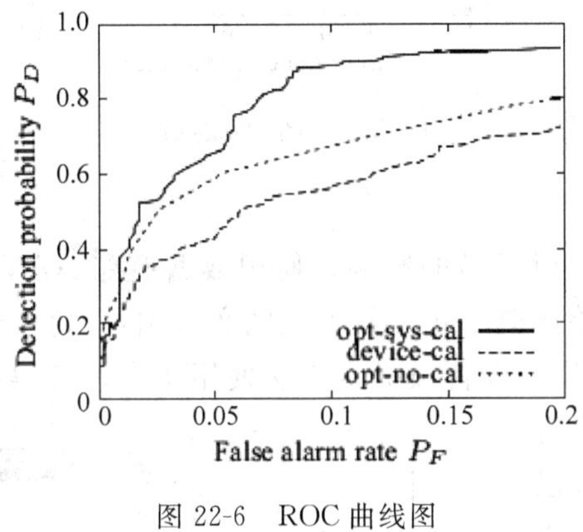

图 22-6　ROC 曲线图

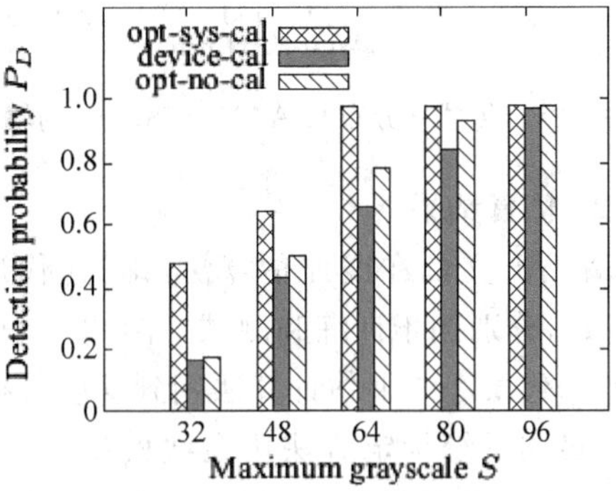

图 22-7　P_D 对光点的灰度

22.5　标定方法性能分析

下面进行更深入的基于综合数据及实时数据的仿真实验，这些数据是在 DARPA SensIT 车辆监测实验中收集的。

22.5.1　跟踪驱动仿真

1. 设置和方法

使用在 DARPA SensIT 车辆监测实验中收集的实时数据，在实验中，部署 75 WINS NG2.0 节点检测两栖攻击车辆(AAVs)行驶过几个交叉路口。在仿真实验中使用到的资料组包括地面实况数据和记录的声音时间序列，频率是 4960Hz。地面实况信息数据包括传感器位置和 AAV 的轨迹，由 GPS 设备记录。使用数据跟踪记录 9 辆 AAV 行驶。沿路选择 10 个监督点。图 22-8 画出了传感器布局和监督点，以及 AAV3-5 的轨迹。从图 22-8 中，可以看到几个传感器接近于车辆行驶的轨迹。但是，大部分时间，车辆与传感器的距离很远，这样可以忽略车辆运动对传感器测量模型估计的影响。

在最佳系统级标定方法中，一个传感器产生一个数据点(P_{Di}，d_i)，0.75s 内使用时间序列。为了评估已标定网络的检测性能，下面测量没出监督点的检测概率。当一 AAV 进入

300×300m² 的区域，如图 22-8 所示，每一个监督点，网络通过融合传感器每隔 0.75s 测量得到的值检测车辆，检测概率被计算出来作为成功检测的分数。这记录了所有监督点的概率的平均值。

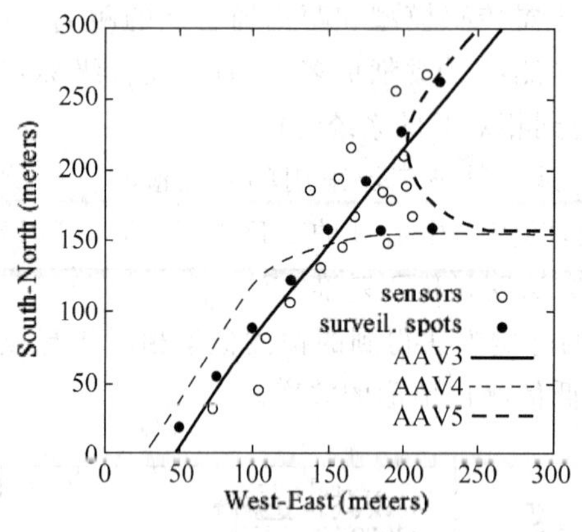

图 22-8 传感器分布与 AAV3～AAV5 的轨迹图

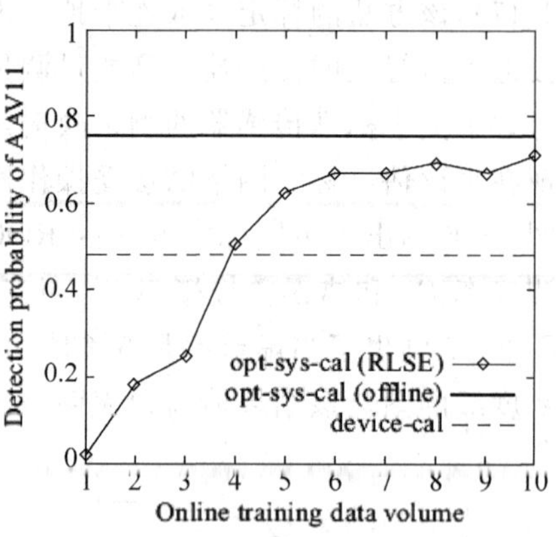

图 22-9 P_D 的收敛图

2. 仿真结果

评估上文的在线评估算法(即，迭代最小二乘估计)的影响。使用数据追踪 AAV3 和 AAV11，分别用于训练和测试。图 22-9 画出了检测概率相对数据点的数量图，在每个传感器处，迭代最小二乘估计算法用到这些数据点。注意设备级标定方法使用所有训练得到的数据，最佳系统标定方法用在线模型估计算法。得到的实验结果是平均 10 辆，如图 22-9 所示。可以看到，使用迭代最小二乘估计算法最佳系统标定方法结果收敛到步长为十的小误差脱机结果，它与图 22-3 中迭代最小二乘估计性能评估一致。此外，最佳系统级标定方法优于设备级标定方法。

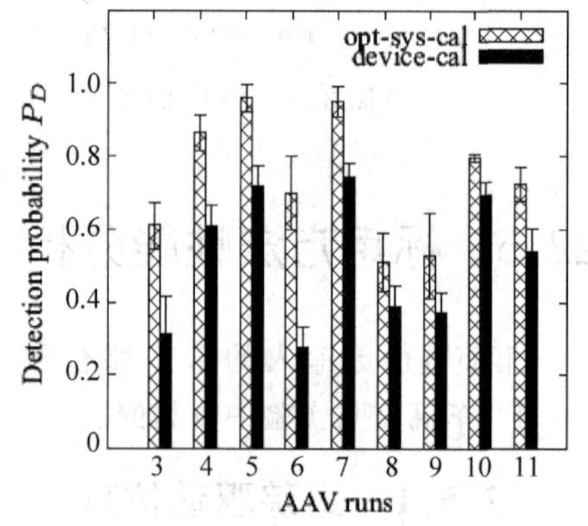

图 22-10 不同的 AAVs 的 P_D

然后使用各种 AAV 行驶的数据踪迹评估该方法的有效性。使用 AAV3 训练网络，测量不同行驶的检测概率。图 22-10 画出了检测概率错误的条形图。可以看到，在每辆 AAV 车辆行驶中，最佳系统级标定方法优于设备级标定方法。测量到的最佳系统级标定和设备级标定的虚警率分别是 5.2%和 5.1%(用不到 2%的标准偏差)。

22.5.2 基于综合数据的仿真

除了跟踪驱动仿真，还进行了基于综合数据的仿真实验，使得在不同设置的条件下，评估这个方法。

1. 数值设定

大量的传感器统一部署到一个直径为 20m 的环形区域。监督点选择在环形区域的中心，接近监督点的传感器选为簇头。每个传感器 i 的衰减因数 k_i 和参考距离 r_i 分别从

[1.0,5.0]和[1.0,2.0]中随机抽取。各个传感器的高斯噪声产生器的均值和方差设定为1。约束目标直线穿过该区域，以恒定速度1m/s穿过区域中心。每个传感器i以100Hz的频率抽样能量信号，每秒产生一个统计值P_{Di}。在运行时，目标随机出现在环形区域中，所有的传感器融合它们的测量值去检测目标。为了测量系统的检测性能，使目标出现大量的次数（在仿真中为4000次）。检测概率计为成功检测的分数。快速得出的结果，平均值超过20。使用一个附加的基准方法，一般的k和r分别设定为每个传感器的k_i和r_i的平均值。参考距离r_i在实际中通常是未知的。

2. 仿真结果

首先评估已标网络ROC。共部署了20个传感器，目标信源能量运行时是50。图22-11画出了不同标定方法的ROC曲线图。可以看到标定方法明显优于其他3种基准方法。

紧接着评估在不同的峰值信噪比(PSNR)条件下的检测性能。PSNR定义为信源能量和噪声分贝的标准偏差之比，即$\mathrm{PSNR}=10\log\frac{S}{\sigma}$。

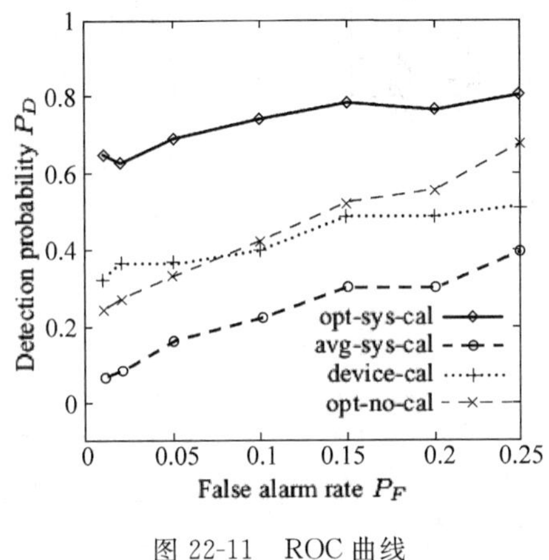

图22-11 ROC曲线

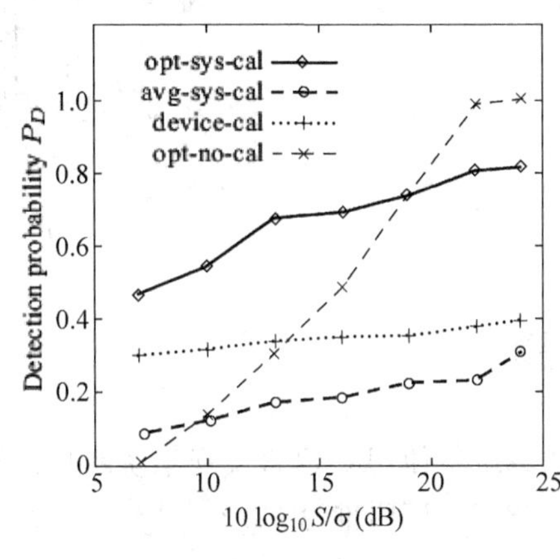

图22-12 P_D与PSNR

图22-12画出了检测概率与峰值信噪比的图形，此时共部署了20个传感器。可以看到，检测概率随着峰值信噪比增加而增加。这证实了猜测，即声音越大的目标越容易被检测到。甚至该方法明显优于其他两种标定方法，即设备级标定和附加基准标定。注意，最佳非设备级标定是一种最佳的检测方法而不用强制所有的传感器有一致的传感模型。没有问题2的第二个限制，就检测性能而言，最佳非设备级标定可以优于该方法。观察到当峰值信噪比大于19dB时，未标定网络优于已标网络。但是许多现有的数据融合算法无法轻易地应用到未标定网络中去，这个未标定网络中的传感器有不同的传感模型。甚至，在基于低成本的节点车辆检测实验中，峰值信噪比通常低于中度值(≤17dB)。

最后，评估不同标定方法的通信消耗负担。使用Zuniga和Krishnamachari中的链路模型，设置MICA2节点计算网络中每条链路的数据包接收率。据最短路径准则选择至簇头的多跳路由。每条链路的权重是一个传输预期数，该预期数被有损耗无限链路广泛采用。假设一个浮点数由2个字节表示。图22-13画出了在训练阶段所有的数据传输数的数量相对部署传感器数量的图形。

注意，仅仅是考虑了标定算法引起的通信开销。最佳系统级标定和附加基准算法都属于系统级方法，在系统级方法中，只发送信号衰减和噪声模型参数。在最佳非设备级标定中，只发送噪声参数，这样簇头就可以计算出最佳检测阈值。因此，这 3 类方法的通信消耗，相对于诸如 MICA2 低成本的节点而言还是负担得起的。但在设备级标定方法中，每个信号距离数据对都要发送，这样簇头只是集中计算映射函数。因此，通信消耗明显要更高。甚至，它还增加了训练阶段的数据量。该结果清楚地证明了在降低通信消耗方面系统级标定方法对于设备级标定的优势。

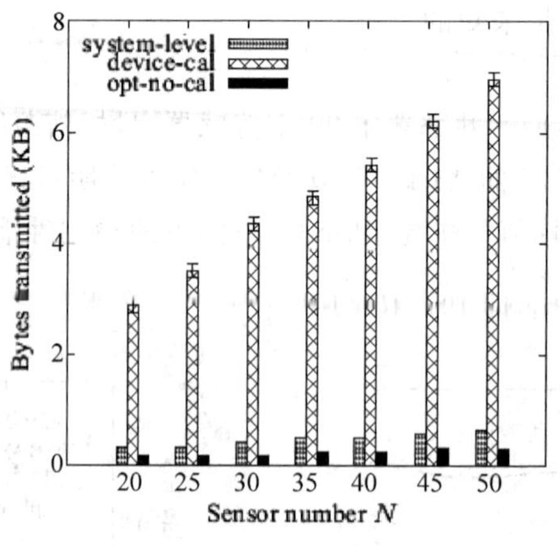

图 22-13　通信开销

习题

22.1　使用 C 语言实现系统级标准算法。

22.2　证明推论 22.2。

引文

[1]　R Tan, G Xing, Z Yuan, X Liu, and Yao. System-level calibration for data fusion in wireless sensor networks. ACM Trans. Sensor Netw. 2013, 9(3): 1-27

第 23 章

目标跟踪策略算法与数据融合

使用多传感器测量值跟踪移动的物体（包括目标、移动机器人和其他的交通工具）的问题，在军事应用和民用中引起了人们极大的兴趣。在军事和民用场合中使用雷达、声呐系统和光电跟踪系统追踪飞行器的飞行测试，例如导弹、无人驾驶飞行器、微型或迷你型飞行器和旋翼飞行器。在非军事应用中，例如机器人、空中交通管制和管理、空气质量监督和地面交通跟踪也是非常有用的。实际中，目标跟踪的情形包括目标机动、交叉和分离（相遇和分离）。对这样的情形有不同的算法可以实现目标跟踪。选择的算法一般依赖于应用，也需要考虑算法优点，问题的复杂度（数据受到地面杂波的干扰，噪声处理过程等）和计算负担。

目标跟踪包括目标当前状态估计，通常是基于有噪声测量值。由于目标数学模型的不确定性，尤其是因为目标机动（需要多过一个模型和一个转移模型等），过程或者状态和测量噪声等，该问题甚至在单个目标跟踪时也是复杂的。多目标跟踪使用来自多传感器测量值时，跟踪问题的复杂度将增加。以下将讨论目标跟踪的几个策略算法和相关数据融合适用方面，且在下文中给出几个数据融合系统和算法的性能评估结果。

用于跟踪的数据融合的重要性源于下面几个方面的考虑。当某一飞行器为脉冲雷达和红外成像传感器所观察到时，雷达提供精确确定飞行器范围的能力；但是，确定飞行器方向角的能力有限，然而红外成像传感器可以准确地确定飞行器的方向角，却不能确定范围。如果这两类观察可以正确关联和融合，这将提供一种改进后范围和方向的测定，比两个传感器任一单独使用要好。根据目标属性的观察，可以确定目标的身份；根据方向角、距离和距离速率的观察，它们可以转换成估计目标的位置和速率。这可以使用线性卡尔曼滤波和非线性的扩展卡尔曼滤波与无导数卡尔曼滤波实现。接着，已估计状态可整合为状态向量融合。观察目标属性，例如雷达散射截面、红外成像频谱和可视化图像，可以用来对目标进行分类，并给同一类目标分配标签。如果传感器类型相同，也就是说，相同和类似，且测量相同的物理现象，如目标距离，那么传感器的原始数据可以直接整合。但是，在卡尔曼滤波中，不同类型传感器的数据（还有相同类型传感器的数据）可通过测量模型（和相关的测量协方差矩阵）线性整合，且可以估计状态向量。在这样的模型中，卡尔曼滤波是数据融合器。在非类似传感器的情形中（来自这些传感器的数据不同且无法用传统的方法整合），特征和状态向量融合可以用于数据整合，这些数据是不同的，例如，红外成像和声波数据。

在目标跟踪过程中，通过现有航迹的相关测量更新目标航迹，或者使用来自不同传感器的测量值以启动新的航迹。在多传感器多目标情形中，门控与数据关联过程可以准确、恰当地跟踪目标。门控有助于决定是否某次观察（包括杂波、错误警报和电子计数器测量）是恰当的候选,用于航迹维护或者航迹更新。当几个目标在同一个区域时,数据关联以某种确定性把目标和测量值关联起来。在实际中,传感器测量值可能不正确,因为杂波效应、错误警报、其他目标的干扰、有限的分辨能力(传感器空间覆盖局限性)、或者是否有几个目标在相同的区域内。

门控用来筛选出错误信号,例如杂波,然而关联算法用于自动航迹起始,测量到航迹关联,跟踪到航迹关联。在测量到航迹关联中,传感器数据与现存航迹数关联起来以决定哪一个传感器数据或观察属于哪个目标。一旦做出决定,确定某个特定目标有超过一次的观察,这些观察值便可以通过典型的连续估计技术在原始水平使用测量融合相整合,例如卡尔曼滤波。实现测量融合算法的必要步骤陈述如下。该方法用于消除不可能的测量到航迹匹配。门控的过程决定是否某个观察属于已经确定的目标或是新目标。门(矩形、圆形或椭圆形)定义为一个或多个现存航迹。图 23-1 显示椭圆形门和门控过程。如果某次观察满足门条件,意味着要是它落在门的范围内,它就成为与航迹相关的候选者。由于门封闭起来的区域称为根据域或确定域。

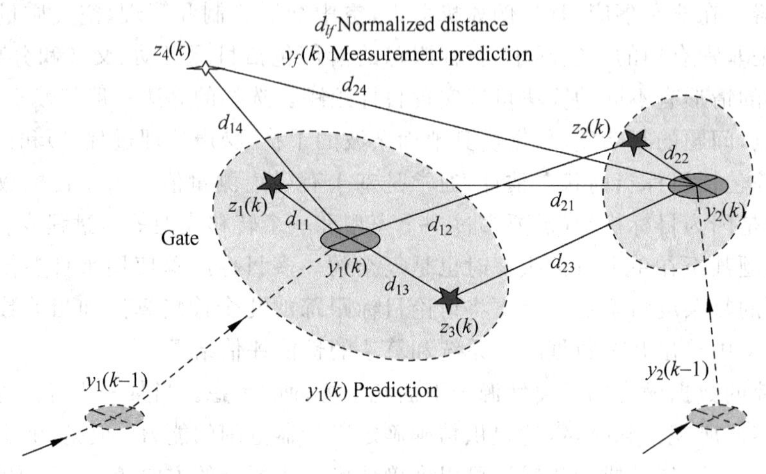

图 23-1 数据关联和门控原理描绘

以下是在门控过程中遇到的情形:①多于一次观察满足单航迹门;②一次观察满足多门的多现存航迹;③即使落入根据域,观察也不会最终用于更新现存航迹。因此,它也许会用于启动一个新的航迹;④观察未落入根据域内任一现存航迹;在此情况下,它用于启动一个暂定新航迹。如果检测概率是一致的或没有预期的外来回报(不必要的东西),那么门的大小应该为无穷大。如果出现杂波时观察到目标状态检测概率小于一致检测概率,那么它产生错误测量结果。如果残留误差向量所有的分量小于门尺寸几倍的残留标准偏差,就说一次观察满足给定航迹的门。如果 $z(k)$ 是在观察点 k(离散时间指数)处的测量结果由下式给出

$$z(k) = Hx(k) + v(k)$$

且 $\boldsymbol{y}=\boldsymbol{H}\hat{\boldsymbol{x}}(k|k-1)$ 是预测值,$\hat{\boldsymbol{x}}(k|k-1)$ 代表在观察点 $k-1$ 处的预测状态,那么残留向量(或者残差序列)由下式给出

$$\boldsymbol{v}(k) = \boldsymbol{z}(k) - \boldsymbol{y}(k) \tag{23-1}$$

革新协方差矩阵 $\boldsymbol{S}$ 由下式给出

$$S = HPH^{\mathrm{T}} + R \tag{23-2}$$

此处，$\boldsymbol{R}$ 是测量结果噪声的协方差矩阵。假定测量结果向量维度 M，距离 d^2 表示残留向量的范数定义为

$$d^2 = \boldsymbol{v}^{\mathrm{T}}\boldsymbol{S}^{-1}\boldsymbol{v} \tag{23-3}$$

要是距离 d^2 小于确定的门限值 G

$$d^2 = \boldsymbol{v}^{\mathrm{T}}\boldsymbol{S}^{-1}\boldsymbol{v} \leqslant \boldsymbol{G} \tag{23-4}$$

那么就认可测量与航迹之间的相互关系。观察落入上述定义的门内更可能是从航迹观察得来的值落入上述定义的门限内而非其他的外部源。选择门限值 G 的一个简单方法是根据自由度为 M 的 χ^2 分布。距离 d^2 是均值为零和单位标准差 M 个独立的高斯变量平方和。因此，d^2 的二次方程形式包含 χ^2 分布，距离 d^2 处的门限可以使用 χ^2 分布表确定。

在多目标的情形中，门控仅仅是提供部分解决航迹维护和航迹更新问题的办法。当一次测量落入多航迹的门内或当多测量落入单航迹门内，要求额外的推理。在图 23-2 中给出了传感过程，数据关联和门控或航迹。一个或多个传感器的系统在多目标跟踪与监控中操作，有真实目标和虚警概率，后者有噪声与雷达杂波产生。多目标的情形中，目标是把传感器划分成同源产生的测量与航迹的集合。一旦形成航迹且确认了，这样就减少了背景和其他虚假目标，可以估测目标数量和目标速度，预测未来位置和计算每个目标的目标类别特点。跟踪扫描是多目标的特殊情形。在雷达或其他传感器定期扫描已预测传感器的量时，定期接收数据。在多目标的情形中系统最重要的部分是数据关联。雷达、红外成像和声呐传感器提供来自目标，背景噪声源(例如雷达地面杂波或热噪声——影响真实测量值)的测量值。在这样的系统中，测量值是位移或多普勒雷达(距离变化率)属性，例如目标类别，身份号码，长度或形状；或者在扫描点 k，或在每一个采样间隔 T 内，数据不定期可用。电子扫描天线雷达可以很方便地在搜索新目标的功能和显示现存目标的功能之间切换，因为扫描点 k 和 $k+1$ 之间的时间间隔不必全是 k。由于测量远点的不确定性，且混合了噪声，所以数据关联过程是必须的。

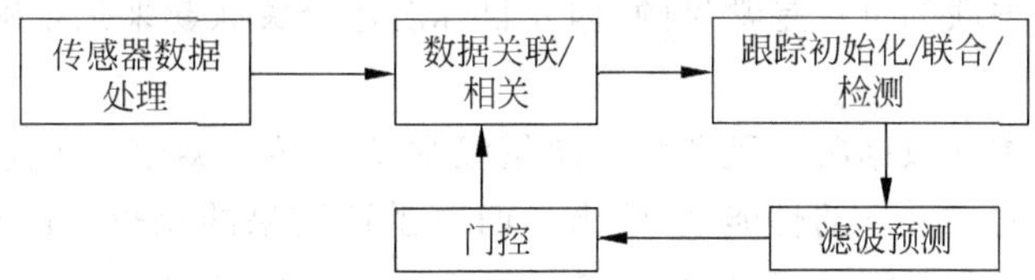

图 23-2 传感数据关联和航迹门控

如果不确定性出现在环境中，那么环境中有杂波或是虚警率很高。这就可能产生低的可观察目标概率或影响相同区域内一些目标的出现。持续的杂波可能会产生虚假的能量反射或散射，这些杂波可以识别出来并除去；然而，随机出现的杂波需要恰当处理。

因此，关于某一特定传感器获得的测量值的源没有完全的确定性。这是因为传感器处理来自远距离的传感器数值，远方的传感器感知感兴趣的一个或几个目标散射或反射的能量。也许还有其他虚假的能量源。用在跟踪算法中的测量值也许是来自非感兴趣目标。当雷达、声呐或光纤传感器操作处理出现的杂波，敌我双方存在对抗和错误警报时，这样的情况就会发生。当有几个目标在同一区域内时，且尽管你可以区分观察方向时也可能发生，你无法用目标确定性关联到它们。当有一些目标，但是它们的数量未知，部分测量值可能是虚

假的，或是受到过干扰，或是获得的测量值有延迟，这时难度会加剧。

因此，采取如下步骤：①到达的测量值首先考虑用于更新现存航迹；②门控用来确定测量得到航迹对是合理的；③更加精确的数据关联算法用于确定最终对数。未指派给现存航迹的测量值可以启动新的暂定航迹。当涉及航迹测量值的数目和质量满足确定准则时，暂定航迹被确定。根据维护或更新的分数删除低质量航迹。在包括新的测量值后，在到达时间之前为下一个测量值集合预测航迹。

当中有几个数据关联的滤波算法来处理门控和数据关联问题。最普遍的算法是最近邻卡尔曼滤波器(NNKF)和概率数据关联滤波算法。区域卡尔曼先假设测量值是正确的，使用测量值来接近于已预测的测量值。要是测量值是可用的，最强区域卡尔曼便考虑信号强度。概率数据关联滤波使用全部测量值，在当前时刻根据域，由概率数据关联滤波计算出的相关概率赋予权重。因此，在概率数据关联滤波算法中，使用它们来自目标的概率赋予权重的测量值更新状态估计——使用了混合新方法。在对目标的情形中，测量到测量关联叫作航迹信息，测量到航迹关联叫作航迹维护或更新，航迹到航迹关联叫作航迹融合。

23.1 状态向量和测量级融合

通常有两种广义方法用于数据融合：测量值融合和状态向量融合。理论上，前者要更高级，因为测量值把主要的数据进行结合而没有包含很多的过程，且得到目标位置的最佳状态向量。然而，在实际的情形中，这种方法是不可行的，因为发送到融合中心的数据量会很大，而且可能产生信道传送容量问题。因此，在如此实际的情况中，状态向量融合是最好的方法。在该系统中，每个传感器使用一个估计器，该估计器能获得状态向量的一个估计，且它与传感器数据的协方差矩阵联系在一起。然后，这些状态向量通过数据链接发送给融合中心。这自然会降低信道负担与消耗。在融合中心，实现航迹到航迹相关，且得到已经融合的状态向量。这就是所有状态的混合向量。但是，产生了一个引起兴趣的问题：滤波器动力学中噪声与目标关联的过程是常见的，因此目标航迹会关联起来是正确的，尽管测量误差是不相关的。

以下给出了基本的数据融合级和状态向量级数学推导。类似的传感器数据融合，研究测量值融合和状态向量融合的性能，且给出了两个雷达结果的比较。该研究是由计算机仿真数据和真实数据一起进行的，真实数据是从飞行测试靶场得到的。一般地，目标移动模型为状态空间模型

$$\boldsymbol{X}_{(k+1)} = \boldsymbol{\Phi}\boldsymbol{X}_{(k)} + \boldsymbol{G}\boldsymbol{\omega}_{(k)} \tag{23-5}$$

此处的 $\boldsymbol{X}$ 是状态向量，由目标位置与速度组成，$\boldsymbol{\Phi}$ 是状态发送矩阵，由下式给出，$\boldsymbol{\Phi}=\begin{bmatrix}1 & T\\0 & 1\end{bmatrix}$，$\boldsymbol{G}=\begin{bmatrix}T^2/2\\T\end{bmatrix}$是与过程噪声关联的矩阵增益，且$\boldsymbol{\omega}$ 是均值 $E(\omega_{(k)})=0$ 和方差 $\mathrm{Var}(\omega_{(k)})=\boldsymbol{Q}$ 的过程噪声。测量值模型由下式给出

$$\boldsymbol{Z}_{(k)} = \boldsymbol{H}\boldsymbol{X}_{(k)} + \boldsymbol{v}_{(k)} \tag{23-6}$$

公式中的 $\boldsymbol{H}$ 是一个传感器的观察矩阵 $\boldsymbol{H}=[1\quad 0]$，$\boldsymbol{H}=\begin{bmatrix}1 & 0\\1 & 0\end{bmatrix}$是两个传感器的观察矩阵，$\boldsymbol{v}$ 是均值 $E(v_{(k)})=0$ 和方差 $\mathrm{Var}(v_{(k)})=\boldsymbol{R}$ 的测量噪声。

23.1.1　状态向量融合

每一个观察值的集合给定卡尔曼滤波，意味着该算法独立运用于每个传感器，且产生状态估计。这个方法非常适合不一样的传感器输出的数据，因此数据不能直接整合，因为它能直接测量数据级融合过程。

状态和协方差传送时间

$$\widetilde{\boldsymbol{X}}_{(k+1)}=\boldsymbol{\Phi}\hat{\boldsymbol{X}}_{(k)} \tag{23-7}$$

$$\widetilde{\boldsymbol{P}}_{(k+1)}=\boldsymbol{\Phi}\hat{\boldsymbol{P}}_{(k)}\boldsymbol{\Phi}^{\mathrm{T}}+\boldsymbol{GQG}^{\mathrm{T}} \tag{23-8}$$

状态和谐方差测量值更新

$$\widetilde{\boldsymbol{P}}_{(k+1)}=\boldsymbol{\Phi}\hat{\boldsymbol{P}}_{(k)}\boldsymbol{\Phi}^{\mathrm{T}}+\boldsymbol{GQG}^{\mathrm{T}} \tag{23-9}$$

$$\boldsymbol{K}_{(k+1)}=\widetilde{\boldsymbol{P}}_{(k+1)}\boldsymbol{H}^{\mathrm{T}}[\boldsymbol{H}\widetilde{\boldsymbol{P}}_{(k+1)}\boldsymbol{H}^{\mathrm{T}}+\boldsymbol{R}]^{-1} \tag{23-10}$$

$$\hat{\boldsymbol{X}}_{(k+1)}=\widetilde{\boldsymbol{X}}_{(k+1)}+\boldsymbol{K}_{(k+1)}[\boldsymbol{Z}_{(k+1)}-\boldsymbol{H}\widetilde{\boldsymbol{X}}_{(k+1)}] \tag{23-11}$$

$$\hat{\boldsymbol{P}}_{(k+1)}=[\boldsymbol{I}-\boldsymbol{K}_{(k+1)}\boldsymbol{H}]\widetilde{\boldsymbol{P}}_{(k)} \tag{23-12}$$

首先，状态估计是由处理来自每个传感器测量的数据产生的。融合是由使用两个独立状态估计的加权和，通过整合状态估计得到的。使用过的加权因数是恰当的协方差矩阵。因此，这些状态估计和相应的协方差矩阵按如下方式融合，即，使用下面的表达式计算出融合的状态和协方差矩阵

$$\hat{\boldsymbol{X}}^{f}=\hat{\boldsymbol{X}}^{1}+\hat{\boldsymbol{P}}(\hat{\boldsymbol{P}}^{1}+\hat{\boldsymbol{P}}^{2})^{-1}(\hat{\boldsymbol{X}}^{2}-\hat{\boldsymbol{X}}^{1}) \tag{23-13}$$

$$\hat{\boldsymbol{P}}^{f}=\hat{\boldsymbol{P}}^{1}-\hat{\boldsymbol{P}}^{1}(\hat{\boldsymbol{P}}^{1}+\hat{\boldsymbol{P}}^{2})^{-1}\hat{\boldsymbol{P}}^{1\mathrm{T}} \tag{23-14}$$

公式中$\hat{\boldsymbol{X}}^{1}$ 和$\hat{\boldsymbol{X}}^{2}$ 是滤波器 1 和滤波器 2 分别来自传感器 1 和传感器 2 的测量值的估计状态向量，$\hat{\boldsymbol{P}}^{1}$ 和$\hat{\boldsymbol{P}}^{2}$ 是相应地来自滤波器 1 和 2 的估计状态误差协方差。

23.1.2　测量值数据级融合

在测量值融合方法中，算法通过一个测量模型并使用一个卡尔曼滤波器直接融合传感器观察值，以估计融合后的状态向量。表达这个过程的公式在后面给出。

状态和协方差传播时间

$$\widetilde{\boldsymbol{X}}^{f}_{(k+1)}=\boldsymbol{\Phi}\widetilde{\boldsymbol{X}}^{f}_{(k)} \tag{23-15}$$

$$\widetilde{\boldsymbol{P}}^{f}_{(k+1)}=\boldsymbol{\Phi}\widetilde{\boldsymbol{P}}^{f}_{(k)}\boldsymbol{\Phi}^{\mathrm{T}}+\boldsymbol{GQG}^{\mathrm{T}} \tag{23-16}$$

状态和协方差测量数据更新

$$\boldsymbol{K}^{f}_{(k+1)}=\widetilde{\boldsymbol{P}}^{f}_{(k+1)}\boldsymbol{H}^{\mathrm{T}}[\boldsymbol{H}\widetilde{\boldsymbol{P}}^{f}_{(k+1)}\boldsymbol{H}^{\mathrm{T}}+\boldsymbol{R}]^{-1} \tag{23-17}$$

$$\hat{\boldsymbol{X}}^{f}_{(k+1)}=\widetilde{\boldsymbol{X}}^{f}_{(k+1)}+\boldsymbol{K}^{f}_{(k+1)}[\boldsymbol{Z}_{(k+1)}-\boldsymbol{H}\widetilde{\boldsymbol{X}}^{f}_{(k+1)}] \tag{23-18}$$

$$\widetilde{\boldsymbol{P}}^{f}_{(k+1)}=[\boldsymbol{I}-\boldsymbol{K}^{f}_{(k+1)}\boldsymbol{H}]\widetilde{\boldsymbol{P}}^{f}_{(k+1)} \tag{23-19}$$

测量向量 $\boldsymbol{Z}$ 是来自两个传感器测量数据的合成。该过程同样可用于两个以上的传感器；这是一种自然的融合数据的方法。此处，观察矩阵是 2×2 矩阵，把两个传感器放在一

起作为 $\boldsymbol{H}=\begin{bmatrix}1 & 0\\1 & 0\end{bmatrix}$,测量协方差矩阵 $\boldsymbol{R}=\begin{bmatrix}R1 & 0\\0 & R2\end{bmatrix}$,$R1$ 和 $R2$ 作为各自传感器的测量误差协方差。

23.1.3 数据融合效果

使用式(23-6)和式(23-7)仿真一个移动目标的轨迹,并且把方差为 1 和 100 的测量噪声加到两个传感器的数据输出。两种算法都使用该数据,使用轨迹的误差百分比(PFE)估计它们的性能,计算如下

$$\mathrm{PFE}=100\times\frac{\mathrm{norm}(\hat{x}-x_{\mathrm{gt}})}{\mathrm{norm}(x_{\mathrm{gt}})} \tag{23-20}$$

式中 $\hat{x}$ 是滤波器估计的状态,x_{gt} 是地面真值,即加噪声前的仿真状态。结果如表 23-1 所示。使用来自两个雷达的真实数据,同时使用状态向量融合和测量值数据级融合方法来估计目标移动轨迹。使用真实数据两种融合方法性能示于表 23-2,其中 x、y、z 分别表示坐标轴。

表 23-1 两种融合策略仿真数据结果

状态向量融合			测量值数据级融合		
PFE(Position)	PFE(Velocity)	Norm(Error Covariance)	PFE(Position)	PFE(Velocity)	Norm(Error Covariance)
0.048	11.81	0.069	0.047	6.653	0.069

表 23-2 真实飞行测试数据结果

	状态向量融合			测量值数据级融合		
	PFE(Position)	PFE(Velocity)	Norm(Error Covariance)	PFE(Position)	PFE(Velocity)	Norm(Error Covariance)
x	0.079	2.80	222.84	0.071	2.182	217.73
y	0.084	2.703	251.43	0.092	1.807	239.16
z	0.555	5.431	218.26	0.574	3.855	214.57

应该注意到,传感器特性研究估计的协方差矩阵可以用于滤波器。从结果中可以看到,在大多情况下,数据级融合比状态向量级融合更精确。然而,对于类似的数据或传感器,状态向量级融合更可取。

23.2 分解卡尔曼滤波器传感器数据表征与融合

传感器使用来自基于地面的目标追踪雷达的数据进行数据融合。光电追踪系统和惯性导航系统(INS)传感器是已经涉及的问题,因为这些数据常常受到不同系统误差、时间标记误差、时延和随机误差的影响。因此提出一个实用的解决办法是必要的。

(1) 纠正错误;

(2) 估计测量值和处理噪声的统计值;

(3) 处理标记时间和时延误差。

通过使用滤波和估计算法,尤其是诸如处理和测量轨迹噪声的随机误差的影响降低了

很多。有人建议使用队列算法纠正系统误差，在其中，雷达测量值映射给地面中心，地球固定坐标使用大地坐标转换，雷达误差使用最小均方技术估计。

23.2.1 传感偏差

全球定位系统（GPS）数据可用做参考以获得各种传感器的测量噪声协方差估计和传感偏差的估计。也可以使用带有误差状态空间的卡尔曼滤波器技术，它被称作误差状态卡尔曼滤波器（Error-State Kalman Filter，ESKF）。误差状态卡尔曼滤波器使用实际测量数据和参考 GPS 数据之间的差异估计传感器数据中的偏差。误差状态卡尔曼滤波器残差的协方差给出一个特定传感器测量噪声协方差的估计。在这些数据用于状态估计和融合之前，估计偏差用于纠正传感器数据。图 23-3 描绘了带有 UD 滤波器的误差状态卡尔曼滤波器框图。

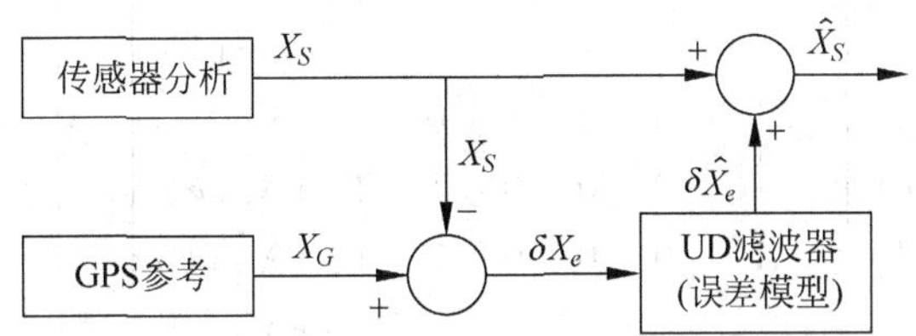

图 23-3　传感器表征误差模型形式中的 UD 滤波器

在大地坐标系统中执行传感表征。在 1984 世界大地系统（WGS-84）框架中的 GPS 数据先是使用下面的变换式转换成基于地心坐标（Earth-Centered Earth-Fixed，ECEF）

$$\begin{aligned} X_{\text{ecef}} &= (r+h)\cos\lambda\cos\mu \\ Y_{\text{ecef}} &= (r+h)\cos\lambda\sin\mu \\ Z_{\text{ecef}} &= \{((1-e^2)r+h)\}\sin\lambda \end{aligned} \tag{23-21}$$

式中，λ，μ 和 h 是从 GPS 中数据获得的纬度、经度和高度，$r=a/(1-e^2\sin^2\lambda)^{1/2}$ 是地球的有效半径，a 是半主轴＝6378.135km，e 是离心率，等于 0.081 818 81。在极地框架测量到的雷达数据使用下面的变换式被转换成本地东北垂直框架的笛卡儿坐标

$$\begin{aligned} X_{\text{env}} &= R\sin\varphi\cos\theta \\ Y_{\text{env}} &= R\cos\varphi\cos\theta \\ Z_{\text{env}} &= R\sin\theta \end{aligned} \tag{23-22}$$

式中 R 是范围，单位为 m；φ 是方位角，单位为度；θ 是夹角，单位为度。然后使用变换矩阵把传感器数据从东北垂直坐标（East-North-Vertical，ENV）转换成 ECEF 坐标。

$$\begin{bmatrix} X_{\text{ecef}} \\ Y_{\text{ecef}} \\ Z_{\text{ecef}} \end{bmatrix} = \begin{bmatrix} X_k \\ Y_k \\ Z_k \end{bmatrix} + \begin{bmatrix} -\sin\mu & -\sin\lambda\cos\mu & \cos\lambda\sin\mu \\ \cos\mu & -\sin\lambda\sin\mu & \cos\lambda\sin\mu \\ 0 & \cos\lambda & \sin\lambda \end{bmatrix} \begin{bmatrix} X_{\text{env}} \\ Y_{\text{env}} \\ Z_{\text{env}} \end{bmatrix} \tag{23-23}$$

式中，λ 和 μ 分别是传感器的纬度与经度，X_k，Y_k 和 Z_k 给出 ECEF 坐标中传感器的位置。这是从跟踪中使用式（23-18 ）的纬度、经度和高度。在 INS 情形中，已测向下的范围、跨度和高度将被转换为本地 ENV 坐标，然后转换到 ECEF 坐标。在光电追踪系统的情形中，使用最小二乘算法，已测方位角和夹角转换成本地 ENV 坐标。对时间同步过的 GPS 数据和传感器数据进行偏差估计是必要的。

23.2.2 误差状态空间卡尔曼滤波器

卡尔曼滤波的 UD 分解形式用于估计传感器偏差和测量噪声协方差。在传感器表征中,卡尔曼滤波用误差状态空间模型替代实际状态空间模型来实现。这就被称为间接方法。误差模型由下式给出

$$\boldsymbol{\delta X}(k+1)=\boldsymbol{\Phi}\boldsymbol{\delta X}(k)+\boldsymbol{G}\boldsymbol{w}(k) \tag{23-24}$$

$$\boldsymbol{\delta Z}(k)=\boldsymbol{H}\boldsymbol{\delta X}(k)+\boldsymbol{v}(k) \tag{23-25}$$

此处,$\boldsymbol{\delta X}$ 是位置向量和总共 3 个轴的速度误差状态,$\boldsymbol{\delta Z}$ 是总共 3 个轴的已测位置误差向量,$\boldsymbol{\Phi}$ 是发送矩阵,$\boldsymbol{H}$ 是观察矩阵,$\boldsymbol{w}$ 是均值为 0、协方差矩阵为 $\boldsymbol{Q}$ 的过程噪声,$\boldsymbol{v}$ 是均值为 0、协方差矩阵是 $\boldsymbol{R}$ 的测量噪声。在 ECEF 坐标下,表征传感器的完全误差模型由下式给出

$$\begin{bmatrix}\delta x(k+1)\\ \delta v_x(k+1)\\ \delta y(k+1)\\ \delta v_y(k+1)\\ \delta z(k+1)\\ \delta v_z(k+1)\end{bmatrix}=\begin{bmatrix}1 & T & 0 & 0 & 0 & 0\\ 0 & 1 & 0 & 0 & 0 & 0\\ 0 & 0 & 1 & 1 & 0 & 0\\ 0 & 0 & 0 & 1 & 0 & 0\\ 0 & 0 & 0 & 0 & 1 & T\\ 0 & 0 & 0 & 0 & 0 & 1\end{bmatrix}\begin{bmatrix}\delta x(k)\\ \delta v_x(k)\\ \delta y(k)\\ \delta v_y(k)\\ \delta z(k)\\ \delta v_z(k)\end{bmatrix}+\begin{bmatrix}T^2/2\\ T\\ T^2/2\\ T\\ T^2/2\\ T\end{bmatrix}w(k) \tag{23-26}$$

$$\begin{bmatrix}\delta x_m(k)\\ \delta y_m(k)\\ \delta z_m(k)\end{bmatrix}=\begin{bmatrix}1 & 0 & 0 & 0 & 0 & 0\\ 0 & 0 & 1 & 0 & 0 & 0\\ 0 & 0 & 0 & 0 & 1 & 0\end{bmatrix}\begin{bmatrix}\delta x(k)\\ \delta v_x(k)\\ \delta y(k)\\ \delta v_y(k)\\ \delta z(k)\\ \delta v_z(k)\end{bmatrix}+\begin{bmatrix}v_1(k)\\ v_2(k)\\ v_3(k)\end{bmatrix} \tag{23-27}$$

式中,δx、δy 和 δz 分别是 x、y 和 z 方向的位置误差;δv_x、δv_y 和 δv_z 分别是 x、y 和 z 方向的速度误差;T 是采样周期;下标 m 表示已测的位置误差(GPS 数据-传感器数据)。

23.2.3 测量和过程噪声协方差估计

获得适当的融合结果要求估计测量噪声协方差矩阵 $\boldsymbol{R}$ 和过程噪声协方差矩阵 $\boldsymbol{Q}$。滑动窗口方法使用每个测量通道的自适应估计。矩阵 $\boldsymbol{R}$ 的估计通过决定残差的协方差矩阵,残差来自 ESKF 选择窗口宽度。一旦估计了 $\boldsymbol{R}$,$\boldsymbol{Q}$ 在状态估计期间,使用下面给出的方法自适应估计

$$\sum_{k=i-N+1}^{i}\left[\boldsymbol{\Phi P}(k-1/k-1)\boldsymbol{\Phi}^{\mathrm{T}}+\boldsymbol{GQ}(k-1)\boldsymbol{G}^{\mathrm{T}}-\boldsymbol{P}(k/k)-\Delta\boldsymbol{x}(k)\Delta\boldsymbol{x}(k)^{\mathrm{T}}\right]=0 \tag{23-28}$$

$$\Delta\boldsymbol{x}(k)=\hat{\boldsymbol{x}}(k/k)-\hat{\boldsymbol{x}}(k/k-1)=\boldsymbol{K}(k)r(k) \tag{23-29}$$

$$\boldsymbol{P}(k/k)=\boldsymbol{P}(k-1/k-1)-\boldsymbol{K}(k)\boldsymbol{HP}(k-1/k-1) \tag{23-30}$$

$$\boldsymbol{P}(k-1/k-1)=\boldsymbol{K}(k)\hat{\boldsymbol{A}}(k)\boldsymbol{H}^{\mathrm{T}} \tag{23-31}$$

$$\hat{\boldsymbol{A}}(k)=\frac{1}{N}\sum_{k=i-N+1}^{i}\boldsymbol{r}(k)\boldsymbol{r}(k)^{\mathrm{T}} \tag{23-32}$$

如果是 $\boldsymbol{G}$ 对所有的 k 都可逆,$\boldsymbol{Q}(k)$ 的估计可以定义为

$$\hat{\boldsymbol{Q}}(i)=\frac{1}{N}\sum_{k=i-N+1}^{i}\left\{\boldsymbol{G}^{-1}\left[\Delta\boldsymbol{x}(k)\Delta\boldsymbol{x}(k)^{\mathrm{T}}+\boldsymbol{P}(k/k)-\boldsymbol{\Phi P}(k-1/k-1)\boldsymbol{\Phi}^{\mathrm{T}}\right]\boldsymbol{G}^{-\mathrm{T}}\right\} \tag{23-33}$$

如果 $\boldsymbol{G}$ 是不可逆的，那么就用它的广义逆，计算式为

$$\boldsymbol{G}^{\#} = [\boldsymbol{G}^{\mathrm{T}}\boldsymbol{G}]^{-1}\boldsymbol{G}^{\mathrm{T}} \tag{23-34}$$

23.2.4　时间标记和时延误差

来自两个或更多传感器的数据融合要求测量值在同一时刻可用，且要求用精确的时间标记接收数据，对应于传感器或数据采集系统获得或感知到的数据的时间。这并非总是如此——数据也可能要么在发送端，要么在接收端，在错误的时间标记来到。还有时间漂移，记录于任一信道上。该时间漂移要么在任一信道上是一个常量，要么可能在每个时刻都不一样。关于该问题的一些实际的操作步骤如下：①第一个新的数据样本可用来确定信道上的时漂，随后的时间标记可以用已经计算出的时漂纠正；②为了处理随机时漂，在任一时刻，在信道上在采样时间一半内来到的任何数据都可认为它在那个时刻已经到达，目的是融合；③对于状态向量融合，预期可在每 T 秒(参考采样时间)滤波器输出。这可以通过使用每个时刻到来的数据更新滤波器状态，并传送估计状态给最近的 T，这样融合是可行的。用于融合的状态向量同步的方法，它的先决条件是适当地选择采样时间以适应被跟踪目标的动态。

23.2.5　多传感器数据融合方案

图 23-4 中显示了多传感器融合方案的方框图。第一步是不同传感器的数据时间同步。为了实现这一步，要检查到达每个跟踪传感器(包括 GPS)的数据，且在有数据首先到达传感器时，使用时间标记启动参考时间信号。该时间信号每隔 T 秒就以单位速率递增。每一步，在每个数据输出信道，传感器标记时间都与参考时间比较，并根据上面提到过的时延误差处理程序，使用“决策逻辑”启动恰当的行动。用上述的标准变换公式，每个数据集恰当地转换成 ECEF 坐标。GPS 信号作为参考，所有传感器数据的特征在于估计偏差和前述的测量与过程噪声协方差。然后这些数据在适当的模型中用来滤波与融合，并管理公式。目标移动模型由下式给出

$$\boldsymbol{X}(k+1) = \boldsymbol{\Phi}\boldsymbol{X}(k) + \boldsymbol{G}\boldsymbol{\omega}(k) \tag{23-35}$$

式中，$\boldsymbol{X}(k+1) = \boldsymbol{\Phi}\boldsymbol{X}(k) + \boldsymbol{G}\boldsymbol{\omega}(k)$ 是状态向量，由目标位置、速度和加速度组成

$$\boldsymbol{X} = [x_p, x_v, x_a, y_p, y_v, y_a, z_p, z_v, z_a]'$$

状态发送矩阵由下式给出

$$\boldsymbol{\Phi} = \begin{bmatrix} 1 & T & T^2/2 & 0 & 0 & 0 & 0 & 0 & 0 \\ 0 & 1 & T & 0 & 0 & 0 & 0 & 0 & 0 \\ 0 & 0 & 1 & 0 & 0 & 0 & 0 & 0 & 0 \\ 0 & 0 & 0 & 1 & T & T^2/2 & 0 & 0 & 0 \\ 0 & 0 & 0 & 0 & 1 & T & 0 & 0 & 0 \\ 0 & 0 & 0 & 0 & 0 & 1 & 0 & T^2/2 & 0 \\ 0 & 0 & 0 & 0 & 0 & 0 & 1 & T & 0 \\ 0 & 0 & 0 & 0 & 0 & 0 & 0 & 1 & T \\ 0 & 0 & 0 & 0 & 0 & 0 & 0 & 0 & 1 \end{bmatrix}$$

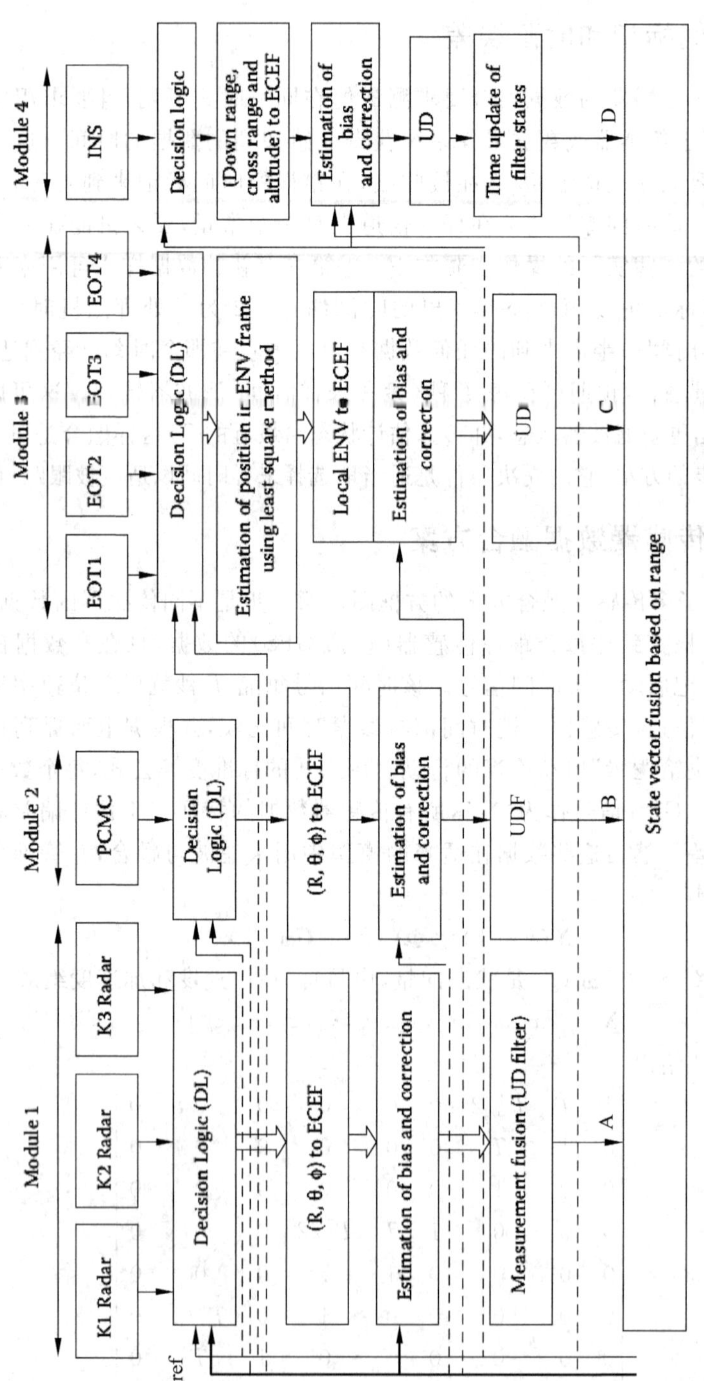
Module 1
Module 2
Module 3
Module 4
K1 Radar
K2 Radar
K3 Radar
PCMC
EOT1
EOT2
EOT3
EOT4
INS
Decision Logic (DL)
Decision Logic (DL)
Decision Logic (DL)
Decision logic
(R, θ, ϕ) to ECEF
(R, θ, ϕ) to ECEF
Estimation of position in ENV frame using least square method
(Down range, cross range and altitude) to ECEF
Estimation of bias and correction
Estimation of bias and correction
Local ENV to ECEF
Estimation of bias and correction
Estimation of bias and correction
Measurement fusion (UD filter)
UDF
UD
UD
Time update of filter states
A
B
C
D
State vector fusion based on range
Tref

图 23-4 数据融合方案

过程噪声系数矩阵由下式给出

$$\boldsymbol{G} = \begin{bmatrix} T^2/6 & 0 & 0 \\ T^2/2 & 0 & 0 \\ T & 0 & 0 \\ 0 & T^2/6 & 0 \\ 0 & T^2/2 & 0 \\ 0 & T & 0 \\ 0 & 0 & T^2/6 \\ 0 & 0 & T^2/2 \\ 0 & 0 & T \end{bmatrix}$$

这里 ω 是均值 $E(\omega(k))=0$ 和方差矩阵 $\mathrm{cov}(\omega(k))=\boldsymbol{Q}$ 的过程噪声。测量模型由下式给出

$$\boldsymbol{Z}(k)=\boldsymbol{HX}(k)+\boldsymbol{v}(k) \tag{23-36}$$

式中，$\boldsymbol{Z}$ 是测量值向量，$\boldsymbol{Z}=[x_p, y_p, z_p]'$，且观察值矩阵由下式给出

$$\boldsymbol{H} = \begin{bmatrix} 1 & 0 & 0 & 0 & 0 & 0 & 0 & 0 & 0 \\ 0 & 0 & 0 & 1 & 0 & 0 & 0 & 0 & 0 \\ 0 & 0 & 0 & 0 & 0 & 0 & 1 & 0 & 0 \end{bmatrix}$$

此处的 v 是测量噪声，$E(v(k))=0$，$\mathrm{cov}(v(k))=\boldsymbol{R}$。

1. UD 滤波器航迹滤波器

在 UD 因式分解形式中实现卡尔曼滤波器。卡尔曼滤波器使用上述的目标移动模型来进行轨迹估计。UD 的时间因数计算算法如下所示。状态传送或外插时间估计如下所示

$$\tilde{\boldsymbol{x}}(k+1)=\boldsymbol{\Phi}\hat{\boldsymbol{x}}(k) \tag{23-37}$$

误差协方差传播时间或外插如下所示

$$\widetilde{\boldsymbol{P}}(k+1)=\boldsymbol{\Phi}\hat{\boldsymbol{P}}(k)+\boldsymbol{GQG}^{\mathrm{T}} \tag{23-38}$$

给定初始化$\hat{\boldsymbol{P}}=\hat{\boldsymbol{U}}\hat{\boldsymbol{D}}\hat{\boldsymbol{U}}^{\mathrm{T}}$ 和 $\boldsymbol{Q}$，时间更新因数$\widetilde{\boldsymbol{U}}$和$\widetilde{\boldsymbol{D}}$是使用修改过的克拉姆-施密特正交过程得到的

$$\boldsymbol{W}=[\boldsymbol{\Phi}\hat{\boldsymbol{U}} \mid \boldsymbol{G}_A]\bar{\boldsymbol{D}}=\mathrm{diag}[\hat{\boldsymbol{D}},\boldsymbol{Q}],\quad \boldsymbol{W}^{\mathrm{T}}=[w_1, w_2, \cdots, w_n]$$

此处 $\boldsymbol{P}$ 重新表示为$\widetilde{\boldsymbol{P}}=\widetilde{\boldsymbol{W}}\widetilde{\boldsymbol{D}}\widetilde{\boldsymbol{W}}^{\mathrm{T}}$。然后计算$\widetilde{\boldsymbol{W}}\widetilde{\boldsymbol{D}}\widetilde{\boldsymbol{W}}^{\mathrm{T}}$ 的因数 $\boldsymbol{U}$ 和 $\boldsymbol{D}$。$j=n, n-1, \cdots, 2$，递归估计以下公式

$$\widetilde{\boldsymbol{D}}_j=\langle \boldsymbol{w}_j^{(n-j)}, \boldsymbol{w}_j^{n-j}\rangle_D$$

$$\widetilde{\boldsymbol{U}}(i,j)=\langle \boldsymbol{w}_i^{(n-j)}, \boldsymbol{w}_i^{(n-j)}\rangle_D / \widetilde{\boldsymbol{D}}_j,\quad i=1,2,\cdots,j-1$$

上面的公式给出 $\boldsymbol{w}$ 的两个向量的加权乘积。

$$\boldsymbol{w}_i^{(n-j+1)}=w_i^{(n-j)}-\widetilde{\boldsymbol{U}}(i,j)\boldsymbol{w}_j^{(n-j)},\quad i=1,2,\cdots,j-1, i=1,2,\cdots,j-1$$

$$\widetilde{\boldsymbol{D}}_1=\langle \boldsymbol{w}_1^{(n-1)}, \boldsymbol{w}_1^{(n-1)}\rangle_D$$

此处下标 $\boldsymbol{D}$ 表示加权内积，映射到 $\boldsymbol{D}$。UD 因数测量值更新部分滤波器在后面给出。该更新部分把先验估计$\tilde{x}$与误差协方差和标量观察值 $\boldsymbol{z}=\boldsymbol{a}^{\mathrm{T}}\boldsymbol{x}+\boldsymbol{v}$ 结合在一起一构建一个更新估计和协方差，如下所示。

$$\begin{aligned}&\boldsymbol{K}=\widetilde{\boldsymbol{P}}\boldsymbol{a}/\boldsymbol{\alpha}\\&\hat{\boldsymbol{x}}=\tilde{\boldsymbol{x}}+\boldsymbol{K}(\boldsymbol{z}-\boldsymbol{a}^{\mathrm{T}}\tilde{\boldsymbol{x}})\\&\boldsymbol{\alpha}=\boldsymbol{a}^{\mathrm{T}}\widetilde{\boldsymbol{P}}\boldsymbol{a}+\boldsymbol{r}\\&\hat{\boldsymbol{P}}=\widetilde{\boldsymbol{P}}-\boldsymbol{K}\boldsymbol{a}\widetilde{\boldsymbol{P}}\end{aligned}\tag{23-39}$$

此处$\widetilde{\boldsymbol{P}}=\widetilde{\boldsymbol{U}}\widetilde{\boldsymbol{D}}\widetilde{\boldsymbol{U}}^{\mathrm{T}}$，$\boldsymbol{a}$ 是测量值向量或矩阵，$\boldsymbol{r}$ 是测量噪声协方差，$\boldsymbol{z}$ 是测量噪声字符串。增益 K 与已更新协方差因数$\hat{\boldsymbol{U}}$和$\hat{\boldsymbol{D}}$用下面的公式得到

$$\begin{aligned}&\boldsymbol{f}=\widetilde{\boldsymbol{U}}^{\mathrm{T}}\boldsymbol{a}\ ;\quad \boldsymbol{f}^{\mathrm{T}}=(f_1,\cdots,f_n);\quad \boldsymbol{v}=\widetilde{\boldsymbol{D}}\boldsymbol{f}\\&\boldsymbol{v}_i=\bar{\boldsymbol{d}}_i\boldsymbol{f}_i,\quad i=1,2,\cdots,n\\&\hat{d}_1=\bar{d}_1 r/\alpha_1;\quad \boldsymbol{\alpha}_1=\boldsymbol{r}+\boldsymbol{v}_1\boldsymbol{f}_1\\&\boldsymbol{K}_2^{\mathrm{T}}=(v_1 0\cdots 0)\end{aligned}\tag{23-40}$$

接着，估计下面的公式

$$\begin{aligned}&\boldsymbol{\alpha}_j=\boldsymbol{\alpha}_{j-1}+\boldsymbol{v}_j\boldsymbol{f}_j\\&\hat{d}_j=\tilde{d}_j\alpha_{j-1}/\alpha_j\\&\hat{\boldsymbol{u}}_j=\tilde{\boldsymbol{u}}_j+\boldsymbol{\lambda}_j\boldsymbol{k}_j;\quad \boldsymbol{\lambda}_j=-\boldsymbol{f}_j/\boldsymbol{\alpha}_{j-1}\\&\boldsymbol{K}_{j+1}=\boldsymbol{K}_j+\boldsymbol{v}_j\tilde{\boldsymbol{u}}_j\end{aligned}\tag{23-41}$$

这里$\widetilde{\boldsymbol{U}}=[\tilde{u}_1,\cdots,\tilde{u}_n]$，$\hat{\boldsymbol{U}}=[\hat{u}_1,\cdots,\hat{u}_n]$；卡尔曼增益由$\boldsymbol{K}=\boldsymbol{K}_{n+1}/\alpha_n$ 给出，其中$\tilde{d}$是预测的矩阵 $\boldsymbol{D}$ 的对角元素，$\hat{d}_j$ 是更新的矩阵 $\boldsymbol{D}$ 的对角元素。

2. 测量值融合

来自相似雷达的数据，例如 S 波段雷达，使用测量值融合的方法融合。UD 滤波器算法直接融合传感器观察值，估计融合后的状态向量；把所有的传感器测量值一同作为观察值矩阵 $\boldsymbol{H}$

$$\boldsymbol{H}=\begin{bmatrix}\boldsymbol{H}_1\\\boldsymbol{H}_2\\\vdots\\\boldsymbol{H}_n\end{bmatrix}$$

此处，$\boldsymbol{H}_1,\boldsymbol{H}_2,\cdots,\boldsymbol{H}_n$ 是 n 个传感器的观察值矩阵。测量值协方差矩阵由下式给出

$$\boldsymbol{R}=\begin{bmatrix}R_1&0&&\cdots&0\\0&R_2&&\cdots&0\\\vdots&\vdots&\ddots&\ddots&\vdots\\0&0&0&0&R_n\end{bmatrix}$$

这里，$R_1,R_2,\cdots,R_n$ 是各个传感器的测量误差协方差的值。

3. 状态向量融合

融合进行如下

$$\hat{\boldsymbol{X}}^f=\hat{\boldsymbol{X}}^1+\hat{\boldsymbol{P}}^1(\hat{\boldsymbol{P}}^1+\hat{\boldsymbol{P}}^2)^{-1}(\hat{\boldsymbol{X}}^2-\hat{\boldsymbol{X}}^1)\tag{23-42}$$

$$\hat{\boldsymbol{P}}^{f} = \hat{\boldsymbol{P}}^{1} - \hat{\boldsymbol{P}}^{1}(\hat{\boldsymbol{P}}^{1} + \hat{\boldsymbol{P}}^{2})^{-1}\hat{\boldsymbol{P}}^{1\mathrm{T}} \tag{23-43}$$

这里，$\hat{\boldsymbol{X}}^{1}$ 和$\hat{\boldsymbol{X}}^{2}$ 分别是估计轨迹 1 和 2 的状态向量；$\hat{\boldsymbol{P}}^{1}$ 和$\hat{\boldsymbol{P}}^{2}$ 分别是估计轨迹 1 和 2 的状态误差协方差矩阵。这个方法中，某一时刻仅融合两个轨迹。

4. 融合理念

根据类型、灵敏度和传感器的精确度，所有的跟踪传感器分为 4 大类（如图 23-4 所示）。这 4 大类传感器如下。

模块 1：在表征和坐标变换后，来自 3 个雷达的追踪数据用直接测量值融合，使用 UD-KF，融合得到耽搁轨迹数据（轨迹 A）。

模块 2：在表征和坐标变换后，来自精确的连贯单脉冲 C 波段雷达的数据，用 UD-KF 滤波（轨迹 B）。

模块 3：用最小二乘法，把来自光电追踪系统的追踪数据先转换成本地 ENV 坐标，然后转化成 ECEF 坐标，使用 UD-KF 滤波（轨迹 C）。

模块 4：在采样间隔 72ms 内遥测并发送来自甲板上的惯性导航系统的追踪数据。这些数据转换成 ECEF 坐标，进行表征并滤波（轨迹 D）。在 ECEF 坐标系中，使用动态模型一次性发送数据列与其时间同步的其他追踪数据（轨迹 A、B、C 和 D）。然后用状态向量法融合这些轨迹。

根据传感器的精度，为生成最终的轨迹估计选择分层顺序。光电追踪传感器精度高达最大范围 40km。使用以下准则决定融合优先级：

① 如果估计范围不到 40km，轨迹 C 与轨迹 A 融合。融合轨迹结果再与轨迹 B 融合，最后这个融合结果再与轨迹 D 融合（INS）。

② 如果估计范围大于 40km，轨迹 B 与轨迹 A 融合，融合轨迹结果再与轨迹 D 融合。即，要是估计范围不到 40km，轨迹 C 用于融合，但范围超过 40km，轨迹 C 不包含在状态向量融合内。

传感器表征、轨迹滤波与融合等技术已经在 UNIX 平台用 C 语言开发出来了。本章中提出的方法使用了所有传感器的仿真数据进行验证。在仿真中，使用图形用户基于接口仿真程序，产生带有噪声的测量数据，而且移动目标是从给定位置发射数据的。

① S 和 C 波段雷达用 R、θ 和 φ；

② 惯性导航系统用横向距离、顺向航迹和高度；

③ 光电追踪系统使用 θ 和 φ；

④ GPS 用 WGS-84。

依据：① 残差均值；

② 2σ 理论误差范围外的自相关值百分比；

③ 范围外的残差值百分比；

④ PFE 参考真实状态，得出估计结果。

同样，这里用到了一些典型策略：

① GPS 数据估计位置；

② 2σ 范围残差序列；

③ 范围残留误差自相关；

④ 位置误差根平方；

⑤ 状态误差协方差。

表 23-3 给出了几种性能标准。图 23-5(a)给出了 GPS 数据估计位置图，图 23-5(b)给出了 2σ 范围残差图，图 23-5(c)给出了范围残留误差自相关（在融合层 A 得到的）图。可以看到，追踪滤波器的性能就残留误差和自相关而言是满足的，它们都在理论范围内。图 23-6 显示了位置误差的根平方比较。很清楚，最终融合轨迹的中的误差很低。由于信息的增加，通过融合多轨迹，误差协方差也降低了。

表 23-3 数据融合结果和性能评估

级		S 波段	C 波段	光电追踪系统	惯性导航系统	融合
残差均值	x	0.0038	0.012 82	0.000 09	−0.0122	—
	y	−0.0043	−0.0140	−0.0017	0.006 24	—
	z	0.0004	−0.0009	−0.0002	0.00170	—
自动关联	x	3.6407	3.2967	2.9735	2.1969	—
	y	4.588 55	5.2144	4.0293	2.2184	—
	z	2.9513	3.1208	3.210 51	7.4521	—
革新值	x	1.895 75	1.6591	1.6591	2.3261	—
	y	0.3662	1.5945	0.1939	2.1753	—
	z	0.4524	0.6679	0.6464	0.3877	—
真实数据的 PFE	x	0.0987	0.1981	0.0124	0.1123	0.1011
	y	0.0050	0.0097	0.0007	0.0044	0.0052
	z	0.0019	0.0025	0.0007	0.0010	0.0013

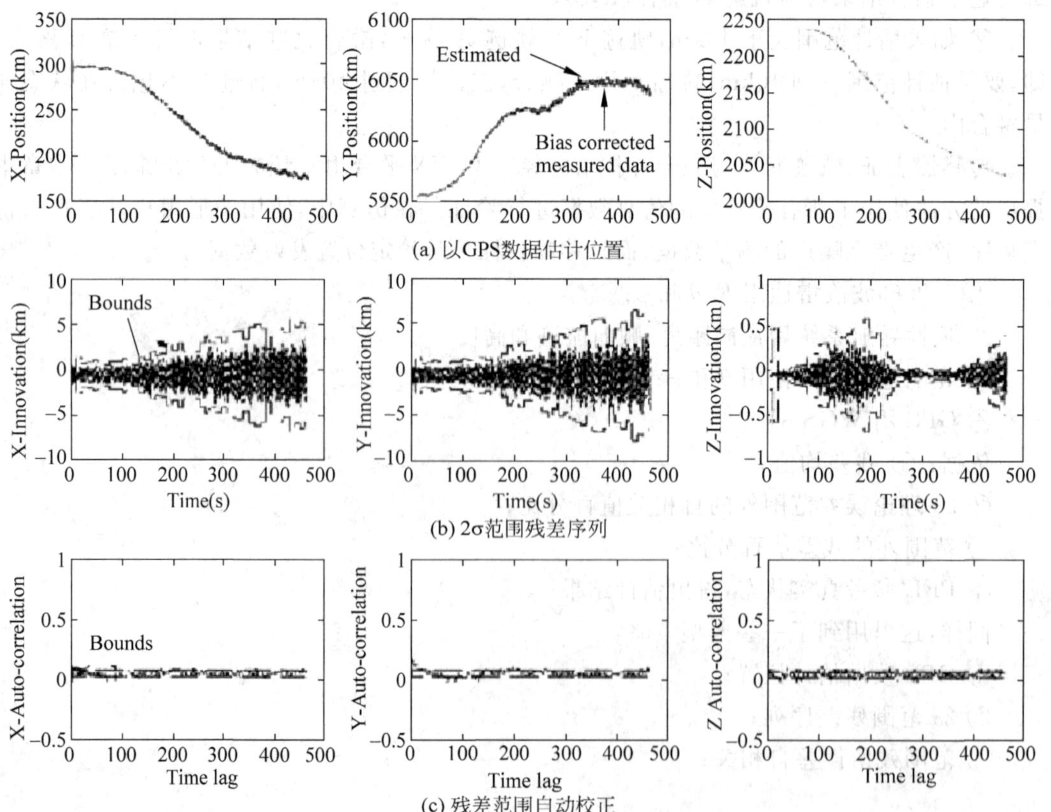

图 23-5 滤波器数据融合层 A 性能结果

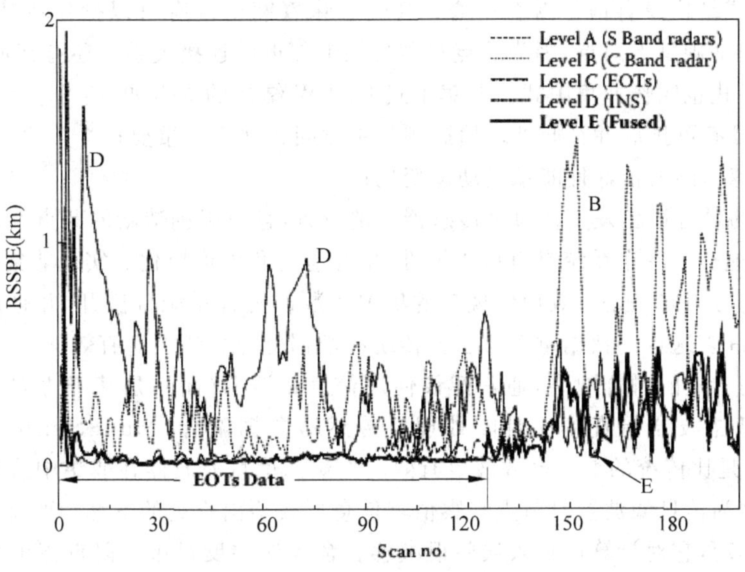

图 23-6　位置误差根平方和仿真数据融合方案

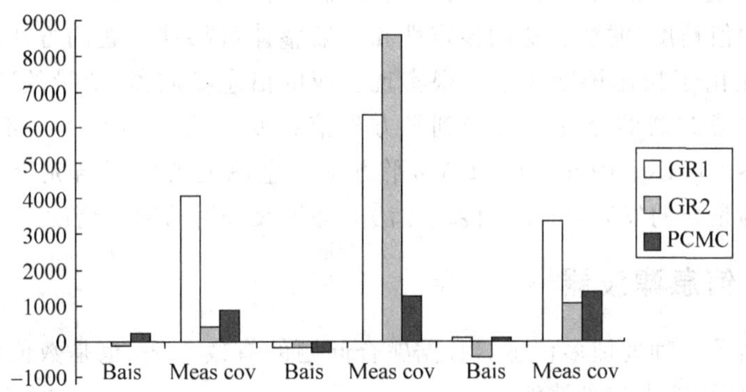

图 23-7　偏差(x,y 和 z 朝着 x 方向)和测量值协方差值真实数据(x,y 和 z 位置)

图 23-7 显示了 x,y 和 z 位置各自真实数据的偏差和测量值协方差比较,S 波段传感器表征和一个 PCPM 雷达比较,数据来自那些基于地面雷达跟踪飞行器的真实数据。

23.3　平方根信息滤波器与非集中式结构中的融合

当试图建立一个多传感器数据融合系统时,融合结构的选择在选择数据融合算法时起到关键作用。选择要着眼于平衡计算资源、可提供的通信宽带、期望精度和传感器的能力。以下是最常使用的结构:

① 集中式;

② 分布式或非集中式;

③ 混合式。

在非集中式的数据融合网络(DFNW)中,传感器的每个节点有处理功能,并不需要任何集中融合的功能。融合发生在每个节点处,使用本地测量值与相邻节点传过来的数据。

因此，非集中式结构没有信号融合中心；这就意味着网络没有可以操作成功的中心节点。网络中的通信基础是点对点，因为节点只需要知道邻近的连接关系。还有其他的结构，例如分布式或分层式也叫作非集中式。非集中式 DFNW 结构的优点如下：

① 系统具有可扩展性且此处通信瓶颈与带宽问题并不太重要；

② 系统容错能力很好且能承受动态变化；

③ 所有的融合过程发生在每个传感器本地位置，且可以创造新的节点并以模块化方式编程。因此，这样的一个系统具有可扩展性、生存能力和可模块化。实现非集中式传感器融合网络结构的方式之一是有效地使现有的集中式数据融合系统分散开，并且适当注意算法的选择，因为许多这样的数据融合算法比传统的数据融合算法更加有效。

对于非集中式的融合网络，通常建议使用信息滤波器（而不是基于协方差的卡尔曼滤波），因为信息滤波器更直接而且能处理多传感器数据融合（Multi-Sensor Data Fusion，MSDF）问题，是比传统的卡尔曼滤波更有效的方法。信息滤波器在非集中式传感器网络中有些优势。因为信息滤波器对节点观察值与信息形式给出直观的解释。要是信息滤波器用传统的形式实现，它对计算机舍入误差很敏感。舍入误差反过来会降低滤波器性能。假如算法用于数据融合和实时在线模式（飞机甲板上的计算机、导弹和宇航飞船），舍入误差对滤波器性能的影响是很重要的。平方根信息滤波器（Square-Root Information Filter，SRI）算法提供了解决数值精度、滤波算法的稳定性和一般整体可靠性问题的方法。改进平方根信息滤波器算法是由于相比较于非平方根实现相应的信息滤波器，变量的数值范围减小了。一些平方根信息滤波器的分支方法得到平方根信息滤波器传感器融合算法（Square-Root Information Fusion Algorithm，SRISFA），平方根信息滤波器应用与完全非集中式传感器数据融合可认为是新的发展，可以在传统方法上提供改进后的数值精度。

23.3.1 信息滤波器

信息滤波器是一种处理多传感器数据融合问题的有效方法，也是数值相关的数值数据处理方法，优于传统的卡尔曼滤波。

1. 信息滤波器概念

在信息滤波器中，系统状态根据传感器观察值更新，观察值包含相关的状态方面的信息；测量值使用线性系统和相关状态信息容量值建模

$$\boldsymbol{z} = \boldsymbol{H}\boldsymbol{x} + \boldsymbol{v} \tag{23-44}$$

式中，$\boldsymbol{z}$ 是观察值 m 维向量；$\boldsymbol{x}$ 是将要估计的变量 n 维向量；$H(m,n)$是测量值模型；$\boldsymbol{v}$ 是均值为零和单位协方差矩阵的测量噪声 m 维向量。x 的最小二乘估计通过最小均方误差得到

$$\boldsymbol{J}(\boldsymbol{x}) = (\boldsymbol{z} - \boldsymbol{H}\boldsymbol{x})^{\mathrm{T}}(\boldsymbol{z} - \boldsymbol{H}\boldsymbol{x}) \tag{23-45}$$

除了式(23-41)的系统外，有一个 x 的先验无偏估计$\tilde{x}$和一个先验信息矩阵（来自卡尔曼滤波的协方差矩阵的逆）构成一个先验状态信息矩阵对：$(\tilde{x},\tilde{\boldsymbol{\Lambda}})$。合并式(23-42)的先验信息对，得到修正后的性能函数如下

$$\boldsymbol{J}_1(\boldsymbol{x}) = (\boldsymbol{x} - \tilde{\boldsymbol{x}})^{\mathrm{T}}\tilde{\boldsymbol{\Lambda}}(\boldsymbol{x} - \tilde{\boldsymbol{x}}) + (\boldsymbol{z} - \boldsymbol{H}\boldsymbol{x})^{\mathrm{T}}(\boldsymbol{z} - \boldsymbol{H}\boldsymbol{x}) \tag{23-46}$$

2. 平方根信息滤波器算法

分解信息矩阵分解成它的平方根，得到下面 $\boldsymbol{J}$ 的形式

$$J_1(\boldsymbol{x}) = (\boldsymbol{x} - \tilde{\boldsymbol{x}})^{\mathrm{T}} \widetilde{\boldsymbol{R}}^{\mathrm{T}} \boldsymbol{R}(\boldsymbol{x} - \tilde{\boldsymbol{x}}) + (\boldsymbol{z} - \boldsymbol{H}\boldsymbol{x})^{\mathrm{T}} (\boldsymbol{z} - \boldsymbol{H}\boldsymbol{x})$$
$$J_1(\boldsymbol{x}) = (\tilde{\boldsymbol{z}} - \widetilde{\boldsymbol{R}}\boldsymbol{x})^{\mathrm{T}} (\tilde{\boldsymbol{z}} - \widetilde{\boldsymbol{R}}\boldsymbol{x}) + (\boldsymbol{z} - \boldsymbol{H}\boldsymbol{x})^{\mathrm{T}} (\boldsymbol{z} - \boldsymbol{H}\boldsymbol{x}) \tag{23-47}$$

其中，$\tilde{\boldsymbol{z}} = \widetilde{\boldsymbol{R}}\boldsymbol{x}$。式(23-48)的第一个公式可以写作$\tilde{z} = \widetilde{\boldsymbol{R}}\boldsymbol{x} + \tilde{v}$。可以很容易地从式(23-44)看出性能函数 $\boldsymbol{J}$ 表示混合系统

$$\begin{bmatrix} \tilde{z} \\ z \end{bmatrix} = \begin{bmatrix} \widetilde{\boldsymbol{R}} \\ \boldsymbol{H} \end{bmatrix} \boldsymbol{x} + \begin{bmatrix} \tilde{v} \\ v \end{bmatrix} \tag{23-48}$$

因此，可以看到先验信息是使用式(23-48)额外观察的数据，如测量式(23-41)。这就提供了 SRIF 算法的基础。然后，应用正交变换方法得到最小二乘解决方法。该解决方法可能不易受计算机舍入误差的影响。使用正交 Householer 变换矩 $\boldsymbol{T}$，可以得到最小平方函数的解决方法为

$$\boldsymbol{T} \begin{bmatrix} \widetilde{\boldsymbol{R}}_{j-1} & \tilde{z}_{j-1} \\ \boldsymbol{H}_j & z_j \end{bmatrix} = \begin{bmatrix} \hat{\boldsymbol{R}}_j & \hat{z}_j \\ 0 & \boldsymbol{e}_j \end{bmatrix}, \quad j = 1, 2, \cdots, N \tag{23-49}$$

其中，$\boldsymbol{e}_j$ 是残差序列，可以看到新的信息对产生$(\hat{z}_j, \hat{R}_j)$，合并下个测量值 z_{j+1} 以获得迭代 SRIF，重复过程。迭代 SRIF 可以形成非集中式 SRIF 的基础。

23.3.2　平方根信息滤波器传感数据融合算法

规定一个系统两个传感器 H_1 和 H_2；然后，使用前面提到过的公式，在数据层把传感器测量值融合起来。

$$\boldsymbol{T} \begin{bmatrix} \widetilde{\boldsymbol{R}}_{j-1} & \tilde{z}_{j-1} \\ \boldsymbol{H}_{1j} & z_{1j} \\ \boldsymbol{H}_{2j} & z_{2j} \end{bmatrix} = \begin{bmatrix} \hat{\boldsymbol{R}}_j & \hat{z}_j \\ 0 & \boldsymbol{e}_j \end{bmatrix}, \quad j = 1, 2, \cdots, N \tag{23-50}$$

该过程产生状态估计，估计两个传感器数据的效果。融合要考虑这个效果。并且，它也能很轻易地拓展为多个传感器。同样也可能独立地处理各个传感器的测量值以得到信息状态向量估计，然后融合这些向量以获得联合信息滤波器状态向量融合。融合公式由下式给出

$$\hat{z}_f = \hat{z}_1 + \hat{z}_2 \quad 和 \quad \hat{\boldsymbol{R}}_f = \hat{\boldsymbol{R}}_1 + \hat{\boldsymbol{R}}_2 \tag{23-51}$$

其中，从平方根信息概念的角度看$\hat{z}$是信息状态。如果需要，融合的协方差状态由下式得到

$$\hat{\boldsymbol{x}}_f = \hat{\boldsymbol{R}}_f^{-1} \hat{z}_f \tag{23-52}$$

因此，可以观察到，信息对的数据公式和正交变换给出非常简单且非常有用的解决方法，解决传感器数据融合提高数值可靠性和稳定性的问题。

23.3.3　非集中式平方根信息滤波器

非集中式平方根信息滤波器的一个方案如图 23-8 所示。它由节点网络组成，节点有自我处理功能且基于本地观察值和相邻节点的信息通信，融合发生在每个节点本地。处理节点时传感器融合节点，它收集本地观察值并与其他的融合节点分享信息。处理节点接收通信发送来的信息并计算估计值。

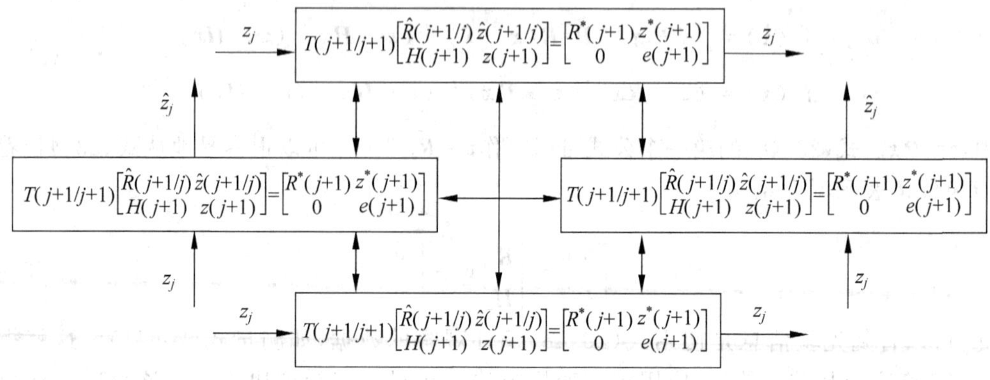

图 23-8　非集中式平方根信息滤波器结构

一个线性系统状态公式形式如下

$$x(j+1)=\boldsymbol{\Phi}x(j)+\boldsymbol{G}w(j) \tag{23-53}$$

其中，w 是白高斯噪声，均值为零，协方差为 $\boldsymbol{Q}$。假定关于 x_0 和 w_0 的先验信息可以放到数据公式

$$\boldsymbol{z}_w=\boldsymbol{R}_w\boldsymbol{w}_0+\boldsymbol{v}_w \tag{23-54}$$

$$\tilde{\boldsymbol{z}}_0=\tilde{\boldsymbol{R}}_0\boldsymbol{x}_0+\tilde{\boldsymbol{v}}_0 \tag{23-55}$$

其中，变量 $\boldsymbol{v}_0$，$\tilde{\boldsymbol{v}}_0$ 和 $\boldsymbol{v}_w$ 假设均值为零，相互独立且为单位协方差矩阵。通过合并先验信息，SRIF 传播时间由下面的公式可以获得。本地映射关系由下式给出

$$\boldsymbol{T}(j+1)\begin{bmatrix}\tilde{\boldsymbol{R}}_w(j) & 0 & \tilde{z}_w(j)\\ -\boldsymbol{R}^d(j+1)\boldsymbol{G} & \boldsymbol{R}^d(j+1) & \tilde{z}(j)\end{bmatrix}=\begin{bmatrix}\hat{\boldsymbol{R}}_w(j) & \hat{\boldsymbol{R}}_{wx}(j+1) & \hat{z}_w(j+1)\\ 0 & \hat{\boldsymbol{R}}(j+1) & \hat{z}(j+1)\end{bmatrix} \tag{23-56}$$

其中，下标 w 表示与过程噪声相关的变量。有

$$\boldsymbol{R}^d(j+1)=\hat{\boldsymbol{R}}(j)\varphi^{-1}(j+1) \tag{23-57}$$

用测量值更新 SRIF 产生本地估计

$$\boldsymbol{T}(j+1/j+1)\begin{bmatrix}\hat{\boldsymbol{R}}(j+1/j) & \hat{\boldsymbol{z}}(j+1/j)\\ \boldsymbol{H}(j+1) & \boldsymbol{z}(j+1)\end{bmatrix}=\begin{bmatrix}\boldsymbol{R}^*(j+1) & z^*(j+1)\\ 0 & \boldsymbol{e}(j+1)\end{bmatrix} \tag{23-58}$$

其中，$*$ 表示本地已更新的估计值。这些估计值可以在一个完全连接的网络中所有节点之间通信传送，在每个节点处，估计值可被吸收以产生全局 SRIF 状态。吸收公式在第 i 个节点($k=1,2,\cdots,N-1$)产生全局 SRI 估计值，由下式给出

$$\hat{z}_i(j+1/j)=\boldsymbol{z}^*(j+1/j+1)+\sum_{k=1}^{N-1}\boldsymbol{z}_k^*(j+1/j+1) \tag{23-59}$$

$$\hat{\boldsymbol{R}}_i(j+1/j)=\boldsymbol{R}^*(j+1/j+1)+\sum_{k=1}^{N-1}\boldsymbol{R}_k^*(j+1/j+1) \tag{23-60}$$

信息对公式化和正交变换 $\boldsymbol{T}$，在数据公式格式中，产生一种非常简洁、简单和有用的方法以解决非集中式传感器数据融合问题。相比较一般的基于信息滤波器的方法，该算法因为使用了平方根滤波构思，所以拥有更好的数值可靠性与稳定性。基本的分支，例如包括相关过

程噪声和偏置参数，同样可应用到非集中式平方根信息滤波器融合算法(Decentralized Square-Root Information Sensor Fusion Algorithm，DSRISFA)，在SRIF结构中，很容易用数据公式结构，以直接的方式推导得出算法的修改与近似。非集中式信息滤波器融合要求本地信息状态和信息矩阵的通信给所有相邻节点，计算出全局状态，然而在SRIF融合的情形中，信息状态与信息矩阵一起被估计。总的来说，在有许多节点的完全非集中式网络中，本地节点之间的通信涉及矩阵(式(23-55))第一行的传送。SRIF公式中数字范围小能使结果只用几位表示，这就节省了通信消耗。

23.3.4 滤波器性能分析

目标位置以恒定加速度移动，产生其数值仿真数据。两点互连网络，非集中式SRISFA是可靠的。系统以位置、速度和加速度为其状态

$$\boldsymbol{x}^{\mathrm{T}} = [x \quad \dot{x} \quad \ddot{x}]$$

传送矩阵如下

$$\boldsymbol{\Phi} = \begin{bmatrix} 1 & \Delta t & \Delta t^2/2 \\ 0 & 1 & \Delta t \\ 0 & 0 & 1 \end{bmatrix}; \quad \boldsymbol{G} = \begin{bmatrix} \Delta t^2/6 \\ \Delta t^2/2 \\ \Delta t \end{bmatrix}$$

Δt是采样间隔0.5s，w是白高斯噪声，均值为零，标准差为0.0001。每个传感器的测量模型由下式给出

$$\boldsymbol{z}_m(j+1)=\boldsymbol{H}_x(j+1)+\boldsymbol{v}_m(j+1)$$

其中，每个传感器的$\boldsymbol{H}=[1 \quad 0 \quad 0]$。向量$\boldsymbol{v}$是测量噪声，白斯噪声均值为零。附属于两个节点或测量传感器的位置数据有增加的随机噪声产生。该随机噪声$\sigma_{v1}=1$，$\sigma_{v2}=5$。用合适的测量公式漂白测量值，漂白用于产生节点处融合的全局估计值。这是通过使用节点本地估计值和相邻节点通信信息完成的。平方根信息滤波器融合算法在数值精度方面的性能与非集中式信息滤波器算法比较，利用MATLAB仿真实现两个传感器节点。两种算法都以相同的初始条件和相同的过程和测量噪声协方差值开始。表23-4给出了使用SRI和IF算法，得到3种状态的估计误差的PFE(式(23-17))。该误差使用下式计算

$$\mathrm{PFE}=100\times \mathrm{norm}(\hat{x}-x_t)/\mathrm{norm}(x_t)$$

式中x_t是真实状态。很明显，当SRIF算法用于估计时PFEs要低。同样也很清楚，与IF比较时SRIF对Q的变化相对而言不那么敏感。随后，SRIF应用于运载火箭确定的真实飞行测试数据。数据是从两个地面雷达处(布置于不同的地点)得来的。雷达测量运载火箭的范围、方位角和仰角。这些数据转换成笛卡儿坐标，这样就能使用线性状态和测量模型。数据在用于状态估计或者融合训练之前，转换成一般的参考点和并且“漂泊”。使用SRIF在每个节点处理数据之后，完成动态融合。SRI矩阵的范数是SRIF算法的一个直接结果，比较单个传感器和各个方向轴的融合数据。融合数据范数比那些单个传感器的范数值要高。

表23-4 本地节点和全局融合估计($Q_{ii}=1.0\mathrm{e}-4$)的性能指标

平方根信息滤波器PFE				信息滤波器PEF		
节点1	0.0212	0.3787	3.8768	0.0342	0.8637	13.8324
节点2	0.0931	06771	4.6231	0.1274	2.2168	20.9926
融合	0.0294	0.4012	3.9479	0.0038	0.8456	13.4540

23.4 最近邻和概率数据关联滤波算法

要在多传感器多目标(MSMT)情况下实现有效的跟踪,门控和数据相关性(DA)方法是非常有必要的。门控用于决定观测数据(包括杂波、误警和电子计数数据等)是否影响路径的保持和跟踪。而当几个目标彼此之间相距较近时,DA 则能够将测量值与特定目标关联起来。下面是实现 DA 和相关滤波算法的两种方法。

1. 最近邻(NN)方法

在该方法中,配对的结果是唯一的。最多只能有一个观测数据与之前建立的路径配对。其目标是使全局的距离函数达到最小。同时要考虑所有的观测数据和路径形成的配对,并使之满足初步形成的门控测试。

2. 概率数据关联滤波(PDAF)算法

在该算法中,根据多个测量数据更新的加权和来决定路径的更新。

为了解决 MSMT 情况下的跟踪问题,这里给出了基于门控和 DA 方法的 MATLAB 程序,其中 DA 方法分别用 NN 和 PDAF 两种算法实现。它最初是一个商用软件包的改编版本,后来针对当前的应用进行了更新和修改。升级的 MSMT 包的显著特点是:

(1) 将数据转化到共同的参考点;

(2) 同时采用了 NNKF 和 PDAF;

(3) 合并相似的路径;

(4) 包含方向特征;

(5) 对性能指标 Singer-Kanyuck(S-K),均方根百分比误差(RMSPE),平方和百分比误差(RSSPE)进行评估;

(6) 包含轨道损耗特性。图 23-9 展示了 MSMT 程序的步骤。

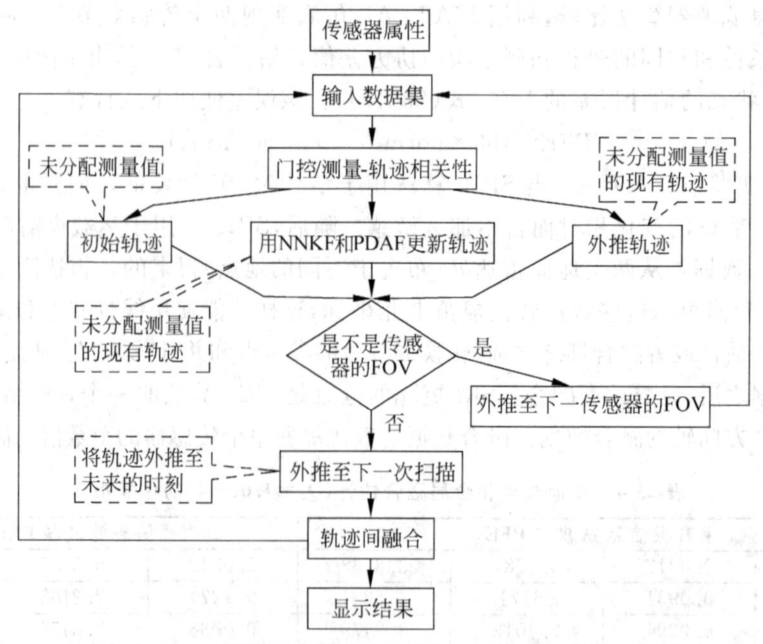

图 23-9 多传感器、多目标跟踪程序

这里考虑的测试方案为:

(1) 3 个目标从不同的地点发射,期间有 9 个位于不同位置的传感器用于追踪这些目标,也就是配置 3 个传感器来追踪一个目标。该程序会生成关于目标-传感器锁定状态的信息。通过增加数据的混乱度,并在一段较短的时间内对一个或更多传感器中的数据丢失进行模拟,可以实现该程序的性能估计。

(2) 每个传感器都要监测 6 个目标,然后对 3 个传感器的监测结果进行融合。当然,这个过程中也会伴有数据的丢失。

23.4.1 最近邻 Kalman 滤波器

NNKF 中,只采用离轨迹最近的测量值(在门限尺寸之内且执行了门控操作)来更新轨迹。每个测量值只能与一条轨迹相关。两条轨迹不能共享一个测量值。如果存在一个有效的测量值,那么就用 NNKF 更新轨迹。其状态转移满足一般的 KF 公式

$$\widetilde{\boldsymbol{X}}(k/k-1)=\boldsymbol{\Phi}\hat{\boldsymbol{X}}(k-1/k-1) \tag{23-61}$$

$$\widetilde{\boldsymbol{P}}(k/k-1)=\boldsymbol{\Phi}\hat{\boldsymbol{P}}(k-1/k-1)\boldsymbol{\Phi}^{\mathrm{T}}+\boldsymbol{GQG}^{\mathrm{T}} \tag{23-62}$$

其状态估计值的更新通过下式实现

$$\begin{aligned}\hat{\boldsymbol{X}}(k/k)&=\widetilde{\boldsymbol{X}}(k/k-1)+\boldsymbol{Kv}(k)\\ \hat{\boldsymbol{P}}(k/k)&=(\boldsymbol{I}-\boldsymbol{KH})\widetilde{\boldsymbol{P}}(k/k-1)\end{aligned} \tag{23-63}$$

其中,Kalman 增益为 $\boldsymbol{K}=\widetilde{\boldsymbol{P}}(k/k-1)\boldsymbol{H}^{\mathrm{T}}\boldsymbol{S}^{-1}$,残差向量为 $\boldsymbol{K}=\widetilde{\boldsymbol{P}}(k/k-1)\boldsymbol{H}^{\mathrm{T}}\boldsymbol{S}^{-1}$,残差协方差为 $\boldsymbol{S}=\boldsymbol{H}\widetilde{\boldsymbol{P}}(k/k-1)\boldsymbol{H}^{\mathrm{T}}+\boldsymbol{R}$。如果考虑 3 个观测量 x、y 和 z,则测量误差的协方差矩阵为 $\mathrm{diag}[\sigma_x^2,\sigma_y^2,\sigma_z^2]$。如果没有有效的测量值,那么状态转移过程由下式实现

$$\begin{aligned}\hat{\boldsymbol{X}}(k/k)&=\widetilde{\boldsymbol{X}}(k/k-1)\\ \hat{\boldsymbol{P}}(k/k)&=\widetilde{\boldsymbol{P}}(k/k-1)\end{aligned} \tag{23-64}$$

NNKF 的流程图如图 23-10 所示。

23.4.2 概率数据关联滤波

PDAF 算法计算了当前时刻每个有效测量值之间的相关概率,而这个概率会在滤波器中用到。假如有 m 个测量值位于某个特定的门限内,而且讨论的目标只有一个,路径也已经初始化,那么下面几个事件是互斥且周期延迟的。

$$\begin{aligned}z_i&=\{y_i\text{ 是目标的初始测量值}\},\quad i=1,2,\cdots,m\\ &\{\text{没有目标的初始测量值}\},\quad i=0\end{aligned}$$

状态的条件均值为

$$\hat{\boldsymbol{X}}(k/k)=\sum_{i=0}^{m}\hat{\boldsymbol{X}}_i(k/k)p_i$$

这里的 $\hat{\boldsymbol{X}}_i(k/k)$ 是更新状态,其前提条件是该事件的第 i 次的验证测量是正确的,p_i 是事件的条件概率。假设 i 的取值是正确的,那么状态估计可由下式给出

$$\hat{\boldsymbol{X}}(k/k)=\widetilde{\boldsymbol{X}}(k/k-1)+\boldsymbol{Kv}_i(k),\quad i=1,2,\cdots,m$$

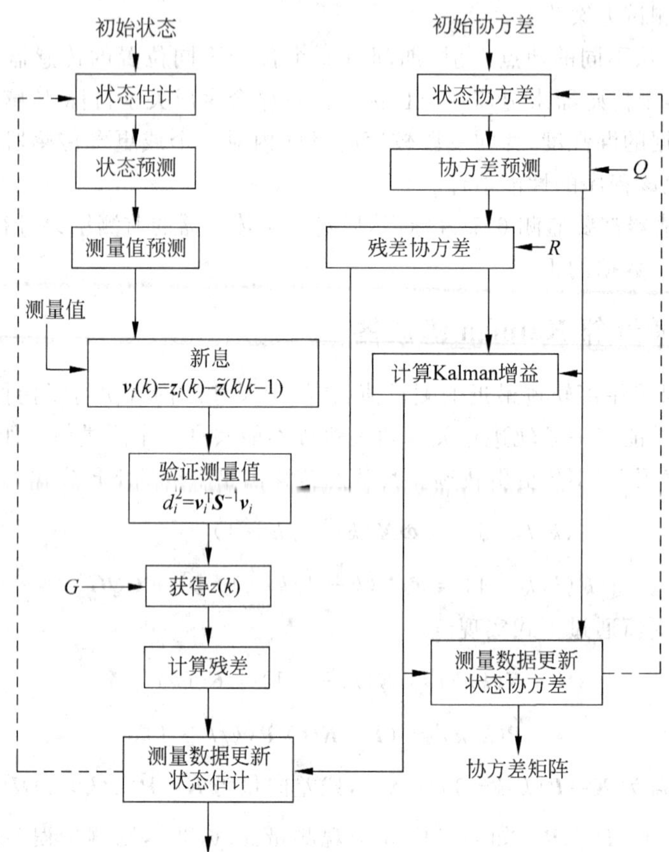

图 23-10　NNKF 的流程图

条件残差为

$$\boldsymbol{v}_i(k)=\boldsymbol{z}_i(k)-\hat{\boldsymbol{z}}(k/k-1)$$

如果没有有效的测量值($m=0$)，对 $i=0$

$$\hat{\boldsymbol{X}}_0(k/k)=\widetilde{\boldsymbol{X}}(k/k-1)$$

PDAF 的状态更新公式为

$$\hat{\boldsymbol{X}}(k/k)=\widetilde{\boldsymbol{X}}(k/k-1)+\boldsymbol{K}\boldsymbol{v}(k)$$

合并后的残差表达式为

$$\boldsymbol{v}(k)=\sum_{i=1}^{m}\boldsymbol{p}_i(k)\boldsymbol{v}_i(k) \tag{23-65}$$

更新状态的协方差矩阵为

$$\hat{\boldsymbol{P}}(k/k)=\boldsymbol{p}_0(k)\widetilde{\boldsymbol{P}}(k/k-1)+(1-\boldsymbol{p}_0(k))\boldsymbol{P}^c(k/k)+\boldsymbol{P}^s(k) \tag{23-66}$$

在确保测量值准确时，这里的状态更新协方差为

$$\boldsymbol{P}^c(k/k)=\widetilde{\boldsymbol{P}}(k/k-1)-\boldsymbol{K}\boldsymbol{S}\boldsymbol{K}^{\mathrm{T}} \tag{23-67}$$

残差的传播可以表示为

$$\boldsymbol{P}^s(k/k)=\boldsymbol{K}\left(\sum_{i=1}^{m}p_i(k)\boldsymbol{v}_i(k)\boldsymbol{v}(k)_i^{\mathrm{T}}-\boldsymbol{v}(k)\boldsymbol{v}(k)^{\mathrm{T}}\right)\boldsymbol{K}^{\mathrm{T}} \tag{23-68}$$

通过采用泊松杂波模型可以得到条件概率为

$$p_i(k)=\frac{e^{-0.5v_i^T S^{-1} v_i}}{\lambda\sqrt{|2\Pi S|}\dfrac{1-P_D}{P_D}+\sum_{j=1}^{m}e^{-0.5v_j^T S^{-1} v_j}},\quad i=1,2,\cdots,m$$

$$=\frac{\lambda\sqrt{|2\Pi S|}\dfrac{1-P_D}{P_D}}{\lambda\sqrt{|2\Pi S|}\dfrac{1-P_D}{P_D}+\sum_{j=1}^{m}e^{-0.5v_j^T S^{-1} v_j}},\quad i=0$$

其中，λ=误警率，$P_D=DP$。PDAF 算法的计算步骤如图 23-11 所示，而这些算法的特性在表 23-5 中有详细描述。

表 23-5　NNKF 和 PDAF 的重要特性

主要属性	NNKF	PDAF
滤波器类型	线性 KF	线性 KF
DA	在验证门限或区域内离预计测量值最接近的测量值	在验证门限或区域内测量值的相关概率
轨迹丢失可能性	高	较小
错误跟踪概率	高	较小
数据丢失	由于对早期状态估计具有不确定性导致，所以性能会退化	由于对早期状态有较好的估计，所以性能较好
计算成本和时间	低	高
跟踪能力	在混乱的环境下不可靠	在混乱的环境下相对要更可靠一些

23.4.3　传感器以及多目标的跟踪和数据相关程序

这里所讨论的多目标跟踪方法有两种，一种是面向目标的，而另一种是面向轨迹的。在面向目标方法中，假设目标的数量是已知的。其中，对每个目标来说所有的数据相关性假设都合并成一个。在面向轨迹的方法中，根据相关测量历史对轨迹进行初始化、更新和终止时，每条轨迹都是独立的。这里所使用的是面向轨迹的方法，在面向轨迹的算法中，为每条轨迹分配一个评分，该评分根据轨迹的关联历史进行更新。每条轨迹通过单个的测量值进行初始化，当它的评分低于某个门限的时候，则消除该轨迹。下面对 MSMT 程序的步骤进行简要描述。

1. 传感器属性

传感器的属性包括传感器的位置、分辨率、视野（FOV）、检测概率和误警率（P_{fa}）等。通过误警率可以计算得到误警数

$$N_{fa}=P_{fa}\times\mu\mathrm{FOV}$$

其中，N_{fa}是期望的误警数，μFOV 是 FOV 的覆盖总量。

2. 数据集转换

通过下面的式子，测量值可以在笛卡儿坐标结构中转化到相同的参考点。

$$x_{\mathrm{ref}}=x_{\mathrm{traj}}-x_{\mathrm{loc}}$$

$$y_{\mathrm{ref}}=y_{\mathrm{traj}}-y_{\mathrm{loc}}$$

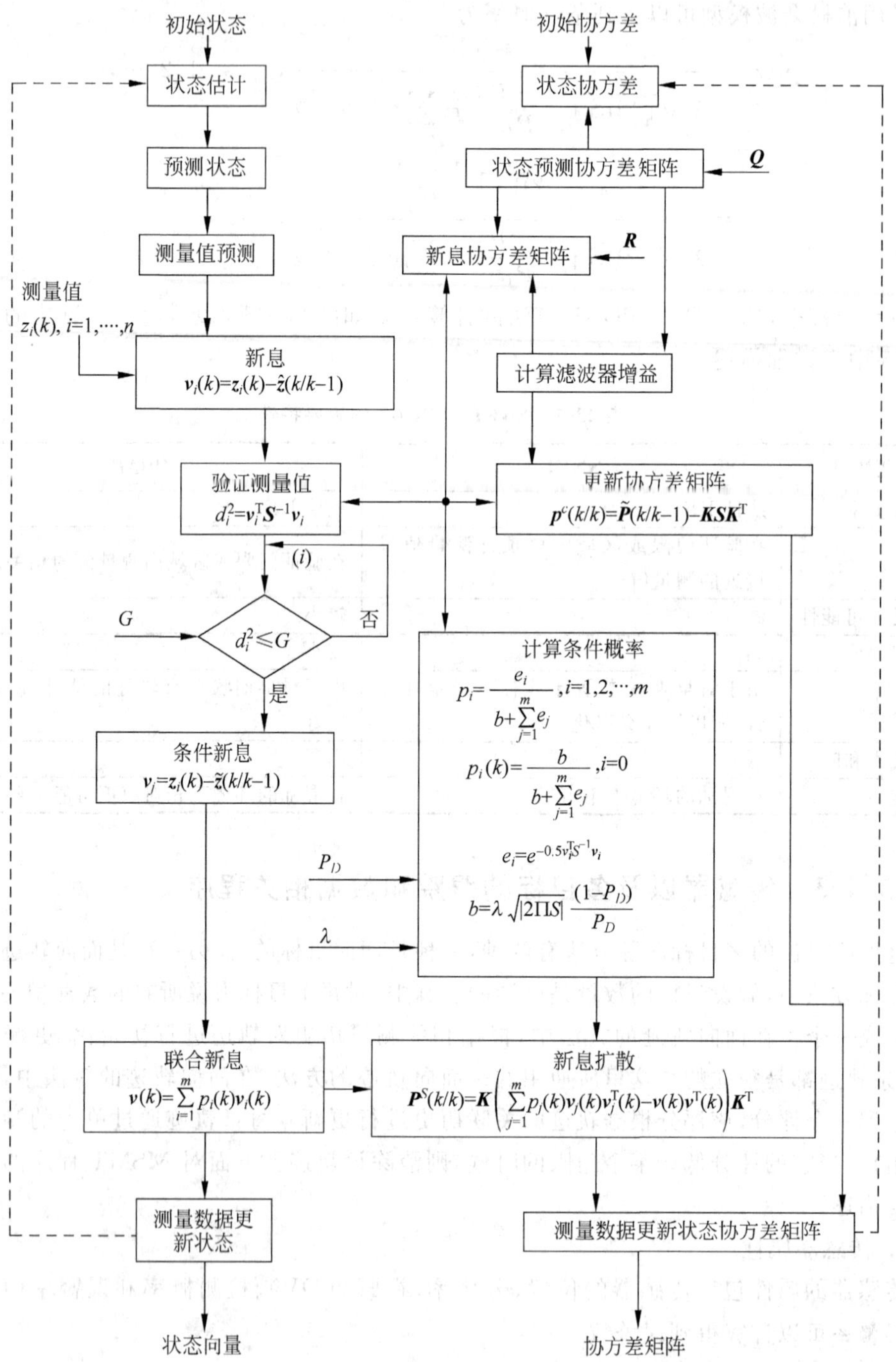

图 23-11 概率数据相关滤波器的计算步骤(实心的框表示 NNKF 与概率数据相关滤波器的主要区别)

$$z_{ref}=z_{traj}-z_{loc}$$

这里的 x_{ref}、y_{ref}、z_{ref} 是相对共同参考点的 x、y、z 坐标。x_{loc}、y_{loc}、z_{loc} 是相应传感器位置的 x、y、z 坐标。x_{traj}、y_{traj}、z_{traj} 是测量目标轨迹的 x、y、z 坐标。

3. 多传感器和多目标中的控制

测量向量的维数为 m,它的距离 d^2(标准距离)是残差向量的基准,其计算方法为

$$d^2 = \boldsymbol{v}^{\mathrm{T}}\boldsymbol{S}^{-1}\boldsymbol{v}$$

考虑第 $k-1$ 次观测中的两条轨迹($y_i(k-1)$,$i=1,2$)。如图 23-1 所示,如果有 4 个有效的测量值 $z_j(k)$,$j=1,2,3,4$,那么,就要计算每条预计的轨道($y_i(k-1)$,$i=1,2$)到测量值之间的距离 d_{ij}(从第 i 条轨迹到第 j 个测量值)。如果距离 $d^2 \leqslant G$,那么测量值和轨迹之间就可以有数据关联性,其中 G 是 χ^2 门限。因为验证区域服从 χ^2 分布且它的自由度等于测量值的维数,所以可以从 χ^2 分布表中获得 χ^2 门限。当测量值位于门限之内的时候,可以用 $\log(|2\pi S|)+d^2$ 计算得到似然值并构成相关矩阵。该矩阵叫作轨迹到测量值的相关矩阵(TMCR),其中行代表测量值,列代表轨迹。当测量值位于门限之外时,TMCR 矩阵中的数值会相对较大,如表 23-6 所列。

表 23-6　两条轨迹($i=1,2$)和 4 个测量值($j=1,2,3,4$)之间的关联值

测　量　值	轨　　迹	
	$\boldsymbol{y}_1$	$\boldsymbol{y}_2$
$z_1(k)$	d_{11}	1000(或更高)
$z_2(k)$	1000(或更高)	d_{24}
$z_3(k)$	d_{13}	1000(或更高)
$z_4(k)$	1000(或更高)	1000(或更高)

4. 测量值与路径之间的关联性

在 NNKF 中,通常选择离轨迹最近的测量值来更新轨迹。选择了特定的测量到轨迹的关联对后,根据其相关性和 DA 矩阵对轨迹进行更新,就可以删除矩阵中相应的条目了,然后开始处理下一条不确定性最低的轨迹。如图 23-1 所示,测量值 $z_1(k)$和 $z_3(k)$位于预测轨迹 $y_1(k)$所对应的门限区域之内,测量值 $z_2(k)$位于预测轨迹 $y_2(k)$所对应的门限区域之内,测量值 $z_4(k)$位于预测轨迹 $y_1(k)$和 $y_2(k)$所对应的门限区域之外。这一点已在表 23-7 中证实。将测量值 $z_1(k)$用来更新轨迹 $y_1(k)$,原因是,与测量值 $z_3(k)$相比,它更接近轨迹 $y_1(k)$。在 PDAF 中,使用所有位于门限之内的测量值(根据推测的轨迹及其相关概率获得)来更新轨迹。例如用测量值 $z_1(k)$和 $z_3(k)$来更新预测轨迹 $y_1(k)$,用测量值 $z_2(k)$更新预测轨迹 $y_2(k)$。重复该过程,直到所有的轨迹都被考虑在内了。然后,那些没有被任何轨迹采用的测量值则可以用来形成新的轨迹。根据其关联历史,每一条轨迹都可以获得相应的评分。通过该评分可以决定轨迹的消除或加强。

5. 轨迹的生成和推断

用那些没有与任何现有轨迹相关的测量值可以获得新的轨迹,且每一条新轨迹都有相应的评分。一条新轨迹的形成需要有相应的位置测量值(x,y,z)和速度矢量。新轨迹的初始评分用下式获得

$$p = \frac{\beta_{\mathrm{NT}}}{\beta_{\mathrm{NT}} + \beta_{fa}}$$

其中,β_{NT}=真实目标数的期望值,β_{fa}=误警数的期望值(一次扫描,一单位监测体积)。测量值 $z_4(k)$用于产生新的轨迹。如果轨迹的测量值未经验证,那么它不更新。但是要对已经

存在的轨迹进行预测以便在下一次扫描中进行处理。

6. 下一个传感器视野范围内的轨迹推断

当前传感器视野内存在的轨迹将会被带入下一个传感器的视野内。这是因为已经假设在 MSMT 情况下每个传感器都在追踪所有目标。通过使用 Markov 链转移矩阵轨迹的评分将会转移到下一个传感器的视野中。这里采用了两种模型，一种叫模型 O，它是针对可观测目标的(真实轨迹)；另一种叫模型 U，它是针对不可观测目标的(位于传感器覆盖范围之外的目标或假设错误的目标)。这两种模型的目标测量值都要考虑检测概率 P_D 和杂波。对模型 U 来说，$P_D=0$。模型 O 和 U 是通过 Markov 链模型给出的，其转移概率为

$$P(M_O \mid \overline{M}_O) = 1-\varepsilon_O,\quad P(M_U \mid \overline{M}_O) = \varepsilon_O$$

$$P(M_U \mid \overline{M}_U) = 1-\varepsilon_U,\quad P(M_O \mid \overline{M}_U) = \varepsilon_U$$

其中，M_x 表示在当前的采样间隔中，该事件是在模型 'x' 有效的情况下发生的，而 $\overline{M}_x$ 表示的前一个采样间隔。ε_O 和 ε_U 的准确取值是由研究中具体问题的情况决定。

7. 下一步扫描的轨迹推断

采用下面的目标模型，可以推断出现存的有效路径在下一步扫描中的变化

$$\boldsymbol{X}(k+1) = \boldsymbol{F}\boldsymbol{X}(k) + \boldsymbol{G}\boldsymbol{w}(k) \tag{23-69}$$

其中，目标的动态转移矩阵为

$$\boldsymbol{F} = \begin{bmatrix} 1 & 0 & 0 & \Delta t & 0 & 0 \\ 0 & 1 & 0 & 0 & \Delta t & 0 \\ 0 & 0 & 1 & 0 & 0 & \Delta t \\ 0 & 0 & 0 & 1 & 0 & 0 \\ 0 & 0 & 0 & 0 & 1 & 0 \\ 0 & 0 & 0 & 0 & 0 & 1 \end{bmatrix}$$

状态向量为 $\boldsymbol{X}(k)=\begin{bmatrix} x(k) & y(k) & z(k) & \dot{x}(k) & \dot{y}(k) & \dot{z}(k) \end{bmatrix}^{\mathrm{T}}$。假设过程噪声是一个零均值的高斯白噪声，其协方差为 $E[\boldsymbol{w}(k)\boldsymbol{w}(k)^{\mathrm{T}}]=\boldsymbol{Q}(k)$。$\Delta t$ 是采样间隔。过程噪声增益矩阵为

$$\boldsymbol{G} = \begin{bmatrix} \Delta t^2/2 & 0 & 0 \\ 0 & \Delta t^2/2 & 0 \\ 0 & 0 & \Delta t^2/2 \\ \Delta t & 0 & 0 \\ 0 & \Delta t & 0 \\ 0 & 0 & \Delta t \end{bmatrix}$$

状态和协方差矩阵随时间的变化可以通过 KF 的预测方程表示。

8. 轨迹管理过程

评分阈值可以用来消除错误的轨迹，另外它也是系统的一个设计参数，可以根据具体情况和所需性能进行调整。同时要对相似的轨迹进行融合以免出现冗余的轨迹。对相似的轨迹进行融合时，也要将轨迹的方向考虑在内。采用 N_D 次扫描方法——如果若干条轨迹的最近 N_D 次观测都相同，那么就对它们进行融合。在融合相似轨迹的过程中，根据 N_D 取值的情况，该方法可以自动地将速度和加速度考虑在内。例如，$x(2)-x(1)$就可以看作速度。在 MSMT 程序的轨迹融合过程中，采用了 3 次扫描的方法。假设两条轨迹第 k 次扫描的状

态向量估计和协方差矩阵分别为

$$\text{轨迹 } i:\hat{\boldsymbol{X}}_i(k/k),\quad \hat{\boldsymbol{P}}_i(k/k)$$

$$\text{轨迹 } j:\hat{\boldsymbol{X}}_j(k/k),\quad \hat{\boldsymbol{P}}_j(k/k)$$

融合状态向量本身也是一个状态向量，它通过下式进行融合

$$\boldsymbol{X}_c(k)=\hat{\boldsymbol{X}}_i(k/k)+\hat{\boldsymbol{P}}_i(k/k)\,\hat{\boldsymbol{P}}(k)_{ij}^{-1}[\hat{\boldsymbol{X}}_j(k/k)-\hat{\boldsymbol{X}}_i(k/k)]$$

融合的协方差矩阵通过下式给出

$$\boldsymbol{P}_c(k)=\hat{\boldsymbol{P}}_i(k/k)-\hat{\boldsymbol{P}}_i(k/k)\,\hat{\boldsymbol{P}}(k)_{ij}^{-1}\boldsymbol{P}_i(k/k) \tag{23-70}$$

$$\hat{\boldsymbol{P}}(k)_{ij}=\hat{\boldsymbol{P}}_i(k/k)+\hat{\boldsymbol{P}}_j(k/k) \tag{23-71}$$

通过设计特定的程序逻辑可以将现存轨迹和传感器的有关信息转化为目标的锁定状态。图形显示模块能够显示出真实的轨迹和测量值，以及对性能的测量结果，例如正确或错误的轨迹检测，正确和错误的轨迹数，正确和错误轨迹的概率。而且它也能显示传感器和目标的锁定状态。

23.4.4　数值仿真

下面对 NNKF 和 PDAF 的性能进行估计：①x,y,z 坐标上的 PFE；②RMSPE；③RSSPE；④S-K 轨迹相关矩阵 $\boldsymbol{C}_{ij}=\|\hat{\boldsymbol{x}}_i-\hat{\boldsymbol{x}}_j\|^2_{(\boldsymbol{P}_i+\boldsymbol{P}_j)^{-1}}$，$\boldsymbol{C}_{ij}=(\hat{\boldsymbol{x}}_i-\hat{\boldsymbol{x}}_j)^{\mathrm{T}}(\boldsymbol{P}_i+\boldsymbol{P}_j)^{-1}\cdot(\hat{\boldsymbol{x}}_i-\hat{\boldsymbol{x}}_j)$（这个矩阵可以看作是两个高斯分布的标准距离的平方，这两个高斯分布的均值分别为$\hat{\boldsymbol{x}}_i$ 和$\hat{\boldsymbol{x}}_j$，且它们具有共同的协方差矩阵 $\boldsymbol{P}_i+\boldsymbol{P}_j$）；⑤百分比均方根位置误差。

$$\text{RMSPE}=\frac{\text{RMSPE}}{\sqrt{\dfrac{1}{N}\displaystyle\sum_{i=1}^{N}\dfrac{\boldsymbol{x}_i^2+\boldsymbol{y}_i^2+\boldsymbol{z}_i^2}{3}}}\times 100$$

上面讨论的关于数据关联、跟踪和估计的步骤可以用来确定在给定的场景中哪些传感器在跟踪相同的目标。这里用到了 9 个位于不同位置的传感器及其测量值。其结果如图 23-12 所示，图 23-12(a)显示了这 9 个传感器所观测到的轨迹。MSMT 程序显示了目标的 ID 以及追踪特定目标的那些传感器。初始阶段存在 9 条轨迹，然后使用特定的距离阈值，相似的轨迹会融合到一起。融合之后，只剩下 3 条轨迹（它们被分配给 3 个目标 ID，分别编为 T1、T2 和 T3）。表 23-7 描述了那些跟踪特定目标的传感器。显然，每 3 个传感器跟踪 1 个目标。从表 23-8 中可以发现在给定的伴有杂波的情况下，两种 DA 算法的性能几乎相同。图 23-12(b)显示了在使用 NNKF 时，真实轨迹和预估轨迹之间的对比情况。同时还要计算轨迹评分，一定范围内的新息，以及目标和轨迹 1（存在数据丢失）之间，目标和轨迹 2（不存在数据丢失）之间在 x 轴上的 χ 距离。在测量数据丢失的情况下轨迹评分为 0，所有的新息都在理论边界之内，每次扫描的 χ^2 距离都小于阈值，该阈值通过 χ^2 表获得。来自相同目标的第 i 条和第 j 条轨迹之间的 S-K 相关度几乎为 0，这意味着这种相关性是可行的。同时，根据传感器 1-3 在 100～150s 之间的数据对轨迹丢失进行模拟。表 23-9 显示了随着轨迹 1 数据的丢失，PFE 和 RMSPE 数值的变化。可以观察到的是，随着数据的持续丢失，PFE 和 RMSPE 数值也随之增长。在图 23-12(c)中可以发现在数据持续丢失的情况下，PDAF 的性能要优于 NNKF 的性能。如果使用 PDAF 的话，数据丢失的时间更长一点可能

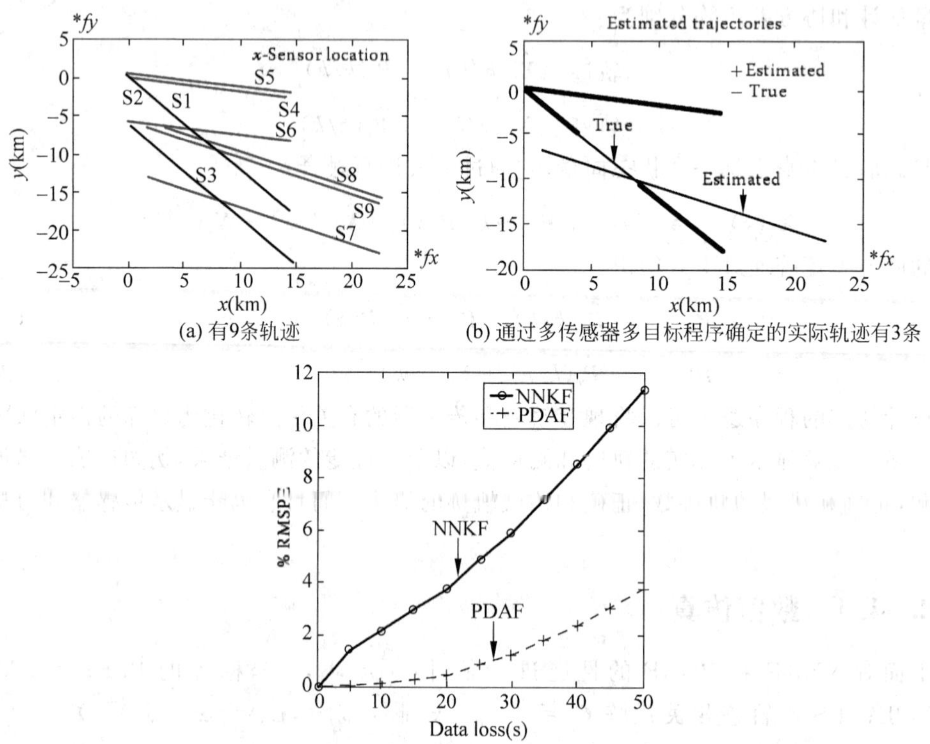

(c) 数据丢失对NNKF和概率数据相关滤波器的性能造成的影响

图 23-12 各个传感器所观测到的轨迹

也没有问题。但是,这还要取决于整体跟踪过程中对准确度的要求有多高。使用相同的 MSMT 程序可以获得 3-传感器和 6-传感器(另一个测试场景中)的检测概率以及相关的性能数据,例如跟踪概率,正确轨迹条数等。同时也可以获得正确的关联性和来自不同传感器的轨迹。

表 23-7 传感器的 ID 号

目标编号(传感器 ID)
T1(S1,S2,S3)
T2(S4,S5,S6)
T2(S7,S8,S9)

表 23-8 不同位置的 PFE 值

轨迹编号	NNKF DA 及跟踪		PDAF DA 及跟踪	
	x 轴上的 PFE	*y* 轴上的 PFE	*x* 轴上的 PFE	*y* 轴上的 PFE
轨迹 1	0.060	0.056	0.08	0.075
轨迹 2	1.039	1.049	1.039	1.049
轨迹 3	0.052	0.028	0.053	0.029

表 23-9 PFE 和 RMSPE

数据丢失	NNKF			PDAF		
	PFE		%RMSPE	PFE		%RMSPE
	x	y		x	y	
0s	0.06	0.05	0.067	0.081	0.075	0.056
5s	1.32	1.4	1.37	0.083	0.087	0.059
10s	3.62	3.87	3.77	0.48	0.448	0.463

23.5 针对机动目标跟踪的交互式多模型算法

当目标处在移动当中且本身具有机动性的时候，目标跟踪变得尤其困难。如果目标移动比较缓慢，那么通过调整过程噪声协方差矩阵 KF，就能够适应这种移动性。滤波器的调整可以是手动的也可以是自动的。手动调整意味着已经通过现有的可用数据对 KF 进行了适当的估计。但是，对于任何新的情况来说，这种做法得到的结果可能会与实际不符。在这样的情况下，就要采用试错法或自动调整来解决问题。因此，在多目标跟踪系统中，KF 可以用在移动性相对较小的情况中，而在目标未移动的时候可以采用适当的降噪方法。在大多数情况下，交互式多模型 Kalman 滤波器（IMMKF）的表现要比单一的 KF 更好。IMMKF 采用了一些目标移动模型（匀速、匀加速和协调转弯模型等）。举个例子，IMMFK 可以针对水平直线飞行使用一个模型，而对机动飞行或转弯采用不同的模型。IMMKF 往往会保持包含所有模型的模型库，并对这些模型的输出进行混合，同时还采用统计学的方法为每个模型添加对应的权值。IMMKF 不仅要估计每个移动模型的状态，还要估计目标在每个模型中缓慢移动的概率。

23.5.1 交互式多模型 Kalman 滤波算法

IMMKF 针对目标移动采用了若干个移动模型，并且在这些模型之间采用概率转换机制。这是通过多路并联（这跟通常意义上的并联或并行计算机不同，但它是可行的，并且通过这种方法可以节省计算时间）滤波器实现的，每一个滤波器都符合多路模型。因为不同的模型之间存在相互转换，所以在滤波器之间也存在一些信息的交换。在每一个采样周期内，IMMKF 所有的滤波器很可能都处于运行状态。总体的状态估计是由各个滤波器的状态估计合并而成的。$M_1,\cdots,M_r$ 是 IMMKF 的 r 个模型，$M_j(k)$代表模型 M_j 在采样周期期间有效，并且在第 k 帧结束。在事件 $M_j(k+1)$发生期间，目标状态的发展符合下面的公式

$$\boldsymbol{X}(k+1)=\boldsymbol{F}_j\boldsymbol{X}(k)+\boldsymbol{w}_j(k) \tag{23-72}$$

测量公式为

$$\boldsymbol{z}(k+1)=\boldsymbol{H}_j\boldsymbol{X}(k+1)+\boldsymbol{v}_j(k+1) \tag{23-73}$$

变量的含义与通常的 KF 相同。图 23-13 是 IMMKF 迭代循环的流程图。简单地说，这里是一个双模型的 IMMKF。IMMKF 算法有 4 个主要的步骤。

1. 交互与混合

对事件 $M_j(k+1)$来说，混合估计 $\boldsymbol{X}_{0j}(k|k)$和协方差矩阵 $\boldsymbol{P}_{0j}(k|k)$的计算过程如下

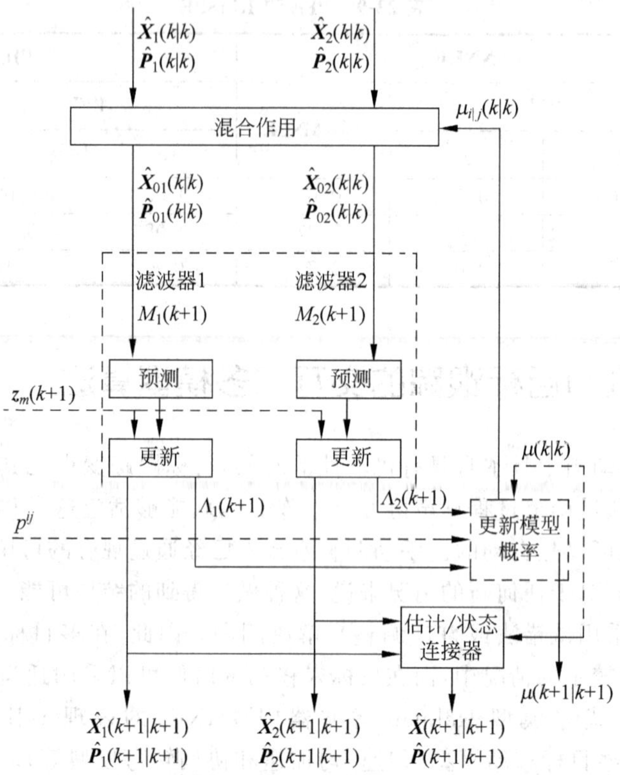

图 23-13 交互式多模型 KF 的一次循环操作

$$\hat{\boldsymbol{X}}_{0j}(k \mid k) = \sum_{i=1}^{r} \boldsymbol{\mu}_{i|j}(k \mid k)\hat{\boldsymbol{X}}_i(k \mid k)$$

$$\hat{\boldsymbol{P}}_{0j}(k \mid k) = \sum_{i=1}^{r} \mu_{i|j}(k \mid k)\{\hat{\boldsymbol{P}}_i(k \mid k) + [\hat{\boldsymbol{X}}_i(k \mid k) - \hat{\boldsymbol{X}}_{0j}(k \mid k)]\}$$

混合概率 $\mu_{i|j}(k|k)$为

$$\mu_{i|j}(k \mid k) = \frac{1}{\mu_j(k+1 \mid k)} p_{ij}\mu_i(k \mid k)$$

其中,先验预测模式概率 $\mu_j(k+1|k)$的计算过程如下

$$\mu_j(k+1 \mid k) = \sum_{i=1}^{r} p_{ij}\mu_i(k \mid k)$$

模型转换通过 Markov 过程来实现,并通过下面的模型转移概率来确定

$$p_{ij} = \Pr\{M_j(k+1) \mid M_i(k)\}$$

其中,Pr{ · }表示事件发生的概率,也就是说,p_{ij} 是在 k 时刻的 M_i 模型在 $k+1$ 时刻转换为 M_j 模型的概率。用它可以计算最后输出的模型概率。

2. Kalman 滤波

如图 23-13 所示,通常的 KF 等式用来处理适当的目标移动模型,并用当前测量值来更新混合状态估计。其新息协方差为

$$\boldsymbol{S}_j = \boldsymbol{H}_j \widetilde{\boldsymbol{P}}_j(k+1 \mid k)\boldsymbol{H}_j^{\mathrm{T}} + \boldsymbol{R}_j \tag{23-74}$$

新息序列可通过下式计算得到

$$\boldsymbol{v}_j = \boldsymbol{z}(k+1) - \tilde{\boldsymbol{z}}_j(k+1 \mid k)$$

匹配滤波器 j 的似然函数是关于信息 $\boldsymbol{v}_j$ 的高斯概率密度函数，均值为 0，协方差为 $\boldsymbol{S}_j$。用它可以更新各种不同模型的概率。其计算过程如下

$$\Lambda_j = \frac{1}{(2\Pi)^{0.5n}\sqrt{|S_j|}}\exp\{-0.5v_j^{\mathrm{T}}S_j^{-1}v_j\}$$

其中，n 是信息向量 $\boldsymbol{v}$ 的维数。

3. 模型概率更新

一旦模型根据测量值 $\boldsymbol{z}(k+1)$ 获得了更新，那么，就使用模型似然函数 Λ_j，更新模型概率 $\mu_j(k+1|k+1)$。而 $M_j(k+1)$ 的预测模型概率 $\mu_j(k+1|k)$ 为

$$\mu_j(k+1|k+1) = \frac{1}{c}\mu_j(k+1|k)\Lambda_j$$

其中，归一化因子为

$$c = \sum_{i=1}^{r}\mu_i(k+1 \mid k)\Lambda_i$$

4. 状态估计和协方差的组合器

通过更新模式概率 $\mu_i(k+1|k+1)$ 对每个滤波器的估计状态 $\hat{\boldsymbol{X}}_j(k+1|k+1)$ 和协方差 $\hat{\boldsymbol{P}}_j(k+1|k+1)$ 进行合并，并得到总体的状态估计 $\hat{\boldsymbol{X}}(k+1|k+1)$ 和相应的协方差 $\hat{\boldsymbol{P}}(k+1|k+1)$。其计算过程如下

$$\hat{\boldsymbol{X}}(k+1 \mid k+1) = \sum_{j=1}^{r}\mu_j(k+1 \mid k+1)\,\hat{\boldsymbol{X}}_j(k+1 \mid k+1)$$

$$\begin{aligned}\hat{\boldsymbol{P}}(k+1 \mid k+1) = \sum_{j=1}^{r}\mu_j(k+1 \mid k+1)\{&\hat{\boldsymbol{P}}_j(k+1 \mid k+1) + [\hat{\boldsymbol{X}}_j(k+1 \mid k+1) \\ &- \hat{\boldsymbol{X}}(k+1 \mid k+1)][\hat{\boldsymbol{X}}_j(k+1) - \hat{\boldsymbol{X}}(k+1 \mid k+1)]^{\mathrm{T}}\}\end{aligned}$$

23.5.2　目标移动模型

最常见的两种目标移动模型分别为：①2-自由度（DOF）动力学模型（匀速模型）；②3-自由度动力学模型（匀加速模型）。

1. 匀速模型

这里的 2-DOF 模型在 x、y、z 轴上的位置和速度分量都是已知的，其转移矩阵和过程噪声矩阵如下

$$\boldsymbol{F}_{\mathrm{CV}} = \begin{bmatrix}\boldsymbol{\Phi}_{\mathrm{CV}} & 0 & 0 \\ 0 & \boldsymbol{\Phi}_{\mathrm{CV}} & 0 \\ 0 & 0 & \boldsymbol{\Phi}_{\mathrm{CV}}\end{bmatrix} \quad \boldsymbol{G}_{\mathrm{CV}} = \begin{bmatrix}\boldsymbol{\varsigma}_{\mathrm{CV}} & 0 & 0 \\ 0 & \boldsymbol{\varsigma}_{\mathrm{CV}} & 0 \\ 0 & 0 & \boldsymbol{\varsigma}_{\mathrm{CV}}\end{bmatrix}$$

其中

$$\boldsymbol{\Phi}_{\mathrm{CV}} = \begin{bmatrix}1 & T & 0 \\ 0 & 1 & 0 \\ 0 & 0 & 0\end{bmatrix} \quad \boldsymbol{\varsigma}_{\mathrm{CV}} = \begin{bmatrix}T^2/2 \\ T \\ 0\end{bmatrix}$$

速度变化的模型可以用 0 均值白噪声加速度来表示。该模型使用了一个较低的噪声协

方差 Q_{CV} 来代表非机动模型中目标的航向和速度的不变性。通常假定每个坐标上的过程噪声强度很小且相等($\sigma_x^2=\sigma_y^2=\sigma_z^2$),它们主要是因为空气的流动,缓慢的转弯以及较小的线性加速度形成的。虽然 2-DOF 模型主要用于跟踪非机动性目标的模型,但是使用更高层次的过程噪声协方差也可以使得该模型追踪机动性的目标,当然有一定的范围限制。该模型的 DOF 可以很容易地获得扩展。

2. 匀加速模型

这里的 3-DOF 模型在 x、y、z 轴上的位置、速度和加速度分量都是已知的,其转移矩阵和过程噪声矩阵如下

$$\boldsymbol{F}_{CA}=\begin{bmatrix}\boldsymbol{\Phi}_{CA} & 0 & 0\\ 0 & \boldsymbol{\Phi}_{CA} & 0\\ 0 & 0 & \boldsymbol{\Phi}_{CA}\end{bmatrix}\quad \boldsymbol{G}_{CA}=\begin{bmatrix}\boldsymbol{\varsigma}_{CA} & 0 & 0\\ 0 & \boldsymbol{\varsigma}_{CA} & 0\\ 0 & 0 & \boldsymbol{\varsigma}_{CA}\end{bmatrix}$$

其中

$$\boldsymbol{\Phi}_{CA}=\begin{bmatrix}1 & T & T^2/2\\ 0 & 1 & T\\ 0 & 0 & 1\end{bmatrix}\quad \boldsymbol{\varsigma}_{CA}=\begin{bmatrix}T^3/6\\ T^2/2\\ T\end{bmatrix}$$

这里的加速度增量服从离散时间的 0 均值高斯白噪声。这里有一个较低的过程噪声协方差 Q_{CA},它可以产生近似的匀加速运动。假定每个坐标上的过程噪声协方差相等($\sigma_x^2=\sigma_y^2=\sigma_z^2$)。研究表明,在 3-DOF 模型中使用更高的过程噪声可以在一定范围内跟踪机动目标的开始和结束阶段。

23.5.3 交互式多模型 Kalman 滤波器的实现

在 MATLAB 实现的算法中既包含 IMMKF 也包含传统的 KF。可以使用一个双模型 IMMKF(一个是非机动模型,另一个是机动模型,即 $r=2$)用来描述 IMMKF 的规则和步骤。这里用到的观测矩阵为

$$\boldsymbol{H}=\begin{bmatrix}1 & 0 & 0 & 0 & 0 & 0 & 0 & 0 & 0\\ 0 & 0 & 0 & 1 & 0 & 0 & 0 & 0 & 0\\ 0 & 0 & 0 & 0 & 0 & 0 & 1 & 0 & 0\end{bmatrix}$$

初始模型概率为 $\boldsymbol{\mu}=[\mu_1\quad \mu_2]$,相应地,非机动模型和机动模型各占 0.9 和 0.1。$\boldsymbol{p}$ 是 Markov 链转移矩阵,它主要关心从模型 i 到模型 j 的转换。这是一个设计参数,并且用户可以自行选择。转移概率往往是已知的,它依赖于滞留时间。举个例子,假设下面是 IMMKF 的两个模型间的 Markov 链转移矩阵

$$\boldsymbol{p}=\begin{bmatrix}0.9 & 0.1\\ 0.33 & 0.67\end{bmatrix}$$

选择 $p_{12}=0.1$ 的原因在于目标的初始状态很可能是一个非机动模型,而从初始状态转移到机动模型的概率相对较低。而 p_{24} 的选择主要是基于目标转化为机动模型的采样周期数。如果目标的机动性持续 3 个采样周期($\tau=3$),那么概率 p_{22} 就是

$$p_{22}=1-\frac{1}{\tau}=0.67$$

关于传统的 KFcv(只有匀速模型的 KF)和 KFca(只有匀加速模型的 KF)的 IMMKF 的性

能估计是通过计算一个特定的性能矩阵来实现的

$$RS\,\mathrm{var}\boldsymbol{P} = \sqrt{P_x + P_y + P_z}$$

这里的 P_x，P_y 和 P_z 分别是矩阵 $\boldsymbol{P}$ 中与 x，y 和 z 位置相对应的对角元素。相似的计算方法也可以用于计算与速度对应的 RSvarV 和与加速度对应的 RSvarA。

可以用 2-DOF 模型和 3-DOF 模型对机动目标进行仿真，其采样间隔在 1～500s。它的仿真过程包含以下参数：①目标(11097.6，−6.2，0，3425，−299.9，40，0，0)的初始状态(x，$\dot{x}$，$\ddot{x}$，y，$\dot{y}$，$\ddot{y}$，z，$\dot{z}$，$\ddot{z}$)；②模型 1 中协方差为 $Q_1=0.09$ 的低级过程噪声；③模型 2 中协方差为 $Q_2=36$ 的高级过程噪声；④假定这两个模型中每个坐标上的噪声协方差都相等，也就是说 $Q_{xx}=Q_{yy}=Q_{zz}=Q$；⑤$R=100$ 时的测量噪声协方差也分别相等，$R_{xx}=R_{yy}=R_{zz}=R$。

在第 100 次扫描中，第一次移动 x 轴方向上给定的加速度为 $\ddot{x}=27.4\text{m/s}^2$；在第 350 次扫描中，第二次移动 y 轴方向上给定的加速度为 $\ddot{y}=-99.4\text{m/s}^2$。$x$ 轴和 y 轴方向上的加速度剖面如图 23-14 所示。目标在大多数时间里都处于非机动状态。第一次移动在第 100 次扫描时开始，在第 150 次扫描时结束；而第二次移动在第 350 次扫描时开始，在第 400 次扫描时结束。KFcv 使用单一的匀速模型，其中 $Q_1=0.09$，$R=100$；KFca 使用单一的匀加速模型，其中 $Q_2=36$，$R=100$；而 IMMKF 则使用了双模型(匀速模型中 $Q_1=0.09$，$R=100$，匀加速模型中 $Q_2=36$，$R=100$)滤波器来跟踪目标。其中，Markov 链转移矩阵为

$$\boldsymbol{p} = \begin{bmatrix} 0.9 & 0.1 \\ 0.05 & 0.95 \end{bmatrix}$$

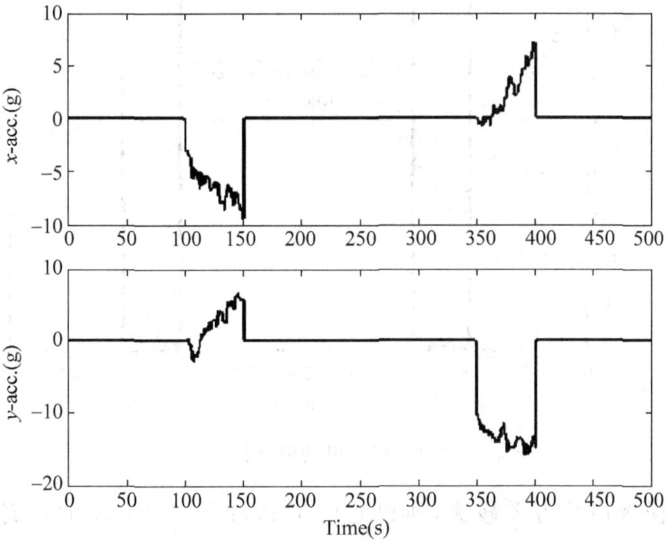

图 23-14　x 轴和 y 轴方向上的加速度剖面

要保持目标的滞留时间($\tau=50$)是可见的。图 23-15 给出了 KFcv、KFca 和 IMMKF 的部分轨迹的放大图。可以观察到，在移动过程中，KFcv 所跟踪的轨迹离真实的轨迹最远。图 23-16 给出了各模型的概率。在跟踪的轨迹中出现了两次移动，包括它们的起始时间和结束时间。也就是说，某个模型或者加权的模型在给定时间内有效。图 23-17 显示了 KFcv、KFca 和 IMMKF 的 RSVar 值。在整条轨迹中，KFcv 和 KFca 的 RSVar 保持不变。

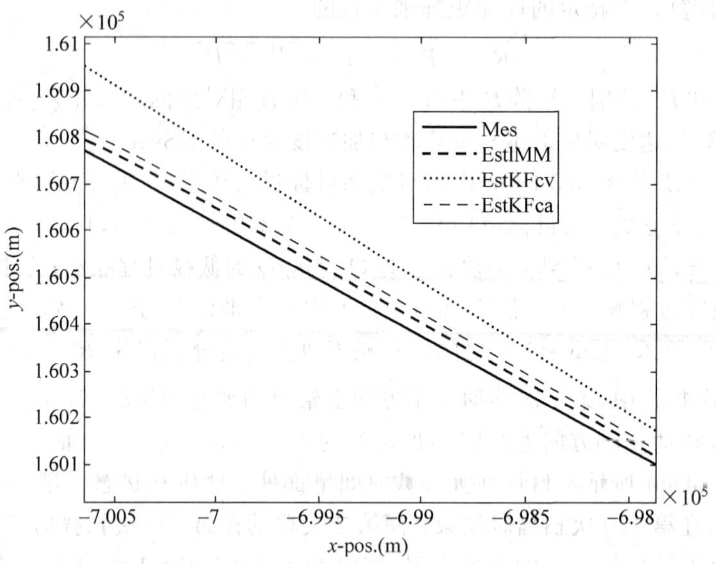

图 23-15　轨迹的展开图

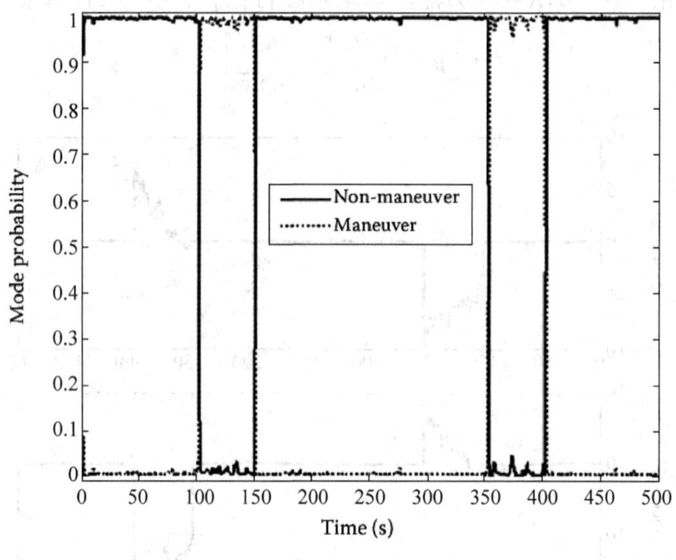

图 23-16　机动模型概率

由于 KFca 的过程噪声协方差较大，所以它的 RSVar 值比 KFcv 的要高。而 IMMKF 的 RSVar 值在移动状态下很高，在非移动状态下很低。这个信息在 IMMKF 的轨迹融合中很有用，而且它也是 IMMKF 的一个特点。这样就可以利用 IMMKF 来检测移动性。图 23-18 显示了 KFcv、KFca 和 IMMKF 的 RSSPE 值。在 KFcv 的移动状态下，它的值很高，而在 KFca 的整条轨迹中它的值都很低。表 23-10 中给出了 x、y、z 位置上的错误均值和 x、y、z 位置上的 PFE 值。这些结果是从 50 次 Monte Carlo 仿真中获得的。从这些结果中可以观察到，KFcv 在移动过程中的跟踪性能是最差的。而 KFca 和 IMMKF 在移动过程中的跟踪性能不相上下。IMMKF 的整体跟踪性能最好。

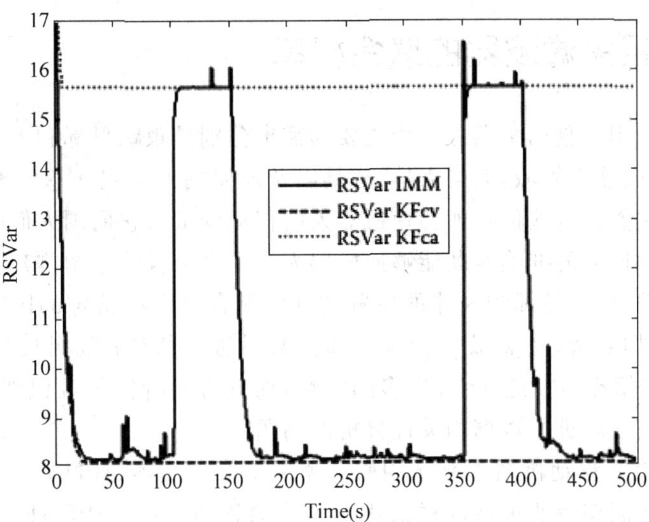

图 23-17 KFcv、KFca 和 IMMKF 的 RSVar 值

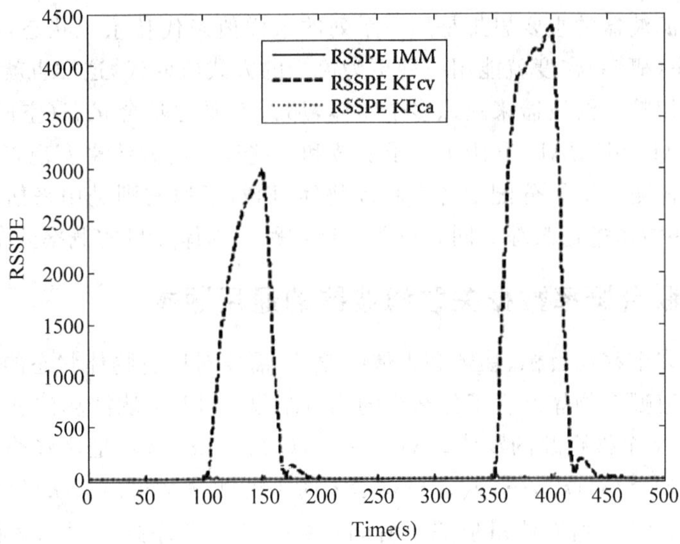

图 23-18 KFcv、KFca 和 IMMKF 的 RSSPE 值

表 23-10 KFcv、KFca 和 IMMKF 的性能指标

滤波器	PFEx	PFEy	PFEz	RMSPE	RMSVE	RMSAE
KFcv	0.11	0.84	0.11	826.4	240.78	29.49
KFca	～0	～0	～0	2.75	9.15	7.72
IMMKF	～0	～0	～0	2.78	6.88	5.83

23.6 数据相关滤波器的联合概率

在目标跟踪应用和移动机器人学中主要的需求分别是跟踪目标和人体位置。在后一种应用中，也就是在机器人领域，获得人体、载具以及障碍物的位置信息能够显著提高机器人或机器人系统的性能。这些信息能够使机器人的移动变量与它周围人们的速度相适应。对移动物体的位置和速度的准确判断能够使机器人①提高自身的地图构建算法；②避免碰撞的能力。对多移动物体，目标和人体的位置估计问题存在一些特定的困难：①与单个物体的问题相比，它更加复杂；②需要对追踪物体的数量进行估计；③需要消除测量结果的歧义；④与单个物体相比，它可能会有更多的特性，而且有些特性很难识别。因此，还需要处理所跟踪物体相关性质进行数据相关性分析的问题。

这里主要讨论在移动机器人领域用联合概率 DA 滤波器(JPDAF)对多个物体进行跟踪的问题。在这方面获得的进展同样适用于其他的移动物体。JPDAF 对各特性之间的一致性和各种被检测物体进行 Bayes 估计。在很多的 JPDAF 算法中，所用到的基本滤波机制和 KF 相同。但是，通过最近的研究可以发现，粒子滤波器可以对非高斯和非线性动态系统进行估计。粒子滤波器的主要思想是用一系列的采样值来代替系统状态，这些采样值称为粒子，那么多状态(概率)密度就能用一种更为恰当的方式所取代，这样也就提高了估计过程的鲁棒性。如果用粒子滤波器来跟踪多个物体，那么就要对联合状态(空间)进行估计。基于 S 样本的 JPDAF(SJPDAF)利用了粒子滤波和一些现有的方法来实现多目标跟踪。基本上，JPDAF 可以将测量结果分配给各个移动物体，而粒子滤波则是用来估计这些物体的状态，也就是对这些物体进行跟踪。同时也要获得被跟踪物体数量的概率分布。

23.6.1 联合概率数据关联滤波器的通用版本

为了实现对多个移动目标、物体和人体的跟踪，需要对所有物体状态的联合概率分布进行估计。需要知道哪个物体产生了什么样的测量结果。JPDA 滤波算法就是为了实现这样的目标。假定有 N 个被跟踪的物体。$\boldsymbol{X}(k)=\{x_1(k),\cdots,x_N(k)\}$ 是这些移动物体在 k 时刻的状态向量。$\boldsymbol{Y}(k)=\{y_1(k),\cdots,y_N(k)\}$ 表示 k 时刻的测量结果。$y_j(k)$ 代表这些测量结果中的某一个特性。$\boldsymbol{Y}^k$ 是所有测量值关于时间参数 k 的一个序列。跟踪多物体的主要方面在于将测量到的特性分配给各个物体。可以定义这样一个联合关联事件 θ，它是配对 $(j,i)\in\{0,\cdots,m\}\times\{1,\cdots,N\}$ 构成的集合。在这种情况下，每个 θ 决定了哪个特性对应哪个物体。$\boldsymbol{\Theta}_{ji}$ 是特性 j 分配给物体 i 的所有联合关联事件所构成的集合。JPDAF 还计算了特性 j 是由物体 i 引起的后验概率

$$\beta_{ji}=\sum_{\theta\in\boldsymbol{\Theta}_{ji}}P(\theta\mid\boldsymbol{Y}^k)$$

概率 P 通过下式给出

$$\begin{aligned}P(\theta\mid Y^k)&=P(\theta\mid\boldsymbol{Y}(k),\boldsymbol{Y}^{k-1})\\&=\int P(\theta\mid\boldsymbol{Y}(k),\boldsymbol{Y}^{k-1},\boldsymbol{X}(k))p(\boldsymbol{X}(k)\mid\boldsymbol{Y}(k),\boldsymbol{Y}^{k-1})\mathrm{d}\boldsymbol{X}(k)\\&=\int P(\theta\mid\boldsymbol{Y}(k),\boldsymbol{X}(k))p(\boldsymbol{X}(k)\mid\boldsymbol{Y}(k),\boldsymbol{Y}^{k-1})\mathrm{d}\boldsymbol{X}(k)\end{aligned}\tag{23-75}$$

从上式可知,很显然需要知道移动物体的状态才能确定 θ 值。在这个状态分配的问题中,也需要知道 θ 值才能确定某些状态(比如位置)。为解决这一问题,可以采用增量法,采用 $p(\boldsymbol{X}(k)|\boldsymbol{Y}^{k-1})$ 来对这里的 p 进行近似。这也就意味着,物体的预测状态是通过 k 时刻之前的所有测量值计算得到的。基于这个假设,可以得到如下关于 P 的公式

$$
\begin{aligned}
P(\theta \mid \boldsymbol{Y}^k) &\approx \int P(\theta \mid \boldsymbol{Y}(k), \boldsymbol{X}(k)) p(\boldsymbol{X}(k) \mid \boldsymbol{Y}(k), \boldsymbol{Y}^{k-1}) \mathrm{d}\boldsymbol{X}(k) \\
&= \alpha \int P(\boldsymbol{Y}(k) \mid \theta, \boldsymbol{X}(k)) P(\theta \mid \boldsymbol{X}(k)) p(\boldsymbol{X}(k) \mid \boldsymbol{Y}^{k-1}) \mathrm{d}\boldsymbol{X}(k)
\end{aligned} \tag{23-76}
$$

积分符号里的第二项代表当前所有物体状态给定时 θ 发生的概率,而第一项代表在给定状态和特性与物体间的分配方式时得到观测结果的概率。那些不是由任何物体产生的特性也应当被考虑进来。γ 代表观测特性为虚警的概率。那么关联对 θ 中的虚警数为 $(m_k-|\theta|)$。那么,$\gamma^{m_k-|\theta|}$ 就是在给定 θ 时 $Y(k)$ 中的元素分配给误警特性的概率。由于特性检测是相互独立的,因此可以得到

$$
P(\boldsymbol{Y}(k) \mid \theta, \boldsymbol{X}(k)) = \gamma^{m_k-|\theta|} \prod_{(j,i)\in\theta} \int p(z_j(k) \mid x_i(k)) p(x_i(k) \mid \boldsymbol{Y}^{k-1}) \mathrm{d}x_i(k)
$$

$$
\beta_{ji} = \sum_{\theta\in\Theta_{ji}} [\alpha\gamma^{(m_k-|\theta|)}] \prod_{(j,i)\in\theta} \int p(z_j(k) \mid x_i(k)) p(x_i(k) \mid \boldsymbol{Y}^{k-1}) \mathrm{d}x_i(k)
$$

由于存在大量可能的分配情况,这个问题将会变得非常复杂,因此只应该考虑那些包含大量分配情况的事件。这方面用门控或 DA 方法实现,这和 NNKF 和 PDAF 中采用的做法相同。

另外,各个目标状态的可信度也要更新。在传统的 JPDAF 和许多相似的算法中,常常假设用一阶或二阶矩来描述它们的概率密度,然后用 KF 来进行状态估计和滤波(本质上就是通过更新矩来更新潜在的概率密度)。如果采用 Bayes 滤波,那么这种更新可以描述为

$$
p(x_i(k) \mid \boldsymbol{Y}^{k-1}) = \int p(x_i(k) \mid x_i(k-1), t) p(x_i(k-1) \mid \boldsymbol{Y}^{k-1}) \mathrm{d}x_i(k-1) \tag{23-77}
$$

得到新的测量值之后状态可以更新为

$$
p(x_i(k) \mid \boldsymbol{Y}^k) = \alpha p(\boldsymbol{Z}(k) \mid x_i(k)) p(x_i(k) \mid \boldsymbol{Y}^{k-1}) \tag{23-78}
$$

然后,将各个特性与分配概率 β_{ji} 相结合

$$
p(x_i(k) \mid \boldsymbol{Y}^k) = \alpha \sum_{j=0}^{m_k} \beta_{ji} p(z_j(k) \mid x_i(k)) p(x_i(k) \mid \boldsymbol{Y}^{k-1})
$$

从前面的推导过程来看,显然需要模型 $p(x_i(k)|\boldsymbol{X}_i(k-1),t)$ 和 $p(z_i(k)|x_i(k))$。可以发现,这些模型都依赖于被检测的移动物体和用于跟踪的传感器。JPDAF 的更新循环过程如下:①根据 k 时刻之前获得的估计结果和可行的物体移动模型来预测 k 时刻的状态 $x_i(k)$;②计算相关概率;③用相关概率融合各个状态估计结果。

23.6.2 基于样本的粒子滤波器和联合概率数据相关滤波器

粒子滤波器的主要思想是用 M 个加权随机样本(通常称为粒子)$s_{i,n}^k(n=1,\cdots,M)$ 所构成的集合 $\boldsymbol{S}_i^k$ 来代表密度 $p(x_i(k)|\boldsymbol{Y}^k)$。样本集合构成了概率分布的离散近似,每个样本为 $(x_{i,n}(k),w_{i,n}(k))$,它由状态和重要性系数构成。预测步骤主要是通过从之前迭代得到的集合中抽出样本并用 $p(x_i(k)|x_i(k-1),t)$ 预测模型更新状态来实现的。在修正(测量更

新)阶段,将测量值 $\boldsymbol{Z}(k)$ 与预测阶段获得的样本进行融合。在这个阶段,需要考虑分配概率 β_{ji},它是通过综合各个状态得到的,其权值为概率 $p(x_i(k)|\boldsymbol{Y}^{k-1})$。在基于样本的粒子滤波方法中,这种综合指的就是在预测步骤之后对生成所有样本求和

$$\beta_{ji} = \sum_{\theta \in \Theta_{ji}} \left[\alpha \gamma^{(m_k - |\theta|)} \prod_{(j,i) \in \theta} \frac{1}{M} \sum_{n=1}^{M} p(z_j(k)) \mid x_{i,n}(k) \right]$$

一旦分配概率确定之后,就可以计算出粒子的权值

$$w_{i,n}(k) = \alpha \sum_{j=0}^{m_k} \beta_{ji} p(z_j(k) \mid x_{i,n}(k)) \tag{23-79}$$

在前面的推导过程中 α 是一个标准化的参数。然后 M 个新样本是通过对当前样本引导重采样并针对每个样本求得 $w_{i,n}(k)$ 得到的。JPDAF 算法假定被跟踪物体的数量是已知的。而在实际中可能并非如此。SJPDAF 能够用递归的 Bayes 滤波器来处理移动物体数量的变化。由于在 SJPDAF 中使用了粒子滤波器,所以它能够表现每个物体在状态空间中的任意密度。这能够提高预测阶段的准确性。这也能用来处理非线性的系统。它能够获得较高的鲁棒性以及较低的 DA 误差。SJPDAF 也能处理伴随大量杂波的情况。

23.7 跟踪中的无序测量处理

在很多的跟踪问题中,会遇到无序测量(OOSM),也就是说,测量数据到达处理中心的时间比预计的要晚。通过复杂的通信网络模块构成的传感器网络结构中,在融合节点或中心处获得的测量结果的时间顺序可能是错误的。在多传感器跟踪系统中,观测数据会通过通信网络发送到融合中心,这就可能引入随机的时间延迟。如果数据能够在预定的时间到达且到达的时间顺序是正确的,那么传统的 KF 就能轻松地扩展到多传感器系统中。传感器和跟踪计算机之间延迟的定义为:当一个测量值与时间 τ 相对应,而它的到达时间为 t_k,那么在 KF 中的状态和协方差矩阵计算完成之后,这时要在有延迟的情况下更新这些估计值的问题就出现了。

23.7.1 无序测量问题的 Bayes 方法

设 $x(t_k)$ 为 t_k 时刻的目标状态,$\boldsymbol{Z}(\tau)$ 是 τ 时刻的延迟测量集,$\boldsymbol{Z}^k$ 是到 t_k 时刻为止传感器的测量序列集。假设已经对所有的测量值 $\boldsymbol{Z}^k$ 进行了处理。那么,关于目标状态 $x(t_k)$ 的信息是通过概率密度 $p(x(t_k)|\boldsymbol{Z}^k)$ 给出的。在 OOSM 问题中,延迟数据是在 t_k 时刻获得的,但是这些数据是属于时刻 $\tau < t_k$ 的。这个问题的解决方法在于用 $\boldsymbol{Z}(\tau)$ 来更新 $p(x(t_k)|\boldsymbol{Z}^k)$,并获得 $p(x(t_k)|\boldsymbol{Z}^k,\boldsymbol{Z}(\tau))$。通过调用 Bayes 准则,可以得到

$$p(x(t_k) \mid \boldsymbol{Z}^k, \boldsymbol{Z}(\tau)) = \frac{p(\boldsymbol{Z}(\tau) \mid x(t_k), \boldsymbol{Z}^k) p(x(t_k) \mid \boldsymbol{Z}^k)}{p(\boldsymbol{Z}(\tau) \mid \boldsymbol{Z}^k)}$$

引入 τ 时刻的目标状态 $x(\tau)$,最后可以得到

$$p(x(t_k) \mid \boldsymbol{Z}^k, \boldsymbol{Z}(\tau)) = \int p(x(\tau), x(t_k) \mid \boldsymbol{Z}^k, \boldsymbol{Z}(\tau)) \mathrm{d}x(\tau) \tag{23-80}$$

可以看到,要解决 OOSM 问题,需要获得当前目标状态和延迟目标状态的联合密度。

23.7.2 单延迟无杂波的无序测量

Y 算法是解决单延迟 OOSM 问题的一个好方法。Y 算法充分考虑到了延迟测量时刻和当前时刻之间的过程噪声以及当前状态和延迟测量值 $\boldsymbol{Z}(\tau)$之间的关联性。

1. Y 算法

假设测量延迟小于单个采样周期,即,$t_{k-1} \leqslant \tau < t_k$。联合高斯随机变量 $\boldsymbol{y}(t_k)$定义为

$$\boldsymbol{y}(t_k) = \begin{bmatrix} x(t_k) \\ z(\tau) \end{bmatrix} \quad \boldsymbol{P}_y = \begin{bmatrix} \boldsymbol{P}_{XX} & \boldsymbol{P}_{XZ} \\ \boldsymbol{P}_{XZ} & \boldsymbol{P}_{ZZ} \end{bmatrix}$$

其中,

$$\boldsymbol{P}_{XX} = E\{(\boldsymbol{x}(t_k) - \hat{\boldsymbol{x}}(t_{k/k}))(\boldsymbol{x}(t_k) - \hat{\boldsymbol{x}}(t_{k/k}))^{\mathrm{T}} \mid \boldsymbol{Z}^k\} = \boldsymbol{P}_{k/k}$$

$$\boldsymbol{P}_{ZZ} = E\{(\boldsymbol{z}(\tau) - \hat{\boldsymbol{z}}(\tau))(\boldsymbol{z}(\tau) - \hat{\boldsymbol{z}}(\tau))^{\mathrm{T}} \mid \boldsymbol{Z}^k\} = \boldsymbol{S}_{\tau/k}$$

$$\boldsymbol{P}_{ZZ} = E\{(\boldsymbol{x}(t_k) - \hat{\boldsymbol{x}}(t_{k/k}))(\boldsymbol{z}(\tau) - \hat{\boldsymbol{z}}(\tau))^{\mathrm{T}} \mid \boldsymbol{Z}^k\} = \boldsymbol{P}_{ZX}^{\mathrm{T}}$$

要解决这个问题需要知道条件密度 $p(x(t_k)|z(\tau),\boldsymbol{Z}^k)$,它服从高斯分布,且均值为

$$\hat{\boldsymbol{x}}(t_{k|\tau,k}) = \hat{\boldsymbol{x}}(t_{k|k}) + \boldsymbol{P}_{XZ}\boldsymbol{P}_{ZZ}^{-1}(\boldsymbol{z}(\tau) - \hat{\boldsymbol{z}}(\tau))$$

相关的协方差矩阵为

$$\boldsymbol{P}(t_{k|\tau,k}) = \boldsymbol{P}_{XX} - \boldsymbol{P}_{XZ}\boldsymbol{P}_{ZZ}^{-1}\boldsymbol{P}_{ZX}$$

其中,向后预测测量值为

$$\hat{\boldsymbol{y}}(\tau) = \boldsymbol{H}_\tau \boldsymbol{F}_{\tau|k}\{\hat{\boldsymbol{x}}(t_{k|k}) - \boldsymbol{Q}_k(\tau)\boldsymbol{H}_\tau^{\mathrm{T}}\boldsymbol{S}_{\tau|k}^{-1}(\boldsymbol{z}(t_k) - \hat{\boldsymbol{z}}(t_{k|k-1}))\}$$

其中,$\boldsymbol{H}_\tau$ 是 τ 时刻的模型矩阵,$\boldsymbol{F}_{\tau|k}$是 t_k 时刻到 τ 时刻的向后传输矩阵。最后一项表征了在估计值为$\hat{\boldsymbol{x}}(t_{k|k})$时,协方差为 $\boldsymbol{Q}_k$ 的过程噪声所造成的影响。互协方差 $\boldsymbol{P}_{XZ}$为

$$\boldsymbol{P}_{XZ} = \{\boldsymbol{P}_{k|k} - \boldsymbol{P}_{x\tilde{z}}\}\boldsymbol{F}_{\tau|k}^{\mathrm{T}}\boldsymbol{H}_\tau^{\mathrm{T}}$$

其中,

$$\boldsymbol{P}_{X\tilde{Z}} = \operatorname{cov}\{\boldsymbol{x}(t_k), \boldsymbol{w}_k(\tau) \mid \boldsymbol{Z}^k\} = \boldsymbol{Q}_k(\tau) - \boldsymbol{P}(t_{k|k-1})\boldsymbol{H}_\tau^{\mathrm{T}}\boldsymbol{S}^{-1}(t_k)\boldsymbol{H}_\tau\boldsymbol{P}(t_{k|k-1})$$

该算法需要存储前一时刻的新息,因此可以把它当作一个非标准的平滑滤波器。

2. 增强状态 Kalman 滤波器

OOSM 问题具有单延迟,所以假设 t_k 时刻的延迟测量值为 $\boldsymbol{z}(\tau)$,当前测量值为 $\boldsymbol{z}(t_k)$。向量$[\boldsymbol{x}(t_k),\boldsymbol{x}(\tau)]^{\mathrm{T}}$ 就是增强状态。考虑下面的公式

$$\begin{bmatrix} \boldsymbol{x}(t_k) \\ \boldsymbol{x}(\tau) \end{bmatrix} = \begin{bmatrix} \boldsymbol{F}_{t_{k|\tau}} & 0 \\ \boldsymbol{I} & 0 \end{bmatrix} \begin{bmatrix} \boldsymbol{x}(t_{k-1}) \\ \boldsymbol{x}(\tau) \end{bmatrix} + \begin{bmatrix} \boldsymbol{w}(t_{k|\tau}) \\ 0 \end{bmatrix}$$

$$\begin{bmatrix} \boldsymbol{z}(t_k) \\ \boldsymbol{z}(\tau) \end{bmatrix} = \begin{bmatrix} \boldsymbol{H}_k & 0 \\ 0 & \boldsymbol{H}_\tau \end{bmatrix} \begin{bmatrix} \boldsymbol{x}(t_k) \\ \boldsymbol{x}(\tau) \end{bmatrix} + \begin{bmatrix} \boldsymbol{v}(t_k) \\ \boldsymbol{v}(\tau) \end{bmatrix}$$

其中,$\boldsymbol{F}_{t_{k|\tau}}$ 来自系统的动态方程,$t_{k-1}=\tau$。使用 Kalman 递归可以对延迟测量值 $\boldsymbol{z}(\tau)$和当前测量值 $\boldsymbol{z}(t_k)$进一步更新,从而获得对增强状态的估计。如果没有延迟测量值,那么测量公式为

$$\boldsymbol{z}(t_k) = \boldsymbol{H}_k\boldsymbol{x}(t_k) + \boldsymbol{v}(t_k)$$

在本算法中,对目标状态的关联性和过程噪声进行了隐式处理,而在 Y 算法中,则是进行了显式处理。

例 23.1 这个例子的离散时间系统等式为

$$\boldsymbol{x}(k)=\begin{bmatrix}1 & T\\0 & 1\end{bmatrix}\boldsymbol{x}(k-1)+\boldsymbol{v}(k)$$

其中，$T=1$ 是采样间隔，$\boldsymbol{v}(k)$是零均值的高斯白噪声，其协方差矩阵为

$$\operatorname{cov}\{\boldsymbol{v}(k)\}=\boldsymbol{Q}(k)=\begin{bmatrix}T^3/3 & T^2/2\\T^2/2 & T\end{bmatrix}q$$

测量模型通过下式给出

$$\boldsymbol{z}(k)=[1\quad 0]\boldsymbol{x}(k)+\boldsymbol{w}(k)$$

其中，$\boldsymbol{w}(k)$是零均值的高斯白噪声，$\operatorname{cov}(\boldsymbol{w}(k))=\boldsymbol{R}(k)=1$。基于这些模型，采用了一个 2D 状态模型进行仿真。机动指数为 $\lambda=\sqrt{\frac{qT^3}{R}}$。这里测试了两种情况(过程噪声分别为 $q=0.1$ 和 1，相应地，$\lambda=0.3$ 和 1)。目标可能实现直线移动或者是高度动态的，每次运行的数据都是随机产生的，$x(t=0)=[200\text{km}-0.5\text{km/s}\ 100\text{km}-0.08\text{km/s}]$。滤波器的初始情况为

$$\boldsymbol{P}(0\mid 0)=\begin{bmatrix}\boldsymbol{P}_0 & O\\O & \boldsymbol{P}_0\end{bmatrix}\quad 其中，\boldsymbol{P}_0=\begin{bmatrix}\boldsymbol{R} & \boldsymbol{R}/T\\\boldsymbol{R}/T & 2\boldsymbol{R}s/T^2\end{bmatrix}$$

假设 OOSM 最大只有一个滞后的延迟。另外，假设数据延迟满足均匀分布(在整个仿真周期过程中)，也就是当前状态延迟的概率为 P_r。表 23-11 给出了计算时延的对比情况。可以发现增强状态算法要优于 Y 算法，但是这些滤波器的计算负荷要高于 Y 算法。

表 23-11 计算负荷的对比(根据 KF 的浮点操作数)

算法 \ P_r	0.0	0.25	0.50	0.75
Y 算法	1	2.26	2.25	4.41
增广状态算法和增广状态平滑算法	5.57	5.57	5.57	5.57

23.8 数据共享和增益融合算法

在一些与融合估计有关的工作中，需对分布式系统中的状态进行全局估计，这需要计算大量本地的和全局的逆协方差矩阵。采用数据共享和增益融合算法的方案则可以有效地避免这样的计算。在分布式结构中，所有的信息都在本地进行处理，而不必执行中心融合操作。同时，节点间可进行信息交互。

23.8.1 基于 Kalman 滤波的融合算法

每个传感器利用最优线性卡尔曼滤波获得状态向量的估计，可表示为

$$\tilde{\boldsymbol{x}}^m(k+1)=\boldsymbol{F}\hat{\boldsymbol{x}}^m(k)$$

状态和协方差时间传播为

$$\tilde{\boldsymbol{x}}^m(k+1)=\boldsymbol{F}\hat{\boldsymbol{x}}^m(k)$$

$$\widetilde{\boldsymbol{P}}^{m}=\boldsymbol{F}\hat{\boldsymbol{P}}^{m}\boldsymbol{F}^{\mathrm{T}}+\boldsymbol{GQG}^{\mathrm{T}}$$

状态和协方差更新方程为

$$\boldsymbol{r}(k+1)=\boldsymbol{z}^{m}(k+1)-\boldsymbol{H}\tilde{\boldsymbol{x}}^{m}(k+1)$$

$$\boldsymbol{K}^{m}=\widetilde{\boldsymbol{P}}^{m}\boldsymbol{H}^{\mathrm{T}}[\boldsymbol{H}\widetilde{\boldsymbol{P}}^{m}\boldsymbol{H}^{\mathrm{T}}+\boldsymbol{R}_{v}^{m}]^{-1}$$

$$\hat{\boldsymbol{x}}^{m}(k+1)=\tilde{\boldsymbol{x}}^{m}(k+1)+\boldsymbol{K}^{m}[\boldsymbol{z}^{m}(k+1)-\boldsymbol{H}\tilde{\boldsymbol{x}}^{m}(k+1)]$$

$$\hat{\boldsymbol{P}}^{m}=[\boldsymbol{I}-\boldsymbol{K}^{m}\boldsymbol{H}]\widetilde{\boldsymbol{P}}^{m}$$

$$\hat{\boldsymbol{P}}^{f}=\hat{\boldsymbol{P}}^{1}-\hat{\boldsymbol{P}}^{1}(\hat{\boldsymbol{P}}^{1}+\hat{\boldsymbol{P}}^{2})^{-1}\hat{\boldsymbol{P}}^{1^{\mathrm{T}}}$$

两个传感器的滤波器采用相同的状态动力学模型。测量模型和测量噪声统计数字可能有所区别。给出融合算法如下

$$\hat{\boldsymbol{x}}^{f}=\hat{\boldsymbol{x}}^{1}+\hat{\boldsymbol{P}}^{1}(\hat{\boldsymbol{P}}^{1}+\hat{\boldsymbol{P}}^{2})^{-1}(\hat{\boldsymbol{x}}^{2}-\hat{\boldsymbol{x}}^{1})$$

由以上各式可知，已融合状态的向量和已融合状态的协方差需分别使用每个传感器各自的估计状态向量和协方差矩阵。

23.8.2　基于增益融合的算法

由前一节的推导过程可知，基于卡尔曼滤波的融合算法需要通过计算协方差矩阵的逆获得全局结果。而最近提出的一种融合算法不需要进行这种计算，且具有并行处理能力。其动力系统方程组与KF方法中的方程组相同。基于传感器集合的增益融合算法涉及从全局滤波器到本地滤波器的信息反馈。

全局估计的时间传播为

$$\tilde{\boldsymbol{x}}^{f}(k+1)=\boldsymbol{F}\hat{\boldsymbol{x}}^{f}(k)$$

$$\widetilde{\boldsymbol{P}}^{f}(k+1)=\boldsymbol{F}\hat{\boldsymbol{P}}^{f}(k)\boldsymbol{F}^{\mathrm{T}}+\boldsymbol{GQG}^{\mathrm{T}}$$

本地滤波器被重设为

$$\tilde{\boldsymbol{x}}^{m}(k+1)=\tilde{\boldsymbol{x}}^{f}(k+1)$$

$$\widetilde{\boldsymbol{P}}^{m}(k+1)=\hat{\boldsymbol{P}}^{f}(k+1)$$

本地增益和状态测量更新为

$$\boldsymbol{K}^{m}=(1/\boldsymbol{\gamma}^{m})\bar{\boldsymbol{P}}^{f}(k+1)\boldsymbol{H}'[\boldsymbol{H}\bar{\boldsymbol{P}}^{f}(k+1)\boldsymbol{H}'+(1+\boldsymbol{\gamma}^{m})\boldsymbol{R}^{m}]^{-1}$$

$$\hat{\boldsymbol{x}}^{m}(k+1)=\bar{\boldsymbol{x}}^{f}(k+1)+k^{m}[\boldsymbol{z}^{m}(k+1)-\boldsymbol{H}\tilde{\boldsymbol{x}}^{f}(k+1)]$$

m个本地估计的全局融合为

$$\hat{\boldsymbol{x}}^{f}(k+1)=\sum^{m}\hat{\boldsymbol{x}}^{m}(k+1)-(m-1)\tilde{\boldsymbol{x}}^{f}(k+1)\tag{23-81}$$

$$\hat{\boldsymbol{P}}^{f}(k+1)=\left[\boldsymbol{I}-\sum^{m}\boldsymbol{K}^{m}\boldsymbol{H}\right]\widetilde{\boldsymbol{P}}^{f}(k+1)\left[\boldsymbol{I}-\sum^{m}\boldsymbol{K}^{m}\boldsymbol{H}\right]^{\mathrm{T}}+\sum^{m}\boldsymbol{K}^{m}\boldsymbol{R}^{m}\boldsymbol{K}^{m^{\mathrm{T}}}\tag{23-82}$$

这里用到了从全局滤波器到本地滤波器的信息反馈。GFBA不需要本地协方差测量更新来获取全局估计。由于全局的先验估计反馈给了本地滤波，所以本地滤波器间存在隐含的测量数据共享。当两个传感器中任意一个出现数据丢失时，就需要进行特征评估。

23.8.3 性能评估

本节使用 MATLAB 来实现单个本地滤波器和融合算法。其中用到被两个 s 波段雷达跟踪的移动目标的飞行数据。将获得的雷达数据转换到笛卡儿坐标框架中，这样就可以利用线性的状态和测量模型，并假设 3 个坐标轴间的融合度为零。数据采样间隔为 0.1s，仿真数据丢失时间为 50s。融合滤波器的性能可以表示为

$$\frac{\sum_{k=0}^{N}(\hat{\boldsymbol{x}}^{f}(k)-\boldsymbol{x}(k))^{\mathrm{T}}(\hat{\boldsymbol{x}}^{f}(k)-\boldsymbol{x}(k))}{(\hat{\boldsymbol{x}}_{0}^{f}-\boldsymbol{x}_{0}^{f})^{\mathrm{T}}\boldsymbol{P}_{0}^{f}(\hat{\boldsymbol{x}}_{0}^{f}-\boldsymbol{x}_{0}^{f})+\sum_{k=0}^{N}\boldsymbol{\omega}(k)^{\mathrm{T}}\boldsymbol{\omega}(k)+\sum^{m}\sum_{k=0}^{N}\boldsymbol{v}^{m^{\mathrm{T}}}(k)\boldsymbol{v}^{m}(k)} \tag{23-83}$$

基本上，上式的结果应该小于伽马(一个标量参数)的平方，其中伽马被认为是从输入到输出的最大能量增益的上限。由以上可知，滤波器的输入包含了初始条件中误差产生的能量、状态扰动(处理噪声)和两个传感器的测量噪声。滤波器的输出能量由融合后的状态误差产生。对于 GFBA，每个本地滤波器的伽马值等于 2($m=2$)。数据集来自于两个实施跟踪的雷达。其性能矩阵如表 23-12 给出。

表 23-12 残留匹配误差和 H 无穷范数

PFE	无数据丢失(正常)			传感器 1 发生数据丢失			传感器 2 发生数据丢失		
	x	y	z	x	y	z	x	y	z
KFBFA 轨迹 1	0.308	0.140	0.553	1.144	1.543	2.802	0.308	0.139	0.553
KFBFA 轨迹 2	0.129	0.126	0.180	0.129	0.126	0.180	0.762	1.157	6.199
GFBA 轨迹 1	0.376	0.624	1.306	0.379	0.627	1.328	0.392	0.610	1.604
GFBA 轨迹 2	0.131	0.142	0.246	0.131	0.142	0.219	0.240	0.205	1.142
融合滤波器的 H 无穷范数									
KFBFA	0.604	2.759	1.037	0.704	3.051	0.941	5.076	19.55	69.85
GFBA	0.546	2.325	0.821	0.562	2.38	0.913	0.625	2.203	2.952

其中，PFE 根据实际情况估计得到。从表中可以看到，当采用 GFBA 时，H 无穷范数低于理论限制 $\gamma^{m}(2\times2=4)$。图 23-19 和图 23-20 分别显示了在传感器 1 发生数据丢失时的状态估计和分别采用 KFBFA 与 GFBA 所获得的残差。由此可见，当数据丢失时，KFBFA 的性能将受到影响，而 GFBA 基本不受影响。

23.9 全局融合与基于数据融合的 H 无穷滤波器

H 无穷的概念与频域最优控制合成理论有关，是一个关于频域优化和合成的理论。该理论明确地解决了建模误差的问题，其基本的思想是假定最糟的情况，即做最坏的打算并确定优化方案(如最小化最大误差)。该理论须具有以下属性：

(1) 必须能够处理受控体建模误差和未知干扰；

(2) 必须体现对现有理论的自然延伸；

(3) 必须服从有意义的优化；

(4) 必须适用于多变量的问题。

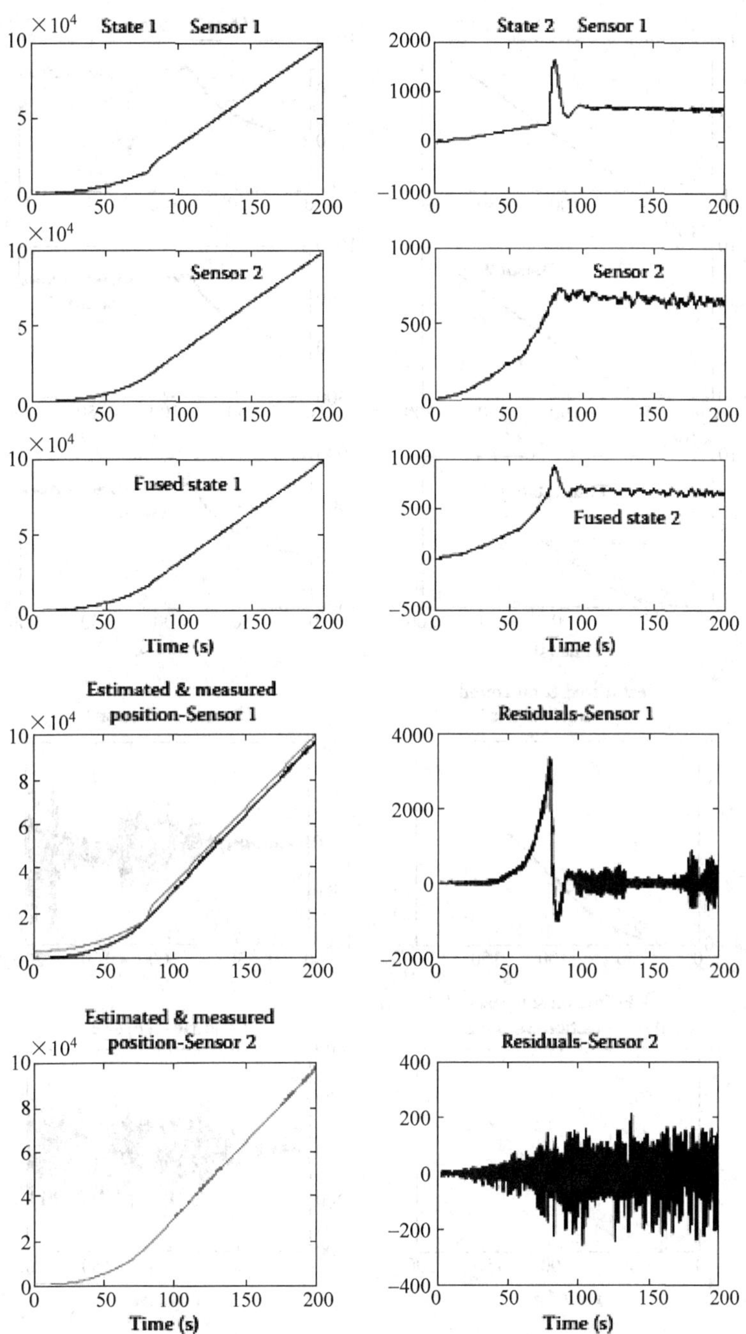

图 23-19 基于 KF 的融合算法的状态融合

H 无穷概念与信号的 RMS 值(测量信号的一种方法)有关,即反映了方根值的最终平均大小,是一种广泛应用于工程领域的反映信号大小的经典概念。利用 H 无穷范数可以导出一种强壮的滤波算法。用于融合算法的基本 H 无穷滤波器是基于该 H 无穷范数的。

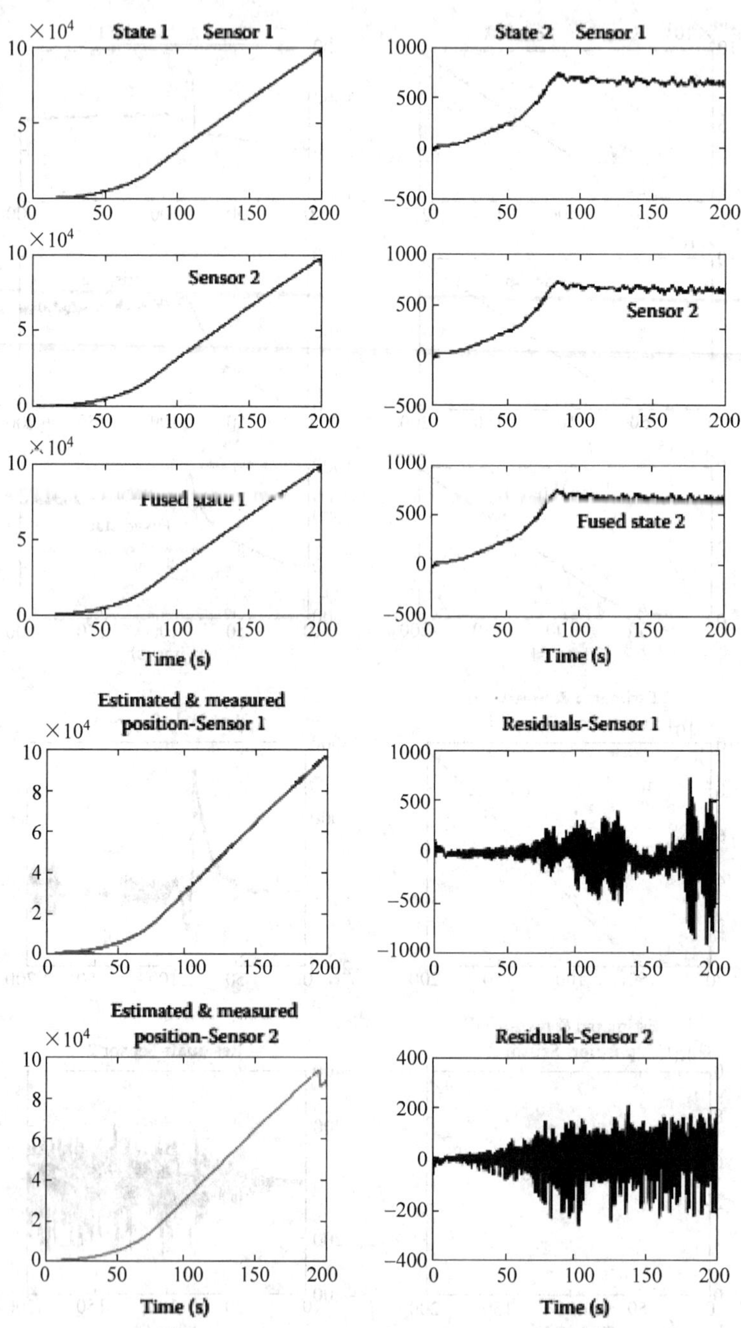

图 23-20 基于增益融合的状态融合算法

23.9.1 基于 H 无穷滤波器的传感器数据融合

当目标被采用 KF(或相似的本地滤波)的传感器跟踪时,其运动学模型可描述如下

$$\boldsymbol{x}(k+1)=\boldsymbol{F}\boldsymbol{x}(k)+\boldsymbol{G}\boldsymbol{\omega}(k)$$

其中

$$\boldsymbol{F}=\begin{bmatrix}1 & T\\0 & 1\end{bmatrix},\quad \boldsymbol{G}=\begin{bmatrix}T^2/2\\T\end{bmatrix}$$

目标的状态向量由两部分组成：位置和速度。另外假设高斯白噪声 ω 均值为零，即满足

$$E\{\boldsymbol{\omega}(k)\}=0,\quad \mathrm{Var}\{\boldsymbol{\omega}(k)\}=\boldsymbol{Q}$$

每个传感器的测量结果如下

$$\boldsymbol{z}^m(k)=\boldsymbol{Hx}(k)+\boldsymbol{v}^m(k)$$

其中 $m=1,2$(传感器序号)。假设测量噪声是均值为零的高斯白噪声，且其统计数字特征为

$$E\{\boldsymbol{v}^m(k)\}=0,\quad \mathrm{Var}\{\boldsymbol{v}^m(k)\}=\boldsymbol{R}_v^m$$

在 KF 中，假设信号产生系统是一个由已知数字特征的白噪声过程驱动的状态空间，且假定测量信号会受到已知统计特征的高斯白噪声的干扰。滤波器的目标是保证最终状态估计误差的方差最小。H 无穷滤波与 KF 有两点不同：

(1) 未知的有限能量干扰代替了白噪声；

(2) 定义了预先指定的正实数(伽马，标量参数)。

该滤波器的目的是确保干扰对估计误差的能量增益小于指定的正实数。该正实数可以称为估计误差和输入干扰能量之间的转移数量级的阈值。需要提到的是，随着阈值趋于无穷大，KF 会近似于 H 无穷滤波。从鲁棒性的角度来看，H 无穷滤波可以生成一种健壮滤波算法。

当用于跟踪目标的两传感器中任一个出现特定数据丢失时，可以考虑两种基于 H 无穷滤波的融合算法。传感器定位或部署使用了单独的 H 无穷滤波器来生成两组轨迹数据集，并可以用仿真数据对状态误差和 H 无穷规范进行性能评估。

23.9.2　基于 H 无穷后验滤波的融合算法

利用 H 无穷后验滤波方法得到每个传感器的估计。协方差时间传播为

$$\boldsymbol{P}_i(k+1)=\boldsymbol{FP}_i(k)\boldsymbol{F}'+\boldsymbol{GQG}'-\boldsymbol{FP}_i(k)[\boldsymbol{H}_i^{\mathrm{T}}\quad \boldsymbol{L}_i^{\mathrm{T}}]\boldsymbol{R}_i^{-1}\begin{bmatrix}\boldsymbol{H}_i\\\boldsymbol{L}_i\end{bmatrix}\boldsymbol{P}_i(k)\boldsymbol{F}'$$

$$\boldsymbol{R}_i=\begin{bmatrix}\boldsymbol{I} & 0\\0 & -\gamma^2\boldsymbol{I}\end{bmatrix}+\begin{bmatrix}\boldsymbol{H}_i\\\boldsymbol{L}_i\end{bmatrix}\boldsymbol{P}_i(k)[\boldsymbol{H}_i^{\mathrm{T}}\quad \boldsymbol{L}_i^{\mathrm{T}}]$$

H 无穷滤波器增益为

$$\boldsymbol{K}_i=\boldsymbol{P}_i(k+1)\boldsymbol{H}_i^{\mathrm{T}}(\boldsymbol{I}+\boldsymbol{H}_i\boldsymbol{P}_i(k+1)\boldsymbol{H}_i^{\mathrm{T}})^{-1}$$

状态测量更新为

$$\hat{\boldsymbol{x}}_i(k+1)=\boldsymbol{F}\hat{\boldsymbol{x}}_i(k)+\boldsymbol{K}_i(\boldsymbol{y}_i(k+1)-\boldsymbol{H}_i\boldsymbol{F}\hat{\boldsymbol{x}}_i(k))$$

来自两个传感器的估计融合方法如下

$$\hat{\boldsymbol{x}}_f(k+1)=\hat{\boldsymbol{x}}_1(k+1)+\hat{\boldsymbol{P}}_i(k+1)(\hat{\boldsymbol{P}}_1(k+1)+\hat{\boldsymbol{P}}_2(k+1))^{-1}\times(\hat{\boldsymbol{x}}_2(k+1)-\hat{\boldsymbol{x}}_1(k+1))\tag{23-84}$$

$$\hat{\boldsymbol{P}}_f(k+1)=\hat{\boldsymbol{P}}_1(k+1)-\hat{\boldsymbol{P}}_1(k+1)(\hat{\boldsymbol{P}}_1(k+1)+\hat{\boldsymbol{P}}_2(k+1))^{-1}\hat{\boldsymbol{P}}_i^{\mathrm{T}}(k+1)\tag{23-85}$$

已融合状态向量和已融合状态协方差需运用各自的估计状态向量和协方差矩阵。

23.9.3 H 无穷全局融合算法

已知每个传感器的本地滤波器。状态和协方差时间传播为

$$\tilde{\boldsymbol{x}}_i(k+1)=\boldsymbol{F}\hat{\boldsymbol{x}}_i(k)$$

$$\widetilde{\boldsymbol{P}}_i(k+1)=\boldsymbol{F}\hat{\boldsymbol{P}}_i(k)\boldsymbol{F}'+\boldsymbol{GQG}'$$

协方差更新为

$$\hat{\boldsymbol{P}}_i^{-1}(k+1)=\widetilde{\boldsymbol{P}}_i^{-1}(k+1)+[\boldsymbol{H}_i^{\mathrm{T}}\quad \boldsymbol{L}_i^{\mathrm{T}}]\begin{bmatrix}\boldsymbol{I} & 0\\ 0 & -\gamma^2\boldsymbol{I}\end{bmatrix}^{-1}\begin{bmatrix}\boldsymbol{H}_i\\ \boldsymbol{L}_i\end{bmatrix}$$

可得本地滤波器增益为

$$\boldsymbol{A}_i=\boldsymbol{I}+1/\gamma^2\,\hat{\boldsymbol{P}}_i(k+1)\boldsymbol{L}_i^{\mathrm{T}}\boldsymbol{L}_i;\quad \boldsymbol{K}_i=\boldsymbol{A}_i^{-1}\hat{\boldsymbol{P}}_i(k+1)\boldsymbol{H}_i^{\mathrm{T}}$$

本地状态的测量更新为

$$\hat{\boldsymbol{x}}_i(k+1)=\tilde{\boldsymbol{x}}_i(k+1)+\boldsymbol{K}_i(\boldsymbol{y}_i(k+1)-\boldsymbol{H}_i\tilde{\boldsymbol{x}}_i(k+1))$$

融合状态和协方差的时间传播为

$$\tilde{\boldsymbol{x}}_f(k+1)\boldsymbol{F}\hat{\boldsymbol{x}}_f(k)$$

$$\widetilde{\boldsymbol{P}}_f(k+1)=\boldsymbol{F}\hat{\boldsymbol{P}}_f(k)\boldsymbol{F}'+\boldsymbol{GQG}'$$

融合状态和协方差的测量更新为

$$\hat{\boldsymbol{P}}_f^{-1}(k+1)=\widetilde{\boldsymbol{P}}_f^{-1}(k+1)\sum_{i=1}^{m}(\hat{\boldsymbol{P}}_i^{-1}(k+1)-\widetilde{\boldsymbol{P}}_i^{-1}(k+1))+\frac{m-1}{\gamma^2}\boldsymbol{L}^{\mathrm{T}}\boldsymbol{L}$$

全局增益为

$$\boldsymbol{A}_f=I+1/\gamma^2\,\hat{\boldsymbol{P}}_f(k+1)\boldsymbol{L}^{\mathrm{T}}\boldsymbol{L}$$

得到全局融合状态为

$$\begin{aligned}\hat{\boldsymbol{x}}_f(k+1)=&[\boldsymbol{I}-\boldsymbol{A}_f^{-1}\hat{\boldsymbol{P}}_f(k+1)\boldsymbol{H}_f^{\mathrm{T}}\boldsymbol{H}_f]\tilde{\boldsymbol{x}}_f(k+1)+\boldsymbol{A}_f^{-1}\hat{\boldsymbol{P}}_f(k+1)\\&\times\sum_{i=1}^{m}\{\hat{\boldsymbol{P}}_i^{-1}(k+1)\boldsymbol{A}_i\hat{\boldsymbol{x}}_i(k+1)-(\hat{\boldsymbol{P}}_i^{-1}(k+1)\boldsymbol{A}_i+\boldsymbol{H}_i^{\mathrm{T}}\boldsymbol{H}_i)\boldsymbol{F}\hat{\boldsymbol{x}}_i(k)\}\end{aligned}\tag{23-86}$$

23.9.4 数值仿真结果

在计算机上采用 MATLAB 来进行跟踪问题仿真并得到相应数据。在状态向量中加入归一化随机噪声，且每个传感器的测量都会受到噪声干扰。每个传感器可能有不同的测量噪声方差。状态向量的初始条件为 $\boldsymbol{x}(0)=[200\quad 0.5]$。采用 H 无穷范数来估计融合滤波的性能，所得的比值应小于伽马的平方，其中伽马为输入到输出的最大能量增益上限。滤波器输出能量与已融合状态中的误差有关。表 23-13 到表 23-15 给出了这两个滤波方法的性能指标。在正常情况下，任何传感器都会出现约几秒的数据丢失。可以看到已融合状态的理论协方差范数比单个传感器的协方差标准要低。图 23-21 和图 23-22 显示了在使用后验融合算法和 H 无穷全局融合算法时，传感器 1 出现数据丢失的状态误差随时间的变化情况。可以看到两种融合算法对于数据丢失具有相当好的鲁棒性，同时当采用融合滤波器时误差会更低。H 无穷滤波器最重要的部分是，通过调整变量参数伽马来获得期望的结果。

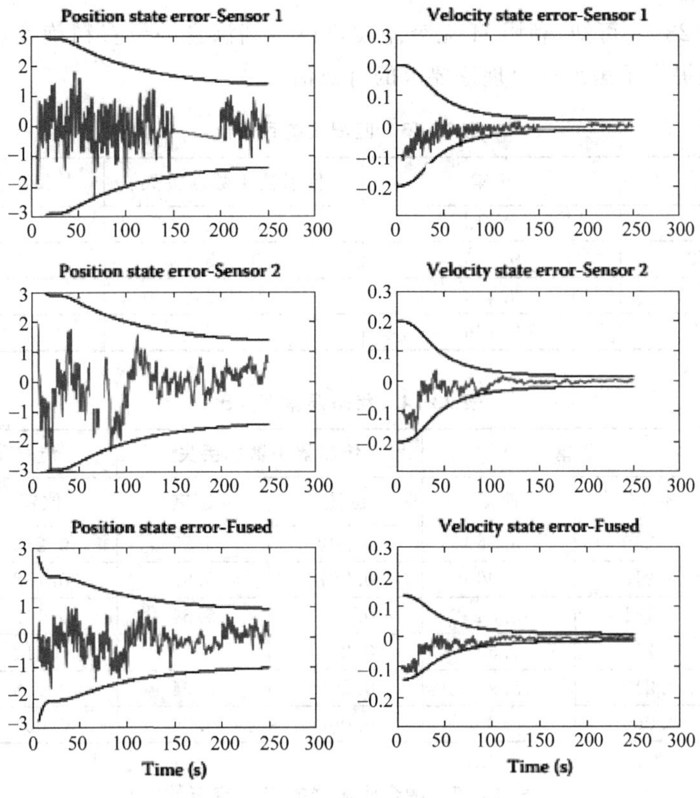

图 23-21 var(v_2)=9×var(v_1)时 HIPOFA 下的状态误差

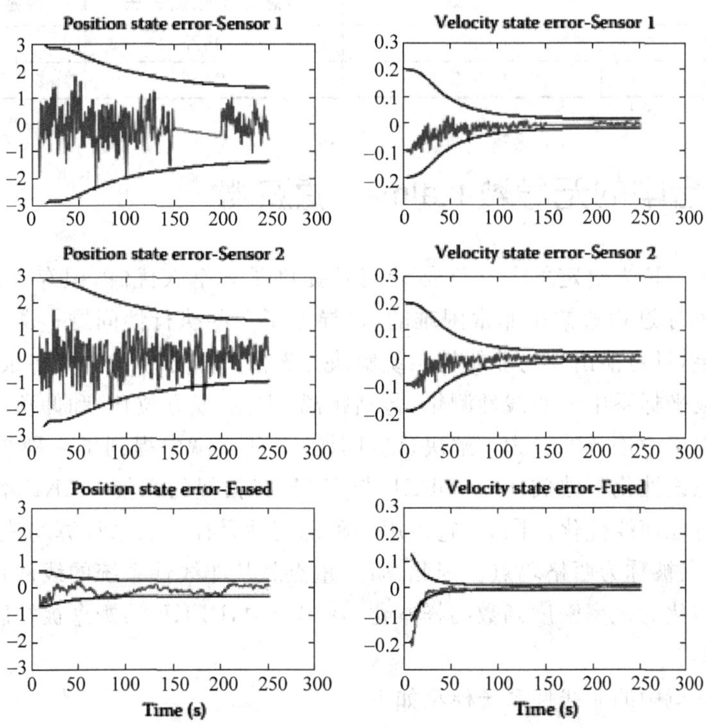

图 23-22 var(v_2)=var(v_1)时 HIGFA 下的状态误差

从表 23-13～表 23-15 可知，利用 H 无穷滤波可以得到满意的位置精确度和速度估计。同时，H 无穷范数提供了满足这个理论要求的有效值。

表 23-13 匹配误差百分比

	正常	传感器 1 数据丢失	传感器 2 数据丢失
HIPOFA-F1	0.443	0.442	0.443
HIPOFA-F2	0.435	0.435	0.427
HIGFA-F1	0.443	0.442	0.443
HIGFA-F2	0.436	0.436	0.427

表 23-14 状态误差百分比

	正常		传感器 1 数据丢失		传感器 2 数据丢失	
	位置	速度	位置	速度	位置	速度
HIPOFA-F1	0.210	5.56	0.202	5.55	0.210	5.55
HIPOFA-F2	0.210	5.99	0.207	5.99	0.188	5.98
HIPOFA	0.151	5.54	0.146	5.54	0.142	5.53
HIGFA-L1	0.211	5.55	0.203	5.55	0.211	5.55
HIGFA-L2	0.210	5.94	0.207	5.94	0.188	5.92
HIGFA	0.065	6.26	0.066	6.26	0.064	6.26

表 23-15 融合滤波器的 H 无穷范数

	正常	传感器 1 数据丢失	传感器 2 数据丢失
HIPOFA	0.0525	0.0525	0.0525
HIGFA	0.0151	0.0155	0.0145

23.10 融合中的无导数 Kalman 滤波器

总的来讲，EKF 为给定的非线性估计问题提供了一个次优解，但存在两种主要限制：雅各比矩阵的推导过程通常是非常困难的，这导致了一些执行性问题；线性化可能导致滤波器高度不稳定，且可能出现与非线性系统解决方案的严重分歧。在很多跟踪应用中，传感器通常会提供极坐标系中的非线性测量，包括距离、方位（或方位角）和仰角。而状态估计操作是在笛卡儿框架中进行的。为了解决这些问题，一些文献中提到了一种叫作 DFKF 的解决方法。当本地线性化不被破坏时，DFKF 与 EKF 有相似的性能。EKF 不需要对非线性系统或方程进行任何线性化。同时，它运用一种确定性采样方法来计算均值和协方差估计。其中，这些样本点被称为西格玛点。因此，研究重点就从非线性系统的线性化（如 EKF 和高阶 EKF 滤波）转化为概率密度函数的样本化，在本节中，DFKF 的概念被扩展为针对相似传感器的 DF 方法。

在分布式环境中的非线性系统模型如下

$$\boldsymbol{x}(k+1) = f[\boldsymbol{x}(k), \boldsymbol{u}(k), \boldsymbol{\omega}(k), k] \tag{23-87}$$

传感器测量模型为

$$z(k) = h[\boldsymbol{x}(k), \boldsymbol{u}(k), k] + \boldsymbol{v}(k) \tag{23-88}$$

其中,模型的变量具有一般性意义。

23.10.1 无导数 Kalman 滤波

在 EKF 中,通过对非线性系统模型的线性化来参数化与其均值和协方差有关的概率密度函数。而在 DFKF 中,不需要线性化,仅通过对所选的西格玛点集进行非线性变换来参数化其概率密度函数。这些点是被明确选定的。通过非线性方程 $y=f(x)$来考虑随机变量 x 的时间传播。首先假设从属于随机变量 x 的西格玛点的均值和协方差分别为$\bar{x}$和 P_x。西格玛点可按如下式子得到,

$$\chi_0 = \bar{x}$$
$$\chi_i = \bar{x} + \left(\sqrt{(L+\lambda)P_x}\right)_i, \quad i = 1,\cdots,L$$
$$\chi_i = \bar{x} - \left(\sqrt{(L+\lambda)P_x}\right)_{i-L}, \quad i = L+1,\cdots,2L$$

相关权重的计算如下

$$W_0^{(m)} = \frac{\lambda}{L+\lambda}$$
$$W_0^{(c)} = \frac{\lambda}{L+\lambda} + (1-\alpha^2+\beta)$$
$$W_i^{(m)} = W_i^{(c)} = \frac{1}{2(L+\lambda)}, \quad i = 1,\cdots,2L$$

为了提供无偏转换,权值必须满足 $\sum_{i=1}^{2L} W_i^{m \text{ or } c} = 1$。DFKF 的尺度参数需满足:

(1) α 确定了均值约为$\bar{x}$的西格玛点的散布;

(2) β 包含了$\bar{x}$分布的所有先验知识;

(3) $\lambda=\alpha^2(L+\kappa)-L$;

(4) κ 是一个二次调节参数。

其次,这些西格玛点通过系统的非线性方程被传播,并产生转换后的西格玛点。最后,转换后的西格玛点的均值和协方差可表述如下

$$\bar{\boldsymbol{y}} = \sum_{i=0}^{2L} W_i^{(m)} \boldsymbol{y}_i$$
$$\boldsymbol{P}_y = \sum_{i=0}^{2L} W_i^{(c)} \{\boldsymbol{y}_i - \bar{\boldsymbol{y}}\}\{\boldsymbol{y}_i - \bar{\boldsymbol{y}}\}^{\mathrm{T}}$$

DFKF 是递归估计问题中无导数变换的一种简单扩展。该滤波器的完整状态可由实际系统状态组成的增广状态向量、进程噪声状态和测量状态构成。其中,增广状态向量的维数为 $n_a=n+n+m=2n+m$。

23.10.2 数值仿真

首先,对以恒定加速度运动且被单个传感器跟踪的飞行器的轨迹进行 3D 仿真,并评估 DFKF 的性能。其中,传感器给出了飞行器的相关数据:距离、方位角和仰角。在仿真中,用到如下信息。

① 飞行器的真实初始状态，

$$\boldsymbol{x}_t(0/0)=[x \quad \dot{x} \quad \ddot{x} \quad y \quad \dot{y} \quad \ddot{y} \quad z \quad \dot{z} \quad \ddot{z}]=[10 \quad 10 \quad 0.1 \quad 10 \quad 5 \quad 0.1 \quad 1000 \quad 0 \quad 0]$$

② 采样间隔 $T=0.1\mathrm{s}$；

③ 总的运动时间 $T_F=100\mathrm{s}$；

④ 过程噪声方差 $Q=0.01$；

⑤ 系统模型为

$$\boldsymbol{F}1=\begin{bmatrix}1 & T & T^2/2\\ 0 & 1 & T\\ 0 & 0 & 1\end{bmatrix},\quad \boldsymbol{F}=\begin{bmatrix}\boldsymbol{F}1 & 0 & 0\\ 0 & \boldsymbol{F}1 & 0\\ 0 & 0 & \boldsymbol{F}1\end{bmatrix}$$

⑥ 过程噪声矩阵 $\boldsymbol{G}$ 为

$$\boldsymbol{G}1=\begin{bmatrix}T^3/6 & 0 & 0\\ 0 & T^2/2 & 0\\ 0 & 0 & T\end{bmatrix},\quad \boldsymbol{G}=\begin{bmatrix}\boldsymbol{G}1 & 0 & 0\\ 0 & \boldsymbol{G}1 & 0\\ 0 & 0 & \boldsymbol{G}1\end{bmatrix}$$

⑦ 极坐标测量值可由以下模型得到

$$\left.\begin{aligned}
&\boldsymbol{z}_m(k)=[\underbrace{r(k)} \quad \underbrace{\theta(k)} \quad \underbrace{\varphi(k)}]\\
&r(k)=\sqrt{x(k)^2+y(k)^2+z(k)^2}+n_r(k)\\
&\theta(k)=\tan^{-1}(y(k)/x(k))+n_\theta(k)\\
&\varphi(k)=\tan^{-1}(z(k)/\sqrt{x(k)^2+y(k)^2})+n_\varphi(k)
\end{aligned}\right\}$$

变量 n_r、n_θ 和 n_φ 表示随机噪声序列。标准距离、方位角和仰角的测量噪声偏差可基于特定的 SNR(=10)来计算。而测量噪声协方差矩阵设为

$$\boldsymbol{R}=\begin{bmatrix}\sigma_r^2 & 0 & 0\\ 0 & \sigma_\theta^2 & 0\\ 0 & 0 & \sigma_\varphi^2\end{bmatrix}$$

为了检测 DFKF 的基本功能，采用 UDEKF 和 DFKF 算法进行状态估计，其结果令人非常满意。

完成状态评估后，需用 DFKF 进行 DF 练习。考虑一个飞行器折返问题，假设飞行器在高海拔高速进入大气层，使用两个放置在地面上的不同精度的传感器对其进行跟踪，并测量其距离和方位角。在初始时刻，飞行器接近惯性飞行轨迹，但是随着大气密度的增加，阻力增加明显，飞行器将迅速减速直到它的运动趋近垂直。飞行器动力学空间状态模型如下

$$\left.\begin{aligned}
&\dot{x}_1(k)=x_3(k)\\
&\dot{x}_2(k)=x_4(k)\\
&\dot{x}_3(k)=D(k)x_3(k)+G(k)x_1(k)+w_1(k)\\
&\dot{x}_4(k)=D(k)x_4(k)+G(k)x_2(k)+w_2(k)\\
&\dot{x}_5(k)=w_3(k)
\end{aligned}\right\}$$

其中，x_1 和 x_2 为目标位置；x_3 和 x_4 为速度；x_5 是一些与空气动力学属性相关的参数；D 与阻力有关，G 与重力有关；w_1、w_2 和 w_3 是均值为零的不相关高斯白噪声，其标准差分别为 0.0049、0.0049 和 4.9e−8。阻力和重力可按如下方程组计算得到

$$D(k)=-\beta(k)\exp\left\{\frac{r_0-r(k)}{H_0}\right\}V(k)$$

$$G(k)=-\frac{Gm_0}{r^3(k)}$$

$$\beta(k)=-\beta_0\exp(x_5(k))$$

$$r(k)=\sqrt{x_1^2(k)+x_2^2(k)}$$

$$V(k)=\sqrt{x_3^2(k)+x_4^2(k)}$$

其中，$\beta_0=-0.59783$，$H_0=13.406$，$G_{m0}=3.9860\times10^5$，$r_0=6374$，它们分别了反映某些环境因素和飞行器的特性参数。速度的初始状态为[6500.4，349.14，−1.8093，−6.7967，0.6932]，数据经过 $N=1450$ 次扫描得到。飞行器由两个传感器近距离跟踪，数据速率为5个样本。传感器模型方程为

$$r_i(k)=\sqrt{(x_1(k)-x_r)^2+(x_2(k)-y_r)^2}+v_{ir}(k)$$

$$\theta_i(k)=\tan^{-1}\left(\frac{x_2(k)-y_r}{x_1(k)-x_r}\right)+v_{i\theta}(k)$$

其中，r_i 和 θ_i 分别为第 i 个传感器的距离和方位角，v_{ir} 和 $v_{i\theta}$ 是相关的高斯白噪声测量过程。假设传感器1提供了很好的角度和方位信息，但存在距离测量干扰。反过来，对于传感器2（可能在实际中不存在，在此为了评估 DFKF 或融合算法的性能而做出假设），存在与传感器1相同距离和方位噪声：传感器1，$\sigma_{1r}=1\text{km}$，$\sigma_{1\theta}=0.05°$；传感器2，$\sigma_{2r}=0.24\text{km}$，$\sigma_{2\theta}=1°$。为了优化融合方案，对 DFKF 算法做出如下假设和改变：所有传感器为相同类型，且数据类型和格式相同；测量时间同步。

1. 基于无导数 Kalman 滤波算法的数据融合初始化

增广状态和它的误差协方差为

$$\left.\begin{aligned}&\hat{\boldsymbol{x}}(0/0)=E[\boldsymbol{x}(0/0)]\\&\hat{\boldsymbol{P}}(0/0)=E[(\boldsymbol{x}(0/0)-\hat{\boldsymbol{x}}(0/0))(\boldsymbol{x}(0/0)-\hat{\boldsymbol{x}}(0/0))^{\mathrm{T}}]\end{aligned}\right\}$$

$$\left.\begin{aligned}&\hat{\boldsymbol{x}}^a(0/0)=E[\boldsymbol{x}^a(0/0)]=\begin{bmatrix}\hat{\boldsymbol{x}}^{\mathrm{T}}(0/0) & \underbrace{0,\cdots,0}_{n-\mathrm{dim}w} & \underbrace{0,\cdots,0}_{\substack{m-\mathrm{dim}v_1\\\{\mathrm{sensor1}\}}} & \underbrace{0,\cdots,0}_{\substack{m-\mathrm{dim}v_2\\\{\mathrm{sensor2}\}}} & ,\cdots, & \underbrace{0,\cdots,0}_{\substack{m-\mathrm{dim}v_{NS}\\\{\mathrm{sensor}NS\}}}\end{bmatrix}^{\mathrm{T}}\\&\hat{\boldsymbol{P}}^a(0/0)=E[(\boldsymbol{x}^a(0/0)-\hat{\boldsymbol{x}}^a(0/0))(\boldsymbol{x}^a(0/0)-\hat{\boldsymbol{x}}^a(0/0))^{\mathrm{T}}]\\&\qquad=\begin{bmatrix}\hat{\boldsymbol{P}}(0/0)&0&0&0&0&0\\0&\boldsymbol{Q}&0&0&0&0\\0&0&\boldsymbol{R}_1&0&0&0\\0&0&0&\boldsymbol{R}_2&0&0\\0&0&0&0&\cdots&0\\0&0&0&0&0&\boldsymbol{R}_{NS}\end{bmatrix}_{2n+NS\times m\times 2n+NS\times m}\end{aligned}\right\}$$

其中，NS 为传感器总量，增广状态向量的维数为 $n_a=n+n+NS\times m=2n+NS\times m$。

2. 西格玛点的计算

所需西格玛点按可按如下公式计算

$$\boldsymbol{\chi}_0^a(k/k) = \hat{\boldsymbol{x}}^a(k/k)$$

$$\boldsymbol{\chi}_i^a(k/k) = \hat{\boldsymbol{x}}^a(k/k) + \left(\sqrt{(n_a+\lambda)\hat{\boldsymbol{P}}^a(k/k)}\right)_i, \quad i = 1,\cdots,n_a$$

$$\boldsymbol{\chi}_i^a(k/k) = \hat{\boldsymbol{x}}^a(k/k) - \left(\sqrt{(n_a+\lambda)\hat{\boldsymbol{P}}^a(k/k)}\right)_{i-n_a}, \quad i = n_a+1,\cdots,2n_a$$

其中，$\boldsymbol{\chi}^a = \left[\underbrace{\boldsymbol{\chi}}_{\text{state}} \quad \boldsymbol{\chi}^w \quad \boldsymbol{\chi}^{v_1} \quad \boldsymbol{\chi}^{v_2} \quad ,\cdots, \quad \boldsymbol{\chi}^{v_{NS}}\right]$。增广状态是测量数据的噪声过程。

3. 状态和协方差传播

状态和协方差方程为

$$\boldsymbol{\chi}(k+1/k) = f(\boldsymbol{\chi}(k/k), u(k), \boldsymbol{\chi}^w(k/k), k)$$

$$\tilde{\boldsymbol{x}}(k+1/k) = \sum_{i=0}^{2n_a} W_i^{(m)} \boldsymbol{\chi}_i(k+1/k)$$

$$\widetilde{\boldsymbol{P}}(k+1/k) = \sum_{i=0}^{2n_a} W_i^{(c)} \left[\boldsymbol{\chi}_i(k+1/k) - \tilde{\boldsymbol{x}}(k+1/k)\right]\left[\boldsymbol{\chi}_i(k+1/k) - \tilde{\boldsymbol{x}}(k+1/k)\right]^{\mathrm{T}}$$

$$\left.\begin{aligned} W_0^{(m)} &= \frac{\lambda}{n_a+\lambda} \\ W_0^{(c)} &= \frac{\lambda}{n_a+\lambda} + (1-\alpha^2+\beta) \\ W_i^{(m)} &= W_i^{(c)} = \frac{\lambda}{2(n_a+\lambda)}, \quad i = 1,\cdots,2n_a \end{aligned}\right\}$$

4. 状态和协方差更新

状态和协方差的测量更新方程为

$$\left.\begin{aligned} \boldsymbol{y}^j(k+1/k) &= h(\boldsymbol{\chi}(k/k), u(k), k) + \boldsymbol{\chi}^{v_j}(k/k) \\ \tilde{\boldsymbol{z}}^j(k+1/k) &= \sum_{i=0}^{2n_a} W_i^{(m)} \boldsymbol{y}_i^j(k+1/k) \end{aligned}\right\}$$

其中，$j=1,\cdots,NS$。

$$\boldsymbol{y}(k+1/k) = \left[\boldsymbol{y}^1(k+1/k) \quad \boldsymbol{y}^2(k+1/k) \quad ,\cdots, \quad \boldsymbol{y}^{NS}(k+1/k)\right]^{\mathrm{T}}$$

$$\tilde{\boldsymbol{z}}(k+1/k) = \left[\tilde{\boldsymbol{z}}^1(k+1/k) \quad \tilde{\boldsymbol{z}}^2(k+1/k) \quad ,\cdots, \quad \tilde{\boldsymbol{z}}^{NS}(k+1/k)\right]^{\mathrm{T}}$$

$$\boldsymbol{S} = \sum_{i=0}^{2n_a} W_i^{(c)} \left[\boldsymbol{y}_i(k+1/k) - \tilde{\boldsymbol{z}}(k+1/k)\right]\left[\boldsymbol{y}_i(k+1/k) - \tilde{\boldsymbol{z}}(k+1/k)\right]^{\mathrm{T}}$$

$$\boldsymbol{P}_{xy} = \sum_{i=0}^{2n_a} W_i^{(c)} \left[\boldsymbol{\chi}_i(k+1/k) - \tilde{\boldsymbol{x}}(k+1/k)\right]\left[\boldsymbol{\chi}_i(k+1/k) - \tilde{\boldsymbol{z}}(k+1/k)\right]^{\mathrm{T}}$$

$$\boldsymbol{K} = \boldsymbol{P}_{xy}\boldsymbol{S}^{-1}$$

$$\hat{\boldsymbol{x}}(k+1/k+1) = \tilde{\boldsymbol{x}}(k+1/k) + \boldsymbol{K}(\boldsymbol{z}_m(k+1) - \tilde{\boldsymbol{z}}(k+1/k))$$

$$\hat{\boldsymbol{P}}(k+1/k+1) = \widetilde{\boldsymbol{P}}(k+1/k) - \boldsymbol{KSK}^{\mathrm{T}}$$

变量 $\boldsymbol{z}_m$ 表示为

$$\boldsymbol{z}_m(k+1) = \left[\boldsymbol{z}_m^1(k+1) \quad \boldsymbol{z}_m^2(k+1) \quad ,\cdots, \quad \boldsymbol{z}_m^{NS}(k+1)\right]^{\mathrm{T}}$$

其中，$z_m^1, z_m^2, \cdots$，为传感器组的测量数据。图 23-23 显示了产生的 25 个蒙特卡洛仿真结果和两个单独的 DFKF 评估信息。可以看到融合状态相较于其他两种滤波的估计状态要更加接近真实状态。

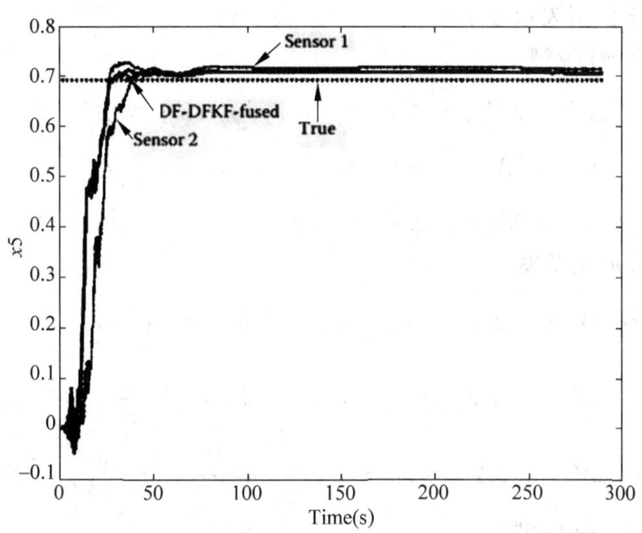

图 23-23　单个和融合轨迹的无导数 KF 数据融合方法

23.11　导弹引导头估计

在拦截装置中，可以采用主动雷达引导头来测量如下数据：相对距离、相对距离变化率、视距的角度、拦截器和逃避者的比例。因为反射、雷达截面波动性和热噪声的存在，测量会受到严重的干扰。需要估算实际的视距比例来对拦截器进行比例引导(PN)的制导操作。增强的比例引导(APN)制导控制系统也考虑了目标的加速度。另外，需要一个估计装置或引导头滤波器，它用递归的方式进行引导头测量，以获取所需的信号来指导拦截器拦截目标。估计装置的设计很复杂，这是由于噪声的累积效应是非高斯且时变的。又由于目标重叠效应，引导头测量数据将出现周期性的丢失。因为在内部万向坐标框架中引导头的测量是可行的，所有引导头估计装置将需要一个 EKF。若要处理非高斯噪声，就需使用增强 EKF(AEKF)。在拦截器-逃避者的交战或博弈中，这些逃避者可能会使用一些无法预测的花招来躲避拦截器。为了跟踪这种狡猾的目标，通常采用一种叫 IMM 的模型。IMM 是基于假设模型有限数量的一种自适应估计器。在本节中，我们将介绍一种基于预定义模型间的软切换方法，如常速模型、常加速度模型和常 jerk 模型，称之为 IMM。在每个采样周期中，利用新息向量和协方差矩阵计算每个模型的模型概率。模型的滤波方法基于 AEKF。在交战情况中，希望用一种新的滤波方法来实现更好的性能。最后，采用 MATLAB 模拟一个典型拦截器-逃避者的交战情况下的数据，并讨论闭环结构中的 IMM-AEKF 性能。

23.11.1　交互式多模型-增广扩展 Kalman 滤波算法

每种模型匹配的滤波器的状态向量都增加了一些额外的状态来解决反射噪声和 RCS 波动问题。

1. 状态模型

状态向量由18个状态组成(其中6个与反射噪声和RCS波动有关)

[$\Delta x \quad \Delta V_x \quad a_{tx} \quad j_{tx} \quad \Delta y \quad \Delta V_y \quad a_{ty} \quad j_{ty} \quad \Delta z \quad \Delta V_z \quad a_{tz} \quad j_{tz}$ RCS及反射]

反射和RCS的数学模型表示如下

状态模型1,常速度模型

$$\Delta \dot{x} = \Delta V_x; \quad \Delta \dot{V}_x = 0; \quad \dot{a}_{tx} = 0; \quad \dot{j}_{tx} = 0$$

$$\Delta \dot{y} = \Delta V_y; \quad \Delta \dot{V}_y = 0; \quad \dot{a}_{ty} = 0; \quad \dot{j}_{ty} = 0$$

$$\Delta \dot{z} = \Delta V_z; \quad \Delta \dot{V}_z = 0; \quad \dot{a}_{tz} = 0; \quad \dot{j}_{tz} = 0$$

状态模型2,常加速度模型

$$\Delta \dot{x} = \Delta V_x; \quad \Delta \dot{V}_x = a_{tx} - a_{mx}; \quad \dot{a}_{tx} = -\left(\frac{a_{tx}}{\tau_x}\right); \quad \dot{j}_{tx} = 0$$

$$\Delta \dot{y} = \Delta V_y; \quad \Delta \dot{V}_y = a_{ty} - a_{my}; \quad \dot{a}_{ty} = -\left(\frac{a_{ty}}{\tau_y}\right); \quad \dot{j}_{ty} = 0$$

$$\Delta \dot{z} = \Delta V_z; \quad \Delta \dot{V}_z = a_{tz} - a_{mz}; \quad \dot{a}_{tz} = -\left(\frac{a_{tz}}{\tau_z}\right); \quad \dot{j}_{tz} = 0$$

状态模型3,常jerk模型

$$\Delta \dot{x} = \Delta V_x; \quad \Delta \dot{V}_x = a_{tx} - a_{mx}; \quad \dot{a}_{tx} = j_{tx}; \quad \dot{j}_{tx} = -\left(\frac{j_{tx}}{\tau_x}\right)$$

$$\Delta \dot{y} = \Delta V_y; \quad \Delta \dot{V}_y = a_{ty} - a_{my}; \quad \dot{a}_{ty} = j_{ty}; \quad \dot{j}_{ty} = -\left(\frac{j_{ty}}{\tau_y}\right)$$

$$\Delta \dot{z} = \Delta V_z; \quad \Delta \dot{V}_z = a_{tz} - a_{mz}; \quad \dot{a}_{tz} = j_{tz}; \quad \dot{j}_{tz} = -\left(\frac{j_{tz}}{\tau_z}\right)$$

以上3式中,Δx、Δy和Δz为相对位置,ΔV_x、ΔV_y和ΔV_z为导弹的相对速度,a_{tx}、a_{ty}和a_{tz}为目标加速度,J_{tx}、J_{ty}和J_{tz}为目标jerk,a_{mx}、a_{my}和a_{mz}为导弹的加速度,τ_x、τ_y和τ_z表示相关时间常数。

2. 测量模型

非重叠阶段的测量向量为[$\rho \quad \dot{\rho} \quad \varphi_y \quad \varphi_z \quad \dot{\varphi}_y \quad \dot{\varphi}_z$],重叠阶段的测量向量为[$\rho \quad \dot{\rho} \quad \varphi_y \quad \varphi_z$]。其中$\rho$为到目标的距离,$\dot{\rho}$为距离变化速率,$\varphi_y$和$\varphi_z$分别为偏航和俯仰平面的万向角,$\dot{\varphi}_y$和$\dot{\varphi}_z$分别为各自在万向坐标体系中的视距率。目标的相对位置和速度状态可按如下公式转化到视距坐标中,

$$\rho = \sqrt{\Delta x^2 + \Delta y^2 + \Delta z^2}; \quad \dot{\rho} = \frac{\Delta x \Delta \dot{x} + \Delta y \Delta \dot{y} + \Delta z \Delta \dot{z}}{\rho}$$

$$\lambda_e = \tan^{-1}\left(\frac{\Delta z}{\sqrt{\Delta x^2 + \Delta y^2}}\right); \quad \dot{\lambda}_e = \frac{\Delta \dot{z}(\Delta x^2 + \Delta y^2) - \Delta z(\Delta x \Delta \dot{x} + \Delta y \Delta \dot{y})}{\rho^2 \sqrt{\Delta x^2 + \Delta y^2}}$$

$$\lambda_a = \tan^{-1}\left(\frac{\Delta y}{\Delta x}\right); \quad \dot{\lambda}_a = \frac{\Delta x \Delta \dot{y} - \Delta y \Delta \dot{x}}{\sqrt{\Delta x^2 + \Delta y^2}}$$

非重叠阶段的测量模型为

$$\begin{bmatrix} \rho \\ \dot{\rho} \end{bmatrix}_m = \begin{bmatrix} \rho \\ \dot{\rho} \end{bmatrix}$$

$$\begin{bmatrix}\varphi_y\\\varphi_z\end{bmatrix}_m=\begin{bmatrix}\varphi_y\\\varphi_z\end{bmatrix}$$

$$\begin{bmatrix}0\\\dot{\varphi}_y\\\dot{\varphi}_z\end{bmatrix}_m=\boldsymbol{C}_f^g\boldsymbol{C}_b^f\boldsymbol{C}_i^b\boldsymbol{C}_l^i\begin{bmatrix}-\dot{\lambda}_a\sin\lambda_e\\\dot{\lambda}_e\\\dot{\lambda}_a\cos\lambda_e\end{bmatrix}$$

重叠阶段的测量模型为

$$\begin{bmatrix}\rho\\\dot{\rho}\end{bmatrix}_m=\begin{bmatrix}\rho\\\dot{\rho}\end{bmatrix}$$

$$\begin{bmatrix}\varphi_y\\\varphi_z\end{bmatrix}_m=\begin{bmatrix}\varphi_y\\\varphi_z\end{bmatrix}$$

其中，

$$\varphi_y=\tan^{-1}\left(\frac{m}{l}\right)$$

$$\varphi_z=\tan^{-1}\left(\frac{n}{\sqrt{l^2+m^2}}\right)$$

$$\begin{bmatrix}l\\m\\n\end{bmatrix}=\boldsymbol{C}_b^f\boldsymbol{C}_i^b\boldsymbol{C}_l^i\begin{bmatrix}1\\0\\0\end{bmatrix}$$

视距坐标转换到惯性坐标的方位余弦矩阵(DCM)为

$$\boldsymbol{C}_l^i=\begin{bmatrix}\cos\lambda_e\cos\lambda_a & -\sin\lambda_a & -\sin\lambda_e\cos\lambda_a\\\cos\lambda_e\sin\lambda_a & \cos\lambda_a & -\sin\lambda_e\sin\lambda_a\\\sin\lambda_e & 0 & \cos\lambda_e\end{bmatrix}$$

惯性坐标转换到体坐标系统的 DCM 为

$$\boldsymbol{C}_i^b=\begin{bmatrix}q_4^2+q_1^2-q_2^2-q_3^2 & 2(q_1q_2+q_3q_4) & 2(q_1q_3-q_2q_4)\\2(q_1q_2-q_3q_4) & q_4^2-q_1^2+q_2^2-q_3^2 & 2(q_2q_3+q_1q_4)\\2(q_1q_3+q_2q_4) & 2(q_2q_3-q_1q_4) & q_4^2-q_1^2-q_2^2+q_3^2\end{bmatrix}$$

其中，q_1、q_2、q_3 和 q_4 为导弹坐标系统的姿态 4 元数。体坐标转换到垂直固定体系的 DCM 为

$$\boldsymbol{C}_b^f=\begin{bmatrix}1 & 0 & 0\\0 & \frac{1}{\sqrt{2}} & \frac{1}{\sqrt{2}}\\0 & -\frac{1}{\sqrt{2}} & \frac{1}{\sqrt{2}}\end{bmatrix}$$

垂直固定体系转换到内部万向坐标体系的方向余弦矩阵 DCM 为

$$\boldsymbol{C}_f^g=\begin{bmatrix}\cos\varphi_z\cos\varphi_y & \cos\varphi_z\sin\varphi_y & \sin\varphi_z\\-\sin\varphi_y & \cos\varphi_z & 0\\-\sin\varphi_z\cos\varphi_y & -\sin\varphi_z\sin\varphi_y & \cos\varphi_z\end{bmatrix}$$

23.11.2 拦截器-逃避者的对抗仿真

本节中，采用闭环模型来仿真一个典型拦截器-逃避者的结束阶段。模拟一个典型的自由度为 6 的导弹动态，并在内部万向坐标体系中生成包含目标信息的相对测量数据，如距离、距离变化率、两个万向坐标系角度和两个仰俯与偏航的视距率。在末制导阶段，正确值 $[r \quad \dot{r} \quad \varphi_g \quad \gamma_g \quad \dot{\varphi}_g \quad \dot{\gamma}_g]$中混入了测量噪声。距离和距离变化率中混入了高斯噪声，万向坐标体系角度的测量会受到带随机误差的随机有色噪声的干扰，而视距率会受到热高斯、相关反射和 RCS 波动噪声的影响。另外还考虑了由于脉冲重复频率和关闭速度导致的数据丢失问题。数据以 0.01s 的采样间隔进行采样。随后，用 IMM-AEKF 算法处理测量得到的数据，生成指导命令并反馈给导弹自动导航。它们轮流提供足够的偏移来操纵导弹向正逃逸的目标运动。

逃逸数据仿真。要模拟真实的导弹与目标的对抗，需要考虑下面几个方面：当遭遇对手时，目标通常会在短距离(≈2km)转弯并加速逃离；目标速度保持在 300～400km/h；目标以 20°～25°/s 的速度转弯(速度矢量)；目标以低于最大滚转速率(≈270°/s)的速度产生反射效果。典型战斗机在不同海拔可允许的过载极限不同，而躲避跟踪的目标不可捉摸地回旋就在这些极限内模拟完成。选择目标速度时，需使其在 20°～25°/s 范围内达到所期望的转率。通过允许目标不断地移动而获得不同的数据集，然而只有某一特定的结果才会被收到。

23.11.3 基于扩展 Kalman 滤波的多扩展模型交互的性能评估

通过对导弹-目标对抗的闭环仿真，来评估算法的性能。滤波的初始参数如下。

① 初始状态向量为

$$\Delta\hat{\boldsymbol{x}} = \Delta\boldsymbol{x} + 100;\ \Delta\hat{\dot{\boldsymbol{x}}} = \Delta\dot{\boldsymbol{x}} + 20;\quad \hat{a}_{tx} = 0;\quad \hat{j}_{tx} = 0$$

$$\Delta\hat{\boldsymbol{y}} = \Delta\boldsymbol{y} - 50;\quad \Delta\hat{\dot{\boldsymbol{y}}} = \Delta\dot{\boldsymbol{y}} - 5;\quad \hat{a}_{ty} = 0;\quad \hat{j}_{ty} = 0$$

$$\Delta\hat{\boldsymbol{z}} = \Delta\boldsymbol{z} + 50;\quad \Delta\hat{\dot{\boldsymbol{z}}} = \Delta\dot{\boldsymbol{z}} - 5;\quad \hat{a}_{tz} = 0;\quad \hat{j}_{tz} = 0$$

② 初始状态误差协方差为

$$\hat{\boldsymbol{P}}(0/0) = 10\,000 \times \mathrm{eye}(ns, ns)$$

③ CV 模型的初始处理噪声协方差为

$$\boldsymbol{Q}\cdot\boldsymbol{v} = \mathrm{diag}[0.0 \quad 0.005\,55 \quad 0.05 \quad 0.005\,555 \quad 0.0 \quad 0.05 \quad 0.005\,555 \quad 0.0 \quad 0.005\,555 \quad 0.05 \quad 0.005\,555 \quad 0.001 \quad 0.001 \quad 0.001 \quad 0.001 \quad 0.001 \quad 0.001]$$

对于 CA 模型 $\boldsymbol{Q}\cdot\boldsymbol{a} = 100 \times \boldsymbol{Q}\cdot\boldsymbol{v}$

对于 CJ 模型 $\boldsymbol{Q}\cdot\boldsymbol{j} = 10 \times \boldsymbol{Q}\cdot\boldsymbol{a}$

④ 测量噪声协方差为

$$\boldsymbol{R} = \mathrm{diag}[2.5\mathrm{e}3 \quad 1\mathrm{e}2 \quad 7.6\mathrm{e}-5 \quad 7.6\mathrm{e}-5 \quad 2.467\mathrm{e}-2 \quad 2.467\mathrm{e}-2]$$

⑤ 初始模式概率为

$$\boldsymbol{\mu} = [0.3 \quad 0.3 \quad 0.4]$$

⑥ 模式转换概率为

$$\boldsymbol{p} = \begin{bmatrix} 0.800 & 0.100 & 0.100 \\ 0.0009 & 0.999 & 0.0001 \\ 0.0009 & 0.0001 & 0.999 \end{bmatrix}$$

在闭环仿真中，将一个基于 AEKF 的自由度为 3 的模式和自由度为 6 的导弹仿真模式相结合。滤波过程中，用到了通过截止频率为 3Hz 的低通滤波器所获得的残差。对于在海拔 0.5km、初始回旋半径 $R=10$km 的特定例子中，可得到以下闭环性能结果：对于 IMM-AEKF，误差距离为 5.44m，拦截时间为 15.41s。图 23-24 显示了带估计误差的预测、实际和噪声测量信号的对比。图 23-25 显示了典型的估计状态与实际值的比较。图 23-26 显示了在海拔 0.5km、目标初始回旋半径 $R=10$km 时，3 种对抗模型的概率。图 23-27 显示了测量中噪声衰落因素的比较。大体上来讲，使用长度为 10 的滑动窗口计算得到的 NAF 在规定限制范围 0.1 内。这类限制，尤其是在速率测量中，可能是由于测量中的重叠效应。

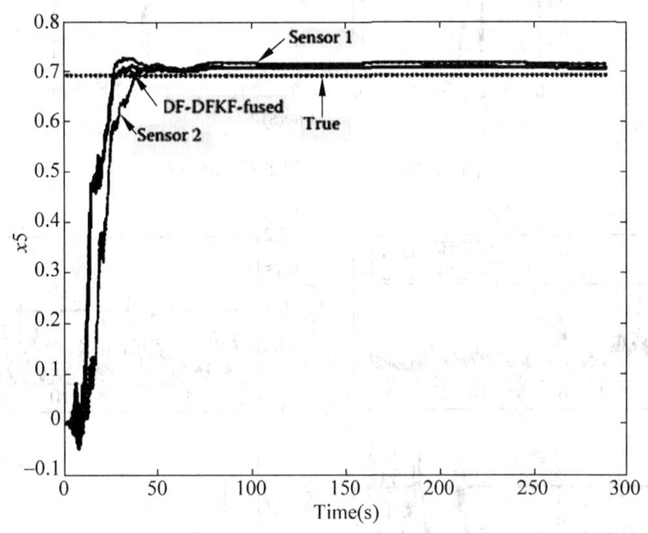

图 23-24　特例的测量和估计误差

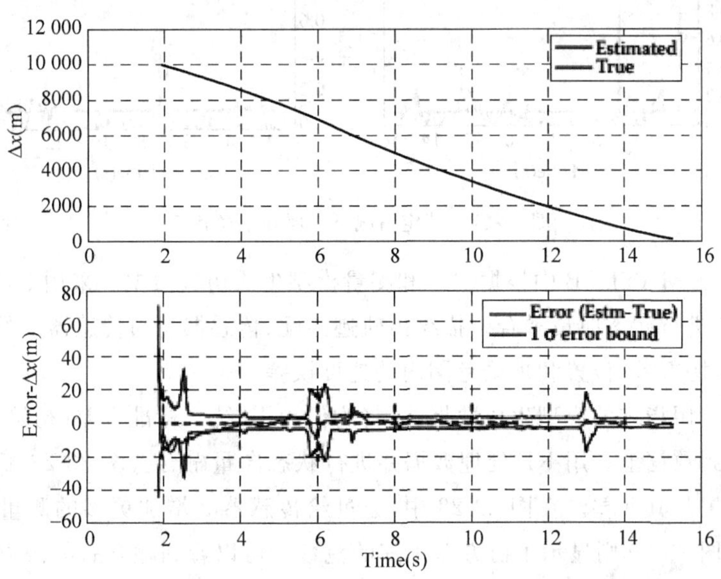

图 23-25　带界限的估计状态和状态误差

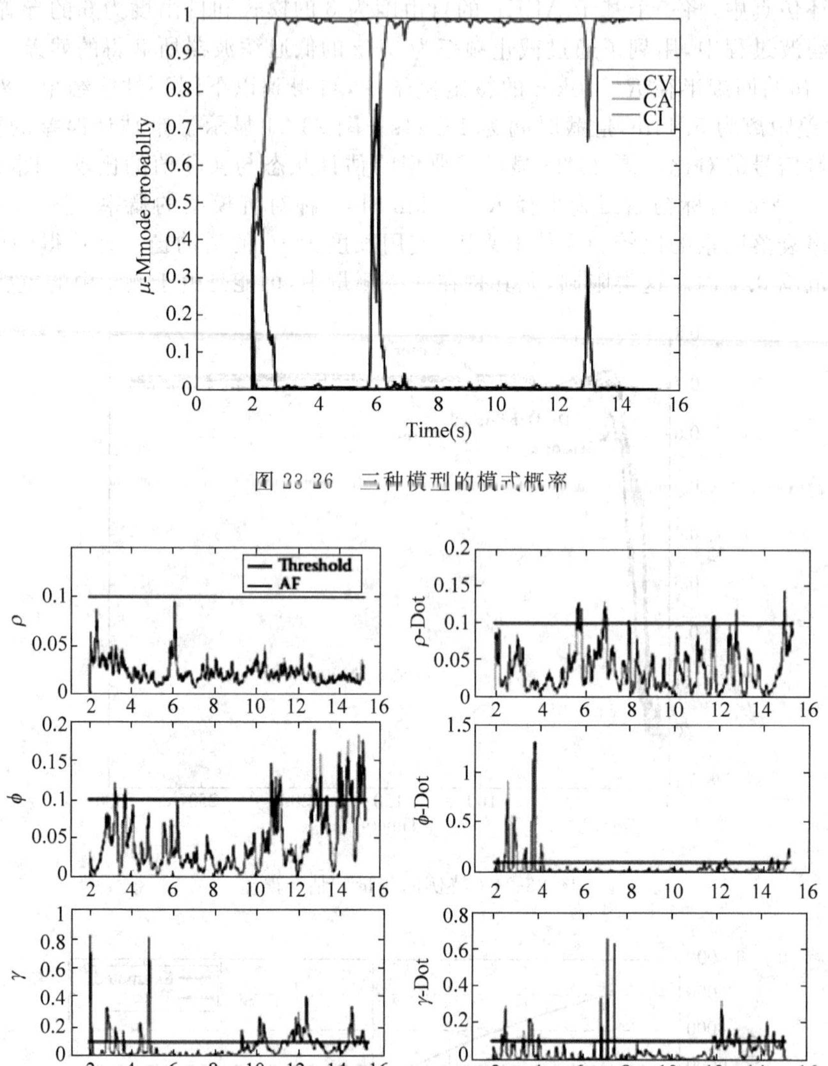

图 23-26 三种模型的模式概率

图 23-27 特定情况下的噪声衰落因素

例 23.2 在 MATLAB 中根据状态和测量模型生成仿真数据。采用 KF 测得数据并做出状态估计,并进行状态向量融合。描绘出轨迹匹配、传感器 1 与传感器 2 的相关协方差矩阵的范数、融合协方差、位置和理论范围内的速度误差。

解决方案 用指定的模型生成数据,再将均值为零、统一标准方差(初始)的高斯过程和测量噪声叠加到数据上。用 KF 处理数据并进行状态向量融合。图 23-28 显示了估计和测得的传感器位置与其残差。在图 23-28 中,通过给传感器 2 增加更多的测量噪声可以区分两个传感器。图 23-29 则显示了协方差矩阵的范数。可以看到融合后的协方差范数小于这两个范数。当传感器 2 比传感器 1 受到更多噪声干扰时,它的协方差范数比传感器 1 的要高。这个例子证明融合提供了更好的预测精度。图 23-30 描述了两个传感器在理论范围内的状态误差和融合状态。由于状态误差在限制范围内，KF 效果表现良好，结果如图 23-29 所示。此示例阐述了基于 KF 的融合概念，以及两个带测量噪声的传感器的状态向量融合。

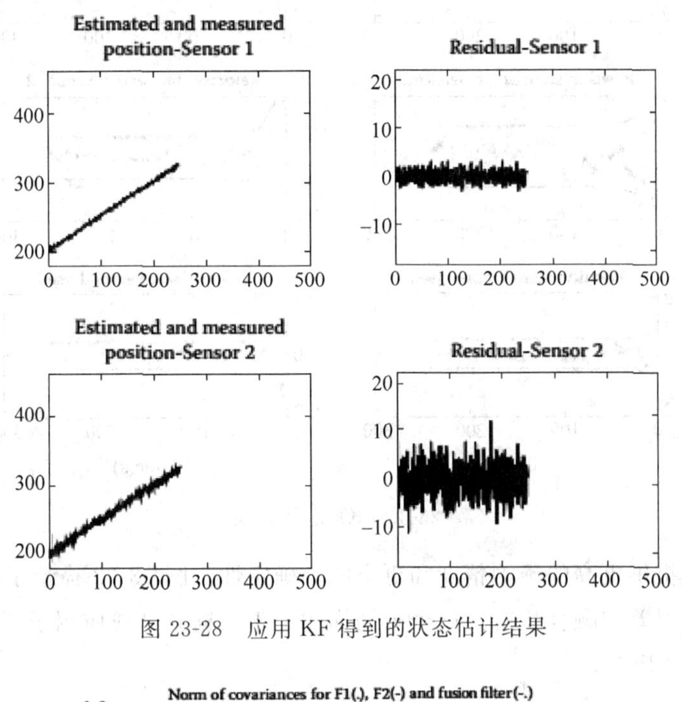

图 23-28 应用 KF 得到的状态估计结果

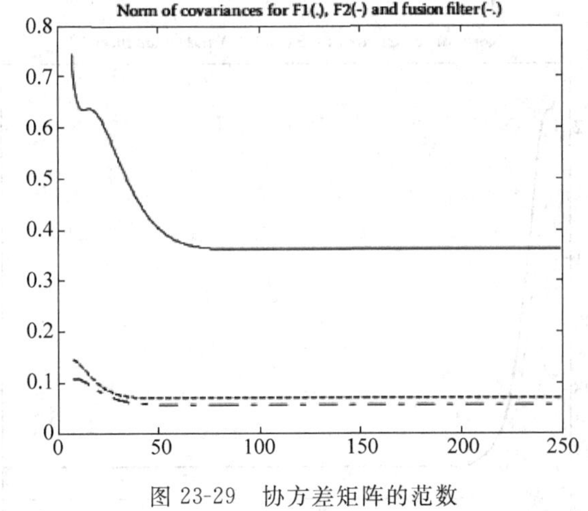

图 23-29 协方差矩阵的范数

例 23.3 在 MATLAB 中根据状态和测量模型生成仿真数据。使用数据共享或融合增益算法中的测量数据，并进行状态估计。画出在它们理论范围内的相关协方差矩阵的范数、位置和速度误差。

解决方案 如例 23.2，用指定的模型生成数据，再将均值为零、统一标准方差(初始)的高斯过程和测量噪声加到数据上。用 KF 处理数据并进行状态向量融合。通过给传感器 2 增加更多测量噪声可以区分两个传感器。图 23-31 显示了协方差矩阵的范数。这个例子论

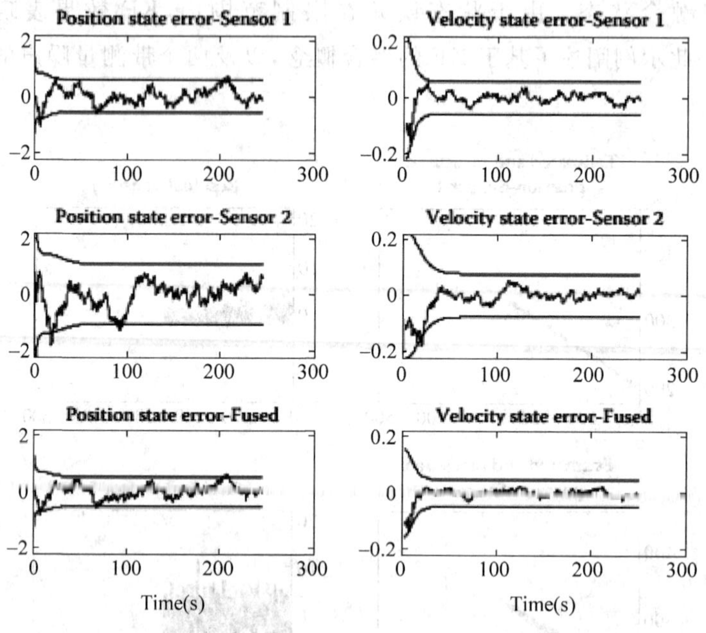

图 23-30 KF 的状态误差

证融合操作可以提供更高的预测精度和更小的不确定性。图 23-32 描绘了两个传感器在理论范围内的状态误差和融合状态。这个示例描述基于数据共享或应用于两个无测量噪声传感器的 GF 算法的概念。

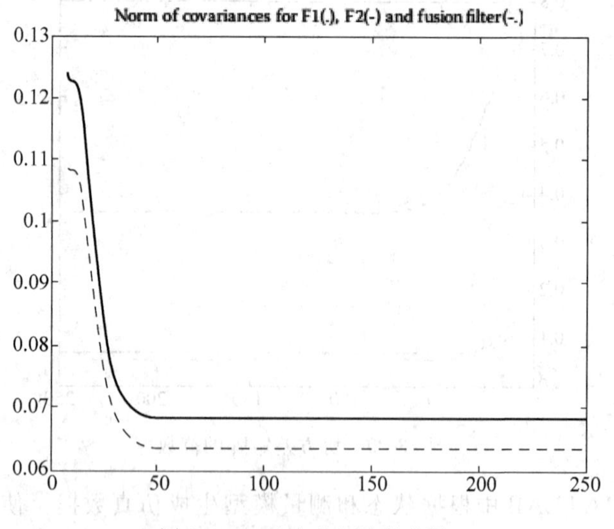

图 23-31 协方差矩阵的范数

例 23.4 在 MATLAB 中根据状态和测量模型生成仿真数据。应用 H-I 后验滤波算法处理测量数据,并进行状态估计。利用状态向量融合来执行融合操作。画出它们理论范围内的协方差矩阵范数、位置和速度误差。

解决方案 与例 23.2 相同,用指定的模型生成数据,再将均值为零、统一标准方差(初

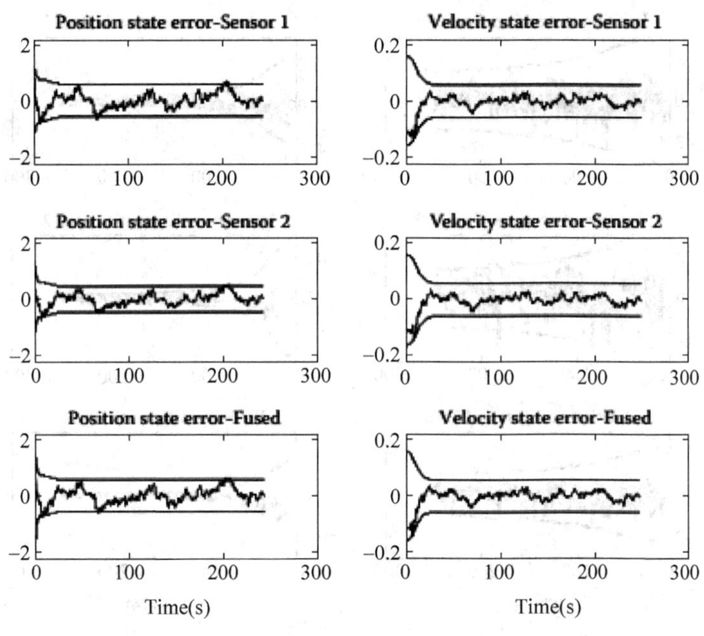

图 23-32 融合增益的状态误差

始)的高斯过程和测量噪声加到数据上。用 KF 处理数据并进行状态向量融合。图 23-33 描绘了协方差矩阵的范数。该例子证明融合操作可以提供更好的预测精度和更小的不确定性。图 23-34 显示了两个传感器理论限制内的状态误差和融合状态。这个示例描述了基于两个无测量噪声的 H-I 后验状态估计和状态向量融合的概念。

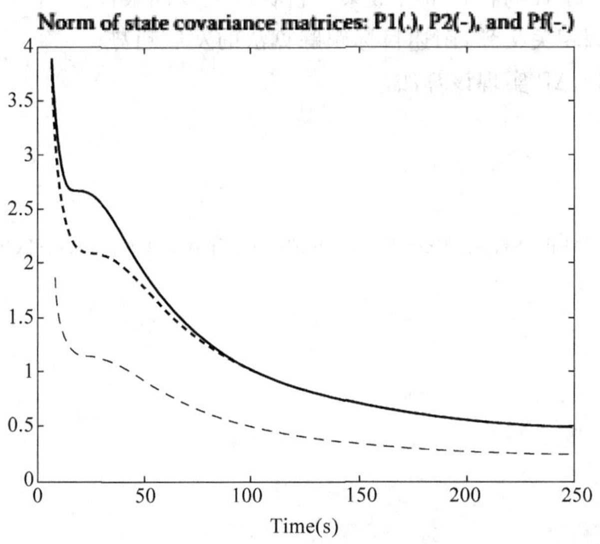

图 23-33 协方差矩阵的范数

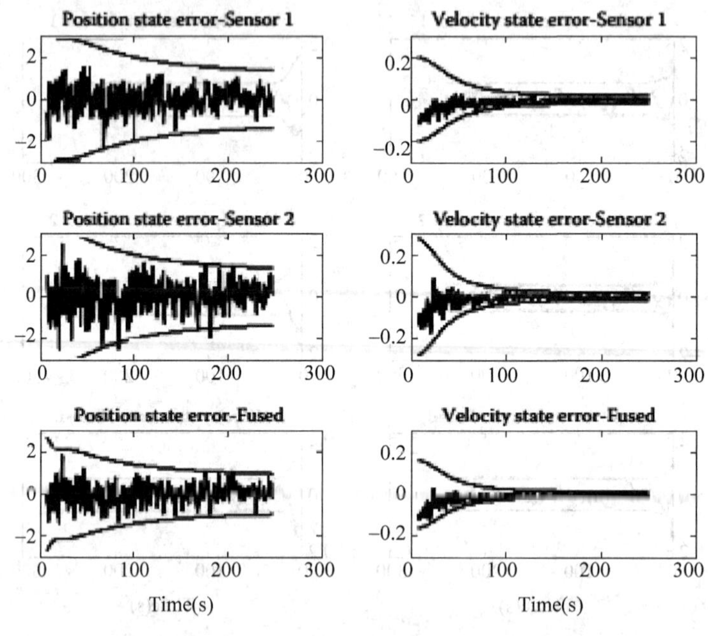

图 23-34　H-I 后验融合的状态误差

习题

23.1　为什么基于模糊逻辑的 Kalman 滤波一般很难满足滤波器的一致性检验?

23.2　简述基于统计的各种融合效果评价标准以及局限性。

23.3　通过查阅相关文献,阐述目标跟踪算法的发展趋势。

23.4　用 MATLAB 实现该算法。

引文

[1]　Jitendra R. Raol. Multi-Sensor Data Fusion with MATLAB. CRC Press. 2009: 63-151,357-408

第 24 章

像素与特征的图像融合

24.1 简介

在日常生活中经常会接触视觉影像。我们可以自然及时地识别静态与动态的目标。日常生活是一个由图片,2D 和 3D 图像以及声音组成的世界。我们的生物神经网络能立即辨别出这些图像,并在需要的时候迅速进行图像融合。在人类进化中的基本需求之一就是通过对我们每天看见的图像甚至是每一秒或者每一毫秒的图像进行识别,记录以及融合。人类的图像系统是基于看见光照物体的能力。然而,在科技的世界中有许多可用的其他成像方式:激光、核磁共振和红外(IR)。人类有一种神秘的能力,这种能力使我们可以在很远的地方辨别和关联人们的脸。而且我们甚至可以在云朵中或者山侧面的轮廓中辨认出人的脸和某些特征以及某些物体(包括动物、鸟和昆虫)。

图像融合是把两个或更多检测到或获得的图像信息相结合到一个单一复合图像的过程,它提供了更多的信息和更适合的视觉感知以及计算或视觉处理过程。其目的是减少不确定性,最小化输出冗余,以及最大化关于某应用或任务的相关信息。例如,如果一个视觉图像融合成为一个热图像,则目标如果比背景热或者冷都可以容易的辨别,即使它的色彩和空间细节与它的背景类似。图像融合中,图像数据用数字序列表示,它们表示亮度(强度)、颜色、温度、距离以及其他场景属性。这些数据可能是 2D 或者 3D 的。3D 数据本质上是以空间-时间形式的体积图像和/或视频序列。图像融合的方法有:①分层图像的分解;②在融合可见光图像和 IR 图像中的神经网络;③镭射探测和搜索(LADAR)和被动 IR 图像进行目标分割;④离散小波变换(DWT);⑤主成分分析(PCA);⑥主成分替代(PCS)。

图像融合可以归类为以下几个方面。

(1) 底层:像素级融合在空间或者变换域(TD)中完成。TD 算法全方位产生已融合的图像。而作用在空间域的算法能够把融合集中在所需图像区域,以及限制了其他区域的改变。多分辨率分析可以用滤波器分离不同分辨率中观测到的信息,该滤波器可以随空间范围增大从每个图像中产生图像(金字塔)序列。然后在每个变换后图像的位置中,用金字塔中的值表示最高显著度。合成图像的逆变换被用于产生融合图像。双树复合小波变换可以超越大多数其他灰度图像融合方法。

(2) 中层:特征级融合算法通常将这些图像分割成区域,并且利用它们各种属性融合这些区域。多尺度边缘表示利用小波变换也可以用于图像融合。

(3) 高层：符号级融合算法以关系图的形式结合了图像描述。因为决策融合和符号级融合关系是非常密切的，模糊逻辑理论也可以用于这个层级的融合。在像素融合中，有三大途径：①颜色转换(CT)；②统计和量化(SN)；③多分辨率法(MRM)。在CT法中，对在不同颜色通道中数据表现的可能性有优势。其中包括色调(H，主波长)、色度(I)和饱和度(S)(称为HIS法)。而红色、绿色和蓝色(RGB)被分为了空间(I)和光谱(H和S)的信息。存在两种可能的变换：①直接把由RGB呈现的三个图像(通道)转换为I、H和S；②把颜色通道分离成平均亮度以表现表面的粗糙度(色度)，主波长(色调)和纯度(饱和度)。HIS方法成为了图像分析的标准过程。它具有增强高度相关数据的颜色并可以融合不同的数据。在SN方法中，PCA利用所有通道的数据当作输入并结合多传感器数据到一个主要部分中。一开始PCS把单通道数据当作主要部分，然后如果有更好的融合结果就用其他通道数据替换它。由于融合后的图像特征将有一个很大程度的改变，因此这些方法可能不保留源图像的光谱特性。

而MRM方法更好(因为它基于金字塔和小波方法)。高斯金字塔和增强拉布拉斯(ELP)分解只能用2的抽取因子来分解和插值图像，这造成了许多限制。拉普拉斯金字塔对应带通表示，而高斯金字塔对应低通表示。金字塔是图像小波表示的一个例子，并且也是对应图像分解到空间/频带的例子。小波把信息分离到频带有两种情况。①在展现高频信息图像的情况下一般用细致采样表格，如纹理等。②粗糙信息可以由粗糙网格表现，其中可以接受较低的采样率。粗糙特征可以在粗糙网格中用一个小模板尺寸检测出来(这被称为多分辨率或多尺度分辨率)。小波对应空间域和频域的混合。对于准确的网格分辨率每一级的位置信息是已知的，以及其作用的频率是限制在每个网格分辨率的带宽中。由于有较大绝对值的小波系数包含了图像显著特征的信息，如边缘和线条。因此一个优秀的融合规则就是取得对应小波系数的最大绝对值。在一个窗口中的最大绝对值被用作窗口中心像素的活动观测。小波融合法中，通过使用一个规定的融合规则把已转换的图像结合进变换域，然后变换回空间域以得到融合图像。基于小波包(WP)的方法是用WP在低或者高频部分更进一步的分解多时相图像。在同一层级下，它利用阈值和权值算法融合相应低频部分，并同时应用李氏高通滤波器融合高频部分。然后通过逆DWT过程恢复融合图像。WP融合方法第一时间递归地分解图像，这意味它分解的是前一层级的低频部分。令由WT分解后的灰度图像为IO。则

$$\text{IO}=\text{基本图像(近似值)}+\text{垂直}+\text{水平}+\text{对角线细节}$$

基本图像在第二级以及其他级处被分解，从而第 n 个分解将包括 $3n+1$ 个副图像序列。第 n 个级的 $3n+1$ 个副图像序列将被应用不同的低频和高频部分来融合。

然后用逆WT来恢复融合图像。WP方法递归地分解前一级每个部分，其中每个部分要么低频要么高频。因此在第 n 个分解中会有 n 的4次方个副图像序列。其中为了获得更高质量的融合结果，提供了更灵活使用融合规则的可能性。一般WT方法总是融合分解图像的低频部分。基于WT包的方法在每一级递归地分解低频和高频部分，然后在同一级融合不同图像的相应部分：通过阈值和权值的低频部分和由高通滤波器通过的高频部分。使用下面的算法融合低频子图像：

低频子图像融合算法

```
if abs ( IM1 ( i , j ) - IM2 ( i , j ) ) < threshold1
IM1 ( i , j ) = w1 * IM1 ( i , j ) + w2 * IM2( i , j );
Elseif abs ( IM1 ( i , j ) - IM2 ( i , j ) ) ≧ threshold1 AND abs ( IM1 ( i , j ) - IM2( i ,j ) ) < threshold2
IM1 ( i , j ) = w3 * IM1 ( i , j ) + w4 * IM2( i , j );
if abs ( IM1 ( i , j ) - IM2 ( i , j ) ) ≧ threshold2
IM1 ( i , j ) = IM1 ( i , j );
end
```

threshold1 和 threshold2 是像素值的阈值，w 是成对的像素序列的融合权重。每一对 w 须满足 $w1+w2=1$。最后递归地恢复所有融合副图像序列。可以使用的融合规则有①最大选择(用每个子带最大数量级的系数)；②平均权重(在一个小区域之间归一化两个图像子带的相关性)；③基于窗口的验证(WBV)方案(通过多数滤波器在每对系数中做出选择的二元决策映射)。

24.2　像素级和特征级图像融合的概念和算法

数据和信息融合过程可以在不同层级中进行，如信号级、像素级、特征级和符号级。在像素级融合过程中，复合图像是从多个基于它们各自像素(图像元素)的输入图像建立起来的。其中一个应用是前视红外(FLIR)的融合和由机载传感系统获得的低可见图像(LLTV)，这些可以用于飞行员在恶劣的环境和黑暗的条件下导航。在像素级融合中，融合得到的结果有以下几点基本要求：①数据融合(DF)过程从输入图像到合成图像应在最大程度上包含所有有用和相关的信息；②DF 方案不应该引入任何原本不存在于输入图像的额外矛盾，这些矛盾会分散观察或影响其他后续处理阶段；③DF 过程应该是位移和旋转的不变量。融合结果不应依赖于输入图像中对象的位置和方向。此外应有：①时间稳定性，即融合图像序列中的灰度级变化只能由输入序列灰度级变化引起，而不是由融合过程引起；②时间一致性，即输入图像序列中出现的灰度级变化可以没有任何延迟或者对比度变化的由融合图像序列表现。

24.3　图像配准

图像配准过程中，两个(或更多)在同场景中感测到的图像被叠加。这些图像可能从不同时间不同的角度或不同的传感器中被选取。其主要思想是在几何上校准感测到的图像和参考图像。可能由于不同的成像条件在同一场景下的图像出现一定的差异。这几种应用运用了图像配准：①多光谱分类；②环境监测；③变化检测；④图像拼接；⑤天气预报；⑥产生超分辨率图像；⑦集成数字信息为地理信息系统；⑧结合计算机断层成像和核磁共振数据；⑨地图更新(制图)；⑩目标定位和自动质量控制。图像配准的应用可分为 4 组。

(1) 多角度分析：从不同角度获得同一场景的图像以得到观测场景更大的 2D 或 3D 展现。得出示例是受访区域和立体形状恢复的图像拼接。

（2）多时相分析：从不同时间获得同一场景的图像以找到和评测场景中的变化，这些变化出现在获得图像之间的时间。这包括全球土地使用监测、景观规划、对于安全监控的自动变化检测、动态跟踪、愈合治疗监控和监测肿瘤生长。

（3）多模型分析：从不同传感器获得同一场景的图像用于整合从不同源获得的信息以获得更复杂和细致的场景展现。示例包括了从有不同特性的传感器的融合信息，如全色图像提供了更好的空间分辨率、彩色/多光谱图像有更好的光谱分辨率、独立于云层覆盖和太阳照射的雷达图像。还包括记录人体结构解剖的传感器组合，如磁共振成像(MRI)、超声或CT扫描，以及传感器监测人体活动的功能和新陈代谢，如正电子发射断层成像(PET)、单光子发射计算断层成像(SPECT)和磁共振波谱(MRS)。

（4）场景建模配准：场景的图像和场景的模型是配准的。该模型可能是地理信息系统(GIS)的数字正面模型或地图，另一个有相似内容的场景，或者是平均样本。其目的是局部化在场景或模型中获得的图像并进行比较。如航空或卫星数据配准到地图或者其他GIS图层、目标模板与实时图像匹配、自动质量检测、用数字解剖图谱对患者图像进行比较和标本分类。

低层级融合算法假定在输入图像像素之间有一个对应关系。如果相机的内外参数(IEPs)没有改变，只是环境参数变化，则获得的图像将在空间上配准。当IEPs不同时，图像配准是必要的。中层级的融合算法假定图像中的特征之间对应关系是已知的。高层级的融合算法要求图像描述之间的对应关系进行比较和融合。虽然图像配准的大多数方法是手动对齐图像(该方法不但耗时而且不准确)，有两种主要的方法：①基于区域匹配(ABM)；②基于特征匹配(FBM)。在配准方法中，找到足够精确的控制输入对和一个内插图像的程序是很重要的。任何图像配准方法都应该考虑在图像之间的几何变形、辐射变形、噪声损坏、需要的配准精度和应用相关数据特征之间的假定类型。配准方法的主要步骤如下所示。

特征检测：检测显著对象如区域、边缘、轮廓和角落。这些特征由它们的重心(CG)和结束点表示。

特征匹配：观测图像和参考图像之间的对应关系是确定的。各种特征描述和空间关系被用于此目的。

变化模型估计：映射函数的参数是基于特征对应关系确定的。

图像重采样和转换：运用映射函数进行图像转换。

24.3.1 基于区域的匹配

两个图像(参考图像和检测到的图像)中被检测的特征可以在它们相近的领域、空间分布或者特征相匹配的符号表示中，用图像的强度值相匹配。

ABM也称为相关性或模板匹配法。这个方法融合特征检测和匹配，而且不尝试检测显著对象。事先设定好尺寸的窗口被用于上述方法的估计。在此方法中，图像中像素的小矩形或圆形窗口与参考图像同样尺寸的窗口进行统计比较。匹配窗口的中心被视为控制输入，这些被用于求解映射函数在参考图像和观测图像之间的参数。互相关方法直接用于强度匹配，并且不对结构分析造成困扰。归一化互相关(NCC)和最小二乘技术也被广泛应用于此目的。NCC是基于参考图像和观测图像之间最大的相关系数。LS是基于最小化在参考图像和观测图像之间灰度值的差异。在空间域中区域相关性可用于匹配特征点。这些点是由 Gabor 小波分解提取出来的。

1. 相关法

相关法是基于归一化相关性，定义如下

$$CC(i,j)=\frac{\sum(w-E(w))(I(i,j)-E(I(i,j)))}{\sqrt{\sum(w-E(w))^2\sum(I(i,j)-E(I(i,j)))^2}} \tag{24-1}$$

从观测图像和参考图像中计算出对应窗口对的 CC 值，寻求最大的 CC 值。对于子像素的精度，使用了 CC 值内插。基于相关的方法仍然在使用，因为它们容易在硬件中实现，因此在实时应用中是非常有用的。可以用小波变换(WT)算法来检测特征点，然后互相关法可以用于整个图像监测点的匹配。通常情况下，ABM 用于寻找参考图像和观测图像中特征的相似之处。

2. 傅里叶法

这个方法中运用了频域中图像的傅里叶表示。傅里叶法计算了观测图像和参考图像的互功率谱，并在其逆处求峰值位置。这种方法在噪声相关且频率独立的情况下是非常稳健的。在快速傅里叶变换(FFT)域中可以有效执行 ABM。一些 FFT 可以用于实现平移、旋转和缩放不变。这些 ABM 算法非常容易实现，是因为他们简单的数学模型。

3. 互信息法

互信息(MI)法在多模式配准中是一种领先的方法，特别是在医疗成像中。例如，对患者身体的解剖和功能图像的比较有助于有效地诊断。主要思想就是最大化 MI。这里其他可能情况包括联合熵的使用、MI 和归一化的 MI。这种方法中，运用了所有图像数据和图像强度，因此可能需要一个最大化 MI 的优化方法。

24.3.2 基于特征的方法

FBMs 用图像特征(图像显著的结构)，通过图像提取算法得到。通常这些特征包括边缘、轮廓、表面、角、线交叉处和点，例如：①重要的区域如森林、田野、湖泊和池塘；②区域边界中重要的线，如海岸线、道路和河流；③区域角落重要的点，如线的交点和曲线中高曲率的点。特征应该是独特的而且遍布图像的。首先，这些特征应该是可以在比较的两个图像中有效检测的，而且它们应该稳定在固定位置，否则不能正确比较。在特征的检测集合中共同元素的数量非常大。FBMs 不直接作用于图像强度的值。统计特征如不变矩或矩心和更高层级的结构和语法描述也可以使用。FBMs 可用于特征检测和特征匹配。FBMs 中的各种方法如下。

(1) 用对应区域重心作为控制点(CP)估计配准参数；这些重心应该是对于旋转、缩放和对应图像倾斜不变的。而且它们也应该是稳定的，即使存在噪声和灰度变化。通过使用分割法可以检测区域特征。

(2) 使用结构相似性检测技术。

(3) 在图像与一个仿射几何失真配准时使用基于仿射术不变矩原理的分割技术。

(4) 使用基于轮廓的方法，它使用区域边界和其他强边缘作为匹配基元。

(5) 使用一个结合不变时刻形状描述子和改进链码的匹配，以建立在两个图像中检测到潜在匹配区域之间的对应关系。

(6) 在配准过程中使用线段作为基元。线性特征是对象轮廓、海岸线和道路。线的对应关系通过线的端点对表现。

(7) 因为它的多分辨率特性使用小波分解生成金字塔结构。

(8) 使用 Gabor 的 WT 分解去分解特征点。

(9) 使用 WT 的局部模极大值找到特征点并用互相关方法构建这些特征点之间的对应关系。

(10) 使用 WT 系数最大值形成基于相关的自动配准算法的基础特征。

为了对特征匹配应用 FBMs,假定试验中两个图像中的两个特征集都被检测到。目标是通过使用空间对应关系或者其他检测特征的描述,找到这些特征之间的两两关系。

1. 空间关系

CP(如线的端点、独特点和重心)之间距离的信息和它们的空间分布被用在特征匹配的方法中。这些方法是①图像匹配——首先估计一些特征,然后经过一个特定变换后它们将落在参考图像特征旁边的给定范围内;其中使用的变换参数是最优性能的。②聚类法——利用由抽象的边缘和线段连接的点,检测聚类;它的矩心表示匹配参数的最大可能矢量。③斜面匹配——使用最小化线特征的广义距离匹配图像中的线特征。

2. 不变描述子

从两个图像得到的特征之间的对应关系是使用这些特征的不变描述子来确定的。描述子应该是不变的、唯一的、稳定的以及独立的。往往这些需求之间的权衡可能是必要的。两个图像的大多不变描述子都是成对的。最简单的描述子是图像强度函数本身。可以用于匹配 CC、任何距离或者 MI 标准。

例如一个原始森林可以通过伸长率参数、紧凑度、孔数等信息描述。检测到的特征可以由它的信号表示,例如其余结构的最长结构和角度。闭合边界区域也可以作为特征使用。不变描述子可以被定义为放射状矢量、多边形、基于力矩、周长、面积、紧凑度、提取的轮廓和轮廓中的切线斜率、线的比率直方图、不同角度的直方图、椭圆率、角度、薄度等。

3. 松弛法

这种技术是解决标号一致问题方案的一部分。其思想是用参考图像得到的特征标记来标记每个从观测图像得到的特征。这个方法可以通过描述子方法使用角的锐度、对比度、坡度等提高效率。

4. 金字塔和小波

经常需要尝试减少与配准技术和算法相关的计算负担。可以用子窗口减少计算成本。可以从一个粗糙分辨率的网格开始,然后再用高分辨率的网格,或者用稀疏规则网格的窗口并且进行互相关和相关方法。问题的关键是从粗糙网格或者窗口开始和以分层的方式一步一步使用更细的网格进行特征匹配。可以用高斯金字塔、简单平均或者小波来获得首位粗糙分辨率。然后映射函数或对应关系的参数估计逐渐地系统地得到改善。从而获得更细致的分辨率,以监测和控制计算成本、所需的分辨率和特征匹配的准确性。使用粗糙分辨率网格将获得初始特征匹配主要的方面,然后如果需要更细致的细节可以使用更细致的匹配。但是使用粗糙网格或窗口,一致性需要被检测以避免匹配错误。可以在应用像素数目的过程中,使用中位金字塔和平均金字塔的理念。在多分辨率中使用正交或双正交小波,小波分解也可以用于金字塔方法。其主要思想是用两个图像的小波系数,并且通过重要的系数寻找两个图像特征之间的对应关系。

24.3.3 变换模型

一旦特征对应关系建立了起来，就可以构造一个映射函数，使观测图像基于参考图像进行变换。映射函数可以是相似变换、仿射、透视投影或弹性变换。观测图像和参考图像之间的 CP 应该密切对应。

1. 全局和局部模型

保留形状的模型(相似变换)如下所示

$$u = s(x\cos(\phi) - y\sin(\phi)) + t_x$$
$$v = s(x\sin(\phi) - y\cos(\phi)) + t_y \tag{24-2}$$

其中 s 是比例参数，ϕ 是旋转参数，t 是平移参数。另一种模型如下所示

$$u = a_0 + a_1 x + a_2 y$$
$$v = b_0 + b_1 x + b_2 y \tag{24-3}$$

这个模型可以由 3 个非共线的 CP 定义。它保留了直线平行。这些映射函数和模型的参数由 LS 法确定。CP 的错误应尽量减少。

对于不同类型的图像处理局部情况很重要。LS 法将平均化这样的局部情况。因此局部配准方法是必需的。因为可以用适当的加权参数获取和保留特征的局部变化，因此使用加权 LS 法。

2. 径向基函数

这种类型的模型(对于 u 和 v)如下所示

$$u = a_0 + a_1 x + a_2 y + \sum_{j=1}^{N} c_j h(x, x_j) \tag{24-4}$$

求和符号之后的项就是径向对称函数。这种变换模型是全局模型和径向基函数(RBF)的结合。关键点是该函数取决于从 CP 到该点的半径(距离)，而不是位置或者特定地点。任何 RBF 都可以使用。

3. 弹性配准

弹性配准的思想是不使用任何参数化映射函数。在这种方法中，图像被视为一片片橡胶或弹性片。在这里，拉伸使其图像的外部和内部力都发挥了作用。图像配准是通过以迭代的方式达到最小化能量。因此需要一些相似的函数来定义这些力，而且这些函数依赖于强度值和边界结构的对应关系。可以用流配准方法或者基于扩散的配准方法。由于各类弹性模型的可能性，在弹性配准方法领域内将有研究出新兴高效图像配准方法的巨大前景。

24.3.4 重采样和变换

为了变换的目的，用估计映射函数变换观测图像的每个像素。另一个方法是使用目标像素坐标和逆估计映射函数确定从观测图像数据得到的配准图像数据。所用坐标系与参考图像的一致。发生在观测图像的规则网格图像差值是通过用图像和内插内核卷积实现的。内插使用以下函数：双线函数、最近领域函数、样条函数、高斯函数和 sinc 函数。

24.3.5 图像配准精度

可能出现在图像配准过程中的错误类型有：定位误差、匹配误差和校准误差。定位误

差是由于 CP 坐标的位移导致的，位移又是由于它们的不准确检测导致的。这些错误可以通过使用最优特征检测算法减少。匹配错误表明了在两个图像 CP 之间对应关系错误匹配的数目。可以使用一致性检测或交叉验证以识别错误匹配。校准误差是映射模型和实际图像几何失真之间的差。校准误差可以用另一种比较方法估计。由该领域专家实际估测仍然作为一个对目标误差估计方法的补充方法。

24.4 用图像数据分割、矩心检测和目标追踪

用图像数据追踪移动对象或目标包括了处理图像和产生目标当前每一步位置和速度矢量的估计。关于接收到的数据源有额外的不确定性，即该数据源可能包含也可能不包含目标的测量。这可能是由于随机杂波（误警）。矩心的检测和追踪（CDT）算法是独立于目标大小，以及对目标强度不敏感的。由运动识别或者对象/模式识别获得的典型特征在被用于图像与被追踪目标之间的关联。运动识别的特征即位置、速度和加速度（作为一个总的状态矢量）是用连续帧（中间扫描层）的数据生成的。而对象/模式识别特征即几何结构如形状和尺寸，以及一个或更多光谱段的能量等级（图像中不同灰度级），由使用中间扫描层的图像数据获得。CDT 算法结合了用成像传感器追踪目标的对象和运动识别方法。考虑到图像属性是集群的强度和尺寸。像素强度分散在特定目标图层范围内有充分目标像素强度的灰度级强度图层中。CDT 算法包含了通过使用目标图层上限下限阈值使一个图像的数据转换到二进制图像的数据。然后用最近邻准则把二值图像转换到集群。对于已知目标尺寸，上面产生的信息可以设置限制用于去除这些与目标集群的尺寸充分不同的集群。这便减少了计算。然后计算集群的矩心和用它来进行目标追踪（见图 24-1）。

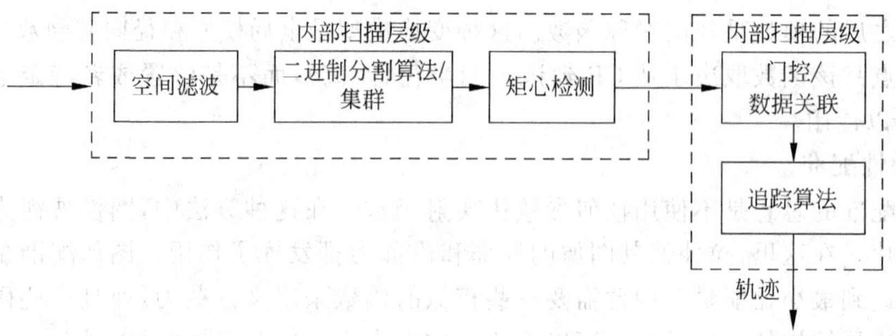

图 24-1 矩心检测和追踪算法步骤

24.4.1 图像噪声

噪声可以是加性的，观测图像 $x(i,j)$ 是真实图像 $s(i,j)$ 和噪声图像 $v(i,j)$ 之和。

$$x(i,j)=s(i,j)+v(i,j) \tag{24-5}$$

其中，噪声 $v(i,j)$ 是零均值、方差为 σ^2 的白噪声。椒盐（SP）噪声被看作是强度的峰值（斑点或数据遗漏式噪声），并且该噪声是由图像数据传输中的错误、传感器或摄像机的像素元素发生故障、错误的存储位置或数字化过程中的时间错误造成的。有噪声污染的像素被交替地置零或置为最大值，因此导致图像出现如 SP 那样的情况。未损坏的像素保持不变。

$$x(i,j)=\begin{cases}0, & \text{rand}<0.5d\\255, & 0.5d<\text{rand}<d\\s(i,j), & \text{rand}\geqslant d\end{cases} \tag{24-6}$$

其中,rand 是时间间隔为[0,1]的均匀分布随机数,d 是噪声强度并且它是正实数。高斯噪声是图像采集系统中的电子噪声,而且获得的噪声是零均值高斯分布(randn)且其标准差为 σ。

$$v(i,j)=\text{randn}\sigma \tag{24-7}$$

$$x(i,j)=s(i,j)+v(i,j) \tag{24-8}$$

1. 空间滤波器

通过传感器获得的图像一般被各种噪声过程和噪声源污染,包括:摄像机中的传感器问题、检测器灵敏度变化、环境因素、辐射的离散性、光学中的尘埃、量化误差或传输错误。噪声可以通过两种方法处理:空间域滤波器(SDF)或者频域滤波器(FDF)。SDF 就是图像本身,而且基于图像中直接可操作的像素。FDF 是基于修改傅里叶变换后的图像。在 SDF 滤波器中,一个掩模(模板、内核、窗口或滤波器)是一个小型 2D(3×3 维)序列或图像,其中的系数决定了滤波的过程,如图像平滑或锐化。用空间滤波器消除图像中噪声的两个主要类别是均值滤波器(线性)及排序滤波器(非线性)。

2. 线性空间滤波器

线性滤波器由局部与 $n\times n$ 大小的内核掩模卷积并用 $n\times n$ 内核进行一系列移位相乘总和运算来实现。在这个过程(与平滑核心掩模)中,每个像素的亮度由该像素邻域的像素亮度加权平均代替。邻域中各个像素的加权因子由掩模中的对应值确定。如果由于噪声的影响,邻域中的像素亮度不正常,然后通过分散邻域像素值使亮度平均化以减少噪声的影响。

$$y(i,j)=\sum_{k=i-w}^{i+w}\sum_{l=j-w}^{j+w}x(k,l)h(i-k,j-l) \tag{24-9}$$

其中,x 是输入图像,h 是滤波器函数/脉冲响应/卷积掩模,y 是输出图像,(i,j)是图像像素的坐标,$i,j=1,2,\cdots,N$,N 是输入图像的大小,$n\times n$ 是滤波器或掩模(n 为奇数)的阶数。均值滤波器是最简单的线性空间滤波器。矩心的系数是非负且相等的。不同大小的掩模由下式可得

$$h_k=\frac{\text{ones}(k,k)}{k^2} \tag{24-10}$$

其中,ones(k,k)是一个所有元素相等的 $k\times k$ 矩阵。

3. 非线性空间滤波器

非线性滤波器对数据比较依赖。排序滤波器(OF)是一种非线性滤波器。OF 基于顺序统计,由对领域像素按灰度值从小到大排序实现。最有用的 OF 是中值滤波器,它选择顺序集合中的中间像素值。其运算是通过用一个滑动窗口进行类似于线性 SDF 中的一个卷积操作。通过对所有周围领域的像素按数值顺序排序计算出中间值,然后用中间值替换其他被考虑的像素。领域中不重要或不具代表性的像素将不会显著影响中间值。

24.4.2 指标性能评估

性能评估的主要思想是计算单一数字来反映平滑后、滤波后和融合图像的品质。

1. 均方误差

当实际图像和对应的过滤后图像像素相当相近时，实际和过滤后图像的均方误差(MSE)将接近零。给出最小 MSE 值的滤波算法是最优的。

$$\mathrm{MSE}=\frac{1}{N^2}\sum_{i=1}^{N}\sum_{j=1}^{N}[\boldsymbol{s}(i,j)-\boldsymbol{y}(i,j)]^2 \tag{24-11}$$

其中，s 是实际图像，y 是滤波后的图像，N 是图像大小，(i,j) 是像素坐标。

2. 均方根误差

当对应的过滤后图像像素与实际图像偏离时，均方根误差(RMSE)将增加。给出最小值的滤波算法是最优的。

$$\mathrm{RMSE}=\sqrt{\frac{1}{N^2}\sum_{i=1}^{N}\sum_{j=1}^{N}[\boldsymbol{s}(i,j)-\boldsymbol{y}(i,j)]^2} \tag{24-12}$$

3. 平均绝对误差

在这里，为了得到良好的匹配去计算小平均绝对误差(MAE)。

$$\mathrm{MAE}=\frac{1}{N^2}\sum_{i=1}^{N}\sum_{j=1}^{N}|\boldsymbol{s}(i,j)-\boldsymbol{y}(i,j)| \tag{24-13}$$

4. 拟合误差百分比

给出最小拟合百分比的滤波算法是最优的。

$$\mathrm{PFE}=\frac{\mathrm{norm}(\boldsymbol{s}-\boldsymbol{y})}{\mathrm{norm}(\boldsymbol{s})} \tag{24-14}$$

5. 信噪比

噪声对图像的影响可以用 SNR 来描述。不同的过滤后图像的两个值的比值表现了它们在品质上的比较。当实际图像和过滤后图像十分相近时 SNR 将是无穷大的。给出高信噪比的滤波算法是最优的。

$$\mathrm{SNR}=10\log_{10}\left[\frac{\sum_{i=1}^{N}\sum_{j=1}^{N}[\boldsymbol{s}(i,j)]^2}{\sum_{i=1}^{N}\sum_{j=1}^{N}[\boldsymbol{s}(i,j)-\boldsymbol{y}(i,j)]^2}\right] \tag{24-15}$$

6. 信噪比峰值

当实际图像和过滤后图像十分相近时 PSNR 将是无穷大的。给出高 PSNR 的滤波算法是最优的。

$$\mathrm{PSNR}_{\mathrm{af}}=10\log_{10}\left[\frac{I_{\max}^2}{\sum_{i=1}^{N}\sum_{j=1}^{N}[\boldsymbol{s}(i,j)-\boldsymbol{y}(i,j)]^2}\right] \tag{24-16}$$

其中，$I_{\max}$ 是像素强度的最大值。

均值和中值滤波器消除强度 0.03 的 SP 噪声和零均值且标准差为 1.4 的高斯噪声的性能如图 24-2 所示。由图可知滤波器消除椒盐(SAP)噪声和高斯噪声的性能都是令人满意的。

24.4.3 分割和矩心检测技术

本小节将介绍图像分割和 CDT 方面的内容。

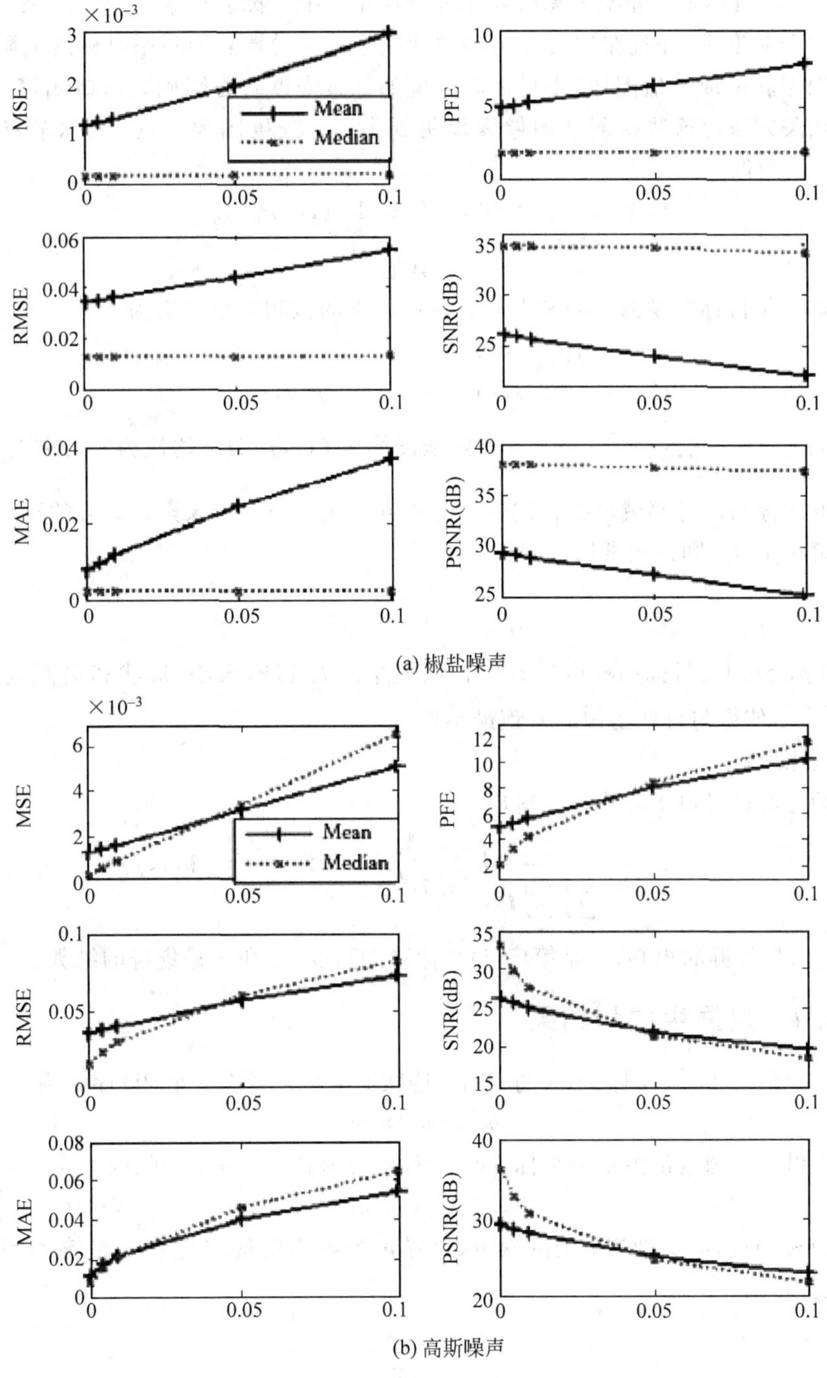

(a) 椒盐噪声

(b) 高斯噪声

图 24-2 噪声滤波器性能

1. 分割

图像分割是指把图像分解成两个不同方面：纹理分割和粒子分割。纹理分割中，图像被划分为不同的区域（微图像），并且每个区域都由一组特征定义。粒子分割中，图像被划分为对象区域和背景区域。这里，分割指的是尽可能地从图像中提取感兴趣的对象或颗粒。

CDT 算法中，当目标是不完全可见时粒子分割被用于把目标从背景中分割出来。像素强度被分为 256 个灰度级，并且在这两个步骤中使用了粒子分割：①利用目标的上限下限阈值将灰度级图像转换成二值图像，用目标和环境的像素强度直方图确定这些阈值；②用最近邻域数据相关方法使这些检测到的像素聚集到集群。灰度图像 $\mathrm{Im}(i,j)$ 被转换成强度为 $\beta(i,j)$ 的二值图像

$$\beta(i,j)=\begin{cases}1, & I_L \leqslant \mathrm{Im}(i,j) \leqslant I_u \\ 0, & \text{其他}\end{cases} \tag{24-17}$$

其中，I_L 和 I_u 是目标强度的下限和上限。这些像素的检测概率定义为

$$\begin{aligned}&\mathrm{P}\{\beta(i,j)=1\}=p(i,j)\\ &\mathrm{P}\{\beta(i,j)=0\}=1-p(i,j)\end{aligned} \tag{24-18}$$

其中，$p(i,j)=\dfrac{1}{\sigma\sqrt{2\pi}}\displaystyle\int_{I_L}^{I_u}\mathrm{e}^{\frac{-(x-\mu)^2}{2\sigma^2}}\mathrm{d}x$ 且假定灰度图像 $\boldsymbol{I}(i,j)$ 服从均值为 μ 方差为 σ^2 的高斯分布。二值图像用最近邻域数据相被聚集到集群。只有当一个像素与集群的至少一个其他像素的距离小于 d_p，则该像素属于集群

$$\sqrt{\frac{1}{p_t}}<d_p<\sqrt{\frac{1}{p_v}} \tag{24-19}$$

其中，p_t 和 p_v 分别是目标和噪声像素的检测概率。d_p 影响大小、形状和集群数量。d_p 应该接近 $\sqrt{1/p_t}$，使得与目标图像的差距最小化。

2. 矩心检测

集群的矩心通过以下等式计算得出

$$(x_c,y_c)=\frac{1}{\sum_{i=1}^{n}\sum_{j=1}^{m}\boldsymbol{I}_{ij}}\left(\sum_{i=1}^{n}\sum_{j=1}^{m}i\boldsymbol{I}(i,j),\sum_{i=1}^{n}\sum_{j=1}^{m}j\boldsymbol{I}(i,j)\right) \tag{24-20}$$

其中，(x_c,y_c) 是集群的矩心，I_{ij} 是第 (i,j) 个像素的强度，m 和 n 是集群的维数。

24.4.4 数据生成和结果

接下来介绍对于合成图像生成的 FLIR 传感器模型。考虑一个 2D 序列为

$$m=m_\xi\times m_\eta \tag{24-21}$$

个像素。这里每个像素都由单个坐标 $i=1,\cdots,m$ 表示其中像素 i 的强度 I 为

$$I_i=s_i+n_i \tag{24-22}$$

其中 s_i 是目标强度，n_i 为像素 i 处的噪声（该噪声为零均值且方差为 σ^2 的高斯噪声），总目标相关强度为

$$s=\sum_{i=1}^{m}s_i \tag{24-23}$$

对于覆盖目标的像素 m_s 的数量，在这个范围内的平均目标强度为

$$\mu_s=\frac{s}{m_s} \tag{24-24}$$

平均像素 SBR 为

$$r'=\frac{\mu_s}{\sigma} \tag{24-25}$$

为了模拟各帧中目标的运动，运用了目标运动的运动学模型。

用于描述常速目标运动的状态模型为

$$\boldsymbol{X}(k+1)=\begin{bmatrix}1 & T & 0 & 0\\0 & 1 & 0 & 0\\0 & 0 & 1 & T\\0 & 0 & 0 & 1\end{bmatrix}\boldsymbol{X}(k)+\begin{bmatrix}\frac{T^2}{2} & 0\\T & 0\\0 & \frac{T^2}{2}\\0 & T\end{bmatrix}\boldsymbol{w}(k) \tag{24-26}$$

其中，$\boldsymbol{X}(k)=[x\quad \dot{x}\quad y\quad \dot{y}]^{\mathrm{T}}$ 是状态矢量，$\boldsymbol{w}(k)$ 是方差矩阵为 $\boldsymbol{Q}=\begin{bmatrix}\sigma_w^2 & 0\\0 & \sigma_w^2\end{bmatrix}$ 的零均值高斯白噪声。测量模型为

$$\boldsymbol{z}(k+1)=\begin{bmatrix}1 & 0 & 0 & 0\\0 & 0 & 1 & 0\end{bmatrix}\boldsymbol{X}(k+1)+\boldsymbol{v}(k+1) \tag{24-27}$$

其中 $\boldsymbol{v}(k)$ 是矩心测量噪声(零均值、高斯)，其方差矩阵为

$$\boldsymbol{R}=\begin{bmatrix}\sigma_x^2 & 0\\0 & \sigma_y^2\end{bmatrix} \tag{24-28}$$

这些噪声过程被认为是不相关的。对背景图像考虑一个 64×64 的 2D 序列，其中建模为一个白高斯随机场，$N(\mu_n,\sigma_n^2)$。一个像素的 2D 序列，建模为一个白高斯随机场 $N(\mu_t,\sigma_t^2)$，被用于生成一个大小为 9×9 的目标。扫描总数量是 50，并且图像帧率(T)是每秒一帧。图像中目标的初始状态矢量为 $\boldsymbol{X}=[x\quad \dot{x}\quad y\quad \dot{y}]^{\mathrm{T}}=[10\quad 1\quad 10\quad 1]$。目标图层用上限($I_U=110$)和下限($I_L=90$)把有这些参数的合成图像转换为二值图像，然后用最近邻域数据相关法和最优估计距离 d_p($d_p=2$)聚集到集群。计算出集群的矩心。由于背景有很多噪声干扰，集群算法产生更多集群和更多矩心。因此需要一个 NNKF 或者 PDAF 关联实际图像和目标目标图像。PEE，均方根位置(RMSP)和均方根速度(RMSV)指标如表 24-1 所列。这些参数在可接受的限度内，展现了追踪器的一致性。

表 24-1　PFE，均方根百分比误差(RMSPE)和均方根误差向量(RMSVE)指标

PFEx	PFEy	RMSPE	RMSVE
0.99	0.79	0.49	0.26

24.4.5　雷达和成像传感器轨迹融合

当从基于背景的雷达获得的位置数据在笛卡儿坐标系中有效时，接下来 CT 算法就被用于提供状态矢量融合的输入。从成像传感器和基于背景的雷达数据融合中，FLIR 的数据首先通过矩心检测算法，然后两种数据类型在进行轨迹与轨迹的融合之前被单独用于 NNKF 或者 PDAF 追踪器算法。在扫描 k 处的轨迹(从成像传感器[轨迹 i]和基于背景的雷达 [轨迹 j])和它们的方差矩阵被用于融合

$$\text{轨迹 } i:\ \hat{\boldsymbol{X}}_i(k),\hat{\boldsymbol{P}}_i(k)\text{和轨迹 } j:\ \hat{\boldsymbol{X}}_j(k),\hat{\boldsymbol{P}}_j(k) \tag{24-29}$$

融合状态如下

$$\hat{\boldsymbol{X}}_c(k)=\hat{\boldsymbol{X}}_i(k\mid k)+\hat{\boldsymbol{P}}_i(k\mid k)\hat{\boldsymbol{P}}_{ij}(k)^{-1}[\hat{\boldsymbol{X}}_j(k\mid k)-\hat{\boldsymbol{X}}_i(k\mid k)] \tag{24-30}$$

组合协方差矩阵关联状态矢量融合如下

$$\hat{\boldsymbol{P}}_c(k)=\hat{\boldsymbol{P}}_i(k\mid k)-\hat{\boldsymbol{P}}_i(k\mid k)\hat{\boldsymbol{P}}_{ij}(k)^{-1}\hat{\boldsymbol{P}}_i(k\mid k) \tag{24-31}$$

这里，$\hat{\boldsymbol{X}}_i(k|k)$与$\hat{\boldsymbol{X}}_j(k|k)$之间的互协方差$\hat{\boldsymbol{P}}_{ij}(k)$如下

$$\hat{\boldsymbol{P}}_{ij}(k)=\hat{\boldsymbol{P}}_i(k\mid k)+\hat{\boldsymbol{P}}_j(k\mid k) \tag{24-32}$$

在 x 和 y 位置的 PFE 以及在该位置的 RMSE 和速度指标由表 24-2 给出。当没有数据丢失时，雷达、图像矩心算法(ICTA)、实际和融合后的轨迹之中显然有一个相近的匹配。然后，实验模拟中成像传感器的测量数据丢失发生在 15～25s，而对于基于背景的雷达发生在 30～45s，而且在这段时间内已经进行了对轨迹的推算。在这期间观测轨迹偏差。融合之前和之后在 x 和 y 方向的 PFE 和该位置的 RMSE 和速度指标如表 24-3 所列。注意当任一传感器出现观测丢失时，数据融合提供了更好的结果，从而表明了它更具有鲁棒性和精确度。

表 24-2 PFE、RMSPE 和 RMSVE 指标(没有观测丢失)

	PFEx	PFEy	RMSPE	RMSVE
成像传感器	3.01	2.95	1.618	0.213
雷达	2.78	2.74	1.497	0.233
融合	0.78	0.69	0.39	0.355

表 24-3 PFE、RMSPE 和 RMSVE 指标(有观测丢失)

	PFEx	PFEy	RMSPE	RMSVE
成像传感器	4.29	2.86	1.984	0.374
雷达	2.66	3.59	1.688	0.51
融合	1.31	1.46	0.736	0.478

24.5 像素级融合算法

多路成像传感器融合(MSIF)应该形成所观察物体的一个更好更强大的图像。这个图像相对于以前的版本应该有所改进，它应该更利于用户检测，认识和识别目标，也能增强用户的环境意识。图像融合在微观图像，医用图像，远程传感，机器人学和计算机视觉方面做出了很大的贡献。基于应用的融合图像，应该保存所有包含在资源图像中的相关信息。任何不相关的特征和噪声应该删掉或者降到最低限度。当图像融合在像素级水平被提出时，则源图像不包含任何预处理过程。最简单的 MSIF 是一个像素接一个像素地取灰度级水平的图像的平均值，这是融合过程的一种。这种方法可能会产生不可估计的效果且降低特征对比度。在一些情况下，场景中的不同物体可能跟图像传感器的距离不同，因此，如果一个目标在焦点上，那么另一个目标可能就不在焦点上。在这种情况中，传统的方法达不到很好的效果。

我们将在本节中介绍两种融合构架：

(1) 源图像在融合过程中被认为是一个整体；

(2) 源图像被分解成很多个小块，然后将这些小块应用于融合过程。

第二种框架中，直到将局部相异性考虑进融合过程中，否则过程中的矛盾部分将会减少。这些块的大小和门限值由用户定义，尽管选择一个理想的门限值很困难。可以使用一个改进的算法，这个算法用来计算标准化的空间频率。既然源图像的空间频率是标准化的，那么用户可以在 0～0.5 之间选择门限值。相似的方法可以用在基于图像融合的主成分分析法中。源图像的信息需要在融合之前进行登记。

24.5.1　主成分分析法

PCA 是一种数值计算过程，它能够将一组相关变量转变成一组不相关的变量，也叫主成分分析法。

(1) 第一个 PC 包含很多数据方差，且每个成功的组件包含很多剩余方差，第一个 PC 沿着最大方差的方向；

(2) 第二个组件被迫处于第一个组件的垂直子空间位置，且在这个子空间中这个组件指向最大方差的方向；

(3) 第三个组件取前面两个空间的垂直子空间的最大方差的方向。PC 基本向量是基于数据集的。令 X 表示一个零均值 d 维的随机变量，且正交投影矩阵用 $\boldsymbol{V}$ 表示，有 $\boldsymbol{Y}=\boldsymbol{V}^{\mathrm{T}}\boldsymbol{X}$。$\boldsymbol{Y}$ 的协方差，即 $\mathrm{cov}(\boldsymbol{Y})$ 是一个斜对角矩阵。利用简单的矩阵关系式可以得到

$$\begin{aligned}\mathrm{cov}(\boldsymbol{Y}) &= E\{\boldsymbol{Y}\boldsymbol{Y}^{\mathrm{T}}\}\\ &= E\{(\boldsymbol{V}^{\mathrm{T}}\boldsymbol{X})(\boldsymbol{V}^{\mathrm{T}}\boldsymbol{X})^{\mathrm{T}}\}\\ &= E\{(\boldsymbol{V}^{\mathrm{T}}\boldsymbol{X})(\boldsymbol{X}^{\mathrm{T}}\boldsymbol{V})\}\\ &= \boldsymbol{V}^{\mathrm{T}}\boldsymbol{E}\{\boldsymbol{X}\boldsymbol{X}^{\mathrm{T}}\}V\\ &= \boldsymbol{V}^{\mathrm{T}}\mathrm{cov}(X)\boldsymbol{V}\end{aligned} \tag{24-33}$$

在式(24-33)两边同乘以 $\boldsymbol{V}$，得到

$$\boldsymbol{V}\mathrm{cov}(\boldsymbol{Y}) = \boldsymbol{V}\boldsymbol{V}^{\mathrm{T}}\mathrm{cov}(\boldsymbol{X})\boldsymbol{V} = \mathrm{cov}(\boldsymbol{X})\boldsymbol{V} \tag{24-34}$$

可以写出 $\boldsymbol{V}$，记 $\boldsymbol{V}=[\boldsymbol{V}_1,\boldsymbol{V}_2,\cdots,\boldsymbol{V}_d]$ 且 $\mathrm{cov}(\boldsymbol{Y})$ 的对角形式为

$$\begin{bmatrix}\lambda_1 & 0 & \cdots & 0 & 0\\ 0 & \lambda_2 & \cdots & 0 & 0\\ \vdots & \vdots & \ddots & \vdots & \vdots\\ 0 & 0 & \cdots & \lambda_{d-1} & 0\\ 0 & 0 & \cdots & 0 & \lambda_d\end{bmatrix} \tag{24-35}$$

将式(24-35)代入式(24-34)中，得到

$$[\lambda_1\boldsymbol{V}_1,\lambda_2\boldsymbol{V}_2,\cdots,\lambda_d\boldsymbol{V}_d] = [\mathrm{cov}(\boldsymbol{X})\boldsymbol{V}_1,\mathrm{cov}(\boldsymbol{X})\boldsymbol{V}_2,\cdots,\mathrm{cov}(\boldsymbol{X})\boldsymbol{V}_d] \tag{24-36}$$

可以将它写成

$$\lambda_i\boldsymbol{V}_i = \mathrm{cov}(\boldsymbol{X})\boldsymbol{V}_i \tag{24-37}$$

式中 $i=1,2,\cdots,d$ 且 $\boldsymbol{V}_i$ 是 $\mathrm{cov}(\boldsymbol{X})$ 的特征向量。

1. 主成分分析系数

将融合的源图像分成两个列向量。接下来的步骤如下：

(1) 将数据融入列向量中产生一个 $n\times 2$ 规模大小的矩阵 $\boldsymbol{Z}$；

(2) 计算每列的均值；均值矢量 $\boldsymbol{M}$ 的规模是 2×1；

(3) 从每列向量的数据矩阵 $\boldsymbol{Z}$ 中减去均值矢量，得到 $n\times 2$ 大小的矩阵 $\boldsymbol{X}$；

(4) 计算矩阵 $\boldsymbol{Z}$ 的协方差矩阵 $\boldsymbol{C}$，且 $\boldsymbol{C}=\boldsymbol{X}^{\mathrm{T}}\boldsymbol{X}$；

(5) 计算特性向量 $\boldsymbol{V}$ 和 $\boldsymbol{C}$ 的特征向量 $\boldsymbol{D}$ 并按降序方式将 $\boldsymbol{V}$ 进行分类；$\boldsymbol{V}$ 和 $\boldsymbol{D}$ 的大小都是 2×2 的；

(6) 认为 $\boldsymbol{V}$ 的第一列与最大特征向量一致来计算 PCs 的 $NP\boldsymbol{C}_1$ 和 $NP\boldsymbol{C}_2$，计算公式如下

$$NP\boldsymbol{C}_1=\frac{\boldsymbol{V}(1)}{\sum\boldsymbol{V}} \text{ 且 } NP\boldsymbol{C}_2=\frac{\boldsymbol{V}(2)}{\sum\boldsymbol{V}}$$

2. 图像融合

基于权重的 PCA 一般图像融合的流程图如图 24-3 所示。PCs 的 $NP\boldsymbol{C}_1$ 和 $NP\boldsymbol{C}_2$（即 $NP\boldsymbol{C}_1+NP\boldsymbol{C}_2=1$）用特征向量计算。融合的图像由以下公式得到

$$\boldsymbol{I}_f=NP\boldsymbol{C}_1\boldsymbol{I}_1+NP\boldsymbol{C}_2\boldsymbol{I}_2$$

这意味着 PCs 对数据融合来说是作为权重使用的。基于块的 PCA 图像融合流程图如图 24-4 所示。输入图像被分成大小为 $m\times n$ 的块（$\boldsymbol{I}_{1k}$ 和 $\boldsymbol{I}_{2k}$），其中 $\boldsymbol{I}_{1k}$ 和 $\boldsymbol{I}_{2k}$ 分别表示 $\boldsymbol{I}_1$ 和 $\boldsymbol{I}_2$ 的第 k 块。如果 PCs 的第 k 个模块是 $NP\boldsymbol{C}_{1k}$ 和 $NP\boldsymbol{C}_{2k}$，那么第 k 块图像的融合是

$$\boldsymbol{I}_{fk}=\begin{cases}\boldsymbol{I}_{1k}, & NP\boldsymbol{C}_{1k}>NP\boldsymbol{C}_{2k}+\mathrm{th}\\ \boldsymbol{I}_{2k}, & NP\boldsymbol{C}_{1k}<NP\boldsymbol{C}_{2k}-\mathrm{th}\\ \dfrac{\boldsymbol{I}_{1k}+\boldsymbol{I}_{2k}}{2}, & \text{其他}\end{cases}$$

式中 th 是用户定义的门限值，且 $\dfrac{\boldsymbol{I}_{1k}+\boldsymbol{I}_{2k}}{2}$ 是像素灰度值均值。

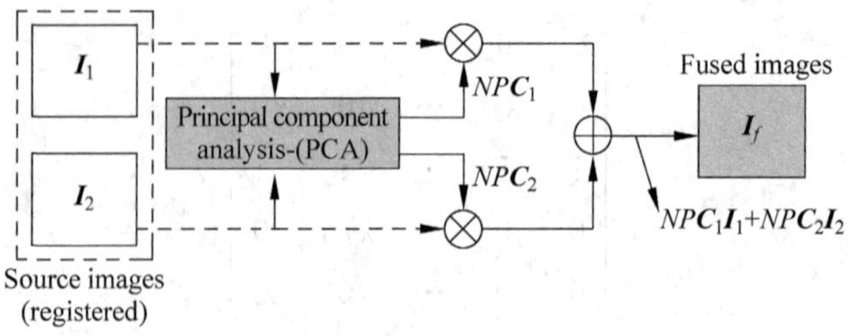

图 24-3 基于图像融合的主成分分析

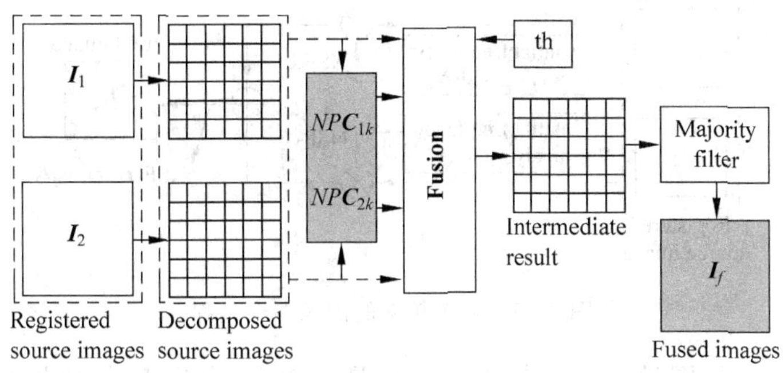

图 24-4 基于块图像融合过程的主成分分析

24.5.2 空间频率

空间频率(SF)是衡量同一像素中所有信息水平的一个标准,且图像 $\boldsymbol{I}$ 的规模大小为 $M\times N$,它定义如下

(1) 行频率

$$\mathrm{RF}=\sqrt{\frac{1}{MN}\sum_{i=0}^{M-1}\sum_{j=1}^{N-1}[\boldsymbol{I}(i,j)-\boldsymbol{I}(i,j-1)]^2}$$

(2) 列频率

$$\mathrm{CF}=\sqrt{\frac{1}{MN}\sum_{j=0}^{N-1}\sum_{j=1}^{M-1}[\boldsymbol{I}(i,j)-\boldsymbol{I}(i-1,j)]^2}$$

(3) 空间频率

$$\mathrm{SF}=\sqrt{\mathrm{RF}^2+\mathrm{CF}^2}$$

其中,M 是行数,N 是列数,(i,j)是像素坐标,且 $\boldsymbol{I}(i,j)$是像素(i,j)的灰度值。

1. 用空间频率进行的图像融合

基于权重的空间频率图像融合过程如图 24-5 所示。SFs 标准化如下

$$\mathrm{NSF}_1=\frac{\mathrm{SF}_1}{\mathrm{SF}_1+\mathrm{SF}_2}\quad 和\quad \mathrm{NSF}_2=\frac{\mathrm{SF}_2}{\mathrm{SF}_1+\mathrm{SF}_2}$$

融合的图像由下列公式得到

$$\boldsymbol{I}_f=\mathrm{NSF}_1\boldsymbol{I}_1+\mathrm{NSF}_2\boldsymbol{I}_2$$

基于块的空间频率图像融合过程如图 24-6 所示。图像被分解为块 $\boldsymbol{I}_{1k}$和$\boldsymbol{I}_{2k}$;然后计算每个块标准化的 SFs。如果 $\boldsymbol{I}_{1k}$和$\boldsymbol{I}_{2k}$的标准化 SFs 分别对 NSF_{1k}和 NSF_{2k},那么融合后的图像的第 k 块的融合结果为

$$\boldsymbol{I}_{fk}=\begin{cases}\boldsymbol{I}_{1k}, & \mathrm{NSF}_{1k}>\mathrm{NSF}_{2k}+\mathrm{th}\\ \boldsymbol{I}_{2k}, & \mathrm{NSF}_{1k}<\mathrm{NSF}_{2k}-\mathrm{th}\\ \dfrac{\boldsymbol{I}_{1k}+\boldsymbol{I}_{2k}}{2}, & 其他\end{cases}$$

2. 主成分滤波器

在块图像融合过程中,一个主成分滤波器被用来避免产生融合图像中的重复现象。如果中心块来自 $\boldsymbol{I}_1$,周边块来自 $\boldsymbol{I}_2$,那么中心块将会被 $\boldsymbol{I}_2$ 中的块反向替代。定义 a 和 b 表示

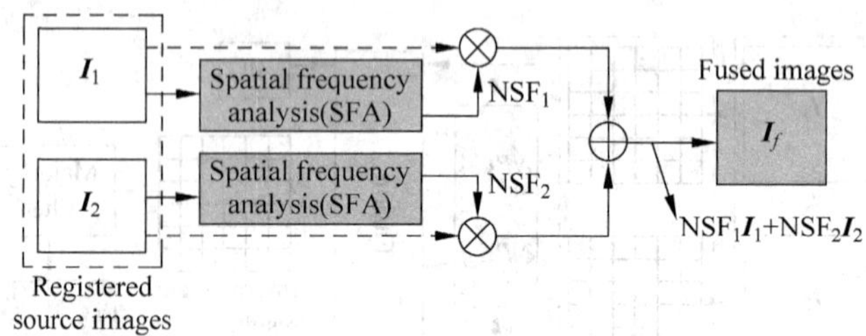

图 24-5　基于频率的图像融合过程

分别来自 $\boldsymbol{I}_1$ 和 $\boldsymbol{I}_2$ 的块图像。如果来自 $\boldsymbol{I}_1$ 的块是 6 次，且来自 $\boldsymbol{I}_2$ 的块是 3 次，因为相邻块的主成分都来自 $\boldsymbol{I}_1$，所以主成分滤波器将替代 $\boldsymbol{I}_1$ 成为中心块。

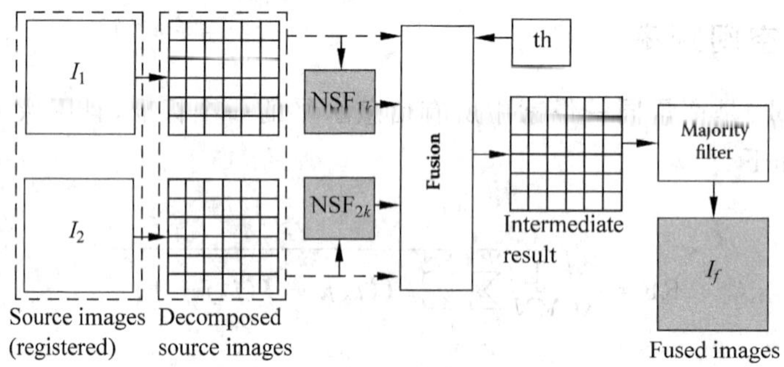

图 24-6　基于频率块状图像的融合过程

24.5.3　性能评估

1. 有参考图像，图像融合算法的性能度量

（1）根据参数 $\boldsymbol{I}_r$ 和融合图像 $\boldsymbol{I}_f$ 相应的像素计算 RESF 得

$$\mathrm{RESF}=\sqrt{\frac{1}{MN}\sum_{i=1}^{M}\sum_{j=1}^{N}(\boldsymbol{I}_r(i,j)-\boldsymbol{I}_f(i,j))^2}$$

（2）PEF 作为参数图像和融合图像相应像素基准之间的区别计算如下

$$\mathrm{PFE}=\frac{\mathrm{norm}(\boldsymbol{I}_r-\boldsymbol{I}_f)}{\mathrm{norm}(\boldsymbol{I}_r)}\times 100$$

（3）MAE 是用来衡量参数和融合图像像素的，计算公式如下

$$\mathrm{MAE}=\frac{1}{MN}\sum_{i=1}^{M}\sum_{j=1}^{N}|\boldsymbol{I}_r(i,j)-\boldsymbol{I}_f(i,j)|$$

（4）SNR 计算式如下

$$\mathrm{SNR}=20\log_{10}\left(\frac{\sum_{i=1}^{M}\sum_{j=1}^{N}(\boldsymbol{I}_e(i,j))^2}{\sum_{i=1}^{M}\sum_{j=1}^{N}(\boldsymbol{I}_r(i,j)-\boldsymbol{I}_f(i,j))^2}\right)$$

（5）PSNR 的计算式如下

$$\mathrm{PSNR}=20\log_{10}\left(\frac{\boldsymbol{L}^2}{\frac{1}{MN}\sum_{i=1}^{M}\sum_{j=1}^{N}(\boldsymbol{I}_r(i,j)-\boldsymbol{I}_f(i,j))^2}\right)$$

其中，$\boldsymbol{L}$ 是图像中的灰度级数。

（6）参数和融合图像之间的关系式为

$$\text{CORR} = \frac{2\boldsymbol{C}_{rf}}{\boldsymbol{C}_r + \boldsymbol{C}_f}$$

其中

$$\boldsymbol{C}_r = \sum_{i=1}^{M}\sum_{j=1}^{N}\boldsymbol{I}_r(i,j)^2,\quad \boldsymbol{C}_f = \sum_{i=1}^{M}\sum_{j=1}^{N}\boldsymbol{I}_f(i,j)^2$$

且

$$\boldsymbol{C}_{rf} = \sum_{i=1}^{M}\sum_{j=1}^{N}\boldsymbol{I}_r(i,j)\boldsymbol{I}_f(i,j)$$

（7）MI 计算式如下

$$\text{MI} = \sum_{i=1}^{M}\sum_{j=1}^{N}h_{\boldsymbol{I}_r\boldsymbol{I}_f}(i,j)\log_2\left(\frac{h_{\boldsymbol{I}_r\boldsymbol{I}_f}(i,j)}{h_{\boldsymbol{I}_r}(i,j)h_{\boldsymbol{I}_f}(i,j)}\right)$$

（8）普通性能指标测量参考图像中有多少显著信息已经转变成融合图像。度量尺度从 $-1\sim1$，且最优取值 1 当且仅当参考图像和融合图像相似时才能达到。最低取值 -1 在 $\boldsymbol{I}_f = 2\mu_{\boldsymbol{I}_r} - \boldsymbol{I}_r$ 时可以取到

$$\text{QI} = \frac{4\sigma_{\boldsymbol{I}_r\boldsymbol{I}_f}(\mu_{\boldsymbol{I}_r} + \mu_{\boldsymbol{I}_f})}{(\sigma_{\boldsymbol{I}_r}^2 + \sigma_{\boldsymbol{I}_f}^2)(\mu_{\boldsymbol{I}_r}^2 + \mu_{\boldsymbol{I}_f}^2)}$$

这里，

$$\mu_{\boldsymbol{I}_r} = \frac{1}{MN}\sum_{i=1}^{M}\sum_{j=1}^{N}\boldsymbol{I}_r(i,j),\quad \mu_{\boldsymbol{I}_f} = \frac{1}{MN}\sum_{i=1}^{M}\sum_{j=1}^{N}\boldsymbol{I}_f(i,j)$$

$$\sigma_{\boldsymbol{I}_r}^2 = \frac{1}{MN-1}\sum_{i=1}^{M}\sum_{j=1}^{N}(\boldsymbol{I}_r(i,j) - \mu_{\boldsymbol{I}_r})^2,\quad \sigma_{\boldsymbol{I}_f}^2 = \frac{1}{MN-1}\sum_{i=1}^{M}\sum_{j=1}^{N}(\boldsymbol{I}_f(i,j) - \mu_{\boldsymbol{I}_f})^2$$

$$\sigma_{\boldsymbol{I}_r\boldsymbol{I}_f}^2 = \frac{1}{MN-1}\sum_{i=1}^{M}\sum_{j=1}^{N}(\boldsymbol{I}_r(i,j) - \mu_{\boldsymbol{I}_r})(\boldsymbol{I}_f(i,j) - \mu_{\boldsymbol{I}_f})$$

（9）结构相似度度量对比像素强度的局部模型，这些局部模型的亮度和对比度都进行了归一化。自然图像信号具有很强的结构性且它们的像素显示了很强的依赖性，这些依赖性携带着关于物体结构的信息。公式如下

$$\text{SSIM} = \frac{(2\mu_{\boldsymbol{I}_r}\mu_{\boldsymbol{I}_f} + C_1)(2\sigma_{\boldsymbol{I}_r\boldsymbol{I}_f} + C_2)}{(\mu_{\boldsymbol{I}_r}^2 + \mu_{\boldsymbol{I}_f}^2 + C_1)(\sigma_{\boldsymbol{I}_r}^2 + \sigma_{\boldsymbol{I}_f}^2 + C_2)}$$

其中，C_1 是一个常数，为了避免当 $\mu_{\boldsymbol{I}_r}^2 + \mu_{\boldsymbol{I}_f}^2$ 的和接近零值时系统出现的不稳定性，C_2 也是一个常数，它是为了防止 $\sigma_{\boldsymbol{I}_r}^2 + \sigma_{\boldsymbol{I}_f}^2$ 的和接近零值时系统出现不稳定。

2. 结果和讨论

真实图像 $\boldsymbol{I}_t$ 如图 24-7 所示，源图像融合后，$\boldsymbol{I}_1$ 和 $\boldsymbol{I}_2$ 的图像如图 24-8 所示。源图像的产生是通过用一个直径为 12 像素的高斯圆盘模糊掉参考图像的一部分来实现的。利用 PCA 和 SF 的图像融合以及相应的错误图像如图 24-9 所示。其性能指标如表 24-4 所列。从这些结果中可以看出，利用 SF 的图像融合比利用 PCA 的图像融合要好一点点或者说差不多。

图 24-7　真实的图像（$\boldsymbol{I}_t$）

图像 24-10(a)给出了一个 100×100 规格的图像块,且图 24-10(b)~(d)分别显示了用半径分别为 5、9、21 像素的圆盘模糊后的退化图像。图 24-10a 是利用 $\boldsymbol{I}_1$ 得到的图像,且任何模糊图像都被认为是另一个源图像 $\boldsymbol{I}_2$。计算得到的 PCs 和标准化的 SFs 如表 24-5 所列。对应不同门限值的性能指标和 PCA 和 SF 块的大小如表 24-6 和表 24-7 所列。SF 的例子中门限值大于 0.15,而 PCA 的例子中门限值大于 0.1,这表现出一种递减的趋势。当被选择的门限值过高时,融合算法演变成一个相应像素灰度级平均的类型,且块规模大小为 4×4,8×8,和 32×32 显示了一个衰减的性能,不论是 PCA 还是 SF。利用 PCA 和 SF 得到的融合的和错误的图像如图 24-11 所示,其块大小为 64×64,th=0.025。

(a) 图像$\boldsymbol{I}_1$　　(b) 图像$\boldsymbol{I}_2$

图 24-8　融合源图像

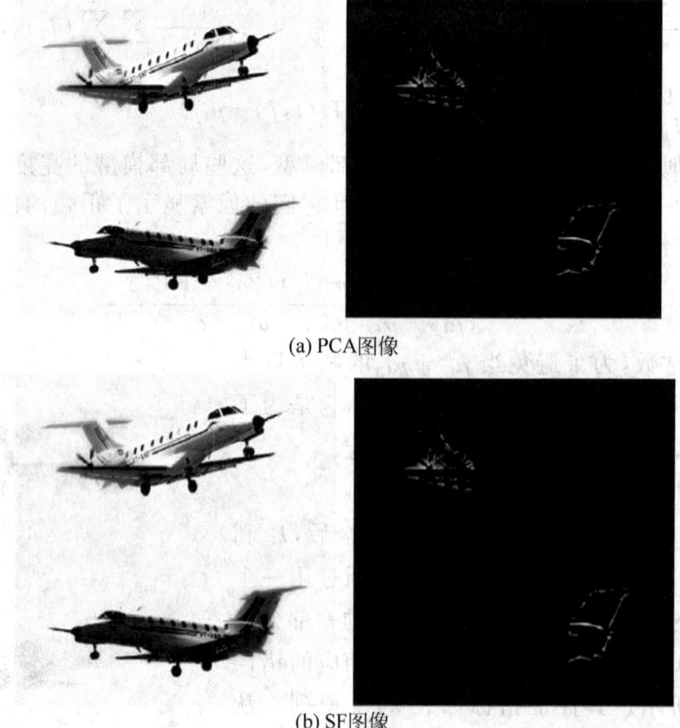

(a) PCA图像

(b) SF图像

图 24-9　融合和错误图像

表 24-8 给出了其性能指标。图 24-12 显示了块尺寸大小为 4×4，th=0.2，利用 PCA 和 SF 得到的融合和错误的图像。表 24-9 给出了其性能指标。

基于块的图像融合策略(第二种方法)显示了某种加强的性能，它可能是因为出于对源图像局部变化的考虑。块大小和门限值的选择是一个相对困难的工作。一种选择块大小和门限值的方法是计算不同块大小和门限值融合图像的性能，然后选择出最好性能指标的融合图像。

表 24-4　性能指标

	RMSE	PFE	PSNR	SD	SF
PCA	5.8056	16.7602	2.5388	40.5264	55.7286
SF	5.7927	2.5332	40.5360	55.7302	16.7636

(a) 100×100图像块

(b) 半径=5像素

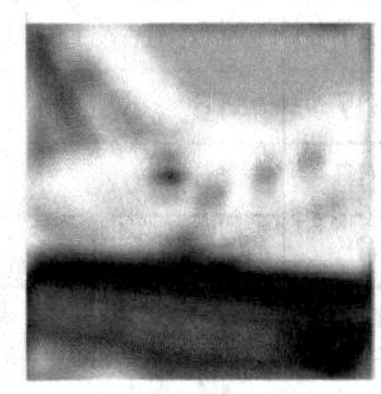
(c) 半径=9像素

(d) 半径=21像素

图 24-10　原始图像通过不同半径圆盘模糊退化图像

表 24-5　PCA 和 SF 的模糊图像

	Rasius=0	Rasius=0	Rasius=0	Rasius=0
NPC1	0.5	0.5347	0.5611	0.6213
NPC2	0.5	0.4653	0.4389	0.3787
NSF1	0.5	0.7197	0.83	0.8936
NSF2	0.5	0.2803	0.17	0.1064

表 24-6A　PCA 融合图像的 RMSE(不同的 th 和块尺度)

th	4×4	8×8	16×16	32×32	64×64	128×128	256×256
0	4.7355	3.5996	1.4115	2.5863	0.1665	0	0
0.025	4.7127	3.6013	1.4115	2.5863	0.1669	1.7458	0
0.05	4.6975	3.6150	1.4115	2.5863	0.1610	1.7458	3.7019
0.075	4.7195	3.6009	1.4115	2.5863	0.1610	3.3136	5.8080
0.1	4.7480	3.6127	1.4115	2.5863	0.1677	3.3136	5.8080
0.125	4.7693	3.6127	1.4118	2.5863	0.1677	4.0664	5.8080
0.15	4.8328	3.6081	1.4118	2.5867	0.1677	4.0664	5.8080
0.175	4.8103	3.6459	2.1605	2.5868	0.1677	4.7224	5.8080
0.2	4.8068	3.6459	2.1605	2.5863	0.1677	6.7926	5.8080
0.225	4.7936	3.6081	2.1605	2.5863	0.1677	6.7926	5.8080
0.25	4.8051	3.6081	2.1605	2.5863	0.1677	6.7926	5.8080
0.275	4.8215	3.5059	2.5705	2.5863	0.1677	6.7926	5.8080

3. 没有可用参考图像时的性能指标

当参考图像不可知时，图像融合方法的性能可以用下列指标度量：

(1) 标准差(STD)描述融合图像的对比度。高对比度的图像具有高标准差

$$\mathrm{SD}=\sqrt{\sum_{i=0}^{L}(i-\bar{i})^2 h_{I_f}(i)},\quad \bar{i}=\sum_{i=0}^{L} i h_{I_f}$$

表 24-6B PCA 融合图像的 RMSE(不同的 th 和块尺度)

th	4×4	8×8	16×16	32×32	64×64	128×128	256×256
0	41.4111	42.6023	46.6680	44.0381	55.9513	Inf	Inf
0.025	41.4321	42.6002	46.6680	44.0381	55.9395	45.7449	Inf
0.05	41.4461	42.5837	46.6680	44.0381	55.9395	45.7449	42.4806
0.075	41.4258	42.6007	46.6680	44.0381	55.9201	42.9617	40.5245
0.1	41.3997	42.5865	46.6672	44.0381	55.9201	42.9617	40.5245
0.125	41.3803	42.5865	46.6672	44.0381	55.9201	42.0727	40.5245
0.15	41.3228	42.5920	44.8192	44.0371	55.9201	42.0727	40.5245
0.175	41.3431	42.5468	44.8192	44.0371	55.9201	41.4323	40.5245
0.2	41.3462	42.5468	44.8192	44.0381	55.9201	39.8444	40.5245
0.225	41.3581	42.5920	44.8192	44.0381	55.9201	39.8444	40.5245
0.25	41.3478	42.5920	44.8192	44.0381	55.9201	39.8444	40.5245
0.275	41.3330	42.7168	44.0646	44.0381	55.9201	39.8444	40.5245

表 24-7A SF 融合图像的 RMSE(不同的 th 和块尺度)

th	4×4	8×8	16×16	32×32	64×64	128×128	256×256
0	3.9654	2.1281	1.4212	2.5942	0.1665	0	0
0.025	3.9016	1.8885	1.4212	2.5942	0.1610	0	0
0.05	3.9482	1.8885	1.4212	2.5942	0.1610	1.7458	0
0.075	3.9958	1.9016	1.4212	2.5942	0.1610	1.7458	0
0.1	4.0546	1.9226	1.4212	2.5942	0.1610	1.7458	0
0.125	4.0008	1.9226	1.4212	2.5942	0.1610	1.7458	0
0.15	4.0448	2.1034	1.4212	0.2027	0.1677	1.7458	0
0.175	3.9632	2.2860	1.4212	0.2027	0.1677	2.9331	3.7019
0.2	4.0151	2.2860	1.4212	0.2027	0.1677	2.9331	3.7019
0.225	3.9613	2.1687	1.4212	0.2027	0.1677	2.9331	5.8080
0.25	3.9624	2.2751	1.4212	0.2027	0.1677	2.9331	5.8080
0.275	3.7989	2.2751	1.4212	0.2027	0.1677	2.9331	5.8080

表 24-7B SF 融合图像的 RMSE(不同的 th 和块尺度)

th	4×4	8×8	16×16	32×32	64×64	128×128	256×256
0	42.1820	44.8848	46.6382	44.0248	55.9513	Inf	Inf
0.025	42.2524	45.4037	46.6382	44.0248	56.0964	Inf	Inf
0.05	42.2009	45.4037	46.6382	44.0248	56.0964	45.7449	Inf
0.075	42.1488	45.3736	46.6382	44.0248	56.0964	45.7449	Inf

续表

th	4×4	8×8	16×16	32×32	64×64	128×128	256×256
0.1	42.0853	45.3260	46.6382	44.0248	56.0964	45.7449	Inf
0.125	42.1433	45.3260	46.6382	44.0248	56.0964	45.7449	Inf
0.15	42.0959	44.9356	46.6382	55.0964	55.9201	45.7449	Inf
0.175	42.1843	44.5741	46.6382	55.0964	55.9201	43.4915	42.4806
0.2	42.1279	44.5741	46.6382	55.0964	55.9201	43.4915	42.4806
0.225	42.1864	44.8028	46.6382	55.0964	55.9201	43.4915	40.5245
0.25	42.1852	44.5947	46.6382	55.0964	55.9201	43.4915	40.5245
0.275	42.3682	44.5947	46.6382	55.0964	55.9201	43.4915	40.5245

表 24-8　块大小为 64×64，且 th=0.025 的性能

	RMSE	PFE	PSNR	SD	SF
PCA	0.1669	0.073	55.9395	57.0859	18.8963
SF	0.161	0.0704	56.0964	57.086	18.8962

(a) th=0.025和块大小为64×64的OPCA

(b) th=0.025和块大小为64×64的SF

图 24-11　利用主成分分析和空间频率块方法得到的融合和误码图像

其中，$h_{I_f}(i)$是融合图像$\boldsymbol{I}_f(x,y)$的标准化直方图，且 L 是这个直方图中频率箱的数量。

(2) 熵描述噪声和其他不必要的快速波动的敏感度。图像融合的信息内容是

$$\mathrm{He} = -\sum_{i=0}^{L} h_{I_f}(i)\log_2 h_{I_f}(i)$$

(a) 利用PCA得到的th=0.2，块尺度大小为4×4

(b) 利用SF得到的th=0.2，块尺度大小为4×4

图 24-12　融合和误码图像

(3) 差熵计算输入图像和融合图像信息内容的相似度。源图像 $\boldsymbol{I}_1$ 和 $\boldsymbol{I}_2$ 以及融合图像 $\boldsymbol{I}_f$ 的所有差熵是

$$\mathrm{CE}(\boldsymbol{I}_1;\boldsymbol{I}_2;\boldsymbol{I}_f)=\frac{\mathrm{CE}(\boldsymbol{I}_1;\boldsymbol{I}_f)+\mathrm{CE}(\boldsymbol{I}_2;\boldsymbol{I}_f)}{2}$$

其中，$\mathrm{CE}(\boldsymbol{I}_1;\boldsymbol{I}_f)=\sum_{i=0}^{L}h_{I_1}(i)\log\left(\frac{h_{I_1}(i)}{h_{I_f}(i)}\right)$ 且 $\mathrm{CE}(\boldsymbol{I}_2;\boldsymbol{I}_f)=\sum_{i=0}^{L}h_{I_2}(i)\log\left(\frac{h_{I_2}(i)}{h_{I_f}(i)}\right)$。

(4) 融合 MI 测量的是两个图像的独立程度。FMI 值越大表示性能越好。如果 $\boldsymbol{I}_1(x,y)$ 和 $\boldsymbol{I}_f(x,y)$ 的联合直方图定义为 $h_{\boldsymbol{I}_1\boldsymbol{I}_f}(i,j)$，$\boldsymbol{I}_2(x,y)$ 和 $\boldsymbol{I}_f(x,y)$ 的联合直方图定义为 $h_{\boldsymbol{I}_2\boldsymbol{I}_f}(i,j)$，那么源图像和融合图像之间的 MI 按下式计算

$$\mathrm{FMI}=\mathrm{MI}_{\boldsymbol{I}_1\boldsymbol{I}_f}+\mathrm{MI}_{\boldsymbol{I}_2\boldsymbol{I}_f}$$

其中

$$\mathrm{MI}_{\boldsymbol{I}_1\boldsymbol{I}_f}=\sum_{i=1}^{M}\sum_{j=1}^{N}h_{\boldsymbol{I}_1\boldsymbol{I}_f}(i,j)\log_2\left(\frac{h_{\boldsymbol{I}_1\boldsymbol{I}_f}(i,j)}{h_{\boldsymbol{I}_1}(i,j)h_{\boldsymbol{I}_f}(i,j)}\right);$$

$$\mathrm{MI}_{\boldsymbol{I}_2\boldsymbol{I}_f}=\sum_{i=1}^{M}\sum_{j=1}^{N}h_{\boldsymbol{I}_2\boldsymbol{I}_f}(i,j)\log_2\left(\frac{h_{\boldsymbol{I}_2\boldsymbol{I}_f}(i,j)}{h_{\boldsymbol{I}_2}(i,j)h_{\boldsymbol{I}_f}(i,j)}\right)$$

(5) 融合质量指标(FQI)，范围 0～1(1 表明融合图像包含所有源图像的信息)，计算公式如下

$$\mathrm{FQI}=\sum_{\omega\in W}c(\omega)\mathrm{QI}(\boldsymbol{I}_1,\boldsymbol{I}_f\,|\,\omega)+(1-\lambda(\omega))\mathrm{QI}(\boldsymbol{I}_2,\boldsymbol{I}_f\,|\,\omega)$$

表 24-9　块大小为 4×4，th=0.2 的性能度量

	RMSE	PFE	PSNR	SD	SF
PCA	4.8068	2.102	41.3462	56.7722	18.7141
SF	4.0151	1.7558	42.1279	56.8962	18.8518

其中，$\lambda(\omega)=\frac{\sigma_{I_1}^2}{\sigma_{I_1}^2}+\sigma_{I_2}^2$ 且 $C(\omega)=\max(\sigma_{I_1}^2,\sigma_{I_2}^2)$ 通过窗口来计算，$c(\omega)$ 是 $C(\omega)$ 的标准化值，且 $\mathrm{QI}(\boldsymbol{I}_1,\boldsymbol{I}_f|\omega)$ 是超过给出的源图像和融合图像窗口的质量指标。

(6) 融合相似指标(FSM)考虑的是拥有相同空间位置的源图像和融合图像块的相似度。范围是 0～1，1 表明融合图像包含源图像的所有信息。计算公式如下

$$\mathrm{FSM}=\sum_{\omega\in W}\mathrm{sim}(\boldsymbol{I}_1,\boldsymbol{I}_2,\boldsymbol{I}_f|\omega)(\mathrm{QI}(\boldsymbol{I}_1,\boldsymbol{I}_f|\omega))-\mathrm{QI}(\boldsymbol{I}_2,\boldsymbol{I}_f|\omega)+\mathrm{QI}(\boldsymbol{I}_2,\boldsymbol{I}_f|\omega) \quad (24\text{-}38)$$

其中

$$\mathrm{sim}(\boldsymbol{I}_1,\boldsymbol{I}_2,\boldsymbol{I}_f|\omega)=\begin{cases}0, & \frac{\sigma_{I_1I_f}}{\sigma_{I_1I_f}+\sigma_{I_2I_f}}<0\\ \frac{\sigma_{I_1I_f}}{\sigma_{I_1I_f}+\sigma_{I_2I_f}}, & 0\leqslant\frac{\sigma_{I_1I_f}}{\sigma_{I_1I_f}+\sigma_{I_2I_f}}\leqslant 1\\ 1, & \frac{\sigma_{I_1I_f}}{\sigma_{I_1I_f}+\sigma_{I_2I_f}}>1\end{cases}$$

(7) 空间领域的频率 SF 表明融合图像的所有活跃水平。

24.5.4　小波变换

单一过程小波理论是傅里叶变换和快速傅里叶变换理论的延伸。在小波中，信号被投影在一系列小波函数中。在时间领域和频域，小波变换可以提供一种很好的解决方法。它在图像处理中运用很广，且在双正交基础上提供了一种多分辨率的分解。基础部分是小波，且其功能是由母波转化和扩张产生的。在小波变换分析中，信号被分解为小波和基函数。小波是一种很小的波，它在一个有限的时间周期内生成和衰退。它应该满足以下两个性能：

(1) 时域积分性能

$$\int_{-\infty}^{\infty}\psi(t)\,\mathrm{d}t=0$$

(2) 小波平方在时域的积分性能

$$\int_{-\infty}^{\infty}\psi^2(t)\,\mathrm{d}t=1$$

1D 信号 $f(x)$ 的小波变换投影到基波函数的定义式是

$$W(f(x))=\int_{x=-\infty}^{\infty}f(x)\psi_{a,b}(x)\,\mathrm{d}x$$

基波由母小波的转移和伸缩变换得到

$$\psi_{a,b}(x)=\frac{1}{\sqrt{a}}\psi\left(\frac{x-b}{a}\right)$$

母小波集中在空间和频域领域且应满足零均值的限制条件。对于一个离散小波变换

(DWT),离散因子是 $a=2^m$,且转移因子为 $b=n2^m$。这里 m 和 n 是一个整体。2D 图像一级水平分解的过程如图 24-13 所示。小波变换利用一个可分离的滤波带对 2D 图像在水平和垂直方向分别进行滤波和下采样。输入图像 $\boldsymbol{I}(x,y)$ 由一个低通滤波器 L 和一个高通滤波器在水平方向滤波得到。然后,为了产生系数矩阵 $\boldsymbol{I}_L(x,y)$ 和 $\boldsymbol{I}_H(x,y)$,当有交替采样时,它将进行下采样。系数矩阵 $\boldsymbol{I}_L(x,y)$ 和 $\boldsymbol{I}_H(x,y)$ 均是垂直方向的低通滤波和高通滤波,且由两个中的一个进行下采样生成部分波段 $\boldsymbol{I}_{LL}(x,y)$,$\boldsymbol{I}_{LH}(x,y)$,$\boldsymbol{I}_{HL}(x,y)$,和 $\boldsymbol{I}_{HH}(x,y)$。$\boldsymbol{I}_{LL}(x,y)$ 波段包含与相应多比例分解的低频带相一致的基本图像信息。它考虑的是源图像 $\boldsymbol{I}(x,y)$ 的一个光滑的下采样版本,且代表它接近源图像 $\boldsymbol{I}(x,y)$。

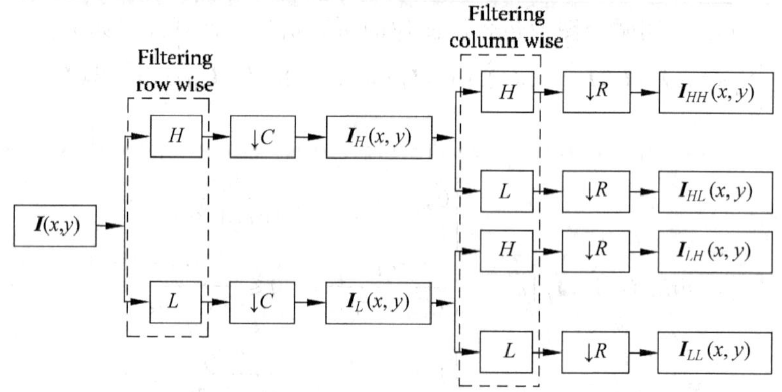

图 24-13 一级 2D 图像分解

$\boldsymbol{I}_{LH}(x,y)$,$\boldsymbol{I}_{HL}(x,y)$,$\boldsymbol{I}_{HH}(x,y)$ 是具体的子图像且包含源图像 $\boldsymbol{I}(x,y)$ 的方向信息(包括水平方向、垂直方向以及空间角度方向)。由于空间角度的关系,多解过程是通过循环利用相同的算法计算之前分解的系数的。跟踪拍摄的子图像如图 24-14 所示。

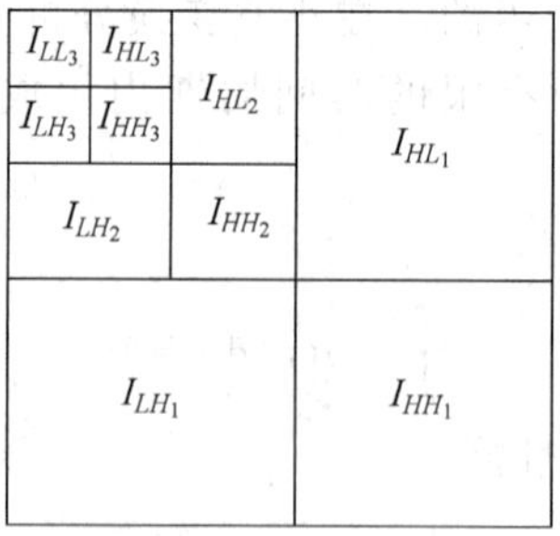

I_{LL_3}	I_{HL_3}	I_{HL_2}	I_{HL_1}
I_{LH_3}	I_{HH_3}		
I_{LH_2}		I_{HH_2}	
I_{LH_1}			I_{HH_1}

图 24-14 次频带

一个反相的 2D 小波变换过程用来存储来自子图像 $I_{LL}(x,y)$,$I_{LH}(x,y)$,$\boldsymbol{I}_{HL}(x,y)$ 和 $\boldsymbol{I}_{HH}(x,y)$ 的图像,通过使用一个低通滤波器 $\tilde{\boldsymbol{L}}$ 和一个高通滤波器 $\tilde{\boldsymbol{H}}$ 对每个子图像进行空间采样,如图 24-15 所示。已知所有矩阵的总和,并用低通滤波器 $\tilde{\boldsymbol{L}}$ 和高通滤波器 $\tilde{\boldsymbol{H}}$ 进行行上采样和滤波得到的图像,用来存储图像 $\boldsymbol{I}(x,y)$。低通和高通滤波器不论在图像分解/分析还是在存储/综合方面的有限冲击响应滤波系数应该满足下列条件

$$\sum_{n=1}^{m} \boldsymbol{H}(n) = \sum_{n=1}^{m} \widetilde{\boldsymbol{H}}(n) = 0$$

$$\sum_{n=1}^{m} \boldsymbol{L}(n) = \sum_{n=1}^{m} \widetilde{\boldsymbol{L}}(n) = \sqrt{2}$$

$$\widetilde{\boldsymbol{H}}(n) = (-1)^{n+1}\boldsymbol{L}(n)$$

$$\widetilde{\boldsymbol{L}}(n) = (-1)^{n}\boldsymbol{H}(n)$$

$$\boldsymbol{H}(n) = (-1)^{n}\boldsymbol{L}(m-n+1)$$

其中，m 是滤波器系数的大小，n 是滤波器系数的指数，$\boldsymbol{L}$ 和 $\boldsymbol{H}$ 分别是图像分解过程中低通和高通滤波器计算器系数的矢量，而$\widetilde{\boldsymbol{L}}$和$\widetilde{\boldsymbol{H}}$分别是图像重建过程中低通和高通滤波器计算器系数的矢量。

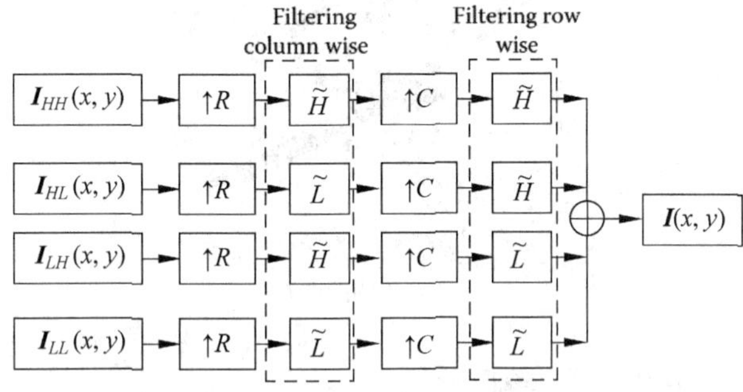

图 24-15　一级的 2D 图像融合

1. 用小波变换进行的融合

小波变换图像融合机制如图 24-16 所示。源图像 $\boldsymbol{I}_1(x,y)$和 $\boldsymbol{I}_2(x,y)$利用 DWT 在所要求水平上被分解成近似的和精细的系数，两种图像的系数随后按照融合规则进行结合，然后融合图像 $\boldsymbol{I}_f(x,y)$按照下列方向进行 DWT 计算得到

$$\boldsymbol{I}_f(x,y) = \mathrm{IDWT}[\phi\{\boldsymbol{I}_1(x,y), \mathrm{DWT}(\boldsymbol{I}_2(x,y))\}]$$

使用到的融合规则是对近似系数取平均值且在每个子图像中选出最大级别的精细系数。

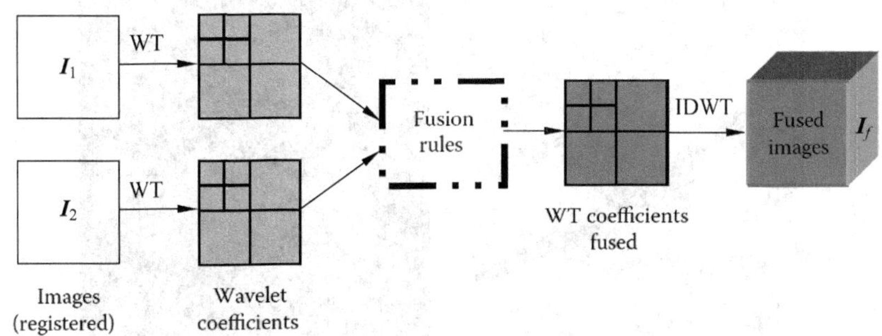

图 24-16　多尺度分解的图像融合过程

2. 小波转换为类似传感器的数据融合

一个基于图像融合算法的小波变换，用来融合从相似传感器中获得的不在焦点内的图像。为了估计融合算法，取两对输入图像 $\boldsymbol{I}_1$ 和 $\boldsymbol{I}_2$，如图 24-17 所示。这些图像是通过使用一个半径为 12 像素的高斯圆盘来模糊一个大小为 512×512 的参考图像来得到的，且模糊分别发生在左半部分和右半部分。图 24-18 显示了由小波变换图像融合算法得到融合的和错误的图像。误差图像是通过由参考图像和融合图像相应像素的差值计算而来，也即 $\boldsymbol{I}_e(x,y)=\boldsymbol{I}_r(x,y)-\boldsymbol{I}_f(x,y)$。有和没有参考图像的性能指标分别如表 24-10 和表 24-11 所列。注意当参考图像未知时，指标 SD，SF 和 FMI 很适宜用来计算融合结果。

(a) 真正的图像$\boldsymbol{I}$

(b) 图像$\boldsymbol{I}_1$

(c) 图像$\boldsymbol{I}_2$

图 24-17　融合图像

图 24-18　带有小波变换和误码图像的融合图像

表 24-10　性能度量(有参考图像)

	RMSE	PTE	MAE	CORR	SNR	PSNR	MI	QI	SSIM
PCA	2.01	1.05	0.13	1	39.6	45.1	1.92	0.983	0.997
SFA	0.49	0.25	0.01	1	51.95	51.28	2	1	1
WT	2.54	1.32	1.16	1	37.61	44.11	1.511	0.91	0.99

表 24-11　性能度量(没有参考图像)

	He	SD	CE	SF	FMI	FQI	FSM
PCA	6.36	44.12	0.02	12.31	2.99	0.78	0.75
SFA	6.26	44.25	0.02	12.4	3	0.78	0.74
WT	6.2	43.81	0.4	12.34	2.73	0.78	0.68

24.6　激光和视觉数据的融合

激光扫描仪能够在大角度领域和高速率环境下提供精确地测量范围。可以将激光扫描数据和视觉信息融合成精确的3D信息。简单的3D模型最初是依据2D激光范围数据构建的。然后视觉被用来：①证实构建模型的正确性；②定性定量的描述激光和视觉数据之间的不一致性，无论这些不一致在哪些地方被检测出来。视觉深度信息仅仅在激光范围信息不完整时才被提取出来。图24-19描述了融合的体制。

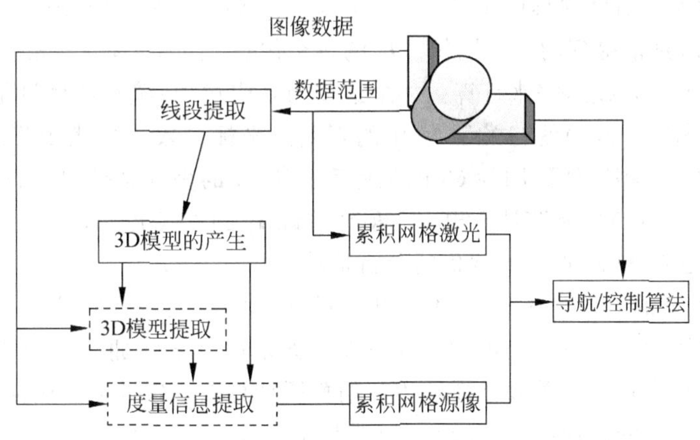

图 24-19　激光和视觉数据融合方案

24.6.1　3D 模型代

为了对环境生成一个局部3D模型，假定遥控设备的右下方有一个无限的水平面，并且这个面对于遥控设备的坐标系统来说其距离是已知的，而这个位置是在设备的探测范围之内。这个定义的分割线将扩展形成无限高度上的矩形垂直面。对于每条线段来说，这个平面是垂直于地面的，且包含嵌入3D模型的线段。生成的3D模型的坐标系统与遥控系统的坐标系统基本一致。一个局部3D模型的遥控设备环境的形成在一个单一的2D范围扫描图上形成的。此环境大概是由一个扁平的水平面组成，且这个面被一些分段的垂直平面包围。首先根据他们的球体影响图，将这些范围测量值集结成关联点的簇。然后再利用一种IEPE算法将这些簇进一步聚集成线段。每条生成的线段都对应于生成模型的一个垂直面表层。这些线段扩展可形成矩形垂直面。对于每条线段来说，这个垂直于地面且包含线段的平面嵌入进3D模型中了。下面给出了一个SAMA算法。

(1) 初始化：包含 N 个点的集合 S_1。将 S_1 置于列表 L 中；

(2) 在 L 中设置一条线满足下一个集合 S_i；

(3) 用最大距离 D_p 检测点 p 是否在线上；

(4) 如果 D_p 比门限值小，则继续(反之，则回到(2))；

(5) 否则，在 p 处将 S_i 分成 S_{i_1} 和 S_{i_2}，用 S_{i_1} 和 S_{i_2} 在列表 L 中替代 S_i，且继续(反之，则回到(2))；

(6) 当 L 中所有集合都检测完成时，则合并共线的线段。

标准化的立体视力装备获得的一对图片被用来确认3D模型。第一幅图像上的点是射线追踪到3D模型，且3D坐标是估计的。基于这个信息，像点被投影交换到第二个摄像机的画面上。如果所假定的3D模型是正确的，那么投影交换形成的图像就应该与第二个摄像机所需要的图像完全一致。不管模型哪个地方不对，得到的图像都是不一样的。图像的亮度值不同，表示局部关联的范围不一致。然后视情况可以进一步对2D数据不足的地区提供额外的深度信息。

24.6.2 模型评估

后文将提到模型估计的具体步骤，M 表示3D数据模型在 t_1 时刻的时间范围，$\boldsymbol{I}_1$ 表示摄像机 C_1 在 t_1 时刻拍摄到的一幅图像。$\boldsymbol{I}_1$ 的每个像点 $\boldsymbol{P}_1=(x_1,y_1)$，相应的3D点 P 的坐标 (x,y,z) 可以通过射线追踪来计算。如果这些用来构建3D模型的假设是正确的，那么上述过程得到的坐标 (x,y,z) 就与模型 M 中的真实点坐标一致。$\boldsymbol{I}_2$ 表示第二个摄像机的体视镜系统拍摄的第二幅图像。因为 C_2 的坐标系关于 M 的坐标系是知道的，$\boldsymbol{P}=(x,y,z)$ 在 C_2 的投影 $\boldsymbol{P}_2=(x_2,y_2)$ 也能够计算出来。射线追踪 $\boldsymbol{I}_1$ 的点找到3D领域坐标，然后将它们投影回 $\boldsymbol{I}_2$，这就是 $\boldsymbol{I}_1$ 和 $\boldsymbol{I}_2$ 点之间通信的分析估算。

如果对模型 M 的假设是正确的，那么相应的像点实际上是相同领域点的投影，因此它们将拥有相同的属性，如颜色、亮度和亮度梯度。如果像点之间拥有不同的属性，那么说明模型局部无效。标准化的互关联性能够用来估算所计算点一致性的正确性。较低的值表明在描述了环境一部分的图像中的区域与3D模型不一致。

24.7 特征级融合方法

2D和3D亮度和彩色图像已经在目标识别问题上得到广泛地研究。3D表示法可以提供额外的信息。但3D图片缺少本质信息。而2D图像能够补充3D信息。2D图像在许多细节上是小范围的，如眉毛，眼睛，鼻子，嘴以及面部毛发，而3D图像很难局部化，且它也不能够准确的描述这些细节。一个健全的系统可能同时需要2D和3D图像。然后，不清晰性可能在其他方面得到弥补，如照明问题，如深度特性。图像融合能够在特征级水平上执行，可以与分数阶层或者判决阶层匹配，并利用不同的融合模型，例如总计，产量，最大值，最小值以及结合个人成绩的主要投票(标准化到[0,1])。一个多元多项式(MP)技术为描述复杂的非线性输入/输出(I/O)关系提供了一个有效的方法。且 MP 技术对最优化问题,敏感度分析以及对置信区间的预测方面也更容易处理。随着判决标准与模型输出的合并,MP 技术可以用来进行模式分析。然后可以用它来克服已存判决融合模型的不足。

我们可以用一个扩展衰减 MP 模型(RMPM)来融合目标或者面部识别的外貌和深度信息。当只知道一小部分特征信息时,RMPM 模型很有用。将 RMPM 应用于识别问题,以及利用 PCA 来实现降维和特性提取,综合两阶段可以用于识别问题。这样要得到新用户参量在线学习的递归公式也是可能的。3D 捕捉的三个主要技术:①被动立体,用在至少两个摄像机上以获得图像且使用了计算相匹配方法;②有架构的照明设备,通过在面上投影模型;③利用了激光范围发现装置。

24.7.1 外观和深度信息的融合

通过连接图像的外观和图像的深度或不一致性将会产生一个新的属性。RMPM 能够经过训练使用结合了 2D 和 3D 的属性。一般的 MP 模型在参考文献[22]中给出。

$$g(\boldsymbol{a},\boldsymbol{x}) = \sum_{i=1}^{K} a_i x_1^{n_1} \cdots x_l^{n_l}$$

这里,总和大于所有的非负整数($\leqslant r$)。r 是近似值的阶数,$\boldsymbol{a}$ 是估计的系数矢量,且 $\boldsymbol{x}$ 是一个包含输入的退化矢量。一个二阶二元多项式模型($r=2$ 和 $l=2$)为

$$\boldsymbol{g}(\boldsymbol{a},x) = \boldsymbol{a}^{\mathrm{T}} \boldsymbol{p}(\boldsymbol{x})$$

式中 $\boldsymbol{a}$ 有 6 个元素,且 $\boldsymbol{p}(\boldsymbol{x}) = [1 \quad x_1 \quad x_2 \quad x_1^2 \quad x_1 \quad x_2 \quad x_2^2]^{\mathrm{T}}$。数据点 m 有 $m > k(k=6)$。利用最小二乘误差最小化,实际结果为

$$s(\boldsymbol{a},\boldsymbol{x}) = \sum_{i}^{m} [y_i - g(\boldsymbol{a},x_i)]^2 = [y - P\boldsymbol{a}]^Y [y - P\boldsymbol{a}]$$

矢量 $\boldsymbol{a}$ 可以按下式估算得到

$$\boldsymbol{a} = (\boldsymbol{P}^{\mathrm{T}}\boldsymbol{P})^{-1} \boldsymbol{P}_T y$$

其中,矩阵 $\boldsymbol{P}$ 是传统的雅克比行列式矩阵,且矢量 $\mathbf{y}$ 是来自训练数据的已知参考矢量。使用仅带少量参数的衰减 MP 也是可能的。RMPM 对解决小额数量属性和大量例子的问题比较有效。因为图像的人脸部分所占比例较大,因此可以用 PCA 对其进行降维。PCA 可以用于外观和深度图像外观。通过结合外观和深度图像的脸部特性,可以将这两部分在特征级进行编程。RMPM 的学习算法可以表示如下

$$\boldsymbol{P} = \mathrm{RM}(r, \{\boldsymbol{W}_{\text{eigenappearance}} \boldsymbol{W}_{\text{eigendepth}}\})$$

其中,r 是 RMPM 的阶数,且 $\boldsymbol{W}_s$ 表示脸部特征中脸部外观和脸部深度。RMPM 的参数能够利用本章节前面提到的 LS 方法从练习样本中确定出来。在测试空间,如果衰减模型分类器的输出元素是训练库中最大的一个,则探针脸被确认为画廊的轮廓。

24.7.2 立体人脸识别系统

图 24-20 展示了这个程序的原理图。立体视力系统是一个包含三个图像的集合:左边图像,右边图像以及不等图像。面部特征能够从左边图像或者不等图像中检测出来,因为它们被假定为完全登记。另外,噪声尖端能够从不等图像和左图像的眼角检测出来。通过结

合不等图像和强度图像，头部或者脸部的3D形态能够被追踪到。如果面部特征不可知时，可以追踪到头，例如，当人远离三维头像或者当能看到脸的轮廓时。一旦发现面部轮廓，如鼻孔，睫毛，则检测的是脸。利用商业化的可用立体软件可以获得脸部的差距图。假定感兴趣的人物是离摄像机最近的目标，范围数据能够从差异图中提取出来。头部轮廓可以模拟成一个椭圆，然后在分水岭分割线处它是最小二乘拟合点。利用眼睛和嘴的轮廓能够利用角落检测器和通过模板匹配在差距图像中的噪声突起检测出来。头部形态能够利用视力系统的标准化参数检测出来。

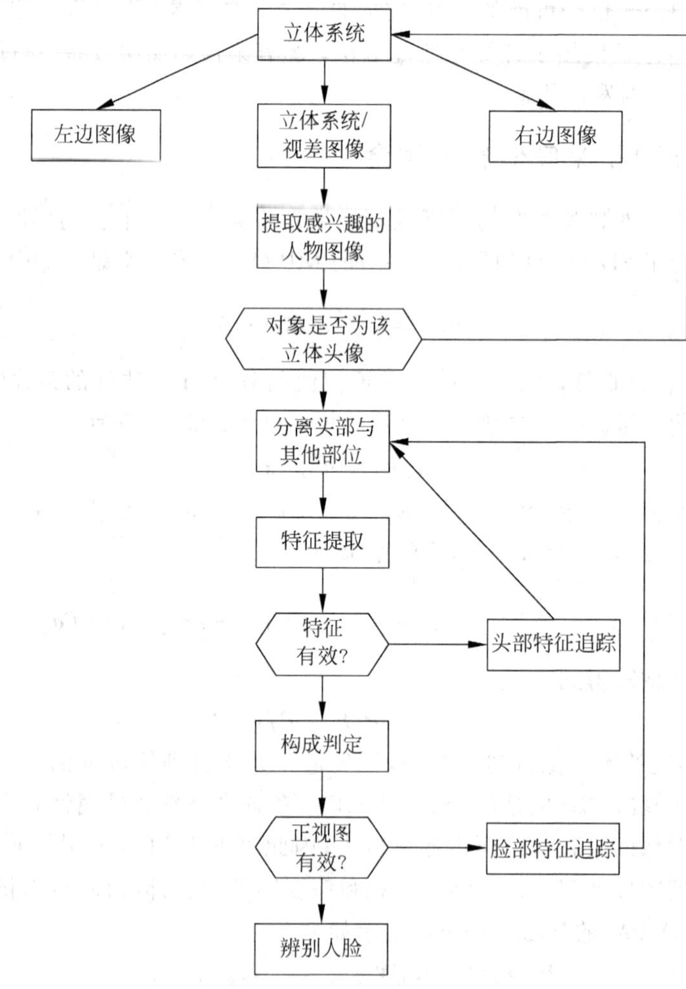

图 24-20　头脸追踪方案

1. 检测和特征提取

人脸检测包括脸部定位和面部特征提取以及规范化形象。人脸检测用3D信息更容易实现。面向对象的分割可以用来探知所感兴趣的人：最靠近相机焦距的那一个人。越靠近相机的对象，差异图像的像素的亮度越高。因此，可以应用一个基于细分的柱状图。对感兴趣的主题能够利用基于差距的直方图峰值分析选择的阈值来进行分割，这有助于跟踪目标。在镜头前不同距离的两个人用差异图分开。一些特征提取方法是基于 λ_2 模板匹配的，它是一幅小矩灰度图，这幅图像包含一只眼睛的角落。这个眼角落在模板的中心。最匹配脸部模板的图像区域是从当前图像中提取出来的。为了应用角落探测器，我们需要为嘴巴建立一个矩形搜索区域和分别为左眼和右眼睛建立两个矩形区域。

2. 使用手和人脸生物识别技术的特征级融合

多生物系统利用来自多生物源的信息来核实每个个体的身份，例如，脸和指纹，用户的多个手指，多种匹配。来自这些多源的信息能够被合并成3种不同的等级：特征提取等级，匹配分数等级和判决等级。在功能层面的融合是一个相对讨论较少的问题，且它能够在3个方面研究：PCA和LDA脸部系数的融合；与脸部图像R、G、B信道相一致的LDA系数的融合；脸和手形态融合。因此，多生物学系统整合多生物学特征和源提供的证据。这些系统改善生物系统的识别性能，另外也提高了群体覆盖范围，阻止欺骗攻击，增加了自由的程度并降低了错误等级率。多生物学系统的存储要求，程序时间以及计算要求比非多生物系统要求的值要高。

3. 多生物学系统的信息可以整合到下列水平

（1）传感器水平。处理和整合多个传感器需要的数据，为了产生新的数据，此过程可以提取特征，例如，在脸部生物识别技术中，用两个不同传感器获得的2D纹理信息和3D深度/范围信息，能够融合产生面部的一个3D纹理信息，它受特征提取和匹配的影响。

（2）功能水平。从多数据源提取的特征集能够融合创造出一个代表个体的新特征集，例如，利用脸部的固有特征可以将手的几何特性扩大以构造出一个新的高维特征矢量。特征提取和转换方法可以用于从高维的特征矢量中抽取出一个最小的特征集。

（3）匹配分数水平。多个分类器输出匹配分数的一个集合，它能够融合产生一个单一的标量分数。用户脸部和手形态产生的匹配分数可以通过简单的加法获得一个新的匹配分数，然后它可以用来做出最终判决。

（4）等级水平。这个融合用在鉴别系统中，在这里每个分类器拥有一个等级，且都有一个登记身份，等级越高表示匹配越好。与身份有关的多个等级会被合并，一个新的等级已经确定，而这个等级将会参与形成最终判决。

（5）判决水平。当每个匹配器输出它的类标签时，一个单一的类标签能够通过使用多数表决和行为认知空间等技术获得。

24.7.3 特征级融合

特征融合可以通过连接从多重信息源处获得的特征集来实现。用 $\boldsymbol{X}=[x_1,x_2,\cdots,x_m]$ 和 $\boldsymbol{Y}=[y_1,y_2,\cdots,y_m]$ 表示特征矢量，代表用两种不同信息源提取的信息。这两个集的融合应该给出一个新的特征矢量，这个矢量首先将矢量 $\boldsymbol{X}$ 和 $\boldsymbol{Y}$ 得到相加，再从合成矢量中进行特征筛选得到。

1. 特征归一化

因为这些值可能发生的变化，所以特征值的位置（均值）和规模（方差）也在不断修正的。最小-最大方法可以得到一个新值：$(x-\min F(x)/(\max F(x)-\min F(x)))$。因此必须事先计算出最小值和最大值。在中值标准化方法中，这个新值等于 $(x-\mathrm{median}F(x)/(\mathrm{median}(|x-\mathrm{median}F(x)|)))$。其中分母是特征值尺度参数的估计值。这种修正后的特征矢量使用的很频繁。

2. 特性选择

将这两个标准化后的特征矢量放于 $\boldsymbol{Z}=\{\boldsymbol{X},\boldsymbol{Y}\}$ 中。选出大小为 k 的最小特征集[$k<(m+n)$]来增强特征矢量训练集的分类性能。在接收方操作特征曲线(ROC)相关的训练数据集的过程中,这个新特征矢量的选择是基于错误接受率的四个水平 0.05%,0.1%,1% 和 10%上的真实接受率。

3. 匹配分数代

假设有两个复合特征矢量,各自的瞬时时间 $Z(t)$ 和 $Z(t+d)$,例如,$\boldsymbol{Z}=(\boldsymbol{X},\boldsymbol{Y})$。让 S_x 和 S_y 表示标准化匹配,它们是由匹配来自两个集合的 $\boldsymbol{X}$ 和 $\boldsymbol{Y}$ 得到的。$S=(S_x+S_y)/2$ 是融合匹配分数。这需要先计算出距离测量值或度量值。

一旦知道了匹配分数级和特征级信息,就可以利用简单的求和规则将它们相加得到最终的分数。实际计算中,高匹配分数将会影响一些构成特征向量的特征值。同时特征选择过程减少了一些冗余特性,而这些特性又关联着其他特性。具体处理结果已经在文献[23]中给出。

习题

24.1　图像融合系统的结构模型有哪几种?各自优缺点是什么?

24.2　简要介绍金字塔图像融合算法,画出流程图,并在 MATLAB 环境下仿真实现。

24.3　Bayes 融合方法中能量泛函方法的引入使得融合变得更加灵活,全局能量最小化是其中的关键问题。试提出一个全局能量最小化的方法,并用 MATLAB 仿真实现。

24.4　查阅相关文献,总结 ICA 与 PCA 的优缺点和改进方法。

引文

[1] Jitendra R. Raol. Multi-Sensor Data Fusion with MATLAB. CRC Press. 2009: 63-151,357-408

第五部分　多传感器管理

第 25 章

信息融合中的多传感器管理：问题与方法

25.1 简介

25.1.1 传感器管理的根本目的

多传感器管理被正式地描述为一个系统或过程，用于在动态的、不确定的环境中管理和协调传感器或测量设备，以提高环境感知能力和数据融合性能。多传感器管理通过控制数据收集过程，只对真正需要的数据进行收集和存储，避免了在数据丰富的环境中，单个传感器完成大量存储和计算操作的情况。简单地讲，传感器管理就是在适当的时间选择适当的传感器，对所选目标做出恰当的操作。传感器管理具体解决了以下问题：

① 需要执行哪些观测操作和它们的优先级？

② 任务需要多少传感器？

③ 什么时候在什么位置部署额外的传感器？

④ 哪些传感器来完成哪些具体的任务？

⑤ 特定传感器的具体操作和模式序列是什么？

⑥ 传感器操作时的具体参数值是什么？

传感器管理最简单的操作就是为单个或多个既定的传感器选取最佳的参数值来完成给定的任务。这也可以称为主动认知过程，该过程为传感器进行最优配置来完成特定任务。然而，传感器管理更加普遍的问题是启用哪些传感器来完成相应任务，并确定其具体时间和位置。广泛认同的是，想要持续地观测环境的一切变化是非常不现实的，因此选择性观测很必要，这就需要传感器管理系统来决定采用哪些传感器什么时候去感应什么。同时，还需要充分地考虑到传感器管理过程中的时间复杂性。

25.1.2 传感器管理在信息融合中的作用

传感器管理使信息融合过程得到优化。信息融合通常被认为是一个包括 JDL 数据融合模型中事态评估、威胁或影响评估和过程评估几个部分的集合概念。正如一些文献中提到的，除了解释情报，信息融合还应配备积极主动或被动地规划和管理自身资源（如传感器或传感器平台）的能力，根据具体的任务要求，充分利用这些传感器资源。传感器管理的目标是通过控制传感器行为来提高数据融合的性能，扮演了 JDL 模型中第 4 级的作用。

传感器管理为传感器的行为提供了来自数据融合的信息反馈。数据融合过程的闭环反馈结构如第 5 章图 5-1 所示。图中，作为第 4 级的传感器管理利用来自前 3 级的信息规划传感器未来的行为。这种反馈的意图在于根据早期监测获得的预期效益来优化数据收集过程，强化追踪和识别操作，或者根据先前收集的证据中确定可以推断出什么。为了快速适应环境的变化，及时性在传感器反馈管理中显得很重要。也就是说，在战争形势的变化将先前所做决策变得无效之前，必须迅速做出有关传感器功能的新决策。

25.1.3 多传感器管理结构

多传感器管理系统的结构与数据融合的结构单元有着密切关系。典型的系统结构有以下 3 种。

（1）集中式。在集中式模型中，数据融合单元被当作中央单元来对待。它收集来自不同平台或传感器的信息，并决定各个传感器需要完成的任务。所有这些由融合中心向其他传感器发送的指令，都必须通过正确的传感器行为来传送接收和执行。

（2）分布式。在分布式系统中，数据融合发生在一组本地代理传感器处，而不是在单个中央单元。在这种情况下，每个传感器或平台都可以被看作是具有一定自主决策能力的智能设备。传感器间的协调是建立在由各个代理组成的网络沟通上的，在这个网络中传感器分享本地融合信息并相互合作。分布式数据融合表现出很多吸引人的特性：

① 由于没有集中式结构的计算瓶颈和带宽限制，分布式结构具有很好的扩展性；

② 具有对节点间数据丢失的容忍性和对网络动态变化良好的适应性；

③ 模块化设计。

然而，分布式数据融合网络中的冗余信息有可能带来特别严重的影响。在大多数过滤性框架内，除非不同信息来源是相互独立的或存在已知的互相关协方差，否则想要合并不同来源的信息块是不可能的。此外，如果没有任何共同的沟通设备，网络中的数据交互就必须严格地按点对点的原则进行。发送方和接收方之间的延时可能会导致网络的不同部分间出现短暂不同步，进而引起系统整体性能的下降。

（3）分层型。这种结构可以看作是集中式结构和分布式结构的结合。在一个分层结构的系统中通常会有若干层，其中顶层为全局融合中心，最底层由若干个本地融合中心构成。每个本地融合节点负责管理一个传感器子集。传感器子集的划分需基于传感器的地理分布，或传感器平台、传感器实现的功能，或传感器提供的数据类型。

25.1.4 多传感器管理中问题的分类

多传感器管理是一个宽泛的概念，指的是一系列为了增强数据融合性能而提出的不同问题的解决方案和对传感器资源利用的控制。传感器管理中的问题分为 3 个主要的类别：传感器的部署、传感器的行为分配和传感器的协作。

1. 传感器的部署

传感器的部署是在不确定的动态环境中进行信息获取的关键问题。它关心的是在什么时候和什么位置，需要部署多少感应设备来检测环境的状态和变化。在某些情况下，根据对环境发展趋势的预测而主动部署传感器设备，对观察一个可能即将发生的事件是非常有利的。

在部署传感器时，传感器的布局需特别注意。它要求在必要时同时将多个传感器部署到最佳或接近最佳的位置，以完成监控任务。通常将传感器定位在由战略情况确定的特殊区域内，以此优化用来表示全局检测概率和跟踪质量的相关标准。这个问题可以简单地看成是一系列约束的优化参数之一。通常受以下因素限制：

① 出于战略考虑，传感器通常被限制在特定的区域内。

② 当分布式传感器部署时，可能会对传感器间的相对位置强制加上一些限制以使它们能够保持沟通。

③ 在既定时间内，传感器资源的数量可能会被逻辑结构所限制。

在一些简单的例子中，传感器的布局是在明确规定的静态环境下决定的。例如，考虑这样的应用场景：

① 通过放置雷达来避免当飞机监测固定点时出现地形屏蔽效益；

② 以一个特定的区域为目标，来组织区域中的情报收集设备所形成的网络。

在以上这些场景中，地理模型和传播模型等的数学模型或物理模型通常是可以实现且有用的，通常作为评价传感器布局决策的基础。

然而更大的挑战来自于动态环境，此时传感器必须反复地进行定位以便能够改进和更新实时运动的状态估计。通常被动传感器部署应用于以下情况中：

① 在反潜战中通过声呐跟踪潜艇；

② 利用电子支援措施（ESM）接收器定位移动的发送器；

③ 在陆地上通过放置被动声学传感器跟踪坦克。

2. 传感器行为规划

传感器管理的基本目的是调整传感器的行为以适应动态环境。传感器行为规划指的是根据不断改变的外部局势和任务要求，高效率地测定和规划传感器的功能和运作形式。这里有两个关键点：

（1）根据当前或预测的情况和给定的任务目标确定传感器系统当前或将要完成的监测任务。

（2）通过规划和调度所部署传感器的行为，最大程度上完成提出的观测任务和目标。

在实际应用中由于感应资源有限，可选传感器设备不能同时完成设定的所有任务并实现与之相关的所有目标。因此，需要在这些冲突中找到一个合理的折中方案。直观地看，任务越紧急或越重要，在资源竞争时就越需要更高的优先级。在分布式结构中，规划传感器行为和在传感器间进行协调时，有关任务优先级的信息显得非常有用。

为了具体化这类问题，考虑一个多目标多传感器的场景，其中每个传感器都可以在不同模式下对不同目标进行跟踪或分类。传感器管理系统的第一步是利用收集的证据来决定感兴趣的对象并确定在此之后的一段时间内优先观察哪些目标。接下来的第二步中，传感器根据它们的模式被分配到相应的目标以实现最佳的环境监控。实际上，由于传感器资源和运算资源的限制，在有限时间内不可能利用所有可用传感器监测到所有感兴趣的目标。另外，在一个目标上监测精度的提高往往导致另一个目标监测精度的下降。因此，需要在不同目标间达到一个折中。

值得注意的是，不少文献中也将传感器行为规划称为传感器选择，或面向任务的传感器分配，但实际上它们都只是体现了在观测任务中的资源分配问题，即上面提到的第二个关键点。而传感器行为分配不仅考虑了单个传感器的操作安排，同时涉及完成系统级任务和目标的问题。实际上，系统级任务中可以把预测的感知系统所有行为看作一个整体，而把传感器行为规划和调度看成是对特定的单个传感器行为的规定。所有收集到的时变的且具有实用性和有效性的动态信息都将作为进行传感器行为决策的基础。

3. 分布式传感器网络中的传感器协作

目前有两种常用的方法可以将多个独立的传感器连成一个网络。一个是集中式结构，即所有传感器的所有行为都由一个中心机制决定。另一种方法是将网络中的传感器看成是具有一定自主能力的分布式智能设备。分布式网络结构支持传感器间的双向通信，这就有效地避免了集中式网络中存在的通信瓶颈。大多数关于分布式传感器管埋的研究都意在建立一个不需外部控制的传感器自主协同结构。

图 25-1 描述了一个有趣的传感器协作的场景。图中有 5 个独立的传感器，它们通过相互合作对区域进行探索。传感器的感应范围如灰色圆圈所示，V_i 表示传感器 i 的速度矢量。在动态变化的同时，每个传感器都只能感知整个区域的一部分并拥有相关的本地信息。这些传感器可以在所形成的网络中分享自己所知的本地信息。传感器的本地信息可以用来引导其他传感器或进行任务传递，如从一个传感器到另一个传感器的目标跟踪行为。然而，一个有趣的问题是传感器之间将如何在较短时间和较少能量的情况下，通过协调它们的运动和感应行为来实现对环境的全局监控。

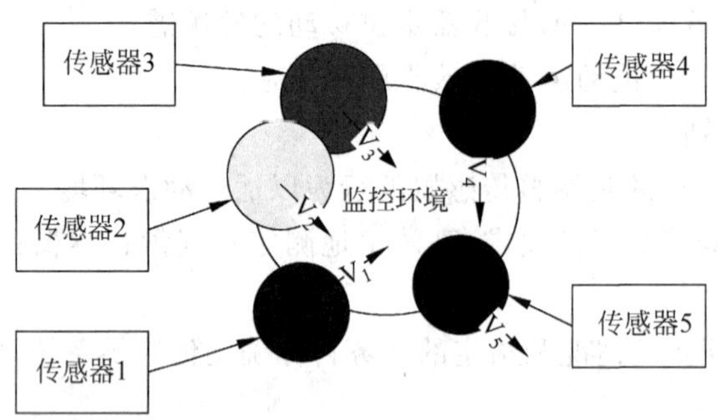

图 25-1　一组移动传感器节点合作观测某区域

25.2 传感器管理问题的解决方案

25.2.1 原理与方法论

本质上，传感器管理的目的是要通过反馈控制传感器资源来实现数据融合性能的优化。它的性能指标称为品质因数。品质因数的定义取决于人们希望优化的内容，包括目标检测、跟踪/识别准确性、脱轨概率、生存概率、目标死亡概率等。从根本上讲，希望优化的品质因数要脱离传感器的多样性，并且易于分析和计算。此外，为了避免可能的缺乏远见的传感器管理方针，需要同时考虑潜在的短期和长期效益以使最终结果达到一个良好的平衡。在不断变化的环境中，对感知过程进行全局改进时，依据长远目标来制定优化方针是非常必要的。

从决策理论的角度来看，传感器管理是一个做出最优决策的任务，它通过决定传感器的最适操作行为达到最佳利用效率。一些参考文献提出通过 Bayes 决策来决定这类问题，即从成本和效益方面来评估不同感应行为。Musick、Malhotra 和 Fung 等人提出了一种应用影响图的图形建模技术来进行传感器管理的决策。传感器管理的决策往往是一个连续的过程，所有决策必须在动态形势演变的过程中做出，而该决策的好坏将随着时间推延显现出来。很多传感器管理的实例都可以看成是 Markov 不确定性决策问题，Castanon 针对此类问题提出了基于随机动态规划理论的解决方案。尽管动态编程提供了一个易于处理的数学结构来找到最佳决策序列，但即使面对中等大小的实际问题也可能会遭遇组合爆炸。

如果将传感器看成是带宽有限的通信信道，传感器管理则通过控制这些信道的功能以达到在有限时间内的最大通信量。也就是说，要通过恰当地安排传感器信道的操作，来实现对经过传感器信道的信息的优化。一旦检测出环境中不确定因素减少，每个传感器操作在执行过程中就都有可能表现出它在提供信息方面的潜在优势。此时，关键在于如何根据接收的信息或减少的不确定因素来评估可能的传感器规划的相对优势。实现该目标的一个直接方法是借鉴信息理论中熵的概念，即环境状态不确定性的一种测量方法。利用这种方法，可以量化应用某种传感器规划时所收到的信息量，并作为熵变或交叉熵。

近几年，基于熵的信息度量已经应用到不同情况下传感器管理的研究中，其中包括：控制单个传感器跟踪多个目标、多传感器多目标的配对、搜索区域的测定和模拟环境中搜索与跟踪的取舍。但是这些研究都只单纯地考虑了信息的数量，而不是它的可用性。它们的目标是最大化传感器提供的信息数量而没有考虑这些派生信息是否是感兴趣的或有用的。有时，仅为了取得大的信息量还可能将传感器的注意力引向环境中不重要的地方。因此，需要进一步研究制定更全面的信息测量方法，即应考虑所获信息对任务的可用性而不仅仅依据获取信息的数量来实现传感器管理优化。

传感器管理起到一个反馈控制传感器资源的作用，然而一个巨大的挑战来自于调整优化控制规则和方针以使其适用于实际应用。希望预先设计一种管理算法以确保总是有最好的控制表现，但是由于被检测环境的不确定性和复杂性使其变得十分困难。一种更可行的优化传感器管理性能的方法是将机器学习技术应用于传感器管理，使其可以从以往经验中进行学习。通常有两种机器学习方法可以用于优化传感器管理策略，即脱机学习和在线学习。脱机学习试图从大量的实例中概括有价值的控制(管理)知识。它实际上是一种归纳学习法，需要丰富的并覆盖整个环境的训练数据。仅通过学习环境中局部信息而形成的传感器管理策略也许在某些情况下是有效的，但面对其他情况就不一定了。另一方面，在线学习指传感器管理器通过直接与环境相互作用来学习传感器资源管理知识。这种学习方法比脱机学习更加难以实现，因为每次传感器操作都要产生一个评估信号以根据既定原则完成管理策略的更新。另外，增强式学习系统对传感器静态目标搜索行为的在线学习非常有效。一般来说，尽管做了一些初步工作(如上文所述)，但对传感器管理的机器学习的研究仍然不足，有很大的深入空间。

25.2.2 自上而下的传感器管理

如我们所知，传感器管理是一个复杂的过程，意在利用大量的传感器行为规划来指导信息获取过程。由于实际情况中存在大量的复杂的可能性选择，想要仅应用单一机制来解决传感器管理中的所有问题往往是不可能的。如果把具体任务细分为多个层次，这样解决起来会更加容易和高效。因此，传感器管理可以沿着从源问题到细节推理这样自上而下的策略一步一步进行。下面从5个层次全面描述传感器管理系统的行为过程如图25-2所示。

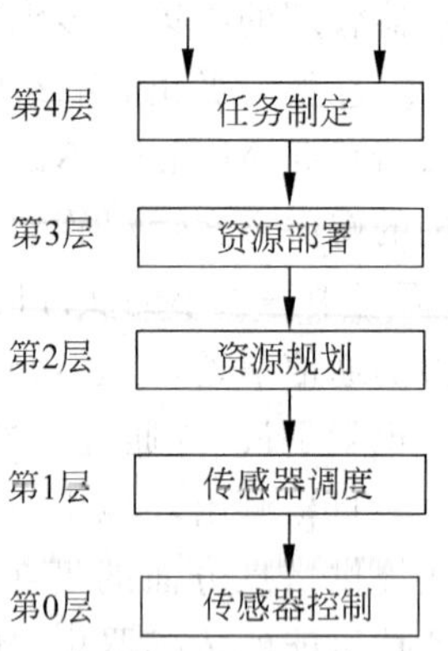

图25-2 传感器管理自上而至下的处理过程

第4层（任务制定）。这是传感器管理的顶层，负责根据内部或外部生成的信息来决定系统的各级任务。它主要考虑传感器管理的基本问题：

① 执行什么任务；

② 需达到什么精度级别；

③ 检测的频率；

④ 主要关注环境中的哪个区域；

⑤ 任务的对象；

⑥ 所需完成任务的优先级。

任务制定起到一个间接管理传感器系统行为的作用，而并不处理具体细节问题。传感器管理的基本推理需要依赖其他数据融合的结果，同时它还必须支持人为操作以使其可以在必要的时候加入特殊的要求。

第3层（资源部署）。这一层主要实现对动态的不确定环境的监控，需要在必要时放置新的感应设备来提升系统感应能力，快速适应环境变化。这就涉及主动或被动的部署传感器设备的规划问题。更确切地讲，这一层主要解决了以下问题：

① 何时放置新的传感器及其数量？

② 新的传感器放置在什么位置？

第2层（资源规划）。这一层的任务是提出对单个传感器的要求，决定它们将要完成的任务。这一层的典型行为有：

① 多传感器多目标跟踪的传感器选择；

② 多对象同时分类的传感器分配；

③ 传感器引导（传感器交付、辅助传感器的目标采集）；

④ 可移动传感器或平台的移动方案；

⑤ 分布式传感器网络中的传感器协商和合作。

第1层（传感器调度）。这一层任务是为每个传感器指令的执行设置时间线。因此需要考虑传感器的有效性、功能和来自第 2 层的任务分配，并为每个传感器制定任一个时间段内详细的任务计划表。

第 0 层(传感器控制)。作为分层结构中的最底层，该层负责控制传感器在执行具体指令时的自由度。它涉及实现特定命令所需要的所有参数的定义。例如，一个多功能雷达接收到的常用命令：搜索、目标跟踪或目标更新等。而这些指令又反过来控制传感器的自由度。于是，第 0 层通过控制执行传感器调度层所下达指令时所用到的具体参数，从而达到优化整个系统性能的目的。

在此需要明确的是，对传感器管理进行分层讨论是为了更好地理解从上而下解决问题的方法，而不是提出一种系统设计方案。另外，虽然图中没有体现数据融合系统的反馈作用，但这 5 层结构都没有忽略这种机制，有关传感器管理的决策都是基于所需数据融合的结果而做出的。这种自上而下解决问题的方法是传感器管理执行任务过程的模型，与 JDL 功能模型仅有松散的关系。

25.3 传感器部署原则

25.3.1 概述

传感器部署被看作是一个约束条件下的参数优化问题。需要考虑两点：目标函数和最佳解决方案(或近似最佳解决方案)。为了适应环境的快速变化，所采用的优化算法必须保持较低的计算负荷。通常有 3 种实时传感器部署的优化算法：梯度下降法、本地贪婪搜索和模拟退火算法。值得注意的是贪婪搜索法和模拟退火法可以保证搜索过程中目标函数不出现导数。目前已经提出了许多不同的传感器部署优化方案，根据目标函数是否考虑到未来系统的性能可以将它们分为短期方案和长期方案。

短期的传感器部署追求的是优化融合系统当前的性能指标，而不考虑将来的问题。因此，在确定传感器位置时，只需依据下列条件中的一条即可：

① 最大化目标被检测到的可能性；

② 最小化目标估计的标准偏差；

③ 最大化传感器网络的平均散布。

长期的传感器部署则是通过考虑未来可能出现的状况来延长已部署传感器的使用寿命。这类方案意图符合传感器管理的一般原则以达到长期生存的目标，而不要求精确性。因此，希望找到一个适当位置放置传感器，可以使目标状态方差在随后的操作中始终保持在规定限度以下。状态的估计有很多方法，如 KF、粒子滤波等。接下来的任务就是确定最初放置的传感器的位置。这里之所以不考虑传感器移动的问题，是因为把它看成是传感器行为规划中的一部分。

25.3.2 传感器部署相关的滤波

在目标跟踪时，传感器部署算法与状态估计的滤波算法有本质上的关联。其中，最常用的是 KF，并假定其为具有加性高斯噪声的线性系统模型。另外还有粒子滤波，它的优点是能够处理任何非线性问题和任何系统分布或测量噪声。尽管看起来有所区别，但这两种滤波方法都可以归纳到递归 Bayes 估计的广义框架内。

为了构建基于所有可用信息的状态的概率密度函数，Bayes 信息滤波通常由两个基本的阶段组成：预测和更新。在预测阶段使用系统模型做出下一个时间点的状态预测，然后在更新阶段，利用最新获得的测量数据更新预测状态的概率密度函数。其中，更新过程应用了 Bayes 定理，即根据最新证据来更新有关状态的先验知识。

可以根据给定的一组测量值 $D_k=\{y_1,\cdots,y_k\}$ 导出当前状态 x_k 的概率密度函数。假设已知 $k-1$ 时刻状态的概率密度函数 $P(x_k|D_{k-1})$，然后根据系统模型，k 时刻状态的先验概率密度函数可以用式(25-1)表示

$$P(x_k \mid D_{k-1}) = \int P(x_k \mid x_{k-1}) P(x_{k-1} \mid D_{k-1}) \mathrm{d}x_{k-1} \tag{25-1}$$

其中，$P(x_k|x_{k-1})$ 是状态演化的概率模型，可由系统方程和已知系统噪声的统计得出。已知 k 时刻的测量值，可以根据 Bayes 准则更新原始先验概率

$$P(x_k \mid D_k) = \frac{P(y_k \mid x_k) P(x_k \mid D_{k-1})}{\int P(y_k \mid x_k) P(x_k \mid D_{k-1}) \mathrm{d}x_k} \tag{25-2}$$

同样，$P(y_k|x_k)$ 是另一个由测量方程和测量噪声统计得出的概率模型。

以上两个式子定义了的递推 Bayes 滤波问题。遗憾的是，解析表达式的实际结果只有在某些系统和测量模型的条件下才可用。对于线性高斯估计问题，概率密度函数在每次滤波器迭代后仍然是高斯的，因此可以利用卡尔曼预测方程和更新方程递推求解方程组(式(25-1)、式(25-2))。然而，非线性系统状态空间模型的线性化经常会在状态估计中引入较大误差。

粒子滤波是一种通过寻找一组在状态空间中传播的随机样本来近似递推 Bayes 滤波的方法。假设有一组独立随机样本 $\{x_{k-1}(i):1,\cdots,N\}$，它们的概率密度函数为 $P(x_{k-1}|D_{k-1})$，利用粒子滤波法可以预测和更新这些样本值为一组独立随机变量 $\{x_k(i):1,\cdots,N\}$，它们的概率密度函数为 $P(x_k|D_k)$。由此可见，原始 Bayes 滤波中的预测方程和更新方程需要根据规定样本比例进行近似。粒子滤波中应用的预测方程和更新方程标准形式如下所示

预测方程：先验概率 $P(x_k|D_{k-1})$ 可以近似为

$$\begin{aligned} P(x_k \mid D_{k-1}) &= \int P(x_k \mid x_{k-1}) P(x_{k-1} \mid D_{k-1}) \mathrm{d}x_{k-1} \\ &\approx N^{-1} \sum_{i=1}^{N} P(x_k \mid x_{k-1}) = x_{k-1}(i) \end{aligned} \tag{25-3}$$

它需要的样本组 $\{x_k^*(i):1,\cdots,N^*\}$ 可以通过重复 N 次以下操作得到。

(1) 一致地从数组 $\{x_{k-1}(i):1,\cdots,N\}$ 中重新取样本并代替以前的。

(2) 通过系统模型将重取样的值传递给新建的从 k 时刻开始的样本组 x_k^*。此处的 N^* 不一定比 N 大。

更新方程：得到测量值 y_k 后，使用以下测量模型为每个样本估计一个权值 q_i

$$q_i = \frac{P(y_k \mid x_k^*(i))}{\sum_{j=1}^{N^*} P(y_k \mid x_k^*(j))} \tag{25-4}$$

在此定义了一个离散分布 $\{x_k^*(i):1,\cdots,N^*\}$，它们的概率表示为 q_i。现在从该离散分

布中重复取样 N 次，产生一个样本组 $\{x_k(i):1,\cdots,N\}$，并有 $P(x_k(j)=x_k^*(i))=q_i$。于是当 N 趋于无限时，得到了一组概率密度函数趋于 $P(x_k|D_k)$ 的样本。粒子滤波的一个主要缺点是在模拟大量粒子行为的时候需要大量的计算。仅拥有高速计算能力的计算机才使这种方法成为可能。另外，学者们也提出了很多改进粒子滤波计算性能和精确性的技术。

25.4 监视任务评价

在战场中，根据当前战术情况，制定不同的监视任务优先级，对适应不断变化的环境非常重要。任务优先级信息在规划传感器行为、协调分布式结构中的传感器时也非常有用。

25.4.1 基于决策树的评价

Molina Lopez 应用模糊决策树开发了一种对防御性监测任务进行数值评价的形式化推理法。树上节点代表具有数值的语义变量，具有相同概念的节点组成全局语义下的模糊子集，节点间的关系由模糊条件规则定义。从势态估计或其他数据融合过程提供的信息开始，通过产生中间结论进行树上推理，直到确定与根节点有关联的任务优先级。

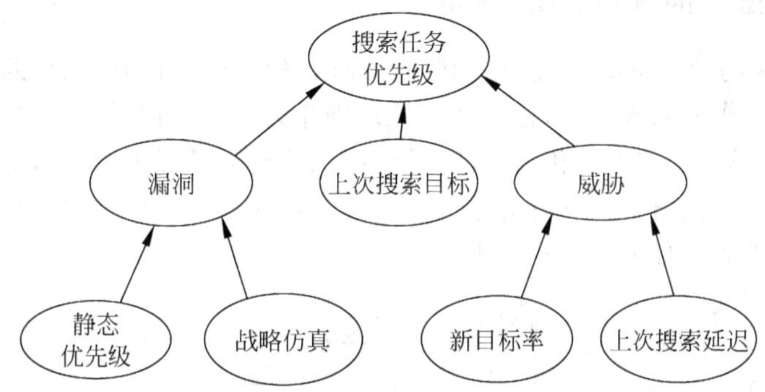

图 25-3 搜索任务优先级决策树

图 25-3 描绘了一个搜索任务优先级的决策树。树的根节点是搜索任务优先级，它与漏洞部分、风险部分和上次搜索目标有直接关系。上次搜索又有另外 3 个模糊标签：正常、很多和过多。考虑这些模糊标签的每种组合，一个规则集可由 5×5×3=75 条语义组成，可以用来描述与它有直接关系的节点搜索任务优先级的相关性。规则集中的规则形式如下

$$\text{规则 } i\text{:if(漏洞} = A_{i1}\text{)and(威胁} = A_{i2}\text{)and(目标} = A_{i3}\text{)}$$
$$\text{then(优先级} = B_i\text{)}(i = 1,2,\cdots,75)$$

在上面的例子中，A_{i1}，A_{i2} 是来自{很低，低，中等，高，很高}的标签；A_{i3} 是来自{正常，很多，过多}的标签；B_i 是一个待确定搜索任务优先级的模糊集，它定义在优先度 Y 上的隶属函数为 $B_i(y)$。根据模糊蕴含最小运算推理模型，输出模糊集 F_i 可以由以下规则得到

$$F_i(y) = \tau_i \wedge B_i(y) \tag{25-5}$$

其中，τ_i 表示第 i 条规则的触发强度，可以用给定的漏洞、风险和目标的明确数值来定义

$$\tau_i = A_{i1}(\text{漏洞}) \wedge A_{i2}(\text{威胁}) \wedge A_{i3}(\text{目标}) \tag{25-6}$$

将这些独立规则生成的输出模糊集 F_i 进行与操作，得出一个搜索优先级的整体输出模糊集 F

$$F(y)=\bigvee_{i=1}^{75} F_i(y)=\bigvee_{i=1}^{75}[\tau_i \wedge B_i(y)] \tag{25-7}$$

最后，搜素任务优先级的值可以通过对输出模糊集 F 去模糊化并生成明确表示形式而得出。通常有两种常用的方法来实现这个目标。第一个是计算区域中心(COA)法

$$y^{\text{COA}}=\frac{\int_Y yF(y)\mathrm{d}y}{\int_Y F(y)\mathrm{d}y} \tag{25-8}$$

另一个方法是定义优先级的值为隶属函数 $F(y)$ 的极大平均值

$$y=\frac{\sum_{y_j\in G} y_j}{\text{Card}(G)} \tag{25-9}$$

此处的 G 是 Y 的一个子集，由 $F(y)$ 中最大值域中的元素组成

$$G=\{y\in Y \mid F(y)\}=\max\{F(y)\} \tag{25-10}$$

以上简述了根据根节点的相关节点获取优先级值的所有必要步骤。决策树中间结论中的漏洞部分和威胁部分可以由它们的叶节点通过与以上类似的方法得到。

25.4.2 基于神经网络的评价

Komorniczak 与 Pietrasinki 提出了利用神经网络来排列目标优先级的方法。该方法以所监测目标的特征作为输入，以目标的重要性级别作为输出。假设有足够多的学习样本，就可以根据某种学习算法(如方向传播算法)的离线训练建立神经网络，如图 25-4 所示。每一个输入都乘上相应的权值 W_i，然后对这些结果进行累加得出一个网络线性输出 u。计算目标重要性级别的激活方程可以表示如下

$$f(u)=\frac{1}{1+\exp(-bu)} \tag{25-11}$$

其中，b 为函数斜率。

但是要创建所需训练集，就需要一个经验丰富的操作员在确定目标重要级别之前，对大量不同的情况做出评估。因此，关键的问题在于是否可能或是否容易收集到足够多的网络训练样本。

在建立神经网络模型前对目标特征进行筛选，可以过滤掉不相关的特征，减轻计算要求，同时减少在数据训练过程中过度拟合数据的风险。这一过程发生在图 25-4 中特征选择部分，在此不作详细介绍。

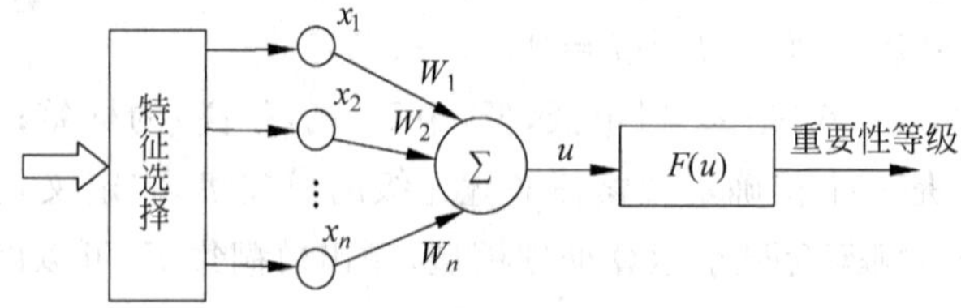

图 25-4 目标优先级分配神经网络

25.4.3 基于目标格序偏好的评价

基于目标格序偏好的方法是通过量化复杂任务中具体监测任务的相关贡献来实现的。

在该过程中，传感器系统必须识别与任务相关的所有目标，并确定它们之间的顺序关系然后引导建立部分有序集。这里使用的顺序关系是一个由简单声明引导的优先排序，其中该声明为“对一个目标的需要是为了满足其他目标”。建立的部分有序集可以被描述为一个格序，该格序是从目标值较高的相对抽象目标到目标值逐渐降低的实际目标的垂直顺序排列的。在格序的每一层，每个目标获得一个值并等于来自更高层目标值的总和。特别的是，格序的底层由执行实际监测任务的节点组成，每个节点都带有分配值，反映了其在完成任务过程中的相对重要性。

这有一个将目标格序方法应用到危险情形下空军任务的说明性实例。表 25-1 中显示了 17 个危险情形下的目标和它们之间的关系。图 25-5 为所生产的目标格序，假定每个被包含目标对其所属目标的贡献相同，于是每个目标的值被均匀地分配给其包含的目标集中的所有目标。最底层对应 3 个基本的监测任务：跟踪、识别和搜索，它们的重要度分别是 0.36、0.46 和 0.18。进一步看，表 25-1 中列出的 17 个目标组成了适用空军使用原则目标的一个子集。如美国空军发布的消息所称，总共有 90 个空军任务目标被定义在 6 个任务领域中：进攻性制空、防御性制空、空中阻截、战场空中阻截、近距空中支援和敌对防空压制。

表 25-1 任务目标集

Coal number	Goal	Included goals
1	To obtain and maintain air superiority	2,3,4,5
2	To minimize losses	6,7,8
3	To minimize personnel losses	6,7,8
4	To minimize weapons expenditure	6,8
5	To seize the element of surprisc	8
6	To avoid own detection	9,10
7	To minimize fuel usage	10,11
8	To minimize the unccrtainty about the environment	12,13
9	To navigate	15,16
10	To avoid threats	15,16
11	To route plan	15,17
12	To maintain currency of the enemy order of battle	14,16
13	To assess stale of the enemy's readiness	14
14	To collect intelligence	15,16,17
15	To track all detocted targets	
16	To identify targels	
17	To scarch for enemy targets	

目标格序方法主要的困难在于目标值的分配。图 25-5 中的平均分配实施起来很简单，但是可能歪曲问题的本质。因为在完成包含目标时，一些被包含目标的贡献可能会比其他的更多或更重要。格序中弧的权重反映了一些目标关于其他目标的优先选择，这些优先选择可以在任务中两个不同阶段之间进行变更。但是，不能确定操作员是否可以为每个目标在各个任务阶段都定义一个精确的分布函数，尤其在实时情况下。也许可以采用专家系统技术使系统自动确定任务中弧的权值，以响应数据融合所提供信息的改变，这里不作具体分析。

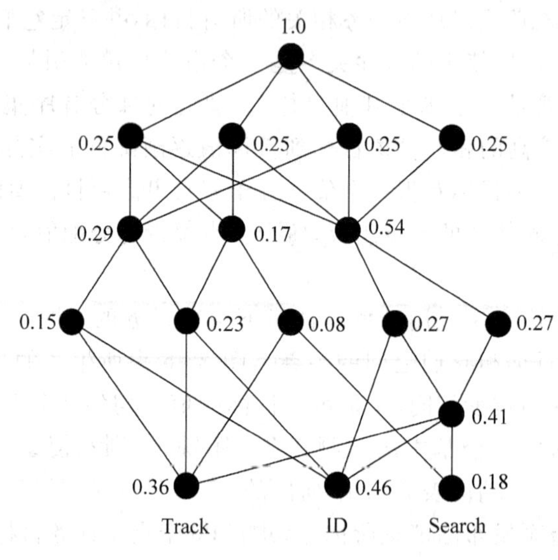

图 25-5 任务目标格序

25.5 信号获取的测量策略

遵循什么测量策略收集足够的信息是传感器管理需要解决的一个问题。这涉及所应用的测量类型(模式)、监测目标的频率、目标检测的策略等。恰当的测量模型需根据任务目标或操作员提出的信息要求来确定。信息实例用于表示一个测量方程所需信息的集合。传感器目标监测问题是目标搜索过程中的另一个与测量策略相关的内容。从根本上讲,未知目标探测方针可以视为不确定情况下的一个测量测序过程。一些研究者已经使用随机动态规划和强化学习技术实现了这种测量。下面详细地从测量类型、监测目标的频率、目标检测的策略几个方面介绍传感器测量策略。

25.5.1 测量类型(模式)

在搜索过程中,各种测量类型的特征包括高/低方位分辨率、高/低距离分辨率、直接速度测量(多普勒)或这些性能的任意组合。一个普遍的观点是通过两步来决定测量类型。第一步,将传感器系统能够执行的所有测量类型范围缩小到满足约束条件的可受理的测量类型。第二步应用局部优化标准在可受理测量类型中进行选择,以使要执行的测量类型的附带价值最大化。

在响应目标识别请求时,可以用查表法来决定哪种测量模式将使所需标示有效。例如,在航迹跟踪时如果只需要目标类型信息,那么仅应用电子支援措施(ESM)来观测从平台发出的信号就足够了。然后再根据电子作战顺序进行目标分类。对于更详细的船体到发射器的相关任务,可以根据 ESM 传感器的某些特征安排长时间的观测。

25.5.2 测量频率

测量频率是影响目标跟踪精度的一个重要因素。由于存在测量间隙,目标位置的不确定性增加，因此传感器系统必须在不确定性超出可接受范围之前进行轨迹更新。假设采用KF进行状态估计，用误差协方差矩阵作为状态误差的指标。于是，问题就转化为找到下一次测量的最新时间，使更新后的协方差矩阵仍然在指定约束范围内。两次连续测量的最大值时间间隔可以按以下方法得到。

分析的出发点与误差协方差预测方程有关

$$\boldsymbol{P}(k \mid k-1) = \boldsymbol{F}(k-1)\boldsymbol{P}(k-1 \mid k-1)\boldsymbol{F}(k-1)^{\mathrm{T}} + \boldsymbol{Q}(k-1) \tag{25-12}$$

协方差更新方程为

$$\boldsymbol{P}(k \mid k) = [\boldsymbol{I} - \boldsymbol{K}(k)\boldsymbol{H}(k)] \cdot \boldsymbol{P}(k \mid k-1) \tag{25-13}$$

其中

$$\boldsymbol{K}(k) = \boldsymbol{P}(k \mid k-1)\boldsymbol{H}(k)^{\mathrm{T}}[\boldsymbol{H}(k)\boldsymbol{P}(k \mid k-1)\boldsymbol{H}(k)^{\mathrm{T}} + \boldsymbol{R}(k)]^{-1} \tag{25-14}$$

$\boldsymbol{F}(k)$，$\boldsymbol{H}(k)$分别表示状态演化矩阵和系统观测矩阵；$\boldsymbol{Q}(k)$表示系统的噪声协方差，$\boldsymbol{R}(k)$为测量噪声协方差。

假设在时刻 $k-1$ 时无测量操作，观测矩阵 $\boldsymbol{H}(k-1)$为零矩阵，于是可以得到

$$\boldsymbol{P}(k-1 \mid k-1) = \boldsymbol{P}(k-1 \mid k-2) \tag{25-15}$$

和

$$\boldsymbol{P}(k \mid k-1) = \boldsymbol{F}(k-1)\boldsymbol{P}(k-1 \mid k-2)\boldsymbol{F}(k-1)^{\mathrm{T}} + \boldsymbol{Q}(k-1) \tag{25-16}$$

与式(25-12)相似，$k-1$ 时的预测误差协方差可以表示为

$$\boldsymbol{P}(k-1 \mid k-2) = \boldsymbol{F}(k-2)\boldsymbol{P}(k-2 \mid k-2)\boldsymbol{F}(k-2)^{\mathrm{T}} + \boldsymbol{Q}(k-2) \tag{25-17}$$

将式(25-17)代入式(25-16)可得

$$\begin{aligned}\boldsymbol{P}(k \mid k-1) = &\boldsymbol{F}(k-1)\boldsymbol{F}(k-2)\boldsymbol{P}(k-2 \mid k-2) \\ &\times \boldsymbol{F}(k-2)^{\mathrm{T}}\boldsymbol{F}(k-1)^{\mathrm{T}} + \boldsymbol{F}(k-1)\boldsymbol{Q}(k-2) \\ &\times \boldsymbol{F}(k-1)^{\mathrm{T}} + \boldsymbol{Q}(k-1)\end{aligned} \tag{25-18}$$

假设现有 n_t 个间隔没有测量操作直到时间 k，可以根据式(25-18)得出以下递推表达式

$$\begin{aligned}\boldsymbol{P}(k \mid k-1) = &\Big(\prod_{j=1}^{n_t}\boldsymbol{F}(k-j)\Big)\boldsymbol{P}(k-n_t \mid k-n_t) \times \Big(\prod_{j=1}^{n_t}\boldsymbol{F}(k-n_t-j+1)^{\mathrm{T}}\Big) \\ &+ \sum_{j=1}^{n_t-1}\Big(\Big(\prod_{m=1}^{n_t-j}\boldsymbol{F}(k-m)\Big)\boldsymbol{Q}(k-n_t+j-1) \times \Big(\prod_{m=1}^{n_t-j}\boldsymbol{F}(k-n_t+j+m-1)^{\mathrm{T}}\Big)\Big) \\ &+ \boldsymbol{Q}(k-1)\end{aligned} \tag{25-19}$$

假设误差协方差矩阵的上限已知，更新前允许的最大协方差可以由下式得到

$$\boldsymbol{P}(k \mid k)^{-1} = \boldsymbol{P}(k \mid k-1)^{-1} + \boldsymbol{H}(k)^{\mathrm{T}}\boldsymbol{R}(k)^{-1}\boldsymbol{H}(k) \tag{25-20}$$

最后，得到了允许的最大值 $\boldsymbol{P}(k|k-1)$，和上次更新后的误差协方差矩阵 $\boldsymbol{P}(k-n_t|k-n_t)$，$n_t$ 的最大值可由式(25-19)得到。

25.5.3 目标检测的策略

在目标检测问题中，需要维护一个概率估计向量$\{\pi_1(t),\pi_2(t),\cdots,\pi_k(t),\cdots\}$，其中$\pi_k(t)$表示 t 时刻以前在单元格 k 的所有监测的条件下，目标被检测到位于单元格 k 的条件概率。在每个时刻 t 对某个单元格 k 做噪声测量并报告是否发生目标检测。因此单元格 k 的先验概率估计 $\pi_k(t-1)$可以根据 Beyes 理论更新为

$$\pi_k(t)=\begin{cases}\dfrac{(1-P_{\mathrm{MD}})\cdot\pi_k(t-1)}{(1-P_{\mathrm{MD}})\cdot\pi_k(t-1)+P_{\mathrm{FA}}\cdot(1-\pi_k(t-1))}, & \text{报告有检测发生}\\ \dfrac{P_{\mathrm{MD}}\cdot\pi_k(t-1)}{P_{\mathrm{MD}}\cdot\pi_k(t-1)+(1-P_{\mathrm{FA}})\cdot(1-\pi_k(t-1))}, & \text{报告无检测发生}\end{cases} \tag{25-21}$$

其中，$P_{\mathrm{FA}}=P$(错误报警)$=P$(发生检测|没出现)；$P_{\mathrm{MD}}=P$(错误检测)$=P$(无检测|出现)。

结合这个问题，需要制定一个目标检测策略。通过决定所有单元格的测量顺序，传感器确保可以在每个阶段关注适当的区域，以保证结果的最优化。目前有下面 3 种方法来实现这个目标。

(1) 直接检测。这是一个盲目的检测模式，即按照事先规定的单元格顺序在整个框架进行检测。一旦框架确定，每次测量都重复之前同样的顺序。为了确保每个单元格都有同样的关注度，测量总数通常是框架中单元格的数量，因此测量时不完整的框架被排除在外。实际上，由于这种探测模式的低效率，仅将其作为某些领域系统的默认模式。

(2) 索引规则检测。这种方法在每个阶段选择最有可能(具有最高概率估计)的单元格进行检测。假设每个单元格起初的概率相同，随机选择一个单元格进行测量，作为检测过程的初始化。然后更新方程(25-21)进行概率更新。测量将逐步集中在目标单元格上，根据重复的检测报告，目标单元格的概率估计也将占有绝对优势。运用随机动态规划的概率分析该探测方法得出根据对称测量密度条件下简单索引规则找到目标的概率最大。运用了索引规则，可以使定位到目标的时间比直接检测的时间短。

(3) 强化学习(RL)检测。作为机器学习技术的一种，RL 意图通过与环境相互作用，并反复试验来实现最佳的系统性能。当然在运用 RL 技术学习目标检测任务时会出现多种可能性。一些文献中提出采用 RL 检测网络，并估计在每个单元格做出检测后的回报。对于单元格网络的输入包括概率估计 $\pi_k(t)$ 和在该单元格所做测量的次数。根据网络输出，选择具有最大预测回报的单元格作为下一个测量对象。初始时，由于随机地设置网络权值，所以它们此时预测的结果是不正确的。然而，一旦开始一轮新的测量，通过 Bayes 证据规则得到更新后目标位置的概率分布，随后根据预定度量可以计算预期的回报。通过反向传播算法，预测回报与网络预测的差异可以为纠正网络权值提供有用的信息。

25.6 传感器资源分配

假定监测任务为系统级的，那么传感器管理就应该为它们分配可用的传感器资源以满足整个系统的需要。通常单个的传感器不能完成监测任务，而采用传感器组又会引入传感器选择的问题。另外，在其他情况下，如多目标分类，经过一定数量的测量后，可能需要动态分配传感器来实现最佳的识别精度。下面对现有的相关技术进行介绍。

25.6.1 基于搜索的传感器选择

选择一个传感器子集来执行给定任务可以看成是一个组合空间中的搜索问题，目的是在所有可能的传感器组合中找到一个最合适的。因此涉及一个关键问题是如何评价问题空间中的试验。

对传感器进行适应性评估，然后基于可探测到的且能最好完成给定任务的传感器子集，才用模糊集理论建立传感器偏好图。Molina Lopez 等人根据传感器负载和传感器的适用性，进行了一些与传感器子集评估的搜索树节点有关的新探索。传感器负载被作为用来完成任务的传感器资源的一种评价。而传感器执行任务的适用性被定义为执行任务的必要性和传感器能力的函数。搜索算法的目标函数需要采用一个合适的方式来反映这两个因素之间良好的平衡。

在多传感器多目标跟踪应用中，传感器选择问题仅确定适当的传感器组测量不同的目标。由于感应资源和计算能力的限制，想要所有传感器跟踪所有目标通常是不可能的。Kalandros 和 Pao 提出了所谓的协方差控制方法，即在减少系统资源需求的情况下，实现将每个目标跟踪维持在所期望的协方差门限上。如图 25-6 所示，协方差控制器的目的是确定监控每个目标的传感器组，以满足所需协方差门限。而传感器调度器则将来自协方差控制的监测请求和每个扫描间隔期间要执行的一系列指令进行排序。

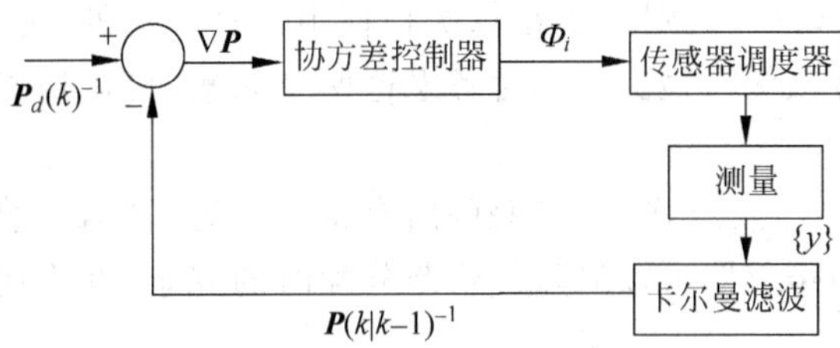

图 25-6 传感器选择的协方差控制

假设目标和它的度量可以用方程描述如下

$$\boldsymbol{x}(k) = \boldsymbol{F}(k-1)\boldsymbol{x}(k-1) + \boldsymbol{w}(k-1) \tag{25-22}$$

$$\boldsymbol{y}_j(k) = \boldsymbol{H}_j(k)\boldsymbol{x}(k) + \boldsymbol{v}_j(k) \tag{25-23}$$

$\boldsymbol{x}(k)$表示目标当前的状态；$\boldsymbol{F}(k)$，$\boldsymbol{H}_j(k)$是系统矩阵；$\boldsymbol{y}_j(k)$表示传感组$\boldsymbol{\Phi}_i$ 中第 j 个传感器对目标的测量值。$\boldsymbol{w}(k)$和$\boldsymbol{v}_j(k)$分别代表系统噪声和测量噪声，并假设两种噪声都是均值为零的高斯白噪声。基于以上假设，序贯卡尔曼滤波对组合中每个传感器执行分离滤波，然后将估计值传递给下一个滤波器。因此可以写成以下表达式

$$\begin{aligned}\hat{\boldsymbol{x}}_1(k \mid k) &= \boldsymbol{F}(k-1)\,\hat{\boldsymbol{x}}(k-1 \mid k-1) \\ &\quad + \boldsymbol{K}_1(k)(\boldsymbol{y}_1(k) - \boldsymbol{H}_1(k) \times \boldsymbol{F}(k-1)\,\hat{\boldsymbol{x}}(k-1 \mid k-1)) \\ \hat{\boldsymbol{x}}_j(k \mid k) &= \hat{\boldsymbol{x}}_{j-1}(k \mid k) + \boldsymbol{K}_j(k)(y_j(k) - \boldsymbol{H}_j(k)\,\hat{\boldsymbol{x}}_{j-1}(k \mid k)), \\ &\quad j = 2, \cdots, \| \boldsymbol{\Phi}_i \| \\ \hat{\boldsymbol{x}}(k \mid k) &= \hat{\boldsymbol{x}}_{\| \boldsymbol{\Phi}_i \|}(k \mid k)\end{aligned} \tag{25-24}$$

其中

$$\boldsymbol{P}(k \mid k-1) = \boldsymbol{F}(k-1)\boldsymbol{P}(k-1 \mid k-1)\boldsymbol{F}(k-1)^{\mathrm{T}} + \boldsymbol{Q}(k-1)$$

同时

$$\begin{aligned}\boldsymbol{K}_1(k) &= \boldsymbol{P}(k \mid k-1)\boldsymbol{H}_1(k)^{\mathrm{T}}[\boldsymbol{H}_1(k)\boldsymbol{P}(k \mid k-1)\boldsymbol{H}_1(k)^{\mathrm{T}} + \boldsymbol{R}_1(k)]^{-1} \\ \boldsymbol{K}_j(k) &= \boldsymbol{P}_{j-1}(k \mid k)\boldsymbol{H}_j(k)^{\mathrm{T}}[\boldsymbol{H}_j(k)\boldsymbol{P}_{j-1}(k \mid k)\boldsymbol{H}_j(k)^{\mathrm{T}} + \boldsymbol{R}_j(k)]^{-1}, \quad j = 2, \cdots, \| \boldsymbol{\Phi}_i \|\end{aligned} \tag{25-25}$$

其中，$\boldsymbol{Q}(k)$和 $\boldsymbol{R}_j(k)$分别表示系统噪声协方差和第 j 个传感器的测量噪声协方差。

每个滤波器的状态协方差更新过程可表示如下

$$\begin{aligned} &\boldsymbol{P}_1(k \mid k) = (\boldsymbol{I} - \boldsymbol{K}_1(k)\boldsymbol{H}_1(k))\boldsymbol{P}(k \mid k-1) \\ &\boldsymbol{P}_j(k \mid k) = (\boldsymbol{I} - \boldsymbol{K}_j(k)\boldsymbol{H}_j(k))\boldsymbol{P}_{j-1}(k \mid k), \quad j = 2,\cdots, \| \boldsymbol{\Phi}_i \| \\ &\boldsymbol{P}(k \mid k) = \boldsymbol{P}_{\|\boldsymbol{\Phi}_i\|}(k \mid k) \end{aligned} \tag{25-26}$$

或者,通过一步计算状态估计协方差得到

$$\boldsymbol{P}(k \mid k)^{-1} = \boldsymbol{P}(k \mid k-1)^{-1} + \sum_{j=1}^{\|\boldsymbol{\Phi}_i\|} \boldsymbol{H}_j(k)^{\mathrm{T}} \boldsymbol{R}_j(k)^{-1} \boldsymbol{H}_j(k) \tag{25-27}$$

定义 $\boldsymbol{J}_i = \sum_{j=1}^{\|\boldsymbol{\Phi}_i\|} \boldsymbol{H}_j(k)^{\mathrm{T}} \boldsymbol{R}_j(k)^{-1} \boldsymbol{H}_j(k)$ 作为传感器组 θ_i 的信息获取,协方差要求 $\boldsymbol{J}_i$ 的值要尽可能地接近$\nabla \boldsymbol{P}$,这里的$\nabla \boldsymbol{P}$ 为

$$\nabla \boldsymbol{P} = \boldsymbol{P}_d(k)^{-1} - \boldsymbol{P}(k \mid k-1)^{-1} \tag{25-28}$$

其中,$\boldsymbol{P}_d(k)$为所期望的目标的协方差。每个传感器组的 $\boldsymbol{J}_i$ 矩阵都可以离线计算并存储在数据库中,而逆矩阵 $\boldsymbol{P}(k|k-1)$则需要在每次扫描中计算。另外,为了减少计算负担,分配给目标的传感器数量应该保持最少。同时考虑这两个因素,可以用以下 3 个方案来优化协方差控制器。

(1) 特征值/传感器。当矩阵 $\boldsymbol{J}_i - \nabla \boldsymbol{P}$ 的所有特征值为正时,传感器组中的传感器数量最少。选择最少的可用传感器可以消除传感器分配时的冗余,并将此作为传感器管理的一个原则。

(2) 最大矩阵范数。采用可以使协方差误差 $\boldsymbol{P}_d(k) - \boldsymbol{P}(k|k)$范数最小的传感器组。这种优化准则的依据是协方差误差的正特征值表示应用于目标的资源过剩,而负特征值表示资源不足。然而,找到协方差误差的最小范数并不能确保协方差 $\boldsymbol{P}(k|k)$始终在期望的范围内。

(3) 范数/传感器。在保证协方差误差的范数处于预定限制内的同时,找到传感器最少的传感器组。

协方差控制方法的优点在于它将传感器分配问题细化为仅与单个目标有关的独立子问题,即分别实现特定目标的协方差指标。当某个目标的协方差发生改变时,只需对分配给该目标的传感器组进行重新指定。然而这种方法是假设在序贯 KF 的基础上的,对于其他滤波方法(如粒子滤波)没有可用性。此外,由于资源限制,来自协方差控制器的监测请求不得不被传感器调度器推迟。

一旦给定任务的搜索目标确定,传感器选择的第二个重要问题是确定使用什么算法。确定最佳传感器组,最简单的方法就是检验每个可用传感器组。这种机制就是全局搜索算法,目标跟踪问题中它的计算复杂度为 $o(2^{N_s} n^3)$,其中 N_s 表示可用传感器的总数,n 表示目标的状态向量。为了避免全局算法高昂的计算开销,Kalandros 和 Pao 提出了两种启发式的搜索算法,通过选择非最佳传感器组来实现降低计算需求的目的。

(1) 贪婪算法。在每次迭代中选择最佳传感器加入传感器组,直到评估价值不再改变。计算复杂度为 $o((n^3/2)(N_s^2 + N_s))$。

(2) 随机化和超启发式算法。由基准传感器组(通常利用先验知识和启发式方法获得)开始,通过随机摄动生成初始方案。作为超启发算法的派生算法,该搜索算法要求非均匀地进行随机摄动,以增加在几次试验中找到近似最佳组合的可能性。在该算法基础上使用启

发式信息（如频率选择）和贪婪算法可使随机搜索更倾向于那些较好的候选传感器组。

25.6.2 传感器管理中的信息论方法

从信息论的角度来讲，传感器被应用于监测环境增添了关于这个世界状态的信息（或者降低不确定性）。传感器管理系统在不同的任务中对传感资源进行合理分配，从而使每一次测量都可以得到最大数量的信息。在监测场景中，信息量在确定目标方位或者增加被跟踪目标状态估计的精确度时增加。传感器监测可以使目标方位估计的概率密度分布进行校正，降低目标方位的不确定性。可以用两种方法来量化传感器所监测目标信息的增加量（不确定性减少），分别为香农熵和 Kullback-Leibler 的交叉熵。

1. 基于信息熵的信息增益

根据香农信息理论，随机过程的熵计算公式为

$$H_x = \begin{cases} -K\sum_i p(X_i)\log p(X_i), & \text{离散时} \\ -K\int p(X)\log p(X)\mathrm{d}X, & \text{连续时} \end{cases} \tag{25-29}$$

其中，K 为正常数；$p(\cdot)$表示连续（离散）概率密度函数。特别地，对 n 变量的正态分布，信息熵表示为（$K=1$）

$$Hx = \frac{n}{2}\log(2\pi e) + \frac{1}{2}\log(|\boldsymbol{P}|) \tag{25-30}$$

$|\boldsymbol{P}|$为矩阵 $\boldsymbol{P}$ 的行列式。

将熵解释为不确定性的度量，信息可以被量化为一个随机过程的两种概率分布的熵的差异。因此，可以解释每次测量成果信息增益 I 为

$$I = H_{\text{监测前}} - H_{\text{监测后}} \tag{25-31}$$

假设目标状态服从正态分布，于是信息增益可以表示为

$$\begin{aligned} I(\boldsymbol{P}_2,\boldsymbol{P}_1) &= \frac{n}{2}\log(2\pi e) + \frac{1}{2}\log(|\boldsymbol{P}_1|) - \left(\frac{n}{2}\log(2\pi e) + \frac{1}{2}\log(|\boldsymbol{P}_2|)\right) \\ &= \frac{1}{2}\log\left(\frac{|\boldsymbol{P}_1|}{|\boldsymbol{P}_2|}\right) \end{aligned} \tag{25-32}$$

其中，$\boldsymbol{P}_1$ 和 $\boldsymbol{P}_2$ 分别为测量前后的协方差矩阵。

2. 基于 Kullback-Leibler 交叉熵的区别增益

目标观测前预测密度 $p_1(X)$和更新后观测密度 $p_2(X)$的区别通过 Kullback-Leibler 交叉熵来定义

$$D(p_2,p_1) = \int p_2(X)\log(p_2(X)/p_1(X))\mathrm{d}X \tag{25-33}$$

假设 $p_1(X)$和 $p_2(X)$是高斯向量，且它们的均值分别为 M_1、M_2，协方差分别为 $\boldsymbol{P}_1$、$\boldsymbol{P}_2$。于是 $p_2(X)$相对于 $p_1(X)$的区别增益可以表示为

$$D(p_2,p_1) = \frac{1}{2}\mathrm{tr}[\boldsymbol{P}_1^{-1}(\boldsymbol{P}_2 - \boldsymbol{P}_1 + (\boldsymbol{M}_2 - \boldsymbol{M}_1)(\boldsymbol{M}_2 - \boldsymbol{M}_1)^{\mathrm{T}})] - \frac{1}{2}\log\left(\frac{|\boldsymbol{P}_2|}{|\boldsymbol{P}_1|}\right) \tag{25-34}$$

使用以上任意一种信息测量方法都可以开发出在多目标情况下传感器选择的控制模式。其目的是最大限度地提高来自所有目标的信息量，从全局信息的视角做出决策。当给

定每对传感器子集和目标的信息增益或区别增益后,该问题就可以用一种线性规划模型来解决,具体如下。

将传感器从 $1\sim N_s$ 进行编号,目标从 $1\sim N_t$ 进行编号。每个传感器 k 的跟踪能力为 λ_k,代表传感器每次扫描过程可以监测到的目标的最大数量。用 G_{ij} 表示传感器 i 和目标 j 的信息增益或区别增益,于是传感器选择问题可以表示如下

$$\text{最大化增益} = \sum_{i=1}^{2N_s-1}\sum_{j=1}^{N_T} G_{ij}x_{ij} \tag{25-35}$$

$$\text{约束条件:} \sum_{i=1}^{2N_s-1} x_{ij} \leqslant 1, \quad j = 1,\cdots,N_T \tag{25-36}$$

$$\sum_{i\in J(k)}\sum_{j=1}^{N_T} x_{ij} \leqslant \lambda_k, \quad k = 1,\cdots,N_s \tag{25-37}$$

$x_{ij}\in\{0,1\}$表示所有 i,i 对;$J(k)$为一个整数集,包含了传感器 k 的传感器子集的所有指标。

在多传感器多目标跟踪的传感器选择应用中,两种信息测量都有自己的优点。采用香农信息熵时,所期望的信息增益可以通过推断 KF 状态协方差然后计算更新后协方差矩阵来导出。Kullback-Leibler 的交叉熵通过结合交互多模型卡尔曼滤波器来测量信息区别。目前还无法在传感器管理应用中对这两种熵测量方法性能进行比较。

与协方差控制策略相比较,信息理论方法提供了满足所有资源限制的全局最优解,因此不必在对传感器请求进行后期调度。另外,由于每个周期都需要计算大量的信息增量或区别增益,在使用这两种方法时会有很高的计算负担。

25.6.3 传感器规划中的决策理论

Kistensen 将选择正确的监测行为看作是一个决策问题,提出了一种基于 Bayes 决策分析(BDA)框架的解决方案。同时,他强调因为执行监测行为的最终目的在于减少外部世界带来的不确定性,因此不确定性必须在传感器规划中得到解决。另外,BDA 提供了一种在不确定情况下进行描述和推理的有力机制。BDA 理论主要运用于经济领域中各种操作的评价,如投资等。

图 25-7 显示了传感器行为规划的决策树。可以看到两种类型的节点:框和圈。框表示由系统决定的路径上的决策节点,而圈表示带有概率枝的机会节点。决策根节点与监测行为(如 A_i)有关联,它随机产生一个与报告机会节点有关的输出 x_j。第二种决策节点叫执行器节点,与引导完成整个任务的监测行为的结果类型有关,如 a_k。状态机会节点反映了执行操作后的环境状态;$U(a_k,z_l)$表示完成给定任务后所得到的结果(收益值或损失值)。从交易中不确定环境状态信息的角度看,BDA 用于评价不同感应行为的成本/效益。考虑每个成本单元与没有监测行为时所增加的预期效益,测量的样本信息效益(EISI)定义为

$$\text{EISI}(A_i) = \frac{\sum_{j=1}^{n} P(x_j)\text{EU}(x_j) - \text{EU}(A_0)}{C(A_i)} \tag{25-38}$$

其中 $\text{EU}(A_0)$,$\text{EU}(x_j)$分别表示无监测行为时的预期效益和收到报告 x_j 时的预期效益。$P(x_j)$表示收到 x_j 的概率,$C(A_i)$表示监测行为 A_i 的成本。最后用 Bayes 决策规则选出最大 EISI 值的那个作为将要执行的感应操作。

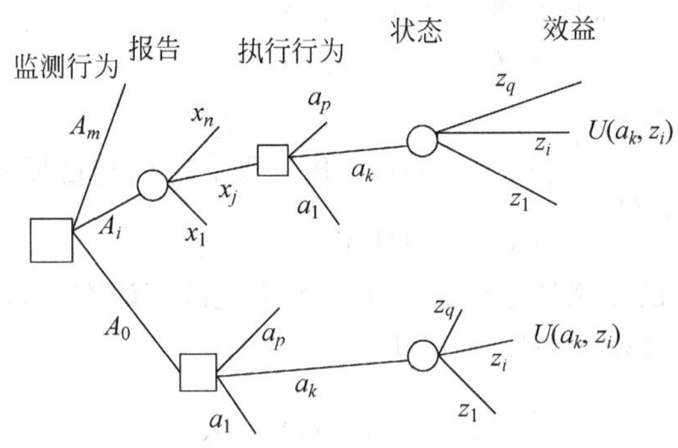

图 25-7 传感器行为规划的 Bayes 决策树

$$A_{\text{opt}} = \arg \max_{A_i = A_0}^{A_m} \text{EISI}(A_i) \tag{25-39}$$

虽然以上提供了一个明确的连贯的且理论上易于建立的框架来规划不确定环境中的传感器行为，但是决策树的构建仍然是一个依赖性问题，特别是需要主观定义完成一个任务的效益。关键在于是否可能确定适合各种应用的效益标准，并保证其在未来依然适用。潜在的问题是如何制定决策树中的执行行为。这种行为不局限于传统意义上执行单元的实际操作，而是用何种有效行为来完成一个任务。

25.6.4 模糊逻辑资源管理

Gonaslves 和 Rinkus 提出了一种智能融合和资源管理方法。它有模糊逻辑收集管理层，负责将当前环境状态和敌人跟踪信息映射到监测资源请求中，这种映射的依据是传感器能力和关于敌人战术原则的先验知识。

基于模糊逻辑的资源管理与 Gonsalves 的方法有些类似，它针对在许多不同平台上的各种资源分布进行优化配置。资源管理的模糊决策树通过相关专业知识的构建，同时用遗传算法优化根概念隶属函数的参数。遗传算法的隶属函数的构建是基于多方面考虑的，如几何、物理、工程和军事原则。Gonsalves 等人结合数据挖掘技术对之前的方法进行了扩展，来优化模糊决策树的性能。其中，数据挖掘被视为是一种从大量数据集中发现有价值的隐含知识和信息的有效技术。特别是遗传算法被应用于数据挖掘过程以产生基于区域数据库的根概念隶属函数的参数。一个包含整个区域信息的数据库有利于在数据挖掘时广泛地提取与行为相关的知识，并为资源分配提供强壮的策略。否则，一个仅包含局部区域信息的小数据集可能在某些情况下是有效的而在其他情况下则无效。

25.6.5 传感器分配中的 Markov 分类

由于需要对一些未知目标进行分类，重要的就是将可用传感器合理分配给不同的对象。动态传感器分配问题包括使用反馈机制从多传感器系统中选择传感器并应用到各种感兴趣的目标。这是数学上的局部可观测马氏决策问题。

考虑一个 N 目标问题，x_i 表示目标 i 的正确分类。假设 x_i 是有限空间中离散值独立随机变量。每个目标 i 有一个先验概率分布，描述关于它的先验知识。为了进一步获得关于各目标的状态信息，应该在时间段 $t \in \{0,1,\cdots,T-1\}$ 给不同目标分配适当的传感器。在时

间段 t 分配给目标 i 的传感器集合可用向量表示为

$$\boldsymbol{U}_i(t)=[u_{i1}(t)\cdots u_{iM}(t)] \tag{25-40}$$

其中，

$$u_{ij}(t)=\begin{cases}1, & \text{时间段 } t \text{ 传感器 } j \text{ 应用与目标 } i\\ 0, & \text{其他情况}\end{cases} \tag{25-41}$$

这里 M 表示感应系统中的传感器总数。由于整个系统的资源有限，传感器分配在每个时间段 $t\in\{0,1,\cdots,T-1\}$ 都必须遵循以下限制。

$$\sum_{i=1}^{N}\sum_{j=1}^{M} r_{ij}(t)u_{ij}(t)\leqslant R(t) \tag{25-42}$$

其中 $R(t)$ 为在时间段 t 内可以被系统利用的最大资源数量；r_{ij} 表示传感器 j 消耗在目标 i 的资源数量。

传感器分配的目的是在 T 个阶段后对所有目标实现一个精确的分类。$[v_1,v_2,\cdots,v_n]$ 为最终的分类决策；$c(x_i,v_i)$ 为误差函数，表示将为 x_i 类的目标分类到 v_i 类后果。传感器分配问题可以被定义为一个找到决策组 $\{u_{ij}^*(t),v_i^*\mid i=1,\cdots,N;\ j=1,\cdots,M;\ t=0,\cdots,T-1\}$ 顺序的问题，即根据式(25-42)，使预期消耗 J_u 最小化。

$$J_u=E\left\{\sum_{i=1}^{N}c_i(x_i,v_i)\right\} \tag{25-43}$$

原则上，解决这类问题可以通过随机动态规划(SDP)的方法，即根据问题状态概率分布给出的所用传感器和所需测量的信息来定义问题状态，并将部分可观测马氏决策问题转化为一个标准全面可观测问题。Bertsekas 提出用 SDP 递归方法来解决该问题，在有序的每个阶段选择有前景的决策，即使每个阶段代价函数的值最小。不幸的是，约束方程的存在使其无法将整个决策任务分解为单个目标的小问题。因此，动态规划算法必须工作在整个问题空间，即使面对中等数量的目标，其相关的计算都变得难以负担。

近似优化反馈策略可以用于减轻使用 SDP 时传感器分配代理的计算负担。通过放宽严格限制为平均资源限制，其近似解可以通过拉格朗日松弛法将多目标优化问题分解成单个对象的问题，并引入拉格朗日乘数法进行协调。这样，松弛传感器分配问题可相应地分为两个层次。低层次中，在给定拉格朗日乘数值情况下，使用 SDP 算法确定单个目标的对应传感器。在高层次中，基于底层的结果，通过不可微优化技术对拉格朗日乘数进行调整。估计测量的优点在于减少了计算复杂度。但这个优点是在消耗资源不超过可用资源的弱情况下得到的。由于松弛资源约束打破原有的严格约束，它的实际使用价值颇具争议。

除了动态规划，还有使用基于状态的完全可观测和不可观测 Markov 决策过程的搜索方法，其适用于部分可观测马氏决策问题。这种方法很值得在传感器分配方面进行研究，也许可以实现对传感器资源实时地高效分配。

25.7 面向协作的传感器行为

在某些情况下，多传感器系统中的传感器需要相互提供建议并共同做出决策。基于群体决策理论对这种结构下的协调和控制进行了分析。假设管理器/协调器根据最大群体效益的准则做出群体决策。最一般的群体形式是通过结合群内成员的行为和群的行为以结合本地的目标和全局的目标。在某些情况下，群效益函数可以无视成员个体的意见，从而允许管理器无论个体成员损失多少都做出最佳决策。显然，由于群效益代表了与某些特定场景潜在问题相关的群体偏好，因此它的定义依赖于具体情形。当面对一些复杂应用时，要建立一个综合评价群效益的方程会很困难。

基于合作机器的概念，Bowyer 和 Bogner 分析了协调分布式传感器资源的问题。有人认为多传感器系统中的异类传感器应该看作是群内的合作成员。考虑到开放环境下传感器可能随时离开群，这里的群特指一种可重塑的联合而不是传感器器间的固定连接。另外，传感器网络中还有一些群体行为准则，以促进个体成员间的合作并增进相互认识。为了管理临时的需求和在传感器群内实施所需的群体行为，提出了一种代理技术。图 25-8 显示了一种基于多代理的结构，即允许代理间相互交互的传感器系统。传感器发出的信息在本地传感器代理进行包装，然后通过合适媒介与其他代理通信和协商。

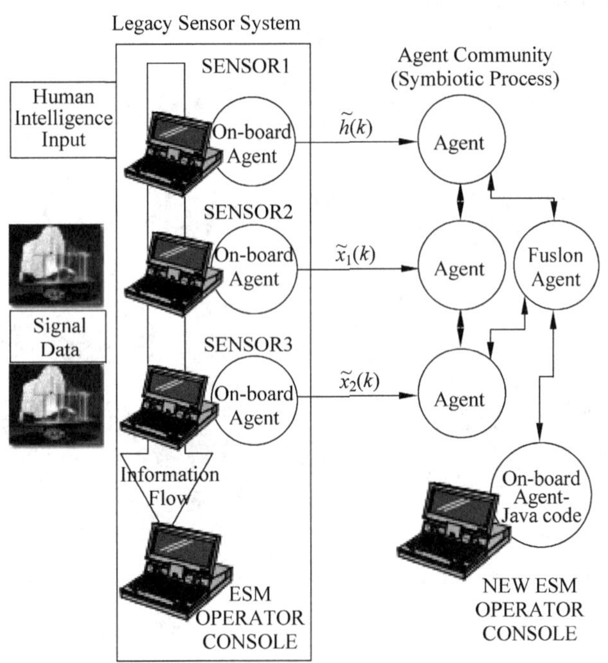

图 25-8　多代理相互交互的传感器系统

多代理资源管理系统也用于整合来自多个传感器的数据和与不同代理相关的重要监测信息。代理分为两种，一种是服务代理，负责处理本地信息；另一种是全局决策代理，负责必要的协调行为以实现整个系统的协同。类似于互联网的网络结构被用于服务代理和全局决策代理之间的交流。虽然基于智能代理的方法似乎找到了一个有用的框架来实现不同传感器间的自适应合作，但是目前几乎没有文献来回答在复杂环境下，这些代理应如何协调并做出决策。

习题

25.1 简述传感器管理在数据融合中的作用和目的。

25.2 阐述多传感器管理中的问题类别。

25.3 分析传感器管理问题的解决方案。

25.4 通过查阅相关文献，阐述传感器管理的发展趋势。

引文

[1] N Xiong, P. Svensson. Multi-sensor management for information fusion: issues and approaches. Information Fusion 3. 2002: 163-186

参考文献

[1] I. Bloch, Information combination operators for data fusion: a comparative review with classification, IEEE Transactions on SMC: Part A 1996, 26(1): 52～67

[2] D. L. Hall, J. Llinas, An introduction to multisensor fusion, Proceedings of the IEEE 1997, 85(1): 6～23

[3] D. Smith, S. Singh, Approaches to multisensor data fusion in target tracking: a survey, IEEE Transactions on Knowledge and Data Engineering 2006, 18(12): 1696～1710

[4] A. A. Goshtasby, S. Nikolov, Image fusion: advances in the state of the art, Information Fusion 2007, 8(2): 114～118

[5] I. Corona, G. Giacinto, C. Mazzariello, F. Roli, C. Sansone, Information fusion for computer security: state of the art and open issues, Information Fusion 2009, 10(4): 274～284

[6] H. Wache, T. Vögele, U. Visser, H. Stuckenschmidt, G. Schuster, H. Neumann, S. Hübner, Ontology-based integration of information-a survey of existing approaches, in: Proc. of the IJCAI-Workshop on Ontologies and Information Sharing, 2001. 108～117

[7] G. L. Rogova, V. Nimier, Reliability in information fusion: literature survey, in: Proc. of the International Conference on Information Fusion, 2004. 1158～1165

[8] J. T. Yao, V. V. Raghavan, Z. Wu, Web information fusion: a review of the state of the art, Information Fusion 2008, 9(4): 446～449

[9] F. E. White, Data Fusion Lexicon, Joint Directors of Laboratories, Technical Panel for C3, Data Fusion Sub-Panel, Naval Ocean Systems Center, San Diego, 1991

[10] L. A. Klein, Sensor and Data Fusion Concepts and Applications, second ed., Society of Photo-optical Instrumentation Engineers(SPIE), Bellingham, WA, 1999

[11] H. Boström, S. F. Andler, M. Brohede, R. Johansson, A. Karlsson, J. van Laere, L. Niklasson, M. Nilsson, A. Persson, T. Ziemke, On the Definition of Information Fusion as a Field of Research, Informatics Research Centre, University of Skövde, Tech. Rep. HS-IKI-TR-07-006, 2007

[12] E. L. Walts, Data fusion for C3I: a tutorial, in: Command, Control, Communications Intelligence (C3I) Handbook, EW Communications Inc., Palo Alto, CA, 1986. 217～226

[13] A. N. Steinberg, C. L. Bowman, F. E. White, Revisions to the JDL data fusion model, in: Proc. of the SPIE Conference on Sensor Fusion: Architectures, Algorithms, and Applications III, 1999. 430～441

[14] J. Llinas, C. Bowman, G. Rogova, A. Steinberg, E. Waltz, F. E. White, Revisiting the JDL data fusion model II, in: Proc. of the International Conference on Information Fusion, 2004. 1218～1230

[15] B. V. Dasarathy, Decision Fusion, IEEE Computer Society Press, Los Alamitos, CA, 1994

[16] I. R. Goodman, R. P. S. Mahler, H. T. Nguyen, Mathematics of Data Fusion, Kluwer Academic Publishers, Norwell, MA, 1997

[17] M. M. Kokar, J. A. Tomasik, J. Weyman, Formalizing classes of information fusion systems, Information Fusion 2004, 5(3): 189～202

[18] M. Kumar, D. P. Garg, R. A. Zachery, A generalized approach for inconsistency detection in data fusion from multiple sensors, in: Proc. of the American Control Conference, 2006. 2078～2083

[19] P. Smets, Analyzing the combination of conflicting belief functions, Information Fusion 2007, 8(4): 387～412

[20] R. P. S. Mahler, statistics 101 for multisensor, multitarget data fusion, IEEE Aerospace and Electronic Systems Magazine 2004, 19(1): 53～64

[21] R. Joshi, A. C. Sanderson, Multisensor Fusion: A Minimal Representation Framework, World

Scientific,1999

[22] X. L. Dong,L. Berti-Equille, D. Srivastava, Truth discovery and copying detection in a dynamic world,Journal Proceedings of the VLDB Endowment 2009,2(1): 562~573

[23] Y. Zhu, E. Song,J. Zhou,Z. You,Optimal dimensionality reduction of sensor data in multisensor estimation fusion,IEEE Transactions on Signal Processing 2005,53(5): 1631~1639

[24] B. L. Milenova, M. M. Campos,Mining high-dimensional data for information fusion: a database-centric approach,in: Proc. of International Conference on Information Fusion,2005. 638~645

[25] P. Krause,D. Clark, Representing Uncertain Knowledge: An Artificial Intelligence Approach, Kluwer Academic Publishers,Norwell,MA,1993

[26] P. Smets, Imperfect information: imprecision and uncertainty, in: A. Motro, P. Smets (Eds.), Uncertainty Management in Information Systems: From Needs to Solutions, Kluwer Academic Publishers. ,Norwell,MA,1997. 225~254

[27] G. J. Klir, M. J. Wicrman, Uncertainty Based Information: Elements of Generalized Information Theory,second ed. ,Physica-Verlag HD,New York,1999

[28] D. Dubois, H. Prade,Formal representations of uncertainty,in: D. Bouyssou,D. Dubois,M. Pirlot, H. Prade (Eds.), Decision-Making Process-Concepts and Methods, ISTE & Wiley, London, 2009. 85~156

[29] M. C. Florea, A. L. Jousselme,E. Bosse,Fusion of Imperfect Information in the Unified Framework of Random Sets Theory: Application to Target Identification, Defence R&D Canada, Valcartier, Tech. Rep. ADA475342,2007

[30] J. Komorowski, Z. Pawlak, L. Polkowski, A. Skowron, Rough sets: a tutorial, in: S. K. Pal, A. Skowron(Eds.), Rough Fuzzy Hybridization: A New Trend in Decision Making, Springer, Singapore,1999. 1~98

[31] F. K. J. Sheridan, A survey of techniques for inference under uncertainty, Artificial Intelligence Review 1991,5(1~2): 89~119

[32] H. F. Durrant-Whyte, T. C. Henderson,Multisensor data fusion,in: B. Siciliano,O. Khatib(Eds.), Handbook of Robotics,Springer,2008. 585~610

[33] L. A. Zadeh,Fuzzy sets,Information and Control 1965,8(3): 338~353

[34] L. A. Zadeh, Fuzzy sets as a basis for a theory of possibility,Fuzzy Sets and Systems 1978,1(1): 3~28

[35] Z. Pawlak, Rough Sets: Theoretical Aspects of Reasoning about Data,Kluwer Academic Publishers, Norwell,MA,1992

[36] G. Shafer, A Mathematical Theory of Evidence,Princeton University Press,1976

[37] D. Dubois, H. Prade,Rough fuzzy sets and fuzzy rough sets,International Journal of General Systems 1990,17(2~3): 191~209

[38] J. Yen, Generalizing the Dempster-Shafer theory to fuzzy sets,IEEE Transactions on SMC 1990,20(3): 559~570

[39] R. P. S. Mahler, Statistical Multisource-Multitarget Information Fusion, Artech House, Boston, MA,2007

[40] G. Welch, G. Bishop, An Introduction to the Kalman Filter, Department of Computer Science, University of North Carolina,Tech. Rep. TR-95-041,1995

[41] S. J. Julier, J. K. Uhlmann, A new extension of the Kalman filter to nonlinear systems, in: International Symposium on Aerospace/Defense Sensing,Simulation and Controls,1997. 182~193

[42] L. D. Stone, T. L. Corwin, C. A. Barlow, Bayes Multiple Target Tracking, Artech House Inc., Norwood,MA,1999

[43] A. Doucet, N. de Freitas, N. Gordon, Sequential Monte Carlo Methods in Practice (Statistics for Engineering and Information Science), Springer, New York, 2001

[44] B. A. Berg, Markov Chain Monte Carlo Simulations and Their Statistical Analysis, World Scientific, Singapore, 2004

[45] D. Crisan, A. Doucet, A survey of convergence results on particle filtering methods for practitioners, IEEE Transactions on Signal Processing 2002, 50(3): 736~746

[46] N. J. Gordon, D. J. Salmond, A. F. M. Smith, Novel approach to nonlinear/non-Gaussian Bayes state estimation, IEE Proceedings-F 1993, 140(2): 107~113

[47] M. K. Pitt, N. Shephard, Filtering via simulation: auxiliary particle filters, Journal of the American Statistical Association 1999, 94(446): 590~599

[48] N. Metropolis, S. Ulam, The Monte Carlo method, Journal of American Statistics Association 1949, 44(247): 335~341

[49] W. K. Hastings, Monte Carlo sampling methods using markov chains and their applications, Biometrika 1970, 57(1): 97~109

[50] G. Casella, E. I. George, Explaining the Gibbs sampler, The American Statistician 1992, 46 (3): 167~174

[51] J. S. Rosenthal, Parallel computing and Monte Carlo algorithms, Far East Journal of Theoretical Statistics 2000, 4: 207~236

[52] M. K. Cowles, B. P. Carlin, Markov Chain Monte Carlo convergence diagnostics: a comparative review, Journal of American Statistics Accosication 1996, 91(434): 883~904

[53] A. P. Dempster, A generalization of Bayes inference(with discussion), Journal of the Royal Statistical Society Series B 1968, 30(2): 205~247

[54] T. D. Garvey, J. D. Lowrance, M. A. Fischler, An inference technique for integrating knowledge from disparate sources, in: Proc. of the International Joint Conference on Artificial Intelligence, 1981, 319~325

[55] B. R. Bracio, W. Horn, D. P. F. Moller, Sensor fusion in biomedical systems, in: Proc. of Annual International Conference of the IEEE Engineering in Medicine and Biology Society, 1997. 1387~1390

[56] J. A. Barnett, Computational methods for a mathematical theory of evidence, in: Proc. of the International Joint Conference on Artificial Intelligence, 1981. 868~875

[57] J. Gordon, E. H. Shortliffe, A method for managing evidential reasoning in a hierarchical hypothesis space, Artificial Intelligence 1985, 26(3): 323~357

[58] A. Benavoli, B. Ristic, A. Farina, M. Oxenham, L. Chisci, An approach to threat assessment based on evidential networks, in: Proc. of the International Conference on Information Fusion, 2007. 1~8

[59] H. H. S. Ip, H. Tang, Parallel evidence combination on a SB-tree architecture, in: Proc. of the Australian and New Zealand Conference on Intelligent Information Systems, 1996. 31~34

[60] M. Bauer, Approximation algorithms and decision making in the Dempster-Shafer theory of evidence-an empirical study, International Journal of Approximate Reasoning 1997, 17(2-3): 217~237

[61] T. Denoeux, A. B. Yaghlane, Approximating the combination of belief functions using the fast Möbius transform in a coarsened frame, International Journal of Approximate Reasoning 2002, 31(1~2): 77~101

[62] M. Oxenham, The effect of finite set representations on the evaluation of Dempster's rule of combination, in: Proc. of the International Conference on Information Fusion, 2008. 1~8

[63] P. P. Shenoy, G. Shafer, Axioms for probability and belief-function propagation, in: R. R. Yager, L. Liu (Eds.), Classic Works of the Dempster-Shafer Theory of Belief Functions, Springer, Berlin/Heidel-Berg, 2008. 499~528

[64] D. Dubois, H. Prade, Possibility theory and data fusion in poorly informed environments, Control

Engineering Practice 1994,2(5): 811～823

[65] P. J. Escamilla-Ambrosio, N. Mort, Hybrid Kalman filter-fuzzy logic adaptive multisensor data fusion architectures, in: Proc. of the IEEE Conference on Decision and Control, 2003. 5215～5220

[66] J. Z. Sasiadek, P. Hartana, Sensor data fusion using Kalman filter, in: Proc. of the International Conference on Information Fusion, 2000, WED5/19-WED5/25

[67] H. Zhu, O. Basir, A novel fuzzy evidential reasoning paradigm for data fusion with applications in image processing, Soft Computing Journal-A Fusion of Foundations, Methodologies and Applications 2006, 10(12): 1169～1180

[68] D. Dubois, H. Prade, Possibility Theory: An Approach to Computerized Processing of Uncertainty, Plenum Press, 1988

[69] D. Dubois, H. Prade, Possibility theory in information fusion, in: Proc. of the International Conference on Information Fusion, 2000. 6～19

[70] S. Destercke, D. Dubois, E. Chojnacki, Possibilistic information fusion using maximal coherent subsets, IEEE Transactions on Fuzzy Systems 2009, 17(1), 79～92

[71] D. Dubois, H. Prade, When upper probabilities are possibility measures, Fuzzy Sets and Systems 1992, 49(1): 65～74

[72] H. Borotschnig, L. Paletta, M. Prantl, A. Pinz, Comparison of probabilistic, possibilistic and evidence theoretic fusion schemes for active object recognition, Computing 1999, 62(4): 293～319

[73] S. Benferhat, C. Sossai, Reasoning with multiple-source information in a possibilistic logic framework, Information Fusion 2006, 7(1): 80～96

[74] Z. Pawlak, A. Skowron, Rudiments of rough sets, Information Sciences 2007, 177(1): 3～27

[75] L. Yong, X. Congfu, P. Yunhe, A new approach for data fusion: implement rough set theory in dynamic objects distinguishing and tracing, in: Proc. of the IEEE International Conference on SMC, 2004. 3318～3322

[76] J. F. Peters, S. Ramanna, A. Skowron, J. Stepaniuk, Z. Suraj, Sensor fusion: a rough granular approach, in: Proc. of the IFSA World Congress and 20th NAFIPS International Conference, 2001. 1367～1371

[77] W. Haijun, C. Yimin, Sensor data fusion using rough set for mobile robots system, in: Proc. of the IEEE/ASME International Conference on Mechatronic and Embedded Systems and Applications, 2006. 1～5

[78] R. R. Yager, Generalized probabilities of fuzzy events from fuzzy belief structures, Information Sciences 1982, 28(1): 45～62

[79] O. Basir, F. Karray, Z. Hongwei, Connectionist-based Dempster-Shafer evidential reasoning for data fusion, IEEE Transactions on Neural Networks 2005, 6(6): 1513～1530

[80] D. S. Yeung, C. Degang, E. C. C. Tsang, J. W. T. Lee, X. Wang, On the generalization of fuzzy rough sets, IEEE Transactions on Fuzzy Systems 2005, 13(3): 343～361

[81] T. Guan, B. Feng, Rough fuzzy integrals for information fusion and classification, Lecture Notes in Computer Science 2004, 3066: 362～367

[82] D. G. Kendall, Foundations of a theory of random sets, in: E. F. Hardings, D. G. Kendall (Eds.), Stochastic Geometry, J. Wiley, 1974. 322～376

[83] V. Kreinovich, Random sets unify, explain, and aid known uncertainty methods in expert systems, in: J. Goutsias, R. P. S. Mahler, H. T. Nguyen (Eds.), Random Sets: Theory and Applications, Springer-Verlag, 1997. 321～345

[84] S. Mori, Random sets in data fusion. Multi-object state-estimation as a foundation of data fusion theory, in: J. Goutsias, R. P. S. Mahler, H. T. Nguyen (Eds.), Random Sets: Theory and

Applications, Springer-Verlag, 1997. 185～207

[85] R. P. S. Mahler, Random sets: unification and computation for information fusion-a retrospective assessment, in: Proc. of the International Conference on Information Fusion, 2004, 1～20

[86] R. P. S. Mahler, PHD filters of higher order in target number, IEEE Transactions on Aerospace and Electronic Systems 2007, 43(4): 1523～1543

[87] B. T. Vo, B. N. Vo, A. Cantoni, The cardinalized probability hypothesis density filter for linear Gaussian multi-target models, in: Proc. of the Annual Conference on Information Sciences and Systems, 2006. 681～686

[88] B. T. Vo, B. N. Vo, A. Cantoni, Analytic implemenations of the cardinalized probability hypothesis density filter, IEEE Transactions on Signal Processing 2007, 55(7): 3553～3567

[89] B. N. Vo, W. K. Ma, The Gaussian mixture probability hypothesis density filter, IEEE Transactions on Signal Processing 2006, 54(11): 4091～4104

[90] B. N. Vo, S. Singh, A. Doucet, Sequential Monte Carlo methods for multi-target filtering with random finite sets, IEEE Transactions on Aerospace and Electronic Systems 2005, 41(4): 1224～1245

[91] K. Panta, B. N. Vo, S. Singh, A. Doucet, Probability hypothesis density versus multiple hypothesis tracking, in: Proc. of the SPIE Conference on Signal Processing, Sensor Fusion and Target Recognition, 2004. 284～295

[92] R. P. S. Mahler, A survey of PHD filter and CPHD filter implementations, in: Proc. of the SPIE Conference on Signal Processing, Sensor Fusion, and Target Recognition, 2007. 65670O1～65670O12

[93] D. Angelosante, E. Biglieri, M. Lops, Multiuser detection in a dynamic environment: joint user identification and parameter estimation, in: Proc. of the IEEE International Symposium on Information Theory, 2007. 2071～2075

[94] M. Maehlisch, R. Schweiger, W. Ritter, K. Dietmayer, Multisensor vehicle tracking with the probability hypothesis density filter, in: Proc. of the International Conference on Information Fusion, 2006. 1～8

[95] R. P. S. Mahler, Sensor management with non-ideal sensor dynamics, in: Proc. of the International Conference on Information fusion, 2004. 783～790

[96] B. Khaleghi, A. Khamis, F. Karray, Random finite set theoretic based soft/hard data fusion with application for target tracking, in: Proc. of the IEEE International Conference on Multisensor Fusion and Integration for Intelligent Systems, 2010. 50～55

[97] X. Mingge, H. You, H. Xiaodong, S. Feng, Image fusion algorithm using rough sets theory and wavelet analysis, in: Proc. of the International Conference on Signal Processing, 2004. 1041～1044

[98] S. J. Julier, J. K. Uhlmann, A non-divergent algorithm in the presence of unknown correlation, in: Proc. of the American Control Conference, 1997. 2369～2373

[99] A. Makarenko, A. Brooks, T. Kaupp, H. F. Durrant-Whyte, F. Dellaert, Decentralised data fusion: a graphical model approach, in: Proc. of the International Conference on Information Fusion, 2009. 545～554

[100] P. S. Maybeck, Stochastic Models, Estimation and Control, Academic Press, New York, 1979

[101] J. K. Uhlmann, S. J. Julier, H. F. Durrant-Whyte, A Culminating Advance in the Theory and Practice of Data Fusion, Filtering and Decentralized Estimation, Covariance Intersection Working Group, Tech. Rep. , 1997

[102] C. Y. Chong, S. Mori, K. C. Chang, Distributed multitarget multisensor tracking, in: Y. Bar-Shalom (Ed.), Multitarget-Multisensor Tracking: Advanced Applications, Artech House, Norwood, MA, 1990. 247～295

[103] K. C. Chang, C. Y. Chong, S. Mori, On scalable distributed sensor fusion, in: Proc. of the

International Conference on Information Fusion,2008. 1～8

[104] A. D. Marrs, C. M. Reed, A. R. Webb, H. C. Webber, Data Incest and Symbolic Information Processing, United Kingdom Defence Evaluation and Research Agency, Tech. Rep. ,1999

[105] S. P. McLaughlin, R. J. Evans, V. Krishnamurthy, Data incest removal in a survivable estimation fusion architecture, in: Proc. of the International Conference on Information Fusion, 2003. 229～236

[106] L. Y. Pao, M. Kalandros, Algorithms for a class of distributed architecture tracking, in: Proc. of the American Control Conference, 1997. 1434～1438

[107] S. P. McLaughlin, R. J. Evans, V. Krishnamurthy, A graph theoretic approach to data incest management in network centric warfare, in: Proc. of the International Conference on Information Fusion, 2005. 1162～1169

[108] T. Brehard, V. Krishnamurthy, Optimal data incest removal in Bayes decentralized estimation over a sensor network, in: IEEE International Conference on Acoustics, Speech and Signal Processing, 2007. Ⅲ173～Ⅲ176

[109] W. Khawsuk, L. Y. Pao, Decorrelated state estimation for distributed tracking of interacting targets in cluttered environments, in: Proc. of the American Control Conference, 2002. 899～904

[110] M. B. Hurley, An information theoretic justification for covariance intersection and its generalization, in: Proc. of the International Conference on Information Fusion, 2002. 505～511

[111] L. Chen, P. O. Arambel, R. K. Mehra, Estimation under unknown correlation: covariance intersection revisited, IEEE Transactions on Automatic Control 2002, 47(11): 1879～1882

[112] W. Niehsen, Information fusion based on fast covariance intersection filtering, in: Proc. of the International Conference on Information Fusion, 2002. 901～904

[113] D. Franken, A. Hupper, Improved fast covariance intersection for distributed data fusion, in: Proc. of the International Conference on Information Fusion, 2005. 154～160

[114] A. R. Benaskeur, Consistent fusion of correlated data sources, in: Proc. of IEEE Annual Conference of the Industrial Electronics Society, 2002. 2652～2656

[115] Y. Zhou, J. Li, Robust decentralized data fusion based on internal ellipsoid approximation, in: Proc. of World Congress of the International Federation of Automatic Control, 2008. 9964～9969

[116] W. J. Farrell, C. Ganesh, Generalized chernoff fusion approximation for practical distributed data fusion, in: Proc. of the International Conference on Information Fusion, 2009. 555～562

[117] Z. Djurovic, B. Kovacevic, QQ-plot approach to robust Kalman filtering, International Journal of Control 1995, 61(4): 837～857

[118] S. J. Wellington, J. K. Atkinson, R. P. Sion, Sensor validation and fusion using the Nadaraya-Watson statistical estimator, in: Proc. of the International Conference on Information Fusion, 2002. 321～326

[119] P. H. Ibarguengoytia, L. E. Sucar, V. Vadera, Real time intelligent sensor validation, IEEE Transactions on Power Systems 2001, 16(4): 770～775

[120] J. Frolik, M. Abdelrahman, P. Kandasamy, A confidence-based approach to the self-validation, fusion and reconstruction of quasiredundant sensor data, IEEE Transactions on Instrumentation and Measurement 2001, 50(6): 1761～1769

[121] M. Kumar, D. P. Garg, R. A. Zachery, A method for judicious fusion of inconsistent multiple sensor data, IEEE Sensors Journal 2007, 7(5): 723～733

[122] M. Kumar, D. Garg, R. Zachery, Stochastic adaptive sensor modeling and data fusion, in: Proc. of the SPIE Conference on Smart Structures and Materials: Sensors and Smart Structures Technologies for Civil, Mechanical, and Aerospace Systems, 2006. 100～110

[123] U. Orguner, F. Gustafsson, Storage efficient particle filters for the out of sequence measurement problem, in: Proc. of the International Conference on Information Fusion, 2008. 1～8

[124] S. S. Blackman, R. Popoli, Design and Analysis of Modern Tracking Systems, Artech House, Berlin, 1999

[125] Y. Bar-Shalom, Update with out-of-sequence measurements in tracking: exact solution, IEEE Transactions on Aerospace and Electronic Systems 2002, 38(3): 769~777

[126] M. Mallick, S. Coraluppi, C. Carthel, Advances in asynchronous and decentralized estimation, in: Proc. of the IEEE Aerospace Conference, 2001. 4/1873~4/1888

[127] K. Zhang, X. R. Li, Y. Zhu, Optimal update with out-of-sequence measurements for distributed filtering, in: Proc. of the International Conference on Information Fusion, 2002. 1519~1526

[128] K. Zhang, X. R. Li, Y. Zhu, Optimal update with out-of-sequence measurements, IEEE Transactions on Signal Processing 2005, 53(6): 1992~2004

[129] Y. Bar-Shalom, H. Chen, M. Mallick, One-step solution for the multistep outof-sequence measurement problem in tracking, IEEE Transactions on Aerospace and Electronic Systems 2004, 40 (1): 27~37

[130] Y. Anxi, L. Diannong, H. Weidong, D. Zhen, A unified out-of-sequence measurements filter, in: Proc. of the IEEE International Radar Conference, 2005. 453~458

[131] M. Mallick, J. Krant, Y. Bar-Shalom, Multi-sensor multi-target tracking using out-of-sequence measurements, in: Proc. of the International Conference on Information Fusion, 2002. 135~142

[132] S. R. Maskell, R. G. Everitt, R. Wright, M. Briers, Multi-target out-of-sequence data association: tracking using graphical models, Information Fusion 2006, 7(4): 434~447

[133] S. Challa, J. A. Legg, Track-to-track fusion of out-of-sequence tracks, in: Proc. of the International Conference on Information Fusion, 2002. 919~926

[134] A. Novoselsky, S. E. Sklarz, M. Dorfan, Track to track fusion using out-ofsequence track information, in: Proc. of the International Conference on Information Fusion, 2007. 1~5

[135] L. A. Zadeh, Review of "a mathematics theory of evidence AI Magazine" 1984, 5(3): 81~83

[136] M. C. Florea, A. L. Jousselme, E. Bosse, D. Grenier, Robust combination rules for evidence theory, Information Fusion 2009, 10(2): 183~197

[137] R. R. Yager, On the Dempster-Shafer framework and new combination rules, Information Sciences 1987, 41(2): 93~137

[138] P. Smets, The combination of evidence in the transferable belief model, IEEE Transactions on Pattern Analysis and Machince Intelligence 1990, 12(5): 447~458

[139] J. Dezert, Foundations for a new theory of plausible and paradoxical reasoning, Information Security 2002, 9: 13~57

[140] E. Lefevre, O. Colot, P. Vannoorenberghe, Belief function combination and the conflict management, Information Fusion 2002, 3(2): 149~162

[141] F. Voorbraak, On the justification of Dempster's rule of combination, Artificial Intelligence 1991, 48 (2): 171~197

[142] R. Haenni, Are alternatives to Dempster's rule of combination real alternatives? Comments on "About the belief combination and the conflict management problem" Lefevre et al., Information Fusion 2002, 3(3): 237~239

[143] J. Dezert, A. Martin, F. Smarandache, Comments on "A new combination of evidence based on compromise" by K. Yamada, Fuzzy Sets and Systems 2009, 160: 853~855

[144] J. K. Uhlmann, Covariance consistency methods for fault-tolerant distributed data fusion, Information Fusion 2003, 4(3): 201~215

[145] S. Maskell, A Bayes approach to fusing uncertain, imprecise and conflicting information, Information Fusion 2008, 9(2): 259~277

[146] F. Rheaume, A. R. Benaskeur, Forward prediction-based approach to targettracking with out-of-sequence measurements, in: Proc. of the IEEE Conference on Decision and Control, 2008. 1326～1333

[147] D. L. Hall, M. McNeese, J. Llinas, T. Mullen, A framework for dynamic hard/soft fusion, in: Proc. of the International Conference on Information Fusion, 2008. 1～8

[148] M. A. Pravia, R. K. Prasanth, P. O. Arambel, C. Sidner, C. Y. Chong, Generation of a fundamental data set for hard/soft information fusion, in: Proc. of the International Conference on Information Fusion, 2008. 1～8

[149] M. A. Pravia, O. Babko-Malaya, M. K. Schneider, J. V. White, C. Y. Chong, Lessons learned in the creation of a data set for hard/soft information fusion, in: Proc. of the International Conference on Information Fusion, 2009. 2114～2121

[150] K. Premaratne, M. N. Murthi, J. Zhang, M. Scheutz, P. H. Bauer, A Dempster-Shafer theoretic conditional approach to evidence updating for fusion of hard and soft data, in: Proc. of the International Conference on Information Fusion, 2009. 2122～2129

[151] A. Auger, J. Roy, Expression of uncertainty in linguistic data, in: Proc. of the International Conference on Information Fusion, 2008. 1～8

[152] D. L. Hall, M. D. McNeese, D. B. Hellar, B. J. Panulla, W. Shumaker, A cyber infrastructure for evaluating the performance of human centered fusion, in: Proc. of the International Conference on Information Fusion, 2009. 1257～1264

[153] K. Sambhoos, J. Llinas, E. Little, Graphical methods for real-time fusion and estimation with soft message data, in: Proc. of the International Conference on Information Fusion, 2008. 1～8

[154] G. Ferrin, L. Snidaro, S. Canazza, G. L. Foresti, Soft data issues in fusion of video surveillance, in: Proc. of the International Conference on Information Fusion, 2008. 1～8

[155] S. Challa, T. Gulrez, Z. Chaczko, T. N. Paranesha, Opportunistic information fusion: a new paradigm for next generation networked sensing systems, in: Proc. of the International Conference on Information Fusion, 2005. 720～727

[156] C. Wu, H. Aghajan, Model based human posture estimation for gesture analysis in an opportunistic fusion smart camera network, in: Proc. of the IEEE Conference on Advanced Video and Signal Based Surveillance, 2007. 453～458

[157] R. Al-Hmouz, S. Challa, Optimal placement for opportunistic cameras using genetic algorithm, in: Proc. of the International Conference on Intelligent Sensors, Sensor Networks and Information Processing, 2005. 337～341

[158] L. Hong, Adaptive data fusion, in: Proc. of the IEEE International Conference on SMC, 1991. 767～772

[159] G. Loy, L. Fletcher, N. Apostoloff, A. Zelinsky, An adaptive fusion architecture for target tracking, in: Proc. of the IEEE International Conference on Automatic Face and Gesture Recognition, 2002. 261～266

[160] P. J. Escamilla-Ambrosio, N. Mort, Hybrid Kalman filter-fuzzy logic adaptive multisensor data fusion architectures, in: Proc. of the IEEE Conference on Decision and Control, 2003. 5215～5220

[161] A. D. Tafti, N. Sadati, Novel adaptive Kalman filtering and fuzzy track fusion approach for real time applications, in: Proc. of the IEEE Conference on Industrial Electronics and Applications, 2008. 120～125

[162] H. E. Soken, C. Hajiyev, Adaptive unscented Kalman filter with multiple fading factors for pico satellite attitude estimation, in: Proc. of the International Conference on Recent Advances in Space Technologies, 2009. 541～546

[163] X. Huang, S. Oviatt, Toward adaptive information fusion in multimodal systems, Lecture Notes in Computer Science 2006, 3869: 15～27

[164] N. Ansari, E. S. H. Hou, B. O. Zhu, J. G. Chen, Adaptive fusion by reinforcement learning for distributed detection systems, IEEE Transactions on Aerospace and Electronic Systems 1996, 32 (2): 524～531

[165] M. A. Hossain, P. K. Atrey, A. El-Saddik, Learning multisensor confidence using a reward-and-punishment mechanism, IEEE Transactions on Instrumentation and Measurement 2009, 58 (5): 1525～1534

[166] G. Fabeck, R. Mathar, Kernel-based learning of decision fusion in wireless sensor networks, in: Proc. of the International Conference on Information Fusion, 2008. 1～7

[167] M. M. Kokar, K. Baclawski, H. Gao, Category theory-based synthesis of a higher-level fusion algorithm-an example, in: Proc. of the International Conference on Information fusion, 2006. 1～8

[168] V. Nimier, Introducing contextual information in multisensor tracking algorithms, in: Proc. of the International Conference on Processing and Management of Uncertainty in Knowledge-Based Systems, Advances in Intelligent Computing, 1994. 595～604

[169] B. Yu, K. Sycara, Learning the quality of sensor data in distributed decision fusion, in: Proc. of the International Conference on Information Fusion, 2006. 1～8

[170] F. Delmotte, L. Dubois, P. Borne, Context-dependent trust in data fusion within the possibility theory, in: Proc. of the IEEE International Conference on SMC, 1996. 538～543

[171] S. A. Sandri, D. Dubois, H. W. Kalfsbeek, Elicitation, assessment and pooling of expert judgments using possibility theory, IEEE Transactions on Fuzzy Systems 1995, 3(3): 313～335

[172] R. Haenni, S. Hartmann, Modeling partially reliable information sources: a general approach based on Dempster-Shafer theory, Information Fusion 2006, 7(4): 361～379

[173] Z. Elouedi, K. Mellouli, P. Smets, Assessing sensor reliability for multisensor data fusion within the transferable belief model, IEEE Transactions on SMC-Part B 2004, 34(1): 782～787

[174] E. J. Wright, K. B. Laskey, Credibility models for multi-source fusion, in: Proc. of the International Conference on Information Fusion, 2006. 1～7

[175] A. Karlsson, Dependable and Generic High-level Information Fusion-Methods and Algorithms for Uncertainty Management, School of Humanities and Informatics, University of Skövde, Sweden, Tech. Rep. HSIKI-TR-07-003, 2007

[176] M. Kefayati, M. S. Talebi, H. R. Rabiee, B. H. Khalaj, On secure consensus information fusion over sensor networks, in: Proc. of the IEEE International Conference on Computer Systems and Applications, 2007. 108～115

[177] M. Kefayati, M. S. Talebi, B. H. Khalaj, H. R. Rabiee, Secure consensus averaging in sensor networks using random offsets, in: Proc. of IEEE International Conference on Telecommunications, 2007. 556～560

[178] Y. Sang, H. Shen, Y. Inoguchi, Y. Tan, N. Xiong, Secure data aggregation in wireless sensor networks: a survey, in: Proc. of the IEEE International Conference on Parallel and Distributed Computing, Applications and Technologies, 2006. 315～320

[179] H. Alzaid, E. Foo, J. G. Nieto, Secure data aggregation in wireless sensor network: a survey, in: Proc. of the Australasian Information Security Conference, 2008. 93～106

[180] H. Chen, G. Chen, E. P. Blasch, P. Douville, K. Pham, Information theoretic measures for performance evaluation and comparison, in: Proc. of the International Conference on Information Fusion, 2009. 874～881

[181] L. Cholvy, Information evaluation in fusion: a case study, in: Proc. of the International Conference on Information Processing and Management of Uncertainty in Knowledge-Based Systems, 2004. 993～1000

[182] STANAG 2022：Intelligence Reports，North Atlantic Treaty Organization(NATO)，December 1992

[183] V. Nimier，Information evaluation：a formalization of operational recommendations，in：Proc. of the International Conference on Information Fusion，2004. 1166～1171

[184] L. Cholvy，Modelling information evaluation in fusion，in：Proc. of the International Conference on Information Fusion，2007. 1～6

[185] A. E. Gelfand，C. Smith，M. Colony，C. Bowman，Performance evaluation of decentralized estimation systems with uncertain communications，in：Proc. of the International Conference on Information Fusion，2009. 786～793

[186] O. E. Drummond，Methodologies for performance evaluation of multi-target multisensor tracking，in：Proc. of the SPIE Conference on Signal and Data Processing of Small Targets，1999. 355～369

[187] R. L. Rothrock，O. E. Drummond，Performance metrics for multiple-sensor multiple-target tracking，in：Proc. of the SPIE Conference on Signal and Data Processing of Small Targets，2000. 521～531

[188] T. Zajic，J. L. Hoffman，R. P. S. Mahler，Scientific performance metrics for data fusion：new results，in：Proc. of the SPIE Conference on Signal Processing，Sensor Fusion，and Target Recognition，2000. 172～182

[189] D. Schuhmacher，B. T. Vo，B. N. Vo，A consistent metric for performance evaluation of multi-object filters，IEEE Transactions on Signal Processing 2008，56(8)：3447～3457

[190] B. T. Vo，Random Finite Sets in Multi-object Filtering，Ph. D. Thesis，School of Electrical，Electronic and Computer Engineering，University of Western Australia，2008

[191] P. Jackson，J. D. Musiak，Boeing fusion performance analysis（FPA）tool，in：Proc. of the International Conference on Information Fusion，2009. 1444～1450

[192] D. Akselrod，R. Tharmarasa，T. Kirubarajan，Z. Ding，T. Ponsford，Multisensormultitarget tracking testbed，in：Proc. of the IEEE Symposium on Computational Intelligence for Security and Defense Applications，2009. 1～6

[193] J. van Laere，Challenges for IF performance evaluation in practice，in：Proc. of the International Conference on Information Fusion，2009. 866～873

[194] X. R. Li，Z. Duan，Comprehensive evaluation of decision performance，in：Proc. of the International Conference on Information Fusion，2008. 1～8

[195] C. Y. Chong，Problem characterization in tracking/fusion algorithm evaluation，in：Proc. of the International Conference on Information Fusion，2000. 26～32

[196] D. Schumacher，B. T. Vo，B. N. Vo，On performance evaluation of multi-object filters，in：Proc. of the International Conference on Information Fusion，2008. 1～8

[197] C. Thomas，N. Balikrishnan，Modified evidence theory for performance enhancement of intrusion detection systems，in：Proc. of the International Conference on Information Fusion，2008. 1～8

[198] P. K. Varshney，Distributed Detection and Data Fusion. New York：Springer-Verlag，1996

[199] R. R. Tenney and N. R. Sandell Jr.，"Detection with distributed sensors，" IEEE Trans. Aerospace Elect. Syst.，1981 vol. AES-17：501～510

[200] Z. Chair and P. K. Varshney，"Optimal data fusion in multiple sensor detection systems，" IEEE Trans. Aerospace Elect. Syst.，1986 vol. AES-22：98～101

[201] S. S. Iyengar，R. L. Kashyap，and R. N. Madan，"Distributed sensor networks—Introduction to the special section，" IEEE Trans. Syst.，Man Cybern.，1991 vol. 21：1027～1031

[202] J. N. Tsistsiklis，"Decentralized detection，" in Advances in Statistical Signal Processing，Signal Detection，vol. 2，H. V. Poor and J. B. Thomas，Eds. Greenwich，CT：JAI，1993

[203] R. Blum，S. Kassam，and H. V. Poor，"Distributed detection with multiple sensors：Part Ⅱ—Advanced topics，" this issue. 64～79

[204] E. L. Lehmann, Theory of Point Estimation. New York: Wiley, 1983

[205] A. R. Reibman, "Performance and fault-tolerance of distributed detection networks," Ph. D. dissertation, Dept. Electrical Engineering, Duke Univ., Durham, NC, 1987

[206] S. C. A. Thomopoulos, R. Viswanathan, and D. K. Bougoulias, "Optimal distributed decision fusion," IEEE Trans. Aerospace Elect. Syst., 1989 vol. 25: 761～765

[207] E. L. Lehmann, Testing Statistical Hypothesis. New York: Wiley, 1986

[208] M. A. Harrison, Introduction to Switching and Automata Theory. New York: McGraw-Hill, 1965

[209] A. Ansari, "Some problems in distributed detection," M. S. thesis, Dept. Electrical Engineering, S. Illinois Univ., Carbondale, IL, 1987

[210] R. Srinivasan, "Distributed radar detection theory," IEE Proc., Part F, 1986 vol. 133: 55～60

[211] G. S. Lauer and N. R. Sandell Jr., "Distributed detection of known signal in correlated noise," Rep. ALPHATECH, Burlington, MA, 1982

[212] J. Tsitsiklis and M. Athans, "On the complexity of distributed decision problems," IEEE Trans. Auto. Contr., 1985 vol. AC-30: 440～446

[213] V. Aalo and R. Viswanathan, "On distributed detection with correlated sensors: Two examples," IEEE Trans. Aerospace Elect. Syst., 1989 vol. 25: 414～421

[214] E. Drakopoulos and C. C. Lee, "Optimal multisensor fusion of correlated local decisions," IEEE Trans. Aerospace Elect. Syst., 1991 vol. 27: 593～605

[215] M. Kam, Q. Zhu, and W. S. Gray, "Optimal data fusion of correlated local decisions in multiple sensor detection systems," IEEE Trans. Aerospace Elect. Syst., 1992 vol. 28: 916-920

[216] R. Viswanathan, S. C. A. Thomopoulos, and R. Tumuluri, "Optimal serial distributed decision fusion," IEEE Trans. Aerospace Elect. Syst., 1988 vol. 24: 366～376

[217] Z. B. Tang, K. Pattipati, and D. L. Kleinman, "Optimization of detection networks: Part Ⅰ—Tandem structures," IEEE Trans. Syst. Man Cybern., 1991 vol. 21: 1044～1059.

[218] P. Swaszek, "On the performance of serial networks in distributed detection," IEEE Trans. Aerospace Elect. Syst., 1993 vol. 29: 254-260.

[219] I. Y. Hoballah and P. K. Varshney, "Distributed Bayes signal detection," IEEE Trans. Inform. Theory, 1989 vol. 35: 995～1000

[220] Z. B. Tang, K. R. Pattipati, and D. Kleinman, "An algorithm for determining the detection thresholds in a distributed detection problem," IEEE Trans. Syst., Man Cybern., 1991 vol. 21: 231～237

[221] Z. B. Tang, "Optimization of detection networks," Ph. D. dissertation, Univ. Connecticut, Storrs, Dec. 1990

[222] C. W. Helstrom, "Gradient algorithms for quantization levels in distributed detection systems," IEEE Trans. Aerospace Elect. Syst., 1995 vol. 31: 390～398

[223] J. N. Tsitsiklis, "On threshold rules in decntralized detection," in Proc. 25th IEEE Conf. on Decision and Contr., Athens, Greece, 1986. 232～236

[224] P. Willet and D. Warren, "Decentralized detection: When are identical sensors identical," in Proc. Conf. on Inform. Sci. and Syst., 1991. 287～292

[225] M. Cherikh and P. B. Kantor, "Counterexamples in distributed detection," IEEE Trans. Inform. Theory, 1992 vol. 38: 162～165

[226] J. N. Tsitsiklis, "Decentralized detection with a large number of sensors," Mathemat. Contr., Signals Syst., 1988 vol. 1: 167～182

[227] D. Middleton, Statistical Communication Theory. New York: McGraw-Hill, 1960

[228] I. Y. Hoballah and P. K. Varshney, "An information theoretic approach to the distributed detection problem," IEEE Trans. Inform. Theory, 1989 vol. 35: 988～994

[229] J. D. Papastavrou,"Decentralized decision making in a hypothesis testing environment," Ph. D. dissertation,MIT,1990

[230] J. D. Papastavrou and M. Athans,"Distributed detection by a large team of sensors in tandem," IEEE Trans. Aerospace Elect. Syst. ,1992 vol. 28：639～653

[231] Z. B. Tang,K. R. Pattipati,and D. L. Kleinman,"Optimization of distributed detection networks：Part Ⅱ generalized tree structures,"IEEE Trans. Syst. ,Man Cybern. ,1993 vol. 23：211～221

[232] L. K. Ekchian,"Optimal design of distributed networks," Ph. D. dissertation, Dept. Electrical Engineering/Computer Sci. ,MIT,Cambridge,MA,1982

[233] S. Alhakeem and P. K. Varshney,"Decentralized Bayes hypothesis testing with feedback," IEEE Trans. Syst. ,Man Cybern. ,1996 vol. 26：503～513

[234] P. F. Swaszek and P. Willett,"Parley as an approach to distributed detection," IEEE Trans. Aerospace Elect. Syst. ,1995 vol. 31：447～457

[235] S. Alhakeem and P. K. Varshney, A unified approach to the design of decentralized detection systems,IEEE Trans. Aerospace Elect. Syst. ,1995 vol. 31：[illegible]

[236] B. Dasarathy,Decision Fusion. Los Alamitos,CA：IEEE Comp. Soc. ,1994

[237] R. Viswanathan and V. Aalo,"On counting rules in distributed detection,"IEEE Trans. Acoust. , Speech Signal Process. ,1989,772～775

[238] M. Kam,W. Chang,and Q. Zhu,Hardware complexity of binary distributed detection systems with isolated local Bayes detectors,IEEE Trans. Syst. ,Man Cybern. ,1991 vol. 21:565～571

[239] R. Krysztofowicz and D. Long, Fusion of detection probabilities and comparison of multisensor systems,IEEE Trans. Syst. ,Man Cybern. ,1990 vol. 20：665～677

[240] V. Hedges and I. Olkin,Statistical Methods for Meta-Analysis. New York：Academic,1985

[241] N. S. V. Rao,Computational complexity issues in synthesis of simple distributed detection networks, IEEE Trans. Syst. ,Man Cybern. , 1991 vol. 21：1071～1081

[242] C. C. Lee and J. J. Chao,Optimum local decision space partitioning for distributed detection,IEEE Trans. Aerospace Elect. Syst. ,1989 vol. AES-25：536～544

[243] M. Longo,T. Lookabaugh, and R. Gray, Quantization for decentralized hypothesis testing under communication constraints,IEEE Trans. Inform. Theory,1990 vol. 36：241～255

[244] D. J. Warren and P. K. Willett, Optimal decentralized detection for conditionally independent sensors,in Proc. 1989 Amer. Contr. Conf. ,1989. 1326～1329

[245] W. A. Hashlamoun and P. K. Varshney,Further results on distributed Bayes signal detection,IEEE Trans. Inform. Theory,1993 vol. 39：1660～1662

[246] E. Drakapoulos and C. C. Lee,Decision fusion in distributed detection with uncertainties,in Proc. 26th Annu. Allerton Conf. on Commun. ,Contr. and Computing,Monticello,IL,1988

[247] V. N. S. Samarasooriya and P. K. Varshney, A fuzzy modeling approach to decision fusion under uncertainty,in Proc. 1996 IEEE Int. Conf. on Multisensor Fusion and Integration for Intell. Syst. , Washington,DC,1996

[248] A. Pete,K. R. Pattipati,and D. L. Kleinman,Team relative operating characteristic：A normative—Descriptive model of team decision making,IEEE Trans. Syst. Man Cybern. ,1993 vol. 23：1626～1648

[249] A. Pete,Organizations with congruent structures,Ph. D. dissertation,Univ. Connecticut,1995

[250] A. Pete,K. R. Pattipati,and D. L. Kleinman,Optimal team and individual decision rules in uncertain dichotomous situations,Public Choice,1993 vol. 75：205～230

[251] J. G. Proakis,Digital Communications. New York：McGraw-Hill,1989

[252] R. S. Blum,Distributed reception of fading signals in noise,in Proc. 1995 Int. Symp. on Inform. Theory,1995. 214

[253] J. Aloimonos and D. Shulman, Integration of Visual Modules: An Extension of the Marr Paradigm. New York: Academic, 1989

[254] 杜比.蒙特卡罗方法在系统工程中的应用.西安:西安交通大学出版社,2007

[255] 徐钟济.蒙特卡罗方法.上海:上海科学技术出版社,1985

[256] 刘丽春,陈树中,韩安奇.隐马尔科夫模型及其在面像识别中心的应用.计算机应用与软件,2004(04)12,68~70

[257] Ostendorf, M., Stochastic segment model for phoneme-based continuous speech recognition, IEEE. Transactions on Acoustics, Speech, and Signal Processing, 1989 vol. 37: 1857~1869

[258] Kannan, A., Ostendorf, M., Comparison of trajectory and mixture modeling in segment-based word. recognition, Proceedings of the IEEE International Conference on Acoustics, Speech and Signal Processing, Minneapolis, MN, 1993 vol. 2: 327~330

[259] 王学武,谭得健.神经网络的应用与发展趋势.计算机工程与应用,2003,3: 98~113

[260] 姜绍飞.基于神经网络的结构优化与损伤监测.北京:科学出版社,2002

[261] Cybenko G. Approximation by Superposition of Sigmoid Function. Mathematies of Control. Signals and System. 1989(2): 304~314

[262] 张育智.基于神经网络与数据融合的结构损伤识别理论研究.西南交通大学,研究生博士学位论文,2007

[263] Yahia M E, Mahmod R, Sulatiman N et al. Rough neural expert system. Expert Syterm with Application, 2000, 2: 87~99

[264] 李建平.小波分析与信号处理理论——应用及软件实现.重庆:重庆出版社,1997

[265] Q Zhang, A Benevnisate. Wacelet networks. IEEE Trans on NN, 1992, 3(4): 889~898

[266] Zhang Ke, Fu Pei chen, Qiang Wen yi. An application of wavelet neural networks in the iped robet's slope climbing. Robot, 2000, 22(5): 384

[267] 冉启文.小波变换与分数傅立叶变换理论与应用.哈尔滨:哈尔滨工业大学出版社,2001

[268] 刘华.基于支持向量机的非线性系统自适应控制.华南理工大学,硕士研究生学位论文,2012

[269] LIN CHUN FU, WANG SHENG DE. Fuzzy Support Vector Machines. IEEE Transact Neural Networks, 2002, 13(2): 464~471

[270] FERNANDO. Empirical Risk Minimization for Support Vector Classifiers. IEEE Transact Neural Networks, 2003, 14(2): 296~303

[271] J. C. Platt. Fast training of support vector machines using sequential minimal optimization, Advances in Kernel Methods-Support Vector Learning, MIT Press, Cambridge, MA, 1999. 185~208

[272] V. Vapnik. The Nature of Statistical Learning Theory. New York: Springer-Verlag, 2000

[273] 武方方,赵银亮.最小二乘 Little wood-Palely 小波支持向量机.信息与控制.2005,34(5): 604~609

[274] J. Speyer, "Computation and transmission requirements for a decentralized linear-quadratic-Gaussian control problem," IEEE Trans. Autom. Control, 1979, 24(2): 266~269

[275] A. Willsky, M. G. Bello, D. A. Castañón, B. C. Levy, and G. C. Verghese, Combining and updating of local estimates and regional maps along sets of one dimensional tracks, IEEE Trans. Autom. Control, 1982, 27(4): 799~813

[276] V. Saligrama and D. Castanon, Reliable distributed estimation with intermittent communications, in Proc. 45th IEEE Decision Control Conf., San Diego, CA, 2006: 6763~6768

[277] R. Rahman, M. Alanyali, and V. Saligrama, Distributed tracking in multi-hop networks with communication delays, IEEE Trans. Signal Process., 2007, 55(9): 4656~4668

[278] M. Coates, Distributed particle filtering for sensor networks, in Proc. Int. Symp. Information Processing in Sensor Networks, Berkeley, CA, 2004. 99~107

[279] F. Zhao, J. Shin, and J. Reich, Information-driven dynamic sensor collaboration for tracking

applications，IEEE Signal Process. Mag. ，2002，19(2)：61～72

［280］ J. Liu，J. Reich，and F. Zhao，Collaborative in-network processing for target tracking，EURASIP J. Appl. Signal Process. ，2003 vol. 4：378～391

［281］ C. Kreucher，A. Hero，K. Kastella，and D. Chang，Efficient methods of non-myopic sensor management for multitarget tracking，in Proc. 43rd IEEE Conf. Decision Control(CDC)，2004 vol. 1：722～727

［282］ J. Williams，J. Fischer，Ⅲ，and A. Willsky，An approximate dynamic programming approach for communication constrained inference，in Proc. IEEE Workshop on Statistical Signal Processing，2005. 1202～1207

［283］ J. Fuemmeler and V. Veeravalli，Smart sleeping strategies for localization and tracking in sensor networks，presented at the 40th Asilomar Conf. Signals，Systems，Computers，Monterey，CA，2006

［284］ A. Cheetri，D. Morell，and A. Papandreou-Supapola，Sensor scheduling using a 0-1 mixed integer programming framework，presented at the 2006 IEEE Workshop on Sensor Array and Multichannel Processing，Waltham，MA，2006. 12～14

［285］ Y. Xu，J. Winter，and W. Lee，Prediction based strategies for energy saving in object tracking sensor networks，presented at the IEEE Int. Conf. Mobile Data Management，Berkeley，CA，2004. 19～22

［286］ R. Brooks，P. Ramanathan，and A. Sayeed，Distributed target classification and tracking in sensor networks，Proc. IEEE，2003，91(8)：1163～1171

［287］ R. Brooks，D. Friedlander，J. Koch，and S. Phoha，Tracking multiple targets with self-organizing distributed ground sensors，J. Parallel Distrib. Comput. ，2004，64(7)：874～884

［288］ D. Bertsekas，Dynamic Programming：Deterministic and Stochatic Models. Englewood Cliffs，NJ：Prentice-Hall，1987

［289］ K. C. Chang，C. Chong，and T. Bar-Shalom，Joint probabilistic data association in distributed sensor networks，IEEE Trans. Autom. Control，1986，31(10)：889～897

［290］ D. Bertsekas，Nonlinear Programming. Belmont，MA：Athena Scientific，1999

［291］ R. T. Rockafellar，Convex Analysis. Princeton，NJ：Princeton Univ. Press，1970

［292］ H. Royden，Real Analysis，3rd ed. Englewood Cliffs，NJ：Prentice-Hall，1988

［293］ C. Intanagonwiwat，R. Govindan，D. Estrin，J. Heidemann，and F. Silva，Directed diffusion for wireless sensor networking，IEEE/ACM Trans. Networking，2003，11(1)：2～16

［294］ H. Gharavi and K. Ban，Multihop sensor network design for wide-band communications，Proc. IEEE，2003，91(8)：1221～1234

［295］ T. J. Kwon，M. Gerla，V. K. Varma，M. Barton，and T. R. Hsing，Efficient flooding with passive clustering—an overhead-free selective forward mechanism for ad hoc/sensor networks，Proc. IEEE，2003，91(8)：1210～1220

［296］ S. Kumar，F. Zhao，and D. Shepherd，Collaborative signal and information processing in microsensor networks，IEEE Signal Processing Mag. ，2002，19(2)：13～14

［297］ H. Gharavi and S. P. Kumar，Special issue on sensor networks and applications，Proc. IEEE，2003，91(8)：1151～1153

［298］ Z. Chair and P. K. Varshney，Optimal data fusion in multiple sensor detection systems，IEEE Trans. Aerosp. Electron. Syst. ，1986，22(1)：98～101

［299］ P. K. Varshney，Distributed Detection and Data Fusion，Springer，New York，NY，USA，1997

［300］ P. K. Willett，P. F. Swaszek，andR. S. Blum，The good，bad and ugly：distributed detection of a known signal in dependent Gaussian noise，IEEE Trans. Signal Processing，2000，48(12)：3266～3279

［301］ E. Drakopoulos and C. -C. Lee，Optimum multisensor fusion of correlated local decisions，IEEE Trans. Aerosp. Electron. Syst. ，1991，27(4)：593～606

[302] M. Kam, W. Chang, and Q. Zhu, Hardware complexity of binary distributed detection systems with isolated local Bayes detectors, IEEE Trans. Syst., Man, Cybern., 1991, 21(3): 565～571

[303] M. Kam, Q. Zhu, and W. S. Gray, Optimal data fusion of correlated local decisions in multiple sensor detection systems, IEEE Trans. Aerosp. Electron. Syst., 1992, 28(3): 916～920

[304] C. Rago, P. K. Willett, and Y. Bar-Shalom, Censoring sensors: a low-communication-rate scheme for distributed detection, IEEE Trans. Aerosp. Electron. Syst., 1996, 32(2): 554～568

[305] F. Gini, F. Lombardini, and L. Verrazzani, Decentralised detection strategies under communication constraints, IEE Proceedings—Radar, Sonar and Navigation, 1998, 145(4): 199～208

[306] C.-T. Yu and P. K. Varshney, Paradigm for distributed detection under communication constraints, Optical Engineering, 1998, 37(2): 417～426

[307] C.-T. Yu and P. K. Varshney, Bit allocation for discrete signal detection, IEEE Trans. Commun., 1998, 46(2): 173～175

[308] T. Kasetkasem and P. K. Varshney, Communication structure planning for multisensor detection systems, IEE Proceedings—Radar, Sonar and Navigation, 2001, 148(1): 2～8

[309] J. Hu and R. S. Blum, On the optimality of finite-level quantizations for distributed signal detection, IEEE Trans. Inform. Theory, 2001, 47(4): 1665～1671

[310] J.-F. Chamberland and V. V. Veeravalli, Decentralized detection in sensor networks, IEEE Trans. Signal Processing, 2003, 51(2): 407～416

[311] R. Niu, P. K. Varshney, M. H. Moore, and D. Klamer, Decision fusion in a wireless sensor network with a large number of sensors, in Proc. 7th IEEE International Conference on Information Fusion (ICIF'04), Stockholm, Sweden, 2004

[312] D. Li, K. D. Wong, Y. H. Hu, and A. M. Sayeed, Detection, classification, and tracking of targets, IEEE Signal Processing Mag., 2002, 19(2): 17～29

[313] N. Levanon, Radar Principles, John Wiley & Sons, New York, NY, USA, 1988

[314] T. Rappaport, Wireless Communications—Principles and Practices, Prentice-Hall, Upper Saddle River, NJ, USA, 1996

[315] L. E. Kinsler and A. R. Frey, Fundamentals of Acoustics, John Wiley & Sons, New York, NY, USA, 1962

[316] A. Papoulis, Probability, Random Variables, and Stochastic Processes, McGraw-Hill, New York, NY, USA, 1984

[317] B. Picinbono, On deflection as a performance criterion in detection, IEEE Trans. Aerosp. Electron. Syst., 1995, 31(3): 1072～1081

[318] S. M. Kay, Fundamentals of Statistical Signal Processing Ⅱ: Detection Theory, Prentice-Hall, Englewood Cliffs, NJ, USA, 1998

[319] Andersen, R. Modern Methods for Robust Regression. Sage Publications, 2007

[320] Astrom, K, Witttenmark, B. Adaptive Control. Addison-Wesley, 1994

[321] Balzano, L, Nowak, R. Blind calibration of sensor networks. In Proceedings of the International Conference on Information Processing in Sensor Networks(IPSN'07). 2007. 79～88

[322] Bychkovskiy, V., Megerian, S., ESTRIN, D., Potkonjak, M. A collaborative approach to in-place sensor calibration. In Proceedings of the International Conference on Information Processing in Sensor Networks(IPSN'03). 2003. 301～316

[323] Clouqueur, T., Saluja, K. K., Ramanathan, P. Fault tolerance in collaborative sensor networks for target detection. IEEE Trans. Comput. 2004, 53(3): 320～333

[324] Crossbow. 2013. Mica and mica2 wireless measurement system datasheets. http://gyro. xbow. com/Products/Product pdf files/Datasheets/Wireless/6020-0041-01 A MICA. pdf

[325] Duarte,M,Hu,Y.-H. Vehicle classification in distributed sensor networks. J. Parallel Distrib. Comput. 2004,64(7): 826～838

[326] Fabeck,G. Mathar,R. In-situ calibration of sensor networks for distributed detection applications. In Proceedings of the 3rd International Conference on Intelligent Sensors, Sensor Networks and Information Processing(ISSNIP'07)IEEE,2007,12: 161～166

[327] Feng,J. ,Megerian,S. ,Potokonjak,M. Model-based calibration for sensor networks. In Proceedings of the 2nd IEEE International Conference on Sensors(Sensors'03). 2003. 737～742

[328] Fuwa,K. Valle,B. The physical basis of analytical atomic absorption spectrometry. The pertinence of the beer-lambert law. Anal. Chem. 1963,35(8): 942～946

[329] Gu,L. ,Jia,D. ,Vicaire,P. , Yan, T. , Luo, L. , Tirumala, A. , Cao, Q. , He, T. , Stankovic, J. A. , Abdelzaher,T. ,Krogh,B. H. Lightweight detection and classification for wireless sensor networks in realistic environments. In Proceedings of the 3rd ACM Conference on Embedded Networked Sensor Systems(SenSys'05). 2005. 205～217

[330] Hata,M. Empirical formula for propagation loss in land mobile radio services. IEEE Trans. Vehic. Technol. 1980,29(3): 317～325

[331] He,T. ,Krishnamurthy,S. ,Stankovic,J. A. ,Abdelzaher,T. ,Luo,L. ,Stoleru,R. ,Yan,T. ,Gu, L. ,Hui, J. , Krogh, B. Energy-efficient surveillance system using wireless sensor networks. In Proceedings of the 2nd International Conference on Mobile Systems, Applications, and Services (MobiSys'04). 2004. 270～283

[332] Hwang,J. ,He,T. ,Kim, Y. Exploring in-situ sensing irregularity in wireless sensor networks. In Proceedings of the 5th ACM Conference on Embedded Networked Sensor Systems(SenSys'07). 2007. 547～561

[333] Ihler,A. T. ,FISHER,J. W. , Moses, R. L. , Willsky, A. S. Nonparametric belief propagation for selfcalibration in sensor networks. In Proceedings of the International Conference on Information Processing in Sensor Networks(IPSN'04). 2004. 225～233

[334] Li,D. Hu,Y.-H. 2003. Energy-based collaborative source localization using acoustic microsensor array. EUROSIP J. Appl. Signal Process. 2003(4): 321～337

[335] Li,D. ,Wong,K. D. ,Hu,Y.-H. , Sayeed,A. M. Detection,classification and tracking of targets in distributed sensor networks. IEEE Signal Process. Mag. 2002,19(2): 17～30

[336] Miluzzo,E. ,Lane,N. , CampbelL, A. , Olfati-Saber, R. CaliBree: A self-calibration system for mobile sensor networks. In Proceedings of the 4th IEEE International Conference on Distributed Computing in Sensor Systems(DCOSS'08). 2008. 314～331

[337] Moses,R,Patterson,R. Self-calibration of sensor networks. In SPIE: Unattended Ground Sensor Technologies and Applications Ⅳ. 2002 vol. 4743. 2002. 4. 2～5

[338] Ni,K. ,Ramanathan,N. ,Chehade,M. ,Balzano,L. ,Nair,S. ,Zahedi,S. ,Kohler,E. ,Pottie,G. , Hansen,M. ,Srivastava,M. Sensor network data fault types. ACM Trans. Sensor Netw. 2009,5(3): 25

[339] Ramanathan,N. ,Balzano,L. ,Burt,M. ,Estrin,D. ,Harmon,T. ,Harvey,C. ,Jay,J. ,Kohler,E. , Rothenberg,S. ,Srivastava,M. Rapid deployment with confidence: Calibration and fault detection in environmental sensor networks. Tech. rep. ,Center for Embedded Networked Sensing,UCLA. 2006

[340] Robertson,C. Willams,D. Lambert absorption coefficients of water in the infrared. J. Optim. Soc. Amer. 1971,61(10): 1316～1320

[341] Aki,K. Richards,P. Quantitative Seismology. University Science Books,Sausalito,CA. 2002

[342] ALLABOUTBATTERIES. COM. Battery energy tables. 2011

[343] Ash,R. B. Dol'eans-Dade,C. A. Probability & Measure Theory,2nd Ed. Academic Press,Waltham,

MA. 1999

[344] BBC NEWS. Volcano erupts in south iceland. http://news. bbc. co. uk/2/hi/8578576. stm. 2010

[345] Borgerding, M. 2010. KissFFT project. http://sourceforge. net/projects/kissfft/

[346] Chair, Z. Varshney, P. Optimal data fusion in multiple sensor detection systems. IEEE Trans. Aerospace Electron. Syst. 1986, 22(1): 98～101

[347] Clouqueur, T., Saluja, K. K., Ramanathan, P. Fault tolerance in collaborative sensor networks fortarget detection. IEEE Trans. Comput. 2004, 53(3): 320～333

[348] Duda, R., Hart, P., Stork, D. Pattern Classification. Wiley, New York, NY. 2001

[349] Educational Broadcasting Corp. 2010. Forcesofthewild. http://www. pbs. org/wnet/nature/forces/lava. html

[350] Endo, E. Murray, T. Real-time seismic amplitude measurement(RSAM): A volcano monitoring and prediction tool. Bull. Volcanology. 1991, 53(7): 533～545

[351] Gutenberg, B. Richter, C. F. Magnitude and energy of earthquakes. Science 83, 1936, 2147: 183～185

[352] He, T., Krishnamurthy, S., Stankovic, J. A., Abdelzaher, T., Luo, L., Stoleru, R., Yan, T., Gu, L., Hui, J., Krogh, B. Energy-efficient surveillance system using wireless sensor networks. In Proceeding of the 2nd International Conference on Mobile Systems, Applications, and Services (MobiSys). 2004. 270～283

[353] Levis, P., Lee, N., Welsh, M., Culler, D. TOSSIM: Accurate and scalable simulation of entire TinyOS applications. In Proceeding of the 1st ACM Internatinal Conference on Embedded Networked Sensor Systems(SenSys). 2003. 126～137

[354] Li, D., Wong, K., Hu, Y.-H., Sayeed, A. Detection, classification and tracking of targets in distributed sensor networks. IEEE Signal Process. Mag. 2002, 19(2): 17～29

[355] Moteiv Corp. 2004. Telos(rev b): Preliminary datasheet. http://www. moteiv. com

[356] Niu, R., Chen, B., Vartshney, P. Fusion of decisions transmitted over Rayleigh fading channels in wireless sensor networks. IEEE Trans. Signal Proces. 2006, 54(3): 1018～1027

[357] Maybeck, P. S. Stochastic models, estimation and control, Vol. 2. New York: Academic Press. 1982

[358] Bierman, G. J. Factorization methods for discrete sequential estimation. New York: Academic Press. 1977

[359] Julier, S. J., and J. K. Uhlmann. A new extension of the Kalman filter to non-linear systems. In Proceedings of AeroSense, 11th International Symposium Aerospace/Defense Sensing, Simulation and Controls. Bellingham, WA: SPIE. 1997

[360] Julier, S. J., and J. K. Uhlmann. Unscented filtering and non-linear estimation. Proc IEEE, 2004, 92(3): 401～422

[361] Kashyap, S. K., and J. R. Raol. Evaluation of derivative free Kalman filter and fusion in non-linear estimation. Ottawa, ON, Canada: IEEE Canadian Conference on Electrical and Computer Engineering. 2006

[362] Kashyap, S. K., and J. R. Raol. Evaluation of derivative free Kalman filter for non-linear state-parameter estimation and fusion. J Aeronaut Soc India, 2008, 60(2): 101～114

[363] Bar Shalom, Y., and X. R. Li. Multitarget-multisensor tracking: Principles and techniques. Storrs, CT: Academic Press. 1995

[364] Blackman, S. S. Multiple-target tracking with radar applications. Norwood, MA: Artech House. 1986

[365] Naidu, V. P. S., G. Girija, and J. R. Raol. Data association and fusion algorithms for tracking in presence of measurement loss. J Inst Eng I AS 2005, 86: 17～28

[366] Chang, K. C., and Y. Bar-Shalom. FUSEDAT: A software package for fusion and data association

and tracking with multiple sensors. In Proceedings of the SPIE conference on signal and data processing of small targets, Orlando, FL. 1994

[367] Mori, S., W. H. Barker, C.-Y. Chong, and K.-C. Chang. Track association and track fusion with nondeterministic target dynamics. IEEE Trans Aerosp Electron Syst 2002, 38(2): 659～668

[368] Bar-Shalom, Y., and X.-R. Li. Estimation and tracking: Principles, techniques, and software. Boston, MA: Artech House. 1993

[369] Haimovich, A. M., J. Yosko, R. J. Greenberg, and M. A. Parisi. Fusion of sensors with dissimilar measurements/tracking accuracies. IEEE 1993

[370] Shanthakumar, N., and G. Girija. Measurement level and state-vector data fusion implementations. Personal communications and personal notes. Flight Mechanics and Control Division, National Aerospace Laboratories, Bangalore. 2007

[371] Kashyap, S. K., N. Shanthakumar, G. Girija, and J. R. Raol. Sensor data characterization and fusion for target tracking applications. International Radar Symposium India (IRSI), 3-5 December. Bangalore. 2003

[372] Zhou, Y., H. Leung, and M. Blanchette. Sensor alignment with earthcentered earth-fi xed co-ordinate system. IEE Trans AES 1999, 35(2): 410～418

[373] Raol, J. R., and G. Girija. Sensor data fusion algorithms using squareroot information filtering. IEE Proc Radar Sonar Navig 2002, 149(2): 89～96

[374] Bar-Shalom, Y. and X.-R. Li. Estimation and tracking: Principles, techniques and software. Boston: Artech House. 1993

[375] Blom, H. A. P., and Y. Bar-Shalom. The interacting multiple model algorithm for systems with markovian switching coeffi cients. IEEE Trans Autom Control 1988, 33: 780～783

[376] Mazor, E., A. Averbuch, Y. Bar-Shalom, and J. Dayan. Interacting multiple model methods in target tracking: A survey. IEEE Trans Aerosp Electron Syst 1998, 34: 103～123

[377] Naidu, V. P. S., G. Girija, and N. Santhakumar. Three model IMM-EKF for tracking targets executing evasive maneuvers. AIAA-66928, 45th AIAA conference on Aerospace Sciences, Reno, USA. 2007

[378] Simeonova, L., and T. Semerdjiev. Specifi c features of IMM tracking filter design. Inf Secur Int J. 2002, 9: 154～165

[379] Schulz, D., W. Burgard, D. Fox, and A. B. Cremers. People tracking with mobile robots using sample-based joint probabilistic data association filters. http://www.informatik.unibonn.de/~schulz/articles/people-trackingijrr-03.pdf

[380] Challa, S., R. J. Evans, and X. Wang. A Bayes solution and its approximations to out-of-sequence measurement problems. Inf Fusion 2003, 4(3): 185～199

[381] Paik, B. S., and J. H. Oh. Gain fusion algorithm for decentralized parallel Kalman filters. IEE Proc Control Theor App 2000, 147(1): 97～103

[382] Shanthakumar, N., G. Girija, and J. R. Raol. Performance of Kalman and gain fusion algorithms for sensor data fusion with measurement loss. 2001

[383] International Radar Symposium India (IRSI), Bangalore.

[384] Green, M., and D. J. N. Limebeer. Linear robust control. Englewood Cliffs, NJ: Prentice Hall. Hassibi, B., A. H. Sayad, and T. Kailath. 1996. Linear estimation in Krein spaces—part Ⅱ: Applications. IEEE Trans Autom Control 1995, 41(1): 34～49

[385] Jin, S. H., J. B. Park, K. K. Kim, and T. S. Yoon. Krein space approach to decentralized H_∞ state estimation. IEE Proc Control Theor App 2001, 148(6): 502～508

[386] Lee, T. H., W. S. Ra, T. S. Yoon, and J. B. Park. Robust Kalman filtering via Krein space

estimation. IEE Proc Control Theor App 2004,151(1): 59～63

[387] Raol,J. R. ,and F. Ionescu. 2002. Performance of H-Infinity filter-based data fusion algorithm with outliers. 40th AIAA Aerospace Sciences Meeting & Exhibit,Reno,NV,USA,2002,A02～13598

[388] Ananthasayanam,M. R. ,A. K. Sarkar,A. Bhattacharya,P. Tiwari,and P. Vorha. Nonlinear observer state estimation from seeker measurements and seeker-radar measurements fusion,2005

[389] Zarchan,P. Tactical and strategic missile guidance ,Vol. 176,3rd ed. Progress in Aeronautics and Astronautics. 1997

[390] Bar-Shalom,Y. ,and K. C. Chang. Tracking a maneuvering target using input estimation versus the interacting multiple model algorithm. IEEE Trans Aerosp Electron Syst. 1989,26(2): 296～300

[391] Mehrotra,K. ,and P. Mahapatra. A jerk model for tracking highly maneuvering targets. IEEE Trans Aerosp Electron Syst 1997,33(4): 1094～1105

[392] Vora,P. ,A. Bhattacharyya,M. Jyothi,P. K. Tiwari,and R. N. Bhattacharjee. RF Seeker modeling and Seeker filter design . Hyderabad,India: National Workshop on Tactical Missile Guidance. 2004

[393] Kashyap ,S. K. ,N. Shanthakumar,V. P. S. Naidu,G. Girija,and J. R. Raol. State estimation for Pursuer guidance using interacting multiple model based naugmented extended Kalman filter. International Radar Symposium,India,(IRSI) Bangalore. 2007

[394] Hong,G. Image fusion,image registration,and radiometric normalization for high resolution image processing. PhD Thesis,TR No. 247,Department of Geodesy and Geomatics Engineering,University of New Brunswick,Fredericton,New Brunswick,Canada,2007. 198

[395] Goshtasby,A. A. and S. Nikolov,eds. Image fusion: Advances in the state of the art. Inf Fusion 2007,8: 114～118

[396] Zitova,B. ,and J. Flusser. Image registration methods: A survey. Image Vis Comput 2003,21: 977～1000

[397] Gonzalez,R. C. ,and R. E. Woods. Digital image Processing . New York: Addison-Wesley Inc. 1993

[398] Hill,P. ,N. Canagarajah,and D. Bull. 2002. Image fusion using complex wavelets. BMVC. http://www. bmva. ac. uk/bmvc/2002/papers/88/full_88. pdf(accessed December 2008)

[399] Qu,J. ,and C. Wang. A wavelet package-based data fusion method for multi-temporal remote sensing image processing. 22 nd Asian conference on remote sensing,2001,5(9): 102～108

[400] Kumar,A. ,Y. Bar Shalom,and E. Oron. Precision tracking based on segmentation with optimal layering for imaging sensor. IEEE Trans Pattern Anal Mach Intell 1995,17: 182～188

[401] Oron,E. ,A. Kumar,and Y. Bar Shalom. Precision tracking with segmentation for imaging sensor. IEEE Trans Aerosp Electron Syst 1993,29: 977～987

[402] Waltz,E. and J. L. Llinas. Multi-sensor data fusion. Boston: Artech House. 1990

[403] Naidu,V. P. S. ,and J. R. Raol. Pixel-level image fusion using wavelets cand principal component analysis—A comparative analysis. Def Sci J. 2008,58: 338～352

[404] Leung,L. W. ,B. King,and V. Nohora. Comparison of image fusion techniques using entropy and INI. 22 nd Asian conference on remote sensing,2001,5(9): 132～136

[405] Naidu,V. P. S. ,G. Girija,and J. R. Raol. Data fusion for identity estimation and tracking of centroid using imaging sensor data. Def Sci J. 2007,57: 639～652

[406] Pajares,G. ,and J. M. de la Cruz. A wavelet-based image fusion tutorial. Pattern Recognit 2004,37: 1855～1872

[407] Li,S. ,J. T. Kwok,and Y. Wang. Combination of images with diverse focuses using the spatial frequency. Inf Fusion 2001,2: 169～176

[408] Eskicioglu,A. M. ,and P. S. Fisher. Image quantity measures and their performance. IEEE Trans Commun 1995,43: 2959～2965

[409] Cover, T. M. , and J. A. Thomas. Elements of information theory. New York: Wiley. 1991

[410] Wang, Z. , and A. C. Bovik. A universal image quality index. IEEE Signal Process Lett 2002, 9: 81～84

[411] Cvejic, N. , A. Loza, D. Bull, and N. Cangarajah. A similarity metric for assessment of image fusion algorithms. Int J Signal Process 2005, 2: 178～182

[412] Piella, G. , and H. Heijmans. A new quality metric for image fusion. Proceedings of the IEEE International Conference on Image Processing, Barcelona, Spain, 2003. 173～176

[413] Jalili-Moghaddam, M. Real-time multi focus image fusion using discrete wavelet transform and Laplasican pyramid transform. Master's thesis, Chalmess University of Technology, Goteborg, Sweden. 2005

[414] Daubechies, I. Ten lectures on wavelets. Regional conference series in applied maths, 1992 Volume 91. 165～210

[415] Baltzakis, H. , A. Argyros, and P. Trahanias. Fusion of laser and visual data for robot motion planning and collision avoidance. , 2003, 15: 92～100

[416] Wang, J. G. , K. A. Toh, E. Sung, and W. Y. Yau. A feature-level fusion of appearance and passive depth information for face recognition. In Face recognition , ed. K. Delac, and M. Grgic. Vienna, 2007. 537～58

[417] Ross, A. , and G. Rohin. Feature level fusion using hand and face biometircs. In Proceedings of SPIE conference on biometric technology for human identification Ⅱ, 2005 vol. 5779, 196～204

[418] 韩崇昭，朱洪艳，段战胜等. 多源信息融合. 北京：清华大学出版社，2012

[419] 何友，王国宏，关欣等. 信息融合理论及应用. 北京：电子工业出版社，2010

[420] 潘泉. 多源信息融合理论及应用，北京：清华大学出版社. 2013

[421] Bahador Khaleghi, Alaa Khamis, Fakhreddine O. Karray, et al. Multisensor data fusion: A review of the state-of-the-art, Information Fusion 14 2013. 28～44

[422] R. Viswanathan and P. S. Varshney, Distributed detection with multiple sensors-Part Ⅰ: Fundamentals: in Proc. IEEE, 1997 vol. 85: 54～63

[423] Tan, R. , Xing, G. , Yuan, Z. , Liu, X. , and Yao, J. System-level calibration for data fusion in wireless sensor networks. ACM Trans. Sensor Netw. 2013, 9(3): 2801～2826

[424] R. Niu, P. K. Varshney, Distributed Detection and Fusion in a LargeWireless Sensor Network of Random Size, EURASIP Journal onWireless Communications and Networking 2005(4): 462～472

[425] Shuchin Aeron, Efficient Sensor Management Policies for Distributed Target Tracking in Multihop Sensor Networks, IEEE TRANSACTIONS ON SIGNAL PROCESSING, 2008, 56(6): 2562～2574

[426] Tan, R. , Xing, G. , Chen, J. , Song, W. -Z. , and Huang, R. Fusion-based volcanic earthquake detection and timing in wireless sensor networks. ACM Trans. Sensor Netw. 2013, 9(3): 2601～2616. DOI: http://dx.doi.org/10.1145/2422966.2422974

[427] Jitendra R. Raol, Multi-Sensor Data Fusion with MATLAB, CRC Press, 2009. 63～151, 357～408